低阶煤热解与荒煤气利用技术

汪寿建　主　编
赵　涛　王辅臣　郭国清　副主编

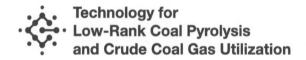

Technology for
Low-Rank Coal Pyrolysis
and Crude Coal Gas Utilization

化学工业出版社
·北京·

内容简介

本书是一部系统阐述低阶煤热解与荒煤气利用技术的专业著作，聚焦低阶煤分质利用这一颇具发展前景的领域，为煤炭清洁高效转化及国家能源安全保障提供了关键技术路径。书中介绍了我国低阶煤资源现状及在能源结构中的重要地位，阐述以低阶煤为原料经中低温热解获取半焦、煤焦油和荒煤气，再通过深加工制取清洁能源与基础化学品的核心思路。主要内容包括低阶煤热解技术及应用业绩，荒煤气利用成套技术涉及的荒煤气压缩、荒煤气高温非催化转化、转化气一氧化碳变换、高含氮气酸性气脱除、高含氮气 CO 分离及脱氮、PSA 变压吸附提氢、合成气制乙二醇等专利技术，以及荒煤气综合利用工程生产运行及评价。书中汇集了大量专利设备参数、工艺性能指标数据、工程设计方案、比较分析标准及成套技术应用案例。

本书汇集了作者团队以及多家研发单位的智慧和经验，适合煤炭、焦化及新型煤化工行业的科研开发人员、工程技术人员和企业生产人员参考阅读，也可作为高等院校煤化工相关专业的教学参考书。

图书在版编目（CIP）数据

低阶煤热解与荒煤气利用技术 / 汪寿建主编；赵涛，王辅臣，郭国清副主编. -- 北京：化学工业出版社，2025. 10. -- ISBN 978-7-122-48673-8

Ⅰ. TQ530.2

中国国家版本馆 CIP 数据核字第 2025L9W891 号

责任编辑：傅聪智　　　　　　　文字编辑：毕梅芳　师明远
责任校对：边　涛　　　　　　　装帧设计：王晓宇

出版发行：化学工业出版社
　　　　　（北京市东城区青年湖南街 13 号　邮政编码 100011）
印　　装：北京建宏印刷有限公司
787mm×1092mm　1/16　印张 26½　字数 633 千字
2025 年 9 月北京第 1 版第 1 次印刷

购书咨询：010-64518888　　　　　售后服务：010-64518899
网　　址：http://www.cip.com.cn
凡购买本书，如有缺损质量问题，本社销售中心负责调换。

定　　价：198.00 元　　　　　　　　　版权所有　违者必究

《低阶煤热解与荒煤气利用技术》

编委会

主 任 委 员：赵　涛　汪寿建

副主任委员：王辅臣　郭国清　刘长东　李　鹏　蔡　斌
　　　　　　詹　信

委　　　员：赵　涛　汪寿建　王辅臣　郭国清　刘长东
　　　　　　李　鹏　蔡　斌　詹　信　严义刚　张鹏飞
　　　　　　梁钦锋　郑志忠　石　玉　张述伟　张佳平
　　　　　　耿云峰　陈　莎　李振东　刘华伟

编写人员名单

主　　　编：汪寿建

副 主 编：赵　涛　王辅臣　郭国清

编 写 人 员：汪寿建　赵　涛　王辅臣　郭国清　詹　信
　　　　　　于广锁　丁　路　严义刚　赵振强　胡步千
　　　　　　徐俊辉　李繁荣　肖敦峰　张鹏飞　梁钦锋
　　　　　　代正华　石　玉　张述伟　陈　莎　耿云峰
　　　　　　涂巍巍　李振东　阎朝旭　张国建　刘华伟
　　　　　　李　鹏　刘志丹

《低阶煤热解与荒煤气利用技术》

组织支持单位

中国五环工程有限公司

参编单位

中国五环工程有限公司
哈密广汇环保科技有限公司
华烁科技股份有限公司
华东理工大学
北京北大先锋科技股份有限公司
大连佳纯气体净化技术开发有限公司
沈鼓集团股份有限公司
湖南安淳高新技术有限公司
成都华西化工科技股份有限公司

序
FORWORD

能源是现代社会发展的基石，煤炭作为我国基础能源的重要组成部分，其重要性不言而喻。在煤炭资源分类中，低阶煤及褐煤占据了显著比例，这类煤种具有高挥发分、较高含油率、大含水量、低能量密度及易燃等特性。长期以来，其粗放式直接燃烧利用不仅造成资源的极大浪费，无法实现煤炭高值化利用，还伴随大量污染物排放，带来一系列环境污染问题。因此，煤炭高效转化利用与清洁生产始终是社会关注的焦点。

在此背景下，《低阶煤热解与荒煤气利用技术》应运而生，为实现煤炭资源高效清洁转化提供了切实可行的途径。在宏大的能源版图中，低阶煤热解与荒煤气利用正逐渐崭露头角，展现出独特价值。本书作者及所在单位研发团队凭借深厚的专业造诣和丰富的实践经验，在低阶煤热解及荒煤气利用领域进行了全面深入的研究、探索、试验和工程应用。书中内容从基础理论到试验验证，从工艺技术到成果转化，层层递进、环环相扣，系统阐述了这一复杂过程的方方面面。通过低阶煤中低温热解处理，产生的煤焦油可经深加工转化为石脑油或柴油；半焦通过煤气化可生产粗合成气，经净化处理后用于生产各种基础化学品，也可作为工业和民用固体燃料；荒煤气或热解气经净化处理后可用于提取氢气、甲烷、合成气或作为工业燃气。

《低阶煤热解与荒煤气利用技术》详细介绍了低阶煤热解、半焦煤气化及高含氮荒煤气在加压、气体净化及分离等方面的研发与创新，提供了大规模荒煤气利用生产装置的解决方案，突破了多项技术瓶颈，对推动荒煤气加工利用转入正常生产高附加值化工产品的正确路径具有重要示范意义。书中既有对前沿学术成果的精准把握，又有对实际工程问题的深刻洞察，理论与实践相得益彰，为现代煤化工领域广大科研人员、工程技术人员及相关专业师生提供了不可多得的参考佳作。相信本书的出版，将有力推动低阶煤热解及荒煤气利用技术的发展与应用，为我国能源事业可持续发展注入新活力，在我国能源技术发展历程中留下浓墨重彩的一笔。

中国工程院院士
清华大学教授
2025 年 3 月

前言
PREFACE

煤炭是我国的基本能源之一，在能源战略中占有不可替代的地位。我国煤炭预测资源量约为 3.88 万亿 t，煤炭保有资源量约为 1.49 万亿 t；低阶煤预测资源量超过 2 万亿 t，低阶煤保有资源量 1.04 万亿 t（其中褐煤 0.29 万亿 t，低变质烟煤 0.75 万亿 t），约占煤炭保有资源量的 70%。低阶煤主要是指煤化程度较低的年轻煤种，包括褐煤和烟煤中变质程度低的长焰煤、不黏煤和弱黏煤等。其主要特征是挥发分含量高、含油率高、含水量大、能量密度低等。如以低阶煤热解平均产油率 75kg/t 和煤气平均产气率 60m³/t 估算，从我国低阶煤保有资源量中可提取煤焦油约 780 亿 t，煤气约 62.4 万亿 m³。低阶煤蕴含的这些油气资源量非常可观。

低阶煤中能够用于生产兰炭的煤炭资源主要分布在陕西神木、府谷和榆阳等地，新疆哈密、吐鲁番和昌吉等地，内蒙古鄂尔多斯及宁夏平罗和宁东等地。2023 年我国兰炭产能为 1.24 亿～1.29 亿 t/a，产量为 5300 万～5500 万 t/a。在生产兰炭过程中，除煤焦油外，还会产生大量的热解煤气（荒煤气），其产率和组成因热解煤原料和热解工艺不同而差异很大。据估算每生产 1t 兰炭约产生 550～800m³ 热解煤气（或荒煤气），其中约 55% 的热解煤气回炉自用，热值为 7.52～11.71MJ/m³。荒煤气除含较多的氮气外，还含有可燃性气体（如 CO、H_2、CH_4）。少数企业因各种因素未将荒煤气利用，多数企业将荒煤气用于燃料发电和副产蒸汽。但其中也有少数企业将荒煤气中的 H_2、CH_4 等提取后用作焦油加工的氢源和液化甲烷气等。因此荒煤气的加工利用领域还是有非常大的发展空间。

由于荒煤气压力低、成分复杂、氮气含量高，并含有苯、萘、有机硫、氨等有毒有害物质，用于生产高附加值的化工产品能耗高，利用率低，净化处理技术存在瓶颈。针对荒煤气利用中的瓶颈问题，我国相关科研院所、高校和装备制造企业进行技术攻关，已经研发成功了首套具有世界领先水平的荒煤气成套技术用于化工生产企业。首次采用大型离心式压缩机组防结焦技术，大规模将高含氮荒煤气加压到 2.8MPa；采用高含氮荒煤气非催化转化技术，将荒煤气中的甲烷转化并脱除其中的焦油、烃类、苯环类有机物、有机硫、有机氯等有毒有害物质；采用改进型低温甲醇洗脱除高含氮酸性气体，高含氮原料气采用专用吸附剂经变压吸附分离提纯 CO 和氮气分离等。荒煤气加工利用成套技术最终将高含氮荒煤气转变为价值高的有效合成气 CO+H_2，开创了荒煤气大规模、高附加值利用的先河。高含氮荒煤气加工利用装置在新疆广汇集团哈密广汇环保公司高效稳定生产运行，实现了荒煤气变废为宝、降低碳排放、改善大气环境的目标。

在此背景下，《低阶煤热解与荒煤气利用技术》一书由中国五环工程有限公司等九家单位组织相关人员编写。本书对于研究我国低阶煤热解、半焦气化、荒煤气加工利用，提升煤炭清洁高效分质利用水平，将发挥重要的推动作用。全书共分十二章，第一章总论，由汪寿建、詹信编写；第二章低阶煤热解技术，由汪寿建编写；第三章半焦气化技术，由王辅臣、于广锁、丁路编写；第四章荒煤气加工利用技术，由詹信、严义刚、赵振强、胡步千、徐俊辉、李繁荣、肖敦峰编写；第五章荒煤气压缩，由张鹏飞编写；第六章荒煤气高温非催化转化，由王辅臣、梁钦锋、代正华编写；第七章转化气一氧化碳变换，由石玉编写；第八章高含氮原料气酸性气体脱除，由张述伟编写；第九章高含氮原料气变压吸附CO分离，由耿云峰、陈莎、涂巍巍编写；第十章变压吸附氢分离与提纯，由李振东、阎朝旭编写；第十一章合成气制乙二醇，由张国建、刘华伟编写；第十二章荒煤气制乙二醇生产装置运行与改进，由李鹏、刘志丹编写。本书由中国化学工程集团有限公司汪寿建教授级高级工程师、中国五环工程有限公司李要合教授级高级工程师、肖晓愚教授级高级工程师进行审查；全书由汪寿建负责制定编写大纲、统稿和校核。

本书在编写过程中，得到了中国五环工程有限公司领导、专家及各参编单位的大力支持，特别是得到了赵涛、郭国清、蔡斌的大力支持和帮助，在此对以上领导和同事致以衷心的感谢！本书内容涉及较多的专利新技术，考虑到商业机密限制，相关信息不能全部公开。由于编者经验不足，水平有限，书中难免有不妥之处，敬请广大读者批评指正。

编者

2025 年 3 月

目 录
CONTENTS

第一章　总论

第一节　概述

随着国民经济的快速发展，我国对石油和天然气资源的需求量不断增加。我国能源资源禀赋特征是以煤为主，油气资源相对匮乏，导致我国石油和天然气的对外依存度逐年上升[1-2]。据国家能源局数据，2023年我国原油对外依存度约74%，天然气对外依存度超过40%，我国油气资源对外高度依赖，将给国家能源安全带来严重威胁。因此，从相对丰富的煤炭资源中寻求对油气资源的补充变得尤为重要。

我国煤炭资源品种储量和产量分布极不均匀，其中低阶煤所占比例较高，超过全国煤炭总储量的60%。尤其是低阶煤以直接燃烧为主的利用方式不可能实现煤炭的高值化利用，同时还排放大量污染物。采用热解技术将低阶煤先进行中低温热解，产生的煤焦油经深加工可转化为石脑油或柴油；热解气净化后的煤气（或荒煤气）可用于提取氢气、甲烷气或作为工业燃气；半焦通过煤气化生产合成气，合成气经净化处理后可用于生产各种化学品，半焦则可作为工业和民用固体燃料。由此可知，低阶煤的分级分质多联产不仅有利于煤炭的高附加值清洁转化，而且有利于提高我国油气自给能力，为保障国家能源安全及绿色环保发挥重要的作用。

一、低阶煤分质利用

众所周知，煤的结构十分复杂，多年来一直是煤化学研究的重点内容。尽管在具体模型和定量表征煤的性质方面仍存有一定的争议，但对煤的物理结构组成和基本化学结构已取得共识。煤的物理结构[2]是由内部的有机质、内水、灰分、矿物质和外水构成。煤的化学结构是由多个苯环、环烷和链烃组成。煤炭分子是以芳环为主体的结构单元，它们通过桥键-交联键构成三维空间结构，并由小分子以非共价键缔合于网络结构空隙中。从化学组成分析，煤炭是由碳、氢、氧、氮、硫等元素组成的复杂结构大分子化合物。其中，低阶煤中的褐煤与低阶烟煤结构单元见图1-1。

低阶煤是由变质煤化程度最低的褐煤和变质煤化程度低的烟煤（如长焰煤、不黏煤和弱黏煤）组成。这类煤是由芳环和脂肪链等缩合而成的大分子聚合物，其中碳、氢含量低，氧含量高，结构单元芳核较小。结构单元之间由桥键交联形成空间大分子，侧链长且数量多，孔隙率高，如图1-1所示。有些褐煤含有较多的活性基团，一般含量为15%~30%，且大部分以含氧官能团的形式存在，只有少数氧在煤大分子结构中以杂环氧的形式存在。由于低阶煤内部仍然由有机质、水分、灰分及矿物质组成，其化学结构也仍然是由碳、氢、氧、氮、

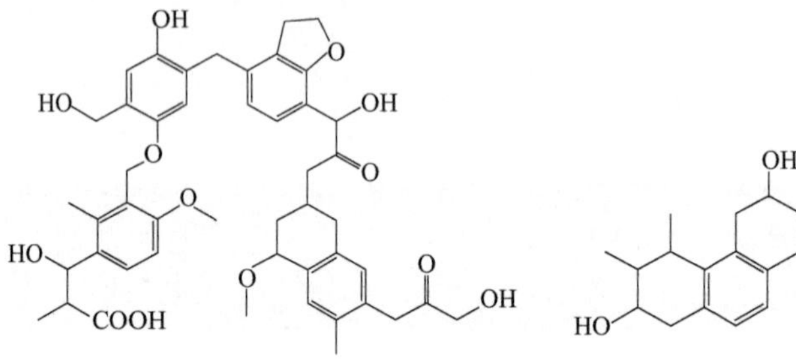

(a) 褐煤　　　　　　　　　　(b) 低阶烟煤

图 1-1　低阶煤结构单元模型示意图

硫及微量元素组成的复杂有机大分子结构。将低阶煤中的有效成分碳和氢等有机质进行分质利用，对于推动我国能源生产革命，实现煤炭清洁生产具有重大的战略意义。如低阶煤中能够用于生产兰炭（半焦）的产区主要分布在陕西、新疆、内蒙古、宁夏和河北等地。其中陕西神木产能约 3500 万 t/a、府谷产能约 2400 万 t/a、榆阳产能约 300 万 t/a；新疆哈密产能约 2600 万 t/a、吐鲁番产能约 1200 万 t/a、昌吉产能约 1000 万 t/a；内蒙古鄂尔多斯产能约 500 万 t/a；宁夏平罗和宁东产能约 400 万 t/a；河北等其他地区产能约 500 万 t/a。据相关资料统计，2023 年我国兰炭产能为 1.24 亿～1.29 亿 t/a；产量为 5300 万～5500 万 t/a。

所谓低阶煤分质利用，主要是指低阶煤通过中低温热解技术，将其中的挥发分气体提出，剩余的半焦或兰炭再利用的一种煤炭分质利用方法[3]。随着现代煤化工兴起，该方法是一种可与煤制油和煤制气转化并驾齐驱的更经济的煤炭转化形式。

① 热解分质利用。将煤炭经热载体传递热量后进行热解处理，煤炭中的有机质和挥发分热分解产出热解气与煤焦油混合物、固体物半焦或兰炭等初级产出物，完成了对煤炭的热解分质过程。

② 气体分质利用。从热解气与煤焦油混合物中分离荒煤气和煤焦油。通过对荒煤气净化分离可得到氢产品，获得氢源；同时还可将荒煤气中的甲烷分离出来，用于生产甲烷气（天然气）或液化天然气（LNG）；最后将荒煤气中剩余的一氧化碳通过变换、净化后还可用于生产化工产品，如甲醇、合成氨、乙二醇等，或作为工业燃料。

③ 液体分质利用。对热解气混合物分离中得到的煤焦油进行深加工，通过煤焦油加氢可生产出石脑油和柴油等石油产品；通过煤焦油加氢获得油品外，还可从煤焦油中提取精馏出酚类物质等高附加值产品。

④ 固体分质利用。对固体半焦或兰炭还可根据产品质量和粒度大小进行分质利用。如块状半焦或兰炭适用于生产电石、铁合金等；粉状半焦或兰炭通过煤气化可生产合成气，再通过合成气深加工生产甲醇、合成氨、乙二醇、天然气、合成油等化工产品。半焦还可作为高炉喷吹料或工业燃料。

二、煤热解多联产

低阶煤以热解为基础[4]，首先可获取碳一、碳二基础原料，用于生产合成氨和尿素等大宗化学品。按照差异化发展原则，延伸碳一、碳二煤化工下游深加工产业链。在这个过程中，将煤炭资源分质利用与煤层气在化工领域耦合，形成"煤气互补、碳氢平衡"或与洁净能源制氢相耦合的煤炭多联产分质利用路径。其次对煤焦油加氢制备运输燃料，通过加氢将煤焦油所含的金属杂质、灰分和 S、N、O 等杂原子脱除，同时对烯烃和芳烃化合物进行饱和，可生产出优质的石脑油和柴油。煤焦油加氢生产的石脑油中 S、N 含量低于 $50\mu g/g$，物料中芳潜含量（物料中烷烃转化成芳烃的潜在含量）均高于 80%。生产的柴油中 S 含量低于 $50\mu g/g$，N 含量低于 $500\mu g/g$，十六烷值均高于 35，凝点均低于 $-35\sim-50°C$，成为优质的洁净柴油调和组分。最后是提取煤焦油中的酚，以获取高附加值产品。由于酚类化合物是煤焦油的主要组分之一，不但含量较多，而且具有广泛的工业价值。其中低沸点酚类（酚、甲酚、二甲酚）可用于生产合成树脂、合成纤维、染料、医药等产品；较高分子量的杂酚可以用作浮选剂、杀虫剂、杀菌防腐剂、石油产品的抗氧化剂等。对于煤焦油中其他组分的获取受低温煤焦油精细化工技术的制约，目前还难以取得突破。其中主要原因是低温煤焦油除酚类组分外，其余单体组分含量不超过 1%，大部分单体组分含量在 0.5% 以下，进行单体组分分离的经济效益不佳。

三、荒煤气多联产成套技术

热解气通常也称为荒煤气，即干馏过程中产生的未经净化处理的带黄色的粗煤气，它是热解及炼焦工业的副产品。由于可燃性气体混合物成分复杂，将其作为化工产品原料利用，受到一定的制约。荒煤气的产率和组成因热解或炼焦用煤质量和工艺过程不同而有很明显的差别，如生产兰炭采用气载体内热式干馏直立炉技术，得到的荒煤气中含氮量高达 40% 以上。对高含氮的常压荒煤气用于化工产品原料，其气体压缩转化、净化、分离难度很大，故一般当作燃料使用。

生产 1t 兰炭产生 $550\sim800m^3$ 荒煤气，其中 $45\%\sim55\%$ 的荒煤气被热解工艺自用。荒煤气的热值通常为 $7.52\sim14.63MJ/m^3$。这种高含氮荒煤气用于生产高附加值的化工产品在压缩净化分离方面尚存在以下瓶颈：

① 荒煤气压缩机运行时间短。由于荒煤气是常压，净化与合成需要在加压工况下才能进行反应；当大气量压缩时，一般会采用离心式压缩机进行压缩，此时的结焦、结垢堵塞非常严重，导致压缩机不能长周期运行。

② 荒煤气脱毒除杂困难。

③ 荒煤气中氮气含量高，这是因为热解过程需要外部提供热量。荒煤气（或燃料煤）作为燃料与空气在燃烧炉内燃烧，产生的高温烟气（含氮量高）作为热载体，直接给热解炉原料煤供热（对内热式干馏炉），使得热解生成的煤气与热载体直接接触混合，因而形成了高含氮气的荒煤气，这种高含氮气的荒煤气是不利于后续荒煤气压缩转化、净化和分离的。

④ 高含氮气的酸性气体分离困难。荒煤气在转化和变换过程中得到的合成气中二氧化碳、硫化氢等酸性气体的分压低，这是因为高含氮气的荒煤气对转化和变换均有一定的影响；特别是高含氮气的变换气中酸性气体分压低对低温甲醇洗酸性气体的吸附影响非常大。无论采用固体吸附法还是溶剂吸收法，脱除和分离这些酸性气体组分难度都很大。由于酸性气体分压低，降低了吸收效率，增加了能耗。此外，采用煤气化中酸性气体脱除的常规低温甲醇洗工艺难以适应高含氮气的酸性气体脱除。

⑤ 高含氮气的脱碳净化气变压吸附 CO 分离提纯困难。采用一般的变压吸附对酸性

气体脱除后的脱碳净化气进行 CO 和 N_2 的分离难度大。这是因为 CO 和 N_2 的沸点接近（常压下分别为 -191.5℃ 和 -195.8℃），因此采用一般的变压吸附难以将 CO 与 N_2 进行分离。

正是因为上述荒煤气利用过程中存在的瓶颈，高含氮气的荒煤气大规模多联产分质利用难以推进。在这种背景下，由中国五环工程有限公司 EPC 总承包，联合相关专利商对荒煤气利用中的瓶颈进行技术攻关，研发成功了国内首套具有世界领先水平的荒煤气成套技术。

荒煤气利用成套技术主要包括：荒煤气压缩采用沈阳鼓风机集团股份有限公司设计制造的汽雾控温防焦化技术；荒煤气转化采用华东理工大学开发的非催化部分氧化（POX）技术；变换气高含氮气净化采用大连理工大学开发的新一代低温甲醇洗脱高含氮气的酸性气体技术；CO 分离提纯及脱氮采用北大先锋科技股份有限公司开发的专用吸附剂变压吸附 CO 分离提纯技术；分离 CO 后的净化气提氢采用成都华西化工科技股份有限公司开发的变压吸附氢分离提纯技术；合成气制乙二醇采用中国五环、华烁、鹤壁宝马联合开发的新一代合成气制聚酯级乙二醇技术。

荒煤气利用成套技术为大规模荒煤气采用离心式压缩机压缩、非催化部分高温 CH_4 转化，高氮转化气 CO 变换、高氮酸性气体 CO_2/H_2S 脱除、高氮变压吸附 CO 分离提纯和变压吸附氢分离提纯等瓶颈问题提供了一系列解决方案。最后将合格的 $CO+H_2$ 通过羰化、加氢、精制技术生产聚酯级乙二醇，开创了兰炭荒煤气大规模、高附加值利用的先河。

首套以大规模荒煤气为原料生产聚酯级乙二醇的装置，标志着荒煤气多联产分质利用的技术瓶颈得到彻底解决，真正实现了大规模荒煤气变废为宝、高附加值最大化利用、降低碳排放、改善大气环境、促进现代煤化工可持续发展的目标。

第二节　煤炭/低阶煤分类

煤炭是地球上蕴藏量最丰富、分布地域最广的化石燃料，也是古代植物埋藏在地下经历了复杂的生物化学和物理化学变化逐渐形成的固体可燃性矿物质。构成煤炭有机质的主要元素有碳、氢、氧、氮和硫，以及少量的磷、氯和砷等元素。其中碳、氢是煤炭有机质的主体，也是煤炭燃烧过程中产生热量的元素，氧是助燃元素。

煤化程度越高，碳含量越高，而氢和氧含量越低。煤中的有机质在一定温度条件下，受热分解后产生可燃性气体，称为"挥发分"。挥发分是由各种碳氢化合物、氢气、二氧化碳等组成的混合气体。煤炭深加工利用时，挥发分是一个重要的参考指标。碳化程度较低的煤，挥发分含量相对较高，在燃烧时易产生未燃尽的碳粒，同时产生更多的一氧化碳和多环芳烃类物质；而无机物含量相对较低，主要是水分和矿物质，其中矿物质是煤炭的主要杂质，如硫化物、硫酸盐、碳酸盐等，大部分属于有害成分。

煤炭中的"水分"可分为外水和内水，煤化程度越低，煤内部表面积越大，水分含量越高。"灰分"是煤炭完全燃烧后剩下的固体残渣，主要来自煤炭中不可燃烧的矿物质。矿物质燃烧灰化时要吸收热量，大量排渣也要带走热量，因此灰分越高，煤炭燃烧的热效率越低。煤炭中的这些物质及指标（如煤化程度、挥发分、灰分、水分等）是衡量煤炭品质的重要参数，也是煤炭分类的重要参考指标[5-6]。

一、国外煤炭分类及定义

国外对煤炭分类的标准主要有 ISO 11760:2018 *Classification of coals*，该标准由中、美、英、德等多国参与制定，历时 13 年。该标准对煤炭进行了界定，用 A_d、R_r 和 M_t 三个指标将煤炭按高、中、低阶进行分类划分。其中，A_d 表示煤炭中的干燥无灰基含量；R_r 表示煤炭中镜质体随机反射率；M_t 表示煤炭中的总含水量。如用 $A_d<50\%$，$M_t<75\%$ 及 $R_{r,max}<8.0\%$ 进行定义，当 $A_d<50\%$ 时，以反映煤化程度的 R_r（random reflectance of vitrinite）和含水量（bed moisture）两个指标将煤炭分为高阶煤，中阶煤和低阶煤，并在此基础上进一步细分为 10 个亚类（无烟煤 A、无烟煤 B、无烟煤 C、烟煤 A、烟煤 B、烟煤 C、烟煤 D、次烟煤 A、褐煤 B、褐煤 C），低阶、中阶、高阶煤的主要定义指标见表 1-1。其中，低阶煤又细分为 3 个亚类，见表 1-2。

表 1-1　低阶、中阶、高阶煤的主要定义指标

煤阶名称	定义指标
低煤阶(褐煤、次烟煤)	$M_t\leqslant75\%$ 且 $R_r<0.5\%$
中煤阶(烟煤)	$0.5\%\leqslant R_r<2.0\%$
高煤阶(无烟煤)	$2.0\%\leqslant R_r<6.0\%$　或 $R_{r,max}<8.0\%$

表 1-2　低阶煤亚类分类

煤阶	指标定义
低阶煤 C(褐煤 C)	镜质体随机反射率 $R_r<0.4\%$，含水量 $M_t>35\%$，干燥无灰基含量 $A_d<75\%$
低阶煤 B(褐煤 B)	镜质体随机反射率 $R_r<0.4\%$，含水量 $M_t\leqslant35\%$，干燥无灰基含量 $A_d<75\%$
低阶煤 A(次烟煤 A)	$0.4\%\leqslant$ 镜质体随机反射率 $R_r<0.5\%$

按煤的岩相组成（以镜质组含量表示），将煤炭分为 4 类，即低镜质组含量煤、中等镜质组含量煤、中高镜质组含量煤和高镜质组含量煤。按煤中无机物含量（以干基灰分产率表示），将煤炭分为 4 类，即低灰煤、中灰煤、中高灰煤和高灰煤。

镜质体随机反射率事实上间接反映了煤炭中的挥发分和碳的含量，R_r 升高，碳含量升高，挥发分降低。

二、国内煤炭分类及定义

1. 无烟煤、烟煤及褐煤分类

国内对煤炭进行分类的标准主要有 GB/T 5751—2009《中国煤炭分类》和 GB/T 17607—1998《中国煤层煤分类》。国内煤炭分类是把煤炭分为无烟煤、烟煤和褐煤三个大类[6]，29 个小类。其中无烟煤分为 3 个小类，编码为 01、02、03，编码中的"0"表示无烟煤，编码中个位数表示煤化程度，数字小表示煤化程度高。烟煤分为 12 个类别，24 个小类，编码中的十位数（1～4）表示煤化程度，数字小表示煤化程度高；个位数（1～6）表示黏结性，数字大表示黏结性强。褐煤分为 2 个小类，编码为 51、52，编码中的"5"表示褐煤，个位数表示煤化程度，数字小表示煤化程度低。无烟煤、烟煤及褐煤分类[6]见表 1-3。

表 1-3 无烟煤、烟煤及褐煤分类

类别	代号	编码	分类指标定义	
			$V_{daf}/\%$	$P_M/\%$
无烟煤	WY	01,02,03	$\leqslant 10.0$	—
烟煤	YM	11,12,13,14,15,16 21,22,23,24,25,26 31,32,33,34,35,36 41,42,43,44,45,46	$>10.0\sim20.0$ $>20.0\sim28.0$ $>28.0\sim37.0$ >37.0	—
褐煤	HM	51,52	$>37.0$①	$<50$②

① 凡 $V_{daf}>37.0\%$，$G\leqslant5$，再用透光率 P_M 来区分烟煤和褐煤(在地质勘查中，$V_{daf}>37.0\%$，在不压饼的条件下测定的焦渣特征为 1～2 号的煤，再用 P_M 来区分烟煤和褐煤)。

② 凡 $V_{daf}>37.0\%$，$P_M>50\%$者为烟煤，$30\%<P_M\leqslant50\%$的煤，如恒湿无灰基高位发热量 $Q_{gr,maf}>24MJ/kg$，划为长焰煤，否则为褐煤。恒湿无灰基高位发热量 $Q_{gr,maf}$ 的计算方法见下式：

$$Q_{gr,maf}=Q_{gr,ad}\times100(100-MHC)/[100(100-M_{ad})-A_{ad}(100-MHC)]$$

式中 $Q_{gr,maf}$——煤样的恒湿无灰基高位发热量，J/g；

$Q_{gr,ad}$——一般分析试验煤样的恒容高位发热量，J/g；

M_{ad}——一般分析试验煤样水分的质量分数，%；

MHC——煤样最高内在水分的质量分数，%。

2. 褐煤分类

褐煤亚类划分采用透光率作为划分指标。当 $P_M\leqslant30\%$时为褐煤一号；当 $30\%<P_M\leqslant50\%$时，如恒湿无灰基高位发热量 $Q_{gr,maf}\leqslant24MJ/kg$ 时为褐煤二号。褐煤亚类划分[6]见表 1-4。

表 1-4 褐煤亚类划分

类别	代号	编码	分类指标及定义	
			$P_M/\%$	$Q_{gr,maf}/(MJ/kg)$①
褐煤一号	HM1	51	$\leqslant30$	—
褐煤二号	HM2	52	$>30\sim50$	$\leqslant24$

① 凡 $V_{daf}>37.0\%$，$30\%<P_M\leqslant50\%$的煤，如恒湿无灰基高位发热量 $Q_{gr,maf}>24MJ/kg$，则划为长焰煤。

3. 国内煤炭分类图

国内煤炭分类[7]用煤样的干燥基灰分产率应小于或等于 10%，干燥基灰分产率大于 10%的煤样应采用重液方法进行减灰后再分类；对易泥化的低煤化程度褐煤，可采用灰分尽可能低的原煤。

黏结指数 $G=85$ 作为指标转化线，当 $G>85$ 时，用 Y 值与 b 值并列作为分类指标，以划分肥煤或气肥煤与其他煤类的指标。当 $G>85$，$Y>25.00mm$ 时，划分为肥煤或气肥煤；当 $V_{daf}\leqslant28.0\%$时，$b>150\%$的为肥煤；当 $V_{daf}>28.0\%$时，$b>220\%$的为肥煤或气肥煤，如按 b 值和 Y 值划分的类别有矛盾时，以 Y 值划分的类别为准。

无烟煤亚类划分按 V_{daf} 和 H_{daf} 划分，结果有矛盾时，以 H_{daf} 划分的亚类为准。当 $V_{daf}>37\%$时，$P_M>50\%$者为烟煤，$P_M\leqslant30\%$者为褐煤；$30\%<P_M\leqslant50\%$时，$Q_{gr,maf}$ 值$>24MJ/kg$ 者为长焰煤，反之为褐煤。国内煤炭分类见图 1-2。

4. 低阶煤分类

根据国内煤炭分类标准，采用煤化程度参数，即干燥无灰基挥发分将煤炭划分为无烟

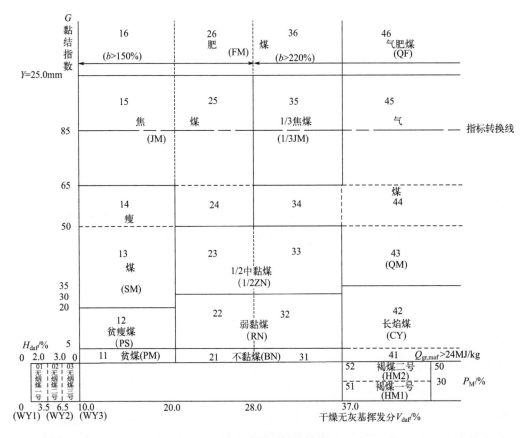

图 1-2　国内煤炭分类图

煤、烟煤和褐煤。当 $V_{daf}>37\%$，$G\leq5$，再用 P_M 来区分烟煤和褐煤。当 $V_{daf}>37\%$，$P_M>50\%$ 为烟煤。当 $V_{daf}>37\%$，$30\%<P_M\leq50\%$，$Q_{gr,maf}>24MJ/kg$，划分为长焰煤。一般低变质程度烟煤包括长焰煤、不黏煤、弱黏煤和褐煤，其中低变质程度褐煤是指恒湿无灰基高位发热量（$Q_{gr,maf}$）$\leq24MJ/kg$ 的煤。划分褐煤亚类时，用煤中全水分作为计算恒湿无灰基高位发热量的计算基准[8]。低阶煤类型划分[2]见表 1-5。

表 1-5　低阶煤类型一般划分

类别	代号	编码	分类指标及定义			
			V_{daf}（质量分数）/%	G	P_M/mm	$Q_{gr,maf}$/(MJ/kg)
弱黏煤	RN	22	>20.0~28.0	>5~30		
		32	>28.0~37.0	>5~30		
不黏煤	BN	21	>20.0~28.0	≤5		
		31	>28.0~37.0	≤5		
长焰煤	CY	41	>37.0	≤5		>24
		42	>37.0	>5~35		
褐煤一号	HM1	51	>37.0		≤30	
褐煤二号	HM2	52	>37.0		>30~50	≤24

该分类与国外标准对煤炭的划分较为一致。与国外标准不同的是，国内标准对于中、高阶煤采用镜质体随机反射率作为分类参数。

第三节　中国煤炭资源状况

一、煤炭资源概况

煤炭是重要的基础能源和工业原料，在我国能源供给体系中占有重要地位[9]。由中国煤炭地质总局负责，中国煤炭地质总局第一勘探局、中国矿业大学（北京）、中国煤炭地质总局航测遥感局等单位承担的《全国煤炭资源潜力评价》已通过国家级评审。项目历时8年完成，实施时间从2006年至2013年。项目提出了我国煤炭资源区划方案，研制了煤炭资源多目标综合评价法，全国共圈定预测区2880个，总面积42.84万 km²。该项目全面评价了我国煤炭资源勘查开发现状和勘查开发潜力，成果数据表明全国煤炭资源总量为5.90万亿t。煤炭预测资源量为3.88万亿t，煤炭探获资源量为2.02万亿t，煤炭保有资源储量为1.49万亿t。其中，1000米以浅总量为2.81万亿t，煤炭已探明可开发利用基础储量为2157亿t，并进行了分级、分等、分类评价，为国家制定煤炭资源勘探开发政策提供了科学依据。以上数据仍然具有较高的官方认可度、权威性、系统性和学术价值；但在时效性方面（截至2023年）经过十年时间，我国煤炭资源的储量、可开采量及相关数据还是发生了较大的变化，结合自然资源部《中国矿产资源报告2024》及相关权威信息和数据整理，我国煤炭资源相关数据如下。

1. 煤炭总资源储量与可开采量

煤炭探明储量：全国煤炭探明储量为2185.7亿t。

煤炭预测资源量：全国煤炭预测资源量约5.4万亿t，其中新疆占40.6%（约2.19万亿t），新疆、内蒙古、山西、陕西等省区占比超80%。

煤炭可开采量：在当前技术条件下，经济可开采量约为1400亿～1432亿t（中国矿业大学）。

煤炭开采年限：按2024年原煤产量47.6亿t计算，可维持约30年（需结合深部开采技术提升和新增探明储量动态调整）。

2. 产量与供需现状

产量：全国原煤产量47.6亿t，创历史新高，占全球产量超50%（国家统计局数据）。

主产区分布：内蒙古（12.97亿t）、山西（12.69亿t）、陕西（7.8亿t）、新疆（5.4亿t），四省产量占全国81.66%。

进口量：全国进口煤炭5.4亿t，同比增长14.4%，占消费量约10%（海关总署数据）。

自给率：国内产量满足超90%需求，对外依存度较低。

3. 区域分布特征

资源集中区：华北占全国探明储量的49.25%（山西、内蒙古为主）；西北占30.39%（新疆、陕西为主）；西南占8.64%（贵州、云南为主）。

煤种结构：烟煤（动力煤、炼焦煤）占比75%，无烟煤占12%（山西、贵州为主），褐煤占13%（内蒙古为主）。

4. 能源消费现状

能源消费总量：2023 年 57.2 亿 t 标准煤。

一次能源生产总量：2023 年 48.3 亿 t 标准煤。

能源自给率：2023 年 84.4％。

能源生产结构中煤炭占比：2023 年 66.6％。

煤炭消费量：2023 年约 44.7 亿 t（实物量），增长 5.6％。

煤炭消费量占一次能源消费总量的比重：2023 年 55.3％。

二、煤炭预测资源量

据《全国煤炭资源潜力评价》数据，我国煤炭预测资源量为 38796 亿 t，其中低阶煤超过 20173 亿 t，占总量的一半以上。我国煤炭预测资源量构成见表 1-6。

表 1-6　我国煤炭预测资源量构成

煤类	预测资源量/亿 t	占比/％
不黏煤	11638.80	30
长焰煤	8535.12	22
气煤	5431.44	14
无烟煤	4267.56	11
其他	8923.08	23
小计（预测资源量）	38796.00	100

根据最新权威数据，我国煤炭预测资源量在十年间呈现显著增长（数据来源：自然资源部等，截至 2023 年），具体变化如下：新疆预测煤炭资源储量达 2.19 万亿 t，占全国总量的 40％。以此推算，全国煤炭预测资源量已提升至约 5.48 万亿 t，较 2014 年的 3.88 万亿 t 增长约 41％。新增预测资源量主要集中在新疆、内蒙古、山西等地区。如新疆哈密尾亚-牛毛泉地区通过新一轮找矿突破战略行动，新增 10 亿 t 级铁矿及伴生煤炭资源。我国在煤炭结构中，低阶煤（褐煤、低变质烟煤）仍是预测资源主体，占比超 60％。

三、煤炭探获资源量

据《全国煤炭资源潜力评价》数据，我国煤炭探获资源量为 20240 亿 t，其中，低阶煤（褐煤、低变质烟煤）13736 亿 t，占总量的 68％。我国煤炭探获资源量构成见表 1-7。

表 1-7　我国煤炭探获资源量构成

煤类	探获资源量/亿 t	占比/％
褐煤	3232	16
低变质烟煤	10504	51.88
中变质烟煤	3434	17
高变质煤	2626	13
天然焦及未分类煤	404	2
小计（探获资源量）	20240	100

根据最新权威数据，我国煤炭探获资源量在十年间呈现显著增长，具体变化如下：总量增长（截至 2023 年），我国煤炭探获资源量在新一轮找矿突破战略行动中新增 5268 亿 t（数据来源：自然资源部中国地质调查局）。结合 2014 年的 20240 亿 t，总量提升至约 25468 亿 t，增幅约 26%。新增煤炭探获资源量主要集中在新疆、内蒙古、山西等地区，尤其是新疆已经成为战略开发重地。低阶煤占比延续，尤其是褐煤、低变质烟煤仍是探获资源主体，占比超 70%。

四、煤炭保有资源量

据《全国煤炭资源潜力评价》数据，我国煤炭保有资源量为 14879.4 亿 t。其中，褐煤约 2930.91 亿 t，占 19.7%；低变质煤约 7495.62 亿 t，占 50.4%；中变质煤约 1769.25 亿 t，占 11.89%；高变质煤约 2051.83 亿 t，占 13.79%；未分类煤约 631.79 亿 t，占 4.22%。在煤炭的保有资源量中，低阶煤（含褐煤）约 10426.53 亿 t，占总量的 70.1%。我国煤炭保有资源量由生产矿井占用资源量、精查资源量、详查资源量和普查资源量构成[10-11]。我国煤炭保有资源量构成见表 1-8。

表 1-8 我国煤炭保有资源量构成

煤类	保有资源量/亿 t					占比/%
	生产矿井占用资源量	精查（勘探）资源量	详查资源量	普查资源量	合计	
褐煤	167.32	450.90	1260.94	1051.75	2930.91	19.7
低变质烟煤	1589.63	1402.81	1085.00	3418.18	7495.62	50.4
中变质烟煤	920.31	275.55	205.27	368.11	1769.24	11.9
高变质煤	962.14	375.75	293.24	420.70	2051.83	13.8
天然焦及未分类煤	543.82	—	87.97	—	631.79	4.2
小计（保有资源量）	4183.23	2505.01	2932.42	5258.74	14879.4	100.0

根据最新权威数据，我国煤炭保有资源量在十年间也发生了变化，截至 2024 年，我国煤炭保有资源量变化呈现以下特点：

① 总量保持动态平衡。根据行业分析，我国煤炭保有资源量整体保持动态平衡。2023 年全国原煤产量达 47.1 亿 t（同比增长 3.4%），但新增探明资源及资源整合项目（如新疆战略开发）持续补充资源储备。自然资源部数据显示，新疆地区预测煤炭资源储量达 2.19 万亿 t（占全国 40%），预计 2035 年产能将突破 10 亿 t，成为重要增量来源。

② 结构性调整加速。煤炭资源向晋陕蒙新等中西部集中，东部资源逐渐枯竭。2024 年，晋陕蒙新地区煤炭产量占比已超 80%，且未来增量的 80% 将来自西部，新疆将由储备基地转向战略开发。据自然资源部 2023 年公示，全国煤炭可采探明储量约 2070 亿 t，按当前开采量（47 亿 t/a）推算可维持约 44 年。区域分布为，山西（483 亿 t）、内蒙古（411 亿 t）、新疆（341 亿 t）、陕西（290 亿 t），四省区占全国 74%。

据相关资料介绍，在我国煤炭保有资源量构成中，生产井、在建井已占用资源量约 4183 亿 t，精查（勘探）资源量约 2505 亿 t，详查资源量约 2932 亿 t，普查资源量 5259 亿 t，合计保有资源量为 1.49 万亿 t。我国保有煤炭资源勘察开发见图 1-3。

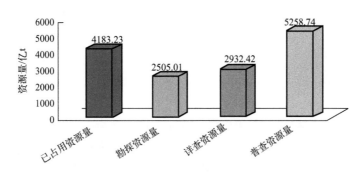

图 1-3　我国保有煤炭资源勘察开发示意图

由图 1-3 所示，我国煤炭探获资源量由煤炭已占有资源量和尚未占有资源量组成。其中煤炭已占有资源量为 20.67%，约 4183 亿 t，尚未占有资源量为 79.33%，约 16057 亿 t。煤炭尚未占有资源量包括：煤炭精查勘探量、煤炭详查量、煤炭普查量和煤炭预查量。其中精查勘探资源量 2505.01 亿 t、详查资源量 2932.42 亿 t、普查资源量 5258.74 亿 t、预查资源量 5360.83 亿 t。

在我国煤炭保有资源量中精查（勘探）资源量约 2505.01 亿 t，该数据与《BP 世界能源统计年鉴（2017）》公布的数据，中国煤炭已探明资源量为 2440.10 亿 t 较为接近。煤炭已探明可采储量为 2078.85 亿 t（参照国家标准 GB/T 17766—2020《固体矿产资源储量分类》，为证实储量与可信储量之和）。

五、煤炭保有资源储量

根据全国煤炭基地开发潜力评价数据，截至 2019 年，我国累计探获煤炭资源储量为 14879.40 亿 t，其中煤炭保有资源储量为 10176.19 亿 t，关闭矿井资源储量为 186.22 亿 t，其他储量 1935.41 亿 t。探获煤炭保有资源储量主要分布在新疆、内蒙古、山西、陕西、贵州、宁夏和甘肃等地区。累计探获煤炭保有资源储量 12297.82 亿 t，占全国探获煤炭保有资源储量的 82.65%。累计探获煤炭保有资源储量 8493.05 亿 t，占全国煤炭保有资源储量的 83.46%。我国煤炭保有资源储量及构成见表 1-9。

表 1-9　我国煤炭保有资源储量及构成

煤类	褐煤	低变质煤	气煤	肥煤	焦煤	瘦煤	贫煤	无烟煤	小计
储量/亿 t	1291.32	4320.75	1317.31	382.99	682.92	424.47	559.17	1197.26	10176.19
占比/%	12.69	42.46	12.95	3.77	6.71	4.17	5.49	11.77	100.00

六、煤炭资源分布

据相关资料介绍，我国煤炭资源主要分布[11]在东北赋煤区、华北赋煤区、华南赋煤区、西北赋煤区、滇藏赋煤区五大赋煤区。根据 GB/T 5751—2009《中国煤炭分类》的划分，其中低阶煤主要包含低变质烟煤（如长焰煤、不黏煤、弱黏煤等）和褐煤。我国各省（自治区、直辖市）煤炭资源及构成分布见表 1-10。

表 1-10　我国各省（自治区、直辖市）煤炭资源及构成分布　　　　单位：亿 t

序号	省（自治区、直辖市）	褐煤	低变质煤	气煤	肥煤	焦煤	瘦煤	贫煤	无烟煤	小计
1	新疆		12920.00	4754.50	312.60	24.80	25.40			18037.30
2	内蒙古	1753.40	9004.00	1079.45	11.02	364.18	0.23	23.96	8.15	12244.39
3	山西	12.68	53.85	70.42	343.90	508.02	301.89	589.79	2018.63	3899.18
4	陕西		523.79	800.15	115.89	111.49	64.45	94.53	320.80	2031.10
5	贵州			5.22	41.40	319.57	133.97	247.27	1149.47	1896.90
6	宁夏		1264.83	84.31	20.73	17.75	24.79	123.52	185.18	1721.11
7	甘肃		242.49	1172.99	1.63		5.72	4.83	1.21	1428.87
8	河南	8.82	3.75	86.11	19.20	163.77	87.94	109.29	440.83	919.71
9	安徽		0.66	370.42	35.00	154.37	33.69	3.56	13.89	611.59
10	河北	9.98	7.24	508.44	30.19				45.54	601.39
11	云南	19.11	0.67	6.22	3.58	124.00	31.17	125.48	127.64	437.87
12	山东	24.67	3.23	220.68	76.50	5.64		27.66	46.75	405.13
13	青海		143.60	51.86	7.85	33.00	30.34	81.18	32.59	380.42
14	四川	14.30		4.90	5.71	75.46	55.38	14.78	133.26	303.79
15	黑龙江	44.49	8.53	83.33		37.65	0.55	1.58		176.13
16	北京								86.72	86.72
17	辽宁	6.04	25.35	7.52	1.05	1.63		2.15	15.53	59.27
18	江苏			34.71	1.57	6.90	2.02	3.45	1.84	50.49
19	湖南		0.15	1.27	2.28	2.06	1.31	1.65	36.63	45.35
20	天津			44.52						44.52
21	江西		0.38	1.60	0.83	6.09	2.35	5.52	24.07	40.84
22	吉林	7.46	11.06	3.68	0.48	0.71	1.88	1.96	2.80	30.03
23	福建						0.09		25.48	25.57
24	广西	1.69	1.44				0.44	5.46	8.61	17.64
25	广东	0.41			0.06	0.07		0.74	7.83	9.11
26	西藏		0.08	0.08	0.20	0.13	0.14	0.03	7.43	8.09
27	湖北							0.49	1.55	2.04
28	浙江				0.44					0.44
29	海南	0.01								0.01
30	小计	1903.06	24215.10	9392.38	1032.11	1957.29	803.75	1468.88	4742.43	45515.00
31	其他									13485.00
32	合计									59000.00
33	占比/%	4.18	53.20	20.64	2.27	4.30	1.77	3.23	10.41	

据《全国煤炭资源潜力评价》数据，我国低变质煤探获资源量为 10504 亿 t，占探获资源量的 52%；褐煤探获资源量为 3232 亿 t，占探获资源量的 16%。与表 1-10 对比可知，低变质煤预测量约为 24215.1 亿 t，已经探明低变质煤保有储量为 4320.75 亿 t，低变质煤保有资源储量占低变质煤预测量的 17.84%；已经探明褐煤保有资源储量 1291.32 亿 t，占预测褐煤量的 67.86%。

1. 低变质煤分布

我国长焰煤、不黏煤、弱黏煤等低变质烟煤主要分布在西北赋煤区即新疆、内蒙古、宁夏、陕西、甘肃等地。成煤时代以早、中侏罗世为主，其次为早白垩世和石炭纪、二叠纪。新疆的低变质烟煤最多，占全国低变质烟煤的53.36%；其次是内蒙古，占37.18%；宁夏占5.22%；陕西占2.16%；甘肃占1.00%。此外，青海、山西、辽宁、吉林、黑龙江、河北、河南等省也有分布。新疆的低变质烟煤占全区煤炭资源的71.63%，内蒙古为73.54%，陕西为25.79%，宁夏为73.49%，甘肃为16.97%。

① 弱黏煤：一种黏结性较弱的低变质到中等变质程度的烟煤。加热时，产生的胶质体较少。炼焦时，有的能生成强度很差的小块焦，有的只有少部分能结成碎屑焦，粉焦率很高。因此，弱黏煤是一种灰分和硫分比较低、黏结性较弱的低阶或中偏低碳化程度的烟煤。弱黏煤含碳量一般为80%～90%，加热时产生的胶质体较小，单独炼焦时焦炭质量差，易粉碎。这种煤适合作气化原料和电厂、机车及锅炉的燃料煤，作为配煤可炼出强度较好的冶金焦。

② 不黏煤：不黏煤多是在成煤初期就已经受到相当氧化作用的低变质到中等变质程度的烟煤。不黏煤水分含量大，有的还含有一定量的次生腐殖酸，加热时基本不产生胶质体，含氧量有的高达10%。不黏煤主要作为气化和发电用煤、动力和民用燃料。不黏煤含碳量一般在75%～85%，水分含量高、燃点低、用火柴可点燃、燃烧时间长、不易熄灭。

③ 长焰煤：变质程度最低的烟煤，从不黏结性到弱黏结性均有，最年轻的长焰煤含有一定数量的腐殖酸，储存时易风化碎裂。煤化度较高的长焰煤加热时还能产生一定数量的胶质体，结成细小的长条形焦炭，但焦炭强度差，粉焦率相当高。长焰煤是烟煤中最年轻的一种煤，其挥发分和水分含量仅次于褐煤，但碳化程度高于褐煤，含碳量低于80%，着火点低于300℃，燃烧时火焰较长。长焰煤主要用于发电、气化或作为其他动力用。在缺少石油的地区可通过采用低温热解技术，提取低温（500～600℃）煤焦油，同时得到的副产品半焦可用来煤气化，合成气可用于生产合成氨及甲醇，也可作为工业燃料或直接用于民用燃料。

2. 褐煤分布

褐煤是未经过成岩阶段[11]，没有或很少经过变质过程的煤。褐煤外观呈褐色或褐黑色，具有含碳量低、水分高、挥发分高、反应活性好、易燃烧等特征。褐煤按透光率分为 $P_M >$ 30%～50%的年老褐煤和 $P_M \leqslant 30\%$ 的年轻褐煤两种类型。褐煤的特点是：水分大，相对密度小，不黏结，含有不同数量的腐殖酸。煤中含氧量为15%～30%，化学反应性强、热稳定性差，块煤加热时破碎严重，存放在空气中易风化变质、碎裂成小块乃至粉末状。同时，发热量低，煤灰熔点较低，煤灰中常含较多的氧化钙和较低的三氧化二铝。褐煤多作为发电燃料，也可作气化原料和锅炉燃料。有的褐煤可用来制造磺化煤或活性炭；有的可作为提取褐煤蜡的原料；年轻褐煤也适用于制作腐殖酸铵等有机肥料，用于农田和果园以促进增产。

褐煤集中分布于东北赋煤区的黑龙江、华北赋煤区的内蒙古以及滇藏赋煤区的云南。成煤时代以中生代侏罗纪和新生代古近纪、新近纪为主。从成煤时代来看，内蒙古的褐煤主要形成于白垩纪晚白垩世，云南的褐煤主要形成于新近纪。其中我国三大赋煤区内23个含煤区褐煤资源量见表1-11。

表 1-11　我国三大赋煤区内 23 个含煤区褐煤资源量统计表

赋煤区	含煤区	预测量/亿 t	已探明量/亿 t	合计量/亿 t	全国占比/%
华北	1. 阴山含煤区	18.29		18.29	
	2. 恒山五台山含煤区	2.83		2.83	
	3. 豫西含煤区	9.85		9.85	
	4. 冀北含煤区	8.35		8.35	
	5. 豫北鲁西北含煤区	33.49	3.42	36.91	
	小计	72.81	3.42	76.23	2.34
东北	6. 海拉尔盆地群	925.76	260.23	1185.99	
	7. 二连盆地群	786.34	821.85	1608.19	
	8. 多伦盆地群	15.59		15.59	
	9. 平庄-元宝山	0.38	15.97	16.35	
	10. 三江-穆棱河含煤区	41.08		41.08	
	11. 延边含煤区	0.85	4.49	5.34	
	12. 敦化-抚顺含煤区	11.95	9.88	21.83	
	13. 依兰-伊通含煤区	7.24	5.41	12.65	
	14. 松辽盆地西南部含煤区	8.17		8.17	
	15. 辽河凹陷含煤区		31.78	31.78	
	16. 大兴安岭含煤区	2.29	15.97	18.26	
	小计	1799.65	1165.58	2965.23	91.58
华南	17. 六盘水含煤区	1.32	7.89	9.21	
	18. 邵通-曲靖含煤区	1.00	81.99	82.99	
	19. 昆明-开远含煤区	10.16	16.61	26.77	
	20. 攀枝花-楚雄含煤区	0.77		0.77	
	21. 百色含煤区	1.20	3.97	5.17	
	22. 南宁含煤区	0.49	2.03	2.52	
	23. 华南其他地区	14.22	7.89	22.11	
	小计	29.16	120.38	149.54	4.62
	合计	1901.62	1289.38	3191.00	98.56

注：本表数据来自《全国褐煤主要分布区煤层气资源量预测》. 郑玉柱等，煤田地质与勘探，2007。

我国主要褐煤基地的煤田资源[11]保有地质储量约为 777 亿 t，主要褐煤基地煤田资源见表 1-12。

表 1-12　主要褐煤基地煤田资源统计表

序号	褐煤基地名称	保有地质储量/亿 t	预测区储量/亿 t	备注
1	内蒙古满洲里扎赉若尔煤田	80	140	
2	内蒙古通辽市霍林河煤田	130	—	露采
3	内蒙古伊敏河煤田	50	120	
4	内蒙古呼伦贝尔市大雁煤田	30	—	
5	内蒙古锡林郭勒盟胜利煤田	160		
6	内蒙古呼伦贝尔市宝日希勒煤田	64		露采
7	内蒙古通辽市平庄元宝山煤田	15		

序号	褐煤基地名称	保有地质储量/亿 t	预测区储量/亿 t	备注
8	内蒙古锡林郭勒盟白音华煤田	141	1000	
9	云南昭通煤田	80		水灰高
10	云南红河州小龙潭煤田	10		
11	云南昆明先锋煤田	3		
12	吉林舒兰煤田	4		
13	山东烟台龙口煤田	10		硫灰低
	小计	777		

七、低阶煤煤质主要特征

低阶煤由于成煤时间短、煤化程度低，因而含有较多的非芳香结构和含氧基团，芳香核的环数较少，规则部分小，侧链长而多，官能团多，因而空间结构较为疏松。低阶煤结构疏松和侧链多的特点决定了低阶煤具有较强的反应活性和较高的挥发分，与年老煤相比，低阶煤尤其是褐煤易氧化、自燃和风化破碎，长途运输安全性差。褐煤含水量高，热值低，不适合直接运输。

1. 褐煤主要特征

根据全国 70 个主要褐煤产地（其中包括 176 个井田及勘探区）的资料统计，褐煤全水分含量 20%～50%；灰分含量 20%～30%；收到基低位发热量 11.71～16.73MJ/kg。褐煤中总腐殖酸含量 5%～50%，粗褐煤蜡产率普遍较低。古近纪和新近纪褐煤的煤焦油产率明显高于侏罗纪褐煤的煤焦油产率，前者的平均煤焦油产率大于 12%，后者均小于 8%。不同地区（内蒙古和新疆地区）部分褐煤的煤焦油产率见表 1-13。

表 1-13　不同地区部分褐煤的煤焦油产率

煤样	煤焦油产率（质量分数）/%							
	500℃		550℃		600℃		650℃	
	ar	ad	ar	ad	ar	ad	ar	ad
准哈煤	5.0	6.2	5.3	6.6	5.7	7.0		
乌拉盖煤	5.7	7.8	5.7	7.8	5.8	7.9		
新疆某褐煤			4.91	5.55	5.04	5.70	4.42	5.00

我国主要褐煤基地的部分煤质工业分析数据显示，对同一煤田，不同煤层、不同矿井的煤质组分是有区别的，部分矿区褐煤主要质量指标工业分析见表 1-14。

表 1-14　部分矿区褐煤主要质量指标工业分析（质量分数）　　　　单位：%

序号	矿区	M_t	M_{ad}	A_d	V_{daf}	$S_{t,d}$	C_{ad}	H_{ad}	N_{ad}	$Q_{net,ar}$/(MJ/kg)
1	扎赉若尔	32.3	9.29	17.66	44.53	0.32	55.38	3.66	1.19	15.36
2	霍林河	28.1	18.02	31.51	51.11	0.51	41.16	2.44	0.67	12.66
3	伊敏	38.7	12.88	23.38	45.04	0.17	47.60	3.34	1.08	11.20
4	大雁	34.9	24.88	15.22	46.04	0.56	45.44	3.09	0.78	14.04

序号	矿区	M_t	M_{ad}	A_d	V_{daf}	$S_{t,d}$	C_{ad}	H_{ad}	N_{ad}	$Q_{net,ar}$/(MJ/kg)
5	宝日勒	31.8	13.35	16.93	40.25	0.21	52.54	3.19	0.83	14.48
6	平庄	23.1	10.91	29.08	43.09	1.20	46.24	2.78	0.68	14.52
7	昭通	50.5	13.9	25.5	55.40	1.05	—	—	—	<10.0
8	小龙潭	35.5	14.04	10.42	50.40	1.27	51.86	3.65	1.41	14.50
9	先锋	34.8	19.6	7.70	49.10	0.58	—	—	—	21.40
10	舒兰	21.9	17.20	39.03	54.68	0.27	33.00	2.50	0.99	10.70
11	龙口	21.1	10.25	16.98	44.82	0.68	56.62	4.05	1.52	19.57
12	珲春	17.8	15.86	24.38	47.56	0.40	46.58	3.53	0.91	17.22

由表 1-4 可知，12 个矿区褐煤的总含水量在 17.8%～50.5%；空干基含水量在 9.29%～24.88%；干燥基灰分在 7.7%～39.03%；干燥无灰基挥发分在 40.25%～55.4%；收到基低位发热量在 10～21.40MJ/kg。由此可知，不同矿区褐煤的工业分析指标范围变化幅度非常大，因此，对褐煤的热解影响也非常大。

2. 低变质烟煤主要特征

我国低变质烟煤的主要特征是灰分低、硫分低、发热量高、可选性好，通过对一些主要矿区的低变质烟煤的工业分析数据可知，灰分在 15% 左右，硫分小于 1%。其中不黏煤的平均灰分为 10.85%，平均硫分为 0.75；弱黏煤平均灰分为 10.11%，平均硫分为 0.87%。如大同的弱黏煤，神府和东胜的不黏煤，灰分低，硫分少，被誉为天然精煤。据 15 个省（区）的 71 个矿区（井田）的统计，长焰煤的全水分为 5%～12%；收到基低位发热量为 16.73～20.91MJ/kg。不黏煤和弱黏煤的全水分分别为 6%～12% 和 3%～8%；收到基低位发热量为 20.91～25.09MJ/kg，皆高于长焰煤。长焰煤煤化程度稍高于褐煤，一般较少含原生腐殖酸，个别长焰煤仍残留 2% 左右的腐殖酸。

第四节　低阶煤热解技术及过程分析

一、概述

煤热解技术应用始于 19 世纪，利用煤炭热解制取灯油和蜡。后因电灯的发明，煤炭热解技术逐渐衰落。在第二次世界大战期间，德国建立了大型低温干馏厂，以褐煤为原料生产低温干馏煤焦油，并在高压加氢条件下制取汽油和柴油。

20 世纪 50 年代前，世界上一些国家建立起不同规模的低温干馏工业，如英国、波兰、捷克、苏联、美国、加拿大、日本、中国和新西兰等。北京石油学院、上海电业局的研究人员开发了流化床快速热解工艺，并进行了 10t/d 规模的中试。60 年代中期，大连工学院研究开发了辐射炉快速热解工艺。该技术经实验室研究和放大规模实验，1979 年建立了 15t/d 规模的工业示范装置。

20 世纪 70 年代，世界范围内的石油危机再度引起世界对煤炭热解工艺的重视，各国纷纷开展煤化学理论研究和热解工艺开发。70 年代末，煤炭热解技术得到迅速发展，同时出现各种类型的煤炭热解技术。相继推出了高效率、低成本、适应性强的煤热解工艺。典型的热解炉有：回转炉、移动床、流化床和气流床热解技术。

二、国外煤热解技术

20 世纪初至 50 年代，低温热解工业快速发展，德国 Lurgi-Spuelgas 法、Garrett 法、Lurgi-Ruhrgas 法，美国 COED 法、TOSCOAL 法等工艺相继问世[12-13]。但半个多世纪以来，技术迭代较为缓慢。德国 Lurgi-Ruhrgas 流化床热解技术采用气体热载体实现煤粉快速热解，煤气热值≥20MJ/m³、焦油收率约 8%，但工业化推广受阻。美国 Garrett 技术通过粉煤（<0.074mm）与热载体半焦 1s 内快速升温至 280℃，优化热载体循环和温度控制后，焦油收率提升至 12%（干基），但粉尘分离难题限制了其规模化应用。美国 TOSCOAL 技术采用陶瓷球热载体的回转窑工艺，原料适应性强，但能耗高、系统复杂，工业化案例较少。

近年来，国外低阶煤热解研究呈现三大趋势：一是强化热解与气化、发电等工艺耦合，如日本 CCSI 技术通过半焦气化补充热量，实现能源梯级利用和碳减排；二是开发低温干燥-高温热解分级工艺，使半焦碳结构强度提升 30% 以上；三是研发低成本催化剂促进焦油轻质化，集成多联产系统提升能源转化效率并实现 CO_2 减排。

（1）热解基础研究

聚焦煤结构-反应性关联、颗粒粒径传热效应及焦油高值化利用，改进化学渗滤脱挥发分模型（CPD），引入焦油消耗修正项和气体成分关联式，预测误差控制在 ±10% 以内。研究方向从燃料生产转向芳烃/环烷油等精细化学品制造，并结合 CCUS 技术推动低碳化发展。

（2）油尘分离工艺优化

通过改进旋风分离、静电除尘等气固分离装置，采用焦油自洗涤替代水洗工艺，美国实验装置多级过滤技术粉尘去除率达 90% 以上，显著提升了焦油品质。

（3）传热与反应器设计创新

流化床热解炉优化实现了粉煤高效转化，焦油产率提升至 41%，并强化了热量循环；德国多段控温技术使煤气 CH_4 含量超过 40%。外热式回转窑通过间接加热提高煤气热值至 18MJ/m³ 以上，适用于 LNG、氢气等高附加值产品生产。

（4）微波辅助热解技术突破

2023 年研究表明，620℃ 下微波热解合成气产率达 53%，油类 15%，添加 Fe_2O_3/蓝焦复合催化剂可使褐煤焦油产率提升至 6.54%、碳含量增至 20.40%。该技术在低温下实现更高合成气热值，为氢冶金等工艺提供了优质气源。

当前，国外低阶煤热解技术正朝着高效化、清洁化、智能化方向发展，微波辅助热解和催化技术成为研究热点，通过多学科交叉创新推动资源的高效利用。

三、国内煤热解技术

近年来，我国低阶煤热解技术开发取得了一些突破性进展，其中有一部分具有竞争力的热解技术已经实现了工业化生产。据不完全统计，国内热解技术多达几十种，其中一部分完成了中试装置及小规模工业示范装置运行；另一部分投入了工业生产运行，并取得了较好的经济效益和社会效益。这些热解技术包括：河南龙成集团公司的旋转床热解技术、西安三瑞实业有限公司的回转炉技术、北京众联盛化工工程公司的 MWH 型直立炉技术、北京神雾环境能源科技集团公司的无热载体蓄热式旋转床技术、中钢鞍山热能研究院有限公司的 RNZL 干馏直立炉技术、神木三江煤化工有限公司的 SJ 直立方炉技术、国电富通 GF 直立炉技术、陕西煤业化工集团与北京国电富通公司的 SM-GF 分段多层立式炉技术、中国五环工程有限公司与大唐华银电力公司的 LCC 褐煤提质技术、延长碳氢高效利用研发中心的 CCSI 粉煤热解-气化一体化技术[15]、北京柯林斯达科技公司与陕西煤业化工集团的 CGPS 气化-热解带式炉一体化技术、浙江大学与淮南矿业集团公司的 ZDL 流化床热解技术、大连理工大学的 DG 快速热解移动床技术等。这些热解技术基本涵盖了外热式、内热式、内外热混合式、固定床、移动床、流化床、气流床、气体热载体、固体热载体、气固混合热载体以及块煤、小粒煤、粉煤和热解-气化一体化技术等。国内低阶煤中低温热解技术一览见表 1-15。

表 1-15　国内低阶煤中低温热解技术一览

序号	煤热解炉技术名称	技术(专利)权属单位	备注
1	龙成低阶煤低温热解旋转床技术	河南龙成集团公司	外热式
2	三瑞低温热解回转炉技术	西安三瑞实业有限公司	外热式
3	众联盛 MWH 型蓄热室式直立炉技术	北京众联盛化工工程公司	外热式
4	神雾无热载体蓄热式旋转床热解技术	北京神雾环境能源科技集团公司	外热式
5	MRF 多段回转炉热解技术	中国煤炭科学研究总院北京煤化所	外热式
6	神木天元低温热解回转炉技术	华陆工程科技公司、陕煤天元化工公司	外热式
7	畅翔外热式直立炉技术	山西畅翔科技公司	外热式
8	RNZL 干馏直立炉技术	中钢鞍山热能研究院有限公司	内热式
9	SJ 低温干馏直立方炉技术	陕西神木三江煤化工有限公司	内热式
10	国电富通 GF 干馏直立炉技术	北京国电富通科技发展有限责任公司	内热式
11	SM-GF 分段多层立式矩形热解炉技术	陕西煤业化工集团、北京国电富通公司	内热式
12	LCC 低阶褐煤转化提质技术	中国五环工程有限公司、大唐华银电力公司	内热式
13	输送床粉煤快速热解技术	西安建筑科技大学、陕西煤业化工集团	内热式
14	SH 低温热解直立炉技术	陕西冶金研究设计院	内热式
15	神木恒源倒阶梯直立碳化炉技术	陕西神木恒源煤化公司	内热式
16	西建科大富氧干馏直立炉技术	西安建筑科技大学	内热式
17	DG 固体焦载体快速热解移动床技术	大连理工大学	内热式
18	循环流化床固体焦载体粉煤热解技术	中国科学院工程热物理研究所	内热式
19	ZDL 固体灰载体流化床热解技术	浙江大学、淮南矿业集团公司	内热式
20	固体灰载体流化床粉煤低温热解技术	中国科学院过程工程研究所	内热式
21	神华固体热载体分级炼制技术	北京低碳能源研究院	内热式
22	蓝天流化床灰载体热解技术	北京蓝天新能源公司	内热式
23	瓷球热载体回转炉技术	国电锡林河能源公司	内热式
24	鹏飞灰载体回转炉技术	江苏鹏飞集团公司	内热式
25	CCSI 粉煤热解-气化一体化技术	延长碳氢高效利用研发中心	内热式
26	SM-SP 气固热载体粉煤双循环快速热解技术	上海胜帮化工技术公司、陕北乾元能源化工公司	内热式
27	CGPS 气化-热解带式炉一体化技术	北京柯林斯达科技公司、陕西煤业化工集团	内热式
28	SM-DXY 新型直立炉热解技术	陕西煤业化工集团东鑫垣化工有限公司	内热式

根据表 1-15 所列低阶煤热解技术,按原料煤粒度划分有块煤和粉煤;按热解供热方法划分有外热式和内热式;按热载体划分有气载体和固载体。因此热解技术可以分类为:外热式间接加热低温热解技术、内热式直接加热气载体块煤热解技术、内热式直接加热固载体粉煤热解技术和内热式直接加热气固载体粉煤热解技术四大类。煤热解炉分类及主要技术特征见表 1-16。

表 1-16 煤热解炉分类及主要技术特征

类别及序号	热解炉名称(简称)	进料粒度	换热方式	热载体类型	干馏炉类型	规模/(万 t/a)
一	外热式间接加热低温热解型					
1	龙成旋转炉	粒煤	外热式	气载体	回转炉	80、200
2	三瑞回转炉	块煤	外热式	气载体	回转炉	20
3	MWH 直立炉	块煤	外热式	气载体	直立炉	60
4	神雾旋转炉	块煤/粉煤	外热式	气载体	旋转床	30
5	MRF 回转炉	粒煤	外热式	气载体	多段回转炉	5.5
6	天元回转炉	混块煤	外热式	气载体	回转炉	60
7	畅翔直立炉	块煤	外热式	气载体	直立炉	中试
二	内热式直接加热气载体热解型					
8	RNZL 直立炉	混块煤	内热式	气载体	直立炉	2、5、50、60
9	SJ 直立方炉	中块煤	内热式	气载体	干馏方炉	6、10、20
10	GF 直立炉	块煤	内热式	气载体	直立炉	50
11	SM-GF 矩形炉	块煤	内热式	气载体	直立炉	50
12	LCC 炉	粒/块煤	内热式	气载体	旋转炉	30
13	输送床粉煤炉	粉煤	内热式	气载体	输送床	1
14	SH 直立炉	块煤	内热式	气载体	直立炉	5、8、10
15	恒源直立炉	块煤	内热式	气载体	直立炉	5
16	富氧直立炉	块煤	内热式	气载体	直立炉	中试
三	内热式直接加热固载体热解型					
17	DG 移动床炉	粒煤/块煤	内热式	固焦载体	移动床	60
18	流化床粉煤炉	粒煤/粉煤	内热式	固焦载体	流化床	240t/h
19	ZDL 流化床炉	粒煤/粉煤	内热式	固灰载体	流化床	12MW
20	煤拔头	粉煤	内热式	固灰载体	流化床	5.5
21	分级炼制炉	粒煤/粉煤	内热式	固载体	旋转炉	中试
22	蓝天流化床炉	粒煤/粉煤	内热式	固灰载体	流化床	工业示范
23	鹏飞回转炉	粒煤/粉煤	内热式	固灰载体	回转炉	中试
24	瓷球回转炉	粒煤/粉煤	内热式	固瓷载体	回转炉	中试
四	内热式气固热解气化耦合型					
25	CCSI 粉煤炉	粉煤	内热式	气载体	流化床	工业示范
26	SM-SP 粉煤炉	粉煤	内热式	混合热载体	气流床	2、50
27	CGPS 带式炉	粉煤	内热式	气载体	带式炉	30
28	SM-DXY 直立炉	粉煤	内热式	气载体	直立炉	12

注:1. 表内原料进料粒度分类依据 GB/T 17608—2022 的分类方法,将专利商的进料范围与国标对照进行归类,可能与专利商称呼不完全一致;

2. 表内技术名称采用简称,在后续热解技术介绍中均给予定义,在本章说明时与本简称一致;

3. 表内各简称中称呼的炉子均指热解炉,如 CCSI 炉是指 CCSI 热解炉。

四、煤热解过程相关性分析

煤在惰性气氛条件下，持续加热到足够高的温度时，开始发生热分解。在工业规模条件下的热分解通常也称为干馏或碳化，在热分解过程中放出热解水、CO_2、CO、石蜡烃类、芳烃类和各种杂环化合物[14-15]。残留的固体不断芳构化，最后成为半焦或焦炭、煤焦油和挥发分气体。这种挥发分气体是一种含有可燃性气体、二氧化碳和水蒸气的混合物，可燃性气体中除了一氧化碳和氢气外，还含有碳氢化合物、少量的酚等。

在煤热解历程中温度、物相变化、产出物化学反应，热解过程阶段与热解产品区间之间具有紧密的相关性，煤热解历程及相关性见图1-4。

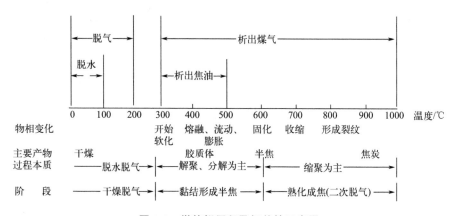

图1-4　煤热解历程及相关性示意图

五、煤热解过程阶段划分

煤热解过程大致可分为以下三个阶段。

（1）干燥脱气阶段

温度范围在室温～400℃，首先煤料从常温升至100℃时，煤中的外水蒸发，开始脱除煤的外水；当煤料温度升至200℃时，煤中的结合水释出（煤内水），开始脱除内水。

当煤料温度在200℃以上时，会发生羧基、羟基脱除反应。这时发生游离小分子气体，如 H_2O、CO、CO_2、N_2、H_2S、甲酸（痕量）、草酸（痕量）和烷基苯类（少量）等的脱除。

从300℃开始煤中的桥键开始断裂，热分解反应即将发生。当煤料温度达到350℃以上时，黏结性低阶煤开始软化，并进一步形成黏稠的胶质体。而低阶煤中的泥煤、褐煤等热解时不发生上述现象。不同煤种开始热分解时析出气体的温度是不同的。泥煤为250～350℃；褐煤为250～350℃；烟煤为350～400℃；无烟煤为400～450℃。

（2）热分解阶段

当煤料温度范围在400～550℃时，以热分解反应为主。当煤料温度升至400～450℃时，大部分煤气和煤焦油析出，成为一次热分解产物；当温度继续升至450～550℃时，气体析出量最大，热分解继续进行。至600℃时，残留物逐渐变稠并固化形成半焦。

烟煤在350℃左右开始软化，黏结成半焦。烟煤中的中阶煤在此阶段经历了软化、熔融、流动和膨胀直到固化，形成气、液、固三相共存的胶质体。低阶煤在此温度范围内裂解生成较大量的挥发分，主要是甲烷及其同系物、烯烃、碳氧化物、水分等。在450℃左右，煤焦油产率达最大值，胶质体的数量和质量决定了煤的黏结性和结焦性。固体产物半焦与原煤比较，芳香层片的平均尺寸和密度变化不大，缩聚反应并不明显。

（3）热缩聚阶段

温度范围为550～1100℃，以热缩聚反应为主。当温度高于550℃时，半焦继续分解，析出余下的挥发物，主要成分是氢气。半焦失重并同时进行收缩，形成裂纹。高于800℃时，热分解继续进行，半焦体积缩小变硬形成多孔焦炭。一次热分解产物与赤热焦炭及高温炉壁相接触，发生二次热分解，形成二次热分解产物。

中低温下热解生成半焦，高温下热解生成焦炭。从半焦到焦炭的过程，芳香核增大，排列的有序性提高。其中半焦逐渐变为焦炭，并生成大量的小分子气体产物，析出的煤焦油量极少，主要是烃类、氢气、碳氧化物。在这个阶段，一方面析出大量热解煤气，另一方面焦炭的密度增加，体积收缩，生成裂纹，形成碎块。一些挥发性组分具有较高的反应活性，在逸出过程中有可能发生裂解和再聚合的二次反应，残留在固体内的则不断芳构化。

第五节　煤热解目标产品及粒度选择

一、煤热解目标产品

煤热解主要目标产品[16-18]有热解煤气（或荒煤气）、煤焦油[19-20]和固体半焦。

1. 热解煤气

热解得到的气体燃料或气体原料，密度在0.9～1.2kg/m³之间。主要成分有：CO（10%～20%）、H_2（10%～30%）、CH_4（18%～28%）、CO_2（23%～48%）、C_mH_n（碳二以上不饱和烃类）（3%～13%）及其他气体（1%～5%）。有效组分（CO＋H_2＋CH_4）含量高达50%～80%，煤气热值在13.4～23.02MJ/m³之间。热解煤气组成差异决定其用途，主要用于高热值气体燃料、化工原料、制氢和甲醇等。

2. 煤焦油

煤焦油是褐煤热解过程中产生的一种黑褐色黏稠液体，密度在0.95～1.1g/cm³之间。煤焦油根据干馏温度和方法的不同可以分为：低温煤焦油（450～600℃）、中温煤焦油（600～800℃）和高温煤焦油（800～1000℃）。高温煤焦油一般用于提取化工产品，而中、低温煤焦油受煤焦油精制技术限制，其利用率较低，所以对煤焦油精制技术的研究是创新开发的一个重点。

中、低温煤焦油主要由大量含氧化合物和脂肪族长链烃类混合构成。其中酚及其衍生物含量10%～35%，烷烃2%～10%，烯烃3%～5%，环烷烃约10%，芳烃约15%～25%，而煤焦油中沥青含量相对较少。煤焦油加氢技术是指对煤焦油采用加氢改质工艺，即在一定温度、压力及催化剂作用下，完成脱硫、不饱和烃饱和、脱氢和芳烃饱和，从而达到改善其安定性，降低硫含量和芳烃含量的目的。由此，获得石脑油和优质燃料油，其产品质量可达到汽油、柴油调和油的指标。煤焦油加氢处理过程中发生的反应主要有加氢脱硫、加氢脱氮、加氢脱氧、加氢脱金属及不饱和烃，如烯烃和芳烃的加氢饱和反应。

中、低温煤焦油比较适合提取多环芳香烃类，或经催化加氢改质，加工成汽油、柴油等液体燃料；煤焦油深加工后还可获得苯、酚、吡啶等精细化工产品。

3. 固体半焦

半焦是低阶煤热解的一个主要产品，也是一种可燃性固体，产率约为原料煤的 50%～70%，热值比原煤高 50%～80%。半焦色黑多孔，主要成分是碳、灰分和挥发分，具体含量取决于原料煤的性质。半焦具有反应活性高，燃烧时无烟，低温加热时不形成煤焦油，热效率高的特点，热解后的半焦类似于一种较高热值的无烟燃料。半焦可民用或用作动力燃料，也可用于合成气、电石生产等，少量半焦还可用作铜矿或磷矿等冶炼时的还原剂，还可用作炼焦配煤。半焦灰分取决于原料煤中灰的性质，两者成正相关性。中灰分半焦可用作气化原料，生产合成气；高灰分半焦可以作为燃料用于电厂发电。热解半焦微孔结构极为丰富，吸附催化性能强，且由于热解不完全，容易改性，适宜作为兼有吸附、催化双重特性的碳质吸附剂或活性焦。活性焦可部分替代活性炭，目前已经在净化锅炉排气、重油裂化排气、垃圾焚烧炉排气等方面广泛应用，可有效去除废气中的硫化物、氮氧化物、烟尘、重金属等污染物。

二、煤热解粒度选择

煤粒度是煤热解的一个重要参数。粒度通常可分为：粉煤＜100μm（热解-气化耦合）；粉煤＜6mm；粒煤＞6～13mm、混粒煤＞6～25mm；中块煤＞25～50mm、大块煤＞50～100mm 等。不同的原料粒度对应不同的热解反应器结构，不同的热解反应器结构要匹配合适的原料粒度。既可以由粒度选择对应的热解炉，也可以根据确定的热解炉匹配相应的粒度。

1. 流化床粒度选择

流化床热解炉通常适用于粒度＜6mm 的原料煤，即粉煤为宜，物料在床层内呈流化状。采用固载体高温半焦或炉灰作为热载体，传热快，属于内热式直接换热，即快速热解型工艺。由于低温热解，煤焦油产率高，煤气热值高，易实现煤的快速热解过程。若与高温循环炉灰混合加热，炉灰易与热解油气混合在一起，对后续的油气灰分离影响较大。这种热解工艺生成的半焦灰混合物，一般作为流化床锅炉燃料直接燃烧发电。由于低温流化床热解采用小粒度粉煤进料，不怕加热粉化。

2. 移动床粒度选择

固载体移动床通常比较适合小颗粒的热解原料煤，粒度以 6～8mm 为宜，容易实现煤的快速热解。该过程属于内热式移动床热解炉，换热效率高，热解速度快，煤焦油产率高，煤气热值高，单系列规模大。采用小颗粒煤进料，对水分含量高的原料煤先进行预干燥，可降低热解炉的内供热负荷，易实现快速热解。采用该工艺生成的煤气热值高，约为 18MJ/m^3。在热解过程中会产生少量粉尘，导致分离系统流程长，油灰分离难，堵塞设备和管道。

3. 混粒煤回转炉粒度选择

回转热解炉适合较大颗粒的原料煤，粒度通常以 8～30mm 为宜，即混粒块煤。这种粒度的煤在热解过程中较少形成粉尘，油气粉尘的分离相对容易些。炉内物料受热也比较均匀，升温速度较快，温度控制比较精准。回转热解炉易于实现最佳热解温度，可避免温度过高导致煤焦油二次裂解，产生的荒煤气体积小，煤焦油浓度高，便于回收。

4. 粉煤回转炉粒度选择

粉煤回转热解炉以粒径 0.3～6mm 的粉煤为原料，采用热烟气干燥粉煤，回转炉干燥与回转炉热解串联，加热介质采用逆、并流结合的方式供热，炉内温度分布较合理。该工艺煤焦油收率高，煤气组分质量好，固体产品活性好，耗水少，原煤中水的回用率高。适宜在低阶煤资源丰富、水资源缺乏地区推广应用。经回转干燥、除尘、干馏、冷却、增湿、钝化等环节，可产出热值较高的煤气、煤焦油和半焦。

第六节　低阶煤热解多联产

通过对半焦、煤焦油和热解煤气进行各类优化组合，可得到低阶煤热解多联产组合产品，下面几种多联产类型是常用的工艺组合路径。

一、油品、氢气和半焦原料多联产方案

路径一：低温热解＋煤焦油深加工＋煤气提氢＋半焦原料

路径一是大型低阶煤热解、煤焦油深加工、煤气提氢和半焦原料多联产路径方案。该方案将大量原煤干燥后送入移动床热解干馏反应器，选择内热式高温气载体或高温焦载体作为热载体，干燥煤与热载体快速混合加热，使原煤热解和部分气化得到热解煤气混合物（含煤焦油和粉尘）以及半焦产品。其中采用固体热载体法快速热解提油属于煤的低温干馏过程，在其加热过程中可适当加入少量的蒸汽与热载体半焦反应，放出反应热。该路径热解可制得煤焦油、煤气和半焦，其中半焦可作为固体原料。

路径一可选择低温热解移动床或流化床热解反应器，热解过程可使用粉煤快速热解。通过煤焦油加氢改质，深加工可得到汽油、柴油、石脑油、燃料油和碳材料。同时，也可得到中等热值煤气，用于提取部分氢气为煤焦油加氢提供氢源，然后作为电厂发电燃料或工业燃料。根据以上不同产品目标可形成低阶煤热解多联产路径一。

二、油品、氢气及合成气和化学品多联产方案

路径二：中低温热解＋煤焦油深加工＋煤气深加工＋半焦气化制化学品

路径二是大型低阶煤热解、煤焦油加氢深加工、煤气深加工和工业燃料及半焦气化制化学品多联产路径。选择固定床、流化床和旋转炉作为大型低温热解反应器，通过内热式或外热式高温气载体或焦热载体低温快速热解工艺，常压热解制得煤焦油、热解煤气和半焦，其中煤焦油加氢深加工和热解煤气提氢与路径一基本相同。对于灰分较高的半焦可作为焦气化的原料，通过焦气化制取合成气（$CO+H_2$）；热解煤气经净化提氢，所提氢气作为煤焦油加氢深加工的氢源，提氢后的煤气进行深加工，提取甲烷气或甲烷转化制取合成气；将焦气化与甲烷转化合成气耦合，再由合成气制备煤化工下游化学品[19]，如甲醇、合成氨、乙二醇、烯烃和油品等产品。根据以上不同产品目标，形成大型低阶煤热解的化学品多联产路径

二系列方案。

三、油品、氢气及燃气和发电多联产方案

路径三：低温热解＋煤焦油深加工＋煤气提氢＋半焦燃料发电

路径三是大型低阶煤热解、煤焦油加氢深加工、煤气提氢、工业燃料和半焦燃料发电多联产路径。选择流化床和直立炉热解反应器，通过内热式或外热式高温气载体或灰渣热载体提供热源，以循环流化床锅炉与低温流化床热解反应器、燃气蒸汽轮机发电装置耦合。固体热载体以循环流化床锅炉热灰或热解循环半焦提供热量，前者焦灰混合物作为循环流化床锅炉燃料，副产蒸汽发电。后者半焦既可作为锅炉燃料副产蒸汽发电，同时提氢后的煤气也可用于发电，以提高燃气轮机入口温度，提高发电效率。加热后的原料煤送入热解反应器并与适量的过热水蒸气反应得到煤气，热解后的半焦灰混合物或一部分循环半焦作为循环流化床锅炉燃料副产蒸汽发电；另一部分半焦作为高温热载体为循环流化床热解炉提供热源，从而完成一个循环。主要热解目标产品是油品、氢气和发电多联产产品。

四、油品、氢气及甲烷气和天然气多联产方案

路径四：中低温热解＋煤焦油深加工＋煤气提氢及甲烷气＋半焦气化制天然气

路径四是大型低阶煤热解，油品加氢深加工，煤气提氢及甲烷分离、半焦气化制天然气多联产方案。该方案主要包括：大型低阶煤干燥脱水、中低温固定床焦热载体快速热解，可得到煤焦油、荒煤气和半焦。其中热解煤气经预处理冷却分离煤气和煤焦油，煤气经提氢后进一步深加工，提取其中的甲烷气后作为燃料气送锅炉发电。煤气经变压吸附提取氢气作为煤焦油加氢的氢源，焦油精制后制得汽、柴油和石脑油等工业燃油。半焦经焦气化制得合成气（$CO+H_2$），合成气进一步加工成为天然气。半焦气化制天然气工艺为：焦气化、空分、变换、低温甲醇洗、甲烷化，具有工程化成熟度高、国产化率高、产品结构灵活等特点。该工艺能最大限度地处理或利用煤炭中的有效成分，体现多联产循环经济的理念。

五、合成气耦合与油品耦合多联产方案

路径五：中低温热解＋煤焦油深加工＋煤气深加工＋半焦气化制油品

路径五是大型低阶煤热解、煤焦油加氢深加工、煤气提氢及甲烷转化制合成气和半焦气化制合成气多联产方案。与路径四类似，主要包括：大型低阶煤热解、煤气提氢及甲烷转化制合成气、煤焦油深加工、半焦气化制合成气、空分制氧、变换、低温甲醇洗、费-托合成制油品等。半焦气化制油品是低阶煤洁净能源转化的一种成熟的技术工艺路线，将半焦气化制合成气与煤气提氢后甲烷转化制合成气耦合；焦油加氢制油品与费-托合成制油品耦合，真正实现低阶煤热解获取目标油产品，即油品高质量多元化的洁净能源发展目标。

低阶煤热解多联产方案的核心仍然是煤热解技术、三废排放环保技术和多联产产业链技术的融合。其中低阶煤中低温煤热解技术是多联产技术的核心，实现低阶煤热解多联产的路径众多，通过技术比较应选择最佳的路径。只有在低阶煤热解核心技术成熟可靠的基础上，坚持三废排放控制指标达标、高附加值产品技术经济合理、装置"安稳长满优"运行，才能稳步推进我国低阶煤热解多联产分质利用的发展。

六、煤热解及多联产发展趋势

我国低阶煤保有资源量约 1.04 万亿 t，占总量的 70.1%，预测低阶煤炭资源量将超过 2 万亿 t。随着低阶煤提质技术的成熟，低阶煤将成为我国重要的一次能源供给侧。

由于低阶煤挥发分含量高，煤焦油含量较高，由前所述，我国保有储量的低阶煤可提取煤焦油约 780 亿 t，获取煤气约 62.4 万亿 m³。相较于我国目前的原油消费量和天然气消费量，低阶煤蕴含的这些油气资源量是非常可观的。我国低阶煤资源是十分重要的战略能源储备物质，因此，低阶煤势必会成为煤基油气的重要来源[21]。

我国早在"十三五"期间就已经提出比较完善的措施，将煤炭深加工作为我国油品、天然气和石化原料供应多元化的重要来源。发挥与传统石油加工的协同作用，推进形成与炼油、石化和天然气产业互为补充、协调发展的格局。

第七节 荒煤气多联产分质利用

一、概述

在中国低阶煤中能够用于生产兰炭的产区主要分布在陕西、内蒙古、宁夏和新疆。兰炭总产能约为 1.29 亿 t/a。高含氮的常压荒煤气若用于化工产品原料，则其气体净化分离难度很大，故一般用作工业燃料（荒煤气发电、荒煤气锅炉产蒸汽、回炉助燃等）或被燃烧排放（俗称"点天灯"）。以当前兰炭行业应用较多的内热式干馏直立炉为例，其副产的荒煤气主要组成如表 1-17。

表 1-17 低阶煤热解荒煤气的典型组成

主要组分		微量(少量)组分		尚无法定量的组分	
项目	数值	项目	数值	项目	数值
CO_2(摩尔分数)/%	9.07	煤焦油/(mg/m³)	20~100	氟化物	定性
O_2(摩尔分数)/%	0.51	轻油/(mg/m³)	2000~6000	氰化物	定性
CH_4(摩尔分数)/%	5.39	无机硫/(mg/m³)	100~500	胶状物	定性
CO(摩尔分数)/%	17.67	有机硫/(mg/m³)	50~200	油尘(固)	定性
H_2(摩尔分数)/%	20.36	氨/(mg/m³)	200~1000		
N_2(摩尔分数)/%	46.01	无机氯/(mg/m³)	5~20		
C_2~C_5(摩尔分数)/%	0.99	有机氯/(mg/m³)	5~20		
压力/kPa	4~5	水	饱和态		
温度/℃	40~50				

二、荒煤气利用现状

目前全国兰炭热解产生的荒煤气总产量估计在 450 亿 m³ 左右，其中煤焦油加氢消耗荒煤气约 80 亿 m³，占比 17.7%；金属镁等生产过程中的煅烧、还原等消耗荒煤气 80 亿 m³，占比 17.7%；发电消耗荒煤气约 290 亿 m³，占比 64.6%，形成装机容量约 2700MW，年发电量约 190 亿 kW·h。

目前，兰炭尾气发电的单机规模偏小，一般为 30～50MW，荒煤气高温高压发电机组平均供电标煤耗在 405g/kW·h，远远高于《国家发展改革委　国家能源局关于开展全国煤电机组改造升级的通知》关于 2025 年火电机组平均供电煤耗小于 300g/kW·h 的水平（含气电），因此，荒煤气利用效率不高。目前兰炭企业集中区域的荒煤气利用水平较低，存在着利用方式粗放、能效低、污染重等问题。

因此，对特定热解工艺产生的高含氮荒煤气用于生产附加值高的化工产品，存在能耗高、利用率低，净化处理技术上存在很大的难度等问题：

一是荒煤气压缩机连续运行周期短[22]。煤热解装置均为常压热解技术，副产的荒煤气基本为常压，而荒煤气的后续处理和利用均需要在一定压力（分压）下才能进行，因此，需对荒煤气进行加压。由于荒煤气中含有氨、二氧化碳、煤焦油和粉尘等杂质物质，在加压过程中容易发生碳铵结晶、结焦、结垢等现象，压缩过程生成的结晶、结焦物会逐渐堵塞压缩机缸体流道，并附着在叶片上，影响压缩机组正常运行，无法满足化工装置长周期运行要求。

二是荒煤气组分复杂，脱毒、除杂的难度大。荒煤气中不仅含有少量氨、苯、萘、煤焦油和粉尘等易造成设备结焦、结垢的组分，还含有氯化物、氰化物和硫化物等微量有毒组分；这些微量有毒组分存在形式复杂，常规的净化除杂手段难以将其脱除，容易造成下游转化、变换和合成等工艺中催化剂中毒。

三是合成气氮气含量高，其他介质分压低，净化分离难度大。目前国内已有的煤热解装置，多采用外热式直立炉热解技术，此类热解技术具有热效率高、煤焦油回收率高、半焦产量最大化等优势，但由于热解过程中煤炭与空气直接接触，副产的荒煤气（热解气）中氮气含量很高，一般为 10%～40%（体积分数）。由高氮气含量荒煤气转化得到的合成气中，其他组分如二氧化碳、硫化氢和氢气的分压较小，而压力是影响气体吸附或吸收的主要因素，无论采用固体吸附法还是溶剂吸收法，脱除和分离这些组分均较困难，且经济性不高。

四是合成气中提纯一氧化碳并脱除氮气的难度大。合成乙二醇、甲醇等羰基化学品，均需要分离 N_2 得到提纯的 CO 作为合成原料之一。CO 和 N_2 的沸点接近（常压下分别为 -191.5℃ 和 -195.8℃），分离难度大。即使在合成气中氮气含量不高（摩尔分数通常不超过 5%）的情况下，通过深冷分离、变压物理吸附等手段分离 CO 和 N_2，也需要较高的冷量消耗、电耗，且 CO 的回收率也不高。荒煤气转化制备的合成气中氮气含量一般为 40%～50%（体积分数），如此高含量的氮气，采用深冷分离、变压物理吸附等常规手段分离脱除投资大且能耗高。

因此，围绕荒煤气的特点，针对行业内荒煤气处理过程中的重点难点，对荒煤气压缩、荒煤气转化及脱毒除杂、脱酸性气体、CO 分离及脱氮等，选用成熟、合理、有效的工艺技术并加以研究、创新和优化，形成荒煤气多联产分质利用的成套技术，是清洁高效转化荒煤气资源的主要发展方向。

三、荒煤气清洁高效转化

荒煤气多联产分质利用技术的发展，不仅可以提高煤炭资源的利用效率，还可以减少环境污染，实现煤炭资源的清洁高效利用。随着科技的进步，荒煤气多联产分质利用技术不断创新。现代工艺不仅限于提取氢气和甲烷，还包括对一氧化碳和二氧化碳的进一步利用。例如，一氧化碳可以通过水煤气变换反应转化为更多的氢气和二氧化碳，进而用于合成氨、乙二醇、甲醇、天然气或其他化工产品。二氧化碳则可以通过化学吸收、物理吸附等方法进行分离，并应用于食品工业、化工合成或作为碳源进行生物发酵。此外，荒煤气清洁高效转化过程中产生的副产品，如轻油和硫化氢，也可以通过特定的工艺进行处理和回收。煤焦油可以进一步裂解为轻质油品和化工原料，而硫化氢则可以转化为硫黄或硫酸，这些产品在工业中有广泛的应用。

近年来，随着工程技术的创新与突破，荒煤气已经开始从传统的小型制氢原料气、发电燃料气向化工原料气方向发展。2019 年 9 月新疆哈密广汇启动淖毛湖 1000 万 t/a 煤分质利用（兰炭）所副产的荒煤气制 40 万 t/a 乙二醇项目，该项目由中国五环工程有限公司 EPC 总承包，采用五环、华烁、鹤壁宝马联合开发的"WHB 合成气制聚酯级乙二醇"第三代技术，通过荒煤气清洁高效利用，将荒煤气进行转化、变换、低温甲醇洗、PSA 吸附分离等一系列过程，将其转化为价值较高的合成气组分 H_2、CO 并分离提纯，通过羰化、加氢、精制技术生产高端化工产品——聚酯级乙二醇[23-25]。此外，神木三江公司正在开发的新一代兰炭炉采用纯氧助燃，兰炭尾气 N_2 含量降低到 3%～5%，尾气中的 $CO+H_2$ 大于 65%，CH_4 大于 20%，是生产乙二醇、甲醇和 LNG 的优质原料气。神木某企业正在规划 1000 万 t/a 的低阶煤分质利用项目，计划生产焦炭 600 万 t/a、甲醇 100 万 t/a、LNG 40 万 t/a。这些项目的设计和建设、运营将以绿色工厂为标准，积极实现土地集约化、原料无害化、生产清洁化、固废资源化、能源低碳化。

四、荒煤气多联产分质利用的发展趋势

在企业积极推动技术迭代创新方面，以哈密广汇环保科技有限公司荒煤气多联产分质利用 40 万 t/a 乙二醇项目为例，该项目采用荒煤气制乙二醇技术，实现了技术和装备 100% 国产化，建成了世界首套荒煤气多联产分质利用 40 万 t/a 乙二醇装置。项目可以消耗荒煤气 28 亿 m^3/a，产出 40 万 t/a 乙二醇和 8000t/a 碳酸二甲酯，实现了荒煤气变废为宝。该项目的实际效果包括：一是经济效益显著，产值达 17 亿元，一年可给企业带来 4.2 亿元纯利润；二是环保效益良好，每年可直接减排二氧化碳约 60 万 t、二氧化硫 1286t，间接减排二氧化碳约 173 万 t。经验教训方面，一是技术研发需要持续投入，不断优化工艺流程，提高产品质量和生产效率；二是要加强与科研院校的合作，充分利用外部技术资源，推动技术创新；三是要关注环保法规的变化，提前采取环保治理措施，确保项目的可持续发展。

在政策方面，《能源技术革命创新行动计划(2016—2030 年)》以及国家能源局确定的重点研究方向中明确包含大型煤炭热解、煤焦油和半焦利用等技术，同时鼓励利用新疆哈密、准东、陕西榆林等地含油量较高的低阶煤，采用低阶煤热解技术生产半焦、煤焦油及深加工油品，对实现冶金、热电行业无烟燃煤的替代，缓解我国石油供应紧张，保障能源安全具有重大战略意义；而煤炭热解过程中副产荒煤气的处理和有效利用，也随着国家推广煤热解技术的战略布局而变得愈发重要。在国家能源战略布局和"双碳"背景下，通过清洁高效多联产分质利用煤热解过程中副产的荒煤气生产高附加值的化学品，既响应了国家推广煤热解技术的号召，又实现了对低价值荒煤气资源的最大化利用，把荒煤气转变为有效的合成气资

源。将传统荒煤气用于燃烧发电不利于碳减排，而以荒煤气作为原料经过清洁高效处理后把有效组分及碳固定在产品中，可显著减少荒煤气直接燃烧带来的碳排放量和环境污染，实现了经济效益、环保效益双赢。

政策法规的未来发展趋势将更加注重环保、节能和可持续发展。随着全球环保意识的提高和新能源技术的不断发展，未来可能会出台更加严格的节能减排政策，鼓励企业采用更加先进的技术和设备，提高资源利用效率，降低碳排放。同时，还可能会加大对荒煤气多联产分质利用行业的政策支持和资金投入，鼓励企业进行技术创新和产业升级，推动行业的快速发展。未来可能将继续加大对荒煤气多联产分质利用技术的支持力度，出台更多鼓励政策，以推动相关产业的发展。同时，还将加强监管，确保荒煤气多联产分质利用项目符合环保要求，实现可持续发展。政府的支持和监管将为荒煤气多联产分质利用技术的发展提供有力保障，以促进产业的健康发展。

在资源整合和市场合作等方面，在荒煤气多联产分质利用领域企业间既存在合作关系，也存在竞争关系，这对行业发展产生了积极的影响。企业通过与科研院校、上下游企业等合作，共同攻克技术难题，实现资源共享和优势互补。例如，中国五环、华烁科技股份有限公司和鹤壁市宝马（集团）有限公司联合开发出关键技术，利用荒煤气生产乙二醇，实现了荒煤气变废为宝。哈密广汇环保科技有限公司联合知名院校实施多项技术成果转化，提高了企业的技术水平和创新能力。此外，企业间还可以通过产业链合作，实现资源的优化配置和协同发展。竞争关系主要体现在市场份额、技术创新和产品质量等方面。企业间通过技术创新和产品升级，提高市场竞争力，争夺市场份额。例如，在荒煤气制乙二醇领域，不同企业通过不断优化工艺流程、提高产品质量和降低生产成本，展开激烈的市场竞争。这种竞争关系促使企业不断提高自身实力，推动行业技术进步和产品升级。合作与竞争并存的局面，有利于促进荒煤气多联产分质利用行业的健康发展。合作可以实现资源共享和优势互补，推动技术创新和产业升级；竞争可以激发企业的创新活力，提高市场效率和产品质量。企业应在合作中寻求共同发展，在竞争中不断提升自身实力，共同推动荒煤气多联产分质利用行业迈向更高的发展水平。

总而言之，荒煤气多联产分质利用技术的发展，不仅能够提高煤炭资源的利用效率，减少环境污染，还能推动相关产业的转型升级，为实现可持续发展提供有力支撑。随着技术的不断进步和创新，荒煤气多联产分质利用将展现出更加广阔的发展前景。随着全球对清洁能源需求的不断增长，通过不断优化工艺流程和提高资源利用率，荒煤气加工利用成套技术[26]有望成为煤炭清洁高效利用的重要途径，为实现碳中和目标贡献一份力量。

参考文献

[1] 国家能源局. 煤炭清洁高效利用行动计划（2015-2020年）[Z]. 2015-04-27.

[2] 尚建选, 等. 低阶煤分质利用 [M]. 北京：化学工业出版社, 2021.

[3] 刘思明. 低阶煤热解提质技术发展现状及趋势研究 [J]. 化学工业, 2013, 31 (1)：7-13.

[4] 尚建选, 马宝岐, 张秋民, 等. 低阶煤分质转化多联产技术 [M]. 北京：煤炭工业出版社, 2013.

[5] 董大啸, 邵龙义. 国际常见的煤炭分类标准对比分析 [J]. 煤质技术, 2015 (2)：54-57.

[6] 中华人民共和国国家质量监督检验检疫总局，中国国家标准化管理委员会．中国煤炭分类：GB/T 5751—2009 [S]．2009-06-01.

[7] 陈鹏．中国煤质的分类 [M]．2版．北京：化学工业出版社，2007.

[8] 中华人民共和国国家质量监督检验检疫总局，中国国家标准化管理委员会．焦炉热平衡测试与计算方法：GB/T 33962—2017 [S]．北京：中国标准出版社，2017.

[9] 毛节华，许惠龙．中国煤炭资源分布现状和远景预测 [J]．煤田地质与勘探，1999，27（3）：1-4.

[10] 丁国峰，等．我国大型煤炭基地开发利用分析 [J]．能源与环保，2020，42（11）：107-110，120.

[11] 张殿奎．我国褐煤综合利用的发展现状及展望 [J]．神华科技，2010，8（1）：5-7.

[12] 华建社，陈浩波，王建宏．低温干馏炉热工评价与分析 [J]．洁净煤技术，2012，18（4）：65-67.

[13] 梁丽彤，黄伟，张乾，等．低阶煤催化热解研究现状与进展 [J]．化工进展，2015，34（10）：3617-3622.

[14] 何德民．煤、油页岩热解与共热解研究 [D]．大连：大连理工大学，2006.

[15] 靳立军，李杨，胡浩权．甲烷活化与煤热解耦合过程提高焦油产率研究进展 [J]．化工学报，2017，68（10）：3669-3677.

[16] 环境保护部，国家质量监督检验检疫总局．石油炼制工业污染物排放标准：GB 31570—2015 [S]．2015-04-16.

[17] 曾凡虎，陈钢，李泽海，等．我国低阶煤热解提质技术进展 [J]．化肥设计，2013，51（2）：1-7.

[18] 陈晓辉．低阶煤基化学品分级联产系统的碳氢转化规律与能量利用的研究 [D]．北京：北京化工大学，2015.

[19] 汪寿建．大型甲醇合成工艺及甲醇下游产业链综述 [J]．煤化工，2016，44（5）：23-28.

[20] 胡迁林．国家将从严规范煤制燃料示范项目 [J]．中国煤化工，2015（4）：1-3.

[21] 肖磊．中低阶煤分质梯级利用的发展与创新 [C]．第四届国际清洁能源论坛论文集，2015：174-194.

[22] 吉新杰，李鹏，严义刚．荒煤气压缩机运行故障的原因与分析 [J]．化肥设计，2024（2）：43-46.

[23] 亢玉红，李健，任国瑜，等．兰炭尾气资源化利用技术途径 [J]．应用化工，2014（3）：549-551.

[24] 苏婷，高雯雯，李健．兰炭尾气中主要成分的分析利用 [J]．广州化工，2013，14：82-84.

[25] 房有为，史俊高，安晓熙，等．兰炭尾气高效清洁利用技术 [J]．燃料与化工，2022（1）：57-59.

[26] 刘全德．伊吾县淖毛湖区域荒煤气综合利用现状 [J]．煤炭加工与综合利用，2018，10：12-15.

第二章　低阶煤热解技术

第一节　概述

一、煤热解定义

煤热解是指煤在隔绝空气或惰性气氛条件下，持续加热至较高温度时所发生的一系列物理变化和化学变化的复杂过程[1]。在这个过程中煤会发生交联键断裂、产物重组和二次化学反应。这种化学和物理反应过程，是将低阶煤中的有机质转化为气体、液体和固体提质分离的过程，或将低阶煤转化为化学品和能源的综合增效过程。

在一定温度和压力的条件下，将煤炭加热并分解成简单的、转化量大的、高热值及烧结性能更好的热解荒煤气、煤焦油和半焦的过程称为煤热解。热解过程完成后可得到气体燃料（荒煤气）、液体燃料（煤焦油）和固体燃料（半焦或兰炭）等产物。煤的热解可分为高温热解、中温热解和低温热解，煤在低温条件下热解能够获得更多的煤焦油，其中煤焦油中含有少量的苯、萘、蒽、菲[2]等有机物，以及目前尚无法人工合成的多种稠环芳香烃类化合物和杂环化合物。煤热解与将煤直接燃烧相比，热解过程可实现煤中不同成分的梯级转化，并易于分质利用，这是现代煤化工资源高效分质利用的有效途径之一。在对煤料充分加热的工况下，热解过程将煤中的有机质热分解生成气体、液体和固体燃料（能源），这个过程可通过以下几个步骤实现：

① 脱挥发分。在低温条件下，煤在热解过程中挥发分被蒸发出来，形成热解气，这个过程被称为脱挥发分。

② 煤减挥发分。对煤料继续加热升温，煤中的有机质被分解为液体和固体产物，同时释放出大量的气体（荒煤气），这个过程被称为煤减挥发分。

③ 碳化反应。在相对高温下，煤中的碳会逐渐形成碳化物，这个过程类似于将煤变为半焦或焦炭的过程，被称为碳化反应。

二、煤热解过程

煤热解过程主要由气体热解、液体热解和固体热解三个过程组成。在煤热解过程中会产生大量的热解气，其主要成分为：甲烷、氢、氧、二氧化碳、氮气、烃类化合物等。由于煤热解是一个十分复杂的动力学过程[3]，受温度、压力、煤种煤质、热解反应器及热解过程的影响，产出物质量、组分、热值及能效和能耗有非常大的差别。煤的高温热解受温度的影响十分明显，其热解反应的速率受热解温度影响最大，随着温度升高，煤的热解速率不断提高。当温度过高时，会导致煤热解产物气体组分及质量发生明显的变化，由此影响煤热解产物的质量。压力是煤热解过程中另一个重要的影响因素，会对煤热解过程中的动力学和热解产物的质量和数量产生明显影响。当煤热解温度增加时，热解荒煤气产物会明显增加。荒煤气在热解过程中是一种重要的产出物，不同的热解工艺，荒煤气的热值有高、中、低之分。

甲烷是煤热解的产物之一，它的释放量约占煤热解总释放量的 50%～70%，其中三分之二是在气态热解反应中生成的。甲烷是一种比较温和的气体，具有较高的能量和较低的毒性。温度<200℃时，可以用于燃烧和再利用。氢也是煤热解的主要产物，它的释放量约占煤热解总释放量的 10%～15%，其中三分之二是在气态热解反应中生成的。氢在热解反应中与其他原料不同，几乎全部转化为气态，容易流失，由此提高了温度，改变了产物的组成。氧是煤热解过程中的重要原料，它的释放量占煤热解总释放量的 5%～10%。在热解反应中可增加氧化反应的速率，抑制过氧化物的形成，从而抑制污染物的排放。二氧化碳是煤热解过程中的副产物，释放量约占煤热解总释放量 15%～30%。在热解反应中可与氧气结合，分子结构发生变化，然后释放出来。二氧化碳具有抑制热解反应，降低凝固点和黏度，提高燃烧效率的作用。此外，热解过程中还会产生少量的其他气体，如氮气、乙烯、乙炔等。其中氮气是煤热解过程中常见的化合物，在煤热解过程中的作用是保持热解工艺的稳定性，降低温度，稀释氧气，减少热解产物发生二次热分解反应的可能性，尤其是气态热解产物的二次反应。虽然这些气体占比低，但对煤热解过程中的温度等参数有一定的影响。

煤热解技术[4-5]是现代煤化工技术的一个重要分支，通过物理和化学反应将煤中复杂的碳氢化合物分解生成气体、液体和固体产物。通过对煤热解过程主产物的热解动力学分析研究，认为对煤质资源采用加工综合利用的措施，对提高热解工艺过程效率、减少污染物排放及提高热解经济收益均有十分重要的作用。煤热解涉及的化学反应包括氧化、分解、裂解、合成及结胶等过程。根据热解吸热的大小，热解反应技术大致分为三种形式：气相反应、液相反应和固相反应。煤热解受原料的影响较大，对于高含油的原料煤，其目标在于获得较高的煤焦油量，而煤焦油产率很大程度上取决于原料煤的性质和种类。原料煤中含氧量愈高，化合水生成量愈多，而煤焦油产率随原料煤中 H/C 原子比增高而增大。选择高含油率的煤种资源是发展低温热解的基础和取得较好经济效益的重要条件。各类原料煤的煤焦油产率变化很大，有的煤种高达 20%，一般在 10% 左右就有工业利用价值[6]。煤热解气体主产物中，甲烷、氢气、一氧化碳等是有效气体，其中氢气是新一代能源，也是煤焦油精制加工的原料，具有广泛的应用前景。

第二节　煤热解反应机理与原理

低阶煤是一种煤化程度较低，含水无灰基高位发热量较低的煤种，主要由碳、氢、氧、氮、硫等元素组成，低阶煤的含碳量较高，一般在 75%～90% 之间，挥发分含量也较高，一般在 10%～40% 之间，且多数具有黏结性，能结焦。低阶煤具有低灰分、低硫分、高挥发分、高活性、易燃易碎等特点，在燃烧时火焰较长而有烟，具有明显的条带状、凸镜状构造[7]。低阶煤主要由褐煤和部分低阶烟煤（长焰煤、不黏煤和弱黏煤等）组成，由于变质程度较低，含有较多的水分，硬度不高。直接燃烧时热效率低，并且会排放较多的粉尘和其他污染物，对环境影响较大。如果将低阶煤直接燃烧或发电，利用效率较低。因此，在开发利用前对低阶煤进行加工提质，是低阶煤分质利用的重要步骤。其中，煤的干燥和热解（干馏）就是常用的方法之一。下面分别对煤的热解机理及热解反应原理作简要的介绍。

一、煤快速热解过程机理

1. 快速加热分类

煤热解过程的快慢可根据加热速率和温度进行分类。按加热速率划分，可分为闪速热解过程、快速热解过程、中速热解过程和慢速热解过程；按热解温度可划分为低温热解、中温热解和高温热解。煤热解加热速率及热解温度划分类别见表2-1。

表2-1 煤热解加热速率及热解温度划分类别

序号	加热类别	单位	数值	备注
一	加热速率			按加热速率划分类别
1	慢速热解	℃/s	$\leqslant 1$	
2	中速热解	℃/s	$5 \sim 100$	
3	快速热解	℃/s	$500 \sim 10^6$	
4	闪速热解	℃/s	$> 1 \times 10^6$	
二	温度类别			按温度划分类别
1	低温热解	℃	$500 \sim 700$	
2	中温热解	℃	$700 \sim 900$	
3	高温热解	℃	$900 \sim 1100$	焦化

2. 快速热解机理

在快速热解过程中，煤颗粒在短暂的时间内经历快速升温，煤中弱键的断裂几乎同时发生，主要包括初始的挥发分释放和挥发分气相中的二次反应两个步骤[8]。初始脱挥发分阶段主要是弱键断裂形成自由基以及自由基之间的反应，包括聚合反应、氢转移、取代反应和缩合反应等；气相中二次反应阶段主要是挥发分在所处环境条件下发生二次裂解、聚合和缩聚反应等。热解的结果是煤中独立官能团分解为轻质气体，大分子部分结构裂解为较小的碎片，形成煤焦油和焦炭。

在快速热解过程中，初次热解产物瞬间释放，颗粒内的二次反应可忽略不计，气相中的二次反应占主导地位。随着气相二次反应温度和停留时间的增加，煤焦油产率减少，气体产率和焦炭增加。这个过程中的煤焦油组成发生了明显变化，不同的反应条件得到的热解产物质量是不尽相同的。通过适当控制二次反应发生的程度来实现煤热解目标产品形成的数量和质量，其中，热解温度和加热速率是影响热解产物分布的关键要素。当热解终温较低时（500～600℃），提高加热速率，则挥发分产率、液体与气体产物比例均增加；当终温较高（800～1000℃）时采用快速热解，则挥发分的产率将继续增加，而液体与气体产物的比例下降。

3. 快速加热与目标产品关联性

煤快速热解模式与热解目标产品有紧密关联[7-8]，如以高含油低阶煤为原料时，采用的热解模式应以煤焦油作为选择的要素。加热模式应以快速加热、低温和挥发分停留时间短作为主要参数。快速加热与目标产品关联性见表2-2。

表 2-2　快速加热与目标产品关联性

目标产品	加热模式		
	加热速率	热解温度	挥发分停留时间
煤焦油	快速	低温,约 500℃	短
轻质液体	快速	中温,约 750℃	长
热解荒煤气	快速	高温,>1000℃	—
CH_4	快速	约 600℃	—
H_2	快速	1000~1100℃	—
C_2H_2+不饱和烃	闪速	>1200℃	适中
CO	—	中温,约 750℃	—

　　煤的快速热解主要体现在规定的加热速率下,无论挥发分总产率,还是气体与液体产品的比例,均随热解过程终温增高而增加。在低温热解条件下,挥发分产品产率随加热速率提高而增加,而气体与液体产品的比例则降低。在高温热解条件下,无论挥发分总产率,还是气体与液体产品的数量都同时增加。热解过程的温度与时间不同,热解的进程区别很大。因此,可根据热解工艺条件和热解目标产品来控制热解过程的进程,以实现所需产出物的目标。

二、煤慢速热解过程机理

1. 慢速加热与目标产品关联性

　　煤的炼焦过程是典型的慢速热解过程[8],其目标是为了获得最大产率的焦炭产品。而选择挥发分产品为主时,宜选择快速或闪速热解模式。对于慢速热解,煤颗粒在一个较长时间段内存在一个缓慢升温历程,热解反应发生在一个较宽的时间范围内。在慢速热解过程中,由于传热速率较慢,内外温差较小,气相二次反应可忽略不计。但是初次热解产物在颗粒内部的传质过程中会发生二次反应,尤其是大分子自由基碎片通过重聚反应形成更多的半焦产品,使得煤焦油在颗粒内有一个提质过程,这个过程主要受颗粒粒径和内外压差的影响。

2. 热解终温与产品收率相关性

　　从煤的慢速热解机理分析,煤焦油最终的产率和品质除了与初次热解反应有关外,挥发分的二次反应也发挥了重要作用。挥发分二次反应主要对气、液、固三相产物分布有重要影响,一般通过降低某热解产物的产率来实现热解所需目标产物的最大收率。此外,二次反应还会影响热解气体的热值以及半焦活性和炭黑的生成,硫、氮、氧分布,半焦着火点和火焰稳定性,热塑性,以及挥发分的传递过程等。

　　基于以上分析,在低温热解条件下,易获得较多的液体煤焦油产品;而在高温条件下更易获得较多的热解荒煤气产品;在中温热解条件下既可获得一定的液体煤焦油产品,同时也可获得一定的热解荒煤气产品。热解最终温度的选择对半焦产出物内部结构影响较大。一般热解温度越高,固体原料的焦化程度就越高,导致煤炭内部结构也会发生一定变化,从而对后续半焦的加工利用(如半焦气化)造成较大的影响。

三、煤热解原理及化学反应

1. 煤热解原理

煤热解原理是煤在一定温度、气体氛围条件下发生热分解反应[9]，使得煤中的有机质分解为荒煤气、煤焦油和半焦。煤热解过程是一种重要的煤转化过程，将低附加值的煤变成高附加值的化学品和燃料。煤热解原理主要由煤热解的反应动力学、热力学和反应条件选择组成。

① 热解反应动力学反映了煤在热解过程中，反应速率与温度和反应物浓度以及反应活化能的关系。通过控制温度和反应条件，可以使热解过程向热解目标产品需求的方向进行，提高煤热解的转化能效和产出物的产品质量。

② 热解气体产物主要为氢气、甲烷、一氧化碳等低分子量碳氢化合物，液体产物主要为链烃和芳烃，固体产物为半焦或焦炭。反应热力学反映了在热解过程中这些产物生成和转化涉及的复杂的热力学平衡。

③ 热解反应条件选择是确保热解工艺过程按照热解目标产品进行的重要路径，主要包括煤粒度、加热速率、热解温度、热解时间和环境气氛等参数的选择。如快速热解可在中低温下短时间完成，以提高液体产率；加氢热解可将煤定向转化为更高价值的化学品。

煤的热解反应本质上是将煤中的有机质在高温下发生热分解反应（包括裂解反应），而煤的有机质主要由碳、氢、氧、氮和硫元素等组成，碳是其中的主要成分。在高温下，煤中的有机质分子发生碳-碳键和碳-氢键的断裂，生成大量低分子量的化合物和气体。在热分解过程中反应温度是影响煤热分解反应的主要因素，在低温下发生的热分解反应主要生成液体产物（煤焦油）；中温下热分解反应主要生成气体产物（荒煤气）和液体产物，且两种产物基本均衡；高温下热分解反应主要生成气体产物。热分解的反应时间也会对产物分布产生较大的影响，较短的时间内，气体和液体产物的产出率较低，而较长的时间对固体产物（半焦或焦炭）的产出有利。热分解产出物的形成与煤的分子结构和分子结构断裂有密切的关系，煤热解产出物的形成与分子结构及分子断裂过程见表 2-3。

表 2-3　煤热解产出物的形成与分子结构及分子断裂过程

产品名称	分子结构	分子断裂	备注
煤焦油＋液体	弱键连接的环单元	蒸馏＋热解	
CO_2	羧基	脱羧基	裂解
CO（<500℃）	羰基和醚基	脱羰基	裂解
CO（>500℃）	杂环氧	开环	裂解
H_2O	羟基	脱羟基	裂解
$CH_4＋C_2H_6$	烷基	脱烷基	缩聚
H_2	芳环 C—H 键	开环	缩聚

2. 煤热解主要化学反应

煤热解反应是一个十分复杂的过程，这是由煤的不均一性和分子结构本身的复杂性所导致的[10-11]。若再考虑煤中的矿物质对煤热解的催化作用等影响因素,要想准确描述煤热解化学反应是有一定难度的。对煤的热分解过程在不同热分解阶段的元素组成、化学特征和物理性质的变化进行研究,一次热解产物的挥发性成分在析出过程中如果受到更高温度的作用,会继续分解形成二次裂解反应。二次裂解反应主要包括直接裂解反应、芳构化反应、加氢反应、缩聚反应和桥键分解反应。一般情况下,热解化学反应分为裂解和缩聚两类,热解前期以裂解反应为主,后期以缩聚反应为主。

（1）裂解反应

煤在热解温度升高到一定程度后,结构中相应的化学键会发生断裂,这种直接发生的煤分子热分解的反应被称为一次热分解反应（包括裂解反应）。裂解反应主要包括:桥键断裂反应、脂肪侧链断裂反应和含氧官能团裂解反应[8]。煤结构中桥键是煤大分子中最薄弱的环节,受热后最容易发生裂解反应。桥键断裂反应生成自由基碎片,且自由基浓度随加热温度增加而不断增大。煤中脂肪侧链受热也较容易断裂,脂肪侧链断裂反应会生成气态烃,如甲烷、乙烷和乙烯。最后是含氧官能团裂解反应,使得煤中的大分子变为小分子。其中,OCH$_3$、链烷烃和芳环上侧链受热最先发生裂解反应。煤中含氧官能团热稳定性顺序为:—OH≥C＝O＞COOH＞—OCH$_3$,由此可知含氧官能团—OH 最稳定,含氧官能团—OCH$_3$ 最不稳定。在相同条件下,煤中各有机物的稳定性顺序为,芳香烃＞环烷烃＞炔烃＞开链烷烃;芳环上侧链越长越不稳定,芳环数越多侧链越不稳定。

（2）缩聚反应

缩聚反应对煤的黏结、成焦和固态产品的质量影响很大。胶质体固化过程的缩聚反应主要是指热解过程生成的自由基之间的结合,以及液相产物分子间的缩聚。液相与固相之间的缩聚和固相内部的缩聚在 550～600℃前完成,然后生成煤焦油和半焦。从半焦到焦炭的缩聚反应特点是芳香结构脱氢缩聚,芳香层面增大,其中也包括苯、萘、联苯和乙烯等小分子与稠环芳香结构的缩合,同时可能也包括多环芳烃之间的缩合[8]。芳香结构脱氢缩聚示意见图 2-1。

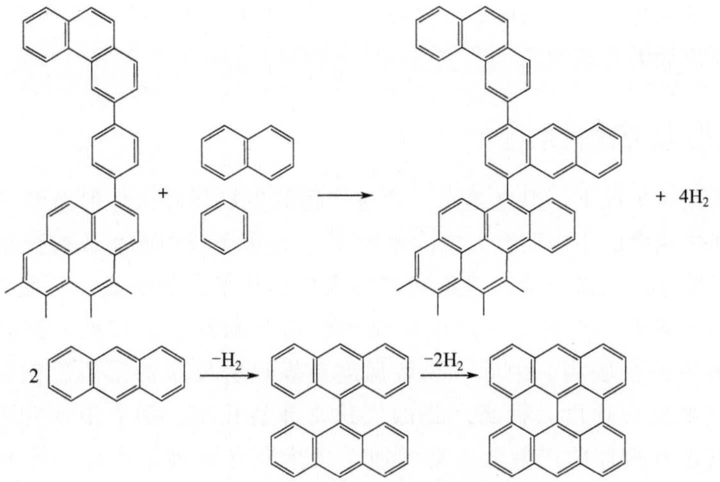

图 2-1　芳香结构脱氢缩聚示意图

从半焦到焦炭的变化过程可知,在 500～600℃之间,煤的各项物理性质,如密度、反射率、电导率、X射线衍射峰强度和芳香晶核尺寸都有所增加。但超过700℃后，这些指标会发生明显的跳跃，随着温度增加而继续增加。

第三节　煤热解的影响因素

影响煤热解过程的因素较多，主要包括：煤种煤质、煤化程度、煤岩组成、热解温度、热解终温、加热条件、加热速率、压力、煤颗粒粒径和缺氧程度（气氛）等。这些影响因素互相叠加在一起使得煤的热解过程非常复杂，分析影响因素的作用机制也变得十分困难。但探讨这些影响因素的交互作用对煤热解过程的控制[11]是十分必要的。

一、煤种煤质

不同煤种煤质具有不同热解特性，煤种热解特性取决于煤的组成和结构[12]。煤种在热解过程中及热解后的失重是特别明显的，对比无烟煤和烟煤的失重可知，由于无烟煤挥发分低，因此，无烟煤的热解失重较低；而烟煤挥发分相对无烟煤要高，因此，烟煤失重相对要高得多；而对褐煤而言，热解过程中及热解后的失重要高得多。低变质程度煤的挥发分含量高，热解过程产生的甲烷多，荒煤气热值高，半焦的气化反应活性强，产物收率高；高变质程度的煤，固定碳含量高，煤的热解活性低，半焦气化反应活性低，单位产气量大，但产物收率低。煤的岩相对热解过程也有一定的影响，不同岩相的煤在热解过程中会有不同的反应性和产物分布。

在相近热解条件下，煤种对挥发分析出速度的影响，表明它和煤变质程度有明显的关系。随着碳含量的增加和相应挥发分的减少，热解趋向于在越来越高的温度下和越来越窄的温度范围内进行，最大失重速率和最后的总失重逐渐减小。就热解产物而言，年轻的低阶煤热解产生的荒煤气、煤焦油和热解水产率最高，荒煤气中CO、CO_2和CH_4含量高，焦渣不黏结；中等煤阶的烟煤热解产生的荒煤气和煤焦油产率较高，热解水较少，煤焦油黏结性强，可得到高强度的焦炭；而高阶煤（贫煤）热解产生的煤焦油和热解水产率最低，荒煤气产率也低，且煤焦油无黏结性。

二、热解温度及热解终温

在正常热解温度工况下，温度越高，热解产物的生成量越大，但温度-生成产物曲线的形状随煤种和加热速率的不同而有一定的差异[12]。温度不仅影响生成初级热解产物的反应，而且影响生成挥发分的二次反应，还影响热解煤焦油和半焦的组成。一般而言，高温半焦中的氢和氧含量较低时，在低温下产生的煤焦油密度和黏度会较低，在高温下产生的煤焦油中芳香烃的比例会较高。因此，热解温度是煤热解反应的重要影响因素之一，温度升高会加速煤热解反应速度，提高产物的气化率和液化率。随着温度升高，焦炭的产量会逐渐减少，气态和液体的产量会逐渐增加。煤热解终温也是产品产率和组成的重要影响因素，这是区别煤热解类型的重要指标之一。煤热解终温对产出物分布及焦炭物理性质的影响见表2-4。

表 2-4　煤热解终温对产出物分布及焦炭物理性质的影响

序号	产出物分布与焦炭物理性质	终温/℃		
		600(低温热解)	800(中温热解)	1000(高温热解)
一	产出物产率			
1	半焦或焦炭(质量分数)/%	80～82	75～77	70～72
2	煤焦油(质量分数)/%	9～10	6～7	约3.5
3	荒煤气/(m³/t)	约120	约200	约320
二	产品物理性质(焦炭)			
1	着火点/℃	450	490	700
2	机械强度	低	中	高
3	挥发分(体积分数)/%	10	约5	<2

煤热解终温对挥发性产出物分布及其物理性质的影响见表2-5。

表 2-5　煤热解终温对挥发性产出物分布及其物理性质的影响

序号	产出物分布及其物理性质	终温/℃		
		600(低温热解)	800(中温热解)	1000(高温热解)
一	煤焦油			
1	密度/(kg/m³)	<1000	1000	>1000
2	中性油(质量分数)/%	60	50.5	35～40
3	酚类(质量分数)/%	25	15～20	1.5
4	煤焦油盐基(质量分数)/%	1～2	1～2	约2
5	沥青(质量分数)/%	12	30	57
6	游离碳(质量分数)/%	1～3	约5	4～10
7	中性油主要成分	脂肪烃,芳烃	脂肪烃,芳烃	芳烃
二	荒煤气			
1	H_2(体积分数)/%	31	45	55
2	CH_4(体积分数)/%	55	38	25
3	低温发热量/(MJ/m³)	31	25	19

随着温度升高，具有较高活化能的热解二次反应有可能发生[12]，同时生成具有较高热稳定性的多环芳烃产物。热解温度对生成芳香族化合物的影响是，随着热解温度升高而逐步增加，煤总失重率逐步增加到最高值后，再逐步下降。在正常热解温度条件下，温度越高，热解产物生成量越大，成正比关系。但热解温度与热解生成量也会因煤种、热载体和加热速率的不同而有所差异。

三、加热速率

高加热速率可以缩短热解时间，但不会影响到最终的热解产率。而且随着热解速率的提高，热解失重对应的特征温度也会随之提高。改变加热速率对挥发分收率没有明显的影响，加热产物主要依赖于温度及在此温度下的停留时间，而不是加热速率。但高加热速率改变了热解反应的温度-时间历程，导致热解产物的高收率。脱挥发物速度呈现最大值时的温度及脱挥发物的最大速度随着加热速率增加而增加。很高的加热速率（10^5℃/s）可使脱挥发物的温度高达400～500℃。主要原因是加热速率远超过了挥发物能够逃离煤的速率。当加热速率由 1℃/s 增至 10^5℃/s 时，褐煤挥发分脱除 10%~90% 完全程度的温度范围，由 400~840℃变为 860~1700℃。由此可知，在很高的加热速率下，煤的最终总失重可超过用工业分析方法测得的挥发分[12]。

四、热解压力

随着热解压力增加，煤粒内部裂化及碳沉积程度增大，热解析出量会呈现单一下降的趋势。压力对煤热解的影响，主要体现在气体产物的产量和组成上。随着压力的升高，气体产物产量增加，而水蒸气和高分子量烃类产物产量减少。煤在减压条件下，热解失重程度逐渐变大，由此增加了煤焦油部分的收率。随着压力升高，失重值下降，挥发分在煤颗粒内部的停留时间延长。随着二次反应增加，煤焦油聚合为焦炭。压力是影响挥发分在煤内部传递的一个重要参数。压力参数取决于有效气孔隙（与煤化程度和煤岩组成有关）和释放出物质的性质。压力对失重速率和最终失重有影响，煤热解所处的压力与失重成反比关系[12]。其原因是较低的压力减少了挥发分逸出的阻力，因而缩短了它们在煤中的停留时间。如高挥发分烟煤以 650~750℃/s 的加热速率加热至 1000℃ 时，在 100Pa 下失重为 46%~48%；在 9MPa 下为 37%~39%。同时，煤焦油产率由 32% 降至 11%（质量分数），气体产率由 4% 升至 7%（质量分数）。

五、煤料粒径

增大煤料粒径对热解产率的影响较小，但煤料粒径增大使得升温速率放慢，若停留时间一定，可能会导致热解产物减少。煤料粒径是影响挥发分在煤内部传递的参数，对失重速率和最终失重有一定的影响。主要表现为煤料粒径越大，热失重越低，半焦产率越高，煤焦油产率越低，H_2、CO 和 CO_2 的产率越高。当某种高挥发分烟煤粒度由 1mm 降至 0.05mm 时，大粒子的失重比小粒子的失重要低 3%~4%，但具有大量开孔结构的褐煤则没有呈现出这种变化。这表明，当挥发分可以更自由地逸出时，二次反应受到了抑制。

六、缺氧程度（气氛）

缺氧程度[12]是指煤在加热过程中氧气的供给状态。缺氧程度不同，煤热解产出物种类和产出率是有很大差异的。不同的缺氧程度（不同气氛）下，气体、液体和固体产出物的生成量是完全不同的，通过控制缺氧程度，可以调节热解过程中氧化反应的程度，从而获得所需要的产出物。因此，缺氧程度对煤热解反应的产物分布和产出率有重要影响。在有空气的工况下，热解得到的产物析出后会与空气中的氧气发生反应；在完全缺氧的工况下，热解会经历气化和液化反应，生成大量的气体和液体产物；在部分缺氧的工况下，煤会生成较多的焦炭。

第四节　煤热解工艺分类

一、概述

煤的热解工艺分类方法较多，根据煤热解炉型工艺及热解炉布置、加热方式及热载体类型、加热终温及加热速率、气氛、压力和生产方式等要素，可分为各种不同类型的煤热解[13]工艺。

若按照煤热解炉型划分，包括：回转炉热解工艺、移动床热解工艺、流化床热解工艺、气流床热解工艺和振动床热解工艺等类型；若按照热解炉型布置划分，包括：竖式反应器热解、卧式反应器热解和旋转式反应器热解等类型；若按照煤热解加热方式划分，包括：外热式热载体热解工艺、内热式热载体热解工艺、内外并热式热载体热解工艺；若按照热载体类型划分，包括：固体热载体热解、气体热载体热解和固气混合热载体热解。

若按照热解炉的加热终温划分，包括：加热终温在500~700℃的低温热解，加热终温在700~900℃的中温热解，加热终温在900~1200℃的高温热解，加热终温>1200℃的超高温热解；若按照煤热解加热速率划分，包括：加热速率控制在3~5℃/min的慢速热解，加热速率控制在5~100℃/s的中速热解，加热速率控制在500~10000℃/s的快速热解，加热速率控制在>10000℃/s的闪裂解。

若按照煤热解气氛划分，包括：氢气气氛热解、氮气气氛热解、水蒸气气氛热解、隔绝空气气氛热解；若按压力划分，包括：常压热解工艺、加压热解工艺；若按生产方式划分，包括：连续式生产热解工艺和间歇式生产热解工艺等。

下面按照煤热解炉型与热载体换热方式划分，简要介绍回转炉热解工艺、移动床热解工艺、流化床热解工艺、气流床热解工艺、振动床热解工艺及外热式低温干馏（热解）工艺、内热式气体热载体热解工艺、内热式固体热载体热解工艺、内外热载体混合换热热解工艺。

二、回转炉热解工艺

回转炉热解工艺适用于经过水分预处理后的低阶煤干馏热解[14-15]。由于热解前脱除了煤炭中大部分水分，极大地减少了含酚废水的发生量，且含酚废水与净水掺混后可用于熄焦，避免建设耗资较大的污水处理系统。回转炉工艺要求粒径范围在6~30mm，能直接生产3~20mm的半焦颗粒。产生的荒煤气热值在15~25MJ/m³，属于中等热值荒煤气。煤焦油产率为葛金煤焦油产量的60%~70%，550~650℃范围内低温热解可获得6%左右的煤焦油产率。煤焦油含酚量较高，是制取酚类产品、燃料油、苯类化合物较理想的原料。

三、移动床热解工艺

移动床热解工艺典型代表有美国LFC工艺，德国鲁奇工艺（LR），苏联的ETCH工艺和国内大连理工大学煤化工研究所的固体热载体热解工艺[16]。大连理工大学煤化工研究所开发的固体热载体热解工艺，采用固体半焦热载体作为加热热源，用于褐煤等变质程度较低的低阶煤和灰分含量较高的油页岩原料进行共热解。热解所得荒煤气发热量较高，CO含量较低，煤焦油中富含酚类化合物。

四、流化床热解工艺

流化床热解工艺的典型代表是美国的COED工艺、澳大利亚联邦科学与工业研究院的流化床热解工艺。其中COED工艺采用低压、多级流化床，过程中用于加热和流化的气体来自最后一级流化床中部分半焦燃烧产生的气体。其工艺过程是将原料粉碎至3.2mm以下进行干燥，在第一级流化床中利用不含氧废气加热至320℃，脱除煤炭中大部分内在水分，并析出部分热解气和约10%的煤焦油。煤焦油经冷凝回收，未冷凝气体经再热后返回煤炭干燥器。经干燥器初步热解后的煤粒被送往第二级流化床，并利用来自第三级流化床的热荒煤气和部分循环焦加热至450℃，煤进一步热解析出煤焦油和热解气。由第二级流化床得到的半焦进入第三级流化床，再利用第四级流化床的热解气和部分循环焦加热至540℃，析出大部分热解气和残余煤焦油后作为第二级流化床的热载体。生成的半焦部分返回二级流化床，大部分进入第四级流化床。在此，提供空气或水蒸气，使半焦流化并部分燃烧，同时产生整个工艺所需的热量和流化气。在第四级流化床中，要求保持高温，但同时要求低于煤的灰熔点，一般在870℃左右。该工艺对煤种适应性强，热效率高，半焦产品的有效利用率高。

五、气流床热解工艺

气流床热解工艺典型代表是美国的ORC工艺。首先将煤破碎至200目以下并与高温半焦一起进入反应炉，约1s内快速升至280℃，反应压力最高达到344kPa。由于在炉内的停留时间短，可以抑制煤焦油的二次分解。该工艺主要特点是煤粉快速加热，半焦快速分离，因而可减少煤焦油的二次热解，提高煤焦油收率。该工艺采用半焦作为热载体，并在气流床中进行循环。其不足是生成的煤焦油和半焦粉尘会附着在旋风分离器和管壁内侧，使得循环半焦和入料煤在此处直接接触，加剧了入料煤的微粉碎，增加了半焦循环量，限制了煤热解的处理能力。

六、振动床热解工艺

利用振动床反应器实现煤的快速热解，即PAI工艺。PAI（pyrolysis by axial influenza）工艺是基于振动流化床原理开发的煤快速热解技术，通过正弦垂直振动＋高温气流协同作用，实现煤粉颗粒的毫秒级传热与快速裂解。该技术不同于传统固定床热解，利用振动强化颗粒流态化，解决了传统反应器传热不均、热解速率慢的问题，适用于低阶煤（如褐煤、长焰煤）的挥发分高效提取。

七、外热式低温干馏（热解）工艺

在外热式低温干馏炉内，煤料间接受热，热解速率受煤料粒度及传热效率影响较大[16]。该工艺单炉处理能力较小，但荒煤气热值高，煤焦油中粉尘杂质少，半焦质量和粒度易于调整。采用小粒煤外热式间接换热方式，如通过回转搅动、旋转转动、辐射和燃烧管等方式将热量传递给煤粒，可提高传热效率。燃烧室可以设计在热解炉内或炉壁内，以提高传热效果。热载体高温烟气或燃气可通过燃煤来实现。外热式的给热方式使得荒煤气与高温烟气（热载体）物理隔离，因而提高了荒煤气的热值和综合利用能效。采用外热式供热方式，可以提高热解荒煤气的热值。但外热式换热效率比内热式换热效率要低得多，这是因为间接换热的缘故，高温气体热载体与煤料没有直接接触换热，因而需要更大的换热面积和设备空间进行换热。如立式外热式热解炉就降低了换热效率，减少了炉内有效热解空间。回转热解炉采用回转炉转动或旋转灯辐射等措施均是为了提高外热式热载体的传热效率，但同时也增加了相应的能耗。此外，对转动设备密封运转也提出了更高的要求。

八、内热式气体热载体热解工艺

在内热式低温干馏炉内，煤料直接与被加热后的高温气体或固体热载体（焦粉、瓷球、砂子等）相接触，使得煤料受热均匀，传热传质速率快[16]。该工艺单炉处理能力大，煤焦油收率高，但煤焦油中杂质较多。如鲁奇-斯皮尔盖斯低温干馏法就是采用这种典型的热解工艺。该法采用气体热载体内热式垂直连续炉，热解炉从上往下由干燥段、干馏段和冷却段三部分组成。褐煤或由褐煤压制成型的块煤（25~60mm）由上往下移动，与燃烧气（热载体）逆流直接接触受热。当炉顶入炉原煤的含水量在15%左右时，经过干燥段时，原煤被脱除水分至1.0%以下，约250℃热气体逆流而上被冷至80~100℃。干燥后的原煤在干馏段被600~700℃不含氧的燃烧气（热载体）加热至500℃左右，发生热解反应。燃烧气被冷却至250℃左右去干燥段。生成的半焦进入冷却段被冷气体冷却，半焦排出后进一步用水和空气冷却。从干馏段逸出的挥发物经过冷凝、冷却等步骤得到煤焦油和热解水。

九、内热式固体热载体热解工艺

鲁奇-鲁尔盖斯低温干馏法（简称LR法）是采用固体热载体内热式的典型热解工艺。原料主要是褐煤、非黏结性煤、弱黏结性煤以及油页岩等。20世纪50年代，在联邦德国多尔斯滕建有一套处理煤炭能力为10t/h的中试装置，使用的热载体为固体颗粒（小瓷球、砂子或半焦）。由于热解产品荒煤气不含废气（气体热载体），因此，热解后的处理系统设备尺寸较小。荒煤气热值较高，可达20.5~40.6MJ/m³。该热解工艺由于温差大，颗粒小，传热速率极快，具有较大的煤炭热解处理能力。热解所得液体煤焦油较多，加工高挥发分低阶煤时，煤焦油产率可达30%左右。

十、内外热载体混合换热热解工艺

现代低温干馏技术的开发正聚焦于流态化、夹带床等高效热解反应器[16]，设备形式涵盖单段独立作业与多段串联集成模式。该类热解炉的核心创新在于采用"内外热载体协同供热"机制：通过炉内直接接触式热载体（高温气体、循环半焦颗粒）与炉外间接式热载体（导热油、熔盐）组合供热，实现热量的精准分配与高效传递。例如，高温气体热载体可快速提升煤料温度，加速挥发分析出；固体热载体则凭借高比热容维持反应区恒温，减少局部过热。这种混合供热工艺不仅有效提升了煤焦油产率（较传统工艺提高15%~20%），更通过模块化串联设计实现了生产规模的柔性扩展，在低阶煤综合利用领域展现出显著的工业化应用潜力。

第五节　外热式间接加热低温热解技术

外热式块煤（粉煤）热解的特点是外部供热通过间接的方式加热，将煤料与热载体物理隔离。热载体的热量通过炉墙砖间接地传递给炉内的煤料，最终将煤料的温度提升到热解所需要的温度。热解反应需要的热量来自热载体的显热或燃烧热，且热解反应器内一般有促使焦炭顺利移除的排焦设施或转动件。热解加热速率控制在 3～100℃/s 低速或中速热解速率的范围内。排焦方式为传动件驱动排焦，煤焦油灰含量较低，荒煤气的热值较高，原料适用范围宽。但煤焦油易发生二次反应，使得煤焦油中重质组分含量较高。外热式间接加热低温热解工艺[16]主要有：龙成旋转炉、三瑞回转炉、MWH 直立炉、神雾旋转炉、MRF 多段回转炉、天元回转炉及畅翔直立炉等。本节重点介绍其中几种外热式热解炉型及推广应用情况。

一、龙成旋转床低温热解工艺

龙成旋转床低温热解工艺，简称"龙成旋转炉"，是由河南龙成集团有限公司（简称"龙成集团"）研发，具有完全自主知识产权的国产化粉煤旋转床低温热解专利技术[12]。龙成旋转炉将低阶煤在隔绝空气的条件下，持续加热至一定温度，使褐煤、长焰煤等低阶煤料通过热解转变为提质煤（半焦）、煤焦油和荒煤气。该工艺在中国煤化工低阶煤分质利用和大型化应用方面推出较早，受到业内的关注[17]。

龙成旋转炉针对回转窑炉外热式间接换热的特点，在优化旋转炉设备结构和关键部件方面进行了系统集成。在低阶煤分质利用、提高热解荒煤气质量和热值等方面进行了创新。通过实验室小试、中试及工业化示范装置运行，龙成旋转炉工艺性能指标和关键设备运行等方面取得了重要突破。

2016 年 1 月，国家发展和改革委员会、国家能源局印发的《能源发展"十三五"规划》中明确指出，推动能源供给侧结构性改革，把推动煤炭等化石能源清洁高效开发利用作为能源转型发展的首要任务，采用先进煤化工技术，推进低阶煤中低温热解等煤炭分质梯级利用示范项目建设。将龙成榆林煤油气多联产项目正式列为国家煤炭分质利用示范项目，包括单系列 200 万 t/a 旋转床低阶煤低温热解技术装备示范等。

2023 年 10 月，国家能源局发布 2023 年第 6 号公告，公布了国家第三批能源领域首台（套）重大技术装备项目名单。新疆维吾尔自治区申报的龙成单系列 500 万 t/a 低阶煤旋转床低温热解分质利用技术装备成功入选低阶煤分质分级利用领域项目。

龙成旋转炉单系列 500 万 t/a 低阶煤旋转床装备为低温热解分质利用技术关键装备，通过低阶煤低温热解后，分质高效转化为煤、油、气和化学品，具有原料适应性强、油气产率高、产品品质好、单套设备规模大等优点。在高温旋转动态密封、梯级供热智能控温及 4μm 以上固体颗粒物回收与油气分离等方面取得重要突破。

1. 龙成旋转炉研发历程

2007 年 4 月龙成低阶煤旋转床热解研发项目立项，2008 年 6 月项目全面启动。经过前期基础理论研究，实验室小型验证研究，历经上百次试验于 2010 年取得突破。该工艺对挥发分较高、热值较低的长焰煤和褐煤进行低温热解提质，将长焰煤和褐煤改性为优质高炉喷吹煤及火电用煤，同时回收一定量的液态烃类和气态燃料。在工艺、能耗、环保、产品等方面与兰炭生产相比具有明显的改进。

2011 年 10 月，龙成集团在取得初步成果的基础上，在西峡县建成一套 30 万 t/a 煤分质利用工业试验装置，用于进一步研究和验证龙成旋转炉的工业化可行性和可靠性。项目投资约 2 亿元，该装置建成便投入试运行。2012 年 6 月龙成集团在 30 万 t/a 工业试验装置的基础上，针对存在的问题，先后进行了四次重大技术改造。整改工程三百余项，经改进后的各项生产运行指标均达到设计要求，装置累计运行671天，最长连续运行时间283天，实现了满负荷安全生产。工业试验装置验证了第一代龙成旋转炉及工艺的先进性和大型化生产的可靠性，具备大规模工业化应用条件[18]。经中国石油和化学工业联合会组织专家现场标定，该工艺单套装置处理能力达100t/h，提质煤产率达71.53%，煤焦油产率达11.05%，荒煤气产率达9.87%。

2. 龙成旋转炉主要技术特征

龙成旋转炉工艺在热解产品质量及产品收率、高温油气及粉尘分离、热解关键设备大型化、热解废水处理及能耗和能源转化效率等方面，与传统热解工艺相比，具有较强的优势。主要创新点在于解决了热解行业的一些难题和瓶颈。龙成旋转炉主要技术特征见表2-6。

表2-6　龙成旋转炉主要技术特征

项目	主要技术特征
煤种、进料及干燥系统	适用于低变质烟煤，如长焰煤及弱黏结烟煤等。干燥基灰分含量6%～9%，水分收到基含量13%～15%，挥发分无灰干燥基含量14%～16%。进料煤粒径范围在6～8mm，适用于小粒径煤。原料煤经输送带至受料缓冲仓，再经螺旋给料机送入干燥提升管底部，用热烟气进行干燥提升。干燥提升管的下部设有沸腾段，原料煤在此得到干燥。干燥后的入炉煤水分降低到7%左右，干燥后的煤料温度提至120℃后去热解旋转炉
热解炉结构	龙成旋转炉为旋转炉窑式结构。炉内设有辐射管，经辐射传热与原料间接换热。原料煤在热解炉内被加热至600℃左右，煤中挥发分有机物质被热解，分别得到固体提质煤、液体煤焦油和热解气。旋转炉采用高温旋转动态密封专利技术，在600℃工况下，全过程动态密封运行。炉内设有梯级供热智能控温系统，保证在旋转炉内物料换热均匀，提高热解效率。该结构具有原料适应性强、油气产率高、单系列设备生产能力大等特点
油气分离	采用高效旋风特种膜分离技术，其中高效旋风+特种膜分离，可以实现4μm以上的固体颗粒物回收与油气分离，使得煤焦油中固含量<0.03%
环保性能及处理	提质煤出料通过喷水装置加湿，产生的蒸汽通过上升管外排，中间设有水幕除尘，产生的废水送酚氨回收装置达标处理。热解后废热烟气通过废气收集罩收集，温度约350℃，经电除尘和SCR脱硝后，送至干燥机进口。换热后干燥机出口废气温度降至100～150℃，废气经旋风除尘、布袋除尘、氨法脱硫后达标排放
热解产物主要指标	根据煤质不同，热解产物有一定差异。一般提质煤产率70%～75%，煤焦油产率10%～12%，荒煤气产率150～160m³/t，热解产出水76～170kg/t。能效70%～85%。提质煤热值28.47～30.98MJ/kg，荒煤气热值12.56～24.24MJ/m³，有效气成分（$CO+H_2+CH_4$）78%～87%
技术成熟度	龙成旋转炉单系列产能（处理原煤量）有30万t/a及100万t/a系列生产运行装置，单炉最高运行天数为283天。其他大型热解炉关键设备有待工业化运行验证。龙成旋转炉结构较复杂，炉内动设备使用寿命受限，较易损坏，影响单炉稳定生产；该工艺应控制热解温度<650℃，进一步缩短热解时间，提高煤焦油收率和能源转化效率

3. 龙成旋转炉工艺流程简述

龙成旋转炉工艺由储运单元、供热干燥单元、热解单元、提质煤净化分离单元等组成。主要工艺流程如下：原料煤从落煤储仓通过输送带送到受料缓冲仓，再经螺旋给料机送入干燥提升管的底部，与热解段来的低温烟气进行间接干燥脱水。气体热载体由热风炉以粉煤（含热解分离的粉煤）为燃料，生产950～1000℃高温热烟气，进龙成旋转炉热解段。高温热烟气粉尘浓度<10g/m³，经旋风分离器除尘后经管道输送至龙成旋转炉内的换热总管，为煤热解提供外部热载体（外部热源）。管内热烟气走向与炉内原料煤运动逆向间接换热，热解后的废热烟气温度约350℃，经电除尘和SCR脱硝后去干燥段。干燥提升管下部设有沸腾段，原料煤在此干燥脱水，以保证干燥原料煤中含水量<7%，温度升至120℃左右，粉尘由二级旋风分离器收集。干燥后的冷废烟气温度在100～150℃，经旋风除尘、布袋除尘、氨法脱硫达标后排出。

干燥后的原料煤通过螺旋给料机送入龙成旋转炉窑头。圆形料仓内始终保持一定料位，起到密封作用，以避免龙成旋转炉产生的热解荒煤气经给料装置逸出。龙成热解炉为旋转辐射提质炉窑结构，辐射管位于炉窑中心位置，干燥后的原料煤从炉头进入炉内，热解后的提质煤从炉尾排出。由于低阶煤挥发分较高，在炉内原料煤与高温烟气进行间接换热，升温至约550℃。加热时间可控制在40min左右。此时，大部分挥发分从干燥原料煤中分离，随着挥发分的挥发，提质煤从窑头逐渐进入窑尾，然后转入挥发仓。挥发仓内设置冷管（汽包）进行冷却降温以及余热利用，冷管内通入脱盐水，经脱盐水冷却后提质煤温度降至200℃以下，然后在出料口处经螺旋出料机送出。在出料过程中提质煤通过喷水加湿，喷水产生的蒸汽通过上升管排出，中间设有水幕除尘，水幕除尘产生的废水送酚氨回收装置处理。最终提质煤含水率约9.3%，并通过皮带输送至提质煤筒仓。高温油气先通过高效旋风处理将其中的粉尘大颗粒通过旋风分离脱除，分离后的气体进一步通过特种耐高温膜除尘器进行油气尘分离，利用膜两侧压力差达到分离提纯的目的。采用特种耐高温膜除尘技术可以实现$4\mu m$以上固体颗粒物的回收与油尘分离，使煤焦油固含量小于0.03%，确保了煤焦油品质，经除尘后的煤焦油进入冷鼓单元回收煤焦油。第二代龙成旋转炉[18]工艺流程见图2-2。

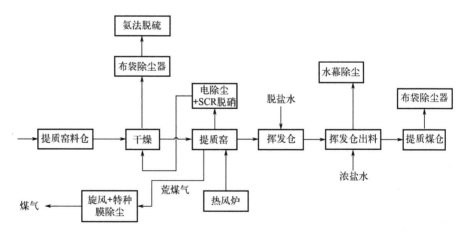

图2-2 第二代龙成旋转炉工艺流程示意图

4. 龙成旋转炉工业应用

由龙成集团自主研发并投资兴建的1000万t/a，煤清洁高效热解项目总投资72亿元。处理低变质烟煤1000万t/a，产提质煤（半焦）700万t/a、煤焦油100万t/a、荒煤气12亿m³/a。项目于2012年9月在河北曹妃甸全面启动，开工建设12台龙成旋转炉，10开2备。2014年4月竣工，5月点火调试，其中11#炉窑经过65.5h的平稳运行后按计划安全停车，标志着该项目热负荷试车一次成功。随后12条炉窑生产线先后进入调试阶段，6月份进入试生产阶段，12条生产线均一次调试成功，各项参数均达设计要求。其中2条生产线实施连续运行，累计运行三年，最长连续运行达 305 天。2014 年 9 月 22 日，中国石油和化学工业联合会在北京组织召开科技成果鉴定会。鉴定会认为：该技术具有单套装置规模大、能源转换效率高、水资源消耗低等特点。技术开发及应用成果具有完全自主知识产权，创新突出，达到国际领先水平，建议推广应用。该单系列龙成旋转炉处理原料煤能力达 116.3t/h，提质煤产量达 71.53%，煤焦油产率为 9.63%，荒煤气产率为 $126m^3/t$。第一代龙成旋转炉 72h 考核标定数据见表 2-7。

表 2-7　第一代龙成旋转炉 72h 考核标定数据

考核项目	单位	设计值	标定值	备注（产出物实际产率）
进炉煤量	t/h	125.0	116.3	93.04% 负荷
提质煤产量	t/h	81.3	71.5	61.65% 半焦产率
煤焦油产量	t/h	12.5	11.2	9.63% 煤焦油产率
荒煤气产量	m^3/h	15000.0	14653.8	126.00m³/t 荒煤气产率
热解温度	℃	600.0	586.0	−14℃ 热解温度低于设计值
产品综合能耗	kgce/t	185.0	188.3	+1.78% 能耗超设计值
能源转化效率	%		81.2	

采用龙成旋转炉工艺，热解产出物产品工业分析见表 2-8～表 2-10。

表 2-8　荒煤气产品工业分析

组分	H_2	CO	CH_4	C_nH_m	CO_2	O_2	N_2	H_2S
体积分数/%	10～15	10～13	40～45	9～12	8～12	0.1～0.6	2～3	约 0.15

注：1. 荒煤气的热值 Q_{net} 在 24.24～27.21MJ/m³。

2. 曹妃甸项目荒煤气组成：H_2 30.5%，CO 36.8%，CH_4 16.5%，C_nH_m 2.6%，CO_2 12.85%，O_2 0.6，H_2S 0.15%。

3. 低阶煤煤质不同，热解产出物的组成和质量指标均有较大的差异。

表 2-9　煤焦油产品工业分析

项目	20℃时密度/(kg/m³)	水分（质量分数）/%	灰分（质量分数）/%
重油	1035～1055	<3.0	<0.05
轻油	940～960	<1.5	<0.05
混合油	990～1010	<2.5	<0.05

表 2-10　提质煤（半焦）产品工业分析

工业分析（质量分数）/%					元素分析（daf）（质量分数）/%			
M_{ar}	M_{ad}	A_d	V_{daf}	FC_d	C	H	N	O
13～15	0.5～2.0	6～9	14～16	74～80	89.97	2.61	1.28	5.97

$S_{t,d}/\%$	$Q_{grd}/(MJ/kg)$	对二氧化碳的反应活性 $\alpha/\%$						
		800℃	850℃	900℃	950℃	1000℃	1050℃	1100℃
0.3～0.5	30.93	8.3	17.7	37.8	64.7	83.1	94.2	98.8

灰熔融性温度/℃				着火温度/℃		Pd（质量分数）/%	TRD	(K+Na)（质量分数）/%
DT	ST	HT	FT	原样	氧化			
1150	1210	1240	1280	331	322	0.007	1.41	0.106

注：1. 曹妃甸项目提质煤质量指标：全水 0.9%，灰分 12.2%，挥发分 8.21%，固定碳 78.69%。

2. 低阶煤煤质不同，热解产出物提质煤（半焦）工业分析均有较大的差异。

5. 龙成旋转炉环保性分析

龙成旋转炉在热解过程中产生的酚氨[19]废水占原煤处理量的 5%～10%，废水中含有大量溶解油（2000～4000mg/L）。酚氨废水首先经除油处理来控制废水 pH 和温度，然后采用组合重力沉降、气浮、药剂等多种除油手段，降低废水中的溶解油含量。酚氨回收采用脱酸脱氨、萃取工艺回收废水中的氨气和粗酚等副产品。然后再通过多级生化处理，即厌氧、缺氧、多级好氧降解废水中 COD、NH_3-N 等污染物。对于生化处理后废水中仍有的一部分难降解的大分子有机物，再通过臭氧催化氧化和 BAF 处理，便得到合格的生化处理水。最后对合格的生化废水进行脱盐处理后进行循环利用。浓盐水用于洁净煤加湿，实现废水资源化利用，既不外排，又节约成本。由于热解后得到的提质煤产率为 65%～70%，而浓盐水仅为原煤处理量的 1%～3%，提质煤可作为浓盐水的受纳体，且浓盐水中盐分主要来源于煤炭自身，用于洁净煤加湿并不影响提质煤品质及用途，加湿过程也不会造成二次污染。

热解过程固废主要来自油气尘分离过程产生的 500 目、450℃的煤灰，废固碳含量在 70%～77%之间。该部分固废作为热风炉的部分燃料制备气体热载体，并副产部分蒸汽或发电，既环保又节能。

热解过程废气主要包括前端控制及末端治理，通过全流程封闭运行，减少 VOCs 无组织排放，做到安全环保生产。末端治理通过对热解和干燥后产生的废气进行处理后达标排放。

6. 龙成旋转炉推广应用

陕西神木 1000 万 t/a 粉煤清洁高效综合利用一体化示范项目[20]，落地在神木市柠条塔工业园区内，共采用 6 台龙成旋转炉（单炉 200 万 t/a）。2019 年 4 月 16 日，项目环评批复，该示范项目总投资 72.14 亿元，其中环保投资 5.42 亿元。同年 4 月 24 日，项目主体工程开工，该项目建设内容包括 1000 万 t/a 粉煤热解装置、大型煤焦油加氢装置、60 万 t/a 石脑油连续重整装置、19.6 亿 m^3/a 荒煤气制 LNG 联产氢气装置、12 万 t/a 苯抽提和 6 万 m^3/h PSA 提氢装置。

新疆慧能 1500 万 t/a 煤炭清洁高效利用项目于 2023 年 7 月 28 日在新疆哈密市伊吾县工业园区白石湖煤炭高效综合利用产业园内开工，标志着"十四五"哈密国家级煤制油气战略基地确定以来首个获得批复建设的煤炭深加工项目启动。

该项目处理原煤 1500 万 t/a，采用 3 台大型龙成旋转炉将原煤生产为提质煤。对产生的热解荒煤气进行深加工，以获取煤焦油和氢气，同时联产 LNG、LPG、凝析油、硫黄等。通过 150 万 t/a 煤焦油加氢联合装置生产轻质化煤焦油 1$^\#$ 和轻质化煤焦油 2$^\#$，然后将轻质化煤焦油 2$^\#$ 与外购石脑油通过 40 万 t/a 煤基馏分油脱氢单元生产纯苯、C_{7+} 馏分油等产品。同步建设相应的公用辅助设施：成品油罐区、煤焦油罐区、石脑油罐区、污油罐区、苯罐区、液氨罐区、液化气罐区等。火炬设施包括：给水及消防水加压站、循环水场、污水处理设施、泡沫站、事故水监测设施、雨水监测设施、总变电所、若干区域变电所、除盐水站、空压站、空分站等。项目总投资约为 88.59 亿元，其中环保投资约 3.56 亿元，项目计划 2025 年 10 月建成投产。

截至 2025 年，龙成旋转床低温热解工艺在低阶煤清洁高效利用领域取得了重大进展，主要体现在：国家级示范项目落地，龙成集团自主研发的 500 万 t/a 低阶煤旋转床低温热解分质利用技术被列入国家第三批能源领域首台（套）重大技术装备项目名单（2023 年 10 月），成为低阶煤分质分级利用领域唯一入选项目。该技术攻克了高温旋转动态密封、梯级供热智能控温及 4μm 以上固体颗粒物回收与油气分离等关键难题。

二、三瑞外热式回转炉低温热解工艺

三瑞外热式回转炉低温热解工艺（简称"三瑞回转炉"），由西安三瑞实业有限公司（简称"西安三瑞"）研发[21]，是具有完全自主知识产权的国产化低阶煤三瑞回转炉专利技术。该工艺采用外热式回转炉低温炉窑结构，分段对煤炭进行干燥、干馏、冷却处理，煤料在热解炉内均匀传热，快速热解，干法熄焦。产出的半焦品质稳定，水分含量低，煤焦油产率高且轻质组分含量高。热解荒煤气可燃组分含量高，热值可达 20.09MJ/m³ 左右。热解过程供热采用热烟气作为热载体循环使用，工艺过程全程密封，节能环保。庆华集团新疆和丰公司使用该专利技术和设备建设了 5 万 t/a 原煤低温干馏示范装置，项目于 2014 年 5 月成功开车。三瑞回转炉和回转冷却机均采用外热式间接换热结构，在优化回转炉和回转冷却机的结构及关键部件方面进行了改进和优化。三瑞回转炉生产运行数据能够满足回转炉干馏行业的性能指标要求。回转炉干馏兰炭行业清洁生产性能指标见表 2-11。

表 2-11 回转炉干馏兰炭行业清洁生产性能指标

工艺性能指标	三瑞回转炉指标	兰炭行业清洁生产标准 DB61/T423—2008		
		一级	二级	三级
单元能耗/(kgce/t 兰炭)	114.35	≤190	≤210	≤230
吨兰炭耗新鲜水量/(m³/t)	0.15	≤0.4	≤0.45	≤0.5
吨兰炭耗电量/(kW·h/t)	51	≤30	≤35	≤40
干馏荒煤气利用率(体积分数)/%	100	≥99	≥95	≥95
干馏荒煤气利用方式	化工原料	化工原料	燃料	燃料
水循环利用率/%	≥98.5	≥98	≥95	≥95
煤焦油收率(质量分数)/%	≥90	≥90	≥85	≥75

1. 三瑞回转炉研发历程

西安三瑞长期致力于大型回转炉设备在低阶煤热解及分质利用领域的技术开发和推广应用。在 2010 年前就已经成功研发和掌握了外热式回转炉热解技术，取得了煤基活性炭制备工艺技术等发明专利和实用新型专利，如"一种用外热式回转炉进行褐煤提质的方法"和"利用自返料回转炉对煤进行固体热载体热解的方法"等。主要创新点是将外热式回转热解炉结构卧置在回转炉内并分为两段，即干燥段和干馏段（热解段），互相之间相对独立，然后再将回转热解炉与回转炉冷却机（半焦间接冷却器）组合集成。高温烟气（热载体）采用分级热量循环供热与回收。高温烟气热载体首先给热解炉的干馏段供热升温与热解。出干馏段的废烟气去干燥段给煤料供热提温，并进行干燥脱水。出干燥段的冷废烟气再进行干法熄焦，回收高温半焦热量后循环利用。回转热解炉和回转冷却机均采用夹套间接换热，使得热载体介质和煤料及半焦不直接接触，以提高热解荒煤气的质量。

2011 年 12 月 27 日，陕西省科技厅在西安组织行业内专家，对西安三瑞自主研发的外热式回转炉低温热解工艺及成套装备成果进行了科技鉴定，评审专家认为，该工艺研究方向正确，工艺流程合理，热解技术总体达到国内领先水平。

2. 三瑞回转炉技术特征

三瑞回转炉主要技术特征见表2-12。

表 2-12　三瑞回转炉主要技术特征

项目	主要技术特征
煤种、进料及干燥	煤种范围：低变质煤、长焰煤等。对热解原煤一般要求：灰分（空干基）3%～7%，水分（空干基）6%～9%，挥发分（空干基）30%～33%，进料煤粒径在13～80mm。原煤经各煤系统通过输送带送到受料缓冲仓，经螺旋给料机送入三瑞回转炉干燥段。由回转炉热解段夹套来的热烟气干燥煤料，经干燥将水分脱除，煤料温度提至150℃
热解炉结构	三瑞回转炉为旋转窑式结构，炉内设有干燥段和热解段。由热解段来的约300℃高温烟气对煤料进行干燥及脱吸20～60min，除去煤中的水分与结合水以及吸附在煤料孔隙中的气体。经干燥后煤料进入热解段，经夹套高温烟气与煤料间接换热，被加热至350～650℃，停留1～5h，煤中挥发分碳氢化合物被分解，得到半焦、低温煤焦油和荒煤气。三瑞回转炉采用高温密封，干燥段与热解段在650℃工况下全过程动态密封运行。炉内设有分级供热控温系统，保证热解段和干燥段内煤料换热均匀，提高热解效率。通过低温热解后半焦去回转冷却机，采用冷废烟气干法熄焦，并回收半焦热量及冷却。该回转炉结构具有原料适应性强、油气产率高、荒煤气品质好等特点
油气尘分离	热解后产生的高温荒煤气和煤焦油混合物由三瑞回转炉导气管抽出，进入煤焦油荒煤气分离纯化装置。油气尘采用高效旋风分离，实现固体颗粒物回收与油气分离，使得煤焦油固含量低于0.03%。通过吸收和纯化，得到高品质煤焦油和高热值荒煤气
环保性能及处理	热解过程基本无三废排放。采用筛焦装置筛分处理兰炭成品，通过分离纯化装置得到煤焦油和荒煤气；采用干法熄焦，提高了兰炭质量并节省了能源，减少了有害气体及污水排放
热解产物主要指标	根据煤质不同，热解产物质量有一定的差异。一般半焦产率约50.5%，煤焦油产率约11.49%，荒煤气产率120m³/t原煤，能源转换效率70%～80%，半焦热值约28.05MJ/kg，荒煤气热值约20.09MJ/m³，有效气成分75%～80%
技术成熟度	三瑞回转炉单系列产能规格（处理原煤量）有5万t/a、15万t/a和30万t/a，并有生产业绩，技术比较成熟。由于回转炉结构较复杂，炉内有转动设备，使用寿命受限，影响单炉稳定生产。同时，还应进一步提升荒煤气、煤焦油、粉尘分离效率

3. 三瑞回转炉工艺流程简述

三瑞回转炉装置主要由备煤输送单元、干燥及热解单元、半焦冷却熄焦输送单元、荒煤气净化分离单元、高温烟气循环利用及三废处理单元组成。原煤通过备煤输送带送到受料缓冲仓，再经螺旋给料机送入三瑞回转炉。高温烟气在回转炉夹套内流动，与干燥和热解原煤间接换热。原煤粒度为3～80mm，先在干燥段内进行干燥，由热解段来的约300℃的废烟气对原煤进行20～60min的干燥和脱吸，脱除原煤水分。经过干燥和脱吸后的原煤进入热解段，原煤与高温烟气通过夹套进行间接换热，温度升至约650℃，并停留1～5h，经热裂解后得到兰炭、煤焦油和荒煤气。三瑞回转炉压力控制在−20～20mmH₂O，维持在微负压和微正压之间。

高温烟气（热载体）供热系统采用热风炉制取，以粉煤与部分纯化后的荒煤气为原料，与空气在热风炉中燃烧，产生约950℃的高温热烟气。加热后的热风送入回转炉干馏段夹套内作为热源。高温烟气粉尘浓度＜10g/m³，通过夹套间接加热原煤至650℃后进行干馏。

热解段加热降温后的废烟气，温度约350℃，经除尘后去干燥段夹套对原煤进行加热，原煤温度升至150℃离开。

干燥段夹套出来的冷废烟气温度在100～150℃，经处理后去回转冷却机回收半焦热量并对半焦进行冷却。热解生成的固体兰炭由热解段排出送至回转冷却机熄焦。冷却后的半焦再进入筛焦装置，筛分处理得到兰炭成品。通过热解产生的高温荒煤气混合物（含煤焦油和粉尘）由回转炉导气管抽出，送入煤焦油荒煤气分离纯化装置，得到煤焦油和高热值荒煤气。

高温荒煤气和煤焦油混合物首先通过高效旋风分离装置，将其中的粉尘大颗粒通过分离脱除大部分，分离后的气体进一步通过吸收和纯化，实现固体颗粒物回收与油气分离，煤焦油中的固含量控制在行业指标内，以确保煤焦油品质。三瑞回转炉工艺流程见图2-3。

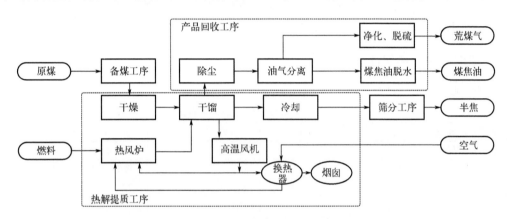

图 2-3 三瑞回转炉工艺流程示意图

4. 三瑞回转炉工业应用

2012年，三瑞回转炉[22]工艺及成套设备在神华集团新疆公司活性炭项目上应用，处理原煤能力为15万t/a，项目于2014年建成投产，同年8月份达产达标，装置连续运行三年多，生产出性能优良的煤基活性炭。

2016年，甘肃宏汇能源化工有限公司Ⅰ期工程使用三瑞回转炉工艺，在甘肃酒钢建设总规模为150万t/a、单系列30万t/a低阶煤热解分质利用工程。项目于2017年4月投产试车成功，设计运行指标为：单炉进煤量42.3t/h，半焦产率50.50%，煤焦油产率11.49%，荒煤气产率120m³/t。神府煤煤质工业分析及半焦产品工业分析与热解产品工业分析见表2-13～表2-15。

表 2-13 神府煤煤质工业分析及半焦产品工业分析

项目名称	工业分析					元素分析					
符号	M_t	M_{ad}	A	V	FC	C	H	O	N	S_t	Q_{net}
单位	%	%	%	%	%	%	%	%	%	%	MJ/kg
长焰煤1	13.68	6.85	6.59	33.01	53.41	83.63	3.24	12.16	0.83	0.14	23.32
长焰煤2	13.15	8.13	3.14	33.16	55.45	84.59	4.14	10.13	1.02	0.12	26.33
半焦		4.00	6.00	7.50	80.50	—	—	—	—	—	28.05

注：百分数均为质量分数。

表 2-14　荒煤气产品工业分析

样品名称	H_2	CO	CO_2	CH_4	H_2S	N_2	C_nH_m	低位发热值
单位	%	%	%	%	%	%	%	MJ/m^3
荒煤气	40～46	10～15	6.5～9.5	30～35	0.04	0.5～3	—	>19.97

注：百分数均为体积分数。

表 2-15　煤焦油产品工业分析

项目	数值	项目	数值
黏度(80℃)/(mm^2/s)	2.80	轻油(<170℃)(质量分数)/%	12.60
水分(质量分数)/%	<4.0	酚油(170～210℃)(质量分数)/%	0
甲苯不溶物(质量分数)/%	3.5	萘油(210～230℃)(质量分数)/%	5.20
灰分(质量分数)/%	<0.13	洗油(230～300℃)(质量分数)/%	32.60
密度(20℃)/(kg/m^3)	1000		

5. 三瑞回转炉环保性分析

三瑞回转炉的三废排放见表 2-16。

表 2-16　三瑞回转炉的三废排放

污染物种类	排放点及污染物	排放量	组成及特性数据	防治措施	备注
废气	煤场		少量粉尘	密闭系统,洒水	
	筛煤、筛焦粉尘		0.5kg/h	密闭,除尘系统	
	输送系统故障时的事故荒煤气	9200m^3/h	H_2 49.62% CH_4 29.40% CO 14.86% C_mH_n 1.0% CO_2 5.3% N_2 1.52%	送火炬燃烧处理	
	煤干馏烟气	15000m^3/h	SO_2≤100mg/m^3 N_2 60%～70%； CO_2 10%～15%； H_2O 20%～30%	排入烟筒	连续
	煤干燥烟气	22000m^3/h	SO_2<100mg/m^3 粉尘≤120mg/m^3 N_2 60%～70%； CO_2 10%～15%； H_2O 20%～30%	排入烟筒	连续
废水	荒煤气净化单元	1.3t/h	含酚废水	污水生化处理	
废渣	荒煤气净化煤焦油渣	240t/a		送燃煤锅炉燃烧	间断

注：30 万 t/a 炉型运行数据。

6. 三瑞回转炉推广

三瑞回转炉热解工艺及成套设备已通过业内专家的成果鉴定，达到国内领先水平。在国内煤化工行业有生产运行业绩。该工艺适应煤种广，如高含水褐煤、城市污水站干污泥、劣质年轻烟煤等。可生产无烟燃料以及不同产品的兰炭、半焦、活性炭、低温煤焦油和荒煤气。该工艺可与煤气化、燃烧、发电耦合，实现煤炭的综合分质利用，具有广阔的应用前景。

截至 2024 年，三瑞外热式回转炉低温热解工艺项目进展如下：锂矿提锂领域，三瑞超鼎依托外热式回转炉技术，在碳酸锂火法工段实现突破，完成新疆志存若羌 6 万 t/a、志存和田 6 万 t/a、协鑫锂业 3 万 t/a 等 10 余条锂盐生产线 EPC 总包，技术覆盖焙烧、酸化、冷却等环节，显著降低能耗（热回收产蒸汽 400t/d）和设备投资（降低 30%）。煤炭低温热解工艺优化方面，通过精准控温、螺旋破碎装置及分段电加热技术，实现单套装置年产 8 万 t 碳酸锂/氢氧化锂干燥产能 8 万 t/a，煤气热值稳定在 4750～4800kcal/m^3，焦油收率达葛金干馏法的 90% 以上。国际市场开拓方面，参与俄罗斯、印尼等海外锂矿开发项目，输出外热式回转炉技术及成套装备。

三、众联盛 MWH 型蓄热室式直立炉热解工艺

众联盛 MWH 型蓄热室式直立炉热解工艺（简称"MWH 直立炉"），由北京众联盛化工工程有限公司（简称"众联盛"）研发，是具有完全自主知识产权的低阶煤蓄热室式直立炉专利技术[23]。众联盛于 2007 年在北京成立，在焦化、荒煤气净化、直立炉干馏煤和直立炉干馏荒煤气制甲醇领域形成了自己独有的技术。先后开发了 5.5m 和 6.3m 捣固焦炉，并成功开发了 MWH 型蓄热室式直立炉及干馏荒煤气制甲醇、焦炉气制天然气等技术。采用 MWH 直立炉，通过直立炉分段对煤炭进行干燥、干馏快速热解。

1. MWH 直立炉研发历程

众联盛在低阶煤分质利用创新过程中长期与科研院所开展深度技术合作，如中国科学院理化所、工程热物理研究所、大连化物所等单位。逐步在煤焦化、煤热解、焦炉煤气（荒煤气）综合利用等领域形成了自己的优势。设计的炭化室分别有 5.5m、6m、6.3m、6.55m、6.8m、7m 和 7.3m 等不同高度的顶装、捣固焦炉，其中焦炉炭化室高度为 7.3m 的顶装、捣固两用炉为国内首创。荒煤气净化单系列对焦化所产生的荒煤气最大处理能力达 300 万 t/a 规模。根据荒煤气组成特点，可生产液化天然气、甲醇、合成氨尿素、硝酸、高纯氢、乙醇等多种能源化工产品。

众联盛经过长期研究和工业生产装置验证，已成功掌握了外热式蓄热室式直立炉低温干馏专利专有技术，设计了多套 MWH 直立炉干馏工艺。其中内蒙古伊东集团东方能源公司60 万 t/a 兰炭联产 10 万 t/a 甲醇项目采用了 MWH 直立炉型工艺，建设 128 门（4 座）直立炉。该项目于 2008 年 9 月份投产，并长期稳定生产。设计采用热传导为主的传热方式，通过燃料荒煤气在燃烧室燃烧后，将热量通过炉壁传入炭化室。炭化室内的煤料自上而下，经预热、干馏、冷却过程使煤料干馏炭化。干馏段炉温控制在 800～850℃，煤料从炉顶连续进入，荒煤气由炉顶逸出，炉底则将冷却的兰炭排出，煤料在炭化室内的总停留时间在12～16h。该技术实现了低阶煤分质利用及焦炉煤气制甲醇项目的工业应用，于 2011 年被工业和信息化部及焦化行业协会批准为首家兰炭生产企业。

2. MWH 直立炉技术特征

MWH 直立炉工艺在热解产品质量及热解收率、外热式直立炉大型化、热解能耗和能源转化效率等方面具有一定的优势[24]。该工艺较好地解决了国内蓄热室式直立炉行业内的一

些难题，MWH直立炉主要技术特征见表2-17。

表 2-17　MWH 直立炉主要技术特征

项目	主要技术特征
煤种、进料及干燥系统	适用于褐煤、长焰煤等。一般要求为：灰分 $A_d \leqslant 8\%$，水分 $M_{ad} \leqslant 7\%$，挥发分 $V_{ad} \geqslant 26\%$，$S_{t,d} \leqslant 1\%$。入炉煤粒径范围在 20～100mm。原料煤经螺旋给料机送入 MWH 直立炉干燥段，由热解段蓄热室来的热烟气作为热源进入蓄热室干燥段，原煤在此进行干燥和水分脱除，煤料温度提升至 150℃
热解炉结构	MWH 直立炉结构由炉体、炉顶加煤设施、荒煤气引出装置、炉体基础钢平台和护炉钢结构及排焦设施组成。其中炉体有燃烧室、炭化室和上下两组蓄热室。回炉加热荒煤气在燃烧室燃烧后产生高温烟气，将热量通过燃烧室与炭化室之间隔墙传至炭化室内煤料。传热后高温烟气进入蓄热室，通过设在蓄热室内的格子砖，将烟气中的热量回收。在换向操作后，通过格子砖的热量加热进入的空气，在燃烧室与引入燃烧室的加热荒煤气混合燃烧，产生高温烟气。部分热量通过炉壁传入炭化室，部分热量则被蓄热式回收后由地下烟道引出厂房外。其中部分热废气抽出作为兰炭干燥的热源，加热干燥煤料后排至烟囱放空。炉体由双门炭化室组成，每个燃烧室向两侧炭化室加热。加热荒煤气通过上行和下行两种方式定时交换加热，以保持炭化室内干馏段的温度均匀。蓄热室分为上、下两组，与加热后的烟气热回收配套。炉体由硅砖、耐火砖、隔热砖等耐火材料砌筑而成
废气废水环保处理	为提高直立炉的炭化强度，采取荒煤气和废水联合熄焦工艺，可节约能源、减少有害气体和热解污水排放，工业过程的三废经处理后达标排放
热解产物主要指标	根据煤质不同，热解产品质量有一定的差异，一般半焦产率约 69%，煤焦油产率 4.5%～5.0%，荒煤气产率 420～450m³/t，煤效 70%～80%，半焦热值 26.79～27.63MJ/kg，荒煤气热值约 13.82MJ/m³，有效气成分约 80%
技术成熟度	MWH 直立炉单系列产能有 5 万 t/a、15 万 t/a 和 30 万 t/a 的运行业绩，技术较为成熟。由于热解炉结构较复杂，影响单炉长周期运行，应控制热解温度在 650℃ 以下，缩短热解时间，提高煤焦油收率和能源转化效率

3. MWH 直立炉工艺流程简述

原煤经初筛后将<20mm 粉煤筛出，控制入炉煤料粒度在 20～100mm，由输送机进入 MWH 直立炉顶煤仓。生产过程中煤料入炉由控制系统自动向辅助煤箱进料，由每台直立炉顶部的气升管组件将荒煤气引出，进入集气槽。集气槽内的荒煤气用循环氨水喷淋，将 200℃ 左右的荒煤气降至约 60℃，荒煤气中 60% 焦油气冷凝，焦油氨水自流至集气槽端部集中，从集气槽来的荒煤气由煤气鼓风机抽吸进入冷凝冷却器进行剩余煤焦油的分离处理。

直立炉排焦设施由设在每门炭化室底部的排焦箱和二级控制放焦阀组成的出焦组件组成。排焦箱的作用是控制炭化室内出焦量，即控制煤料在炭化室内的停留时间。出焦组件则通过气封和水封联合作用保障出焦的安全密封，然后由控制系统自动将焦炭输送至炉底胶带运输机，运出厂房外。

采取荒煤气和废水联合熄焦工艺可提高煤料在直立炉内的炭化强度。熄焦用煤气是经煤气鼓风机和电捕焦油器增压、除焦油后的煤气，通过压力调节进入直立炉底部，并将来自冷鼓工段的经处理氨水中的一部分进入炉底进行配合熄焦。产生的水蒸气和熄焦荒煤气均可将炉底部高温兰炭的显热回收，降低温度进行排焦，而产生的水蒸气和荒煤气则进入炭化室内，在干馏段部位起到加强对流传热和提高荒煤气产量的效果，促使炭化室内部煤料干馏温度均匀。加速炭化速度，提高直立炉的产能和产品质量，控制兰炭中残余挥发分在 4%～6%。

为防止炉底排焦部位漏入空气，采用二级出焦控制阀并配有安全蒸汽密封措施。进入炉底排焦装置的蒸汽，一部分被冷凝进入兰炭中，一部分则随着熄焦煤气一并进入直立炉底部的上部高温兰炭层内，产生水煤气气化反应，降低兰炭温度。该措施有助于降低炉底钢结构的温度，同时增加荒煤气中 CO 和 H_2 的组分和荒煤气产率，蒸汽分解率在 20%～30% 范围内。MWH 直立炉工艺流程图见图 2-4。

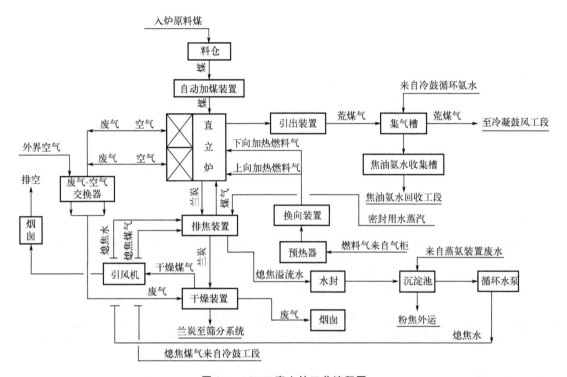

图 2-4　MWH 直立炉工艺流程图

4. MWH 直立炉工业应用

众联盛设计的伊东能源项目 I 期 60 万 t/a 兰炭/联产 10 万 t/d 甲醇项目[25-27]，在内蒙古准格尔旗伊东工业园内建设。从 2007 年 3 月破土动工至 2009 年 8 月成功产出合格精甲醇，建设工期历时 2 年 5 个月。该项目共设两个厂房，每个厂房有两座直立炉，每座直立炉有 32 门炭化室，设置 32 台水封出焦机。I 期工程有 32 门炭化室，对于炭化室容积 12m³/门的直立炉，单门处理原煤量为 18～24t/d。产焦率与原煤组成有关，按内蒙古准格尔旗煤田所产煤种为 0.69t 焦/t 原煤（折吨焦用煤 1.45t）计算，单炉设计兰炭产能为 15 万 t/a。伊东煤挥发分在 28%～30% 时，产油率可达约 4.5%，荒煤气产率达 420～450m³/t 煤。

排焦采取荒煤气和废水联合熄焦工艺，可连续或间歇进行水封排焦，采用间歇排焦时，每门炭化炉底部出焦箱内的半焦可在 10min 内排完。500～600℃的半焦进入排焦箱内进行初冷却，降至 200℃左右进入水封出焦机，链条带动刮板将半焦从底部运到出料口进入皮带机。出焦机的水封有效高度为 300mm，由导料槽进入的水封水，由溢流口（B 口）排入地沟。

出焦机顶部采用密封箱，箱内水封中产生的水汽将通过箱体排气口系统引入厂外。采用水封出焦机优点在于直立炉炭化室底部出料系统能形成很好的密封，防止炉内荒煤气从炭化炉底部泄漏。原料煤煤质工业分析数据及热解产品工业分析见表2-18～表2-21。

表 2-18 原料煤煤质工业分析

项目名称	挥发分	灰分	水分	全硫	灰熔点
符号	V_{ad}	A_{ad}	M_{ad}	$S_{t,ad}$	ST(软化温度)
单位	%	%	%	%	℃
数值	≥26	≤8	≤7	≤1	1250

注：1. 原料煤为山西大同2#弱黏煤，该炉适宜煤种为不黏性或弱黏性煤。

2. 百分数均为质量分数。

表 2-19 兰炭（半焦）产品工业分析

项目名称	水分	灰分	残余挥发分	固定碳	比电阻(常温)
符号	M_{ad}	A_{ad}	V_{ad}	FC_{ad}	
单位	%	%	%	%	Ω·m
数值	≤6	≤10	≤4	≥80	≥2200×10^{-6}

注：百分数均为质量分数。

表 2-20 煤焦油产品工业分析

项目名称	密度	黏度 E_{80}	酚含量(质量分数)	萘含量(质量分数)	沥青含量(质量分数)
单位	kg/m³	mm²/s	%	%	%
数值	1050～1080	≤1.5～2	10～10.5	1～2	32～33

表 2-21 荒煤气产品工业分析

项目名称	H_2	CO	CH_4	CO_2	C_nH_m	N_2	O_2	低位发热量
单位	%	%	%	%	%	%	%	MJ/m³
数值	48～50.8	26～28	10～12	约8	0.5～1	3～5	0.5	12.96～13.79

注：百分数均为体积分数。

5. MWH直立炉推广

MWH直立炉是通过回炉荒煤气在燃烧室燃烧生成高温烟气（热载体），并将热量由炉壁传入炭化段内的原煤，提供煤料在隔绝空气的条件下进行低温热解所需要的热量。这种以热传导为主导的间接传热方式虽然换热效率有所降低，但解决了热介质与干馏炭化产生的热解气不混合的问题，荒煤气热值和品质较好。在加热方式上，直立炉采用上下行高温烟气与空气交替加热和吸热，每隔半小时换向，从而使从高向低的加热均匀。炉内设有废气蓄热室，提高了废气的废热利用率。采用MWH直立炉工艺的主要项目有：内蒙古恒坤化工有限公司焦炉煤气甲烷化制LNG，项目于2012年12月投产；陕西龙门煤化工有限责任公司LNG联产合成氨，项目于2017年9月投产；河南顺成集团安阳顺利环保科技有限公司LNG联产二氧化碳制甲醇，项目于2022年9月投产。采用外热式直立炉干馏所得的荒煤气可燃组分（CO、H_2、CH_4、C_nH_m）含量较高，适合作为化工原料用气，在节能环保方面具有较好的发展前景。

四、 MRF 多段回转炉低温热解工艺

MRF 多段回转炉低温热解工艺（简称"MRF 多段回转炉"）是由北京煤炭科学研究院煤化工研究所开发的工艺，主要特点是外热式、气载体、低温热解、中速加热、多段常压热解。当多段回转炉使用低热值荒煤气加热时，发热量较高的热解荒煤气经净化后可作民用或工业燃气。煤在热解前先经干燥并脱除大部分水分，脱水率不小于 70%，减少了含酚污水量。少量的污水可作为熄焦用水，从而使污水处理系统简化。

MRF 多段回转炉[28-29] 由 3 台串联的卧式回转炉，即干燥炉、热解加热炉和熄焦炉组成，多段回转炉对原料煤的适宜粒度为 6～30mm。热解加热炉既可使用固体燃料加热，也可使用气体燃料加热，或二者同时燃烧加热。在干燥炉中褐煤被温度低于 300℃ 的烟气加热干燥，经干燥后的褐煤送热解加热炉进行加热和热解，其中一部分干燥褐煤用作燃烧炉燃料，为热解提供热载体。MRF 多段回转炉采用外热式间接加热，控制热解加热炉煤料温度在 550～700℃。从热解加热炉出来的废热烟气经调温后可作为干燥炉的热源（热载体）。多段回转炉排出的半焦去熄焦炉，热半焦经三段熄焦炉中的水冷却后排出，得到半焦产品。热解荒煤气煤焦油混合产物从专设的管道导出，经冷凝后回收其中的焦油。除干燥、热解和熄焦单元外还有原煤储备单元、焦油分离及储存单元、荒煤气净化单元、半焦筛分及储存单元等。MRF 多段回转炉低温热解工艺流程见图 2-5。

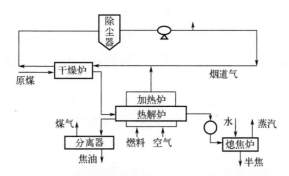

图 2-5 MRF 多段回转炉低温热解工艺流程示意图

五、神木天元回转炉低温热解工艺

神木天元回转炉低温热解工艺（简称"天元回转炉"）由陕煤神木天元化工公司和华陆工程科技有限责任公司共同研发。该工艺主要特点：原料适用性强，适合≤30mm 多种高挥发分煤种的热解。热解后的干燥水、热解水分级回收，减少了水资源消耗和污水处理量。煤干燥、热解、冷却全密闭生产。中试装置能效≥80%，工业化装置综合能效≥85%；单套装置规模可达 60 万～100 万 t/a，目前正在进行 60 万 t/a 工业示范装置建设。

该工艺将粒径≤30mm 的原煤经回转干燥炉进行干燥脱水，然后干燥煤料去回转热解炉进行低温热解，得到高热值荒煤气、煤焦油和提质煤。荒煤气进一步加工得到 LPG、LNG、H_2 和燃料气；煤焦油经轻质化精制加氢处理；提质煤可达到无烟煤（焦炭）理化指标，用于高炉喷吹、球团烧结和民用洁净煤。煤焦油产率达 9.12%，荒煤气热值达 28.5MJ/m³，荒煤气中有效成分（$CO+H_2+CH_4$）体积分数高于 85%，其中 CH_4 体积分数达 39.59%。

神木天元回转炉低温热解工艺流程见图 2-6。

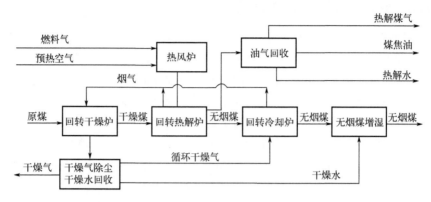

图 2-6 神木天元回转炉低温热解工艺流程示意图

第六节 内热式直接加热气载体热解技术

内热式直接加热气载体热解工艺是以燃煤或热解荒煤气与空气在热风炉中燃烧制备的高温热烟气或其他热气体作为热载体。内热式气体热载体直接将热量传递给煤料，加热煤料至热解温度后发生热解反应。反应后的气体热载体与热解气体产物混合一起送往荒煤气净化和煤焦油回收系统。该工艺要求入炉气体热载体布气合理，气固物料混合均匀，热量传递快，确保热解炉内煤料温度场一致。热载体一般是用热解荒煤气回炉作为燃料，与空气燃烧得到高温热烟气，其主要弊病是热解产生的荒煤气被废热烟气混合稀释为低热值荒煤气。荒煤气中惰性气组分含量高，导致热解荒煤气热值低，气体质量差，一般情况下作为燃料气使用，但同时也增加了后续低值荒煤气净化系统的处理负荷。内热式直接加热气载体热解工艺[12]主要有：RNZL 直立炉、SJ 直立方炉、GF 直立炉、SM-GF 矩形炉、LCC 提质炉、神华干馏炉、SH 直立炉、恒源直立炉、富氧直立炉等，本节重点介绍其中几种有代表性的炉型工艺及推广使用情况。

一、 RNZL 干馏直立炉热解工艺

RNZL 干馏直立炉热解工艺[30]，简称 "RNZL 直立炉"，由中钢集团鞍山热能研究院有限公司（简称 "鞍山热能院"）研发，是具有完全自主知识产权的国产化低阶煤干馏直立炉专利技术。鞍山热能院是我国冶金热工与冶金焦化领域综合性技术研究与开发机构，隶属于中国中钢集团。公司拥有炼焦技术国家工程研究中心、辽宁省煤焦油系特种新材料工程研究中心等。主要从事煤焦化工、余热发电、环保工程等领域的工程设计、咨询和承包。目前鞍山热能院已设计建设了国内外几十项直立炉工程，半焦总产能 3000 万 t/a，半焦产量 2000万 t/a，市场占有率达到 50％以上。

大型内热式直立炉已经成为中低温煤干馏的主要炉型。采用 RNZL 直立炉将煤炭在隔绝空气的条件下，通过循环回炉荒煤气燃烧提供热量（气体热载体）进行低温干馏。该工艺是通过内热式直接换热方式使煤料温度升至 550～650℃，在中低温条件下将煤料干馏转变为半焦、低温煤焦油和荒煤气。该技术在中国煤焦行业分质利用市场推广早，市场份额高。

采用大型直立炉装备和干馏工艺生产半焦及干馏荒煤气（或荒煤气）在国内处于主导地位。

1. RNZL 直立炉研发历程

鞍山热能院从事煤炭热解焦化转化技术已有几十年的历史，20 世纪 80 年代初就在国内率先自主研发了以长焰煤、不黏煤或弱黏煤为原料的内热式直立炉干馏工艺及装备，专门用于生产铁合金专用焦、电石专用焦和化肥用焦。1998 年 8 月 7 日，由国家计委和国家冶金工业局、辽宁省计委批准成立"炼焦技术国家工程研究中心"，并于 2009 年 7 月通过国家验收。该中心建有八条验证线和相应的三个分析检验室，一个工程设计室，既能满足工程化技术验证及技术集成的需要，又能承担国家、省市级科研课题成果在推广过程中衍生的再开发创新。始终致力于煤炭干馏焦化行业关键共性技术研发和市场推广，填补我国煤焦行业的技术空白，满足国内外市场需求，为煤焦行业的可持续发展提供技术支撑。

2. RNZL 直立炉技术特征

RNZL 直立炉[30]主要技术特征见表 2-22。

表 2-22 RNZL 直立炉主要技术特征

项目	主要技术特征
煤种、进料及干燥系统	适用于长焰煤、不黏煤、弱黏煤的块煤等。煤粒径适用范围在 20～120mm 的块煤。煤料经过预处理后，经输煤皮带进入直立炉顶煤仓，在重力作用下进入炉内干燥段，进行干燥脱水。干燥热源由半焦冷却段回收热量后的热烟气提供，原煤在干燥段内与热烟气经加热后脱除水分，原煤被加热到约 150℃后直接进入热解段
干馏炉结构	RNZL 直立炉主要包括：炭化室、烧嘴、荒煤气导出口等，炭化室从上至下分为干燥段、干馏段和冷却段。炭化室上部设有布料板，炭化室顶部设有荒煤气导出口。直立炉内设有加热气体室，并在室内设有调节板和气体分配砖，炉体侧面设有荒煤气烧嘴，四周设有护炉铁件。直立炉每孔干馏室的横断面为变截面，炉体由异形耐火砖砌成多层耐火砖环形结构。炉容大型化，炭化室长度及高度分别可达到 3.6m、8.2m，炭化室有效容积可达 21.23m³。设计双火道，每孔炭化室两侧分别设有上下两层独立的水平火道，可灵活调节每孔炭化室的温度分布，确保整炉产品质量均匀稳定。下层火道以内燃内热加热为主，上层火道采用燃烧室辅助加热，起到保障作用。精确设计燃烧室容积和气孔数量，使荒煤气和空气在燃烧室充分燃烧，热废气均匀进入炭化室，有效防止挂渣和进气口剥蚀。内热式直立炉主要靠高温气体与原料块煤直接接触对流换热，燃烧废气与物料温差较小，传热效率高。炉顶压控自动化，采用大循环稳压、小循环微调策略，实现炉顶压力自动调节控制。炉顶布料通过优化控制策略，稳定炉压和各炉操作，实现炉顶布料自动化
废气废水环保处理	高温半焦在冷却段与来自干燥段的低温废烟气换热。热交换后的热烟气经过除尘后作为原煤干燥的热源，实现烟气热量循环利用。系统产生的污水经生化降解处理达标后排放。干燥后废气温度约 100℃，经布袋除尘、氨法脱硫达标后排放。熄焦采用湿法熄焦或低水分熄焦方式，用板式排焦机连续排焦到胶带输送机上
干馏物主要指标	根据煤质不同，干馏产品质量有一定的差异。半焦产率约 62%，煤焦油产率 6%～11%，荒煤气产率约 260m³/t，半焦热值 25.0～28.4MJ/kg，荒煤气热值约 20.06MJ/m³，有效气成分＞80%
技术成熟度	RNZL 直立炉技术成熟，单系列产能规模有 5 万 t/a、10 万 t/a 和 60 万 t/a。能较长周期运行，但存在荒煤气热值低、品质低、干馏效率低等缺点

3. RNZL 直立炉工艺流程简述

RNZL 直立炉干馏工艺由备煤单元、炭化单元、筛焦单元、荒煤气净化单元、煤气加热及余热回收单元、污水处理单元组成。具体流程如下。备煤环节：经预处理（筛分、破碎）

后的 20～120mm 块煤送入炉顶上部储煤仓，通过电液动滚筒卸料器与中间缓冲料箱配合，将原煤定量连续送入炭化室内。炭化过程：煤料在炭化室内自上而下依次通过干燥段、干馏段、冷却段，与加热气体逆向接触完成干馏，生成半焦从炉底排出。后续处理：荒煤气经导出口进入净化单元处理，半焦经筛焦单元分级后利用，工艺废水导入污水处理单元。

荒煤气在桥管和集气槽内由循环氨水喷洒冷却，初次冷却至 80～90℃（若需进一步冷却焦油，可后续经管式冷却器降至 40℃ 以下）。冷却过程中产生的气液混合物经吸气管进入气液分离器，分离后的荒煤气通过煤气风机升压，送入荒煤气净化单元（脱硫、脱氨、脱苯等）；氨水与煤焦油进入焦油氨水分离槽，经静置分层后，氨水返回循环系统，煤焦油送至焦油精制单元。

4. RNZL 直立炉工业应用

20 世纪 80 年代末，山西大同左云县率先建设 2 万 t/a 小型 RNZL 直立炉工业项目，于 1991 年 4 月正式投入生产。该炉型属于内热式直接供热，循环荒煤气作为加热用燃料，装置规模小。直立炉加热用的荒煤气是经过荒煤气净化工段冷却和净化后的回炉荒煤气，煤干馏以热循环荒煤气为主要热源，并在燃烧过程中添加少量的燃煤作为补充燃料。新型直立炉[31]是通过对传统直立炉的加热方式和炉体结构创新改进而推出的一种改进型干馏直立炉，提高了荒煤气中氢气和甲烷的含量。加热用的空气由空气鼓风机加压后供给，荒煤气和空气经烧嘴混合并在水平火道内燃烧。产生的高温烟气通过炭化室侧墙面，经均匀分布进气孔进入炭化室，利用高温烟气（热载体）的热量将块煤进行炭化。烧嘴设上、下两层，加热以下层为主，上层主要起安全作用。改进型干馏直立炉是在总结小型内热式直立炉设计经验和生产实践的基础上，针对存在的共性问题和瓶颈进行了创新和改进。2006 年又开发出了大型内热式直立炉（原 ZNZL）——RNZL 型直立炉，该炉也是一种直接加热的内热式、连续操作的直立炉。气体热载体与煤料在炭化室通过直接接触换热，将原料煤炭化成半焦。第一座大型化直立炉炼焦项目于 2007 年 9 月在陕西省神木天元化工有限公司投入生产，与原炉型相比，工艺简化，热效率提高，生产能力增加，投资降低。

5. RNZL 直立炉推广

国内外项目已经超过二十项采用 RNZL 直立炉工艺，如陕西神木天元化工有限公司、汇能控股集团有限公司、新疆昌源准东煤化工有限公司及哈萨克斯坦热解项目等二十多项 60 万 t/a 及以上的大型直立炉工程。项目遍布陕西、内蒙古、新疆等地区，其中最大规模产能达 600 万 t/a，设计总产能达 3000 万 t/a，已成为半焦（兰炭）生产的主要炉型。RN-ZL 直立炉主要用户及业绩见表 2-23。

表 2-23　RNZL 直立炉主要用户及业绩

用户名称	生产规模/(万 t/a)		污水处理	荒煤气利用
	总产能	Ⅰ 期产能		
内蒙古鄂绒集团有限公司	120	60	焚烧	烧石灰石
中国神华煤制油化工有限公司	120	60	焚烧	发电
神木天元化工有限公司（Ⅰ 期）	60	60	焚烧	提氢
神木德润煤化工有限责任公司	80	80	焚烧	发电
汇能控股集团有限公司	120	60	焚烧	发电

用户名称	生产规模/(万 t/a)		污水处理	荒煤气利用
	总产能	Ⅰ期产能		
乌兰鑫瑞煤化工有限责任公司	60	60	焚烧	烧金属镁
内蒙古特弘煤电集团有限责任公司	60	60	焚烧	玉米加工
神木天元化工有限公司（Ⅱ期）	75	60	焚烧	提氢
内蒙古远兴能源股份有限公司	60	30	焚烧	发电
伊犁永宁煤业化工有限公司	60	60	焚烧	发电
内蒙古诚峰石化有限责任公司	120	60	焚烧	提氢
东方希望科技有限公司	60	60	焚烧	提氢
宝塔石化集团有限公司	600	240	焚烧	提氢、发电
新疆新业能源化工有限责任公司	240	120	焚烧	发电
哈萨克斯坦（国外热解项目）	35	30	焚烧	发电
新疆金盛镁业有限公司	60	60	焚烧	镁合金
新疆华电煤业公司	180	180	焚烧	提氢
新疆昌源准东煤化工有限公司	180	180	焚烧	提氢
新疆广汇煤炭清洁炼化有限公司	510	300	生化	乙二醇、供热
上海同业煤化集团有限公司	120	120	焚烧	提氢
小计	2920	1940		

二、 SJ 直立方炉低温干馏工艺

　　SJ 直立方炉低温干馏工艺，简称"SJ 干馏方炉"，由神木市三江煤化工有限责任公司（简称"神木三江"）研发，是具有完全自主知识产权的国产化低阶煤低温干馏直立方炉专利技术。该炉是在鲁奇三段炉的基础上，总结了内热式直立炉和 SJ 复热式直立炭化炉的技术特点及生产实践推出的一种直立干馏炉型。该炉吸收了传统直立干馏炉型的一些优点，并根据陕西榆林、神府、东胜煤田和大同矿区低阶煤具有的挥发分高、灰熔点低、含油率高的煤质特征而集成开发出的一种方形立式炉型。具有物料下降均匀、布料均匀、布气均匀、加热均匀等特点，提高了低阶煤低温干馏的效率。此外，还增大了干馏方炉的有效容积，提高了干馏方炉单位容积和单位截面的处理能力，增加了煤焦油的轻组分和经济价值。

1. SJ 干馏方炉研发历程

　　神木三江长期从事对 SJ 低温干馏工艺[32]及配套设备的研发，在块煤（油页岩）干馏兰炭（油品）的基础上，开发了粉煤干馏工艺并取得重要进展。对炉内兰炭熄焦、含氨废水处理、炉况自动控制、富氧低温干馏等进行研发创新，形成了 SJ 系列改进炉型。其中 SJ-Ⅲ型在陕西榆林地区和内蒙古东胜地区得到广泛应用，市场份额高，在兰炭生产领域占有重要地位。"SJ-Ⅴ型方炉"是一种较新的干馏炉型，采用集成工艺建设了 6t/h 中试装置，项目于2015 年 8 月开始首次试验。中试装置持续运行了 28 天，获取了大量试验参数，在关键数据及新炉型设计参数选择方面取得了重要进展。进行了原煤粒径在 3～30mm 的干馏试验，并获得了工业放大试验所需要的设计参数，整个干馏过程均实现自动化操作。

　　2016 年 5 月，在首次试验的基础上，进行了二次中试试验，持续运行时间达 50 天，处理原煤粒径仍为 3～30mm。主要表征了兰炭的形貌、孔体积、孔径分布、比表面积、多环芳烃含量、有机物种类、典型重金属含量等指标，从结构上证实了兰炭相对于原煤具有的减排优势。试验表明，兰炭具有低排放、低污染的特点。将湿法兰炭和干法兰炭与烟煤排放进行了对比，兰炭三废排放的PM2.5，分别下降79.88％和86.76％；有机碳排放分别下降80.62％和83.51％；元素碳排放分别下降82.11％和94.61％；硫、氮排放均具有烟煤难以比拟的优势。该工艺的推出为兰炭产业发展开辟了一条新途径。

2. SJ干馏方炉技术特征

SJ干馏方炉[33]以长焰煤、不黏煤或弱黏煤块煤/粒煤为原料生产半焦，约72％的原料煤可以采用干馏方炉生产兰炭。半焦产率63.64％，煤焦油产率6.31％，荒煤气产率589.59m³/t。SJ干馏方炉主要技术特征见表2-24。

表2-24 SJ干馏方炉主要技术特征

项目	主要技术特征
煤种、进料及干燥系统	适用于长焰煤、不黏煤或弱黏煤块煤/粒煤等。入炉煤粒度范围在20～80mm，以中块煤为宜，但SJ新炉型也可干馏≥3mm的粉煤。为保证气体热载体由下向上顺利穿过煤料层，要求煤料层有足够的透气性，该炉不适合处理黏结性较高的煤。煤料经输煤皮带进入干馏炉顶储煤仓，在重力作用下进入炉内干燥段。来自冷却段回收了兰炭热量的热烟气提供热量给干燥段入炉原煤，脱出水分，原煤被加热到约150℃去干馏段
干馏炉结构	SJ干馏方炉炭化室，从上至下分为干燥段、干馏段和冷却段。干馏方炉主要构造：炉子截面3.0m×5.9m，干馏段高度7.02m，炉子有效容积91.1m³，距炉顶1.1m处设置集气阵伞。采用5条布气墙(4条完整花墙，2条半花墙)，花墙总高3.21m。除了用异形砖砌筑外，厚度也从350mm加大到590mm，花墙间距为590mm，中心距为1.18m，花墙顶部之间设有小拱桥。干馏炉采用黏土质异形砖砌筑，硅酸铝纤维毡保温，工字钢护炉和护炉钢板结构，加强炉体强度并使炉体密封
废气废水环保处理	高温半焦在冷却段与来自干燥段的废烟气换热，热交换后的废烟气经过除尘后作为原料煤干燥的热源，实现烟气热量循环利用。系统产生的污水经生化降解处理达标后排放。干燥后部分废烟气温度约100℃，经布袋除尘、氨法脱硫达标后排放。采用水封冷却熄焦方式，然后用板式排焦机连续排到胶带输送机上
干馏物主要指标	根据原料煤质不同，兰炭产率约63.64％，煤焦油产率5.0％～6.31％，荒煤气产率约580m³/t，兰炭热值25～28MJ/kg，荒煤气热值7.96MJ/m³，系统热效率约80％
技术成熟度	SJ干馏方炉技术成熟，单炉产能规格(半焦计)有：3万t/a、5万t/a和10万t/a，大型化设备仍不成熟，但可采用一炉多门等组合工艺实现规模化生产。以空气和荒煤气燃烧产生的高温烟气作为热源(热载体)，采用干燥煤料直接与热载体换热导致大量惰性氮气混入热解气中，进而降低荒煤气热值，同时增加了冷却、净化系统的负荷，不利于化工原料利用。采用水封冷却熄焦方式，半焦高温余热未得到充分利用，并产生大量熄焦高温废水

3. SJ干馏方炉工艺流程简述

SJ干馏方炉结构[12]由干燥段、干馏段和冷却段组成。首先原料煤通过二级破碎至20～80mm，通过运煤皮带送入位于干馏炉上方的储煤仓。原煤由上煤斗连续加入干馏炉内，以炉顶不亏料为原则。原煤首先送入干燥段换热并脱除水分，干燥后的原煤与高温热载体直接换热至干馏温度后进入干馏段反应层，进行干馏反应并生成荒煤气、煤焦油和兰炭（半焦）。干馏段控制干馏温度在750℃左右。SJ干馏方炉工艺流程见图2-7。

4. SJ干馏方炉工业应用

2006年，神木三江与西安建筑科技大学合作，共同开发了SJ-Ⅲ型干馏方炉工艺。该炉

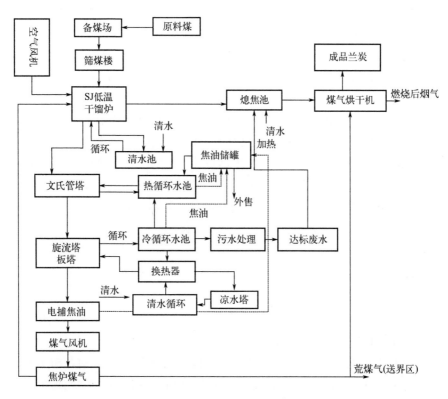

图 2-7　SJ 干馏方炉工艺流程示意图

用于神木五洲煤化工有限公司 60 万 t/a 兰炭工程等。该工程共选用 12 座低温干馏方炉,组合成 2 条生产线,每条生产线为 30 万 t/a 兰炭规模,总生产能力为 60 万 t/a 兰炭联产 6 万 t/a 煤焦油及 6 亿 m³/a 荒煤气。SJ-Ⅲ型干馏方炉进料处采用集气降伞或集气罩和辅助煤箱,出料处采用支管混合器和布气花墙结构,使得系统布料均匀、集气均匀、出料均匀和加热均匀。炭化室采用大空腔设计,干燥段、干馏段无严格界线。炉子单位容积和单位截面的处理能力大。部分回炉荒煤气和空气混合进入干馏炉内花墙,经花墙孔喷出燃烧,生成干馏用的气体热载体,并将块/粒煤加热至干燥及干馏。干馏后炽热的兰炭进入干馏炉底水封槽,用水冷却熄焦。采用水封槽底部拉盘(卸料盘)承接冷却后的兰炭,通过拉盘旋转卸料至下方刮板输送机,由刮板链条将兰炭产品输送至后续筛分/储存单元。

项目于 2007 年建成投产,单炉为 5 万 t/a SJ-Ⅲ型干馏方炉,6 座炉为一组轴线布置。单炉处理煤炭量为 11t/h,产兰炭 7t/h,半焦产率为 63.64%,煤焦油产率 6.31%,荒煤气产率 589.59m³/t。干馏方炉主要构造参数:炉子截面 3.0m×5.9m,干馏段高 7.02m,炉子有效容积 91.1m³,距炉顶 1.1m 处设置集气阵伞,采用 5 条布气墙(4 条完整花墙,2 条半花墙),花墙总高 3.21m。除了用异形砖砌筑外,厚度也从 350mm 增加到 590mm,花墙间距为 590mm,中心距为 1180mm,花墙顶部之间设置有小拱桥。SJ-Ⅲ型干馏炉普遍采用大空腔结构,炉体工艺简单,可连续进料和出料,具有操作简单等优点。

5. SJ 干馏方炉环保性分析

SJ 干馏方炉的热载体是以空气和荒煤气燃烧产生的高温烟气作为热源进行直接换热,由此使得大量惰性氮气混入荒煤气中,降低了荒煤气的热值,且荒煤气品质较差。同时,增大了冷却、净化系统的负荷，增加冷却水用量。为保证气体热载体由下向上顺利穿过煤料层，要求煤料层有足够的透气性，该炉不适合处理黏结性较高的原料块煤。由于块煤受热不均匀，内外温差大，煤焦油产率偏低。采用水封冷却熄焦方式，会产生大量熄焦高温废水，增加污水处理负荷。再加上烘干半焦需要燃烧大量的荒煤气，能源消耗大，环境污染也比较严重。

虽然 SJ 干馏方炉工艺废气和废水处理量较大，但采用目前成熟的污水处理措施后，可达标排放，主要是增加了能耗和原料消耗以及污水处理的投资。如榆林四海煤化工 60 万 t/a 兰炭项目，焦化废水设计量 200m³/d（含生活废水），实际废水量为 110m³/d。污染物成分：COD 30000～40000mg/L、苯酚 3500mg/L、NH_3-N 30000mg/L、pH 10～11，经采用厌氧-好氧生化处理后的水质条件为：COD<500mg/L、苯酚<0.5mg/L、NH_3-N<300mg/L、pH 6.5～7.0。

6. SJ 干馏方炉推广应用

目前采用该技术建成的 3 万 t/a、5 万 t/a 和 10 万 t/a 的 SJ 干馏方炉达 500 座左右，焦炭产量超 2000 万 t/a，煤焦油产量达 200 万 t/a。SJ 干馏方炉工艺已被哈萨克斯坦欧亚工业财团引进，2006 年投入生产，加工能力为 30 万 t/a。SJ 干馏方炉煤种适应性较强，在陕西榆林、内蒙古及新疆地区等发展迅速，并得到广泛应用。

近年来，该工艺的技术进展主要体现在工艺优化与环保升级方面，SJ 方炉通过布料、布气、加热均匀化设计，实现了低温干馏（干馏段温度 650～750℃），焦油产率达 7% 以上，且轻组分含量高，提升了经济价值。采用水封出焦、焦化废水零排放技术，减少了污染；炉顶气体检测置换装置（2023 年专利）可自动监测有毒气体浓度并置换，保障检修安全。第五代方炉单炉处理能力提升至 50 万 t/a 以上。通过 PLC 可编程控制器实现对风量、煤气量、炉温的精准控制，优化稀释比（空气与回炉煤气比例 1.6～2），确保热解效率。出焦系统配备刮板机和烘干机，焦炭水分控制在 12% 以下，满足用户需求。在原料适应性拓展方面针对榆神府矿区、大同矿区高挥发分、高含油率煤质特点进行优化，同时还可处理油页岩。

三、 GF 直立炉干馏工艺

GF 直立炉干馏工艺，简称"GF 直立炉"，由北京国电富通科技发展有限责任公司（简称"国电富通"）研发，是具有完全自主知识产权的国产化低阶煤直立炉移动床低温干馏专利技术[34]。国电富通是国家电网公司直属科研单位中国电力科学研究院的独资子公司，生产和研发的主要产品包括：双套管密相气力除灰系统、锅炉干式排渣系统、大直径高温高压管件、生物流化床污水处理技术、洁净煤技术及干馏直立炉设备等。经过多年的研发，在充分吸收国内外中低阶煤热解各工艺特点的基础上，开发出了具有褐煤热解特点的低阶煤提质工艺及 GF 直立炉等关键设备，该工艺在中国煤化工分级分质综合利用市场推广较早。

1. GF 直立炉研发历程

2007 年，国电富通在低阶煤分级分质利用领域开始起步，对当时国内外褐煤的分质利用现状及各种低阶煤干馏工艺进行了大量的调查研究。2008 年对褐煤热解提质工艺及 GF 直立炉等关键设备的研发工作启动。进行了基础理论研究、低阶煤热解特性研究、热重特性研究、气固换热研究、气固两相流特性及气阻特性研究和热解煤质研究等，并在实验室冷态实验、小型实验和放大规模工业化实验等方面开展了各项工作。

2008 年 9 月，国电富通在陕西神木大唐国能公司 1 万 t/a 规模的 SJ 干馏方炉上进行了褐煤低温干馏工业实验，取得了褐煤热解工艺的性能及产品参数。在此基础上，为保证干馏直立炉型在布气、布料和换热的均匀性方面更加合理，消除布气、布料和热量分布不均的缺陷以及烟道堵塞等瓶颈问题，对干馏直立炉多层进气结构和炉体烟道沉降式结构进行了重大调整和改进，保证了处理煤量增加后对热负荷的需求，避免了烟道积尘等问题。实验结果显示，改进后的 GF 直立炉工艺具有煤焦油收率和荒煤气热值提高、产品能耗降低等优点，从而完成了褐煤内热式干馏直立炉的开发和推广。

在工业实验取得成功的基础上，第一个工业化示范项目由内蒙古锡林浩特国能能源投资公司建设，于 2009 年和 2011 年分别建设 2 套 50 万 t/a 褐煤提质项目。其中，国能首套 GF 炉装置于 2009 年 3 月份开工，9 月份建成，10 月份投产，实现了长周期生产运行。

2. GF 直立炉技术特征

GF 直立炉工艺[35]较好地解决了全粒径褐煤直接入炉的问题；干燥段与干馏段各自独立，多层布气集气，提升热载体负荷，降低煤层阻力；采用多层布气伞和集气伞，实现布料下料均匀，布气集气均匀。GF 直立炉主要技术特征见表 2-25。

表 2-25　GF 直立炉主要技术特征

项目	主要技术特征
煤种、进料及干燥系统	适用于褐煤、油页岩等煤种，对褐煤的一般要求（收到基）：灰分含量约 10%，水分含量约 38%，挥发分含量约 45%。入炉褐煤粒径在 6~150mm。对油页岩为原料提油，粒径<8mm 为宜。褐煤经过预处理后，经输煤皮带进入干馏炉顶煤仓，在重力作用下进入炉内干燥段，脱水干燥。来自冷却段的热烟气提供热量进行均匀换热，脱除水分，褐煤被加热到约 150℃ 去热解段
干馏炉结构	GF 直立炉是一种多段直立方炉，从上到下依次为原料煤斗、预干燥及干燥段、热解段和冷却段。各段内分别设置多层布料、出料及多层布气、集气结构，以实现薄床层、多层梯级加热，保证物料分布和热量交换的均匀性，从而提高干馏炉的处理能力和对原料多样化的适应性。对处理能力达 50 万 t/a 规模的 GF 直立炉，外形尺寸：长×宽×高为 10.16m×9.46m×47m，干燥段有效容积为 410m³，热解段有效容积为 549m³，冷却段有效容积为 346m³。原料停留时间：干燥段 3.98h，热解段 5.6h，冷却段 4.8h。截面强度分别为：干燥段 796kg/(m²·h)，热解段 648kg/(m²·h)，冷却段 733kg/(m²·h)。直立炉设计为移动床，炉体内采用沉降式结构，以保证出口粉尘含量最低。燃烧室设置在炉体中间，热载体从两侧进入干馏室，以降低热量损失，保证炉内流场均匀性。热载体采用富氢荒煤气加热方式，以保证煤焦油和荒煤气产率最大化。该炉结构具有原料适应性强、煤焦油和荒煤气产率高、单系列设备生产能力大等优点
废气废水环保处理	高温半焦在冷却段与来自干燥段的低温烟气换热，采用干熄焦冷却，使半焦显热得到回收利用，半焦产品水分低，减少废水产生量。热交换后的烟气经除尘后作为原料煤干燥的热源，实现烟气热量循环利用。系统产生的污水经生化降解处理达标后排放。干燥后废气温度约 100℃，经布袋除尘、氨法脱硫达标后排放
干馏物主要指标	半焦产率约 40%，煤焦油产率约 3.0%，荒煤气产率 10.8%，半焦热值约 28.93MJ/kg，荒煤气热值约 20.44MJ/m³，有效气成分约 65%
技术成熟度	GF 直立炉技术较成熟，该炉单系列产能规格（处理原煤量）有 40 万 t/a、50 万 t/a 和 100 万 t/a。关键设备大型化还有待进一步完善，优化粉煤热解及煤焦油粉尘分离，进一步提高煤焦油收率，降低能耗

3. GF 直立炉工艺流程简述

GF 直立炉工艺流程如下：原料煤经筛分、破碎后由皮带送至 GF 直立炉顶煤斗内，该炉从上至下分为预热段、干燥段、热解段和冷却段。煤料依次经过预热段、干燥段、热解段和冷却段。预热段设有布气和集气装置，利用冷却段出口热烟气对煤料进行预热。预热后的煤料经插板门进入干燥段，该段由 4 个燃烧器供热，将原料煤加热至 150℃左右，脱除煤料中绝大部分水分。燃烧所需荒煤气来自热解段自产荒煤气，干燥段出口烟气通过烟气风机送至冷却段冷却半焦。干燥后的煤料下行进入热解段，在此设有两个燃烧器供热，燃烧所需荒煤气同样来自热解段自产荒煤气，将原料煤加热至约 560℃。热解过程脱除其中大部分挥发分，煤料提质后为固体半焦。高温半焦向下进入冷却段，采用干法熄焦工艺，被干燥段送来的冷烟气冷却至 80℃以下，并经由推焦机推入刮板机内，由输焦皮带送至产品焦仓。荒煤气自热解段采出后，依次经历以下工序。除尘、水冷：通过双竖管循环氨水喷洒，温度从 300℃降至 80～90℃，去除大部分粉尘及粗焦油；间冷：经间接冷却器（循环水/制冷水）降至 30～40℃，析出重质煤焦油（密度＞1.0g/cm³，含沥青质）；电捕：在 30℃左右通过高压电场（60～80kV），捕集粒径≥0.5μm 的轻质煤焦油气溶胶。煤气循环利用：净化后的荒煤气（H_2＋CH_4≥80%）经加压风机（风压 3～5kPa）送至干燥段（600～700℃）和热解段（800～900℃）燃烧器作为热源。油水混合物处理如下。酚水槽初步分离：油水混合物在重力作用下静置 1～2h，上层轻油（密度 0.8～0.9g/cm³）溢流至初煤焦油分离器。三级分离：初分离器，通过加热（80～90℃）降低黏度，利用密度差分离出焦油（含水量＜5%）；油分离器，投加破乳剂（如聚醚类）破坏乳化层，离心分离出轻质油（萘含量＞15%）；最终分离器，活性炭吸附＋精密过滤，回收残余油分（油含量＜50mg/L），达标废水送生化处理。GF 直立炉工艺流程见图 2-8。

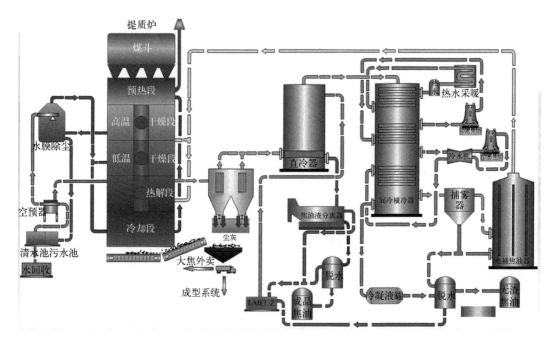

图 2-8　GF 直立炉工艺流程示意图

4. GF 直立炉工业应用

2009 年，锡林浩特国能能源科技公司 100 万 t/a（2×50 万 t/a）褐煤热解提质项目总投资约 2.1 亿元（2012 年价格），项目分两期建设。Ⅰ期工程采用 GF 直立炉热解工艺，50 万 t/a 褐煤提质工业化示范项目于 2009 年 3 月份开工建设，10 月份投产。Ⅱ期工程 50 万 t/a 褐煤提质工业化示范工程于 2011 年 5 月开工建设，2012 年 3 月一次试运行成功。这是国电富通 GF 直立炉在国内褐煤提质领域连续运行时间长、产能大型化的一个典型项目。该项目产半焦 40 万 t/a，煤焦油 2.25 万 t/a。工业示范项目的褐煤煤质工业分析及产品工业分析见表 2-26～表 2-29。

表 2-26 褐煤煤质工业分析及半焦产品工业分析

名称	工业分析/%				元素分析/%			
	M_t	A	V	FC	C	H	S_t	$Q_{net,ar}$/(MJ/kg)
褐煤 1	37.70	23.26	17.85	21.19	—	—	—	13.27
褐煤 2	38.30	6.04	27.46	28.19	—	—	—	15.08
半焦 1	6.49	12.09	21.19	60.23	—	—	—	21.98
半焦 2	3.05	18.03	11.23	68.25	—	—	—	23.52

注：工业分析数据以收到基计，热值为低位发热量，含量均为质量分数。

表 2-27 褐煤热解产出物产率工业分析

样品名称	煤焦油产率/%	荒煤气产率/%	水分含量/%	半焦产率/%
褐煤	3.0	10.8	45.6	40.5

注：褐煤在 550℃ 条件下的铝甑分析；产率和含量均为质量分数。

表 2-28 荒煤气产品工业分析

样品名称	H_2/%	CO/%	CO_2/%	CH_4/%	C_2H_6/%	C_2H_4/%	C_nH_m/%	低位发热量/(MJ/m³)
荒煤气	6.39	16.58	46.03	23.7	3.66	1.19	2.46	16.93

注：均为体积分数。

表 2-29 煤焦油产品工业分析

项目名称	数值	项目名称	数值
运动黏度(100℃)/(mm²/s)	9.85	残炭(质量分数)/%	3.65
运动黏度(50℃)/(mm²/s)	104.97	凝点/℃	31
机械杂质(质量分数)/%	0.417	闪点/℃	133
灰分(质量分数)/%	<0.3	水分(质量分数)/%	<3.76
密度(30℃)/(kg/m³)	1032	甲苯不溶物(质量分数)/%	<7.5

5. GF 直立炉推广

GF 直立炉工艺及成套装备推广应用见表 2-30。

表 2-30　GF 直立炉工艺及成套装备推广应用

单位名称	项目名称	备注
锡林浩特国能能源科技公司 I 期	50 万 t/a 褐煤热解项目 I 期	2009 年投产
锡林浩特国能能源科技公司 II 期	50 万 t/a 褐煤热解项目 II 期	2012 年投产
甘肃窑街煤电集团公司	40 万 t/a 油页岩热解提油项目	2016 年投产
大唐呼伦贝尔能源开发公司	5×100 万 t/a 褐煤热解项目	开展前期工作
国电平庄煤业有限责任公司	5×100 万 t/a 褐煤热解项目	完成可研报告和报批
内蒙古天策煤化工有限公司	5×50 万 t/a 褐煤热解项目	签订设计合同
辽宁阜新煤业集团有限公司	白音华褐煤热解提质项目	开展前期工作
兴安盟辰龙煤化工有限公司	200 万 t/a 洁净煤热解项目	开展前期工作
西洋集团呼伦贝尔公司	50 万 t/a 褐煤提质项目	开展前期工作

　　近年来，GF 直立炉干馏工艺技术的进展主要体现在环保与工艺优化，针对传统兰炭炉无组织排放问题，2020 年后通过新建"石灰石-石膏法"脱硫设施、静电除尘器及挥发性有机物（VOCs）燃烧处理系统，实现废气达标排放，并减少焦油、氨水等污染物的泄漏风险。工艺改进通过优化布料、提高干馏段床层高度、延长热载体与原煤接触时间等措施，改善炉内换热均匀性，提升焦油产率和半焦品质。工业项目以榆林化学乾元能化国富炉项目为例，2022 年 3 月完成工艺优化并点火成功，打通全工艺流程，验证了技术的可行性与经济性。该装置可为低阶煤分质利用提供技术储备，后续计划形成完整工艺包并推广，详细情况见 SM-GF 炉介绍。

四、　SM-GF 分段多层立式矩形热解工艺

　　SM-GF 分段多层立式矩形热解工艺（简称"SM-GF 矩形炉"）是由陕西煤业化工集团有限责任公司（简称"陕煤集团"）和国电富通联合开发，具有完全自主知识产权的国产化低阶煤中低温热解立式矩形热解专利。SM-GF 矩形炉工艺是在国电富通成功开发用于褐煤热解提质的 GF 直立炉基础上，由陕煤集团榆林化学乾元能源化工有限公司（简称"乾元能化"）联合国电富通共同开发，成果用于乾元能化的兰炭项目。

　　SM-GF 矩形炉[36]具有自产富氢荒煤气热载体蓄热式加热、油尘气高效分离、中低温分级耦合热解等多项工艺特点，采用分段多层结构、均匀传质传热、干法熄焦等成熟工艺集成的一种改进型热解炉。较好地解决了内热式直接换热低温热解工艺存在的一些问题，如油尘气分离效率低、原料适应性差、荒煤气热值低、煤焦油品质差等，实现了 30mm 以下全粒径混煤热解工业化生产。2022 年，SM-GF 矩形炉工业试验装置经历了三个阶段的热解瓶颈技术改造，四次点火试运行，基本消除了 SM-GF 矩形炉存在的瓶颈问题。先后获得中国石油和化学工业联合会奖科技进步一等奖、中国煤炭工业协会科学技术奖科技进步一等奖。

1. SM-GF 矩形炉研发历程

　　SM-GF 矩形炉历经 8 年工业示范装置研究开发，成功试运行，对低阶煤热解兰炭产业的技术升级、清洁分质利用和清洁生产有重要的指导意义。2015 年 10 月，乾元能化在陕西榆林麻黄梁工业集中区建设 1 套 50 万 t/a SM-GF 工业示范装置，2016 年 9 月 22 日 SM-GF 矩形炉工业示范装置建成点火调试，以粒度小于 30mm 的长焰煤为原料进行联运调试，12 月示范装置完成 SM-GF 矩形炉冷态及热态性能试验。2017 年 4 月 25 日，SM-GF 矩形炉第

一次正式点火试运行，经过 7 天炉内升温，5 月 2 日正式生产出热解产品。

2018 年 3 月 15 日，SM-GF 矩形炉第二次点火试运行，投入原料煤 2900t，生产半焦 1764t、中温煤焦油 133.35t、轻油 14.8t，荒煤气产量 5 万 m³/h，至 6 月 25 日连续运行 91 天。6 月 26 日~28 日，由中国石油和化学工业联合会组织专家对该装置进行 72h 现场标定考核。7 月 31 日，50 万 t/a 低阶煤 SM-GF 矩形炉工业试验项目通过了中国石油和化学工业联合会组织的技术成果鉴定，该成果完全具备技术成果转化及推广条件。2020 年 7 月 31 日，SM-GF 矩形炉第三次点火试运行，为实现低能耗的运行目标，再次进行优化整改。2022 年 2 月 15 日，SM-GF 矩形炉第四次点火试运行成功，至 2023 年 7 月，全系统满负荷连续试运行 130 多天。工业示范装置运行表明，该炉具有单炉生产能力大、原料及粒度适应范围广、兰炭产品质量高、荒煤气热值高等优点，对兰炭产业升级具有积极的推动作用。

2. SM-GF 矩形炉技术特征

SM-GF 矩形炉是以气体热载体外燃内热式为特征的改进型低温干馏直立炉型[37]，基本实现长焰煤高效清洁转化、提高低阶煤能源转化效率及干馏直立炉大型化的目标。SM-GF 矩形炉主要技术特征见表 2-31。

表 2-31　SM-GF 矩形炉主要技术特征

项目	主要技术特征
煤种、进料及干燥系统	适用于低阶煤、长焰煤等。对原料的一般要求（收到基）：灰分含量约 8%，水分含量约 15%，挥发分含量约 35%。长焰煤粒径适用范围在 10~30mm。经输煤皮带进入热解炉顶煤仓，在重力作用下进入炉内干燥段，脱水干燥。来自冷却段的 250℃ 热烟气为干燥段提供热量，并进行均匀换热，脱出水分，原料煤被加热至约 150℃
矩形炉结构	SM-GF 矩形炉是一种多段直立方炉，其结构从上到下依次为原料煤斗、干燥段、热解段和冷却段，炉体干燥、热解、冷却分段设计。干燥段脱除煤的游离水，分层设置可以有效降低床层阻力，控制压力在 1000Pa 以内。多层布气方式可降低煤层阻力，提升热载体输入量，保持物料分布和热量交换的均匀性，以满足大处理量对热量的需求。采用外燃内热式加热方式可提高煤焦油收率，废烟气作为冷却介质冷却半焦。均匀布料可实现均匀高效换热，确保换热强度和换热后气体温度。均匀传热传质，使得炉内温度场和压力场的分布均匀，保证了换热效率。干燥段、热解段、冷却段换热强度分别高达 91.96MJ/(m³·h)、83.6MJ/(m³·h) 和 75.24MJ/(m³·h)；干燥段出口烟气温度控制在 120℃ 左右，热解段出口荒煤气温度控制在 350℃ 左右。燃烧室设置在炉体中间，热载体从两侧进入干馏室，以降低热量损失，保证炉内流场均匀性。自产富氢荒煤气作为热载体，可有效抑制煤焦油分解，提高煤焦油收率
荒煤气油尘分离	充分利用多层颗粒床抑尘能力，采用油尘气综合分离技术，干馏段出口气体含尘量控制在 2g/m³ 以内；通过对旋风除尘器优化设计，设备除尘效率达 90% 以上，煤焦油灰分含量为 0.12%
热解产物主要指标	半焦产率约 59.9%，煤焦油产率约 10.5%，荒煤气产率约 13.2%，能效 90%，半焦热值约 27.17MJ/kg，荒煤气热值约 25.08MJ/m³，有效气成分约 84.97%
技术成熟度	SM-GF 矩形炉技术成熟，单系列产能（处理原煤量）50 万 t/a，经技术改造后能实现长周期运行。应进一步优化粉煤热解的适应性及煤焦油粉尘分离，提高煤焦油收率，降低能耗，分析荒煤气作为燃料气提供热源的利弊

3. SM-GF 矩形炉工艺流程简述

SM-GF 矩形炉工艺流程如下：原料煤从炉顶储煤仓进入干燥段，被自下而上的气体（来自冷却段的热烟气）热载体加热，与高温烟气直接换热并脱除水分。干燥段温度在 120~150℃。干燥烟气随气体热载体一起从干燥段顶部集气阵伞引出，干燥段顶部压力控制在50～100Pa，经喷淋洗涤后进入风机引至冷却段冷却半焦。干燥后的原煤进入热解段，与来自加热炉的燃烧气换热（燃烧气在换热前先与荒煤气混合，形成富氢混合气），发生热解反应。进一步去除煤中的结晶水，脱除干燥煤中剩余的挥发分，将原料煤转化成半焦、煤焦油、荒煤气和热解水。生成的荒煤气随气体热载体一起从干馏段顶部集气方箱引出，去往荒煤气净化系统。高温半焦自干馏段下降到冷却段，与来自干燥系统经净化处理后的低温烟气换热，换热后半焦温度降至100℃以下。冷却段底部压力控制在30～50Pa，换热后的烟气温度升高并循环至干燥段继续对原煤加热干燥。成品半焦从冷却段进入刮板机到出焦皮带，半焦温度降至80℃左右。

热解后产生的油、水、气混合物经煤气净化系统净化后得到洁净的荒煤气，其中一部分返回经加热炉燃烧升温后进入热解段充当热源，剩余部分送出。净化产生的油水混合物进入焦油回收系统进行油水分离。SM-GF矩形炉工艺流程见图2-9。

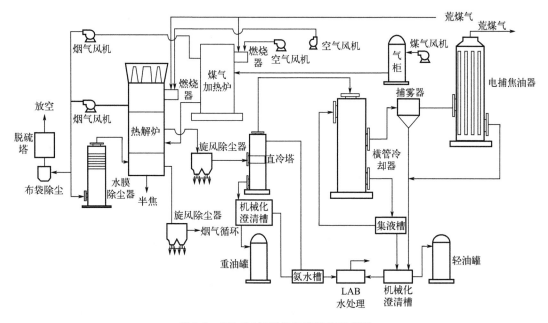

图2-9　SM-GF矩形炉工艺流程示意图

4. SM-GF矩形炉工业应用

2015年10月，乾元能源与国电富通投资1.86亿元，在榆林市麻黄梁工业集中区建成一套50万t/a采用热载体分段多层低阶煤热解成套工业化示范装置[12]。该装置以陕北榆林30mm以下长焰煤为原料，通过SM-GF矩形炉装置，设计半焦31.55万t/a，荒煤气0.47亿m³/a，煤焦油4.0万t/a。2016年12月示范装置完成了热解炉的冷态和热态性能试验及工业试运行。长焰煤煤质工业分析及热解产品工业分析见表2-32～表2-35。

表2-32　长焰煤煤质工业分析及半焦产品工业分析

名称	工业分析				元素分析			
	M_t/%	A/%	V/%	FC/%	C/%	H/%	S_t/%	Q_{net}/(MJ/kg)
长焰煤	13.67	5.65	17.85	62.83	—	—	—	24.41
半焦	3.56	7.59	5.50	83.35	—	—	—	27.17

注：工业分析数据以收到基计；元素分析数据以干燥无灰基计；热值以低位发热值收到基计；含量均为质量分数。

表 2-33　长焰煤热解产品产率分析

含油率/%	荒煤气含量/%	水分含量/%	半焦含量/%
10.47	13.23	16.48	59.82

注:含量均为质量分数。

表 2-34　荒煤气产品工业分析

H_2/%	CO/%	CO_2/%	CH_4/%	C_2H_6/%	C_2H_4/%	C_nH_m/%	N_2/%	低位发热量 /(MJ/m^3)
30.28	10.72	14.32	35.14	0.97	3.20	0.67	4.70	20.44

注:百分数均为体积分数。

表 2-35　煤焦油产品工业分析

项目	数值	项目	数值
运动黏度(80℃)/(mm^2/s)	4.38	残炭(质量分数)/%	—
运动黏度(50℃)/(mm^2/s)	—	凝点/℃	—
机械杂质(质量分数)/%	0.417	闪点/℃	—
灰分(质量分数)/%	0.12	水分(质量分数)/%	3.64
密度(20℃)/(kg/m^3)	1043	甲苯不溶物(质量分数)/%	4.2
胶质(质量分数)/%	20.77	芳香分(质量分数)/%	22.79
沥青质(质量分数)/%	9.08		

由表 2-33 可知,半焦产率为 59.82%,煤焦油产率为 10.47%,达到格金值的 87.20%。通过干法熄焦工艺,半焦水分控制在 3.56% 内,显著改善了半焦的质量。SM-GF 矩形炉装置热解能源转化效率 91.50%;半焦能耗 116.47kgce/t 半焦;热解电耗 34.50kW·h/t 煤;热解水耗 0.14t/t 煤,达到行业先进值。

5. SM-GF 矩形炉推广应用

由陕煤集团和国电富通联合开发的 SM-GF 矩形炉工艺尤其适宜以神府煤、内蒙古东部及新疆长焰煤为热解提质的原料煤,具有挥发分高、灰分低、化学反应性好等特点,热解后能够得到较高品质的产出物(半焦、煤焦油和荒煤气),具有推广应用价值。

第七节　内热式直接加热固载体热解技术

内热式直接加热固载体热解与内热式直接加热气载体热解类似,主要是热载体的区别,后者是以燃煤或热解荒煤气与空气在热风炉制备高温热烟气,前者是将热解的高温半焦作为循环热载体或是流化床燃烧后的高温炉灰作为热载体或采用其他固体热载体。当半焦作为循环热载体时,可能因热量不足,需要对热解后的循环半焦(冷半焦)进行加热(热半焦),然后再去热解炉加热煤料。内热式固体热载体加热煤料是直接将热量传递给煤料至热解温度,然后发生热解反应。反应后的固体热载体与热解后的半焦混合一起从热解炉出来,部分继续作为循环热载体,部分作为产品。气体产物送往荒煤气净化和煤焦油回收系统。固体热载体又分为循环半焦热载体和高温炉灰热载体或其他循环固体热载体。当半焦作为热载体时，热解后的混合半焦既可以作为原料利用，也可以作为燃料利用；当高温炉灰作为热载体时，基本作为燃料使用；其他固体作为热载体时，要进行分离，半焦可以作为原料或燃料使用。

该工艺入炉固体热载体与原料煤必须由固体布料混合器进行均匀混合，才能使热量传递快，确保热解炉内煤料温度场均匀。固体热载体特点是热解产生的荒煤气热值高，荒煤气中惰性气组分含量较低，可作为原料气使用。内热式直接加热固载体热解工艺[12]主要有：DG移动床炉、热物所流化床炉、ZDL流化床炉、煤拔头炉、蓝天流化床炉、瓷球回转炉、鹏飞回转炉等，本节重点介绍其中几种有代表性的炉型工艺及推广使用情况。

一、 DG固体焦载体移动床快速热解工艺

DG固体热载体移动床快速热解工艺（也称煤固体热载体干馏新工艺，DG coal process），简称"DG移动床炉"，是由大连理工大学煤化工研究所（简称"大工煤化所"）开发，是具有自主知识产权的低阶煤固载体移动床快速热解专利技术。该工艺是将低阶煤在隔绝空气的条件下，通过内热式固体热载体快速热解转变为半焦、煤焦油和荒煤气。

多年来，大工煤化所对DG移动床炉进行深入了研究，1984年大连理工大学在实验室建立了原料处理能力10kg/h的热态连续试验装置。在此装置上进行了几十种煤和油页岩的试验研究工作，获得大量的实验数据及研究结果，为DG移动床炉走向工业化应用提供了重要支撑。

1. DG移动床炉研发历程

1986年5月DG移动床炉[12]通过国家教育委员会科学技术司组织的技术鉴定，1989年4月国家计委批准在平庄建设一套处理150t/d褐煤固体热载体干馏新技术工业试验装置，开展试验研究。1990年4月工业试验装置开工建设，1992年5月建成，7月31日试验装置投料试车成功。

1994年工业试验装置通过煤炭工业部和国家教育委员会联合组织的技术鉴定。鉴定专家委员会认为："通过干馏、混合等主要技术的攻关，验证了褐煤固体热载体干馏新技术的工艺流程的合理性和先进性。对流化脉冲干燥、半焦流化燃烧提升加热、干燥煤和半焦热载体混合、固体热载体快速干馏等新技术的组合取得了创新性的成功"。

2008年，在DG固体热载体快速热解移动床工业试验的基础上，大工煤化所、中国化学工程集团公司（简称"中国化学"）和神木富油能源科技有限公司（简称"神木能源"）合作进行了"固体热载体快速热解移动床制取煤焦油、荒煤气和半焦成套技术"开发，建设单套60万t/a的固体热载体移动床快速热解工业示范装置。项目于2010年10月安装完成并开始调试，于2011年1月煤干馏系统打通流程，调试运行正常，2012年1#热解系统（60万t/a的神木煤处理量）投入试运行。

2. DG移动床炉技术特征

DG移动床炉工艺以固体半焦作为热载体，采用内热式移动床快速热解工艺[38]，DG移动床炉主要技术特征见表2-36。

表 2-36　DG 移动床炉主要技术特征

项目	主要技术特征
煤种、进料及干燥系统	适用于褐煤、长焰煤、低变质烟煤、油页岩等含油固态物质。对原料煤的一般要求：$M_{ad}16\%\sim35\%$，$A_{ad}4\%\sim10\%$，$V_{ad}39\%\sim43\%$，$FC_{ad}44\%\sim53\%$，$Q_{net,ar}16\sim27MJ/kg$。煤粒径适用范围在 $6\sim50mm$，示范装置粒度在上述范围内。粉煤料由输煤皮带送入煤槽，在重力作用下送入干燥提升管底部。由循环热烟气（550℃）自下而上将粉煤提升，并提供热量干燥脱除水分，粉煤料被加热到约120℃从干燥提升管上部出口去旋风分离，然后送至静态混合器
移动床结构	DG 移动床炉采用半焦作为热载体，属于内热式快速热解过程。关键设备由静态混合器、热解反应器、半焦加热提升管组成。在混合器中干燥煤料（120℃）与高温半焦（750℃左右）均匀快速混合进行热交换使得煤料升温至530℃去热解反应器。在此温度下进行热解反应，半焦从反应器底部排出。加热提升管的作用是通过高温烟气并含有微量的氧气对高温半焦加热提升到混合器中，并使得半焦温度≥750℃，给热解煤料提供热量。高温半焦通常采用燃烧热烟气对热载体进行加热流化并提升到一定高度，随后热载体与燃烧烟气气固分离
热解产物主要指标	半焦产率49%，煤焦油产率5%～8%，能效约82%，半焦热值≥24.89MJ/kg，荒煤气热值16.73MJ/m³
技术成熟度	DG 移动床炉技术基本成熟，单列生产能力为 60 万 t/a。但固体热载体循环系统也存在一些问题，如除尘负荷大、粉尘污染严重，固体热载体与产品半焦混合导致产品半焦的灰分含量高，热载体与产品半焦分离难，排渣困难，热解气粉尘带出量过大等问题

3. DG 移动床炉工艺流程简述

DG 移动床炉主要由原煤输送干燥单元、煤热解单元、煤焦油回收单元、半焦冷却及热载体制备单元、烟气循环系统等组成，主要工艺流程简述如下：原料储槽中，粒度小于 6mm 的湿煤送入干燥提升管中，由下部进入 550℃的热烟气将煤料由下往上提升，干燥脱除水分后送煤储槽。来自煤储槽的干燥煤经螺旋给料机送入混合器，与来自热半焦储罐 750～800℃的热粉焦（固体热载体）在混合器中混合到 530～650℃后进入热解反应器。煤料在 550℃左右的热解温度工况下进行热解反应，析出热解荒煤气。反应器中产生的半焦在其下部排出，一部分半焦进入热半焦缓冲槽并经冷焦机冷却（由 520℃冷却至 80℃）得到半焦产品；另一部分作为循环半焦（固体热载体）进入加热提升管被加热。来自烟气发生炉的高温烟气经加热提升管，将循环半焦加热提升进入热半焦储槽，作为煤热解的固体热载体。产生的热解荒煤气混合物由反应器上部引出进入油气一、二级旋风分离器，除尘后的荒煤气进入荒煤气洗涤器，用循环氨水将荒煤气洗涤冷却至 82℃左右，荒煤气和洗涤水在气液分离器中分离。水和重煤焦油去分离槽进行油水分离，荒煤气经间冷器冷却分出轻煤焦油，经脱除煤焦油和硫后送入气柜。DG 固体焦载体移动床快速热解工艺流程见图 2-10。

4. DG 移动床炉工业应用

采用 DG 移动床炉工艺，在陕西神木富油能源科技公司建设了一套工业示范项目。该装置规划建设 2×60 万 t/a 低阶煤热解提质装置，配套建设全馏分煤焦油加氢装置。1# 煤热解装置于 2012 年投入试运行，生产出合格产品。热解采用长焰煤，煤质工业分析及热解产品工业分析见表 2-37～表 2-40。

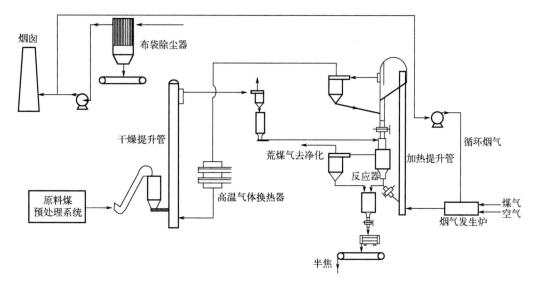

图 2-10 DG 固体焦载体移动床快速热解工艺流程示意图

表 2-37 长焰煤煤质工业分析

项目	符号	单位	数值	备注
全水分	M_t	%	5.13	
空干基水分	M_{ad}	%	1.05	
空干基灰分	A_{ad}	%	11.58	11.73(干基计)
挥发分	V_{ad}	%	32.77	
空干基固定碳	FC_{ad}	%	54.30	
空干基全硫	$S_{t,ad}$	%	0.30	0.31(干基计)
低位发热量	Q_{net}	MJ/kg	27.92	收到基计
干基全硫	$S_{t,ad}$	%	0.31	
干基碳元素	C_d	%	72.57	
干基氢元素	H_d	%	4.18	
空干基氮含量	N_d	%	1.05	
空干基氧含量	O_d	%	10.16	

注:1. 热解采用神木长焰煤为原料。

2. 百分数均为质量分数。

表 2-38 半焦产品工业分析

工业分析(质量分数)/%				元素分析(质量分数)/%					$Q_{b,ad}$/(MJ/kg)
M_t	A	V	FC[①]	C	H	N	S_t	O	
2.52	14.73	12.37	70.38	72.44	2.42	0.99	0.31	6.59	27.37

① 用差值法计算;热解温度为 510℃。

注:工业分析和元素分析采用空干基(ad)计,M_t 为收到基总水含量。

表 2-39 煤焦油产品工业分析[①]

项目	数值	元素分析[③]	数值
密度/(kg/m³)	1061	碳(质量分数)/%	83.42
水(质量分数)/%	9.19	氢(质量分数)/%	8.31
杂质(质量分数)/%	2.53	氮(质量分数)/%	1.14

项目	数值	元素分析[③]	数值
煤焦油（$T_{ar,ad}$）（质量分数）/%	11.54	灰分（质量分数）/%	0.31
$Q_{b,ad}$/(MJ/kg)	27.92	硫（质量分数）/%	0.38
荒煤气＋损失[②]（质量分数）/%	4.07	氧（质量分数）/%	1.75
半焦（RC_{ad}）（质量分数）/%	75.20		

① 低温干馏实验（20g铝甑法），空气干燥基计。

② 用差值法计算。

③ 元素分析数据以收到基计。

表 2-40 荒煤气产品工业分析

荒煤气分析/%									低位发热量（收到基）/(MJ/m³)
CH_4	CO	H_2	CO_2	C_2H_4	C_2H_6	C_3H_8	N_2	O_2	
26.78	13.73	23.68	25.76	1.07	2.58	1.82	4.07	0.51	17.83

注：百分数均为体积分数。

工业装置干燥炉热烟气进气温度550℃，出气温度150℃，煤料干燥到120℃进入混合器，热解炉混合器热载体入口温度750～850℃，混合煤料进反应器温度≥550℃，部分高温半焦产品经激冷机冷却降温至80～100℃，工业装置设计参数及主要消耗见表2-41。

表 2-41 工业装置设计参数及主要消耗

项目	设计值	备注
处理原煤量/(万 t/a)	100	原煤热值26.21MJ/kg
煤焦油产量/(万 t/a)	12	
半焦产量/(万 t/a)	72	半焦热值27.37MJ/kg
合成氨产量/(t/a)	1800	
粗苯产量/(t/a)	5300	
硫黄产量/(t/a)	3000	
荒煤气产量/(亿 m³/a)	1.58	
吨焦煤耗/t	1.38	生产吨半焦消耗原煤
吨焦电耗/kW·h	40.92	380V
吨焦水耗/m³	1.59	
吨焦能耗/t	0.183	生产吨半焦消耗标煤
能效/%	81.70	

5. DG 移动床炉推广应用

采用DG移动床炉工艺建设60万t/a褐煤低温热解多联产项目，煤焦油产量5.4万t/a、荒煤气产量8400万m³/a、粉焦36万t/a和粗苯0.18万t/a，项目总投资估算1.35亿元。DG移动床炉褐煤热解项目主要技术经济指标见表2-42。

表 2-42 DG 移动床炉褐煤热解项目主要技术经济指标

项目	单位	数量	备注
年操作日	d	300	7200h
原煤	万 t/a	60	
脱硫剂	t/a	120	
洗油	t/a	756	

项目	单位	数量	备注
新鲜水消耗	万 t/a	15	
脱盐水消耗	万 t/a	10	
年耗电量	万 kW·h	1740	
平均耗蒸汽量	万 t/a	10	副产蒸汽
废水排放量	m³/h	22	
废气排放量	m³/h	44800	
废渣排放量	t/h	2	
项目占地面积	万 m²	18	
项目总投资估算	万元	13500	

二、循环流化床固体焦载体粉煤热解工艺

由中国科学院工程热物理研究所（简称"工程热物所"）开发的循环流化床固体热载体粉煤热解工艺[39]，简称"流化床粉煤炉"，是具有自主知识产权的固载体流化床粉煤炉与气化炉耦合专利技术。该工艺是将粉煤在隔绝空气的条件下，通过流化床气化炉（或燃烧炉）提供热源，将固载体低温半焦提温至高温半焦后，去流化床热解炉与原料煤快速换热提至热解温度后发生热解反应，转变为煤焦油、荒煤气和半焦的能源综合利用系统。粉煤在低温条件下快速热解，提高了煤焦油的质量，同时也使粉煤中的 SO_2 进入热解荒煤气中。荒煤气通过气体净化系统回收煤焦油和硫化物，避免通过原煤燃烧排放到大气中，属于一种洁净煤热解工艺。热解后的半焦一部分经冷却处理后作为半焦产品送出，一部分作为低温固体热载体去流化床气化炉进行气化反应放出热量，该热量将低温固载体提温至高温固载体，然后去流化床热解炉与原煤混合进行快速热解反应。成品半焦既可用于锅炉燃烧副产蒸汽和发电，也可用于其他化工用途。整个循环利用过程使低阶煤资源得以充分利用，形成一个良性循环的粉煤热解多联产过程。

1. 流化床粉煤炉研发历程

从 20 世纪 90 年代开始，工程热物所在实验室研究方面，依次建设了煤处理量每小时公斤级、百公斤级和十吨级的固体热载体粉煤低温热解热态小试装置、中试装置，先后搭建了一批燃烧、热解、气化冷态和热态实验装置。对循环流化床物料输送单元、气动分配阀、返料器、气固分离装置等关键部件进行了设计和验证。

在此基础上又建设了双流化床煤气化热解热态实验装置，进行了双流化床煤热解提油的理论研究。将循环流化床单床煤气化与移动床高温热解相结合，开发了循环流化床双床煤气化-煤热解工艺。经褐煤高温气化热解工艺试验研究，以及一系列的小试、中试实验研究工作验证，较好地解决了流化床、固载体高温半焦的输送难题。建立并完善了循环流化床固载体快速热解粉煤提油的工艺原理、流程和设计参数。在工业验证方面，选择以神木长焰煤为原料，采用循环流化床双床耦合气化热解工艺，在陕西神木建成了 10t/h 固体热载体快速热解粉煤提油中试装置，开展了粉煤热解与气化耦合的工业试验及验证工作。

2. 流化床粉煤炉技术特征

流化床粉煤炉热解主要技术特征见表 2-43。

表 2-43 流化床粉煤炉热解主要技术特征

项目	主要技术特征
煤种、进料及干燥系统	煤种适应能力强,可用褐煤、长焰煤及低变质烟煤等。对原料煤的一般要求:M_{ad} 约 2.07%,A_{ad} 约 30.41%,$V_{ar} \geqslant 20\%$,FC_{ad} 约 38.74%,$Q_{net,ar}$ 约 21MJ/kg,通常煤粒径适用范围在 0~10mm。粉煤经预处理后,由输煤皮带送入煤斗,在重力作用下送入流化床热解炉,原煤与气化炉来的固载体高温半焦充分混合,在流化介质和高温半焦的快速换热作用下,煤料被加热至 550~650℃
流化床粉煤炉结构	流化床粉煤炉基于固体热载体粉煤低温热解,关键设备由循环流化床热解炉和循环流化气化炉耦合组成。流化床粉煤炉具有高温半焦和入炉煤混合剧烈、传热传质效果好、温度场均匀的特点。快速加温有利于粉煤在炉内的快速热解反应。流化床粉煤炉易于大型化,避免了固定床或移动床热解反应器大型化的瓶颈。热物所的热解炉和循环流化床气化炉具有常压、低温、无氧和缺氧条件下进行热解和气化反应的功能,对反应器及相关设备的材质要求较低,设备制造成本低。热解耦合气化过程不需要耗氧气,可大幅降低流化床热解炉和气化炉装置的设备投资。荒煤气和煤焦油产率高,可实现荒煤气高值利用,避免通过燃烧荒煤气来提供热解需要的热源。固体热载体的稳定循环及温度控制是热解过程调控的关键,也是目前低阶粉煤热解工艺亟须攻克的难点。主要包括固体热载体量调控、固体热载体温度调控以及固体热载体粒度分布调控。通过气力输送、机械输送以及高温物料位监控耦合机制实现热解炉料位的稳定。较宽压力范围内固体热载体高温稳定输送,从而实现固体热载体量的调控。在燃烧炉内通过"分级燃烧控温-气力输送协同-粒径筛分优化-系统集成匹配"的闭环设计,实现固体热载体在粉煤低温热解中的高效利用,核心在于多参数耦合调控与设备协同运行
荒煤气油尘分离	采用分级除尘工艺。分别从热解前、热解中和热解后三个阶段进行分级除尘,从而使产品煤焦油含尘率达到块煤干馏煤焦油含尘率水平,较好解决粉煤热解煤焦油含尘率过高的问题
热解产物主要指标	荒煤气热值 19.08~23.52MJ/m³,有效气组分达 82%左右。煤焦油收率为葛金分析的 51%~71.08%,煤焦油含尘量 0.4%,煤焦油正庚烷可溶物 71.86%~78.76%。热解水收率为葛金分析的 46.76%~66.68%。半焦收率 39.3%~52.32%,半焦挥发分 8.42%~10.40%,半焦固定碳 71.7%~79.12%,半焦热值 29.40~29.76MJ/kg
技术成熟度	流化床粉煤炉单列产能 240t/d(相当于 7.5 万 t/a)中试装置,2016 年实现长周期连续稳定运行,累计运行 4000h。但在粉煤热解过程中煤焦油含尘率高是粉煤热解亟须解决的难题,也是目前粉煤热解工艺所面临的共性瓶颈

3. 流化床粉煤炉工艺流程简述

　　循环流化床固体热载体粉煤热解工艺由热解燃烧单元和收油单元组成。粉煤分为两路:一路进入燃烧炉给料机,一路进入热解炉给料机。原料粉煤加入热解炉中与热解炉内热半焦混合后升温,快速发生热解反应。热解后的半焦从热解炉底部经星形卸料器返回燃烧炉,一部分半焦经半焦冷却器冷却后作为产品半焦送出,另一部分半焦与来自一次风机及二次风机的空气发生缺氧燃烧反应并提高半焦温度,然后被气体携带到燃烧炉顶部排出。高温半焦通过旋风分离器分离粉尘后,经上返料器进入热解炉,作为高温半焦热载体与原料粉煤混合换热。燃烧炉产生的高温烟气通过两级高温旋风分离器除尘、预热锅炉冷却水和布袋除尘器除尘净化后通入烟囱排空。

　　收油单元由高温静电除尘器、洗涤器、沥青分离器、激冷塔、轻油冷却器、沥青冷却器、重油冷却器、气液分离罐等组成。热解产生的气相产物从热解炉顶部排出,经过两级低温旋风分离器和高温静电除尘器除尘后进入洗涤器、沥青分离器。在洗涤器和沥青分离器内,采用煤焦油直接对热解油气进行喷淋,进一步除尘和降温。沥青分离器底部获得的煤焦油,采用离心机分离出灰尘后循环利用。降温除尘后的热解油气进入激冷塔底部,与煤焦油在多层塔盘上逆流接触,降温后从激冷塔顶部排出。经激冷塔降温后的热解油气经轻油冷却器冷却后进入轻油回流罐,进一步降温和析出煤焦油。激冷塔塔底煤焦油通过重油循环泵进入塔中下部循环，进入轻油回流罐的煤焦油通过轻油回流泵回流至激冷塔中上部用以控制塔顶温度。热解油气在轻油回流罐内分离出轻质煤焦油后进入电捕煤焦油器，利用静电进一步电离捕集热解油气中的轻质煤焦油。热解油气经电捕集后，进入气液分离罐，并在此分离煤焦油。然后经荒煤气加压机，一部分送入火炬，一部分返回作为上返料器和热解炉流化风。流化床粉煤炉工艺流程见图 2-11。

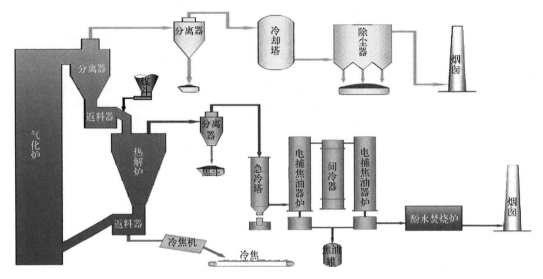

图 2-11　流化床粉煤炉工艺流程示意图

4. 流化床粉煤炉工业应用

2014 年 9 月建成了 240t/d 流化床粉煤炉提油中试装置，已实现连续稳定运行，累计运行 4000h，2016 年连续稳定运行 362h。2016 年，240t/d 固体热载体粉煤低温热解工艺通过了由中国煤炭学会组织的鉴定。专家鉴定组认为，该成果解决了困扰粉煤低温热解工艺煤焦油含尘率高、系统运行不稳定等关键性难题。以相对廉价的 0~10mm 粉煤为原料，获取的煤焦油含尘率小于 5%，具有较好的市场前景。

三、 ZDL 固体灰载体流化床热解工艺

ZDL 固体灰载体流化床热解工艺[39]，简称"ZDL 流化床炉"，是由浙江大学开发，具有自主知识产权的固体热载体流化床热解专利技术。该工艺是将低阶煤在隔绝空气的条件下，通过内热式固体炉灰作为热载体，将原料煤快速热解转变为煤焦油、荒煤气、热力、冷量、电力的联合生产能源综合利用系统。在该能源分质利用过程中，低阶煤并不是直接进行燃烧发电，而是让低阶煤在低温条件下快速热解制气和煤焦油，同时让煤中的 SO_2 等都进入荒煤气中。然后荒煤气再通过净化工艺回收硫，避免了采用传统方法将其燃烧排放到大气中。热解后的半焦和炉灰混合物再通过流化床锅炉燃烧发电，汽轮机的背压还可再供生产蒸汽或制冷用。流化床锅炉燃烧后的一部分高温炉灰作为固体热载体循环返回流化床热解炉与热解煤料混合换热，提供低温热解所需的热源。ZDL 流化床炉 12MW 循环流化床热电气工业中试装置于 2009 年 1 月通过了安徽省科技厅的验收和鉴定，鉴定意见认为，该循环流化床热电气煤焦油多联产分级转化利用及装置属国内外首创，成功开发了循环流化床燃烧炉

和流化床热解气化炉协调联合运行，高温循环物料控制和循环流化床锅炉完全燃烧半焦混合物，荒煤气和低温煤焦油回收以及多联产系统控制等多项关键技术。

1. ZDL流化床炉研发历程

浙江大学从事煤炭气化燃烧技术已有几十年的历史，在国内外享有盛名。在20世纪80年代就研究和设计了循环流化床热电气联产工艺方案，将流化床热解气化室与流化床燃烧室有机结合，形成较完整的煤焦油和荒煤气产品工艺流程。1991年，承担了浙江省"八五"重点攻关项目，建设完成了1MW循环流化床热电气多联产实验平台，并在1MW燃气蒸汽试验平台上进行了大量的基础实验研究。

2006年，浙江大学以1MW燃气蒸汽试验平台为基础，与淮南矿业集团合作开发12MW工业示范装置。将1台75t/h循环流化床锅炉改造为12MW循环流化床热电气煤焦油多联产中试装置。该75t/h热电气煤焦油多联产流化床锅炉改造设计、制造和安装工作于2007年7月全部完成。2007年8月完成72h试运行，2008年上半年完成性能优化试验，2008年10月系统投入试运行。该工艺关键设备热解反应器设计为常压流化床，用蒸汽和再循环荒煤气为流化介质，运行温度为540～700℃，煤料粒度0～8mm。经给煤机送入常压流化床热解气化室，热解所需热量由从循环流化床锅炉来的高温循环灰提供（循环倍率20～30）。热解后的半焦随循环灰送入循环流化床锅炉燃烧，燃烧温度为900～950℃。12MW工业示范装置的主要参数：热解反应器加煤量10.4t/h，煤焦油产量1.17t/h，荒煤气产量1910m^3/h，荒煤气热值23.11MJ/m^3，所得煤焦油中沥青质量分数为53.53%～57.31%。

2. ZDL流化床炉技术特征

ZDL流化床炉主要技术特征[12]见表2-44。

表2-44 ZDL流化床炉主要技术特征

项目	主要技术特征
煤种、进料及干燥系统	适用于褐煤及低变质烟煤等，对原料煤的一般要求：M_{ad}约2.07%，A_{ad}约30.41%，$V_{ar} \geqslant 20\%$，FC_{ad}约38.74%，$Q_{net,ar}$约21MJ/kg，煤粒径适用范围为0～8mm。粉煤料经预处理后，由输煤皮带送入煤槽，在重力作用下送入流化床热解反应炉底部，经蒸汽、煤气流化剂作用和高温炉灰混合加热后进入气化室。煤料被加热至约550℃进行反应
流化床结构	ZDL流化床炉由流化床热解气化炉、循环流化床锅炉组成。采用流化床锅炉的高温炉灰作为热载体，采用内热式直接换热的方式与热解煤料流化进行快速加热后进入热解气化炉。流化床热解气化炉具有热灰和入炉煤混合剧烈、传热传质效果好、温度场均匀的特点。快速加热有利于煤料在炉内的热解气化反应。流化床热解气化炉易于大型化，布置上与循环流化床锅炉易匹配，从而避免了固定床或移动床热解反应器的大型化瓶颈。采用ZDL流化床炉，低阶煤可在常压、低温、无氧条件下热解气化，对反应器及相关设备的材质要求低，设备制造成本低。热解气化过程不耗氧和蒸汽，与常规气化炉所需空分和锅炉相比，大幅度降低热解气化装置的设备投资。荒煤气产率高，品质好，易实现荒煤气高值利用。ZDL流化床炉可以匹配循环流化床热电气多联产产业链。以锅炉循环热灰为固体热载体，热解气化反应所产的荒煤气有效组分高，且所产荒煤气可用于后续化工生产，保证了荒煤气作为化工原料的可靠性和稳定性，避免通过燃烧荒煤气来提供热解所需要的热源，增加了外供荒煤气量
荒煤气油尘分离	荒煤气从反应器上部集气空间排出，由于油气分压低，油气聚合反应减少，煤焦油产率提高。经旋风分离器、激冷塔及电捕煤焦油器处理后将煤焦油分离。荒煤气去后续气体净化，其中一部分循环返回流化床热解气化炉作为流化剂
热解产物主要指标	荒煤气热值23.03MJ/m^3，有效气组分达81.37%。在热解温度550℃时，煤焦油产率可达10%左右，煤焦油360℃的馏分约占煤焦油总质量的20%～50%，热解温度越低，低于360℃的馏分较少

项目	主要技术特征
技术成熟度	ZDL 流化床炉技术成熟，单系列产能有 1MW、12MW(配 75t/h 流化床锅炉)，单炉能较长时间运行。ZDL 流化床炉固体灰载体循环系统倍率大，无效灰组分在双流化床内会消耗能量。该工艺热解半焦与灰载体混合，只能作为燃料。目标产品主要是煤焦油、荒煤气和电力，固体产品使用范围受到一定限制

3. ZDL 流化床炉工艺流程简述

ZDL 流化床炉工艺由原煤输送单元、煤热解气化单元、流化床锅炉单元、煤焦油回收单元、半焦热载体混合单元、蒸汽发电系统组成。主要工艺流程简述如下：循环流化床锅炉以半焦和高温炉灰的混合物为原料，在 850～900℃ 之间运行，副产蒸汽发电。循环流化床大量的高温炉灰被携带出炉膛，经炉灰分离器分离后，一部分高温炉灰作为固体热载体去再循环，荒煤气（或蒸汽）作为流化介质，与原料粉煤混合流化加热后去流化床热解反应炉；一部分高温炉灰经回收热量冷却后排出。煤料（原料粉煤）经给料机进入热解反应炉和固体热载体高温炉灰剧烈混合并加热至约 750℃ 后进入炉内热解气化室进行热解反应。气化室温度控制在 550～650℃。煤在热解气化炉中经热解产生的荒煤气和细灰颗粒进入旋风分离器，经分离后的荒煤气进入净化系统。其中一部分荒煤气作为热解气化反应炉流化介质循环，其余部分荒煤气则经脱硫净化后作为民用燃料或化工原料。收集的煤焦油可提取高附加值产品或改性变成高品位合成油。煤料经热解反应炉热解产生的半焦热载体混合物及荒煤气经分离器分离产生的半焦混合物用作循环流化床锅炉的燃料燃烧。燃烧后高温炉灰一部分作为固体热载体去循环系统，一部分排出炉外，锅炉副产的蒸汽可用于发电、供热等。分离的荒煤气去净化焦油分离系统。ZDL 流化床炉低阶煤循环流化床热解工艺流程见图 2-12。

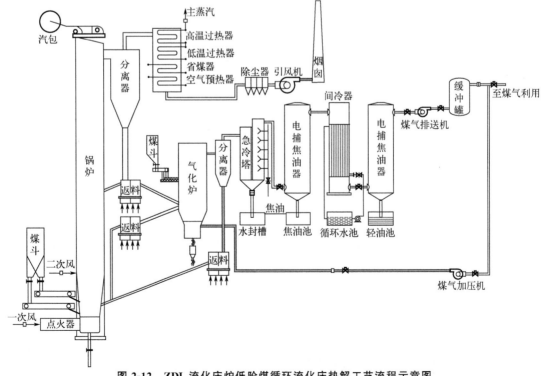

图 2-12　ZDL 流化床炉低阶煤循环流化床热解工艺流程示意图

4. ZDL 流化床炉工业应用

浙江大学和淮南矿业集团合作，以淮南劣质烟煤为原料，粒径范围为 0～8mm。将 1 台 75t/h 循环流化床锅炉改造为 12MW 循环流化床热解反应炉的中试装置，该热解炉于 2008 年 10 月投入试运行。中试装置采用安徽淮南烟煤，烟煤煤质工业分析见表 2-45。

表 2-45　烟煤煤质工业分析

名称	单位	数值	备注
水分(M_{ad})	％	2.07	空干基计
灰分(A_{ad})	％	30.41	空干基计
挥发分(V_{ad})	％	28.78	空干基计
固定碳(FC_{ad})	％	38.74	空干基计
低位发热量($Q_{net,ar}$)	MJ/kg	21.43	收到基计
煤焦油产率(格金)	％	9.70	
元素碳(C_{ad})	％	54.72	元素分析空干基计

注：百分数均为质量分数。

ZDL 流化床炉热电气煤焦油多联产装置运行表明，循环流化床锅炉和流化床热解气化炉运行时，循环流化床锅炉联合运转时的参数与单独运行时基本一致，通过调整进入流化床热解气化炉内的高温固体炉灰热载体流量，可方便地调整炉内热解温度，煤焦油和荒煤气稳定生产。典型荒煤气产品工业分析见表 2-46。

表 2-46　典型荒煤气产品工业分析

H_2/％	O_2/％	N_2/％	CH_4/％	CO/％	CO_2/％	C_2H_4/％	C_2H_6/％	低位发热量 $Q_{net,ar}$ /(MJ/m^3)
27.30	0.11	6.56	36.9	7.1	10.1	3.54	6.9	23.03

注：百分数均为体积分数。

当煤在 530℃ 低温热解时，300～360℃ 煤焦油馏分占煤焦油总质量的 32％；当热解温度提高到 680℃ 时，300～360℃ 煤焦油馏分质量占比下降，仅为 11.62％。而 >360℃ 煤焦油馏分在 530℃ 低温热解工况下，占比则为 50.03％。不同热解温度下煤焦油馏分温度范围与煤焦油馏分分布见表 2-47。

表 2-47　不同热解温度下馏分温度范围与煤焦油馏分分布

热解温度/℃	馏分分布(质量分数)/％			
	<170℃	170～300℃	300～360℃	>360℃
530	5.42	6.45	32.00	50.03
580	6.90	4.42	19.88	63.70
630	8.46	6.44	15.79	62.41
680	7.47	4.32	11.62	71.80

5. ZDL 流化床炉推广

2009 年国电小龙潭电厂、小龙潭矿务局和浙江大学合作，以云南小龙潭褐煤为原料，采用 ZDL 固体灰载体流化床热解工艺，用于热电气煤焦油多联产工程改造项目建设。小龙潭褐煤煤质工业分析见表 2-48。

表 2-48　小龙潭褐煤煤质工业分析

项目	符号	单位	数值	备注
全水分	M_t	%	34.42	收到基
灰分	A_{ar}	%	21.38	收到基
挥发分	V_{ar}	%	26.88	收到基
碳	C_{ar}	%	29.10	收到基
氢	H_{ar}	%	3.30	收到基
氧	O_{ar}	%	9.22	收到基
氮	N_{ar}	%	0.78	收到基
全硫	$S_{t,ar}$	%	1.80	收到基
低位发热量	$Q_{net,ar}$	MJ/kg	11.28	收到基

注：百分数均为质量分数。

小龙潭电厂有 300MW 褐煤循环流化床锅炉，将其改造为以干燥后的褐煤为原料的 300MW 循环流化床热电气煤焦油多联产装置。改造项目分为两期，Ⅰ期改造工程在现有 300MW 褐煤循环流化床锅炉四个分离及回送回路中的一个回路上加装一套未干燥褐煤投煤量 40t/h 的热解气化炉，同时配套简易荒煤气处理装置。该项目于 2011 年 6 月完成 72h 考核运行及性能参数测试。考核结果表明，系统运行稳定，操作方便，以未干燥褐煤为原料，热解气化炉给煤量达到设计的 40t/h，荒煤气产率及组分、煤焦油产率达到设计要求。将褐煤热解、燃烧、气化有机结合。由于燃烧半焦发电时，采用循环流化床低温燃烧技术，可有效地抑制 NO_x 放排，大幅减少 SO_2 的排放。采用该工艺可节能 25％以上，减少 SO_2 排放 65％以上，减少 CO_2 排放 85％以上，大幅降低 NO_x 排放。炉渣可用于水泥厂制冷法水泥，使得整个项目实现了近零排放。

四、固体灰载体流化床粉煤低温热解工艺

固体灰载体流化床粉煤低温热解工艺[40]，简称"煤拔头"，是由中国科学院过程工程研究所（简称"过程所"）开发，具有自主知识产权的固载体流化床粉煤炉与燃烧器耦合专利技术。该工艺是将低阶煤在隔绝空气的条件下，通过固载体高温炉灰作为热载体与粉煤在流化床热解炉内进行换热；通过快速热解转变为煤焦油、荒煤气以及半焦与热载体的混合物；然后半焦混合物去流化床锅炉进行燃烧，副产蒸汽和电力的联合生产能源利用系统。在该能源利用系统中，低阶煤并不是直接进行锅炉燃烧，而是先通过低温热解将煤中的有效成分剥离出来，俗称"煤拔头"。过程所长期从事煤炭转化过程中的热化学及过程原理研究工作，通过对各类热解工艺和粉尘来源以及循环流化床热解、燃烧、气化特点进行试验研究，提出循环流化床热解与流化床锅炉耦合工艺，为推出粉煤热解打下了坚实的基础。

1. 煤拔头研发历程

20 世纪 80 年代，过程所郭慕孙院士根据煤炭特性，提出将煤炭中轻质组分分离出来，进而实现煤炭分级综合利用的"煤拔头"新工艺。煤拔头可通过循环流态化工艺实现煤热解系统的高度集成，属于多联产范畴。2011 年，过程所在廊坊建设 10t/d 煤炭热解中试平台，2013 年 12 月 8 日，该中试平台成功实现了 10 天连续运转，标志着调试阶段结束，中试平台进入实验运转阶段。

2. 煤拔头技术特征

过程所煤拔头技术主要特征为：该工艺通过下行床与循环流化床耦合实现，煤粉从下行管的顶部加入，与来自提升管的循环热灰强烈混合升温。在常压、较低温度（550～700℃）、无催化剂、无氢气条件下，实现快速热解。生成的油气产品在下行管的底部通过快速分离器分离后，进入急冷器进行快速冷却，最终得到液体产品。关键工艺主要体现在快速热解、快速分离与快速冷却三方面。提高热解温度、加热速率，降低停留时间，有利于实现液体产品的轻质化与气固快速分离。

3. 煤拔头工艺流程简述

煤炭干燥后经正压加料装置进入固固混合器，与来自燃烧室的循环热灰迅速混合，粉煤受热升温后进入热解器，在下行过程中发生热解反应。热解产物被送入气固快速分离器，分离出的气态产物经高温过滤后快速冷却，可冷凝油气冷却为液体产品，不可冷凝油气作为可燃气体。分离出的半焦和循环灰继续下行，通过固体返料装置进入燃烧室，半焦燃烧加热循环灰。燃烧升温后的循环热灰被燃烧烟气带到炉顶，经气固分离进入热载体料仓，后经高温固体料阀进入固固混合器，进行新一轮循环。

4. 煤拔头中试装置运行

2011 年在廊坊开工建设 10t/d（3000t/a）煤炭热解中试平台。2013 年 12 月 8 日，过程所廊坊园区煤热解中试平台实现一次投料成功。在此期间，热解煤累计投入运行 90h，处理煤量达到 200kg/h。每吨煤中提取煤焦油 105kg，热解荒煤气 132m^3，荒煤气热值高达 28MJ/m^3。荒煤气中甲烷含量 34％、氢气含量 21％、一氧化碳含量 17％，并含有少量的低碳烷烃和烯烃等。2015 年 3 月 29 日，在廊坊 3000t/a 固体热载体煤热解中试平台上，采用新型的热解气除尘工艺，成功实现了热解气油尘分离的稳定运行，并获得了理想的中试结果。试验结果表明，煤焦油中的含尘量从 12％降低到了 1.14％。

第八节 内热式气固热解气化耦合技术

内热式气固直接加热的供热方式更合理。当半焦作为循环热载体时，可能热量不足，还需用气化生成的高温合成气进行加热，从而保证热解炉所需要的热量。将固体热载体（高温半焦）和气体热载体（高温合成气）进行耦合，在一个流化床（或带式炉）的热解-气化反应器内完成粉煤的热解以及半焦的气化反应，热解和气化耦合互补，热解效率更高。内热式气固热解气化耦合技术[12] 主要有 CCSI 粉煤热解气化工艺、SM-SP 气固热载体粉煤热解工艺、CGPS 气化热解带式炉工艺等，本节介绍几种有代表性的热解气化耦合工艺及推广情况。

一、 CCSI 粉煤热解气化一体化工艺

CCSI 粉煤热解气化一体化工艺[41]，简称"CCSI 粉煤炉"，是由陕西延长石油集团有限责任公司（简称"延长集团"）所属延长碳氢高效利用技术研究中心（简称"碳研中心"）自主研发，拥有完全自主知识产权的气载体流化床粉煤热解气化耦合专利技术，并对其拥有的 CCSI 粉煤耦合专利提供专利许可、技术转让、技术服务及工艺包设计。

碳研中心在借鉴石油化工理念的基础上，开发的气载体流化床粉煤热解与气化耦合专利，以空气（或氧气）作为气化剂，可将粉煤一步法转化为高品质的中低温煤焦油及合成气。CCSI粉煤炉工艺能够与制取液体燃料、化学品、发电等多产业集成，构建绿色清洁燃气发电与煤焦油深度加工转化的新型多联产模式，与传统的直接燃煤发电模式相比，实现了煤炭资源分质与梯级利用，系统内能量耦合、物料耦合、衍生产业链耦合。

1. CCSI 粉煤炉研发历程

2012年8月，延长集团碳氢高效利用技术研究中心正式成立，同年10月碳研中心建设了一套投煤量为0.24t/d、气化压力1.0MPa的CCSI粉煤炉小试装置。在小试装置上完成了CCSI粉煤炉试验室的理论研究和冷模试验研究，前后开展了24次冷态试验、26次冷模试验、134次热态投料试验。在小试装置平台上完成了CCSI粉煤炉工艺流程模拟及关键设备流化床气化炉构件设计等工作。获得的主要产物煤焦油收率达行业平均水平6%~8%。

2015年8月，万吨级CCSI粉煤耦合炉工业试验装置在陕西兴平建成并中交，这是国内首套万吨级CCSI粉煤炉工业试验装置。CCSI粉煤炉工业试验装置的投煤量为36t/d，气化压力为1.0MPa。2015年11月首次投料试车，一次打通流程，验证了CCSI粉煤炉的可行性与可靠性。截至2019年7月，先后完成了6次空气气化试验，7次氧气气化试验，累计运行时间1650h，实现了煤炭在流化床反应器内热解和半焦气化的耦合。2017年4月23日，CCSI粉煤炉工艺在北京通过了中国石油和化学工业联合会组织的科技成果鉴定，专家组建议加快产业化示范和商业化推广。

2. CCSI 粉煤炉技术特征

CCSI粉煤炉是一种适合处理高挥发分、弱黏结性或不黏结性低变质烟煤或褐煤的分质利用新型工艺，其工艺核心是在一个流化床热解-气化反应器内完成粉煤的热解反应及半焦的气化反应。以空气与蒸汽作为气化剂时，煤粉在反应器上端的热解区进行快速热解生成煤焦油和半焦末。然后半焦末到反应器下端的气化区气化生成合成气。CCSI粉煤炉主要技术特征见表2-49。

表 2-49　CCSI 粉煤炉主要技术特征

项目	主要技术特征
煤种、进料及干燥系统	煤种范围:弱黏结性或不黏结性低变质烟煤或褐煤。对煤质一般要求(质量分数):水分<20%、挥发分20%~60%、灰分<20%、固定碳35%~65%、灰软化温度 T_1 在1150~1560℃、黏结指数<30,热值14.65~27.21MJ/kg。煤粒度范围平均0.3~0.4mm,原煤经破碎机破碎<30mm,经磨煤和干燥后(0~1mm),送入粉煤缓冲仓。载气携带粉煤入炉,空气(或氧气)和蒸汽从流化床反应器不同部位进入反应器热解段和气化段。粉煤输送介质可选择氮气、二氧化碳或合成气
粉煤炉结构	气化炉选择流化床结构,由热解-气化耦合而成。反应器由上部恒温热解区、中部过渡区和下部气化区组成。粉煤从热解区底部多路进入,与气化区里的粗合成气、高循环倍率固体颗粒均匀混合,实现粉煤快速低温热解(热解温度550~600℃)和临氢快速热解反应,生成煤焦油气以及半焦颗粒。为有效抑制热解产物的二次反应,油气停留时间短,增加了煤焦油收率。夹带小颗粒粉尘和焦粒的粗荒煤气经热解段上部进入外置旋风分离器,分离出的含碳颗粒通过返料腿返回气化区进一步气化。通过高倍率、多通道循环返料系统所构建的物料互供、能量互补的封闭循环系统,将半焦末一步法直接转化成合成气、煤焦油两种产物,显著提高了能源转化效率,产品附加值高。固态连续减压排灰,降低了排灰过程对反应器的影响,大幅度减少了排灰系统设备数量。通过非接触式间接冷却方式进行降温,粗灰携带热量用于预热锅炉水,不产生黑水,无设备腐蚀

项目	主要技术特征
煤焦油尘分离	针对粉煤热解煤焦油含尘率高等问题,采用流化床反应器内分离和器外分离相结合的三级分离系统,最后一级是超细颗粒高效分离器除尘,解决了粉煤热解煤焦油含尘率过高的问题
热解产物主要指标	荒煤气热值 5.24MJ/m³(空气气化剂),有效气组分达 35.1%左右;煤焦油收率(干燥无灰基)16.74%;煤焦油含尘率 0.4%,能量转化效率 82.75%
技术成熟度	CCSI 粉煤炉经过中试验证,单系列 36t/d(相当于 1 万 t/a 规模),2015 年投料,累计运行 1650h,还有待于工业化示范装置长周期运行验证。入炉干粉煤的外水应<20%,若外水过高需要干燥。流化床反应器耦合结构过于复杂,系统控制操作难度较大

3. CCSI 粉煤炉工艺流程简述

CCSI 粉煤炉工艺由备煤单元、热解气化单元、分离冷却除尘单元、荒煤气净化单元和尾油回收及废水处理单元组成。工艺流程简述如下:备煤单元制备合格的粉煤送煤斗,煤斗中的粉煤经锁斗、给料斗、流化给料器、加压给料机送入流化床反应器的热解段。粉煤与高温的粗合成气(气体热载体)混合换热后进行快速热解反应,生成煤焦油气和半焦末。携带部分半焦颗粒的煤焦油气进入一级旋风分离器,分离出的半焦末通过料腿返回流化床反应器下部气化段;大部分半焦通过热解段直接进入气化段,反应生成高温粗合成气,作为热解的热源。出分离器的粗合成气与热解荒煤气混合(简称粗煤气)并进入多管旋风分离器,进一步分离煤焦油气中的含碳粉尘,含碳粉尘减压后经焦罐、煤焦油罐、螺旋冷灰机排出。

出多管旋风分离器的粗煤气进入一级洗涤塔与洗油逆流接触洗涤降温,洗涤的煤焦油及细灰排至重油缓冲罐,塔顶的粗煤气经文丘里洗涤器、二级洗涤塔再次洗涤、降温后排至重油缓冲罐。由重油泵将重油缓冲罐中煤焦油送至卧螺离心机进行分离,分离后的煤焦油送至煤焦油储存罐。来自二级洗涤塔塔顶的荒煤气进入间冷器冷却,冷却的煤焦油和水进入油水分离器进行分离。荒煤气进入油气分离装置,经分离后得到轻油进入轻油罐回收。部分荒煤气经荒煤气压缩机压缩后用作反应炉松动气,其余荒煤气经火炬管网放空。CCSI 粉煤炉工艺流程见图 2-13。

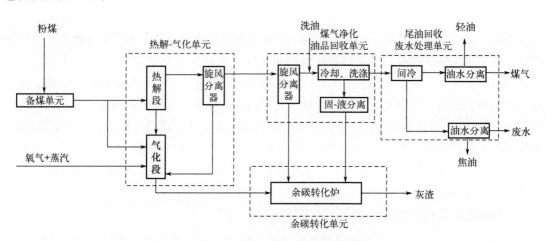

图 2-13 CCSI 粉煤炉工艺流程示意图

4. CCSI 粉煤炉中试装置

CCSI 粉煤炉中试装置建在陕西兴平,于 2015 年 11 月投料试车。2016 年 12 月通过了由中国石油和化学工业联合会组织的72h现场标定。标定结果表明，在以空气为气化剂的工况下，煤焦油收率17.12%，荒煤气中有效气含量35.10%、热值5.24MJ/m³。用作燃气轮机的燃料进行发电，实现了煤炭资源利用率、转化效率和附加值的最大化。CCSI粉煤炉中试装置72h标定数据见表2-50。

表 2-50　CCSI 粉煤炉中试装置 72h 标定数据

项目		标定结果			
		第1天	第2天	第3天	平均值
煤焦油产率[①]（无水无灰）/%	场取样法	15.91	18.14	17.42	17.16
	料衡算法	16.83	19.57	16.10	17.50
	差减法	16.76	18.56	14.90	16.74
有效气量[②]（CO+H₂+烃类）/%	空气气化	35.36	34.78	35.17	35.10
荒煤气热值/(MJ/m³)	空气气化	5.174	5.301	5.242	5.239
能源转化效率/%		81.97	83.41	82.88	82.75

① 质量分数。
② 体积分数。

设计参数：操作压力1.0MPa（G），热解段操作温度：600℃；气化段操作温度：1100℃。CCSI粉煤炉采用适应性煤种，原料煤煤质与煤焦油产品工业分析见表2-51。

表 2-51　原料煤煤质与煤焦油产品工业分析

煤质	灰分[①]/%	挥发分[①]/%	煤焦油产率[①]/%	可磨指数	黏结指数	CO₂反应活性(1000℃)α/%
标准煤质	≤15.0	≥30.0	≥9.0	50～80	<30	≥70

① 质量分数。

注：部分煤质工业分析以空干基计。

二、 SM-SP 气固热载体粉煤双循环快速热解工艺

SM-SP气固热载体粉煤双循环快速热解工艺[42]，简称"SM-SP粉煤炉"，是由陕北乾元能源化工公司（简称"乾元能源"）和上海胜帮化工技术公司（简称"上海胜帮"）合作开发，具有自主知识产权的气固热载体流化床粉煤双循环快速热解专利技术。2015年5月在榆林市麻黄梁工业集中区建成了2万t/a SM-SP粉煤炉气固热载体粉煤双循环快速热解工业试验装置。经过一年多工业试验，取得了大量的试验数据。中国石油和化学工业联合会组织专家于2016年8月20日到23日进行了72h现场标定，该装置运行稳定，自动化程度高，操作灵活，能源转换效率80.97%，煤焦油产率17.11%（葛金干馏收率的155%），半焦产率45.24%，有效荒煤气产率4.24%。工艺成果于2016年9月通过中国石油和化学工业联合会专家成果鉴定。

1. SM-SP 粉煤炉研发历程

上海胜帮从2011年3月开始研发低阶煤粉煤低温热解，采用提升管气流床反应器进行粉煤快速热解工艺的研究，先后经历了小试、中试研究。2015年与陕北乾元能源化工公司合作，开展万吨级工业试验。建成了$2×10^4$t/a气流床气固热载体粉煤双循环快速热解工业试验装置。2015年6月至2016年8月进行了各种工况下的工业运行试验，累计运行2000h，

各项指标达到设计要求。SM-SP 粉煤炉以循环粉状半焦为热载体，气流床提升管为热解反应器，进行粉煤快速热解。通过流化床烧炭器加热热载体提供反应所需热量，使粉煤在气流床提升管内与热载体充分混合接触后快速热解，经热解反应后转化为煤焦油、粉焦和荒煤气。快速热解反应降低了煤焦油在高温条件下的二次裂解，有利于提高煤焦油收率，所得煤焦油可深加工生产化学品和燃料产品。荒煤气产品有效气组分含量及热值高，可作为煤化工和精细化工的制氢或化工原料。

2. SM-SP 粉煤炉技术特征

SM-SP 粉煤炉主要技术特征见表 2-52。

表 2-52　SM-SP 粉煤炉主要技术特征

项目	主要技术特征
煤种、进料及干燥系统	适应不黏结性或弱黏结性煤及长焰煤等。对原料煤要求：M_{ad} 约 2.07%，A_{ad} 约 30.41%，$V_{ar} \geqslant 20\%$，FC_{ad} 约 38.74%，$Q_{net,ar}$ 约 21MJ/kg。通常入炉煤粒径范围在 0~200μm。粉煤经预处理后，进入粉煤存储及加料系统，循环荒煤气作为气流床粉煤流动介质，将粉煤与高温固载体混合后送入气流床提升管。在气流介质和高温半焦的快速换热作用下，煤料被加热至 550℃~650℃
粉煤炉结构	采用气流床提升管结构，高温半焦作为热载体，经与冷原料煤均匀混合换热后在提升管底部进行快速热解反应。将半焦和热解气进行气固分离，一部分固体半焦作为循环热载体去烧炭器进行燃烧提温，作为固体高温热载体去提升管；高温热载体与入炉煤混合剧烈、传热传质效果好、温度场均匀。另一部分半焦冷却为粉焦产品。热解炉和烧炭器可在常压、低温、无氧和缺氧条件下热解和燃烧，对设备的材质要求较低，设备制造成本低。热解耦合燃烧过程不需要氧气，可降低气流床提升管和燃烧器装置的设备投资。利用固体热载体高热容与气体热载体快速传热传质优势，热解反应在提升管中进行，克服了传统热解粉煤时易堵塞、挂壁、结焦、积炭等难题。采用提升管循环流化床快速热解、快速冷却、高效分离装置以及干熄焦工艺，热解速度快，分离效果好，荒煤气和煤焦油产率高，可实现煤炭分质分级高值利用
热解产物主要指标	有效荒煤气产率 4.24%；半焦产率 45.24%；煤焦油收率 17.11%（葛金干馏收率的 155%）；能源转换效率 80.97%
技术成熟度	SM-SP 粉煤炉工艺成熟，该炉单系列 2 万 t/a 工业示范装置，于 2015 年投料运行，2016 年 8 月进行 72h 标定，装置连续稳定运行超过 2000h。粉煤热解煤焦油含尘率高是目前各类粉煤热解工艺所面临的瓶颈，大型化工业装置还有待验证

3. SM-SP 粉煤炉工艺流程简述

该工艺由原料存储加料单元、气固热载体双循环热解单元、气固分离及干熄焦单元和气液分离装置组成。原料粉煤经锁斗加压后，进入加料罐。加料罐底部装有叶轮加料机，粉煤经叶轮加料机进入煤气循环管道，与由荒煤气风机来的循环荒煤气预混合，再与来自烧炭器的粉焦热载体充分混合后进入气流床热解反应器（提升管）。粉煤在提升过程中与气固热载体充分换热，快速完成热解，热解产物进入气固分离装置，分离出热解油气和粉焦。一部分循环粉焦进入烧炭器，与鼓入的空气进行贫氧不完全燃烧，提供热解反应所需热量，烧炭器烟气经回收热量后排入烟囱。热解产物由气流床热解反应器顶部出口去高效气固分离器，通过分离条件控制，快速分离出粉焦，避免煤焦油二次裂解。分离出的油气进入气液分离装置分离，分离后的粉焦（约 20% 粉焦）作为固体热载体循环至烧炭器；大部分粉焦（约 80% 粉焦）经冷却发生蒸汽后作为粉焦产品产出，实现环保干熄焦。SM-SP 粉煤炉工艺流程见图 2-14。

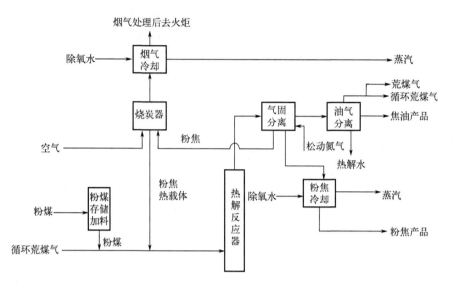

图 2-14　SM-SP 粉煤炉工艺流程示意图

4. SM-SP 粉煤炉工艺工业应用

2017 年 11 月 9 日，乾元能源 120 万 t/a SM-SP 粉煤炉工业示范项目在榆林麻黄梁工业集中区正式开工。该项目包括 120 万 t/a 粉煤快速热解、30 万 t/a 煤焦油悬浮床加氢、4 万 m³/h 制氢、4000t/a 硫黄回收等装置，是陕煤集团 1500 万 t/a 煤炭分质利用大型煤化工项目的重要组成部分。

乾元能源 120 万 t/a SM-SP 粉煤炉示范装置自 2023 年 7 月 19 日装置再次恢复生产以来，胜帮公司和榆林化学公司通力合作，优化操作，改进工艺，实现了粉煤热解装置连续稳定运行的目标。运行数据达到设计目标值，其中关键参数指标煤焦油收率达 18.1%，超过设计值，标志着首套百万吨级粉煤热解示范装置取得了突破。原煤煤质工业分析及热解产品工业分析见表 2-53～表 2-56。

表 2-53　原煤煤质工业分析及粉焦产品工业分析

样品名称	工业分析/%				元素分析/%			$Q_{net,ar}$/(MJ/kg)
组分	M_{ad}	A	V	FC	C	H	S_t	
粉煤	2.34	5.11	36.05	56.5	—	—	0.36	24.5
粉焦	0.86	10.57	4.51	84.06	—	1.44	0.40	—

注：1. 原煤煤质工业分析、元素分析以收到基计，M_{ad} 为空干基水分；热值为低位发热量以收到基计。

2. 粉焦工业分析与原煤煤质分析相同。

3. 百分数均为质量分数。

表 2-54　原煤热解产品产率工业分析

样品名称	煤焦油收率/%	荒煤气产率	水分含量/%	粉焦产率/%
长焰煤	3.0	4.24%(41.4m³/t)	—	42.24

注：1. 粉煤在 550℃ 条件下的铝甑分析。

2. 百分数均为质量分数。

表 2-55　荒煤气产品工业分析　　　　单位：%

样品名称	H_2	CO	CO_2	CH_4	N_2	O_2	C_nH_m	H_2S
荒煤气	8.42	12.63	9.85	32.22	15.38	1.10	17.06	—

注：百分数均为质量分数。

表 2-56　煤焦油产品工业分析

项目	数值	项目	数值
密度/(kg/m³)	1052	饱和烃(质量分数)/%	10.17
运动黏度(80℃)/(mm²/s)	21.58	芳烃(质量分数)/%	50.3
机械杂质(质量分数)/%	0.417	胶质(质量分数)/%	20.3
灰分(质量分数)/%	1.78	沥青质(质量分数)/%	18.4
水分(质量分数)/%	痕量	恩氏馏程/℃	
煤焦油元素分析		HBP	276
C(质量分数)/%	77.31	5%	326
H(质量分数)/%	7.94	10%	343
N(质量分数)/%	1.27	30%	404
O(质量分数)/%	13.14	40%	435
S(质量分数)/%	0.34	50%	454

第九节　低阶煤热解发展趋势

一、典型煤热解工艺分析汇总

前面对几种类型的低阶煤中低温热解工艺[43-44]进行了简要介绍，本节对主要的热解工艺在原煤性质、工艺条件、产品收率、技术成果和工业应用概况等方面进行比较汇总。典型煤热解工艺分析汇总见表 2-57。

表 2-57　典型煤热解工艺分析汇总

技术简称	原煤性质/工艺条件	产品收率	示范装置/技术成果	工业应用情况
龙成旋转炉	适用于低变质煤、长焰煤等；粒度适用 6～8mm，粒煤；外热式；热烟气温度 950～1000℃，原料煤在提质窑内加热到 550℃；低温热解；气载体	采用鄂尔多斯低变质烟煤，热解提质煤：70%～75%；煤焦油：10%～12%；荒煤气：150～160m³/t；能效：70%～85%	西峡 30 万 t/a；曹妃甸 1000 万 t/a(10 开 2 备)；2014 年石化联合会成果鉴定	规划项目：龙成集团 1000 t/a 粉煤清洁高效综合利用项目(神木市)
MWH 直立炉	原料煤粒度 ≥25～100mm，块煤；外热式；干馏段温度 800～850℃；煤料在炭化炉总停留时间 12～16h。气载体，中温热解	采用内蒙古准格尔旗煤田烟煤，吨煤产焦率为 0.69t；伊东煤挥发分在 28%～30% 时实际产油率可达 4.5%～5.0%，荒煤气 420～450m³/t。能效 70%～80%	内蒙古伊东集团东方能源公司 60 万 t/a 兰炭联产 10 万 t/a 甲醇，MWH 直立炉 2008 年投产，2011 年被工业和信息化部、焦化行业协会批准准入兰炭企业	国内已建有多套 MWH 直立炉装置

技术简称	原煤性质/工艺条件	产品收率	示范装置/技术成果	工业应用情况
神雾旋转炉	适用于褐煤、低变质烟煤原煤粒度10～100mm粒煤/块煤，2～6mm粉煤，反应区热解温度达500～700℃，外热式，气载体，低温热解工艺	采用褐煤，热解温度550～650℃，煤焦油产率4.3%，荒煤气产率19.6%，热值17.67MJ/m³，提质煤产率约59.6%；能效86%以上	两种类型结构炉块煤和粉煤，通过辐射管传导热量。建成了煤处理量3t/h的中试装置；2012年完成国家能源局技术成果鉴定	神雾旋转炉应用冶金转底炉还原炼铁工艺，外径65m，炉温1350℃以上，处理冶金物料量100万t/a
RNZL 直立炉	适用于低变质烟煤，原煤粒度20～120mm，属混中块煤进料；内热式，气载体，热解温度约700℃，属于中、低温热解	半焦产率约62%，煤焦油产率6%～11%，荒煤气产率约260m³/t，半焦热值25.0～28.4MJ/kg	大型直立炉于2007年9月在神木天元化工投入生产。RNZL直立炉单系列产能有：5万t/a、10万t/a和30万t/a	已有国内外二十多个60万t/a以上的大型直立炉工程
SJ 干馏方炉	适用于褐煤、低变质烟煤；粒度范围适用20～80mm中块煤；内热式，气载体，热解炉温度550～750℃，属于中、低温热解	适用于兰炭生产，热解兰炭产率约63.64%，煤焦油产率5.0%～6.31%，荒煤气产率约580m³/t，兰炭热值25～28MJ/kg	已经形成不同炉型的生产能力，如产焦炭6万t/a、10万t/a和20万t/a的生产规模	在榆林、神府、东胜矿区达210座该炉型生产装置，生产兰炭达800万t/a
GF 直立炉	适用于褐煤，粒度范围适用6～150mm；内热式，气载体，550～600℃热解温度，属于低温热解型	采用褐煤，热解半焦产率40%，煤焦油产率约3.0%，荒煤气产率10.8%，荒煤气热值约20.4MJ/m³，有效气成分约65%	2009年，内蒙古锡林浩特国能公司50万t/a褐煤提质项目；2013年12月通过中国化工学会组织的科技成果鉴定	2013年完成100万t/a工艺包设计，推广项目较多
LCC 提质炉	原料适用于褐煤等低阶煤，粒度范围6～50mm，粒煤和块煤；热解炉进气温度约550℃，出气温度约361℃，属于低温热解型，内热式，气载体	采用褐煤，热解半焦产率约49%，煤焦油产率约3.49%，能效86.35%，热量回收率90%，半焦热值约24.89MJ/kg	建有30万t/a的示范装置，2014年通过国家能源局技术鉴定	开发100万t/a级LCC工业化装置设计和待建500万t/a褐煤利用项目
DG 移动床炉	适用于低变质煤，如长焰煤，粒度范围6～50mm，属于粒煤和块煤；热解反应器内温度550～650℃；内热式，固载体，循环半焦，快速热解工艺	根据煤质不同，产品指标有差异，半焦产率约49%，煤焦油产率5.0%～8.0%，能效约82%，半焦热值≥24.89MJ/kg，荒煤气热值16.73MJ/m³	建设有一套日处理150t/d的工业试验装置，1994年通过煤炭工业部和国家教育委员会联合组织的技术鉴定	在陕西神木建有60万t/a低阶煤热解提质项目，并进行试生产
流化床粉煤炉	适宜褐煤、长焰煤及低变质烟煤等，粒度0～10mm，属于粉煤/粒煤热解；热解炉550～600℃；燃烧室温度850～900℃；固载体，循环灰加热热载体，温度约800℃。内热式，快速热解	荒煤气产率约23.52MJ/m³，有效气达82%；煤焦油收率达葛金分析的51%～71.08%；煤焦油含尘量0.4%；热解水收率达葛金分析的66.68%；半焦收率39.3%～52.32%；半焦热值约29.76MJ/m³	建有240t/d（即10t/h或8万t/年）规模的中试项目；2016年通过了中国煤炭学会组织的科技成果鉴定	正在规划百万吨级示范项目

技术简称	原煤性质/工艺条件	产品收率	示范装置/技术成果	工业应用情况
ZDL 流化床炉	适用于劣质低变质煤、褐煤;粒度 0~8mm,属于粉煤/粒煤热解;热解炉运行温度 550~750℃;固载式,循环灰热载体,温度约 800℃。内热式,快速热解	12MW 示范装置典型数据:煤焦油产率可达到 10%,荒煤气产率约 9%,热值约 23.6MJ/m³。蒸汽量 70t/h,蒸汽压力 3.82MPa,发电量 12MW	劣质烟煤 12MW 循环流化床热电气煤焦油多联产示范装置,2009 年通过了安徽省科技厅的验收和鉴定	小龙潭电厂 300MW 褐煤循环流化床多联产改造工程
煤拔头	适宜褐煤及低变质烟煤热解温度 550~700℃,常压;固体循环热灰作热载体	中试装置:每吨煤中提取煤焦油 105kg,热解荒煤气 132m³,荒煤气热值 28MJ/m³	在廊坊建有 3000t/a 固体热载体煤热解中试平台	建成 10 万 t/a 级示范工程,2016 年 9 月 3 日正式向客户端送气
神华分级炼制炉	原料粒度 3~30mm 高产油次烟煤(可掺混部分液化残渣等黏性原料),属于粉煤/块煤进料;热解温度约 600℃;循环半焦作固体热载体,热载体温度 750℃;两级预混;转盘式固体热载体热解反应器	混掺 11.5% 的液化残渣,热值 30.3MJ/kg,进行热解,煤焦油收率 7%,半焦产率 67.5%,热值 25.3MJ/kg,荒煤气产率 8.1%,热值 32.3MJ/m³	在陕西榆林建有 3000t/a 中试装置,2016 年进行试验	完成了 6000t/a 中试示范装置验证工作
CCSI 粉煤炉	流化床热解、气化耦合,粉煤粒度 0.3~0.4mm,荒煤气热载体和固体热载体,上部热解区约 550~600℃,停留时间<2s,下部气化区约 950~1050℃,0.7~1.3m/s,内热式,快速热解	工业试验装置标定结果(原煤水分<2%):粗荒煤气热值 5.24MJ/m³(空气气化剂),有效气组分达 35.1%左右;煤焦油收率(干燥无灰基)16.74%;煤焦油含尘量 0.4%,能量转换效率 82.75%	在陕西兴平建成的万吨级工业试验装置(36t/d),2017 年 4 月通过中国石油和化学工业联合会科技成果鉴定	榆林 800 万 t/a 煤炭多联产项目已列入"煤炭深加工产业示范'十三五'规划,Ⅰ期建设 1 套 3600t/d 的 CCSI 装置
SM-SP 粉煤炉	适用不黏结性煤、弱黏结性煤、长焰煤等低变质烟煤,粒径 0~200μm,属于粉煤热解;固载式,循环半焦热载体,热解炉温度 550~650℃,属低温热解工艺	中试装置标定结果:有效荒煤气产率 4.24%;半焦产率 45.24%;煤焦油收率17.11%(葛金干馏收率的 155%);能源转换效率 80.97%	建有 2 万 t/a SM-SP 工业试验装置,2016 年通过中国石油和化学工业联合会鉴定	榆林化学 120 万 t/a SM-SP 粉煤炉于 2023 年 7 月恢复生产,运行数据达设计目标值

国内开发和应用的主要低阶煤热解工艺的特点汇总见表 2-58。

表 2-58　主要低阶煤热解工艺的特点汇总

项目	主要特点
热解类型	换热方式:内热式(直接换热)、外热式(间接换热)、内外混热式(直、间接组合换热)。 传热介质:热风炉燃气或高温烟气热载体、循环半焦热载体、循环炉灰热载体、循环瓷球热载体、气固混合热载体。 热解终温:低温热解 500~700℃、中温热解 700~900℃、高温热解 900~1100℃。 热解速度:快速热解、中速热解(中低速热解、中快速热解)以及用于炼焦的慢速热解。 加热速率:中速加热速率 5~100℃/s,慢速加热速率小于 1℃/s。 进料粒度:大块进料 50~100mm,中块进料 25~50mm,混块进料 13~25mm,粒煤进料 6~13mm,粉煤进料<6mm

项目	主要特点
国内专利技术	块煤进料：三瑞回转炉、MWH 直立炉、神雾旋转炉、天元回转炉、畅翔直立炉（以上为外热式）；RNZL 直立炉、SJ 直立方炉、GF 直立炉、SM-GF 矩形炉、LCC 提质炉、SH 直立炉、恒源直立炉、富氧直立炉等（以上为内热式）。 粒煤进料：龙成旋转炉、MRF 回转炉、DG 移动床炉、流化床粉煤炉、分级炼制炉、瓷球回转炉（以上均为内热式）。 粉煤进料：输送床粉煤炉、ZDL 流化床炉、煤拔头、蓝天流化床炉、鹏飞回转炉、CCSI 粉煤炉、SM-SP 粉煤炉、CGPS 带式炉、SM-DXY 直立炉（以上均为内热式）
热解产品	热解产品气、液、固型：荒煤气、煤焦油、半焦（或兰炭），其中气载体，内热式、热值低的荒煤气 45% 左右的热风炉或荒煤气燃烧炉的燃料烧掉，55% 左右作为低值燃料供干馏燃烧发电。 热解产品气、液、电（或蒸汽）型：粉煤热解、内热式、循环灰热载体，由于固体燃料半焦与热载体高温灰混合，无法分离，一般为循环流化床锅炉燃料直接燃烧，变成电力或蒸汽以及部分用作循环灰热载体
国外同类工艺	德国 Lurgi-Spuelags（鲁奇－斯皮尔盖斯）内热式、气热载体、三段立式炉。 德国 Lurqi-Ruhurgas（鲁奇-鲁尔盖斯）内热式、固体载体（半焦/高温灰）快速热解。 美国 CODE 二段、三段、四段流化床，内热式、气载体和固载体联合供热（高温烟气和高温半焦），快速热解。 美国 Encoal 公司 LFC 内热式、低氧气气氛、气载体、快速热解。 美国 Toscoal 低温热解、内热式、固载体、瓷球热载体热解。 苏联 Etch-175 内热式、固载体、半焦热载体、粉煤热解

根据以上低阶煤热解工艺的汇总，对国内典型热解工艺在煤种、进料粒度、工业化进程及热解产品等方面进行比较。几种典型热解工艺要素汇总见表 2-59。

表 2-59　几种典型热解工艺要素汇总

名称	试验煤质/适宜煤质	进料粒度/mm	应用/（万 t/a）	热解产品
RNZL 直立炉	神木、内蒙古、新疆/褐煤、低变质煤	10～120	60	煤焦油、半焦
SJ 直立炉	榆林、府谷、神府/褐煤、低变质煤	20～120	60	煤焦油、半焦
GF 直立炉	锡林浩特/褐煤、弱黏结性煤	5～150	50	煤焦油、半焦
LCC 提质炉	东乌旗、呼伦贝尔/褐煤、低变质煤	5～70	30	煤焦油、半焦
MWH 直立炉	准格尔/弱黏煤、烟煤、长焰煤	>25	60	煤焦油、半焦、荒煤气
MRF 回转炉	先锋、大雁、神木/褐煤、低变质煤	6～30	5.5 示范装置	煤焦油、半焦、荒煤气
DG 移动床炉	平庄、神木/褐煤、长焰煤	0～6	60	煤焦油、半焦、荒煤气
ZDL 流化床炉	淮南、大同、平顶山、徐州/烟煤	0～6	75t/h 锅炉	煤焦油、电力、荒煤气
煤拔头	淮南、府谷、霍林河/褐煤、烟煤	0～6	10t/h 中试	煤焦油、电力

国内部分典型热解类型、加热方式、热载体、温度参数汇总见表 2-60。

表 2-60　国内部分典型热解类型、加热方式、热载体、温度参数汇总

名称	热解类型	加热方式	热载体	热解温度/℃	热解速度
RNZL 直立炉	直立炉、荒煤气燃烧炉	内热式	空气、烟气	730～770	中速
SJ 直立炉	直立炉、荒煤气燃烧炉	内热式	空气、烟气	550～650	中速
GF 直立炉	直立炉、荒煤气燃烧炉	内热式	空气、烟气	650～750	中速
LCC 提质炉	热解炉/干燥炉/热风炉	内热式	空气、烟气	550～650	中速

名称	热解类型	加热方式	热载体	热解温度/℃	热解速度
MWH 直立炉	直立炉、燃烧炉	外热式	热烟气	730～770	中速
MRF 回转炉	多段回转炉、燃烧炉	外热式	热废气	650～750	中速
DG 移动床炉	移动床、烟气发生炉	内热式	半焦	550～600	快速
ZDL 流化床炉	流化床、循环流化床	内热式	循环热灰	600～850	快速
煤拔头	下行床、循环流化床	内热式	热灰	570～660	快速

二、煤热解共性问题分析

国内低阶煤热解工艺在产业化过程中面临一些共性问题，包括以下几方面。

1. 长周期运行稳定性差

热解装置长周期运行稳定性较差，某些热解指标难以达到设计指标和环保排放指标，有些热解炉关键设备规模偏小等。如某些立式干馏炉，采用内热式、气载体，以块煤为原料，热解气热值低，一般在 $7.3～8.1MJ/m^3$；煤焦油产率低，规模小，能耗高，环境污染严重，属淘汰工艺。某些固载体移动床热解具有一定的先进性，但工业装置长周期运行不稳定；LCC 热解工艺采用模块化设计，工艺参数动态可调，半焦和煤焦油品质和产率可进行调节，煤焦油收率高，但工业装置长周期运行方面也存在某些问题，如所产荒煤气热值低、自热平衡不足等。

2. 油气粉尘分离难

粉煤热解，内热式和气载体加热方式决定了在热解过程中形成的粉末或热载体带入的粉末以及低阶煤的热稳定性差。受热裂解后粉尘与油气混合在一起，对后续的油气粉尘分离产生很大的影响。高温旋风除尘器不能完全解决油气粉尘的分离。陶瓷过滤器的"交替燃烧改进"虽提升了高温粉尘清除效率，但未从根本上解决黏性粉粒黏附、热应力损伤及爆炸风险，需结合预处理、材料升级与智能防控，构建复合解决方案。

3. 废水难降解处理

在较高温度下，煤炭的碳结构中交联键断裂、产物重组并发生二次反应，生成半焦、煤焦油、粗苯、热解荒煤气等产物。由于这些物质的特性以及煤炭中的重金属组分等随着水分溶解在里面，会形成难降解废水，其中包含高浓有机物、高难降解物、高有毒物、高油类物及高氨氮等污染物。BOD_5 与 COD 的比值远小于 0.3。此外，还含有苯酚、萘、蒽等多环类化合物以及氰化物、硫化物等。废水中有机物以芳香族化合物和杂环化合物居多，色度高，散发出刺鼻恶臭，具有强酸、强碱性。采用一般的废水生化处理难度大，可生化性差，增加了废水处理投资。

4. 单系列大型化难度大

由于低阶煤热解装备在单系列关键设备以及生产规模上还难以形成百万吨级的大型规模，甚至更大的规模。正是由于工业示范装置长周期运行稳定性、环保性、粉尘分离和大型化关键设备等原因，低阶煤大规模工业应用推广难度大。

5. 焦油加工成高附加值产品技术开发难度大

大型化后煤焦油深加工主要有两种方式：一是在煤焦油加工产品的基础上，向精细化工、染料、医药等方面延伸的深加工产业链；二是向煤焦油精加工为燃料油方面发展。目前煤焦油分离和利用的重点是由高含量组分转向低含量组分研发，从而获得生产精细化学品所需的高附加值产品，开发出煤焦油深加工新工艺还存在一定的难度。我国煤焦油年总产量已经超过千万吨，传统的加工方法对煤焦油的利用率相对较低。

三、煤热解工艺创新与突破

我国煤炭保有资源量约 1.49 万亿 t，其中低阶煤保有资源量约 1.04 万亿 t，占总量的 69.8%。低变质煤预测量约为 2.42 万亿 t。随着低阶煤提质技术的成熟，低阶煤将成为我国重要的一次能源供给侧。

由于低阶煤挥发分含量高，因而煤焦油含量较高。如以 7.5% 的煤焦油产率、60 m^3/t 的产气率估算，我国保有储量的低阶煤可提取煤焦油约 780 亿 t，产气约 62.4 万亿 m^3。相较于我国目前的原油消费量和天然气消费量，低阶煤蕴含的这些油气资源量非常可观，是十分重要的战略储备能源，低阶煤势必会成为煤基油气的重要来源。而国家早在"十三五"期间就已经提出比较完善的措施，研发清洁高效的低阶煤热解新技术[45-46]。

创新研发高油品收率，快速热解、催化热解、加压热解、加氢热解新一代技术；高度融合热解与气化、燃烧一体化集成技术；推动研发煤焦油轻质组分制芳烃、中质组分制高品质航空煤油和柴油、重质组分制特种油品的分质转化技术；深度开发中低温煤焦油提取精酚、吡啶、咔唑等精细化工产品技术。全力推进粉煤热解、气液固分离百万吨级工业化示范工程建设；配合中低热值燃气轮机或适应性改造燃煤锅炉，推动煤焦油和电力联产示范工程和大型焦化-化工-热电联产、耦合工程的建设；推动万吨级中低温煤焦油全馏分加氢制芳烃和环烷基油工业化示范工程和半焦大型化气流床和固定床气化工业化示范工程及大型粉煤炉和循环流化床锅炉工业化示范工程的建设。

在低阶煤分级分质利用各单项技术和工程突破的基础上，加强系统优化和集成，开展煤、油、气、化、热、电多联产的大型化工业示范。将煤炭深加工作为我国油品、天然气和石化原料供应多元化的重要来源，发挥与传统石油加工的协同作用，推进形成与炼油、石化和天然气产业互为补充、协调发展的格局。

参考文献

[1] 裴贤丰. 低阶煤中低温热解工艺技术研究进展及展望 [J]. 洁净煤技术，2016，22 (3)：40-44.

[2] 潘生杰，陈建玉，范飞，等. 低阶煤分质利用转化路线的现状分析及展望 [J]. 洁净煤技术，2017，23 (5)：7-12.

[3] 赵鹏，李文博，梁江朋，等. 低阶煤提质技术现状及发展建议 [J]. 洁净煤技术，2015，21 (1)：37-40.

[4] 王向辉，门卓武，许明，等. 低阶煤粉煤热解提质技术研究现状及发展建议 [J]. 洁净煤技术，2014 (6)：36-41.

[5] 曾凡虎，陈钢，李泽海，等. 我国低阶煤热解提质技术进展 [J]. 化肥设计，2013，51 (2)：1-7.

[6] 汪寿建. 关于大型褐煤分级提质多联产循环经济解决方案的探讨 [J]. 化肥设计，2012，50 (1)：1-7.

[7] 陈鹏. 中国煤炭性质、分类和利用 [M]. 北京：化学工业出版社，2005.

[8] 谢克昌. 煤的结构与反应性 [M]. 北京：化学工业出版社，2002.

[9] 朱银惠. 煤化学 [M]. 北京：化学工业出版社，2015.

[10] 高晋生. 煤的热解、炼焦和煤焦油加工 [M]. 北京：化学工业出版社，2010.

[11] 解强，边炳鑫. 煤的碳化过程控制理论及其在煤基活性炭制备中的应用 [M]. 北京：中国矿业大学出版社，2002.

[12] 尚建选，等. 低阶煤分质利用 [M]. 北京：化学工业出版社，2021.

[13] 王娜. 提质低阶煤热解特性及机理研究 [D]. 北京：中国矿业大学（北京），2010.

[14] 乔凯. 低阶煤热解工艺优化及反应历程研究 [D]. 太原：太原理工大学，2016.

[15] 陈兆辉，高士秋，许光文. 煤热解过程分析与工艺调控方法 [J]. 化工学报，2017，68（10）：3693-3707.

[16] 韩永滨，刘桂菊，赵慧斌. 低阶煤的结构特点与热解技术发展概述 [J]. 学科发展，2013，28（6）：772-780.

[17] 王秀江. 陕西龙成煤低温干馏技术开辟煤炭分级分质利用新途径 [J]. 中国能源，2015（7）：34，45-47.

[18] 霍鹏举. 低阶煤的分质利用技术现状及发展前景 [J]. 应用化工，2018，47（10）：2281-2291.

[19] 环境保护部. 现代煤化工建设项目环境准入条件（试行）[Z]. 2015-12-22.

[20] 汪家铭. 陕西龙成建设1500万 t/a 粉煤清洁高效综合利用一体化项目 [J]. 大氮肥，2017（1）：53.

[21] 李晓岩. 我国煤低温干馏工艺研究取得突破 [J]. 河南化工，2011（22）：58.

[22] 齐涛，王娜，章纪刚. 废橡胶与煤共热解的工艺研究 [J]. 煤炭加工与综合利用，2018（12）：22-25.

[23] 米全勇. MWH 外热式直立炉出焦方式的改造设计 [J]. 科技创新与生产力，2012（11）：75-76，79.

[24] 王鑫. 对不黏性或弱黏性煤资源采用直立炉干馏装置进行综合利用的探讨 [J]. 科学之友，2012（10）：8-9.

[25] 肖磊. 中低阶煤分质梯级利用的发展与创新 [C]. 第四届国际清洁能源论坛论文集，2015：174-194.

[26] 王其成，吴道洪. 无热载体蓄热式旋转床褐煤热解提质技术 [J]. 煤炭加工与综合利用，2014（6）：55-57.

[27] 陈勤根. 低阶煤无热载体快速热解炉工艺试验研究 [J]. 洁净煤技术，2016（3）：20-25.

[28] 戴秋菊，唐道武，常万林. 采用多段回转炉热解工艺综合利用年轻煤 [J]. 煤炭加工与综合利用，1999（3）：22-23.

[29] 孙小伟，张雄斌，鲁煜坤，等. 兰炭气全低变制氢工艺的工业应用 [J]. 煤化工，2014，42（6）：22-24.

[30] 王丽丽，李念慈. RNZL 煤干馏直立炉的技术特点与应用 [J]. 煤炭加工与综合利用，2015（2）：48-49，80.

[31] 杨倩，伏瑜，郭延红，等. 陕北低阶煤低温干馏特性研究 [J]. 煤炭转化，2015，38（4）：71-74.

[32] 孙建新，黄诚，段永宏. SJ 型干馏方炉在窑街油页岩炼油技术领域的开发与应用 [J]. 中外能源，2010，15（12）：80-83.

[33] 米文星. SJ 型低温干馏方炉的温度与压力场研究 [D]. 西安：西北大学，2018.

[34] 高鹏，丁红武. 论国富炉低阶煤干法熄焦 [J]. 中国化工贸易，2017（3）：67.

[35] 王立坤. 国富炉低阶煤热解技术在兰炭行业的市场竞争力 [J]. 煤炭加工与综合利用，2020（1）：53-56.

[36] 郑锦涛. 煤气热载体分段多层低阶煤热解成套工业化技术（SM-GF）的应用 [J]. 煤炭加工与综合利用，2018（8）：55-58，74.

[37] 华建社，陈浩波，王建宏. 低温干馏炉热工评价与分析 [J]. 洁净煤技术，2012，18（4）：65-67.

[38] 何德民. 煤、油页岩热解与共热解研究 [D]. 大连：大连理工大学，2006.

[39] 于旷世. 循环流化床双床煤气化工艺试验研究 [D]. 绵阳：中国科学院研究生院（工程热物理研究所），2012.

[40] 王杰广，吕雪松，姚建中，等. 下行床煤拔头工艺的产品产率分布和液体组成 [J]. 过程工程学报，2005，5（3）：241-245.

[41] 杨会民，张键，孔少亮，等. 粉煤加压热解-气化一体化技术（CCSI）探讨 [J]. 化肥设计，2018，56 （6）：20-23.

[42] 樊花，刘振虎，牛鸿汉，等. 煤热解技术及其运行影响因素分析 [J]. 煤化工，2022，50（6）：151-154.

[43] 丁国峰，等. 我国大型煤炭基地开发利用分析 [J]. 能源与环保，2020，42（11）：107-110，120.

[44] 王海宁. 中国煤炭资源分布特征及其基础性作用思考 [J]. 中国煤炭地质，2018，30（7）：5-9.

[45] 环境保护部. 石油炼制工业污染物排放标准：GB 31570—2015 [S]. 2015-07-01.

[46] 陈晓辉. 低阶煤基化学品分级联产系统的碳氢转化规律与能量利用的研究 [D]. 北京：北京化工大学，2015.

第三章 半焦气化技术

第一节 半焦气化工艺过程分析

半焦是指煤炭、木材或其他生物质在中低温下（通常 400～900℃之间）热解或干馏后形成的一种固体产物。在这个温度范围内，物质的挥发分被部分去除，但仍保留一定的碳含量和结构。半焦的性质介于煤或生物质原料和完全焦化后的焦炭之间。

一、半焦气化功能分析

半焦气化作为一种重要的热化学转化过程，主要功能在于将含碳物质（如煤、木材或生物质）的热解半焦通过气化生成合成气（主要由 CO 和 H_2 组成）。半焦的气化过程和传统煤炭气化有一些相似之处，但由于半焦理化特性的差异，气化过程的效率、产物特性和功能性有所不同。通过低温热解，半焦的碳含量增加，氢、氧、硫等挥发分减少，使其更加适合气化、燃烧等应用。相比原煤，半焦具有更高的热值和较低的挥发分，但氢含量降低。含碳原料和半焦的元素组成和挥发分含量分析见表 3-1。

表 3-1　含碳原料和半焦的元素组成和挥发分含量分析

物质类型（干基）	碳含量/%	氢含量/%	氧含量/%	氮含量/%	硫含量/%	固定碳/%	挥发分含量/%
煤	70～98	4～6	10～15	0.5～2.0	0.5～4.0	50～60	30～40
半焦	78.6(原始煤) 80.7(低加热速率制备的半焦) 91.0(中等加热速率制备的半焦) 88.3(高加热速率制备的半焦)	5.3(原始煤) 1.9(低加热速率制备的半焦) 2.6(中等加热速率制备的半焦) 1.1(高加热速率制备的半焦)	3～7	0.5～1.5	0.1～0.5	70～85	5～15
生物质	45～50	5～6	40～45	0.3～1.5	0.0～0.1	15～30	70～85
污泥	30～40	4～6	20～30	3～8	0.5～2.0	20～40	30～50
生活垃圾	25～80	5～15	0.05～50	0.04～3	0.1～0.5	5～45	3～50

以下是半焦气化的主要功能分析。

① 合成气生产：半焦气化的最重要功能是生成合成气，合成气可用于制氢或作为化工原料。由于半焦的碳含量较高、挥发分较低，气化后生成的合成气具有较高的热值。与传统的煤气化相比，半焦气化过程中的焦油产量较低，气化效率更高，因此可直接用于燃气轮机发电或转化为液体燃料（如甲醇）。

② 能源回收：半焦气化能够高效转化其中的碳元素为可燃性气体，大大提高了能源回收率。在特定条件下，半焦气化的能量转化效率高于未经过预处理的原煤或生物质，气化过程产生的高温也可以通过余热回收系统进一步用于锅炉蒸汽发电或供暖。

③ 污染物控制：气化过程中，通过对气化剂（如氧气、水蒸气）的控制，半焦能够实现充分裂解和气化，减少二氧化硫、氮氧化物和焦油的排放。气化过程生成的合成气中含有少量的杂质，可以通过后续净化工艺进一步去除，实现高纯度的气体产物。

兰炭是一种通过低温干馏煤炭制备而成的中间产物，也属于半焦，具有较低的挥发分和较高的固定碳含量[1]。兰炭气化工艺主要利用其高碳含量及低挥发分特性，将其转化为合成气（CO、H_2等），用于清洁能源和化工原料的生产。兰炭的固定碳含量通常在75%以上，这使其在气化过程中能够释放出大量的热能，有助于提高反应速率和气化效率，生成更多的可燃气体，如CO和H_2。由于其挥发分较低，气化过程中焦油等副产物的生成量较少，气体净化难度较低，提升了气化效率。同理，兰炭的低挥发分意味着气化时生成的焦油和其他复杂有机物较少，这有助于减少气体净化过程中的负担。兰炭气化生成的合成气具有较高的热值，尤其在水蒸气气化或氧气气化的过程中，生成的气体中氢气和一氧化碳含量较高，非常适合用于制氢、甲醇生产等。通过调整气化条件（如反应温度、气化剂的比例），可以调节合成气的组成，获得满足不同应用需求的气体。例如，在制氢工艺中，可以提高H_2的产量。

兰炭等半焦适应多种气化技术，概括如下。固定床气化：兰炭适合用于固定床气化工艺，其较大的颗粒和低挥发分使其在固定床气化中具有稳定的反应性，气化速率较慢，但碳转化率较高；流化床气化：由于兰炭颗粒均匀且机械强度较高，也可以用于流化床气化工艺，反应速度较快，气化效率高，流化床工艺还可以处理较低质量的燃料，有助于提高生产灵活性；气流床气化：在高温快速反应条件下，兰炭的高含量固定碳能够被快速转化为高热值的合成气，非常适合大规模工业生产。

兰炭的低硫、低灰分特性使其在气化过程中产生的污染物（如SO_2、NO_x等）相对较少。这不仅有助于减少环境影响，也降低了气化系统对尾气处理的需求和成本。兰炭气化的经济性较好，因为其加工成本较低，气化过程中生成的高热值合成气可以用于发电、供热或作为化工原料，具备多样化的经济价值。此外，兰炭气化后的残渣可以进一步用于建筑材料等，实现了资源的全面利用。

兰炭等半焦气化功能多样，既能提供高效的能源转化，又具有污染物排放控制和资源循环利用的优势。随着气化技术的进一步发展，半焦气化在清洁能源生产、废物处理以及工业燃料应用中具有广阔的应用前景。

二、半焦气化过程共性

半焦理化结构与原煤、生物质等相比存在低挥发分、高固定碳含量、多孔结构、热值较高等差异，因此半焦气化过程有其特有的共性，主要体现在热解后半焦的化学反应机制、气化剂的作用、产物特性等方面。以下是不同原料半焦气化过程中常见的共性：

1. 高温气化反应机制

所有类型的半焦在气化时都依赖高温热解过程，通常在800～1200℃之间。气化的核心反应包括碳与气化剂（如氧气、空气或水蒸气）的反应，生成主要产物合成气（CO和

H_2）。尽管原料不同，但碳质物质在高温下的气化反应是所有半焦气化过程中的核心反应机制。随着温度的升高，反应速率加快，气化效率提高。

2. 气化剂的作用

不论半焦来源如何，气化剂（如空气、氧气或水蒸气）在反应过程中都起到关键作用。气化剂与碳反应生成一氧化碳（CO）和氢气（H_2），并决定合成气的成分比例。氧气或空气促进碳的部分氧化，而水蒸气则有助于生成更多的氢气，所有原料半焦在气化时都依赖这一基本反应机制。

3. 碳含量与固定碳的气化反应

无论是煤炭、木材还是农业废弃物形成的半焦，其碳含量在气化过程中都起决定性作用。气化的主要反应是碳与气化剂的反应，碳含量越高，气化过程中释放的热能越多，气化速率和气化效率越高，生成的可燃气体越多，合成气热值越高。

气化反应类型：碳与氧气反应生成 CO，而碳与水蒸气反应生成 CO 和 H_2。半焦的固定碳含量较高，因此气化反应过程中相比于挥发分碳的消耗占主导。

4. 合成气的产物特性

所有类型的半焦气化过程都生成合成气，主要由 CO 和 H_2 组成。不同类型的半焦由于原料性质不同，生成的合成气比例会有所不同，但合成气作为易燃气体的特性是一致的。合成气可以用于发电、制氢或作为化工原料，不论原料来源如何，气化产物具有相同的经济价值。

5. 污染物的生成与控制

半焦气化过程中产生的污染物主要包括硫化物、氮氧化物及微量的焦油。这些污染物可以通过调节气化条件和后续的气体净化系统进行控制。所有原料的半焦在气化时都需要处理这些污染物，以满足环境标准。气化后进行气体净化（如脱硫、除焦油等），可以减少气体中的污染物，所有原料半焦的气化过程都需要类似的污染控制技术。

6. 能量回收与余热利用

半焦气化过程中的高温环境产生了大量的余热，这些余热可以通过余热锅炉等设备回收用于蒸汽发电或其他用途。所有类型的半焦气化系统设计中都可集成热回收系统，以提高整体能源利用效率。

7. 固体残渣处理

气化过程中，半焦的无机成分经过高温处理后形成固体残渣。不同原料的半焦会产生不同的残渣，通常为玻璃态或炭化态物质，但残渣处理的基本方法相同，如进行填埋或再利用。

不同原料的半焦气化过程在高温气化、气化剂的作用、碳的反应机制、污染物控制、能源回收等方面具有共性。尽管不同原料的气化细节有所差异，但核心的化学和物理过程一致，这为半焦气化技术的普适性奠定了基础。

三、半焦固定床气化

固定床气化是一种较为传统的气化工艺，半焦作为低挥发分固体燃料，在固定床气化炉中通过气化剂（如空气、氧气或水蒸气）与碳反应，生成合成气（CO 和 H_2 为主要成分）。半焦是通过低温热解工艺从煤、木质生物质等材料中获得的，其固定碳含量高，挥发分较低，这使得其在固定床气化工艺中有着较高的反应稳定性和低焦油生成量。

固定床气化工艺广泛应用于中小型工业气化炉，通过优化固定床气化反应器的设计和气化条件，如反应温度、气化剂比例等，能够显著提高热效率和合成气产量。近年来，半焦固定床气化工艺越来越关注环境影响。通过气体净化技术的集成（如脱硫、脱硝），减少了气化过程中产生的污染物排放，特别是二氧化硫和氮氧化物。许多工艺系统引入了余热回收装置，将固定床气化过程中产生的高温气体用于发电或供热，进一步提高了系统的整体能效。

四、半焦流化床气化

半焦流化床气化工艺作为一种重要的气化技术，在工业应用中得到了广泛关注。流化床气化是一种动态反应技术，通过将固体颗粒（如半焦）悬浮在高速气流中，使得物料在气化反应器内充分混合，从而提高气化效率。半焦作为低挥发分的燃料，在流化床气化中表现出良好的稳定性和较低的焦油生成量。流化床气化的优点包括良好的热质传递、气固接触效率高，以及较好的反应温度控制。这使得流化床气化适用于处理各种颗粒大小的半焦，同时可以根据需求调节气化过程的温度和压力。

半焦流化床气化的优势包括以下几方面。反应均匀性：流化床气化通过气固两相的高度混合，使半焦颗粒在反应器内均匀分布，从而提高了气化效率和产气质量。流化床中的高湍流也有助于提高碳的转化率。适应性强：流化床气化能够处理多种燃料类型，包括煤、木质生物质、垃圾衍生燃料等。半焦由于其高固定碳含量和低挥发分，在流化床气化过程中表现出良好的反应性。焦油含量低：半焦本身的挥发分较少，加之流化床气化中的高温环境，使得生成的焦油量显著低于其他气化工艺。

中国科学院过程工程研究所提出的基于解耦原理的流化床两段气化技术是目前最先进的气化工艺之一，通过将热解和气化反应分开进行，减少了焦油的生成，提升了气化效率和产品气质量。两段气化能够充分利用高温半焦对焦油的催化裂解作用，实现高效的焦油脱除。流态化两段气化技术通过将流态化床与循环流化床结合，提高了气化过程的反应效率和焦油脱除效果。实验表明，气化过程中 CO 和 H_2 的产率显著提高，系统稳定性良好。尽管流化床气化能够处理多种燃料，但不同原料的物理化学特性（如颗粒大小和水分含量）可能会影响气化过程的稳定性。半焦由于颗粒较小，可能需要预处理以确保气化过程的顺利进行。半焦流化床气化工艺因其高效的气固反应、较低的焦油生成量和良好的反应均匀性，在能源转化领域显示出巨大的应用潜力。随着工艺优化和技术创新的持续推进，流化床气化工艺将在未来的清洁能源生产中扮演重要角色。

五、半焦气流床气化

半焦气流床气化工艺是一种高效的气化技术，在能源转化领域得到了广泛应用。以下是该工艺的现状及发展情况：由于半焦具有较低的挥发分和较高的固定碳含量，在气流床气化中能够表现出较高的稳定性和较少的焦油生成量。气流床气化因其较高的温度（通常在

1200～1500℃之间）和快速反应速度，可以在短时间内完成气化反应，而大大提高了气化效率。半焦的使用可以进一步提高碳转化率，生成的合成气热值较高。

半焦气流床气化工艺凭借其高效、高温的特点，在合成气生产、发电和燃料气化等领域有着广阔的应用前景。尽管其在设备耐用性和能耗方面仍面临挑战，但随着工艺优化和技术创新，该技术将在未来清洁能源生产中发挥更重要的作用。

六、半焦化学链气化

半焦作为低挥发分、高固定碳含量的燃料，与传统气化燃料相比在化学链气化中表现出更高的稳定性和气化效率，特别适合化学链气化工艺。半焦化学链气化是一种将传统气化与化学链燃烧相结合的新兴气化技术，它通过使用金属氧化物等含氧化合物作为载氧体（oxygen carriers，OCs），实现燃料与氧气间的燃烧解耦为载氧体的氧化还原反应循环。这种技术不仅提高了能源转化效率，还实现了二氧化碳的内分离，从而生产出不含氮的高纯度合成气。

该工艺在技术研究和应用方面取得了一定的进展。目前，铁基、镍基和铜基等金属氧化物是化学链气化中常用的载氧体。铁基氧化物因其稳定性好、成本较低，而成为研究的重点。而镍基载氧体虽然反应活性高，但成本较高且容易失活。

载氧体的再生：一个关键研究方向是如何在长时间运行过程中保持载氧体的反复使用能力。载氧体在经历多次氧化-还原循环后，可能会烧结或失活，因此开发高稳定性、可再生的载氧体是化学链气化技术的关键。

化学链气化的反应温度通常在 800～1000℃之间，这需要在维持高温反应条件的同时，确保载氧体的稳定性。半焦由于固定碳含量较高，需要合适的反应温度来保持气化效率和反应速率。目前，半焦化学链气化技术已经在实验室和中试规模下得到了验证，展示了较高的碳捕集率和氢气产量。然而，距离大规模工业应用还有一定距离，主要障碍在于载氧体材料的稳定性和工艺复杂性。未来，半焦化学链气化可能与其他清洁能源技术（如碳捕集与利用、燃料电池等）结合，进一步提高能源转化效率和环境友好性。

七、半焦超临界水气化

半焦超临界水气化工艺是一种新兴的气化技术，在超临界水环境下将半焦转化为合成气或其他有价值的化工原料。该工艺凭借其高效的气化能力和良好的污染控制效果，得到了研究者的广泛关注。以下是该工艺的现状分析。超临界水是指温度高于 374℃、压力超过 22.1MPa 的水。在这个状态下，水具有高扩散性和较高的溶解能力，能够促进有机物的裂解和提高反应速率。在超临界水环境下，半焦与水发生气化反应，生成合成气（主要为氢气、甲烷、一氧化碳等）。与传统气化工艺相比，超临界水气化具有反应速度快、污染物生成少的优点，尤其是能够有效处理半焦中的有机物质。

超临界水气化能够在较低温度下生成高比例的氢气，这是其最大的优势之一。水作为反应剂参与反应，有助于提高氢气的产量，这对绿色能源的发展具有重要意义。在超临界水环境下，水作为溶剂可以避免焦油的生成，简化了气化产物的后续净化处理。同时，由于反应环境的特殊性，污染物（如硫化物、氮氧化物）生成量大幅减少。

近年来，研究者致力于优化超临界水气化的反应条件，包括反应温度、压力、反应时间和水碳比等，以提高气化效率和气体产物的质量。通过调节这些参数，能够有效控制合成气的组成并提高反应效率。为进一步提高半焦的转化率，研究者正在探索加入不同类型的催化剂（如碱金属和过渡金属催化剂），以促进水煤气转换反应和氢气的生成。这些催化剂能够加速反应速率，降低能耗，并提高产物选择性。

研究表明，在超临界水气化中，通过优化工艺参数，碳转化率和氢气产量显著提高。具体而言，反应温度和压力的提升使得碳转化率可达到95%以上，氢气的产率可以超过85.9mol/kg。该工艺特别适合用于制备高纯度的氢气，具有潜在的工业应用价值[2]。由于超临界水环境具有强腐蚀性，因此气化设备需要具有较高的耐腐蚀能力。材料的选择和反应器的设计仍然是该技术推广的主要瓶颈之一。虽然超临界水气化能够在较低温度下进行气化反应，但维持超临界条件仍然需要高能耗。进一步降低能耗，提高系统能效，是未来工艺优化的重点方向。

半焦超临界水气化工艺凭借其高效的氢气生成能力和污染物控制优势，在能源转化和废物处理领域展现出广阔的应用前景。然而，设备耐腐蚀性和能耗问题仍是制约其大规模工业应用的主要挑战。随着技术的不断进步，该工艺有望在未来的清洁能源领域占据重要地位。

八、兰炭气化的工艺应用

1. 陕西榆林煤化工基地的兰炭气化项目

陕西榆林是中国兰炭生产的重要基地，丰富的煤炭资源为兰炭生产和气化提供了原料保障。榆林地区的大型煤化工企业利用兰炭进行合成气生产，用于制备甲醇、合成氨等化工产品。在该地区，流化床气化和气流床气化技术被广泛应用于兰炭的气化，通过气化生成的合成气用于下游的化工产品生产。这一过程不仅有效利用了煤炭资源，还减少了环境污染。兰炭气化项目通过引入高效余热回收技术，提高了整体的能源利用效率，同时通过二氧化硫脱硫技术，实现了清洁生产。

2. 内蒙古兰炭制甲醇项目

内蒙古地区煤炭资源丰富，许多企业利用当地丰富的煤炭生产兰炭，再将兰炭通过气化技术转化为合成气，用于生产甲醇等化工产品。采用气流床气化工艺将兰炭生成合成气，之后通过变换反应来调节氢碳比，为甲醇合成提供原料。通过气化技术，不仅能够生产清洁能源甲醇，还推动了区域经济的发展，并显著减少了对环境的影响。

3. 新疆兰炭气化制氢项目

新疆是中国能源产业的重要基地，近年来为了推动绿色氢能发展，新疆地区的一些企业开始使用兰炭作为原料，通过气化技术生产氢气。采用高温气流床气化技术，兰炭在高温条件下气化生成合成气，再通过水煤气变换工艺，将 CO 与水蒸气反应生成 H_2 和 CO_2。CO_2 经过捕集后，剩下的氢气可以用于燃料电池和化工行业。该技术有效降低了碳排放，通过碳捕集和封存（CCS）技术，将气化过程中产生的二氧化碳回收，减少了温室气体的排放，符合未来绿色能源发展的趋势。

4. 宁夏兰炭气化多联产项目

宁夏地区丰富的煤炭资源为兰炭生产提供了基础。近年来，当地企业采用兰炭气化技术进行多联产，即通过一次气化过程同时生产多种能源和化工产品。在宁夏的某些项目中，兰炭气化生成的合成气被分流用于发电、制氢和甲醇生产。通过综合利用合成气，该工艺能够实现能源的高效利用，并最大化经济效益。该项目利用先进的气化技术和能量集成设计，实现了煤化工产业链的深度耦合，减少了能源浪费，推动了区域内能源多样化利用。

5. 山东兰炭气化发电项目

山东作为中国工业重地，许多企业通过气化兰炭生成的合成气来发电，以满足工厂生产需求，并降低对外部电力的依赖。该项目采用兰炭气化技术与燃气轮机发电相结合的模式，兰炭通过流化床气化装置气化生成的合成气直接驱动燃气轮机发电，并通过余热锅炉回收尾气热量，进一步提高发电效率。通过该项目，企业大大降低了电力成本，同时减少了污染排放，符合清洁生产的要求。

兰炭气化技术在中国的煤化工、清洁能源和可再生能源领域有着广泛的应用，通过多种气化工艺，如固定床、流化床和气流床等，兰炭气化不仅提高了碳资源的利用率，还减少了环境污染，并为制氢、甲醇生产和发电提供了清洁、高效的解决方案。

第二节　半焦气化反应过程机理

一、半焦理化特性

1. 半焦的基本性质

半焦具有介于原煤和焦炭之间的性质，具有较高的碳含量和较低的挥发分含量。其理化特性受到煤炭种类、热解条件及处理方法等多种因素的影响。相比焦炭，半焦具有较高的挥发分、较低的固定碳和较高的反应活性。近年来，半焦用于燃料、吸附剂、催化剂等用途的研究越来越多，特别是兰炭，其作为一种特殊的半焦，具有独特的性质和应用前景。

2. 半焦的物理性质

（1）密度和比重

半焦的密度是其重要的物理性质之一。由于煤炭热解过程中会生成大量气体，这些气体的排放使得半焦的密度较低。半焦的密度通常在 $0.9\sim1.2\mathrm{g/cm}^3$ 之间，这主要取决于煤炭的种类和热解的条件。密度较低的半焦通常具有较高的孔隙率。半焦的密度特点使其成为吸附剂和催化剂的理想材料之一，特别是在气体吸附领域应用广泛。兰炭由于其生产工艺不同，通常表现出更高的密度，比普通半焦高。

（2）孔隙结构和比表面积

半焦的孔隙结构对其吸附能力有着重要影响。干馏过程中煤中的挥发性物质逸出，生成大量的孔隙，半焦因此具有较多的微孔和中孔。这些孔隙结构使得半焦在吸附过程中表现出优越的性能。文献表明，半焦的比表面积可达 $50\sim400\mathrm{m}^2/\mathrm{g}$，其孔隙率可达 $30\%\sim60\%$，特别是微孔的分布有利于对小分子气体的吸附。比表面积大的半焦能够有效吸附如 SO_2 和 NO_x 等有害气体，在气体净化领域有着广泛的应用前景[3]。

温度的升高与半焦孔隙结构有直接的关系，温度在 $1000℃$ 以上时有利于孔隙的产生，化学反应通常在这些孔隙中进行。更长的反应时间会促进挥发分的脱除，使半焦的孔隙结构更加发达。但高温下挥发分剧烈排出通常会导致孔壁较薄，孔结构可能较为脆弱。随着停留时间的增加，挥发分释放得更充分，更多的孔隙得以生成，特别是中孔和大孔的生成显著增加。较长的停留时间有助于进一步扩展微孔和中孔的分布，增加半焦的总体孔隙率。然而，过长的停留时间可能会导致孔壁塌陷，反而降低孔隙率，并且影响半焦的机械强度。

3. 半焦的化学性质

（1）组成成分

半焦的主要元素组成包括碳、氢、氧、氮和硫。其中碳含量最高，而氢和氧的含量相对较低。典型的半焦碳质量分数在 $70\%\sim85\%$ 之间，氢质量分数为 $2\%\sim5\%$，而氧质量分数则在 $5\%\sim15\%$ 左右。随着热解温度的升高，半焦的碳含量进一步提高，尤其在 $600\,℃$ 左右的高温下，挥发分进一步减少，碳含量显著增加。

硫和氮是煤炭中的常见元素，燃烧时会分别形成 SO_2 和 NO_x 等污染物。在干馏过程中，部分硫和氮通过挥发分逸出。半焦中的硫质量分数较低，通常在 $0.5\%\sim1\%$ 之间，这使得半焦在气化过程中产生的 SO_2 显著低于原煤。同时，半焦中氮含量的降低也使半焦在气化时产生的 NO_x 减少，这对减少设备的腐蚀和损害，延长设备的使用寿命，提高整个能源利用系统的稳定性和可靠性有积极影响。

（2）挥发分含量

半焦的挥发分含量与其热解温度密切相关。通常，半焦的挥发分质量分数较低，一般在 $10\%\sim20\%$ 之间。这是由于在干馏过程中，煤炭中的挥发性成分已经大部分被去除。随着干馏温度的提高，半焦中的挥发分含量逐渐减少。这是因为在较高温度下，煤中的复杂有机分子被逐步分解，形成小分子气体并逸出，留下主要由碳组成的固体产物。

低温半焦（300～500℃）：此类半焦的挥发分含量较高，通常在 $20\%\sim30\%$ 之间。由于温度较低，煤中的有机物并未完全分解，大量挥发分仍保留在半焦中。低温半焦的燃烧特性接近原煤，其挥发分释放不完全，导致燃烧不充分。

中温半焦（500～700℃）：在中温下生成的半焦，挥发分含量显著降低，通常在 $10\%\sim20\%$ 之间。随着温度的升高，煤中大部分挥发分被释放，形成更多的固定碳，半焦的热值增加，燃烧特性接近焦炭。

高温半焦（700℃以上）：高温下生成的半焦挥发分含量最低，通常低于 10%，甚至达到 5% 以下。此时煤中的挥发性成分几乎完全释放，留下的是高碳含量的固体。这类半焦的燃烧特性与焦炭接近，适用于高温工业应用。

（3）灰分含量

半焦的灰分含量与原煤的矿物质含量有关。一般来说，半焦的灰分含量在 $5\%\sim15\%$ 之间。灰分主要由矿物质组成，如二氧化硅、铝土矿和氧化钙等。灰分的存在不仅影响半焦的燃烧性能，还会对其后续的应用产生影响。高灰分含量的半焦通常具有较低的热值，因此在选择半焦作为燃料时需要考虑其灰分含量。

4. 半焦的热学性质

（1）热稳定性

半焦在高温下具有较好的热稳定性。研究表明，半焦的热解温度通常在 $600\sim800\,℃$ 之间。超过此温度，半焦可能会进一步转化为焦炭或其他产物。这种热稳定性使得半焦在高温工业过程中表现出良好的性能，如在冶金和化学工业中的应用[4]。此外，半焦的热稳定性也使得其在高温处理和储存过程中具有较好的安全性。

（2）热导率

半焦的热导率通常较低，主要是由于其多孔结构和低密度。文献研究显示，半焦的热导率一般在 $0.3\sim0.6W/（m\cdot K）$ 之间。低热导率使得半焦在保温材料和隔热材料方面具有广泛的应用潜力。在建筑和工业设备中，半焦可作为保温材料使用，从而提高能源利用效率和减少热量损失。

5. 半焦的气化性能

（1）高气化效率

与煤相比，半焦的固定碳含量高，在气化过程中能够释放出大量的热能，为气化反应提供充足的能量，有助于提高反应速率和气化效率。同时，在气化过程中可以生成更多的可燃气体如一氧化碳（CO）和氢气（H_2），有益于提高合成气的产量和质量。同时，半焦的低挥发分在气化过程中减少了在低温阶段挥发分析出时对气化炉内温度分布的影响，使气化炉内温度更加稳定，有利于气化反应的平稳进行。另外，还降低了因挥发分燃烧不完全而产生的污染物排放，如焦油等，减少了后续合成气净化处理的难度和成本。半焦的低灰分含量还有助于减少气化过程中灰渣的产生量，降低对气化设备的磨损和堵塞风险，延长设备的使用寿命。

（2）反应活性适中

半焦的反应活性适中，既不像某些高活性煤种那样在气化过程中容易出现过度反应导致结渣等问题，又能够在适宜的条件下与气化剂充分反应。这使得半焦在气化过程中更容易控制反应进程，提高了气化操作的稳定性和可靠性。

（3）污染产物少

半焦在生产过程中已经经过了一定程度的热加工处理，其硫、氮等有害元素的含量相对较低。在气化过程中，产生的污染物相对较少，对环境更加友好。同时，半焦的气化可以实现煤炭的高效清洁利用，符合当前清洁能源发展的趋势。

6. 兰炭的特殊性质

兰炭作为一种特殊类型的半焦，具有一些独特的理化特性，这使得它在某些领域表现出优越的性能。

（1）高比表面积

兰炭的比表面积通常较高，通常在 $200\sim400m^2/g$ 范围内。较高的比表面积使兰炭在吸附剂和催化剂领域具有优越的性能。例如，兰炭可以用作空气和水的净化材料，有效去除污染物。此外，兰炭的高比表面积还使其在制药和化学工业中作为催化剂载体广泛应用。

（2）低灰分含量

兰炭的灰分较低，通常在 $2\%\sim5\%$ 之间。这一特性使得兰炭在燃烧时具有较高的热值和较低的灰分排放。低灰分含量不仅提高了兰炭的能效，还减少了对环境的影响。因此，兰炭在高能效和低污染的能源应用中具有显著的优势[5]。

（3）优良的热稳定性

兰炭的热稳定性非常好，能够在高温下保持其结构和性能。兰炭的热解温度通常高于一般半焦，这使得它在高温工业过程中表现出更好的稳定性和耐久性。这种热稳定性使得兰炭在钢铁冶炼和高温催化等领域具有应用潜力。

二、气化反应的化学原理

半焦气化反应主要可分为两类：均相反应以及非均相反应。均相反应是指气化剂与气态反应产物或气态反应物之间发生的反应，主要包括 CO 和 H_2 的燃烧反应、甲烷化反应（H_2+CO）以及水蒸气变换反应；非均相反应是指热解的气态产物或气化剂与半焦发生的反应，主要包括碳的燃烧反应、碳与水蒸气或 CO_2 的气化反应、碳的加氢反应。煤炭气化过程中的基本化学反应见表 3-2。

表 3-2 煤炭气化过程中的基本化学反应

反应类型			反应焓变 ΔH(298K, 0.1MPa)/(kJ/mol)
非均相反应	R1 氧化反应	$C+O_2 \longrightarrow CO_2$	−109
	R2 部分氧化反应	$C+\frac{1}{2}O_2 \longrightarrow CO$	−123
	R3 布杜阿尔反应	$C+CO_2 \longrightarrow 2CO$	162
	R4 碳蒸汽反应	$C+H_2O \longrightarrow CO+H_2$	119
	R5 碳的加氢反应	$C+2H_2 \longrightarrow CH_4$	−87
气相燃烧反应	R6 氢燃烧	$H_2+\frac{1}{2}O_2 \longrightarrow H_2O$	−242
	R7 一氧化碳燃烧	$CO+\frac{1}{2}O_2 \longrightarrow CO_2$	−283
气-气均相反应	R8 水煤气变换反应	$CO+H_2O \longrightarrow CO_2+H_2$	−42
	R9 甲烷化反应	$CO+3H_2 \longrightarrow H_2O+CH_4$	−206

对于表 3-2 中的九个反应，碳的燃烧反应（R1、R2）以及碳的气化反应（R3、R4）是煤炭气化过程最主要的反应，燃烧反应 R1 与 R2 释放热量，以供气化反应 R3、R4 进行，并生成合成气 H_2 及 CO。半焦与不同气化剂之间的气化反应机理见图 3-1。

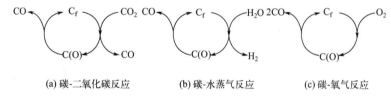

(a) 碳-二氧化碳反应　　　　　(b) 碳-水蒸气反应　　　　　(c) 碳-氧气反应

图 3-1 半焦与不同气化剂之间的气化反应机理

Lahaye 和 Ehrburger[6] 提出活性位和相关活性点面积的概念，对化学反应动力学的研究具有重要作用，并且是诸多煤气化机理中被广泛接受的概念。Lahaye 和 Ehrburger 认为，氧原子与反应活性位 C_f 结合生成碳氧表面络合物 C（O），C（O）发生分解生成 CO 和 C_f，新生成的 C_f 继续和氧原子结合，并生成 C（O），形成连续循环反应。

由于上述机理太过简单，在运用中仍存在不少局限。Ergun[7] 等考虑了煤炭-CO_2 气化反应 CO 所存在的抑制作用，提出了相应的反应机理，如式（3-1）、式（3-2）所示。Weeda[8] 等考虑了煤炭-水蒸气反应中 H_2 所存在的抑制作用，认为根据吸附/脱附原理，H_2 也能与 C_f 结合，因此，H_2 分压增大，会导致其与水蒸气竞争 C_f 的概率增大，从而占据更多

C_f 并使煤炭反应性下降，如式（3-4）所示；另外 H_2 会使未饱和的碳支链饱和，从而导致其失去活性，如式（3-5）所示。

$$C_f + CO_2 \longrightarrow CO + C(O) \tag{3-1}$$

$$C(O) \longrightarrow CO + C_f \tag{3-2}$$

$$C_f + H_2O \longrightarrow H_2 + C(O) \tag{3-3}$$

$$C_f + H_2 \longrightarrow C_f \cdots H_2 \tag{3-4}$$

$$C_f + H_2 \longrightarrow C\text{-}H_2 \tag{3-5}$$

三、气化反应的动力学原理

气化反应是典型的非均相反应。由于煤等含碳物质的组成和结构的复杂性，不同半焦在不同气化条件下动力学特性差异很大。不同物质、不同气化条件往往会造成不同的动力学参数。

半焦气化涉及在高温条件下半焦与气化剂之间复杂的化学反应，压力的增加可以提高气化剂与半焦之间的接触频率，增强反应物分子间的相互作用，但在某些情况下，过高的压力可能会导致反应速率下降，因为可能会遇到反应体系中物质传递的阻力。

半焦的物理化学特性，包括其孔隙结构和化学组成，对气化反应速率同样具有显著影响。具有较大比表面积和适宜孔隙结构的半焦，有利于气化剂的渗透和反应物的传递，从而提高反应速率。此外，气化剂的浓度也是影响反应速率的一个重要因素，增加气化剂浓度通常可以增加反应物分子间的有效碰撞机会，加快反应速率。

在半焦气化过程中，催化剂的使用可以显著降低化学反应的活化能，为气化反应提供更易进行的路径，从而大幅度提高反应速率。半焦与气化剂之间的接触界面是反应发生的场所，半焦颗粒的表面状态和气化剂的扩散能力直接影响着反应速率。

四、气化反应的热力学原理

半焦气化过程的热力学原理主要涉及能量守恒、反应自发性、吉布斯自由能变化以及化学平衡，这些原理共同决定了反应的方向、限度和进行的自发性。

根据阿伦尼乌斯方程，温度的升高会增加反应物分子的热运动，从而增加有效碰撞频率，促进化学反应的进行，这通常反映在反应速率的加快和反应平衡位置的变化上；气化反应的焓变（ΔH）和熵变（ΔS）是描述反应热力学特性的关键参数，它们与反应的吉布斯自由能变化（ΔG）相关。热力学原理为理解和研究气化过程气化条件的影响提供了理论基础，从而有助于提高气化效率和选择性。半焦气化反应过程分析如下。

1. 气氛对气化反应的影响

国内外学者的研究发现，参与气化反应的气氛主要有 O_2、H_2、CO_2、H_2O 与空气。当反应条件一定的情况下，半焦与不同气氛的反应速率差异很大，其速率大小基本可以归纳为：O_2＞空气＞H_2O＞CO_2＞H_2。半焦中的碳结构相对较为致密，反应活性比煤低，在相同的气氛条件下，半焦气化需要更高的温度和压力才能达到与煤气化相同的反应速率和转化率。氧气作为气化剂时会发生燃烧反应产生热量，使气化温度升高，从而使得反应速率较高。同时，氧气与碳反应生成一氧化碳和二氧化碳，促进气化反应的进行，但二氧化碳的生成会降低合成气的热值。与煤相比半焦的碳含量相对较高，气化产生的二氧化碳含量也较高，并且由于半焦的反应性低，其气化时氧气的比例高于煤，相关研究表明，半焦的最佳当量比为 0.6～0.7，煤的最佳当量比为 0.4～0.5[9]。空气作为气化剂时，空气中大量存在的氮气基本不参与反应，但会稀释合成气，降低合成气热值。水蒸气在高温下与碳发生水煤气反应生成一氧化碳和氢气，可以提高合成气中氢气的含量，增加合成气的热值。二氧化碳可以与碳反应生成一氧化碳，起到调节合成气组成的作用，同时可以提高碳的转化率。氢气在气化反应中可以与碳反应生成甲烷，提高合成气的热值，同时，还可以作为还原剂与一些氧化物反应促进气化反应的进行。

2. 压力对气化反应的影响

近年来，许多学者考察了压力对气化反应的影响，其研究方法和结果都基本上一致。研究方法大致可分为两类：控制总压恒定，改变气化剂分压；控制分压恒定，改变总压大小。研究结果表明，当总压恒定，增大气化剂的分压有助于提高半焦的气化反应性；但当分压恒定，改变总压大小会影响反应平衡，根据勒夏特列原理（压力的增加使平衡向分子较少的一侧移动），高压会抑制蒸汽重整反应和促进甲烷反应的发生，降低 H_2 和 CO 的浓度，增加 CH_4 的浓度。但是，适当地提高压力能够提高反应速率，结合压力对反应平衡和反应速率的影响，在气化过程中压力最多不超过 0.4MPa[10]。由于煤含有更多的挥发分和活性成分，在相同压力下半焦的气化反应速率可能低于煤，所以半焦气化时的压力应当略高于煤。

3. 粒度对气化反应的影响

粒度对气化反应的影响可以分为对反应速率和对传热传质的影响。较小的颗粒具有更大的比表面积，使得碳与气化剂之间的接触面积增大，气化反应速率更快；较大的颗粒比表面积小，内部的碳难以与气化剂充分接触，导致反应进行得相对缓慢，同时，较大粒度的颗粒可能需要更长的时间才能完全反应，从而延长了气化过程的时间。粒度较小的半焦有利于传热和传质，能够更快地吸收热量，使气化反应在更均匀的温度下进行，同时，小颗粒之间的空隙较小，气体在其中的流动阻力也较小，有利于气化剂的扩散和产物的排出，进而有助于提高气化反应的效率和稳定性；大粒度的半焦传热和传质效果相对较差，颗粒内部可能存在温度梯度，导致反应不均匀，而且大颗粒之间的空隙较大，气体流动阻力增加，可能会影响气化剂的扩散和产物的排出，从而降低反应效率。由于挥发分和活性成分的影响，在相同粒径下，煤的反应速率高于半焦，因此，半焦气化时的粒径应当尽量减小以提供更多的反应位点。

4. 温度对气化反应的影响

温度对气化反应的影响很大，是气化反应重要的参数之一。在一定温度范围内，提高温度能使得气化反应速率显著增加，其原因可以从半焦与气化剂反应的动力学角度分析。在众多煤气化的文献中，均研究了温度对气化反应的影响。然而根据不同的控制区域，温度对气化反应影响的程度也有所不同，一般分为三个不同控制区域。煤气化反应控制区域如图 3-2 所示。

第 1 区域：气化反应速度慢，属于化学反应速率控制。另外，气化温度相对较低，不同煤炭的气化反应特性差异较大。在该区域内，温度对气化反应影响显著，且活化能较大。

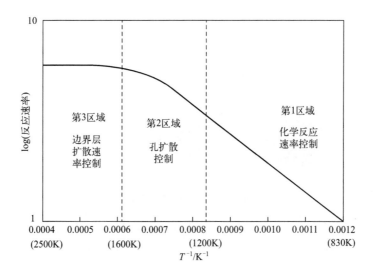

图 3-2　煤气化反应控制区域

第 2 区域：相比第 1 区域温度有所提高，且气化反应速率较快，反应属于孔扩散控制（又称内扩散控制）。在该区域内，粒径对气化反应影响显著，温度对气化反应影响相比第 1 区域有所减弱，且活化能为第 1 区域的一半左右。

第 3 区域：气化反应速率最快，属于边界层扩散速率控制（又称外扩散控制）。在该区域内，气化温度最高。由于温度对扩散系数的影响较小，故升高温度无法有效地加快气化反应速率，且活化能基本为零。

五、气化动力学模型

气化反应是典型的非均相反应，建立合适的气化动力学模型一直是研究的重点。但由于煤种的多样性、复杂性，以及不同气化条件、不同气化过程对应的气化动力学参数都截然不同，各模型所得参数也不尽相同，因此，掌握各因素对半焦气化过程的影响以及建立准确的模型，对数值计算、工业气化炉设计及稳定运行有重要意义。煤焦和半焦在热解过程中的结构演变、气体产物的生成以及反应速率等方面有相似性。特别是在燃烧、气化等高温条件下，借助煤焦的模型，可预测半焦在不同反应条件下的行为。下面分别介绍各类动力学模型的研究概况。

1. 体积反应模型

体积反应模型（VRM），也称为均相模型，其假定反应均匀发生在固体颗粒内，在气化反应进行的过程中，颗粒的粒径不变，仅密度发生均匀的变化。假设化学反应在颗粒内的所有点同时发生，可以简化非均相反应动力学。反应表面随着焦化率的增加而线性减小。

$$\frac{\mathrm{d}X}{\mathrm{d}t} = k_{\mathrm{VRM}}(1-X) \tag{3-6}$$

其中，k_{VRM} 是反应速率常数；X 为反应的碳转化率；$\dfrac{\mathrm{d}X}{\mathrm{d}t}$ 为反应速率。

均相模型由于其数学表达式最为简单，转化率与时间之间的关系清晰，且不考虑许多动力学参数，往往适合应用于本征反应动力学的研究。VRM 因其简单性和对实验结果的良好建模能力而被广泛使用。

2. 缩核模型

缩核模型（SCM），也称为晶粒模型，示意见图 3-3。

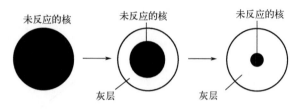

图 3-3　缩核模型示意图

假设粒子是一个固体球体或圆柱体，当颗粒外表面反应完全后，形成一层灰层，反应向内部未反应的粒子进行，但气化剂只在颗粒表面，并不会渗透到颗粒内部发生反应。

$$\frac{\mathrm{d}X}{\mathrm{d}t} = k_{\mathrm{SCM}}(1-X)^m \tag{3-7}$$

式中，k_{SCM} 是反应速率常数；m 取决于假设粒子的形状，对于球体，$m = 2/3$，对于圆柱体，$m = 1/2$，对于平板，$m = 0$。从式（3-7）中可以看出，等式的右侧不能等于 0，这意味着 SCM 无法解释转换率的最大值。

缩核模型（SCM）通常被用来拟合煤气化过程中收集的动力学数据。缩核模型不仅充分考虑了转化率与时间之间的关系，更考虑了气体扩散至反应物表面，然后在外表面进行反应，但不渗透到内部的特征。但缩核模型没有考虑反应过程中孔隙结构的演变，且均相模型、混合模型和缩核模型的局限性也非常明显，其对气化反应速率存在极值的气化过程不适用，只适用于单调过程。

3. 混合模型

混合模型（ICM），也称为 n 级体积模型，是缩核模型和体积反应模型的拓展。它用一个新参数 n 替换了缩核模型中的指数，并成为具有两个参数的模型。由于煤的结构及组分非常复杂，不同煤种适合的模型也不尽相同，而且在气化反应过程中，比表面积不断变化，因此不单纯地使用均相模型、缩核模型或两者的结合来表达煤炭的气化反应，即（1-X）的指数可以是不等于 1/2 或 2/3 等的某个值。因此，研究人员常用 ICM 描述煤气化反应过程，该模型不仅联系了参数的物理意义，而且还加入了许多经验因素，其表达式为：

$$\frac{\mathrm{d}X}{\mathrm{d}t} = k_{\mathrm{ICM}}(1-X)^n \tag{3-8}$$

其中，k_{ICM} 是反应速率常数；n 是反应级数。由于参数数量较多，ICM 的功能优于 SCM 和 VRM[11]。

4. 随机孔模型

随机孔模型（RPM）考虑了随机重叠的孔隙结构，从而减少了可用于反应的面积。

$$\frac{\mathrm{d}X}{\mathrm{d}t} = k_{\mathrm{RPM}}(1-X)\sqrt{1-\varphi\ln(1-X)} \tag{3-9}$$

该模型可以预测反应进行时反应性的最大值，因为它同时考虑了气化初始阶段孔隙生长的影响以及相邻孔隙聚结导致的孔隙破坏。RPM 包含两个参数，φ 和 k_{RPM}，后者取决于表面积、孔长和固体孔隙率，φ 也用作拟合参数，计算公式如下：

$$\varphi = \frac{4\pi L_0(1-\varepsilon_0)}{S_0^2} \tag{3-10}$$

式中，S_0、L_0 和 ε_0 分别是孔表面积、孔长和固体孔隙率，鉴于碳转化率随时间的变化，φ 可以从碳转化率实验值中得到：

$$\varphi = \frac{2}{|2\ln(1-X_{max})+1|} \tag{3-11}$$

上式表示反应速率达到最大值时的碳转化率。然而，在研究中发现，在部分情况下 SCM 在数据拟合中的功能优于 RPM[12]。RPM 假设在气化过程中，随着孔结构内表面的增加，反应面积扩大，然后由于焦炭内部一些孔隙结构的合并和塌陷，反应面积急剧下降。因此，RPM 拟合高估了气化中期的气化速率，低估了后期的气化速率。

5. Langmuir-Hinshelwood 模型（L-H 模型）

基于吸附和解吸机理推导的 Langmuir-Hinshelwood 表达式可以用于模拟高温高压下不同压力的半焦反应性。L-H 模型考虑了 CO 和 H_2 等产物生成带来的抑制作用，根据在不同条件下的半焦与 CO_2 气化试验，许多 Langmuir-Hinshelwood 表达式已经被提出。这些表达式可以预测低温（通常为 900～1300K）下的表观反应性。通过外推高压低温数据并考虑温度的影响，可以模拟高温和高压气化的动力学。半焦与 CO_2 气化的反应机理可表示为：

$$C_f + CO_2 \underset{k_2}{\overset{k_1}{\rightleftharpoons}} CO + C(O) \tag{3-12}$$

$$C(O) \xrightarrow{k_3} CO + C_f \tag{3-13}$$

根据 L-H 吸附/脱附理论，当上述基元反应的吸附/脱附达平衡时，可得半焦与 CO_2 反应的 L-H 方程如下：

$$r_{CO_2} = \frac{k_1 p_{CO_2}}{1 + \dfrac{k_2}{k_3} p_{CO} + \dfrac{k_1}{k_3} p_{CO_2}} \tag{3-14}$$

式中，k_1、k_2、k_3 为温度的函数；p_{CO_2} 及 p_{CO} 分别为反应中 CO_2 和 CO 的分压。

6. 正态分布模型

由于在煤等碳氢燃料气化反应过程中，气化速率随碳转化率的变化曲线呈抛物线状，且其规律类似正态分布，因此，Zou 等[13]对此现象建立了经验模型（正态分布模型），模型表达式如下：

$$\frac{dX}{dt} = k_m \exp\left[-\frac{(t-t_m)^2}{2\sigma^2}\right] \tag{3-15}$$

式中，k_m 为正态分布曲线的峰值；t_m 为曲线峰值所对应的时间；σ^2 为曲线的半峰宽。当 $t_m < 0$ 时，气化反应速率随气化时间的延长逐渐减小，初始反应速率为整个反应过程中的速率最大值；当 $t_m \geqslant 0$ 时，气化反应速率随时间的延长呈先增后减趋势，在气化反应的整个进程中存在速率最大值。在对石油焦气化过程进行动力学模拟时发现，正态分布模型性能要强于缩核模型和随机孔模型。

7. 幂函数模型

相比 L-H 模型，当气氛中不存在 CO 或 H_2，可应用幂函数模型，该模型可用来表示气化剂分压对反应的影响，其表达式为：

$$\frac{dX}{dt} = k_{PF} p^{n_{PF}} \tag{3-16}$$

式中，n_{PF} 为气化反应的级数；p 为气化剂分压；k_{PF} 为反应速率常数，可由 Arrhenius 方程得到：

$$k_{PF} = A e^{-\frac{E_a}{RT}} \tag{3-17}$$

式中，A 为反应的指前因子；E_a 为反应的活化能。

8. 带内扩散的气化反应速率模型

霍威[14]研究建立了带内扩散的气化反应速率模型，经验证该模型能较好地定量描述内扩散对气化反应的影响。随着粒径逐渐增大、气化温度逐渐升高，内扩散对气化反应的影响逐渐明显。在相同的气化条件下，气化活性较高的样品焦与水蒸气、CO_2 的反应受内扩散的影响较大，原因在于其具有较快的本征反应速率以及样品焦本身的物理结构特性。当气化反应存在内扩散影响时，其初始速率表达式如下：

$$r_0 = \eta r_{0,int} = \eta A_{int} \exp\left(\frac{-E_{a,int}}{RT}\right) p_i^n \tag{3-18}$$

对于球形样品颗粒，Thiele[15]提出了相应的扩散效率因子 η 的计算式：

$$\eta = \frac{1}{\phi}\left[\frac{1}{\tanh(3\phi)} - \frac{1}{3\phi}\right] \tag{3-19}$$

式中，ϕ 为 Thiele 模数。当 $\phi > 3.0$ 时，扩散效率因子 η 等于 Thiele 模数 ϕ 的倒数，内扩散对反应影响严重，反应速率受内扩散控制；当 $\phi < 0.4$ 时，扩散效率因子 η 约等于 1.0，在此条件下，表观反应速率几乎与本征反应速率相等，反应为化学反应控制。Hong 等[16]为更精确地计算扩散效率因子 η，引入了校正因子 f_c 的概念，其计算式如下：

$$\eta_{cal} = f_c \frac{1}{\phi}\left[\frac{1}{\tanh(3\phi)} - \frac{1}{3\phi}\right] \tag{3-20}$$

$$f_c = \left[1 + \frac{\sqrt{1/2}}{2\phi^2 + 1/(2\phi^2)}\right]^{0.5(1-n)^2} \tag{3-21}$$

采用幂函数模型拟合，则：

$$\phi = L\sqrt{\frac{n+1}{2} \times \frac{\nu_0 k_{PF} c_{As}^{n-1}}{D_{eff}}} \tag{3-22}$$

采用 L-H 模型拟合，则：

$$\phi = L_p\sqrt{\frac{\nu_0 k_{1,L-H}}{2D_{eff}}} \frac{k_{2,L-H} c_{As}}{1 + k_{2,L-H} c_{As}} \sqrt{\frac{1}{k_{2,L-H} c_{As} - \ln(1 + k_{2,L-H} c_{As})}} \tag{3-23}$$

式中，n 是本征反应级数；ν_0 是消耗每摩尔碳气化剂的计量系数；D_{eff} 是有效扩散系数；L 是颗粒的特征长度；L_p 是颗粒的当量长度；c_{AS} 是颗粒表面反应气的浓度；k_{PF}、$k_{1,L-H}$、$k_{2,L-H}$ 是本征反应速率常数。另外，为准确计算有效扩散系数 D_{eff}，需在气化反应中考虑两种扩散机理，即克努森扩散及分子扩散，故有效扩散系数 D_{eff} 可通过下式计算：

$$D_{eff} = \frac{1}{1/D_b + 1/D_K} \tag{3-24}$$

$$D_b = \frac{\varepsilon}{\tau} D_m \tag{3-25}$$

$$D_K = \frac{2r_p}{3} \sqrt{\frac{8RT}{\pi M}} \tag{3-26}$$

式中，D_b 为分子扩散系数；D_K 为克努森扩散系数；ε 为样品焦的孔隙率；τ 为样品焦的曲折因子。对于有效扩散系数 D_{eff} 的计算，ε 和 τ 主要由物质本身的物理特性和孔隙特性决定。

9. 单颗粒模型

气化过程中煤的理化结构演变对气化反应机理和气化装置运行效率有重要影响，然而目前气化过程中固体结构演变的原位研究相对缺乏，因此气化反应关键结构影响因素尚无统一定论。碳燃尽动力学模型以及关于高温固体理化结构演变的原位研究未能深入展开，包括焦-灰/渣物理结构演变以及碳基质活性位和微晶结构的化学结构演变等。柳明考虑了液态产物在颗粒表面的覆盖对气化反应的影响后[12]，引入遮蔽系数 α，则气固反应速率方程表示为：

$$\frac{dX}{dt} = \frac{3R_p^2 \alpha(X) M_c k_{c,CO_2}}{R_0^2 \rho_c} \tag{3-27}$$

根据 $\alpha(x)$ 的边界条件，$\alpha(0) = 0$；$\alpha(1) = 1$，对 $\alpha(X) = f(1-X)$ 在 $X=1$ 处进行泰勒展开得出：

$$\alpha(X) = 0 + \alpha'(1)(1-X) + \alpha \tag{3-28}$$

反应后期颗粒半径基本不变，可以认为是常数，而遮蔽率 ≈ 1，此时 $\alpha \approx 0$，则

$$\alpha(X) = \alpha'(1)(1-X) \tag{3-29}$$

令 $k' = \frac{3R_p^2 M_c k_{c,CO_2}}{R_0^2 \rho_c} \alpha'(1)$，则气固反应速率方程表示为：

$$\frac{dX}{dt} = k'(1-X) \tag{3-30}$$

采用该模型对气化反应后期半焦颗粒的转化率进行预测，结果表明，反应模型对实验结果有很好的吻合性。

气化动力学模型对数值计算、工业气化炉设计及稳定运行有重要意义，综上可以看出，体积反应模型的数学表达式最为简单，转化率与时间之间的关系清晰，但是由于许多动力学参数没有被考虑，往往只适用于本征反应动力学的研究。缩核模型考虑了气体扩散至反应物表面在外表面进行反应但不渗透到内部的特征，但没有考虑反应过程中孔隙结构的演变。此外，体积反应模型和缩核模型均不适用于气化反应速率存在极值的气化过程。混合模型是缩核模型和体积反应模型的拓展，由于参数数量较多，混合模型性能相对更好。随机孔模型考虑了随机重叠的孔隙结构。L-H 模型考虑了 CO 和 H_2 等产物带来的抑制作用。正态分布模型可较好地拟合气化速率的变化。幂函数模型考虑了气化剂分压对反应的影响，但在气氛中存在 CO 或 H_2 时并不适用。在考虑了到内扩散对反应的影响后，研究者对 L-H 模型与幂函数模型进行了进一步修正，得出了带内扩散的气化反应速率模型。在考虑了液态产物在颗粒

表面的覆盖对气化反应的影响后，得出了单颗粒模型[17]。随着模型的修正与提出，气化动力学模型对气化反应描述的准确性得到了提升，为气化过程总包反应模型的建立提供了理论指导。

六、气化热力学模型

用热力学平衡模型确定气化炉出口组成是一种简便快捷的方法，Gibbs自由能最小化原理可用于支撑平衡建模，通常称为零维建模。由于气化技术不同，气化过程的平均温度在800～1800℃之间，在这一范围内，气化速率较高，气化反应速率较快，气相组分的化学反应在气化炉内瞬间达到平衡。平衡建模可分为两种类型：化学计量和非化学计量。化学计量平衡模型的反应机理依赖于所有化学变化和所涉及的物质，也就是通常所说的平衡常数法；非化学计量平衡模型是受质量守恒和非负限制约束的Gibbs自由能最小化方法。然而，本质上两者是等价的。

1. 化学计量平衡模型

化学计量平衡模型基于选择具有最低Gibbs自由能生成值的物质，它需要一个明确定义的反应机理，包括涉及的所有化学反应和物质，使用元素平衡和选定反应的平衡常数，化学计量平衡模型还可以使用Gibbs自由能数据确定一组反应的平衡常数。如Loha等[18]的化学计量平衡模型。在化学计量平衡模型中，气化过程由全局气化反应表示，如下所示：

$$CH_xO_y + \omega H_2O + m H_2O \Longrightarrow \gamma_{H_2}H_2 + \gamma_{CO}CO + \gamma_{CO_2}CO_2 + \gamma_{H_2O}H_2O + \gamma_{CH_4}CH_4 \quad (3-31)$$

式中，γ_{H_2}、γ_{CO}、γ_{CO_2}、γ_{H_2O}、γ_{CH_4}是产物气体的摩尔数，通过求解所选反应的物质平衡方程和平衡常数方程获得，碳、氢和氧的物质平衡方程如下：

碳平衡： $$1 = \gamma_{CO} + \gamma_{CO_2} + \gamma_{CH_4} \quad (3-32)$$

氢平衡： $$x + 2\omega + 2m = 2\gamma_{H_2} + 2\gamma_{H_2O} + 4\gamma_{CH_4} \quad (3-33)$$

氧气平衡： $$y + \omega + m = \gamma_{CO} + 2\gamma_{CO_2} + \gamma_{H_2O} \quad (3-34)$$

选择以下反应作为主要化学反应计算产品气体成分：

气-水转换反应： $$CO + H_2O \Longrightarrow CO_2 + H_2 \quad (3-35)$$

甲烷生成反应： $$C + 2H_2 \Longrightarrow CH_4 \quad (3-36)$$

假设所有气体都是理想的，且所有反应在大气压下进行，得出上述两个反应的平衡常数是温度的函数。气-水变换反应的平衡常数为：

$$K_1 = \frac{p_{CO_2}p_{H_2}}{p_{CO}p_{H_2O}} = \frac{x_{CO_2}x_{H_2}}{x_{CO}x_{H_2O}} \quad (3-37)$$

式中，x_i表示气体i在混合气体中的摩尔分数，$x_i = \gamma_i / \gamma_{total}$。

甲烷生成反应的平衡常数为：

$$K_2 = \frac{p_{CH_4}}{p_{H_2}^2} = \frac{x_{CH_4}}{x_{H_2}^2} \quad (3-38)$$

当化学反应达到平衡时，所有组分处于相同温度、压力之下，可推导反应平衡常数与温度的关系式：

$$\ln K_f = -\frac{A_0}{T} + A_1 \ln T + A_2 T + \frac{A_3 T^2}{2} + \frac{A_4 T^3}{3} + F_0 \qquad (3\text{-}39)$$

$A_1 \sim A_4$ 是物质的系数，可以在文献中查询。与动力学模型相比，热力学平衡模型的优点是实现起来更直接，收敛速度更快。然而，值得注意的是，平衡模型一般不能用于反应器设计。此外，平衡模型仅可以预测出口气体成分，而动力学模型可以预测反应器沿线不同位置的气体成分。表 3-3 列出了热力学平衡模型优缺点。

表 3-3　热力学平衡模型优缺点

优点	缺点
无须考虑气化炉形状	无论何种气化炉在低工作温度下都无法获得热力学平衡
无须了解转换机制	结果不精确
操作条件设置不受限制	难以解释炭化和焦油的形成
可提供最大的反应物转化率和最大的产物收率	忽视了 CO_2 和 CH_4 的产生
可便捷地进行灵敏度分析	高估了 H_2、CO 的产品收率
相对容易实现	气化炉的几何形状和设计未在模型中考虑
动力学模型相较于热力学模型计算更加密集	无法准确估计焦油含量
可以获得最佳条件	不考虑出口流中的焦油、焦炭和 CH_4

2. 非化学计量平衡模型

在特定温度和压力下，总 Gibbs 能量（G_t）定义如下：

$$G_t = \sum_i n_i \mu_i \qquad (3\text{-}40)$$

式中，n_i 和 μ_i 分别指物质的摩尔数和化学势。假设气态产物为理想气体，每种成分的化学势可以通过下式计算：

$$\mu_i = \Delta G_{f,i}^{\ominus} + RT \ln y_i \qquad (3\text{-}41)$$

式中，R 是摩尔气体常数；T 是温度；y_i 是气体种类 i 的摩尔分数；$\Delta G_{f,i}^{\ominus}$ 是物质 i 在理想状态下的标准 Gibbs 自由能，总 Gibbs 能为：

$$G_t = \sum_i n_i \Delta G_{f,i}^{\ominus} + \sum_i n_i RT \ln y_i \qquad (3\text{-}42)$$

计算 n_i 使系统总 Gibbs 能最小：

$$\sum_{i=1}^{N} a_{ij} = A_j, \ j = 1, 2, \cdots, k \qquad (3\text{-}43)$$

式中，a_{ij} 表示化学物质 i 中元素 j 的原子数；A_j 表示第 j 个元素的总原子质量；k 表示系统总原子数，通过拉格朗日乘子法，可以使系统的 Gibbs 自由能最小化：

$$\frac{\partial L}{\partial n_i} = \frac{\Delta G_{f,i}^{\ominus}}{RT} + \sum_{i=1}^{N} \ln(\frac{n_i}{n_{total}}) + \frac{1}{RT} \sum_{j=1}^{k} \lambda_i (\sum_{i=1}^{N} a_{ij} n_i) = 0 \qquad (3\text{-}44)$$

式中，L 是拉格朗日函数，λ_i 是拉格朗日乘子。方程组包含八个未知数、五个气体方程和三个拉格朗日乘子，要解决的问题需要八个方程。

根据 Safarian 等[19]报道的统计数据，近 72.5% 的与气化建模相关的研究是使用非化学计量方法进行的，而且一些研究认为非化学计量方法更精确。

第三节　煤半焦与生物质半焦共气化分析

在当今能源危机与环境问题日益严峻的背景下，煤半焦和生物质半焦共气化技术具有重要的意义，其对提高能源利用效率和减少污染发挥着积极而关键的作用。煤半焦虽然是煤炭干馏的产物，但单独使用仍存在一定局限性。而生物质作为一种可再生能源，来源广泛，包括农业废弃物、林业剩余物等。将煤半焦与生物质半焦共气化，能够结合两者的优势，拓展能源供应渠道，降低对单一能源的依赖。同时，煤半焦和生物质半焦共气化可以优化能源转化过程，提高能源利用效率。生物质半焦具有较高的反应活性和挥发分含量，能够在较低温度下进行气化反应，为煤半焦的气化提供热量和活性位点。同时，煤半焦的固定碳含量较高，可以在较高温度下进行气化反应，为生物质半焦的气化提供稳定的热源。这种协同作用可以提高气化反应的速率和效率，生成更多的可燃气体，提高能源的产出。

一、生物质半焦和煤半焦的来源和差异

生物质半焦是一种多孔、含碳、无组织的材料，是在一定温度下生物质发生热解，化学结构发生改变，大分子有机物逐渐分解为小分子物质，生物质中的纤维素、半纤维素和木质素等成分分解并脱除挥发性物质，剩余的固定碳含量相对增加，形成的具有多孔结构的固态物质。其产生过程受到多种因素的影响，例如热解温度、升温速率、停留时间以及生物质的种类等。不同的条件可能会导致生物质半焦的产量、性质和结构有所差异。如较高的热解温度可能会使更多的挥发分释放，从而得到较高比例的固定碳，同时半焦的孔隙结构丰富，比表面积大。较低的热解温度下，生物质的热解反应较为缓慢，此时生物质中的纤维素、半纤维素和木质素等主要成分只是部分分解，形成的半焦含碳量相对较低，同时还保留着较多的挥发分和水分，半焦的孔隙结构不太发达，比表面积较小。不同种类的生物质，由于其原始成分和结构的不同，产生的半焦也会有所区别。

生物质半焦可作为固体燃料用于发电、供热等，与原煤相比，生物质半焦的燃烧更加清洁，产生的污染物较少。例如，在一些小型热电厂或工业锅炉中，可以使用生物质半焦替代部分煤炭，降低能源成本的同时可减少环境污染。同时，将生物质半焦与生物质（如木屑、秸秆等）混合燃烧，可以提高燃烧效率，改善燃烧特性。生物质半焦的高固定碳含量可以为燃烧提供稳定的热源，而生物质的高挥发分含量可以促进着火和燃烧过程。

生物质半焦与煤半焦在成分和理化性质等方面存在差异。在成分上，生物质半焦的碳含量相对较低，一般在 50%～70% 之间，氢和氧的含量较高，灰分含量因生物质种类而异，一般在 5%～20% 之间。煤半焦的碳含量较高，一般在 70%～90% 之间，氢和氧的含量相对较低，灰分含量因煤种而异，一般在 5%～15% 之间。在结构上，生物质半焦通常呈黑色块状或颗粒状，质地较轻，孔隙结构较为发达，这导致生物质半焦堆积密度较小，一般在 0.3～0.6g/cm³ 之间。而煤半焦虽然也呈黑色块状或颗粒状，但质地较重，孔隙结构相对致密，这导致煤半焦堆积密度较大，一般在 0.5～0.8g/cm³ 之间。在化学性质上，生物质半焦由于含有较多的活性官能团，如羟基、羧基等，因此具有较高的反应活性，容易与其他物质发生化学反应，同时，生物质半焦容易燃烧，燃烧速度较快，火焰温度相对较低。煤半焦反应活性相对较低，需要在较高的温度和压力下才能发生化学反应。同时，燃烧速度慢，火焰温度高。

二、煤半焦与生物质半焦共气化原理

煤半焦和生物质半焦共热解是共气化反应过程的基础步骤。在热解过程中，煤半焦中的残余挥发分进一步释放，同时固定碳发生部分热解反应，产生一些小分子气体和焦油等物质；类似地，生物质半焦在热解过程中，释放出挥发分，包括一氧化碳、氢气、甲烷等可燃气体以及一些焦油和其他有机化合物。而当煤半焦与生物质半焦混合在一起进行加热时，两者的热解反应相互影响。生物质半焦的热解温度相对较低，其释放的挥发分可以为煤半焦的热解提供部分热量，促进煤半焦中残余挥发分的释放和固定碳的热解；同时，煤半焦的存在可以提高整个体系的热稳定性，使热解反应更加平稳地进行。另外，生物质半焦中含有较高的氢和氧元素，其气化产物中氢气和一氧化碳的含量相对较高，这些气体可以与煤半焦中的碳发生反应，促进煤半焦的气化反应进行。同时，煤半焦中的矿物质可能对生物质半焦的气化反应起到催化作用，提高反应速率和气体产率。例如，煤半焦中的一些碱金属和碱土金属可以促进生物质半焦中挥发分的释放和焦油的裂解，提高气化效率。研究发现，生物质焦与不同煤阶煤半焦共气化过程存在不同形式的协同行为。抑制作用或无明显协同效应主要归因于气化过程灰层扩散、生物质灰分中 K 的失活、煤半焦和生物质半焦气化反应活性差异很小；协同促进作用主要归因于生物质半焦中碱金属和碱土金属（AAEM）组分的催化效应以及煤半焦和生物质半焦间反应活性差异较大。

煤半焦和生物质半焦共气化涉及的主要化学反应包括：氧化反应、二氧化碳气化反应、水蒸气气化反应、甲烷化反应、水煤气变换反应、蒸汽重整反应、二氧化碳重整反应等。其中，碳的氧化反应以及二氧化碳/水蒸气气化反应是煤半焦和生物质半焦共气化过程最主要的化学反应。煤半焦和生物质半焦共气化涉及的主要化学反应如表 3-4。

表 3-4　煤半焦和生物质半焦共气化涉及的主要化学反应

氧化反应	
气-气	气-固
$CO + 1/2 O_2 \longrightarrow CO_2$	$C + 1/2 O_2 \longrightarrow CO$
$H_2 + 1/2 O_2 \longrightarrow H_2O$	$C + O_2 \longrightarrow CO_2$
二氧化碳气化反应	
$C + CO_2 \longrightarrow 2CO$	
水蒸气气化反应	
主反应	副反应
$C + H_2O \longrightarrow CO + H_2$	$C + 2H_2O \longrightarrow CO_2 + 2H_2$
甲烷化反应	
$C + 2H_2 \longrightarrow CH_4$	
水煤气变换反应	
$CO + H_2O \longrightarrow CO_2 + H_2$	
蒸汽重整反应	
$CH_4 + H_2O \longrightarrow CO + 3H_2$	$C_nH_m + nH_2O \longrightarrow nCO + (n + m/2)H_2$
二氧化碳重整反应	
$CH_4 + CO_2 \longrightarrow 2CO + 2H_2$	$C_nH_m + nCO_2 \longrightarrow 2nCO + (m/2)H_2$

三、混合焦理化性质对共气化特性的影响

混合焦理化性质（掺混比例、孔隙结构、碳微晶结构、表面微观结构等）会对混合焦气

化反应特性产生重要影响。如生物质半焦掺混比例提高将导致混合焦气化反应活性显著上升；煤半焦和生物质半焦中大芳香环结构数量增加会降低共气化反应活性；混合焦孔隙结构发展有利于提高共气化反应活性等。焦的孔隙结构、碳微晶结构、表面微观结构、初始孔隙率和总表面积等在很大程度上取决于热解条件（温度、压力和加热速率）。高加热速率下产生的生物质半焦具有由中孔和大孔组成的孔隙结构，具有较高的孔体积，表现出较高的反应性；而低加热速率下产生的半焦的结构特点为微孔组成的孔隙结构，具有较低的孔体积，表现出较低的反应活性。也就是说中孔和大孔组成的孔隙体积是半焦反应性的重要指标。

另外，多项研究表明，半焦的形态和纹理影响颗粒内部的气体扩散[20]，孔壁较厚的生物质半焦具有低的反应性，而具有薄孔壁的生物质半焦具有高的反应性。同时，半焦的结构越有序，反应活性越低。对于生物质半焦而言，高水平的氧含量可促进碳链的交联并抑制半焦基质的有序化。生物质半焦的活性中心由其表面官能团构成，温度的升高会伴随着氧官能团的损失和半焦的有序化，从而导致生物质半焦与煤半焦混合焦的反应活性下降，这是生物质半焦与煤半焦在气化温度较低时，共气化过程协同促进作用更为显著的原因。

四、 AAEM 组分的协同催化作用

研究人员证实，在共热解过程中，生物质半焦中含有的具有催化活性的 AAEM 组分是协同促进作用的主要原因。然而，生物质半焦中的 AAEM（主要是 K、Ca 等）会与惰性物质（Si、Al 等）发生反应，从而在煤半焦气化过程中形成熔融温度高的非活性 AAEM 盐（硅酸盐、硅铝酸盐等），抑制反应的进行，导致混合半焦的共气化反应性较低。当生物质半焦/煤半焦中 K/Al 摩尔比大于 1 时，这种抑制作用将减弱，这意味着混合半焦中生物质半焦的比例提高，协同促进作用增加，这也是共气化反应特性实验值相较于计算值高的原因。针对这一特点，多个研究团队研究了碱金属对煤气化的影响。延安大学[21]的研究指出，热解过程焦产率和气体产率均随催化剂（KCl、CaO 和 Fe_2O_3）添加量的提高而增加。煤转化国家重点实验室（中国科学院山西煤炭化学研究所）的工作证明，CaO 的添加可使烟煤热解过程气体产率显著增加而焦油产率下降[22]。同时，该团队还证明了催化剂有助于抑制煤焦石墨化进程、促进无定形碳结构的增加。华东理工大学洁净煤技术研究所的研究表明，Na_2CO_3 催化剂的添加有利于促进煤焦孔隙结构的发展，但催化剂添加量过大会造成孔隙结构堵塞。

此外，许多研究者在对催化剂对半焦气化特性的影响研究时发现，K 和 Ca 催化剂的添加对煤焦比表面积和孔体积的影响较小，这表明催化作用不是通过半焦的比表面积和孔体积的作用来产生影响的[23]。不同金属催化剂对半焦气化反应的催化性能顺序为[24]：K＞Na＞Ca＞Fe＞Mg，其中，K、Na 和 Ca 是灰分中最关键的催化组分。与钙催化剂相比，钾催化剂更易分散，且能够在焦表面及内部扩散并形成气化反应活性位，使得钾催化剂的催化能力强于钙催化剂。当生物质半焦和煤半焦共热解过程中 K 含量最高时，混合半焦具有最佳的气化反应活性。不同钠催化剂对煤焦气化反应催化性能的顺序为[25]：NaOH＞Na_2CO_3＞CH_3COONa＞$NaNO_3$。此外，除了碱金属的作用外，随着煤半焦掺混比例的降低，混合物中生物质半焦的空间增加，有效降低了传递和传热阻力，气化活性增加。另外，温度对 AAEM 的催化作用也有影响，低温条件不利于生物质中 AAEM 迁移至煤焦，而高温条件则会导致 Na 和 Ca 与煤中惰性矿物质相互作用。

对于催化机制，研究人员开展了深入研究，并提出了不同的催化机制。有研究者认为，碱金属对碳气化反应的催化机制遵循氧化-还原反应路径的碳酸钾催化气化机理，如图3-4[26]。

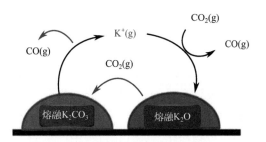

图3-4　氧化-还原反应路径的碳酸钾催化气化机理

此过程的物理机制涉及熔融 K_2CO_3 以薄膜形式沉积于焦的微孔表面，这有助于碳基质与催化剂之间的充分接触。熔融 K_2CO_3 以氧传递介质的形式存在于焦和气化剂之间，该机理所涉及的氧化还原反应如下：

$$M_2CO_3(s, l)+2C(s)\longrightarrow 2M(g)+3CO(g) \tag{3-45}$$

$$2M(g)+CO_2(g)\longrightarrow M_2O(s, l)+CO(g) \tag{3-46}$$

$$M_2O(s, l)+CO_2(g)\longrightarrow M_2CO_3(s, l) \tag{3-47}$$

其他研究者提出了 K_2CO_3 在 N_2/CO_2 气氛下脱灰煤气化反应的催化机理，反应路径如图3-5所示[27]。该机理涉及的氧化还原反应过程包括：在惰性气氛下，由 K_2CO_3 释放的 CO 与碳基质表面交联；来自碳酸盐的氧与碳基质表面进一步反应形成 CO，从而形成一种还原性钾络合物（记作～K）；～K 转化为—CK 络合物；在二氧化碳气氛下，还原性钾络合物被氧化为—COK 络合物，同时 CO_2 还原为 CO；当温度高于碳酸钾熔点时，—CK 和—COK 随着钾蒸发而破裂；温度降低，挥发性 K 与 CO_2 反应生成 K_2CO_3。

在上述研究工作的基础上，一种在 CO_2 气氛下生物质和非生物质共气化过程 K 迁移路径及催化机制被提出。K 迁移路径包含生物质颗粒内部迁移及生物质与非生物质颗粒间迁移。当生物质颗粒中固定碳消耗后，生物质基 K 会向邻近未完全反应的生物质颗粒碳表面迁移（步骤3）或向非生物质颗粒表面迁移（步骤3'），后者会使共气化过程存在协同促进效应。CO_2 气氛下生物质和非生物质原料共气化过程钾迁移路径及催化机制如图 3-6 所示[28]。

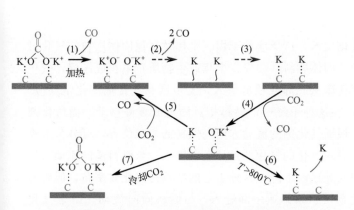

图3-5　N_2/CO_2 气氛下脱灰煤-碳酸钾反应路径示意图

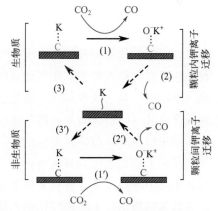

图3-6　CO_2 气氛下生物质和非生物质原料共气化过程钾迁移路径及催化机制

五、煤半焦与生物质半焦共气化面临的挑战

目前虽然煤半焦与生物质半焦共气化已经进行了一些研究，但仍面临着一些技术挑战，

包括：

① 原料的预处理。煤半焦和生物质半焦的性质差异较大，需要对煤半焦进行破碎、筛分等处理，以提高其反应活性；需要对生物质半焦进行干燥、粉碎等处理，以降低其水分和粒度；还需要对原料进行混合和调配，以保证共气化的稳定性和可靠性。

② 设计合适的气化炉。煤半焦和生物质半焦的共气化需要设计专门的气化炉，以满足两者的气化要求。

③ 产物净化。共气化过程中产生的可燃气体中含有一定量的杂质，如硫化氢、二氧化碳、氮气等，需要进行净化处理，这是共气化技术的关键之一。

④ 技术经济可行性。煤半焦和生物质半焦共气化技术的投资成本和运行成本较高，需要进行技术经济分析，以确定其可行性。此外，共气化技术的推广还需要政策支持和市场需求的拉动。

总之，煤半焦与生物质半焦共气化是一种具有潜力的能源转化技术，它结合了煤半焦和生物质半焦的优点，有望提高能源利用效率、减少环境污染。煤半焦和生物质半焦的共气化可以充分利用两者的热值，提高能源转化效率。煤半焦具有较高的固定碳含量和热值，而生物质半焦则具有较高的挥发分含量和反应活性。通过共气化，可以实现两者的优势互补，提高能源利用效率，同时，生物质半焦的多孔结构有助于吸附焦油，且其本身含有的碱金属及碱土金属可作为焦油催化裂解的催化剂，从而增加产品气产量并减少焦油含量。生物质半焦是一种可再生能源，与煤半焦共气化可以减少一次能源煤的使用量，其燃烧过程中产生的二氧化碳可以被植物吸收，实现碳的循环利用。生物质半焦的价格相对较低，与煤半焦共气化可以降低原料成本。此外，共气化过程可以利用现有的气化设备和技术，减少投资成本。未来，随着技术的不断进步和成本的不断降低，共气化技术有望在能源领域得到广泛应用。

第四节　气化技术工艺类型与选择分析

一、固定床气化工艺

固定床气化是一种较为传统的气化技术，广泛应用于煤、半焦及其他固体燃料的气化过程。该工艺的原理如下：在气化炉中，固体燃料（如煤、半焦或生物质）堆积成床层，气化剂（如空气、氧气或水蒸气）通过燃料床从底部或顶部引入，发生碳和气化剂的化学反应，生成合成气（CO、H_2等可燃气体）。在这种系统中，燃料相对固定或缓慢移动，而气化剂在固定床中流动，与燃料发生反应。根据气化剂的流动方向和燃料的相对位置，可分为上吸式气化和下吸式气化，其区别在于上吸式气化的气化剂是从底部进入，与燃料逆向流动，气体在床层中逐渐升温，燃料从顶部加入并逐渐下降，这种工艺的特点是气化效率高，但容易产生较多的焦油。下吸式气化的气化剂是从顶部或中部进入，与燃料同向流动。由于气化剂与挥发物在高温区混合，焦油含量较低，合成气品质较高，但气化效率相对较低。固定床气化一般分为多个反应区，每个区有不同的功能。上吸式气化炉的反应区及温度变化曲线见图3-7。

干燥区：燃料进入气化炉后，首先被预热和干燥，水分蒸发。

热解区：干燥后的燃料在较高温度下发生热解，挥发分释放，生成焦油、气体和半焦。

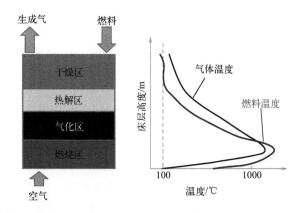

图 3-7　上吸式气化炉的反应区及温度变化曲线

气化区：半焦与气化剂（如氧气或水蒸气）发生气化反应，生成合成气。

燃烧区：部分燃料与气化剂完全燃烧，产生高温，以维持气化反应所需的热量。

随着床层高度的升高，炉温呈现先急剧上升再急剧下降的趋势，然后在热解区炉温的下降速度开始减缓，最后在干燥区炉温趋于稳定。固定床气化的主要优势在于炉体结构简单、维护方便，适合小型和中型气化装置，能耗较低，可处理多种固体燃料，包括煤、生物质和废物。该技术的主要挑战为气化效率较低，难以处理高灰分燃料；易产生焦油，特别是在上吸式气化过程中，需要额外进行焦油处理，且固体残渣的处理较复杂。

固定床气化广泛用于小规模的能源生产、热电联产、生物质气化等领域。因其简单的操作和维护，尤其适用于农村或远程地区的小型能源生产。该工艺在能源转化方面具有重要意义，特别是在节能减排和资源化利用方面。

二、流化床气化工艺

流化床气化是一种利用流态化原理，将固体燃料（如煤、半焦或生物质）与气化剂（如空气、氧气或水蒸气）充分混合，在高温环境下转化为合成气的工艺。流化床气化是一种气固两相反应，将固体燃料在气化炉中通过高速气流悬浮，使固体燃料颗粒和气化剂充分接触。通过气化反应，固体燃料中的碳与气化剂（如氧气、蒸汽）发生氧化和还原反应，生成含有氢气（H_2）、一氧化碳（CO）等可燃成分的合成气（syngas）。

流化床气化工艺的特点如下。高效气固混合：由于流化床气化中燃料颗粒与气化剂充分混合，气体与固体间的接触效率高，反应速率快；温度控制良好：流化床具有较好的温度分布特性，可以实现均匀的热量传递和反应控制；适应性强：流化床气化可以处理多种燃料，包括煤、木质生物质、工业废物等。

流化床气化的类型包括两类。鼓泡流化床（bubbling fluidized bed，BFB）气化：气化剂以相对较低的速度进入床层，形成较大的气泡，推动固体颗粒的流化，适用于中小规模的气化反应器，结构较为简单，气固混合效果好；循环流化床（circulating fluidized bed，CFB）气化：气化剂以更高的速度进入气化炉，推动固体颗粒循环流动，增强了气体和固体之间的接触，反应速率更高，适合大规模工业气化反应器。

流化床气化工艺的主要优势为气固两相反应效率高，气体和固体之间的传质和传热性能好，能处理多种燃料，适应性强，操作稳定，气化炉的温度控制较容易实现。其主要挑战是固体燃料中的灰分处理较复杂，可能导致设备结渣问题，如果控制不当，可能会出现碳转化率较低的情况，需要进一步优化气化条件。流化床气化工艺广泛应用于合成气生产、燃料气化、化工原料生产等领域，尤其在煤炭、垃圾处理和生物质转化方面具有良好的应用前景。总之，流化床气化工艺以其高效的气固接触、较好的热传递和温度控制能力，成为气化技术的重要形式之一。

三、气流床气化工艺

气流床气化工艺是一种高温快速的气化工艺，利用高速气流将固体燃料迅速加热并气化，生成合成气。该工艺广泛应用于煤炭、半焦、生物质等固体燃料的转化，是一种效率高且适合大规模工业应用的技术。以下是气流床气化工艺的工作原理及特点。气流床气化通过将固体燃料（如煤、半焦或生物质）粉碎并与气化剂（如氧气或水蒸气）在高温、高速气流中混合进行反应。由于气化剂以高速度进入气化炉，燃料颗粒迅速被加热至 $1200\sim1500℃$ 的高温，在短时间内完成气化反应，生成合成气。在气流床气化中，燃料和气化剂的流动方向通常为同向流动，并且由于高速气流的作用，气固接触充分，反应效率高。由华东理工大学开发的多喷嘴对置式气流床煤气化技术，是国内首创的拥有完全自主知识产权的大型煤炭气化技术，其关键在于采用了相互垂直、对置安装的四只喷嘴，形成了四股射流并于炉膛中心形成撞击流。由于其独特的气化炉本体和喷嘴构造，多喷嘴对置式气流床气化技术大幅优化了颗粒停留时间分布，显著强化了炉内传热传质过程，并由于其高效率、大型化以及良好的生态环境效益和经济效益，成为世界范围内应用最为广泛的气化技术之一。多喷嘴对置式水煤浆气流床气化工艺流程见图 3-8。

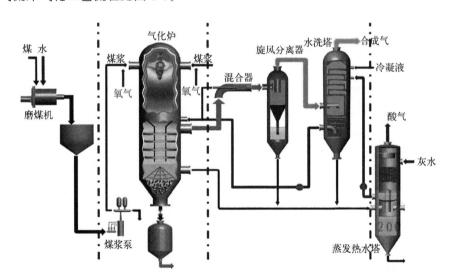

图 3-8 多喷嘴对置式水煤浆气流床气化工艺流程

气流床气化的技术特点如下。高温快速反应：气流床气化工艺具有极高的反应温度（$1200\sim1500℃$），可以快速完成燃料的气化，生成高热值的合成气；高效气固接触：由于气化剂以高速气流进入气化炉，燃料与气化剂的接触非常充分，确保了高效的气化反应；污染物生成较少：由于高温条件，气流床气化过程中生成的焦油和其他污染物较少，简化了气体净化工艺。

气流床气化的主要优势：适用于处理多种燃料，尤其适合大规模工业应用；反应速度快，气化效率高，能够生成高纯度的合成气；由于反应温度高，燃料的碳转化率也较高，焦油和其他副产物的生成量较少。主要挑战：高温条件下对设备的要求较高，气化炉内部材料需要具有良好的耐热性和抗腐蚀性；能耗较高，尤其是在维持高温反应条件时，需要大量的电力或其他热源。

气流床气化技术广泛应用于煤炭气化、生物质气化、制氢和合成燃料等领域，由于其较高的效率和产气纯度，在大型工业气化装置中得到了广泛应用。

气流床气化工艺凭借其高温快速反应、气固混合效率高等特点，在能源转化领域显示出显著的优势。然而，其高能耗和设备耐用性仍是未来工艺优化的重要方向。随着技术的进一步发展，气流床气化有望在清洁能源生产中发挥更大的作用。

四、气化工艺比较分析

1. 不同气化工艺设备流程比较分析

不同气化原料对气化设备与气化工艺流程的选择是有本质区别的，半焦和原煤在气化设备和工艺流程选择上的比较分析见表 3-5。

表 3-5　半焦和原煤在气化设备和工艺流程选择上的比较分析

项目		半焦气化	原煤气化
不同气化原料的设备对比	气化炉	固定床气化炉：适合块状半焦，操作稳定，对原料要求低 流化床气化炉：适合小颗粒半焦，对原料粒度要求严格 气流床气化炉：高温、高压下气化速度快，生产能力大	固定床气化炉：适用于块煤，气化技术成熟，可间歇或连续操作 流化床气化炉：适合粉煤，原料成本低，无焦油、酚类物质生成 气流床气化炉：能处理煤粉，气化效率高，但水煤浆进料时需考虑煤的粒度和浓度等问题
	加料设备	螺旋输送机：可连续均匀输送半焦	螺旋输送机等，可能需要更强大的破碎设备以确保粒度符合要求
	排渣设备	刮板排渣机：操作简单，可连续排渣 水力排渣系统：适用于处理大量灰渣	根据不同的气化炉和煤种，排渣设备有所不同，灰渣中可能含有未完全反应的煤和更多杂质，对设备耐磨性要求更高
	净化设备	旋风分离器：去除较大颗粒灰尘 布袋除尘器：去除细小灰尘 脱硫装置：脱除硫化合物	与半焦气化类似，但由于煤气化合成气中的杂质含量可能更高，尤其是焦油和含硫化合物，需要更高效的净化设备
不同气化原料的工艺流程对比	原料准备	半焦进行破碎、筛分等处理，对气化剂预热、加压等处理	煤需进行破碎、筛分、干燥等处理，以降低水分含量，提高气化效率
	加料	半焦流动性较好，加料过程相对顺畅	因煤的流动性相对较差，加料系统可能需要更多密封和防堵塞措施
	排渣	灰渣量较少，处理难度较低	灰渣量较大，灰渣的性质更复杂，需要更严格的处理和处置
	合成气净化	杂质相对较少，净化过程可能相对简单	合成气中的杂质种类更多，含量更高，净化难度更大

2. 不同气化工艺性能比较分析

不同气化工艺性能比较分析主要是从技术性能、经济性、环境影响以及应用领域等几个方面综合比较分析。不同类型的气化工艺适用于不同的燃料、产品和应用需求。五种典型气化床生物质气化时的工艺性能比较见表3-6。

表3-6 五种典型气化床生物质气化时的工艺性能比较

项目	下吸式固定床	上吸式固定床	鼓泡流化床	循环流化床	气流床
功率/MW	0.01~2	1~20	100~200	>100	>200
粒度/mm	5~50	5~50	4~10	4~10	<0.1
细度可接受性	低	低	好	好	非常好
出口温度/℃	700~900	150~300	700~950	700~950	1200~1500
含尘量	中	低	高	高	高
焦油含量/(g/m³)	<1	10~100	1~10	1~10	<0.1

3. 不同气化工艺优缺点分析

（1）固定床气化

结构简单，维护成本低，适合小规模和中等规模的气化装置。燃料在气化过程中处于固定位置，气化剂从下部或上部进入，与燃料接触生成合成气，通常会产生较多的焦油和污染物，需要额外的处理系统。固定床气化适合小型工厂、农村地区和低技术要求的项目，常用于生物质气化和废物处理，优点是成本低，适合较粗的燃料粒径，缺点是气化效率低，碳转化率不高，焦油生成量大。

（2）流化床气化

气固接触良好，反应温度均匀，气化效率较高，适合处理不同种类和粒径的燃料，适合中等规模至大型工业应用，气体产物中的焦油含量较低。由于固体颗粒悬浮在高速气流中，反应速度快，反应器温度易于控制，广泛应用于煤炭气化、生物质气化以及垃圾气化，尤其适用于需要高效、稳定的中大型工业装置。优点：能处理多种燃料，气化效率高，适合工业应用。缺点：设备复杂，对燃料的预处理要求较高，特别是燃料的粒径和水分含量。

（3）气流床气化

通过高温气流将燃料快速加热并气化，气化速度快，适合大规模工业生产。高温有助于减少焦油等污染物的生成，合成气纯度较高，操作压力通常为高压，有利于工业应用中合成气的后续利用，如制氢、制甲醇等。适合大规模煤气化、制氢、甲醇生产等工业项目，尤其是需要高产量合成气的应用。优点：反应速度快，气化效率高，生成的合成气纯度高。缺点：能耗高，设备和操作复杂，投资成本较大。

（4）等离子体气化

利用等离子体高温（3000℃以上）来分解固体燃料和有机废物，生成高纯度的合成气，同时减少了焦油和其他有害副产物的生成。适合处理难以处理的废物，如工业废物、危险废物、高物污染废弃物、垃圾等，特别是在污染控制要求严格的场合。优点：温度极高，污染物生成少，合成气纯度高。缺点：能耗非常高，设备昂贵，适合高附加值应用。

（5）化学链气化

通过金属氧化物载氧体来传递氧气，避免了直接与空气接触，可以实现二氧化碳的内置捕集，气化效率高，副产物（如二氧化碳）易于分离。适合用于制氢和需要碳捕集的工业生产，如煤炭制氢、甲醇合成等。优点：气化效率高，碳捕集效果好，适合未来低碳能源需求。缺点：工艺较新，技术尚处于发展阶段，设备投资较高。

（6）超临界水气化

利用超临界水的特性，将生物质、半焦等有机燃料快速转化为高纯度的合成气（主要为氢气）。具有高效、快速的特点，反应在超临界条件下进行（温度高于 374℃，压力高于 22.1MPa），主要用于制氢、生物质气化等，尤其是绿色能源技术的应用。优点：能生成高比例氢气，污染物少，焦油生成量低。缺点：要求高压高温条件，设备成本高，工艺复杂。

第五节　气化工艺性能评价

一、气化工艺性能评价指标

气化工艺性能评价指标是用于衡量气化过程的效率、环境影响和经济性的重要评价参数。依据气化工艺性能评价指标进行气化工艺的选择，是确定气化工艺技术的重要环节和要素，得到了广泛的应用。下面是气化常用的关键评价指标。

1. 碳转化率

碳转化率是指燃料中碳元素转化为气体产物中可燃气体的比例。碳转化率直接反映了气化工艺的效率，较高的碳转化率意味着燃料中的碳被充分转化，减少了固体残留物的生成。

2. 冷煤气效率（CCE）

冷煤气效率是指气化过程中生成的合成气中的可燃气体的能量与原料燃料输入的总能量的比值，反映了气化装置对能量的有效利用情况。较高的冷煤气效率意味着气化装置能有效转化燃料能量，生成高热值的合成气。

3. 合成气成分和热值

合成气的成分（主要为 CO、H_2、CH_4 等）及其热值是评价气化工艺的重要指标。合成气中氢气和一氧化碳的比例决定了其应用场景，例如制氢或作为燃料气。热值越高，气化工艺的经济性越好。合成气的热值通常以千焦/立方米（kJ/m^3）为单位。

4. 气化效率

气化效率是指气化过程中生成的可用能量（如合成气中的能量）与原料燃料中的总能量的比值。气化效率直接反映了工艺的能源利用率，是评估工艺技术经济性的核心指标。

5. 副产物和污染物生成量

包括固体残渣、焦油、酸性气体（如 SO_2、NO_x 等）及其他有害物质的生成量。污染物生成量决定了气化工艺的环境影响。副产物和污染物的生成量，尤其是焦油和有害气体的生成量，是评价气化技术环境友好性的重要指标。

6. 水和能量消耗

是指气化过程中消耗的水量和能量。较低的水和能量消耗意味着工艺更具经济性，尤其是在水资源和能源紧缺的区域。节水和降低能耗也是提高气化技术可持续性的关键。

7. 运行成本和经济性

运行成本包括燃料成本、维护费用、催化剂使用费用以及水、电等辅助系统的成本。气化工艺的经济性决定了其大规模工业应用的可行性。较低的运行成本和较高的经济回报率是实现工业化的重要基础。

8. 温室气体排放

是指气化过程中产生的 CO_2、CH_4 等温室气体的排放量。随着对碳排放的限制日益严格，减少温室气体排放成为评估气化工艺环境影响的关键指标之一。碳捕集和利用技术也与气化技术密切相关。

气化工艺的评价指标主要涵盖能效、经济性和环境影响三个方面。通过优化碳转化率、冷煤气效率、合成气成分、运行成本等指标，可以提升气化工艺的整体性能，并实现更加清洁、高效的能源转化。

二、不同气化工艺对性能评价的影响

不同气化工艺对气化性能评价的影响程度是非常大的，因此，选择气化技术时应重点考虑燃料类型、产品品质、气化性能、成本与规模等要素。对于不同燃料类型，如生物质和废弃物，更适合流化床和固定床气化，而煤炭和煤粉适合气流床和高压气化；当要求合成气纯度较高时，应优先选择气流床气化、化学链气化和等离子体气化，而对合成气纯度要求不高时，可选择其他气化工艺；气化效率与碳转化率是衡量气化性能的一个重要指标，当需要气化效率高和碳转化率高时，气流床气化和化学链气化是理想选择；成本与规模是衡量气化工艺的重要技术经济指标，对于低成本、分布式应用，固定床气化较为合适，而气流床气化则适合大规模工业化生产装置。不同气化工艺的性能评价参数对比分析见表 3-7。

表 3-7　不同气化工艺的性能评价参数对比分析

气化方式	原料适应性	产物品质	碳转化率	规模
气流床气化	适合细颗粒原料，如粉煤、水煤浆等，对原料均匀性要求高，对灰熔点有一定要求	产物中合成气品质较高，气体较为纯净	高	适用于大规模工业生产，可实现工业化应用
化学链气化	对煤、生物质等多种含碳物质适应性广，对原料杂质相对不敏感	合成气品质较好，可通过选择合适的载氧体进行调控	较高	规模可根据实际需求调整，但目前大规模应用仍有挑战
等离子体气化	能处理多类型原料，包括城市垃圾、污泥、危险废物等，对颗粒大小要求相对宽松	合成气品质较好，产物中焦油等杂质少	较高	规模可调整，但目前多处于中试或小规模应用阶段
流化床气化	适合颗粒较小的原料如褐煤、次烟煤等，对原料的水分和灰分有一定容忍度	产物中合成气品质一般，含有一定量的杂质，但是焦油较少	较高，但相比气流床稍低	适用于大规模工业生产，以循环流化床为代表的技术应用广泛
固定床气化	通常用于处理块煤等较大颗粒原料，对机械强度有要求	产物中合成气品质一般，可能含有一定量的焦油等杂质	一般，低于气流床和流化床	规模相对较小，适合中小规模生产

生物质在气化过程中，在不同反应温度下的各种气化工艺指标会发生相对程度的变化（图3-9）。受工艺条件限制，在气化的不同阶段，各种气化工艺指标之间互相影响且变化复杂。主要参数变化如下：①焦油产量：在低温时，焦油产量较高，大约在400～600℃时达到最高点，随后随着温度升高，焦油产量逐渐减少；②炭化率：炭化率在600℃时处于最大值，然后随着温度进一步升高而减小；③冷煤气效率：冷煤气效率在低于800℃时逐渐上升，在800℃达到最高点，随后随着温度升高而逐渐降低；④灰分黏度：随温度升高而逐渐下降；⑤ER（氧气与生物质的比值）：图中ER曲线显示，随着温度升高，ER值逐渐增加；⑥烟灰：烟灰的生成随着温度的升高而增加，在高温段（约1200℃）达到最大值，随后逐渐下降。

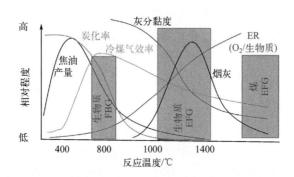

图3-9 生物质气化时不同反应温度下的各种气化工艺指标相对程度的变化曲线

在选择气化工艺时，需要根据燃料种类、气化效率、生成气的成分要求、运行成本和应用场景等因素进行全面评估。工业生产中，气流床和流化床效率高且适应性广，通常是较为主流的选择。

第六节 气化技术的发展趋势

气化技术的发展趋势主要包括提高效率、减少污染、适应多种燃料以及与可再生能源相结合。以下是气化技术未来发展的几个主要趋势。

一、高效洁净绿色环保

1. 提高气化效率和碳转化率

未来的气化技术重点将在于优化反应器设计，如多级气化、循环流化床气化等，进一步提高碳转化率和气化效率。集成余热回收系统，以减少能源浪费，提高整个气化过程的能效。这种技术趋势使得气化装置能够实现更高的能源利用率，尤其是在发电或化工领域。

2. 多燃料适应性

随着对可再生能源需求的增长，生物质气化技术将成为一个重要的发展方向。通过优化工艺条件和反应器设计，生物质气化可以有效替代传统的化石燃料，生成合成气用于绿色能源和化工生产。处理固体废物的需求增加推动了废弃物气化技术的发展，等离子体气化、流化床气化等技术在处理工业废物、城市垃圾等方面展现出潜力。

3. 污染物控制与碳捕集

未来的气化工艺将着重于减少焦油、硫化物和氮氧化物等污染物的生成，通过高温气化（如气流床气化）和催化剂的应用，可以有效减小气体净化的难度。随着全球对减少碳排放的关注，气化工艺的设计将逐步集成碳捕集利用与封存（CCUS）技术，特别是在煤炭和生物质气化中，通过化学链气化等技术捕获二氧化碳，推动低碳和负碳排放的能源生产。

二、多元耦合

1. 催化气化和化学链气化

使用碱金属、过渡金属等催化剂，能够降低气化温度并提高反应速率。催化气化工艺可以有效生成高比例的氢气，适用于绿色能源的生产，这一新兴技术通过金属氧化物传递氧气，避免了直接与空气接触，实现了内置的二氧化碳捕集，并减少了污染物的生成，具有低排放、高效率的优势，未来在制氢和合成燃料领域具有广泛应用前景。

2. 与可再生能源结合

气化技术在生物质气化领域的应用，将成为绿色氢气生产的重要方向之一。生物质气化通过利用生物质原料实现氢气的可再生生产，助力氢能经济的发展。通过气化技术转化生物质、废弃物等可再生资源，生成合成气，用于生产合成燃料，如绿色甲醇、氨气等，可有效减少对化石燃料的依赖。

三、数字智能模块化

1. 数字化与智能化应用

随着计算技术的进步，数值模拟和大数据分析将被广泛应用于气化工艺的设计和优化。通过数值模拟，可以预测不同工艺条件下的反应过程，优化反应器设计并提高能效。未来气化技术的发展还将依赖于自动化和智能控制系统，以确保工艺的稳定运行、实时监控和故障预测。通过先进的监控和控制技术，可以进一步减少人为操作的误差，提升设备的运行效率。

2. 小型分布式气化装置远程应用

气化技术的小型化和模块化设计是未来的发展方向之一，特别是在远程和农村地区，通过小型气化装置实现生物质和废弃物的本地化转化和能源利用。这种分布式的能源生产模式能够增强能源系统的灵活性和可持续性。

四、持续创新

近20年来，我国气化技术开发和应用取得了长足进步，但也存在一些制约技术持续发展的瓶颈问题。从技术本身看，主要表现是：我国现代煤化工产业规模世界第一，但系统能源利用率还需进一步提高，碳排放强度较高，煤气化过程中的废弃物处理和资源化利用问题日益突出；装置投资依然偏高，系统效率还有提升空间，物耗、能耗还有下降余地，微量污染物控制任重道远，含盐废水资源化利用亟待突破，基础研究有待继续深化。从长远看，气化技术发展的总体环境和发展趋势为：

① 通过过程强化，不断提高气化炉的单位体积处理能力，降低装置投资。目前全世界运行的单炉处理规模最大的气化装置是内蒙古荣信的多喷嘴对置式水煤浆气化炉，单炉投煤量 4000t 级，气化炉外径已达 4.2m，单纯通过体积放大，增加气化炉处理量，必然会受到设备尺寸的制约。因此通过过程强化，提高气化炉单位体积处理能力，是气化炉大型化并降低投资的根本途径。回顾气化技术发展历程，一方面气化炉内平均反应时间从数 10min 级（固定床）到分钟级（流化床）再到 10s 级（气流床），反应时间缩短，单位体积处理能力大幅度增加；另一方面从常压气化向加压气化发展，单位体积处理能力也大幅度增加。

② 开发新单元技术，优化工艺流程，降低系统物耗、能耗，提升全系统效率。就粉煤加压气化技术而言，粉煤加压输送系统占据了很大一部分投资，能耗也比较高，开发粉煤输送泵是工程界一直讨论的热点问题，但至今鲜有深入系统的试验研究，粉煤高压输送技术的变革应该引起业界重视。就水煤浆气化技术而言，煤浆中水含量是影响气化系统效率的重要因素，提高水煤浆浓度，能够显著降低比氧耗和比煤耗，因此开发高浓度水煤浆制备、输送、雾化技术，是提高水煤浆气化系统效率、降低物耗和能耗的有效途径，这一点也应该引起业界的足够重视。多年来，从全系统工艺流程构建而言，煤化工行业快速发展，技术需求旺盛，尤其需要在流程优化和系统能耗方面进行深入细致的再研究和开发，结合下游合成气变换、净化、合成、分离等单元的具体情况，对煤气化系统的工艺流程持续改进和优化，是煤气化发展的一个趋势。

③ 开发环境友好技术，实现近零排放。煤中的有害元素在煤气化过程中会发生迁移转化，进入合成气、循环水或废水和灰渣，硫、氮等有害元素的迁移转化和控制已有成熟技术，氯和微量重金属元素迁移转化的机理研究方面也取得了很大的进展，但进展尚需转化为解决工程问题的具体技术。目前困扰工程界的主要问题有三：其一是氯在系统中的累积，造成系统腐蚀，特别是一些氯含量较高的煤种，问题更为突出；其二是汞、铬、砷、铅等重金属元素在系统和环境中的积累，我国相关单位开展了大量基础研究工作，部分技术也进行了中试试验，需要进一步加大对研究工作的支持力度，建立工业示范装置，形成先进的微量重金属脱除与控制技术；其三是废水问题，固定床气化废水酚含量高，难以处理，是世界公认的难题，而气流床气化过程中由于熔融态灰渣激冷，大量的碱金属和碱土金属离子进入废水，造成盐分在系统中的累积，一方面会引起系统结垢堵塞，另一方面废水含盐量很高，难以回收利用，我国在这方面也进行了大量研究工作，并取得了重要进展，但还需要通过工程示范，形成先进的含酚废水处理技术和含盐废水资源化利用技术。

④ 气化系统要从单纯的"气化岛"向"气化岛＋动力岛＋环保岛"的方向发展。含碳原料气化本质上是一种高温热化学转化过程，这一特点决定了它不仅能实现煤的气化，而且也可以实现所有含碳固体废弃物和有机废液的转化。因此，通过煤气化装置处理工厂自身产生的和工厂周边的含碳固体废弃物、有机废液，具有得天独厚的条件。协同处置废弃物，将单独的"气化岛"变成"气化岛＋动力岛＋环保岛"，是未来气化技术发展的重要方向。当务之急是打破行业壁垒，促进协同创新。

⑤ 依托大数据、信息化技术，保障煤气化装置的安稳长满优运行。依托信息技术带来的技术便利，改变工厂、车间管理运行模式，通过大数据监控，实现事故早期预警、早期处理，可以大幅降低工厂故障率，提高装置运行率。将大数据与工艺原理结合，建立机理模

型，实现全系统的动态优化控制，提升系统效率，进而建立智慧工厂，是未来发展的重要方向。

⑥ 对新思路、新方法、新技术、新工艺研究开发进行持续支持。国内煤气化技术发展到今天，取得了可喜的成绩，但还没有突破已有煤气化技术的范畴。一方面，需要对地下气化、等离子体气化等技术的研究给予持续支持，不断提升技术的稳定性和经济性；另一方面，也要关注太阳能与煤气化的耦合、核能与煤气化的耦合以及生物质能与煤气化的耦合等新技术的发展，还要时刻关注煤气化领域随时可能出现的变革性技术苗头，在研究上予以持续支持。

参考文献

[1] 孟繁锐，李伯阳，李先春，等. K_2CO_3 对兰炭催化气化特性的影响 [J]. 化工学报，2019，70（S1）：99-109.

[2] Cheng Z，Jin H，Liu S，et al. Hydrogen production by semicoke gasification with a supercritical water fluidized bed reactor [J]. International Journal of Hydrogen Energy，2016，41（36）：16055-16063.

[3] Li X，Shang J，Gan X，et al. Recent advances in environmental applications of semi-coke：Energy storage，adsorption and catalysis [J]. Journal of Environmental Chemical Engineering，2024，12（2）：112430.

[4] Wu X，Wang S，Fang H，et al. Study on semi-coke as an alternative fuel for blast furnace injection coal [J]. Energy Sources，Part A：Recovery，Utilization，and Environmental Effects，2022，44（2）：5562-5573.

[5] 俞楠，邹冲，任萌萌，等. 典型低阶煤热解特性及兰炭特性比较分析 [J]. 煤炭加工与综合利用，2024（07）：78-85.

[6] Lahaye J，Ehrburger P. Fundamental issues in control of carbon gasification reactivity [M]. Springer Science & Business Media，2012.

[7] Ergun S. Kinetics of the reaction of carbon with carbon dioxide [J]. The Journal of Physical Chemistry，1956，60（4）：480-485.

[8] Weeda M，Abcouwer H，Kapteijn F，et al. Steam gasification kinetics and burn-off behaviour for a bituminous coal derived char in the presence of H_2 [J]. 1993，36（1-3）：235-242.

[9] Islam M W. Effect of different gasifying agents（steam，H_2O_2，oxygen，CO_2，and air）on gasification parameters [J]. International Journal of Hydrogen Energy，2020，45（56）：31760-31774.

[10] Chen W H，Chen C J，Hung C I，et al. A comparison of gasification phenomena among raw biomass，torrefied biomass and coal in an entrained-flow reactor [J]. Applied Energy，2013，112：421-430.

[11] Porada S，Czerski G，Grzywacz P，et al. Comparison of the gasification of coals and their chars with CO_2 based on the formation kinetics of gaseous products [J]. Thermochimica Acta，2017，653：97-105.

[12] 柳明. 高温气固反应特性与颗粒行为相互作用研究 [D]. 上海：华东理工大学，2021.

[13] Zou J H，Zhou Z J，Wang F C，et al. Modeling reaction kinetics of petroleum coke gasification with CO_2 [J]. Chemical Engineering and Processing：Process Intensification，2007，46（7）：630-636.

[14] 霍威. 煤等含碳物质热解特性及气化反应特性模型化研究 [D]. 上海：华东理工大学，2015.

[15] Thiele E W. Relation between catalytic activity and size of particle [J]. Industrial & Engineering Chemistry，1939，31（7）：916-920.

[16] Hong J，Hecker W C，Fletcher T H，et al. Improving the accuracy of predicting effectiveness factors for

m th order and Langmuir rate equations in spherical coordinates [J]. Energy & Fuels, 2000, 14 (3): 663-670.

[17] 丁路，王培尧，孔令学，等. 煤气化过程反应模型研究进展 [J]. 化工进展，2024，43 (7)：3593.

[18] Loha C, Chattopadhyay H, Chatterjee P K. Thermodynamic analysis of hydrogen rich synthetic gas generation from fluidized bed gasification of rice husk [J]. Energy, 2011, 36 (7): 4063-4071.

[19] Safarian S, Unnpórsson R, Richter C J R, et al. A review of biomass gasification modelling [J]. Renewable and Sustainable Energy Reviews, 2019, 110: 378-391.

[20] Asadullah M, Zhang S, Min Z, et al. Effects of biomass char structure on its gasification reactivity [J]. Bioresource Technology, 2010, 101 (20): 7935-7943.

[21] Fu Y, Guo Y, Zhang K. Effect of three different catalysts (KCl, CaO, and Fe_2O_3) on the reactivity and mechanism of low-rank coal pyrolysis [J]. Energy & Fuels, American Chemical Society, 2016, 30 (3): 2428-2433.

[22] 李献宇，郭庆华，丁路，等. 负载碳酸钠煤焦催化气化反应特性研究 [J]. 燃料化学学报，2016，44 (12)：1422-1429.

[23] Zhang Y, Hara S, Kajitani S, et al. Modeling of catalytic gasification kinetics of coal char and carbon [J]. Fuel, 2010, 89 (1): 152-157.

[24] Huang Y, Yin X, Wu C, et al. Effects of metal catalysts on CO_2 gasification reactivity of biomass char [J]. Biotechnology Advances, 2009, 27 (5): 568-572.

[25] Lu R, Wang J, Liu Q, et al. Catalytic effect of sodium components on the microstructure and steam gasification of demineralized Shengli lignite char [J]. International Journal of Hydrogen Energy, 2017, 42 (15): 9679-9687.

[26] McKee D W. Gasification of graphite in carbon dioxide and water vapor-the catalytic effects of alkali metal salts [J]. Carbon, 1982, 20 (1): 59-66.

[27] Kopyscinski J, Rahman M, Gupta R, et al. K_2CO_3 catalyzed CO_2 gasification of ash-free coal. Interactions of the catalyst with carbon in N_2 and CO_2 atmosphere [J]. Fuel, 2014, 117: 1181-1189.

[28] Fernandes R, Hill J M, Kopyscinski J. Determination of the synergism/antagonism parameters during cogasification of potassium-rich biomass with non-biomass feedstock [J]. Energy & Fuels, American Chemical Society, 2017, 31 (2): 1842-1849.

第四章 荒煤气加工利用技术

第一节 概 述

我国兰炭工业化装置发端于榆林神府地区，而新疆已经成为仅次于榆林地区的第二大半焦产能聚集区。低阶煤分质利用是通过中低温热解技术分离出煤中的挥发分气体（热解煤气）、煤焦油和固体燃料（兰炭或半焦），然后进一步对热解物进行再利用的一种方法。随着现代煤化工的兴起，该方法与煤制油和煤制气相比是一种更经济的煤炭转化形式。将煤炭经气体或固体等热载体加热及催化热解处理，产出煤焦油、兰炭（块/粉半焦）和热解煤气等初级产品，完成对煤炭的热解分质。

在传统兰炭生产模式下，副产的荒煤气中含有一氧化碳、氢气、甲烷等有效组分，还含有较难处理的焦油、烃类、苯环类有机物、有机硫、有机氯、其他微量杂质以及粉尘。部分兰炭炉因为其工艺特性，副产荒煤气的氮气含量较高。荒煤气加工利用是将煤炭热解生产兰炭过程中副产的大量荒煤气转化为可用的能源。这一过程不仅能够减少环境污染，还能提高资源的利用率。荒煤气加工利用技术包括脱硫、脱氨、脱氰化物等多个环节，通过这些技术处理后的煤气，其热值和清洁度均得到显著提升，可作为燃料或化工原料使用[1]。

随着国家对焦化行业实施"准入"制度和环境要求的日益严格，高效环保地治理副产的大量荒煤气已成为兰炭企业生存与发展的关键。为了提高资源的利用率和减少环境污染，现代兰炭生产技术必须注重荒煤气的综合利用[2]。采用先进的净化和分离技术将荒煤气中的有效组分进行回收利用，如一氧化碳和氢气可作为化工原料或燃料，甲烷则可作为天然气的替代品。同时，通过改进燃烧工艺和增加脱硫、脱氯等净化环节，可以有效降低荒煤气中的有害物质含量，减少对环境的污染。此外，对于高氮含量的荒煤气，通过氮气分离技术将其分离出来，用于其他工业过程或作为惰性气体使用。这些技术的应用不仅提高了兰炭生产的经济效益，也符合可持续发展的要求。

第二节 荒煤气发电技术

一、荒煤气发电现状

目前，许多煤炭深加工企业都采取燃烧排空法来处理多余的低温干馏煤气（荒煤气），然而这种方法会产生二氧化碳，进而引发温室效应，破坏地球的生态平衡。以煤炭深加工和提质为主的经济结构，如果不能有效解决环境污染问题，将直接影响当地经济的可持续发展。因此，如何充分利用在煤炭低温干馏过程中产生的富余荒煤气发电来降低煤炭深加工过程中的成本，已经成为一个亟待解决的问题。荒煤气发电大致可分为 3 种方式[3]。

① 锅炉烧煤气的凝汽式小火电传统发电方式。投资约 5000 元/千瓦，缺点是发电效率低（15％左右），占地面积大，水消耗量大，发电成本高。但由于对煤气中的杂质，尤其是煤气中的焦油、硫化氢和萘等无须有效脱除，因此，仍有许多焦化厂采用此法。这在一定程度上加大了空气污染，阻碍了高效节能和先进煤气发电技术的拓展和使用。

② 煤气-蒸汽联合循环发电技术（IGCC），即采用压缩空气、燃气轮机和蒸汽透平联合发电的方式。该法发电效率高，技术先进，但燃气轮机目前国内尚不能生产，需进口，其每年的检修需返回制造厂，导致投资大，管理复杂。另外，燃气轮机的气体进口温度、压力和其效率有关，技术难度大，工艺流程复杂，不适用于气量少、发电上网困难的企业。

③ 采用燃气发电机发电。该法工艺流程简单，占地面积小，建设周期短，发电机可积木式组合，根据发电量自由增减，用水量小，全部投资约 2000～3000 元/千瓦。同时，可将发电尾气送入植物大棚，利用尾气余热、水汽和气体肥料（指的是以气体形式存在的肥料，它通常包含对植物生长有益的气体，比如氨气、二氧化碳）等资源，促进种植业发展，实现污染物和二氧化碳等温室气体的减排。

目前，荒煤气发电的单机规模普遍较小，通常在 30～50MW 之间。这种规模的发电机组在供电效率上存在明显的不足，其平均供电标煤耗高达 405g/kW·h。这与《国家发展改革委 国家能源局关于开展全国煤电机组改造升级的通知》中提出的 2025 年火电机组平均供电煤耗小于 300 g/kW·h 的目标相去甚远。实现这一目标对于推动我国能源结构优化和环境保护具有重要意义。

由于不同煤炭企业所采用的工艺技术存在差异，因此，其产生的荒煤气的可燃成分也各不相同。大型企业通常拥有更为先进的工艺和设备，其焦比低，使得煤炭低温干馏炉产生的煤气热值较高且稳定。相比之下，中小型企业设备规模较小、能耗较高，导致其煤气热值波动较大，不够稳定。一般而言，荒煤气的热值在 1700～1900kJ/m³ 左右，这一数值的波动直接影响发电效率。

为了提高荒煤气发电的效率，达到国家规定的煤电机组改造升级目标，需要从多个方面入手。首先，对现有的发电机组进行技术改造是关键。通过引入先进的燃烧技术，如富氧燃烧或低 NO_x 燃烧技术，可以显著提高煤气的燃烧效率，减少热损失。此外，优化汽轮机和发电机的设计，可以进一步提高发电效率。例如，采用新型的高效叶片设计，可以提高汽轮机的热能转换效率，从而提升整体发电效率。

对于中小型企业而言，提升工艺水平和设备质量是提高煤气热值稳定性的关键。通过引进先进的低温干馏技术，优化干馏炉的设计，可以降低焦比，提高煤气的热值。此外，采用自动化控制系统，实时监控和调整干馏炉的运行参数，以保证煤气热值的稳定。例如，通过安装智能传感器和控制系统，可以实现对干馏炉温度、压力和流量的精确控制，从而提高煤气的热值和发电效率。

煤气的净化和提纯技术也是提高发电效率的重要环节。通过采用高效的煤气净化设备，如脱硫、脱氮和脱碳装置，可以去除煤气中的有害成分，提高煤气的热值和发电效率。同时，对煤气进行提纯处理，如采用膜分离技术或 PSA（变压吸附）技术，可以分离出高热值的气体组分，进一步提高发电效率。

最后，为了实现荒煤气发电的规模化和集约化，可以考虑建设大型的荒煤气发电站。通过集中处理和发电，不仅可以提高发电效率，还可以降低单位发电成本。同时，大型发电站可以更好地实现热电联产，提高能源的综合利用效率。例如，发电过程中产生的余热可以用于供暖或工业生产，从而实现能源的梯级利用。

综上所述，通过技术改造、工艺优化、煤气净化和规模化建设等措施，可以有效提高荒煤气的发电效率，达到国家规定的煤电机组改造升级目标，为我国的能源结构优化和可持续发展做出贡献。这不仅有助于减少环境污染，还能提高能源利用效率，推动我国经济的绿色转型。典型荒煤气发电工艺流程见图4-1。

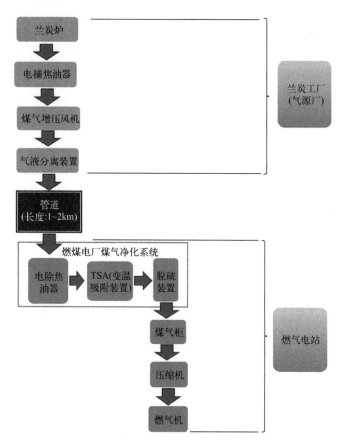

图4-1 典型荒煤气发电工艺流程示意图

二、荒煤气发电特点及关键设备

目前，利用煤炭低温干馏炉煤气发电机组主要分为蒸汽轮机机组、燃气轮机机组及其联合循环机组、燃气内燃机机组。蒸汽轮机机组通过可燃气体与空气在燃烧器内燃烧，产生高温高压蒸汽，进而推动蒸汽轮机转动，将热能转化为机械能，最终通过发电机转换为电能。这种机组结构复杂，但运行稳定，适用于大规模发电。燃气轮机机组则是一种以空气及燃气为工质的旋转式热力发动机，它的结构与飞机发动机一致，具有体积小、重量轻、启动快等优点，特别适合于调峰和应急发电。燃气内燃机机组则与汽油机在结构上类似，但其燃料是可燃气体，而不是汽油，这种机组效率较高，但噪声较大，适用于小型分布式发电。

相对于其他可燃气体而言，煤炭低温干馏炉煤气的燃烧速率低，火焰稳定范围狭窄。一般气体的层流火焰传播速度约为 0.3～0.8m/s，而煤炭低温干馏炉煤气的火焰传播速度较低，一般在 0.15m/s 以下。这就需要加大燃烧室截面积，降低气流速度，并加长燃烧室长度以增加气体停留时间。煤炭低温干馏炉煤气的燃料空气比极限约为 1.6，这么狭窄的稳定区要求精确设计喷嘴。在燃料流量变化时保持适当的燃料空气比，有时装设"长明灯"点火。

煤炭低温干馏炉煤气热值低，需要大流量高效率的煤气压缩机。煤炭低温干馏炉煤气的燃烧量约为空气流量的 1/3～1/4，因而煤气压缩机的效率高低对整个机组的性能产生重大影响。因此需要高效率的煤气压缩机。煤炭低温干馏炉煤气含尘量大、成分复杂，在进入机组之前需经除尘、冷却脱水、脱硫等工艺。除尘可以减少对燃气机组的磨损，降低故障率，冷却脱水可提高煤气的热值，脱硫可以减少二氧化硫的排放和对机器的腐蚀[4]。

为了确保煤炭低温干馏炉煤气发电机组的高效稳定运行，除了上述提到的燃烧室设计和燃料处理工艺外，还需要对整个系统进行精细的控制和监测。控制系统通常包括燃烧控制、发电机组控制和环境监测三个主要部分。燃烧控制系统负责实时监测和调节燃烧室内的燃料流量、空气流量以及燃烧温度，确保燃烧效率最大化，同时减少有害气体的排放。通过先进的传感器和控制算法，可以实现对燃烧过程的精确控制，从而提高整个发电机组的效率和稳定性[5]。发电机组控制系统则负责监控和调节发电机组的运行状态，包括蒸汽轮机、燃气轮机或燃气内燃机的转速、温度、压力等关键参数。通过实时数据分析和故障诊断，系统可以及时发现潜在问题并采取相应措施，以避免设备损坏或生产中断。环境监测系统则关注发电过程中可能对环境造成影响的排放物，如二氧化硫、氮氧化物和颗粒物等。通过安装在排放管道中的监测设备，可以实时监测排放物的浓度，并根据监测结果调整燃烧和净化工艺，确保排放达到环保标准[6]。

此外，为了进一步提高煤炭低温干馏炉煤气发电机组的性能，还可以采用余热回收技术。余热回收技术可以将发电过程中产生的废热转化为蒸汽或热水，用于其他工业过程或供暖，从而提高整个系统的能源利用效率。通过这种方式，不仅能够减少能源浪费，还能降低发电成本，实现经济效益和环保效益的双赢。

三、荒煤气发电余热回收

荒煤气发电余热回收技术在现代工业生产中具有重要的应用价值。通过有效利用荒煤气中的余热，不仅可以提高能源利用效率，还能减少环境污染。下面将简要介绍荒煤气余热回收技术的最新进展及其在不同工业领域的应用情况。首先，荒煤气余热回收技术的核心在于将荒煤气中的高温余热转化为其他形式的能量，如电能或热能。这通常通过热交换器和余热锅炉等设备实现。热交换器可以将荒煤气中的热量传递给水或其他介质，从而产生蒸汽或热水。这些蒸汽或热水可以用于发电、供暖或工艺过程中的加热需求。在炼焦及兰炭行业中，荒煤气余热回收技术的应用尤为广泛。高炉、转炉和兰炭炉等生产过程中会产生大量的荒煤气，这些煤气中含有大量的余热。高温余热（红焦显热，950～1050℃）约占 37%，中温余热（荒煤气显热，750～800℃）占 36%，低温余热（烟道废气显热，150～230℃）占 17%，剩余的 10% 为焦炉炉体散热损失。就焦炉产物带出的热量而言，荒煤气显热位居第二，具有极高的回收利用价值。目前焦化行业中对荒煤气显热处理的传统方式为，通过喷洒大量

70~75℃的循环氨水降低荒煤气温度后，进入煤气初冷器，再由循环冷却水进一步降低至20℃左右，进入下一步化产回收工艺。其中，焦炉上升管荒煤气的中温余热未被合理回收利用，造成该系统能耗大、环境污染严重、生产成本相对较高。为解决此问题，可通过设计焦炉上升管荒煤气余热回收热电联产系统，高效利用焦炉生产过程中产生的高温荒煤气，实现能源的二次利用。该系统的核心在于将荒煤气中的热能转化为电能，从而提高整个焦化厂的能源利用效率。该系统包括上升管换热蒸发子系统、汽轮发电子系统、补给水除氧子系统及排污子系统。具体工艺流程为：补给除盐水由除盐水泵送入除氧器除氧后再由给水泵送入汽包中；在汽包中预热后的给水通过下降管和循环水泵送至下降管联箱，再通过下降管联箱分配至各荒煤气上升管换热蒸发器单元的外夹套中，与换热蒸发器内套管中的荒煤气逆流换热后，汇入上升管联箱，再由上升管送入汽包中；汽包产生的饱和蒸汽通过汽水分离器后送至背压式汽轮发电机组做功发电；完成做功的背压蒸汽从汽轮机出口分为两路，大部分蒸汽经调压后送至用户蒸汽管网，另外少部分蒸汽经压力调节后进入热力除氧器，如此则形成了荒煤气余热回收热电联产的热力循环过程。同时在汽包饱和蒸汽出口与汽轮机背压出口之间还设有蒸汽旁路，在汽轮发电机组退出热力循环时，不影响上游焦化生产和下游化产工序，实现系统的稳定与可靠。整个余热回收系统的工艺流程见图 4-2[7]。

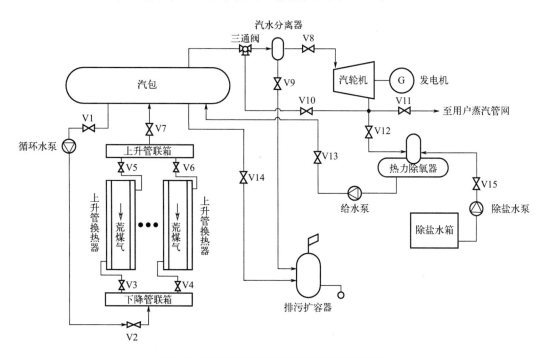

图 4-2 荒煤气余热回收热电联产系统流程图

四、荒煤气发电预处理及净化

荒煤气、焦炉气等各种工业尾气进入发电系统前必须进行预处理及净化，否则，气体中的污染物将严重影响发电机的工作效率和稳定性，甚至导致发电机无法正常工作。各种工业尾气所含污染物不同，按其存在的状态可分为两大类：一类是气态腐蚀性物质，如 H_2S、HCN、NH_3 等；另一类是存在于气体中的气溶胶颗粒物，如煤焦油、蒽、萘等多环芳烃以及油类颗粒物等。在许多情况下，废气中既含有气态污染物，又含有颗粒物，这给气体净化带来了很大的难度。

气态污染物在化学上可分为有机和无机两大类。有机污染气体主要包括各种烃类、醇类、醛类、酸类和胺类等；无机污染气体主要包括硫氧化物、氮氧化物、碳氧化物、卤素及其化合物等。气态污染物也可按其化学特性分为：可燃气体、不燃气体；水溶性气体、难溶气体；放射性气体、非放射性气体；等。

颗粒物在化学上也可分为有机和无机两大类。有机颗粒物包括蒽、萘等多环芳烃和油类等；无机颗粒物包括矿物尘、金属及其氧化物粉尘等。有些颗粒物既含有有机物，又含有无机物。颗粒物的粒径大于 $10\mu m$ 的称为粗颗粒，小于 $10\mu m$ 的称为细颗粒。典型的荒煤气发电燃气预处理及净化工艺流程见图 4-3。

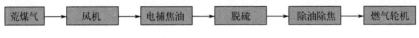

图 4-3　典型的荒煤气发电燃气预处理及净化工艺流程

1. 荒煤气脱硫

一般情况下焦炉气脱硫，若焦炉气气量小于 5000 m^3/h，硫含量小于 $6g/m^3$，则直接采用干法脱硫，利用串并联脱硫塔操作，以获得最大硫容。这时，脱硫成本最低，且工艺简单、运行操作费用低、维护方便；若焦炉气气量大于 5000m^3/h，硫含量大于 $6g/m^3$，则需先经湿法脱硫，再配以干法脱硫，以保证工艺的安全性和经济性。在实际工作中，还应根据焦炉煤气焦油含量、水分和氧含量调整工艺参数和脱硫剂种类[8]。

（1）干法脱硫

目前常用的脱硫（净化）剂为氧化铁系，它具有硫容高、价格低的优点，经适当的工艺设计和脱硫剂制备工艺调节亦有相当的脱煤焦油和粉尘的功效。氧化铁脱硫剂的脱硫反应和再生机理如下：

脱硫反应：　　　$Fe_2O_3 \cdot H_2O + 3H_2S \Longrightarrow Fe_2S_3 \cdot H_2O + 3H_2O$ 　　　　（4-1）

再生反应：　　　$Fe_2S_3 \cdot H_2O + 3/2O_2 \Longrightarrow Fe_2O_3 \cdot H_2O + 3S$ 　　　　（4-2）

合并循环：　　　$3H_2S + 3/2O_2 \Longrightarrow 3S + 3H_2O$ 　　　　　　　　　　　（4-3）

可见，若将脱硫、再生构成一个循环，整个过程只是 H_2S 被氧化为单质硫和生成 H_2O 的反应，氧化铁在其中起着催化剂的作用，本身不消耗，从而构成了一个催化循环。在实际工业应用中，要综合考虑气氛效应、硫含量和脱硫剂使用的状态，以尽可能发挥脱硫剂的性能。不同的脱硫剂需要不同的反应器体积和结构，目前工业上多采用固定床平推流反应器，这在气量小、硫含量低的情况下，从投资和净化效果看比较可行。当气量大、硫含量较高时，其投资必定大大提高。

如反应体系只考虑消除外扩散，一般反应器体积设计公式如下：

$$V = \int_0^{x_0} v_0 c_{H_2S} \frac{dx_A}{r_A} (r_A = kc_{H_2S}^n \quad 0 \leqslant n \leqslant 2) \quad (4-4)$$

式中：V 为反应器体积；v_0 为气体线速度；c_{H_2S} 为进口 H_2S 的浓度；r_A 为反应速率；x_A 为 H_2S 转化率；k 为反应速率常数；x_0 为要求的 H_2S 转化率；n 为反应级数，不同的脱硫剂由实验确定[8]。

（2）湿法脱硫脱 H_2S

湿法脱硫脱 H_2S 技术是一种广泛应用于工业领域的气体净化方法。该技术通过将含有硫化氢（H_2S）的气体与液体吸收剂接触，实现硫化氢的高效去除。其核心设备通常包括吸收塔、再生塔、循环泵等。在湿法脱硫过程中，首先将含有 H_2S 的气体引入吸收塔。吸收塔内装有填料或板式结构，以增加气液接触面积，提高脱硫效率。吸收剂通常是碱性溶液，如碳酸钠（Na_2CO_3）或氢氧化钠（$NaOH$）溶液。这些碱性溶液与 H_2S 反应生成硫化钠（Na_2S）和水，从而达到脱除 H_2S 的目的。吸收后的溶液中含有硫化钠和其他副产物，需要进行再生处理。再生塔的作用是将吸收液中的硫化氢释放出来，并恢复吸收液的碱性。再生过程中，通常通过加热或减压的方式使硫化氢从溶液中解吸出来。解吸出的硫化氢气体可以进一步处理，如通过克劳斯（Claus）工艺转化为元素硫。

湿法脱硫技术具有脱硫效率高、操作稳定、适用范围广等优点。然而，该技术也存在一些局限性，如设备投资和运行成本较高，吸收剂消耗量大，且需要处理再生过程中产生的废水。为了提高湿法脱硫技术的经济性和环保性，研究人员不断探索新的吸收剂和工艺改进方法。例如，采用有机胺类吸收剂替代传统的碱性溶液，可以提高吸收效率，减少设备腐蚀，并降低废水处理难度。此外，通过优化工艺参数和设备设计，可以进一步降低能耗和运行成本。

2. 荒煤气除焦油

以不同煤为原料生产焦炭所得到的荒煤气中，组分及含量是不同的，但其所呈现出的共性为荒煤气中均含有焦油、萘以及硫化物等多种杂质。其中，焦油的成分特别复杂，所含物质已经探明的有 500 多种。目前国内所有焦化行业中副产的焦炉气或荒煤气，压力基本接近常压，荒煤气（焦炉气）作为原料到下游装置需要增压，因为压缩机内部流道相比管道狭小，荒煤气（焦炉气）中含有的焦油和粉尘更容易在压缩机缸内结焦沉积。荒煤气中焦油会引起压缩机的流道堵塞，压缩机打气量和压比小于设计值，触发压缩机防喘振保护系统而跳车，致使荒煤气（焦炉气）压缩机连续运行周期短至数月到半年，停车清焦频率过大，造成较大的经济损失。因此设置原料气净化处理装置，在进压缩机压缩前及压缩过程中充分脱除焦油、粉尘等杂质，降低压缩机运行过程中结焦和堵塞风险，延长压缩机稳定运行的周期，是焦炉气或荒煤气综合利用项目中需要考虑的首要问题[9]。

（1）电捕焦油

电捕焦油主要利用高压直流电场的作用分离焦油雾滴和煤气。电捕焦油器可设于荒煤气鼓风机之前之后。电捕焦油器与机械除焦油器相比，具有捕焦油效率高、阻力损失小、气体处理量大等特点。不仅可保证后续工序对气体质量的要求，提高产品回收率，而且可明显改善操作环境。

焦化厂常用管式电捕焦油器，其负极为圆形导线，称为电晕极；正极为圆管，称为沉淀极（接地）。到达电晕极的焦油雾滴，借重力作用往下流动，汇集后排出器外。当从下部进入的煤气通过正负电极组成的高压直流电场时，焦油雾滴荷电，移向沉淀极，并下行至器底排出，煤气从上部排出，焦油脱除效率可达 99%。焦炉气/荒煤气在进气柜前基本上已经经过一次电捕焦油过程，出气柜焦油含量可降至 $25mg/m^3$ 以下。在进压缩机前，如再经过一次电捕焦油过程，可使焦油、粉尘含量降至 $8mg/m^3$ 以下。这对于减缓压缩机结焦过程、延长装置运行周期有一定的意义。但二次电捕焦油除油效率远远低于一次电捕焦油，难以达到预期效果，实际应用较少[10]。

（2）吸附脱焦油

荒煤气进入吸附设备，其内部的吸附剂对不同杂质选择地进行吸附。在吸附过程中，荒煤气中的焦油、萘以及粉尘等物质被有效吸附脱除，而未被吸附脱除的甲烷、一氧化碳、氢气等从吸附设备排出。吸附脱除分为可再生吸附（TSA）和非再生吸附（常用焦炭、活性炭）。TSA 变温吸附工艺需要一定数量的程控阀门来进行操作，整体投资和占地较大，还需要外部热源供应用于吸附剂再生。一些工厂抽取一部分吸附出口的净化焦炉气加热后用于再生，再生气返回焦炉燃烧回收。再生工艺的吸附剂寿命较长，可以达到 2～3 年，比非再生工艺具有更好的吸附效果。非再生吸附工艺，其吸附剂消耗量较大，最多一年需要更换一批吸附剂[11]。

对焦炭生产得到的荒煤气进行预处理后，可以利用 TSA 变温吸附工艺对其内部具有较高含量的焦油、萘等进行进一步处理。其涉及的设备包括吸附床（2 台及以上的复合床）、加热器、冷却器、吸附剂与相应数量的阀门。一般设置于压缩机前后缸之间或两台压缩机之间，焦油含量可脱除至 $1mg/m^3$。

（3）压缩级间油洗

通过油洗脱除荒煤气/焦炉气中的杂质，国内也有一定的研究。有研究发现油洗对于荒煤气中的苯、萘等杂质有较好的脱除效果。压缩机段间油洗的处理方式在国内项目中也有应用，采取的措施有两种：第一种是在压缩机各段入口管道上设置洗油雾化器，雾化后的洗油剂与荒煤气混合，焦油等杂质吸附溶解在洗油剂液滴中，经过压缩后冷却分离得以脱除。第二种是在压缩机段间设置油洗塔，采用填料或板式塔，多段逆流吸收荒煤气中焦油、苯、萘等杂质，可达到较好的荒煤气/焦炉气深度净化效果。通过塔底的洗油泵使洗油送到塔顶雾化喷头，在油洗塔内循环。为保证吸收效果，定期或连续排出塔底洗油废液以维持吸收平衡。另外，为保证较好的塔顶喷淋洗油的雾化效果，雾化喷头小孔孔径较小，雾化喷头易被堵，因此油洗塔塔底的循环洗油需要过滤后再进入雾化喷头。雾化洗油剂采用一种碱性重质油，配成一定浓度的水溶液[10]。

高压缸易结焦，可能的原因是高压下焦油易聚结，且高压缸流道更狭窄，因此对高压缸采取除油措施会更有效。在高压缸入口设置油洗塔对于降低压缩机高压缸结焦风险更具针对性。某工厂通过改造，设置油洗塔后，连续稳定运行周期至少增加一倍。工厂运行记录表明，当运行段间油洗后，压缩机的振动值从 $40\mu m$ 降到 $20\mu m$，证明油洗的效果显著[10]。

第三节　荒煤气燃烧副产蒸汽技术

荒煤气燃烧副产蒸汽技术，作为一种将焦化过程中产生的荒煤气转化为蒸汽能源的先进工艺，正逐步在焦化行业及其他相关领域展现出其巨大的应用价值和发展潜力。这项技术不仅能够有效利用荒煤气这一可能被视为废气的资源，还通过一系列精细的工艺步骤，实现了能源的综合利用与环保排放的双重目标。

一、荒煤气预处理

该工序是奠定清洁燃烧的基础，在荒煤气燃烧副产蒸汽工艺中，荒煤气的预处理是至关重要的一步。由于荒煤气中含有大量的焦油、粉尘等杂质，这些杂质如果直接进入燃烧室，不仅会影响燃烧效率，还可能对燃烧设备造成损害，甚至引发安全事故。因此，预处理过程的主要任务就是通过电捕焦油、吸附脱焦油等技术手段，将这些杂质从荒煤气中分离出来，以确保后续燃烧过程的稳定和安全。电捕焦油具有效率高、能耗低、操作简便等优点，被广泛应用于荒煤气的预处理过程中；而吸附脱焦油则是利用吸附剂的吸附作用，达到脱除焦油的目的。这两种方法相结合，可以有效地去除荒煤气中的焦油和其他杂质，为后续的燃烧过程奠定基础[12]。

二、高效燃烧与低排放

预处理后的荒煤气进入燃烧室后，与空气混合并进行燃烧。燃烧设备要达到高效燃烧和低排放双重目标，因此燃烧室的设计对于整个工艺过程至关重要。为了确保燃烧过程的稳定性和高效性，燃烧室通常采用先进的燃烧技术和优化设计的结构，以提高燃烧效率和降低污染物排放。

在燃烧室内，荒煤气与空气充分混合后形成可燃混合气，在点火装置的作用下迅速燃烧。燃烧过程中产生的高温烟气不仅含有大量的热能，还可能含有一定量的污染物。因此，燃烧室的设计需要综合考虑燃烧效率、污染物排放以及设备的安全运行等多个因素。为了实现高效燃烧和低排放的目标，燃烧室通常采用多级燃烧、分段供风等先进技术。同时，燃烧室内还配备有先进的监测和控制系统，实时监测燃烧过程中的各项参数，确保燃烧过程的稳定性和安全性[13]。

三、热能转换与蒸汽生成

燃烧产生的高温烟气进入锅炉后，通过热交换将热量传递给锅炉内的水，使其加热并转化为蒸汽。锅炉系统的设计对于蒸汽的品质和产量具有决定性的影响。为了提高锅炉的热效率和蒸汽品质，锅炉系统通常采用先进的热交换技术和优化设计的结构。在锅炉内部，高温烟气与锅炉水进行充分的热交换，将热量传递给锅炉水并使其加热至沸腾。同时，锅炉系统还配备有完善的汽水分离装置和蒸汽净化装置，以确保生成的蒸汽品质符合工业生产的要求。此外，锅炉系统的设计还需要充分考虑环保要求。在燃烧过程中产生的氮氧化物、硫氧化物等污染物需要在锅炉内通过相应的处理措施脱除或降低其浓度，以确保锅炉排放的废气符合环保标准[14]。

1. 锅炉运行的最佳效率区

锅炉运行的基本要求是保证生产、安全可靠、节约能源、减少污染。锅炉铭牌上标注的蒸发量为锅炉的额定蒸发量，它是指锅炉连续的最大产汽量。锅炉的设计效率，是指锅炉在适用燃料的范围内，在额定蒸发量下稳定运行所能达到的效率。锅炉的运行效率与负荷密切相关。如果锅炉的出力小于额定的蒸发量，供应和消耗的燃料都有所减少，会导致锅炉内部的传热发生变化，进而导致各项热损失所占的百分比也会发生变化。在设计合理、运行正常的情况下，负荷降低以后，会导致气体与未完全燃烧的固体增加，在过量空气系统不变的情况下，由于排烟温度降低，排烟热损失将有所减少，锅炉效率呈现出下降的趋势。通常，要实现锅炉最佳的热效率，必须要在额定蒸发量左右，也就是最佳效率区大约在额定蒸发量的

85%～100%范围内。如果在 80%以下的负荷或者短时间内超过 100%负荷运行,将导致锅炉效率急剧下降,这就是工业锅炉负荷与热效率之间的关系[15]。

2. 低热值荒煤气对锅炉运行的影响

荒煤气的着火温度约为 600℃,理论燃烧温度在 1100～1300℃之间。如果热值偏低,燃烧温度也降低,炉膛温度达不到设计值,荒煤气着火燃烧变得更加困难,当燃烧速度低于荒煤气喷嘴出口流速时会引起脱火现象,极易造成熄火,导致锅炉停运,甚至引发炉膛或尾部烟道爆炸等事故。锅炉蒸发与过热受热面的换热比例是根据燃料种类设计的,热值变化会引起换热比例变化,造成锅炉流量和温度偏离设计值。蒸发吸热比例上升会造成蒸发量上升、蒸汽温度下降,反之引起锅炉蒸发量下降、蒸汽温度上升、承压部件超温以致锅炉爆管等现象发生。当荒煤气热值下降后,炉膛温度下降,水冷壁吸热量减少,蒸发吸热比例降低,锅炉负荷下降。因此,为达到设计负荷,需要增加锅炉荒煤气消耗量,而荒煤气中的 N_2 和 CO 气体超过 60%,不但不参与燃烧,还会吸收可燃气体燃烧释放出的热量,温度升高后与烟气一起排出,增加排烟损失。为了维持一定的炉膛负压,相应加大引风量,会造成厂用电消耗增大,锅炉热效率下降。增加燃料量后,烟气量也将提高,炉膛出口及后部受热面的换热比例也会增加,过热蒸汽温度上升,超出减温器调节范围将引起过热器管壁超温过热,造成过热器爆管事故。因此,煤气热值下降后对锅炉的安全和经济运行都非常不利,应采取手段进行解决[16]。

四、全燃荒煤气高温高压锅炉特点

以某兰炭企业的额定蒸发量为 220t/h 的全燃荒煤气高温高压锅炉(以下简称"荒煤气锅炉")为例,探讨荒煤气锅炉的特点。这台 220t/h 的荒煤气锅炉在设计和运行方面展现出了一些特点。首先,它完全依赖于荒煤气作为燃料,这不仅有助于减少对传统煤炭资源的依赖,还能有效降低环境污染。将此台荒煤气锅炉的炉膛、过热器及省煤器的数据与相同能力(220t/h)的传统燃煤锅炉进行对比[17]。荒煤气锅炉与传统燃煤锅炉参数对比见表 4-1。

表 4-1 荒煤气锅炉与传统燃煤锅炉参数对比

燃料来源	炉膛面积/m²	过热器面积/m²	省煤器面积/m²
烟煤	756.9	1842	1890
荒煤气	936	1321.6	2934.6

当燃煤锅炉燃料热值变化时,为保证额定蒸发量,会相应改变输入燃料量,根据燃烧反应方程式,其产生的烟气量没有太大变化(除水分变化外),故对锅炉炉膛后的对流受热面来说吸热量不会有明显的变化,只要燃料的热值满足稳定燃烧的要求,锅炉各受热面吸热在额定负荷下基本保持不变。而荒煤气锅炉烟气量远大于燃煤炉,当荒煤气热值降低时,为保证额定蒸发量,会增加燃气量,导致烟气量增加,对炉膛后各对流受热面吸热产生较大影响,尤其对过热器来说,可能会引起过热器超温甚至爆管。荒煤气锅炉的主要给水加热及蒸发吸热的数学模型如下。

① 炉膛吸热量 Q

炉膛受热面主要接受火焰的辐射热,其传热量可通过热平衡方程来表示:

$$Q = V_g(Q_L - I'') \tag{4-5}$$

式中 Q——炉膛的吸热量，kJ/h；

V_g——荒煤气的用量，kg/h；

Q_L——炉膛有效放热量，kJ/kg；

I''——炉膛出口烟气焓，kJ/kg。

② 省煤器吸热量 Q_S

$$Q_S = K_S F \Delta t \tag{4-6}$$

式中 Q_S——省煤器吸热量，W（1W 等于 3.6kJ/h）；

K_S——传热系数，W/（$m^2 \cdot$ K）；

F——省煤器的换热面积，m^2；

Δt——省煤器传热温差，K。

③ 建立给水加热及蒸发总吸热数学模型

$$V_g(Q_L - I'') + K_S F \Delta t = C（常数）\tag{4-7}$$

其中，额定工况下，锅炉的炉膛出口烟温看作常数；忽略省煤器传热温压的变化。当热值下降时，荒煤气 V_g 增加，相应锅炉烟气量也增加，锅炉省煤器传热系数 K_S 亦同步增加。荒煤气锅炉的省煤器面积比燃煤锅炉小，使得荒煤气锅炉省煤器吸热量小于燃煤锅炉，从而在同样的热值降幅下，荒煤气增加的煤气量更多，烟气量亦同步增加，使对流受热面传热系数增加，同时荒煤气锅炉过热器面积大也增加了过热器超温的倾向。另外，当热值下降同样幅度时，荒煤气锅炉效率下降幅度也会大于燃煤锅炉。

因此，当燃料热值下降时（满足稳燃），燃煤锅炉的运行所受影响最小。荒煤气锅炉对流受热面尤其是过热器安全性（超温）受到考验，同时锅炉效率下降。荒煤气锅炉在实际运行中，由于热值偏离设计值（低），过热器存在超温现象，与燃煤锅炉同类型锅炉比较后发现，受热面存在优化的可能性[17]。

五、能源利用与经济效益

在荒煤气燃烧副产蒸汽的工艺过程中，所产生的蒸汽具有极其重要的应用价值。这种蒸汽不仅可以用来驱动蒸汽轮机发电，为工厂提供必要的电力支持，确保工厂的正常运转；而且还可以直接应用于工厂的各个生产工艺环节，如加热、干燥等。通过这种方式，蒸汽可以替代传统的能源消耗方式，如煤炭、石油等，从而达到节能减排的效果。这种应用不仅提高了能源的利用效率，还减少了环境污染，具有显著的经济效益和社会效益。

除了上述提到的应用，荒煤气燃烧副产蒸汽的工艺过程还为工厂的热能管理提供了新的思路。通过合理设计和优化蒸汽管网系统，工厂可以实现蒸汽的高效分配和利用。例如，工厂可以建立一个集中的蒸汽供应系统，将蒸汽输送到各个需要热能的生产区域，从而减少热能损失，提高能源使用效率。

此外，荒煤气燃烧副产蒸汽的工艺过程还可以与余热回收技术相结合，进一步提升能源利用效率。在某些生产环节，会产生大量的余热，这些余热可以通过余热锅炉回收，转化为更多的蒸汽，从而实现能源的二次利用。这种综合能源管理策略不仅能够降低工厂的能源消耗，还能减少温室气体排放，符合当前全球可持续发展的趋势。

六、环保排放与配套措施

燃烧后的废气在排放前需要经过严格的脱硫、除尘等处理过程，以满足环保排放标准。废气处理设备包括脱硫塔、布袋除尘器等，这些设备通过物理、化学等方法将废气中的污染物进行脱除或降低其浓度，以确保废气排放不会对环境造成污染。

脱硫塔主要利用化学反应原理将废气中的硫氧化物转化为可溶性的硫酸盐等物质并随废水排出；布袋除尘器则通过过滤作用将废气中的粉尘颗粒截留在滤袋表面并定期进行清理和更换。这些废气处理设备的应用不仅确保了废气的环保排放还保障了工厂的可持续发展。在现代工业生产中，废气处理设备的高效运行对于环境保护和企业形象具有至关重要的作用。除了脱硫塔和布袋除尘器，还有其他多种设备在废气处理过程中发挥着重要作用。

例如，活性炭吸附装置利用活性炭的多孔结构和高比表面积，能够有效吸附废气中的有机污染物和部分无机物。这些吸附在活性炭表面的污染物可以通过热再生或化学洗涤的方式进行处理和回收，从而实现资源的再利用。此外，光催化氧化设备利用紫外光照射催化剂，如二氧化钛，产生强氧化性的自由基，能够将废气中难降解有机物分解为二氧化碳和水等无害物质。这种技术尤其适用于处理低浓度、高毒性有机废气，具有处理效率高、能耗低、无二次污染等优点。

在废气处理系统中，还常配备有洗涤塔。洗涤塔通过喷淋液体，如水或碱液，与废气充分接触，以溶解和去除废气中的酸性气体、氨气等污染物。经过洗涤处理的废气不仅能够达到环保排放标准，而且还能减少对后续处理设备的腐蚀和污染。

为了确保废气处理设备的稳定运行，还需要配备相应的监控系统。这些系统能够实时监测废气中的污染物浓度、处理设备的运行状态等关键参数，从而实现对废气处理过程的精确控制和优化。

第四节　荒煤气制合成气（CO+ H_2）技术

一、概述

荒煤气净化分离技术提取 CO＋H_2 是制取合成气的关键，当前行业内对荒煤气清洁高效转化的净化处理技术存在以下瓶颈和难题。

① 荒煤气压缩运行时间短。热解的荒煤气为常压，而后续净化及合成均需在加压下才能进行。

② 荒煤气脱毒、除杂难。

③ 荒煤气氮气含量高。由于热解过程需要热量，荒煤气与空气燃烧产生高温烟气热载体，给热解原料直接供热（对于内热式干馏炉），故副产的荒煤气中氮气含量高，不利于后续气体转化、变换等。

④ 酸性气组分分压低。高氮气含量的荒煤气转化过程中得到的合成气中二氧化碳、硫化氢等酸性气体的分压低。

目前，国内外对于以荒煤气或焦炉气为原料生产化工产品所需的 CO＋H_2 合成气的技术路线主要有两种，即固定床吸附净化分离工艺（简称"传统工艺"）与非催化转化净化分离工艺（简称"转化工艺"），下面对这两种工艺分别简要介绍并对比各自的特点。

二、荒煤气固定床吸附净化分离工艺

固定床吸附净化分离工艺过程为原料荒煤气依次通过一级压缩、预处理、二级压缩、变换、水解、脱碳、CO 提纯、H_2 提纯等工序。

预处理工序含 TSA 脱苯脱萘、脱毒除氧等净化功能。原料气经过 TSA 脱苯脱萘处理后，分成两股。一股气体经脱毒除氧、水解（含洗氨）、PSA 脱碳后，送至 CO 提纯工序。为保证气体净化度及 CO 吸附剂的寿命，脱碳净化气先进一步精脱硫、精脱氧，最后经 PSA 提纯获得一氧化碳产品气。另一股气体经脱毒除氧、耐硫变换（含洗氨）、PSA 脱碳后，送至 H_2 提纯工序获得氢气产品气。固定床吸附净化分离 CO 及 H_2 工艺路线见图 4-4。

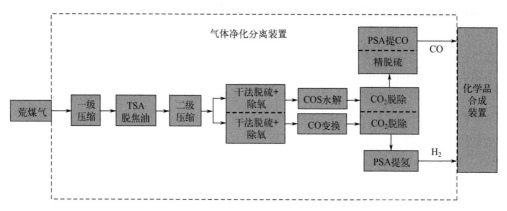

图 4-4　固定床吸附净化分离 CO 及 H_2 工艺路线图

三、荒煤气非催化转化净化分离工艺

非催化转化净化分离工艺过程为原料荒煤气依次通过压缩、转化、变换及气体净化分离装置提纯获得合格的一氧化碳、氢气，作为界外化学品生产的原料。荒煤气经压缩、转化后，一股经变换、酸脱净化，再经 PSA 提氢获得 H_2；另一股经热回收、酸脱净化，再经 PSA 提 CO 获得一氧化碳产品气，PSA 提 CO 的穿透气与上述变换净化气一起进入 PSA 提氢获得 H_2 产品气。非催化转化净化分离 CO 及 H_2 工艺路线见图 4-5。

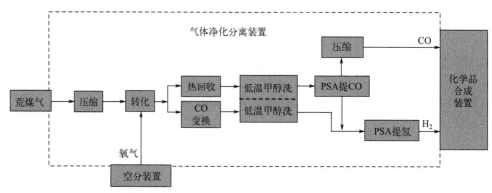

图 4-5　非催化转化净化分离 CO 及 H_2 工艺路线图

四、荒煤气制合成气工艺比较

固定床吸附净化分离工艺与非催化转化净化分离工艺对比，后者具有如下优点：

1. 技术更可靠，运行在线率更高

来自上游工厂的荒煤气中，含有微量的有机硫、无机硫、焦油、HCN、苯、萘、硫醚、硫醇以及其他有机物，这些杂质组分对一些下游工序和产品气质量是有危害的，因此必须确保脱除干净。部分非催化氧化（简称"POX"）设置在本工序的最上游，能够在极高的反应温度（约1200～1300℃）下将原料气中的各种有毒组分分解或转化为无毒或易处理组分。其整体净化程度高，转化气品质高，杂质少，后续净化处理工艺简单。同时POX无催化剂，因此原料气中的有毒组分不会对其造成影响，不用额外设置入口脱硫单元。而固定床净化法采用分段净化，各净化单元功能相对局限，难以确保将原料气中各种微量毒害组分脱除合格，如PSA脱碳吸附剂会吸附上游无法去除的烷烃、烯烃，且不能很好地解吸，导致吸附剂使用寿命大受影响。

转化工艺的脱硫脱碳单元采用低温甲醇洗工艺，出口净化气的硫含量（体积分数）小于 0.1×10^{-6}，是一种广泛使用的可靠净化手段。

传统工艺采用固定床净化法脱硫脱碳，采用COS水解＋PSA脱碳工艺，硫化物脱除效率不高，因此净化气下游还需设置精脱硫单元进一步脱硫。此外，大部分硫化物随着PSA脱碳解吸气一起进入混合燃料气，增加了下游用户的潜在风险或进一步处理的成本。

PSA提CO的原料气 N_2 含量高（摩尔分数为48%），并含有一定量的甲烷（摩尔分数为0.3%）。传统常温PSA提CO处理高氮原料气，在国内项目中的应用业绩还没有。因此，转化工艺的PSA提CO采用北大先锋特有的载铜分子筛提CO法，对CO和其他气体组分的分离系数高，在国内已有较多应用业绩。

通过以上分析可知，转化工艺运行可靠，能够确保工厂高在线率。而传统工艺的技术瓶颈会导致工厂运行不稳定，增加停车机会，极大增加了工厂的运行成本。

2. 流程更简单高效

转化工艺中POX工序和酸脱（高含氮气酸性原料气体脱除/低温甲醇洗）工序可实现一单元多重功能。POX工序除了利用高温反应将原料气中的各种微量有毒组分转化为无毒或易处理组分外，还因为POX反应为部分氧化，氧气相对工艺气组分不足，所以原料气中的微量氧气经POX出口不会残留，消除了对下游PSA提CO吸附剂的危害并保证产品气中氧含量达标，因此不必如固定床净化法设置单独的除氧装置。

低温甲醇洗工序能够在一个单元内分别脱除有机硫、无机硫和二氧化碳，不会将两者混在一起。含硫尾气可以送已有的PDS进一步处理。而固定床净化法需要分别设置脱硫、脱碳单元，且脱硫单元还需先将有机硫在催化剂下水解转化成无机硫，再进行下一步脱硫。

转化工艺仅在原料气入口进行一次压缩即可，而传统工艺因为TSA脱苯、脱萘的操作压力要求，需要在TSA脱苯、脱萘前先单独升压，之后应下游工序的要求再进行一次升压，使得压缩流程复杂，投资、占地更大，日常运行管理和维护要求更高。

3. 荒煤气原料消耗低

生产同样量的 $CO+H_2$，原料气消耗只有传统工艺的约78%。主要是因为固定床净化

法中 PSA 脱碳会损失约 5% 的有效气。此外，转化单元采用 POX，能够将原料气中甲烷转化为有效气 CO、H_2，可增加约 17% 的有效气量。

4. 运行维护简单和环境友好

转化工艺酸脱工序需要初装甲醇和制冷用氨或丙烯，这几种化学品为常规化学品，且可以从业主老厂通过管输方便获取，且日常运行损耗很小[18]。

传统工艺多通过催化反应或者物理吸附法脱除原料气中的微量有害组分，因此相较转化工艺需要更多的催化剂和吸附剂，初次装填需要大量的催化剂和吸附剂，且除了 PSA 吸附剂使用寿命较长外，其余吸附剂和催化剂的平均使用寿命只有 2～3 年。这不可避免地会影响操作连续稳定性，并带来了危废处理的环保问题。同时，危废需要有资质的公司进行回收或者无害化处理，导致工厂运行费用增加[19]。通过以上分析比较，荒煤气制备化工产品需要的合成气（CO＋H_2）的工艺路线应优先选择转化工艺路线。

第五节　荒煤气制合成氨技术与能耗

一、荒煤气制合成氨工艺选择

由于低阶煤热解技术的特性，荒煤气具有压力低、组分复杂、氮气含量高，并含有较多苯、萘、有机硫等有害物质的特点。但从生产合成氨化学品所需的合成气的要求看，荒煤气其实是一种非常适合生产合成氨的原料气。典型的荒煤气制合成氨（联产尿素）工艺路线见图 4-6。

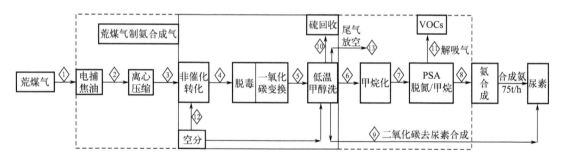

图 4-6　典型的荒煤气制合成氨（联产尿素）工艺路线图

合成氨产能按 60 万 t/a 设计，年操作时间按 8000h 作为计算基准，典型的荒煤气制合成氨（联产尿素）物料平衡计算见表 4-2。

根据图 4-6 和表 4-2，工艺流程说明如下：来自界区外已经过预处理的荒煤气，一般焦油含量在 100mg/m³，需要进行压缩、净化、分离 H_2＋CO 等有效组分后才能满足下游合成化学品的要求。经预处理（物料点 1）的荒煤气进入离心压缩机的一段，被压缩到约 0.3MPa（G）进入冷却器，被冷却至 40℃进入旋片式分离器及粗脱焦油洗涤塔，被分离出来的水、焦油等从底部排出；最终荒煤气被压缩至 3.3MPa（G）、120℃送至转化工序（物料点 3）。

表 4-2　典型的荒煤气制合成氨（联产尿素）物料平衡计算表

物料编号	1		2		3		4		5		6		7		8		9	
物料名称	荒煤气（去合成氨）		荒煤气粗脱焦油		转化原料气		转化气		变换气		酸脱净化气		甲烷化精制气		氨合成气		二氧化碳去尿素合成	
组分	摩尔分数/%	流量/(m³/h)	摩尔分数/%	流量/(m³/h)	摩尔分数/%	流量/(m³/h)	摩尔分数/%	流量/(m³/h)	摩尔分数/%	流量/(m³/h)	摩尔分数/%	流量/(m³/h)	摩尔分数/%	流量/(m³/h)	摩尔分数/%	流量/(m³/h)	摩尔分数/%	流量/(m³/h)
H_2（干基）	23.40	94727.4	23.40	94727.4	23.39	94727.4	22.07	86201.9	35.53	167820.9	49.01	167485.2	47.17	155605.2	75.00	149381.0	0.40	200.6
CO（干基）	14.10	57079.3	14.10	57079.3	14.09	57079.3	21.92	85619.0	0.85	4000.0	1.16	3960.0	$CO+CO_2$	$\leq5\times10^{-6}$	$CO+CO_2$	$\leq1\times10^{-6}$	0.10	50.1
CO_2（干基）	12.30	49792.6	12.30	49792.6	12.29	49792.6	11.86	46313.2	27.09	127932.1	$\leq20\times10^{-6}$						99.00	49636.4
N_2+Ar（干基）	42.30	171237.9	42.30	171237.9	42.28	171237.9	43.83	171220.8	36.25	171220.8	49.60	169508.6	51.39	169508.6	25.00	49793.7	0.50	250.7
CH_4（干基）	6.20	25098.7	6.20	25098.7	6.20	25098.7	0.205	800.0	0.17	800.0	0.22	768.0	1.44	4760.0	$\leq500\times10^{-6}$			
$C_2\sim C_5$（干基）	0.80	3238.5	0.80	3238.5	0.80	3238.5												
焦油	100mg/m³		25mg/m³		5mg/m³		0.00											
O_2（干基）	0.80	3238.5	0.80	3238.5	0.80	3238.5	$\leq200\times10^{-6}$		0.00		$\leq0.1\times10^{-6}$		0.00		$\leq0.1\times10^{-6}$		0.00	
总硫（干基）	0.065	263.1	0.065	263.1	0.065	263.1	0.067	263.1	0.056	263.1	0.00		0.00		0.00			
NH_3（干基）	0.080	323.9	0.080	323.9	0.080	323.9	0.061	236.4	0.050	236.4	0.00		0.00		0.00			
CH_3OH（湿基）																		
H_2O（湿基）	5.78	24845.0	5.78	24845.0	0.029	119.5	1.29	5091.6	0.02	115.0	0.00		0.00		0.00		0.10	
合计（干基）	100.0	405000.0	100.0	405000.0	100.00	405000.0	100.0	390654.4	100.0	472273.4	100.0	341721.8	100.0	329873.8	100.0	199174.7	100.0	50137.7
压力/MPa(G)	0.007		0.007		3.30		3.10		2.80		2.70		2.65		2.60		0.10	
温度/℃	40		40		120		220		40		40		40		40		30	

来自压缩工序的荒煤气在预热器中被从废热锅炉出来的高温转化气加热至 200℃，然后配入一定量的废热锅炉产的保护蒸汽，送入转化炉烧嘴。界外来的纯氧气经过氧气预热器预热至 200℃，随之配入少量的废热锅炉产的蒸汽作为安全蒸汽后送至转化炉烧嘴。氧气流量根据转化炉出口温度和荒煤气流量进行调节，荒煤气和氧气分别进入转化炉上部后立即发生氧化反应放出热量，并很快进行以下反应：

$$2H_2 + O_2 \Longrightarrow 2H_2O \tag{4-8}$$

$$CH_4 + H_2O \Longrightarrow CO + 3H_2 \tag{4-9}$$

$$CO + H_2O \Longrightarrow CO_2 + H_2 \tag{4-10}$$

$$2C_nH_m + (4n-m)H_2 \Longrightarrow 2nCH_4 \tag{4-11}$$

转化气由转化炉底部引出，温度 1200～1350℃，甲烷干基含量约 0.2%，进入废热锅炉回收热量副产蒸汽，然后经荒煤气预热器、锅炉给水预热器冷却至 220℃后，作为转化气（物料点 4）送至一氧化碳变换工序。

因合成氨的主要合成气为 H_2 和 N_2，其中 H_2 主要来自荒煤气中的（H_2+CO）。一氧化碳变换工序催化剂升温硫化设置单独的升温硫化开车系统，采用循环氮气加氢气和硫化剂的方式对耐硫变换催化剂进行升温硫化。

脱硫脱碳采用低温甲醇洗工艺，通过低温下甲醇对 CO_2 和硫化物较好的吸收效果对变换气进行洗涤净化。进甲醇洗的变换气经冷却、洗氨后使其中的 NH_3 含量降至体积分数 2×10^{-6} 以下后喷射少量防结冰甲醇，在换热器中与净化气和部分尾气换热冷却并分离出水分后进入洗涤塔进行脱硫脱碳。在洗涤塔顶用甲醇液洗涤，变换净化气由塔顶引出，此时的气体称为酸脱净化气（物料点 6）。

由于酸脱净化气中还有未完全变换的一氧化碳（物料点 6），一氧化碳对于下游氨合成催化剂是中毒介质（一般要求体积分数小于 5×10^{-6}）。因此，酸脱净化气需要经过气体精制后才能进入下游氨合成工序。由于酸脱净化气中的氮气含量很高，采用传统合成氨路线中的液氮洗工艺能耗巨大，因此推荐采用甲烷化工艺对酸脱净化气进行精制，通过气体中少量的 $CO+CO_2$ 与 H_2 反应生产 CH_4 的方式，将酸脱净化气中的 $CO+CO_2$ 体积分数控制在 5×10^{-6} 以下，经过甲烷化的精制气（物料点 7）送至下游变压吸附（PSA）工序分离气体中多余的氮气和甲烷后，即可获得氨合成需要的合成气（物料点 8）。

此外，合成氨装置还可以联合尿素/联碱装置进行产品的进一步加工延伸，增加经济效益的同时，进一步降低 CO_2 排放。尿素/联碱装置需要的 CO_2 可以通过低温甲醇洗的再生系统，对吸收 CO_2 的甲醇富液减压闪蒸、氮气气提后，可获得摩尔分数为 99% 以上的 CO_2 副产品气（物料点 9）。

二、荒煤气制合成氨工艺特点

由工艺路线图（图 4-6）和物料平衡表（表 4-2）可以看出，荒煤气制合成氨具有以下特点：由于合成氨的合成气需要 H_2 和 N_2，荒煤气中的大量氮气可以被部分利用，并且不需要考虑提取高纯度的氢气，在提氢的过程中，仅需要考虑脱除多余的氮气实现 $H_2:N_2$ 比例接近 3:1 即可，提氢的回收率大幅度提高，如采用变压吸附（PSA），提氢回收率可以到 90% 以上，节省了荒煤气原料气的消耗。

合成氨可以联产尿素、纯碱等固碳类产品，消耗部分生产过程中的 CO_2，降低碳排放。荒煤气制合成氨的意义不仅在于其对化学工业的重要性，还在于其对环境保护和能源利用的深远影响。

三、荒煤气制合成氨能耗分析

1. 制合成氨能耗计算范围

为便于计算和统一基准，本章仅统计工艺装置的过程能耗，并按照国家标准 GB/T 50441—2016《石油化工设计能耗计算标准》中的能源折算值进行综合计算和对比。后续章节在计算产品能耗时，均采用以上相同的计算基准。荒煤气制合成氨主要工艺流程包括预处理、压缩、非催化转化、变换、酸性气体脱除、甲烷化、变压吸附（PSA）提氢、氨合成、尾气焚烧、硫回收等。

2. 荒煤气制合成氨能耗计算条件及结果

荒煤气制合成氨，产量为 75t/h，同时副产中压蒸汽、蒸汽冷凝液、工艺余热等。在计算能耗指标时，以合成氨产量 75t/h 为计算基准，能耗按一次能源消耗计算；由于空分装置不在范围内，氧气、氮气的消耗均计入能耗；副产品二氧化碳不计入能源输出；公用工程以蒸汽、循环水、除盐水消耗为主，按国家标准规定的折能指标计入能耗。荒煤气制合成氨能耗计算见表 4-3。

表 4-3　荒煤气制合成氨能耗计算表

序号	名称	单位	物料消耗/t	能耗指标/MJ	能耗/(GJ/t)
1	荒煤气(干基)	m^3	5400	6.533	35.28
2	高压蒸汽	t	0	3852	0.00
3	中压蒸汽	t	−4.92	3684	−18.13
4	低压蒸汽	t	0.31	3182	0.99
5	蒸汽冷凝液外送	t	−1.32	41.87	−0.06
6	循环冷却水	t	235.5	2.512	0.59
7	除盐水	t	10.56	41.87	0.44
8	电	kW·h	1573	9.21	14.49
9	氧气	m^3	600	6.28	3.77
10	氮气	m^3	193	6.28	1.21
11	压缩空气	m^3	67	1.59	0.11
12	工艺余热	GJ	−2.42		−2.42
13	总计				36.27
14	单位产品总能耗(折标煤)	kgce/t			1238
15	单位产品综合加工能耗(折标煤，不含原料气)	kgce/t			34

3. 制合成氨能耗分析

荒煤气生产合成氨的综合能耗（含原料）是 36.27GJ/t，对应的单位产品总能耗是 1238kgce/t。综合能耗是指荒煤气制合成氨生产过程中消耗的各种能源总和，包括原料（荒煤气）、电力、燃料及辅助材料（此处主要为氧气、氮气等）、蒸汽、热力（工艺余热）等能源消耗；综合能耗是衡量企业能源利用效率的重要指标，也是国家宏观调控和能源管理的重要依据。加工能耗是 34kgce/t。加工能耗是在综合能耗的基础上扣除了原料（荒煤气）的折能。

对比国家标准 GB 21344—2023《化肥行业单位产品能源消耗限额》，此综合能耗值达到了以优质无烟煤块为原料的 3 级能耗限额（≤1350 kgce/t）、以粉煤为原料的 1 级能耗限额（≤1340kgce/t）和以褐煤为原料的 1 级能耗限额（≤1700 kgce/t）。GB 21344—2023 中规定，新建及改扩建合成氨生产装置综合能耗准入值应不低于对应原料的 2 级能耗限额要求，目前绝大多数煤化工项目，均是以品质较低的粉煤和褐煤为原料。虽然 GB 21344—2023 中并未列出以荒煤气为原料对应的生产合成氨综合能耗限额，但可以参考以粉煤和褐煤为原料的综合能耗限额。新建的荒煤气制合成氨单位产品综合能耗满足此项标准要求。

四、荒煤气制合成氨应用前景

① 荒煤气制合成氨技术的开发和应用，为处理和利用工业废气提供了一条有效的途径。荒煤气通常是在煤炭、石油等化石燃料的开采和加工过程中产生的副产品气体，其中含有大量的甲烷、氢气等可利用成分。通过将这些废气转化为合成氨，不仅可以减少环境污染，还能实现资源的再利用，提高能源的综合利用率。

② 合成氨是农业生产中不可或缺的化肥原料。荒煤气制合成氨技术的发展，有助于降低化肥生产的成本，从而提高农业生产的经济效益。合成氨用于生产硝酸、尿素等化工产品，进一步拓展了其应用范围。荒煤气制合成氨技术的推广和应用，有助于减少对传统化石燃料的依赖。随着全球能源危机的加剧，寻找可替代的能源和原料显得尤为重要。

③ 荒煤气制合成氨技术创新开发。为推动合成氨相关产业的技术升级和结构调整，应通过不断优化工艺流程、提高设备效率，进一步降低生产成本，提高产品质量，增强企业的市场竞争力。同时，这一技术的创新研发也为相关领域的科研人员提供了广阔的研究空间，促进了科技进步和行业发展。

④ 环保效益与经济效益的双重提升。荒煤气制合成氨技术不仅在环保方面具有显著优势，可减少温室气体排放，而且在提高经济效益上也具有重要意义。通过有效利用荒煤气，可以降低化肥等化工产品的生产成本。此外，该技术的推广可促进相关产业链的发展，从而带动地区经济的增长。例如，通过改进催化剂的性能，可以提高荒煤气中甲烷的转化率，从而提升合成氨的产量。在政策层面，政府对这类环保型技术的扶持和激励措施，也进一步推动了该技术的快速发展和应用。这些综合效应不仅有助于实现可持续发展目标，也有利于社会经济的绿色发展。

第六节　荒煤气制氢技术与能耗

一、荒煤气制氢工艺选择

荒煤气制氢的工艺路线前端和荒煤气制合成氨类似，需要全部脱除氮气才能获得高纯度的氢气，虽然 H_2 和 N_2 的分离相比 CO 和 N_2 较为容易，但荒煤气中氮气含量接近一半，导致氢气提纯装置的入口氢气含量低，采用变压吸附（PSA）等氢气提纯手段时，氢气回收率相对不高。典型的荒煤气制氢工艺路线见图 4-7。

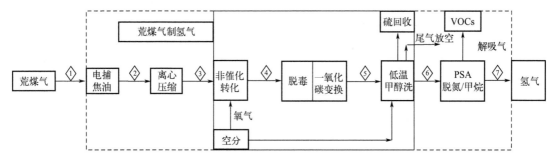

图 4-7　典型的荒煤气制氢工艺路线图

氢气产能按 11 亿 m^3/a 设计，年操作时间按 8000h 作为计算基准，典型的荒煤气制氢物料平衡计算见表 4-4。

荒煤气制氢的工艺流程与荒煤气制合成氨的工艺流程相似，来自界区外已经过预处理的荒煤气，被压缩至 3.3MPa（G）、120℃送至转化工序（物料点 3）。荒煤气经过非催化部分氧化后作为转化气（物料点 4）送至一氧化碳变换工序。

与荒煤气制合成氨不同，氢气产品的浓度（摩尔分数）一般要求为 99.9％左右，对 CO 的最低含量要求没有氨合成气那么苛刻。因此，可以不设置甲烷化等气体精制措施，可以直接通过变压吸附（PSA）分离并脱除气体中的氮气、甲烷、一氧化碳、二氧化碳，获得氢气产品（物料点 7）。

二、荒煤气制氢工艺特点

由工艺路线图（图 4-7）和物料平衡表（表 4-4）可以看出，荒煤气制氢气具有以下主要特点：

① 荒煤气中氢含量较高，属于"氢多碳少"的一种原料气，与生产合成氨相似。

② 如果不需要生产高纯氢气，例如氢气产品的浓度（摩尔分数）为 99.9％左右，经脱硫脱碳的净化气可以直接通过变压吸附（PSA）分离并脱除气体中的氮气、甲烷、一氧化碳、二氧化碳，获得氢气产品，进一步节省生产成本。

三、荒煤气制氢能耗分析

1. 制氢能耗计算范围

荒煤气制氢气主要工艺流程包括预处理、压缩、非催化转化、变换、酸性气体脱除、变压吸附（PSA）提氢、尾气焚烧、硫回收等。

2. 荒煤气制氢能耗计算条件及结果

荒煤气制氢，产量为 $137.5×10^3 m^3/h$，同时副产中压蒸汽、蒸汽冷凝液、工艺余热等。在计算能耗指标时，以制氢产量 $137.5×10^3 m^3/h$ 为计算基准，能耗按一次能源消耗计算；由于空分装置不在范围内，氧气、氮气的消耗均计入能耗；副产品二氧化碳不计入能源输出；公用工程以蒸汽、循环水、除盐水消耗为主，按国家标准规定的折能指标计入能耗。荒煤气制氢气能耗计算见表 4-5。

表4-4 典型的荒煤气制氢物料平衡计算表

物料编号	1		2		3		4		5		6		7	
物料名称	荒煤气（去合成氨）		荒煤气粗脱焦油		转化原料气		转化气		变换气		酸脱净化气		氢气	
组分	摩尔分数/%	流量/(m³/h)	摩尔分数/%	流量/(m³/h)	摩尔分数/%	流量/(m³/h)	摩尔分数/%	流量/(m³/h)	摩尔分数/%	流量/(m³/h)	摩尔分数/%	流量/(m³/h)	摩尔分数/%	流量/(m³/h)
H_2(干基)	23.40	94727.4	23.40	94727.4	23.39	94727.4	22.07	86201.9	35.53	167820.9	49.01	167485.2	99.90	137337.9
CO(干基)	14.10	57079.3	14.10	57079.3	14.09	57079.3	21.92	85619.0	0.85	4000.0	1.16	3960.0	0.05	68.7
CO_2(干基)	12.30	49792.6	12.30	49792.6	12.29	49792.6	11.86	46313.2	27.09	127932.1	$\leq 20\times10^{-6}$		0.05	68.7
N_2+Ar(干基)	42.30	171237.9	42.30	171237.9	42.28	171237.9	43.83	171220.8	36.25	171220.8	49.60	169508.6	$\leq 500\times10^{-6}$	
CH_4(干基)	6.20	25098.7	6.20	25098.7	6.20	25098.7	0.205	800.0	0.17	800.0	0.22	768.0		
$C_2 \sim C_5$(干基)	0.80	3238.5	0.80	3238.5	0.80	3238.5								
焦油	100mg/m³		25mg/m³		5mg/m³		0.00		0.00					
O_2(干基)	0.80	3238.5	0.80	3238.5	0.80	3238.5	$\leq 200\times10^{-6}$				$\leq 0.1\times10^{-6}$	0.0	$\leq 0.1\times10^{-6}$	0.0
总硫(干基)	0.065	263.1	0.065	263.1	0.065	263.1	0.067	263.1	0.056	263.1	0.00	0.0	0.00	0.0
NH_3(干基)	0.080	323.9	0.080	323.9	0.080	323.9	0.061	236.4	0.050	236.4	0.00	0.0	0.00	0.0
CH_3OH(干基)														
H_2O(湿基)	5.78	24845.0	5.78	24845.0	0.029	119.5	1.29	5091.6	0.02	115.0	0.00	0.0	0.00	0.0
合计(干基)	100.0	405000.0	100.0	405000.0	100.00	405000.0	100.0	390654.4	100.0	472273.4	100.0	341721.8	100.0	137475.4
压力/MPa(G)	0.007		0.007		3.30		3.10		2.80		2.70		-0.05	
温度/℃	40		40		120		220		40		40		40	

表 4-5　荒煤气制氢气能耗计算表

序号	名称	单位	物料消耗/1000m³	能耗指标/MJ	能耗/(GJ/1000m³)
1	荒煤气(干基)	m³	2945	6.533	19.24
2	高压蒸汽	t	0	3852	0.00
3	中压蒸汽	t	−2.14	3684	−7.88
4	低压蒸汽	t	0.175	3182	0.56
5	蒸汽冷凝液外送	t	−0.679	41.87	−0.03
6	循环冷却水	t	113	2.512	0.28
7	除盐水	t	5.45	41.87	0.23
8	电	kW·h	692	9.21	6.37
9	氧气	m³	327	6.28	2.05
10	氮气	m³	102	6.28	0.64
11	压缩空气	m³	29	1.59	0.05
12	工艺余热	GJ	−1.17		−1.17
13	总计				20.34
14	单位产品总能耗(折标煤)	kgce/1000m³			694
15	单位产品综合加工能耗(折标煤,不含原料气)	kgce/1000m³			38

3. 制氢能耗分析

荒煤气生产氢气的综合能耗（含原料）是 20.34GJ/1000m³，对应的单位氢气产品总能耗是 694 kgce/1000m³，加工能耗是 38kgce/1000m³。其中，综合能耗是指荒煤气制氢气生产过程中消耗的各种能源的总和，包括原料（荒煤气）、电力、燃料及辅助材料（此处主要为氧气、氮气等）、蒸汽、热力（工艺余热）等能源消耗；加工能耗是在综合能耗的基础上扣除了原料（荒煤气）的折能。

目前还没有相关氢气产品能源消耗限额标准或相关要求出台，因荒煤气制氢气与荒煤气制合成氨工艺流程最接近，可以参考国家标准 GB 21344—2023《化肥行业单位产品能源消耗限额》，简单地将氢气换算成合成氨，1000m³H₂ 相当于 0.506t NH₃，则荒煤气生产氢气的综合能耗（含原料）是 1372 kgce/t（NH₃）。

四、荒煤气制氢应用前景

荒煤气制氢技术是一种高效转化工业废气中潜在能源的先进方法。它通过将废气中的主要成分一氧化碳和氢气进行科学转化，生产出清洁能源氢气。荒煤气制氢技术的推广和应用，不仅在工业领域具有重要意义，而且在能源结构转型中也扮演着关键角色。随着全球对可再生能源需求的不断增长，氢能源作为一种清洁、高效的能源载体，其潜力正逐渐被世界各国所认识和重视。荒煤气制氢技术的出现，为传统工业废气的处理提供了一条新的途径，使得原本被视为污染源的废气转化为宝贵的清洁能源，实现了环境与经济的双赢。

① 在技术层面。荒煤气制氢技术的持续优化和创新，使得其转化效率不断提高，生产成本逐渐降低。这不仅有助于提升企业的经济效益，还为氢能源的普及奠定了基础。与此同

时，随着相关配套技术的不断发展，如高效催化剂的研发、氢气纯化技术的改进以及氢气运输和储存技术的突破，荒煤气制氢技术的应用范围将进一步扩大。

② 在政策层面。许多国家已经将氢能源的发展纳入国家能源战略，通过制定一系列扶持政策和激励措施，推动氢能源技术的研发和应用。这为荒煤气制氢技术的推广提供了有力支持。未来，随着全球对低碳经济的重视，荒煤气制氢技术有望在更多领域得到应用，如交通运输、电力生产以及工业生产过程中的能源供应等。

③ 在环保层面。由于其能够将工业废气中的有害成分转化为清洁能源，因此在减少环境污染、改善空气质量方面发挥着重要作用。此外，荒煤气制氢技术的推广应用，有助于减少对化石燃料的依赖，降低温室气体排放，符合全球应对气候变化的共同目标。

④ 在经济层面。荒煤气制氢技术的实施能够为企业带来新的经济增长点。通过将废气转化为高附加值的氢气产品，企业不仅能够获得额外的收益，还能通过提高能源利用效率降低生产成本。同时，随着氢能源市场的逐步成熟，荒煤气制氢技术的应用将为企业开拓新的市场空间，并增强其在能源领域的竞争力。

综上所述，荒煤气制氢技术作为一种创新的能源转化方式，在技术、政策、环保和经济等多个层面展现出巨大的潜力和优势，为实现能源结构的绿色转型提供了新的思路。随着技术的不断进步和政策的支持，荒煤气制氢技术有望成为推动能源结构转型和实现可持续发展的重要力量。

第七节　荒煤气制甲醇技术与能耗

一、荒煤气制甲醇工艺选择

荒煤气制甲醇工艺是一种将工业生产过程中产生的荒煤气转化为甲醇的技术。荒煤气主要来源于钢铁厂、焦化厂等工业生产过程，含有大量的氢气、一氧化碳和少量的二氧化碳、甲烷等成分。将这些气体转化为甲醇，不仅可以有效利用资源，还能减少环境污染。在荒煤气制甲醇工艺中，首先需要对荒煤气进行预处理，以去除其中的杂质和有害成分。预处理过程通常包括脱硫、脱氯和脱氮等步骤。经过预处理的荒煤气进入合成反应器，在催化剂的作用下，氢气和一氧化碳发生化学反应，生成甲醇。

合成反应器的设计和操作对整个工艺的效率和经济性具有重要影响。反应器通常采用固定床、流化床或浆态床等不同类型的设计，以适应不同的操作条件和反应要求。催化剂的选择和制备也是关键因素之一，常用的催化剂包括铜基催化剂、锌基催化剂等。在反应过程中，为了提高甲醇的产率和选择性，需要严格控制反应温度、压力和气体配比等参数。反应温度一般控制在 $200\sim300℃$，压力在 $5\sim10MPa$。通过优化这些操作条件，可以有效提高甲醇的生产效率。生成的甲醇经过分离和提纯步骤，去除其中的杂质和未反应的气体，最终得到高纯度的甲醇产品。分离和提纯过程通常包括冷凝、精馏和吸附等步骤。得到的甲醇产品广泛应用于化工、医药、燃料等领域，具有重要的经济价值和市场前景。荒煤气制甲醇工艺不仅能够有效利用工业生产过程中产生的荒煤气资源，减少环境污染，还能为相关产业提供重要的原料和能源，具有显著的经济效益和社会效益。典型的荒煤气制甲醇工艺路线见图 4-8。

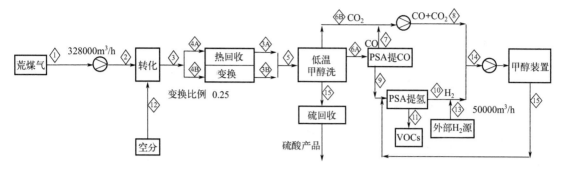

图 4-8 典型的荒煤气制甲醇工艺路线图

甲醇产能按 60 万 t/a 设计，年操作时间按 8000 h 作为计算基准，典型的荒煤气制甲醇物料平衡计算见表 4-6。

煤气制甲醇过程中的压缩与转化主要工艺流程与荒煤气制合成氨等相似，但一氧化碳变换、脱硫脱碳、变压吸附分离等工序有较大区别。由于合成甲醇需要 CO+H₂，因此分离荒煤气中的 CO 与 N_2 是荒煤气制甲醇的重点。通过压缩及转化获得的转化气（物料点 3）送至一氧化碳变换工序。

二、荒煤气制甲醇工艺特点

由工艺路线图（图 4-8）和物料平衡表（表 4-6）可以看出，荒煤气制甲醇具有以下特点：

① 荒煤气中氢含量较高，转化后的荒煤气仅有 1/4 需要通过变换反应就可以达到甲醇合成所需要的 $H_2/(CO+CO_2)$ 约为 2.2 的配比，变换深度较浅，意味着变换额外产生的 CO_2 量相比荒煤气制合成氨和荒煤气制氢气显著减少。

② 荒煤气制甲醇相比荒煤气制合成氨、氢气的流程及工艺复杂一些。

③ 荒煤气制甲醇的意义不仅在于其对化学工业的重要性，还在于其对环境保护和降碳减排的深远影响。

三、荒煤气制甲醇的 CO 分离

对于荒煤气制甲醇，氮气和 CO 的分离是甲醇（H₂＋CO）合成气工艺路线中的重点、难点，主要原因为 CO 和 N_2 的沸点接近（常压下分别为 −191.5℃ 和 −195.8℃）且分子量相同，分离难度大。目前国内大型煤化工项目主要采用深冷法和变压吸附（PSA）法分离 CO_2 和 N_2。对于 CO 分离技术的选择，一直是行业内关注和讨论的焦点。

1. 深冷分离法

深冷法是 20 世纪 60 年代开始在工业上采用的制备高纯度 CO 的方法。目前，国外最新 CO 分离技术是部分冷凝。部分冷凝法是利用 CO 与其他气体冷凝点的差别，使混合气在 −210～−165℃ 的低温下，一氧化碳冷凝液化，其他组分保持气态，从而将 CO 分离出来。

表4-6 典型的荒煤气制甲醇的物料平衡计算表

物料编号	1 荒煤气		2 转化原料气		3 转化气		4A 未变换转化气		4B 变换转化气		5A 未变换气		5B 变换气		5 低甲进气		6A 去CO提纯净化气		6B CO₂产品气	
组分	摩尔分数/%	流量/(m³/h)	摩尔分数/%	流量/(m³/h)	摩尔分数/%	流量/(m³/h)	摩尔分数/%	流量/(m³/h)	摩尔分数/%	流量/(m³/h)	摩尔分数/%	流量/(m³/h)	摩尔分数/%	流量/(m³/h)	摩尔分数/%	流量/(m³/h)	摩尔分数/%	流量/(m³/h)	摩尔分数/%	流量/(m³/h)
H_2(干基)	21.32	69943.6	21.32	69943.6	16.90	54132.1	16.90	40599.1	16.90	13533.0	16.91	40599.1	32.70	32311.9	21.51	72911.0	25.38	72546.4	0.40	14.1
CO(干基)	14.75	48389.7	14.75	48389.7	24.95	79915.5	24.95	59936.6	24.95	19978.9	24.96	59936.6	1.21	1200.0	18.04	61136.6	21.28	60831.0	0.04	1.4
CO_2(干基)	11.96	39236.6	11.96	39236.6	12.19	39040.5	12.19	29280.3	12.19	9760.1	12.19	29280.3	28.88	28539.0	17.06	57819.3	1.96	5600.0	99.10	3500.0
N_2+Ar(干基)	44.53	146087.6	44.53	146087.6	45.65	146233.7	45.65	109675.3	45.65	36558.4	45.67	109675.3	36.99	36558.4	43.14	146233.7	51.16	146233.7	0.40	14
CH_4(干基)	5.24	17190.6	5.24	17190.6	0.187	600.0	0.19	450.0	0.19	150.0	0.187	450.0	0.15	150.0	0.18	600.0	0.21	600.0	0.06	2.1
C_2H_6(干基)	0.60	1968.4	0.60	1968.4																
C_2H_4(干基)	0.30	984.2	0.30	984.2																
C_3H_8(干基)	0.20	656.1	0.20	656.1																
C_3H_6(干基)	0.14	459.3	0.14	459.3																
O_2(干基)	0.80	2624.5	0.80	2624.5																
总硫(干基)	0.06	196.8	0.06	196.8	0.061	196.8	0.061	147.6	0.061	49.2	0.061	147.6	0.050	49.2	0.06	196.8	$\leq 0.1 \times 10^{-6}$	0.0	$\leq 0.1 \times 10^{-6}$	0.0
NH_3(干基)	0.080	262.5	0.08	262.5	0.060	191.6	0.060	143.7	0.060	47.9	1.80×10^{-4}	43.1	1.45×10^{-4}	14.4	1.70×10^{-2}	57.5				
CH_3OH(干基)																	6.8×10^{-3}	19.3	0.0	0.0
C_2H_5OH(干基)																				
H_2O(湿基)	7.46	26435.9	0.449	1595.0	20.81	84198.3	20.81	63148.7	20.81	21049.6	0.25	606.9	0.26	258.7	0.25	865.6				
合计(干基)	100.0	328000.0	100.0	328000.0	100.0	320310.2	100.0	240232.7	100.0	80077.6	100.0	240132.1	100.0	98822.9	100.0	338955.0	100.0	285830.4	100.0	3531.8
分子量	23.41		23.82		23.98		23.98		23.98		25.53		24.10		25.11		21.70		43.75	
压力/MPa(G)	0.003		3.35		3.05		3.05		3.05		2.90		2.80		2.80		2.55		0.12	
温度/℃	40		129		220		220		220		40		40		40		40		30	

续表

物料编号	7		8		9		10		11		12		13		14		15	
物料名称	产品CO气		增压产品CO气		CO提纯透过气		PSA产品H₂气		提氢解析气		转化用氧		厂外氢源		合成新鲜气		甲醇合成池放气	
组分	摩尔分数/%	流量/(m³/h)	摩尔分数/%	流量/(m³/h)	摩尔分数/%	流量/(m³/h)	摩尔分数/%	流量/(m³/h)	摩尔分数/%	流量/(m³/h)	摩尔分数/%	流量/(m³/h)	摩尔分数/%	流量/(m³/h)	摩尔分数/%	流量/(m³/h)	摩尔分数/%	流量/(m³/h)
H_2(干基)	0.10	53.2	0.12	67.3	31.17	72493.2	99.90	67621.1	7.84	13850.1	99.60	39029.1	99.00	49500.0	67.15	117188.4	75.69	8978.0
CO(干基)	98.30	52314.6	92.18	52316.0	3.66	8516.3	$\leq20\times10^{-6}$		5.46	9652.6					29.99	52316.0	9.58	1136.3
CO_2(干基)	0.40	212.9	6.54	3712.9	2.32	5387.1	0.10	67.7	3.37	5958.4					2.13	3712.9	4.82	571.2
N_2(干基)	1.15	612.0	1.10	626.1	62.61	145621.7	50×10^{-6}	3.4	82.94	146546.3	0.40	156.7	0.80	400.0	0.63	1093.8	8.37	992.3
CH_4(干基)	0.05	26.6	0.05	28.7	0.247	573.4			0.39	685.5			0.20	100.0	0.08	132.1	0.97	115.5
C_2H_6(干基)																		
C_2H_4(干基)																		
C_3H_8(干基)																		
C_3H_6(干基)																		
O_2(干基)																		
总硫(干基)																		
NH_3(干基)																		
CH_3OH(干基)																	0.532	63.1
C_2H_5OH(干基)																	0.0	0.0
H_2O(湿基)																	0.01	1.5
合计(干基)	100.0	53219.3	100.0	56751.1	100.0	232591.7	100.0	67688.8	100.0	176692.9	100.0	39185.8	100.0	50000.0	100.0	174443.3	100.0	11862.0
分子量	28.04		29.02		20.25		2.04		26.47		2.12		2.25		10.88		9.00	
压力/MPa(G)	0.005		2.30		2.45		2.30		0.02		2.40		2.30		0.40		8.00	
温度/℃	40		40		40		40		40		40		40		40		40	

深冷法的特点是：可同时制得两种以上高纯度气体，收率高，流程简单，装置占地少，操作简便。在较高压力下，从含高浓度 CO 的原料气中分离 CO 时，采用深冷法有利，工艺成熟可靠。从 20 世纪 70 年代到 90 年代，德国林德公司在世界各地已有十多套工业化装置。该法不足之处在于：

① 当原料气中含 N_2 较高时，CO 回收率不高且能耗巨大。

② 必须脱除原料气中水和 CO_2，使其体积分数小于 1×10^{-6}，否则在低温下会堵塞管道。而脱除原料气水和 CO_2 需要在冷箱前端增加 TSA 脱水/脱碳工序，增加了投资和能耗。

2. 变压吸附分离提纯法

变压吸附法（PSA 法）是一种新的气体分离技术并得到广泛应用，其中，以 PSA 法制氢应用最多。采用变压吸附分离 CO 最早由德国林德公司提出。林德公司采用 5A 分子筛两段法分离，由于 5A 分子筛对 CO 与甲烷和氮气的分离系数较小，在原料气中氮气和甲烷含量较高时，为了提高 CO 纯度，需要大量的冲洗气量。

在国内，北京大学开发了性能良好的分离 CO 专用吸附剂，该变压吸附法是在 70℃下，利用载铜分子筛中亚铜离子与 CO 产生络合效应，实现吸附相提纯 CO 和非吸附相制纯氢的目的。由于对 CO 的吸附能力与吸附 CH_4、N_2 等的能力差异较大，能很好地分离 CO，保证 CO 产品的纯度和较高的回收率。同时，该吸附剂对在中低压的原料混合气中提纯 CO 气依然具有很好的分离效果，目前该技术已在多家工业装置中应用，运行效果很好。荒煤气制乙二醇项目原料气的一大特点是氮气含量很高，供 CO 提纯的原料气中氮气占 47% 以上，由于 CO 和 N_2 的沸点十分接近（常压下分别为 -191.5℃和 -195.8℃），若采用深冷技术对原料气进行 CO 提纯会非常困难，能耗巨大且投资很高，因此采用变压吸附（PSA）法作为 CO 提纯的工艺。

对于 PSA 提 CO 技术参数的选择，荒煤气制甲醇的 CO 提纯工序的原料气压力一般在 2.1MPa（G）左右，属于中低压 PSA 提 CO 工艺；N_2 含量高，并含有一定量的甲烷（摩尔分数约为 0.3%）。传统常温 PSA 提 CO 在国内大规模项目中的业绩并不多。因此，出于工艺技术成熟性和可靠性的考虑，采用载铜分子筛 PSA 方法作为 CO 提纯的主要工艺。从目前国内诸多项目的业绩来看，该工艺适合兰炭尾气以及高炉气、转炉气、电石炉气、黄磷尾气等工业尾气中 CO 的提纯，对于原料气中 N_2、CH_4 含量无要求。PSA 提 CO 工序所用的载 Cu 吸附剂在常压下对 CO 的吸附量可达 55mL/g，对 H_2、N_2、CH_4 的吸附量却很小，对 CO_2 的吸附量也比 CO 小得多，吸附剂的 CO/N_2 和 CO/CH_4 分离系数很高，对原料气适用性好。

四、荒煤气制甲醇能耗分析

1. 制甲醇能耗计算范围

荒煤气制甲醇主要工艺流程包括预处理、压缩、非催化转化、变换、酸性气体脱除、变压吸附 PSA 提一氧化碳、变压吸附 PSA 提氢、甲醇合成、尾气焚烧、硫回收等。

2. 制甲醇能耗计算条件及结果

荒煤气制甲醇，产量为 75t/h，同时副产中压蒸汽、蒸汽冷凝液、工艺余热等。在计算能耗指标时，以甲醇产量 75t/h 为计算基准，能耗按一次能源消耗计算；由于空分装置不在范围内，氧气、氮气的消耗均计入能耗；副产品二氧化碳不计入能源输出；公用工程以蒸汽、循环水、除盐水消耗为主，按国家标准规定的折能指标计入能耗。荒煤气制甲醇能耗计算见表 4-7。

表 4-7　荒煤气制甲醇能耗计算表

序号	名称	单位	物料消耗/t	能耗指标/MJ	能耗 /(GJ/t)
1	荒煤气(干基)	m³	6909	6.533	45.14
2	高压蒸汽	t	0	3852	0.00
3	中压蒸汽	t	−6.16	3684	−22.69
4	低压蒸汽	t	0.44	3182	1.40
5	蒸汽冷凝液外送	t	−1.58	41.87	−0.07
6	循环冷却水	t	295	2.512	0.74
7	除盐水	t	13.6	41.87	0.57
8	电	kW·h	1589	9.21	14.63
9	氧气	m³	825	6.28	5.18
10	氮气	m³	251	6.28	1.58
11	压缩空气	m³	86.7	1.59	0.14
12	工艺余热	GJ	−3.07		−3.07
13	总计				43.55
14	单位产品总能耗(折标煤)	kgce/t			1486
15	单位产品综合加工能耗(折标煤,不含原料气)	kgce/t			−54

3. 制甲醇能耗分析

荒煤气生产甲醇的综合能耗（含原料）是 43.55GJ/t，对应的单位产品总能耗是 1486kgce/t，加工能耗是 −54kgce/t。其中，综合能耗是指荒煤气制甲醇生产过程中消耗的各种能源的总和，包括原料（荒煤气）、电力、燃料及辅助材料（此处主要为氧气、氮气等）、蒸汽、热力（工艺余热）等能源消耗；加工能耗是在综合能耗的基础上扣除了原料（荒煤气）的折能。

对比国家标准 GB 29436—2023《甲醇、乙二醇和二甲醚单位产品能源消耗限额》，此综合能耗值达到了以无烟煤为原料的 3 级能耗限额（≤1500kgce/t）、以烟煤为原料的 3 级能耗限额（≤1800kgce/t）和以褐煤为原料的 1 级能耗限额（≤1750kgce/t）。国家标准 GB 29436—2023 中规定，新建及改扩建甲醇生产装置综合能耗准入值应不低于 2 级能耗限额要求，目前绝大多数煤化工项目，均是以品质较低的粉煤和褐煤为原料。虽然国家标准 GB 29436—2023 中并未列出以荒煤气为原料生产甲醇的综合能耗限额，但可以参考以褐煤为原料的综合能耗限额，新建的荒煤气制甲醇单位产品综合能耗满足此项标准要求。

五、荒煤气制甲醇耦合绿氢发展趋势

与其他化工产品不同，荒煤气制甲醇的规模是有一定限制的。根据 2024 年我国产业结构调整指导目录的相关要求，新建甲醇装置的规模需在 100 万 t/a 以上。而相当一部分兰炭企业副产的荒煤气量并不足以供应如此规模所需的原料气量；并且，由上可知荒煤气制备甲醇合成气的投资及成本相比荒煤气制合成氨及氢气要大。对于这种情况，需要考虑引入外部氢源来弥补甲醇合成气供应的不足，同时减少荒煤气变换的程度并减少装置投资和碳排放。

基于上述考虑，荒煤气制甲醇耦合绿氢工艺是荒煤气制甲醇很好的发展方向，利用荒煤气中"氢多碳少"的特点，以 $50000m^3/h$ 的荒煤气为例，耦合 $7500m^3/h$ 的少量绿氢，可实现甲醇合成气中碳氢比例的调节。荒煤气（兰炭尾气）耦合绿氢制备甲醇合成气的搭配方案见表4-8。

表 4-8　荒煤气（兰炭尾气）耦合绿氢制备甲醇合成气的搭配方案

兰炭尾气		电解氢		组合后的气体($H_2/CO=2$)	
摩尔分数/%	流量/(m^3/h)	摩尔分数/%	流量/(m^3/h)	摩尔分数/%	流量/(m^3/h)
20.36	10180	10	7490	30.74	17670
17.67	8835	0	0	15.37	8835
9.07	4535	0	0	7.89	4535
0	0	0	0	0	0
46.01	23005	0	0	40.02	23005
5.39	2695	0	0	4.69	2695
0.99	495	0	0	0.86	495
0.51	255	0	0	0.44	255
100	50000	0	7490	100	57490

储氢规模的大小，主要考察氢气最大富余量和最大亏空量，这需要模拟氢罐随时间变化的储氢量。荒煤气耦合绿氢方案中的典型储氢模型见图4-9。

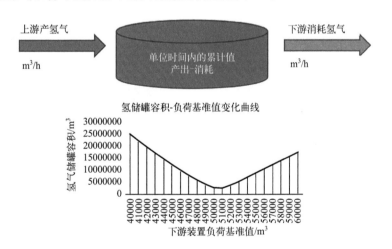

图 4-9　荒煤气耦合绿氢方案中的典型储氢模型

第八节　荒煤气制乙二醇技术与能耗

一、荒煤气制乙二醇工艺选择

在选择荒煤气制乙二醇的工艺时，首要任务是确保合成气的组成符合乙二醇生产的要求。目前，工业界普遍采用的工艺包括直接氧化法和间接氧化法。直接氧化法以其工艺流程的简洁性而受到青睐，它通过特定的催化剂直接将合成气（H_2 和 CO）转化为乙二醇，但这种方法对催化剂的性能和稳定性具有更高的要求。因此，荒煤气制乙二醇与荒煤气制甲醇类似，荒煤气中氢气和一氧化碳的比例往往需要经过精细调整，以满足乙二醇合成的特定化学反应条件。这一过程通常涉及一系列的化学反应和物理分离，这些反应和分离能够将荒煤气中的甲烷转化为所需的氢产品气和一氧化碳产品气，同时去除可能对催化剂产生毒害作用的焦油、硫、氯、氰化物等杂质。

和荒煤气制甲醇类似，在荒煤气制乙二醇的过程中，工艺选择至关重要。直接氧化法虽然流程简单，但对催化剂的性能要求极高，因此，工艺中必须确保催化剂的高效性和稳定性。为了达到这一目标，荒煤气在进入乙二醇合成反应器之前，需要经过一系列的净化分离处理步骤，包括脱硫、脱氯、脱氰化物等，以确保合成气的纯净度。此外，荒煤气中的甲烷含量需要通过转化反应减少，以提高氢气和一氧化碳的比例，满足乙二醇合成的化学反应条件。

因此，荒煤气制乙二醇工艺的选择和优化，需要综合考虑原料气的特性、催化剂的性能、反应条件的控制以及能耗和成本的平衡。通过科学合理的工艺设计和优化，可以实现荒煤气制乙二醇的高效、低能耗生产，为乙二醇的生产提供一条经济可行的技术路线。典型的荒煤气制乙二醇工艺路线见图 4-10。

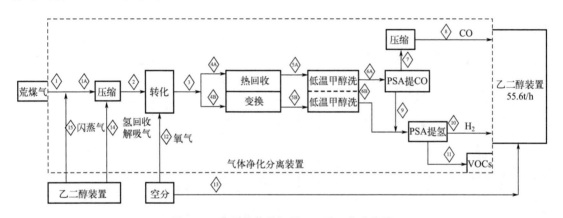

图 4-10 典型的荒煤气制乙二醇工艺路线图

乙二醇产能按 40 万 t/a 设计，年操作时间按 8000 h 作为计算基准，典型的荒煤气制乙二醇物料平衡计算见表 4-9。

荒煤气制乙二醇过程中，荒煤气压缩与转化的主要工艺流程与生产其他化学品相似，但一氧化碳变换、脱硫脱碳、变压吸附分离等工序有较大区别，这主要是由于合成乙二醇既需要纯氢也需要纯一氧化碳。通过压缩及转化获得的转化气（物料点 3）送至一氧化碳变换工序。

二、荒煤气制乙二醇工艺特点

由工艺路线图（图 4-10）和物料平衡表（表 4-9）可以看出，荒煤气制乙二醇在实际操作中，荒煤气的预处理和转化过程需要精确控制，适应荒煤气组分波动的同时，还要兼顾来自下游乙二醇装置的富氢闪蒸气及解吸气以保证合成气的组成和质量，这通常涉及对荒煤气进行部分氧化、水煤气变换反应等化学处理，以及通过物理方法如吸附、膜分离等技术去除杂质。这些步骤不仅影响乙二醇的产率和质量，还直接关系到整个工艺的能耗和成本。

表 4-9　典型的荒煤气制乙二醇的物料平衡计算表

物料编号	1		1A		2		3		4A		4B		5A		5B		6A		6B	
物料名称	荒煤气		混合原料气		转化原料气		转化气		未变换转化气		变换转化气		未变换气		变换气		去CO提纯净化气		去H₂提纯净化气	
组分	摩尔分数/%	流量/(m³/h)	摩尔分数/%	流量/(m³/h)	摩尔分数/%	流量/(m³/h)	摩尔分数/%	流量/(m³/h)	摩尔分数/%	流量/(m³/h)	摩尔分数/%	流量/(m³/h)	摩尔分数/%	流量/(m³/h)	摩尔分数/%	流量/(m³/h)	摩尔分数/%	流量/(m³/h)	摩尔分数/%	流量/(m³/h)
H_2(干基)	21.00	75935.9	21.26	77292.4	21.33	77642.6	19.47	69306.2	19.47	37951.8	19.47	31354.4	19.47	37951.8	35.64	71834.6	21.17	37762.1	48.50	71475.4
CO(干基)	18.00	65088.0	17.94	65227.3	17.92	65232.7	27.00	96109.2	27.00	52629.0	27.00	43480.2	27.00	52629.0	1.49	3000.0	29.36	52365.9	2.03	2985.0
CO_2(干基)	9.10	32905.6	9.06	32925.6	9.05	32927.1	8.60	30626.2	8.60	16770.8	8.60	13855.4	8.60	16770.8	26.96	54335.6	0.40	715.0	0.40	590.0
N_2+Ar(干基)	43.99	159067.7	43.77	159121.5	43.72	159122.3	44.69	159106.4	44.69	87126.0	44.69	71980.4	44.69	87126.0	35.72	71980.4	48.85	87126.0	48.85	71980
CH_4(干基)	6.30	22780.8	6.29	22875.4	6.29	22878.8	0.199	710.0	0.20	388.8	0.20	321.2	0.20	388.8	0.16	321.2	0.22	388.8	0.22	321.2
C_2H_6(干基)	0.32	1166.2	0.32	1166.2	0.32	1166.2														
C_2H_4(干基)	0.16	581.4	0.16	581.4	0.16	581.4														
C_3H_8(干基)	0.12	418.9	0.12	418.9	0.12	418.9														
C_3H_6(干基)	0.10	364.7	0.10	364.7	0.10	364.7														
O_2(干基)	0.89	3218.2	0.89	3218.2	0.88	3218.2														
总硫(干基)	0.02	72.3	0.02	72.3	0.0198	72.3	0.020	72.3	0.020	39.6	0.020	32.7	0.020	39.6	0.02	32.7	$\leq0.1\times10^{-6}$	0.0	$\leq0.1\times10^{-6}$	0.0
NH_3(干基)	0.015	54.2	0.01	54.2	0.0148	54.2	0.015	54.2	0.015	29.7	0.015	24.5	1.37×10^{-4}	26.8	1.30×10^{-4}	26.2				
CH_3OH(干基)			0.060	219.0	0.0672	245.6											6.1×10^{-3}	10.8	6.2×10^{-3}	9.1
C_2H_5OH(干基)			0.000	0.94	2.58×10^{-4}	0.94														
H_2O(湿基)	5.78	22185.9	5.75	22185.9	0.436	1595.0	16.03	67959.5	16.03	37214.4	16.03	30745.2	0.39	763.2	0.39	789.0	22.55	178368.5	15.44	147361.1
合计(干基)	100.0	361654.0	100.0	363538.1	100.00	363926.0	100.0	355984.6	100.0	194935.7	100.0	161048.8	100.0	194932.8	100.0	201530.7	100.0		100.0	
分子量	23.02		22.96		23.21		23.29		23.29		23.29		24.28		23.02					
压力/MPa(G)	0.005		0.002		2.90		2.60		2.60		2.60		2.45		2.25		2.20		2.00	
温度/℃	40		40		120		220		220		220		40		40		40		40	

续表

物料编号	7		8		9		10		11		12		13		14		15	
物料名称	产品CO气		增压产品CO气		CO提纯穿透气		产品H₂气		提氢解析气		转化用氧		酯化用氧		乙二醇闪蒸气		乙二醇氢回收解吸气	
组分	摩尔分数/%	流量/(m³/h)	摩尔分数/%	流量/(m³/h)	摩尔分数/%	流量/(m³/h)	摩尔分数/%	流量/(m³/h)	摩尔分数/%	流量/(m³/h)	摩尔分数/%	流量/(m³/h)	摩尔分数/%	流量/(m³/h)	摩尔分数/%	流量/(m³/h)	摩尔分数/%	流量/(m³/h)
H_2(干基)	0.10	45.7	0.10	45.7	28.44	37716.3	99.90	89537.3	10.33	19654.5					90.26	350.2	72.00	1356.5
CO(干基)	98.50	45034.7	98.50	45034.7	5.53	7331.2	$\leq 20\times10^{-6}$		5.42	10316.2					1.40	5.4	7.39	139.3
CO_2(干基)	0.20	91.4	0.20	91.4	0.47	623.6			0.64	1213.6					0.39	1.5	1.06	20.0
N_2(干基)	1.15	525.8	1.15	525.8	65.29	86600.2	0.10	89.6	83.26	158490.9	0.40	161.3	0.40	44.6	0.21	0.8	2.85	53.7
CH_4(干基)	0.05	22.9	0.05	22.9	0.276	365.9	50×10^{-6}	4.5	0.36	682.7					0.86	3.3	5.02	94.6
C_2H_6(干基)																		
C_2H_4(干基)																		
C_3H_8(干基)																		
C_3H_6(干基)																		
O_2(干基)											99.60	40171.9	99.60	11111.1				
总硫(干基)																		
NH_3(干基)																		
CH_3OH(干基)															6.850	26.6	11.626	219.0
C_2H_5OH(干基)																	0.050	0.9
H_2O(湿基)																		
合计(干基)	100.0	45720.5	100.0	45720.5	100.0	132637.3	100.0	89626.9	100.0	190357.9	100.0	40333.3	100.0	11155.7	100.0	388.0	100.0	1884.1
分子量	28.01		28.01		20.66		2.04		25.39		2.12		2.12		4.77		9.34	
压力/MPa(G)	0.005		0.64		2.10		1.95		0.02		3.10		0.60		0.40		0.02	
温度/℃	40		40		40		40		40		40		40		40		40	

三、荒煤气制乙二醇能耗分析

1. 制乙二醇能耗计算范围

荒煤气制乙二醇主要工艺流程包括预处理、压缩、非催化转化、变换、酸性气体脱除、变压吸附 PSA 提一氧化碳、变压吸附 PSA 提氢、草酸二甲酯合成、乙二醇合成、尾气焚烧、硫回收等。

2. 制乙二醇能耗计算条件及结果

荒煤气制乙二醇，产量为 55.6t/h，同时副产中压蒸汽、蒸汽冷凝液、工艺余热等。在计算能耗指标时，以乙二醇产量 55.6t/h 为计算基准，能耗按一次能源消耗计算；由于空分装置不在范围内，氧气、氮气的消耗均计入能耗；副产品二氧化碳、碳酸二甲酯、粗乙醇、混合醇酯、粗乙二醇、粗二乙二醇等不计入能源输出；公用工程以蒸汽、循环水、除盐水消耗为主，按国家标准规定的折能指标计入能耗。荒煤气制乙二醇能耗计算见表 4-10。

表 4-10 荒煤气制乙二醇能耗计算表

序号	名称	单位	物料消耗/t	能耗指标/MJ	能 耗/(GJ/t)
1	荒煤气(干基)	m³	7144	6.533	46.67
2	高压蒸汽	t	11.9	3852	45.84
3	中压蒸汽	t	−4.31	3684	−15.88
4	低压蒸汽	t	−2.86	3182	−9.10
5	蒸汽冷凝液外送	t	−10.94	41.87	−0.46
6	循环冷却水	t	509.2	2.512	1.28
7	除盐水	t	6.95	41.87	0.29
8	电	kW·h	815.3	9.21	7.51
9	氧气	m³	1156	6.28	7.26
10	氮气	m³	507	6.28	3.18
11	压缩空气	m³	96	1.59	0.15
12	工艺余热	GJ	−7.96		−7.96
13	总计				78.79
14	单位产品总能耗(折标煤)	kgce/t			2688
15	单位产品综合加工能耗(折标煤,不含原料气)	kgce/t			1096

3. 制乙二醇能耗分析

荒煤气生产乙二醇的综合能耗（含原料）是 78.79GJ/t，对应的单位产品总能耗是 2688kgce/t，加工能耗是 1096kgce/t。其中，综合能耗是指荒煤气制乙二醇生产过程中消耗的各种能源的总和，包括原料（荒煤气）、电力、燃料及辅助材料（此处主要为氧气、氮气等）、蒸汽、热力（工艺余热）等能源消耗；加工能耗是在综合能耗的基础上扣除了原料（荒煤气）的折能。

对比国家标准 GB 29436—2023《甲醇、乙二醇和二甲醚单位产品能源消耗限额》，此综合能耗值达到了以煤为原料的 2 级能耗限额（≤2850 kgce/t）。国家标准 GB 29436—2023 中规定，新建及改扩建乙二醇生产装置综合能耗准入值应不低于 2 级能耗限额要求。虽然国家标准 GB 29436—2023 中并未列出以荒煤气为原料生产乙二醇的综合能耗限额，但可以参考以煤为原料的综合能耗限额，新建的荒煤气制乙二醇单位产品综合能耗满足此项标准要求。

四、荒煤气制乙二醇应用前景

对于乙二醇产品，以荒煤气为原料清洁高效生产乙二醇比国内外煤制乙二醇、丙烯制乙二醇生产成本分别约低 1000 元、2400 元，具有很强的市场竞争力。特别是在进口低价石油基乙二醇的冲击，以及国内炼化一体化下游外购乙二醇意愿下降的大背景下，整个乙二醇行业面临价格挤压和下游需求不振的双重压力，煤基乙二醇面临巨大的生存压力，部分生产装置已关停或转产。荒煤气制乙二醇开创了一条廉价原料气提升附加值的新路径，不同原料生产乙二醇的完全成本比较见表 4-11。

表 4-11　不同原料生产乙二醇的完全成本比较

项目	荒煤气制乙二醇	煤制乙二醇	乙烯制乙二醇
成本/（元/t）	2880	3859	5318

其中，采用荒煤气清洁高效转化制乙二醇产业化应用技术，由中国五环工程有限公司 EPC 总承包建设的哈密广汇荒煤气制乙二醇项目，荒煤气来自广汇能源集团哈密淖毛湖地区现有的内热式直立炭化炉所产的部分兰炭尾气，经综合利用后年产 40 万 t/a 乙二醇。该项目于 2022 年 6 月通过性能考核，单位产品能耗达到国际同类技术先进水平；项目综合利用荒煤气量约 28.6 亿 m^3/a；相比传统的荒煤气发电利用，荒煤气清洁高效利用制乙二醇可带来的可观的经济和环保效益，年营收可在 16 亿元以上。同时，该项目可有效利用荒煤气 28.6 亿 m^3/a，有效节能 18.67×10^6 GJ/a，相当于节省标准煤 63.7 万 t/a；直接固碳 64.25 万 t/a 以上，SO_2 排放减少 95% 以上，且单位产品的生产成本远低于煤制乙二醇项目。项目整体经济效益、社会效益、环境效益显著，开创了荒煤气大规模、高附加值利用的先例。

第九节　荒煤气制天然气技术与能耗

一、荒煤气制天然气工艺选择

目前，新疆已经成为仅次于榆林地区的第二大半焦产能聚集区，同时也具有相当丰富的荒煤气资源。作为国家煤制油气战略基地，荒煤气制天然气（或 LNG）是国家能源战略部署下综合利用现有荒煤气资源的主要发展方向之一。

采用气载体内热式干馏直立炉技术得到的荒煤气中，含氮量高达 40% 以上（典型组成见第一章总论）。对于此类低热值的荒煤气，合成天然气后需要分离甲烷和氮气，一般采用深冷分离技术，获得的天然气产品一般为 LNG（或回收冷量后获得部分 LNG）。荒煤气制天然气典型工艺路线见图 4-11。

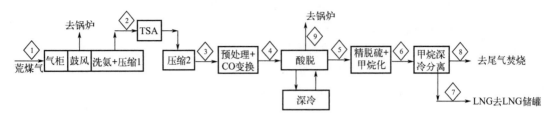

图 4-11　荒煤气制天然气典型工艺路线

天然气产能按 10.6 亿 m³/a 设计，年操作时间按 8000h 作为计算基准，典型的荒煤气制天然气物料平衡计算见表 4-12。

荒煤气制天然气与制其他化学品不同，为最大限度地保留荒煤气中的甲烷及其他有效烃类成分，转化工艺路线不再适用，需要采用传统的固定床工艺路线并在此基础上加以改进，以保证荒煤气中的杂质能够有效脱除，保证下游甲烷化催化剂的长周期稳定运行。

来自上游热解装置预处理的荒煤气先经过洗氨及一次压缩去除荒煤气中大量的氨及粉尘后（物料点 2），采用变温吸附（TSA）的方式深度脱除荒煤气中的焦油，进一步压缩后（物料点 2）经过洗油、加氢转化等二次预处理进入一氧化碳变换工序。

一氧化碳工序采用全变换，即预处理的荒煤气全部通过变换炉，变换深度可基本满足甲烷化对 $H_2/(CO+CO_2)$（约为 3.2）的要求。变换气（物料点 4）再经脱硫脱碳（低温甲醇洗）装置脱除多余的 CO_2 和总硫后，净化气（物料点 5）进入甲烷化装置合成天然气，合成的天然气可经过深冷分离脱除氮气，获得 LNG 或复温后的天然气。

二、荒煤气制天然气工艺特点

由工艺路线图（图 4-11）和物料平衡表（表 4-12）可以看出，荒煤气制天然气具有以下特点：

① 因上游没有荒煤气转化工序，压缩洗涤后的荒煤气中存在有机硫、有机氯、氰化物等杂质，必须通过加氢反应转化为无机形态后进一步脱除。

② 即使一氧化碳变换工序前设置了二次预处理，荒煤气中的杂质脱除效果仍不如转化工艺可靠。考虑到甲烷化对 $H_2/(CO+CO_2)$（约为 3.2）及变换深度要求不高，变换炉建议设置一开一备，内装预变换催化剂，可实现催化剂中毒失活时在线切换，保证装置的连续运行。

③ 甲烷化入口的净化气中，氮气含量占一半以上，这对于甲烷化反应炉的控温是有利的，可以大幅度降低甲烷化反应过程中的循环气量；同时，H_2 和 CO/CO_2 全部通过甲烷化反应生成 CH_4 后，甲烷与氮气可以通过深冷较为容易地分离，同时可以生产 LNG 产品，可降低天然气管网建设及入网输送成本，提高收益。

三、荒煤气制天然气能耗分析

1. 制天然气能耗计算范围

荒煤气制天然气主要工艺流程包括一级预处理、一级压缩、除油、二级压缩、二级预处理、变换、酸性气体脱除、精脱硫与甲烷化、尾气焚烧、硫回收等。

表 4-12 荒煤气制天然气的物料平衡计算表

物料编号	1		2		3		4		5		6		7		8	
物料名称	荒煤气		压缩气1		压缩气2		变换气		净化气		合成天然气		LNG		H_2/N_2	
组分	流量/(m³/h)	体积分数/%	流量/(m³/h)	体积分数/%	流量/(m³/h)	体积分数/%	流量/(m³/h)	体积分数/%	流量/(m³/h)	体积分数/%	流量/(m³/h)	体积分数/%	流量/(m³/h)	体积分数/%	流量/(m³/h)	体积分数/%
H_2(干基)	316853	20.36	191384	20.36	191384	20.36	269894	26.62	268545	32.06	3985	0.70	0	0.00	3985	0.905
CO(干基)	274989	17.67	166098	17.67	166098	17.67	78000	7.69	77610	9.27	0	0.00	0	0.00	0	0.000
CO_2(干基)	141152	9.07	85258	9.07	85258	9.07	173356	17.10	8350	1.00	418	0.07	0	0.00	0	0.000
N_2(干基)	705604	45.34	426196	45.34	426196	45.34	426196	42.04	426196	50.89	426196	74.39	50	0.04	425720	96.746
CH_4(干基)	83882	5.39	50666	5.39	50666	5.39	50666	5.00	48639	5.81	134182	23.42	129485	98.04	4696	1.067
C_2H_6(干基)	4824	0.31	2914	0.31	2914	0.31	2914	0.29	1457	0.17	1457	0.25	1457	1.10		
C_2H_4(干基)	3579	0.23	2162	0.23	2162	0.23	2162	0.21	1081	0.13	1081	0.19	1081	0.82		
C_3H_8(干基)	3113	0.20	1880	0.20	1880	0.20	1880	0.19								
C_3H_6(干基)	3891	0.25	2350	0.25	2350	0.25	2350	0.23								
O_2(干基)	7937	0.51	4794	0.51	4794	0.51										
Ar(干基)	9338	0.60	5640	0.60	5640	0.60	5640	0.56	5640	0.67	5640	0.98			5640	1.282
总硫(干基)	311	0.02	188	0.02	188	0.02	188	0.02	<0.1× 10^{-6}							
NH_3(干基)	778	0.05	470	0.05	470	0.05	470	0.05								
H_2O(湿基)	81494	4.98	18838	1.94	9879	1.04	3458	0.34								
合计(干基)	1556250	100.00	940000	100.00	940000	100.00	1013716	100.00	837518	100.00	572958	100.00	132073	100.00	440041	100.00
温度/℃	40		40		125		40		30		40		−163		30	
压力/[MPa(G)]	0.005		1.60		3.00		2.60		2.35		1.85		0.00		1.65	

2. 荒煤气制天然气能耗计算条件及结果

荒煤气制天然气,产量为 $132.1×10^3 m^3/h$,同时副产中压蒸汽、蒸汽冷凝液、工艺余热等。在计算能耗指标时,按天然气产量 $132.1×10^3 m^3/h$ 为计算基准,能耗按一次能源消耗计算;由于空分装置不在范围内,氧气、氮气的消耗均计入能耗;副产品二氧化碳等不计入能源输出;公用工程以蒸汽、循环水、除盐水消耗为主,按国家标准规定的折能指标计入能耗。

荒煤气制天然气能耗计算见表 4-13。

表 4-13 荒煤气制天然气能耗计算

序号	名称	单位	物料消耗/1000m³	能耗指标/MJ	能耗/(GJ/1000m³)
1	荒煤气(干基)	m³	7117.3	6.533	46.50
2	高压蒸汽	t	0	3852	0.00
3	中压蒸汽	t	−0.423	3684	−1.56
4	低压蒸汽	t	0.742	3182	2.36
5	蒸汽冷凝液外送	t	−1.033	41.87	−0.04
6	循环冷却水	t	424	2.512	1.07
7	除盐水	t	11.51	41.87	0.48
8	电	kW·h	2162	9.21	19.91
9	氧气	m³	0	6.28	0.00
10	氮气	m³	189	6.28	1.19
11	压缩空气	m³	45	1.59	0.07
12	工艺余热	GJ	−4.74		−4.74
13	总计				65.23
14	单位产品总能耗(折标煤)	kgce/1000m³			2226
15	单位产品综合加工能耗(折标煤,不含原料气)	kgce/1000m³			639

3. 荒煤气制天然气能耗分析

荒煤气生产天然气的综合能耗(含原料)是 $65.23GJ/1000m^3$,对应的单位产品总能耗是 $2226kgce/1000m^3$,加工能耗是 $639kgce/1000m^3$。其中,综合能耗是指荒煤气制天然气生产过程中消耗的各种能源的总和,包括原料(荒煤气)、电力、燃料及辅助材料(此处主要为氮气等)、蒸汽、热力(工艺余热)等能源消耗;加工能耗是在综合能耗的基础上扣除了原料(荒煤气)的折能。

对比国家标准 GB 30180—2024《煤制烯烃、煤制天然气和煤制油单位产品能源消耗限额》,此综合能耗值高于现有煤制天然气企业能耗限额($≤1500kgce/1000m^3$)和新建煤制天然气企业能耗限额($≤1400kgce/1000m^3$)。这主要是因为荒煤气来自煤,煤在制兰炭过程中荒煤气仅作为副产品,大部分热量集中在兰炭中,荒煤气热值非常低,而深冷分离氮气和甲烷能耗高,所以荒煤气生产天然气的综合能耗较高。

四、荒煤气制天然气应用前景

荒煤气制天然气工艺是一种将低价值荒煤气转化为高价值天然气的方法。荒煤气通过一系列化学反应和净化过程，转化为清洁的天然气，从而实现资源的高效利用和保护环境。首先，荒煤气需要经过初步净化处理，去除其中的杂质和有害成分，如硫化氢、氨气等。这一步骤通常采用物理或化学方法，如吸附、洗涤和膜分离技术。经过净化的荒煤气，其主要成分变得更加纯净，为下一步转化过程奠定了基础。接下来，荒煤气中的主要成分将通过一系列化学反应转化为甲烷。这一步骤通常采用催化反应，如甲烷化反应。在催化剂的作用下，氢气和一氧化碳在高温高压条件下反应生成甲烷和水蒸气。二氧化碳也可以通过催化反应转化为甲烷，进一步提高天然气的产量。为了确保最终产品的质量，转化后的天然气还需要经过进一步的净化和提纯处理。这一步骤包括脱硫、脱二氧化碳和脱氮等过程，以确保天然气达到国家标准和市场要求。最终得到的天然气可以用于发电、供热或作为化工原料以及民用燃料等。

荒煤气制天然气工艺，不仅能够有效利用低价值的荒煤气资源，减少环境污染，而且在经济效益上也具有显著优势。首先，荒煤气的转化可以大幅度降低对传统化石燃料的依赖，减少温室气体排放，符合国家节能减排的政策导向。其次，通过荒煤气制天然气，可以为偏远地区提供清洁的能源，改善当地居民的生活质量，促进社会经济的可持续发展。此外，荒煤气制天然气还可以带动相关产业链的发展，如设备制造、工程建设、技术服务等，为社会创造更多的就业机会。

然而，荒煤气制天然气工艺也面临着一些挑战。例如，荒煤气的成分复杂，净化和转化过程需要精确控制，对工艺技术和设备要求较高。同时，荒煤气制天然气项目投资较大，需要充分进行经济性分析，确保项目的长期稳定运行。此外，荒煤气制天然气技术的推广和应用还需要政策支持和市场激励，以促进技术的成熟和产业的发展。

综上所述，荒煤气制天然气工艺作为一种新型的能源转换技术，具有广阔的应用前景和重要的社会价值。通过不断的技术创新和优化，以及国家政策的支持，荒煤气制天然气有望成为未来能源结构转型的重要途径之一。

第十节　荒煤气联产化学品方案选择

荒煤气综合利用的途径已经打通，通过不同的技术和工艺路线，可以将荒煤气中主要有效成分，如氢气、一氧化碳、甲烷分别提取出来，与常规的煤、天然气、油品等为原料制取的合成气并无区别，可以作为下游化工产品装置的原料气，如合成氨装置、甲醇装置、乙二醇装置、甲烷化装置、费－托合成油装置、乙醇装置、碳酸二甲酯装置等。荒煤气制取的化工产品一旦确定，其总体工艺路线基本确定。

一、荒煤气组分和气源对方案的影响

荒煤气中有效组分（CO、H_2、CH_4）的含量波动范围较大，导致高负荷生产情况下荒煤气的原料消耗波动较大。应针对此实际情况，在荒煤气压缩机等动力设备、空分氧气供应、低温甲醇洗冷量供应等方面留有足够的调节空间，以适应荒煤气组分和流量的波动。

荒煤气的氮气含量高，导致一氧化碳和氢气的收率相对较低且能耗高，可针对性地开发高回收率的一氧化碳变压吸附剂和氢气变压吸附剂，并优化变压吸附工艺流程，或者采用膜分离等其他技术与变压吸附相结合，提前降低合成气中的氮气浓度，有利于提高下游一氧化碳和氢气产品气的回收率，并降低能耗。

二、荒煤气中有毒物质对方案的影响

在工艺流程前端预处理和压缩过程中采取多级洗涤、吸附等方式，降低荒煤气中的焦油、苯、萘等芳香族化合物以及少量的烷烃和烯烃、硫化物、氰化物、氨等，可提高荒煤气压缩机的连续运转周期和变换催化剂的使用周期。通过这些预处理措施，荒煤气的质量得到显著提升，减少了后续处理设备的负荷，从而降低了整体运行成本。预处理过程中的多级洗涤和吸附技术，不仅提高了荒煤气的清洁度，还为后续的化学转化过程提供了更为稳定的原料气。在实际应用中，这些技术的优化和创新，对于工艺效率和环保性能有着至关重要的影响。

此外，脱毒方案还可以整合其他具有适应性的技术，形成净化分离荒煤气的成套技术。例如，结合荒煤气中甲烷含量低、转化负荷要求不高、含诸多有机杂质等特点，引入非催化部分氧化工艺，为下游净化分离的工艺技术和吸附剂的选择方案提供了更大的空间。通过这种整合，可以有效提高荒煤气的利用效率，同时降低净化过程中的能耗和成本。非催化部分氧化工艺的引入，不仅能够改善荒煤气的品质，还能减少对后续处理设备的腐蚀和磨损，延长设备的使用寿命。此外，该成套技术在操作上更为灵活，可根据不同的荒煤气成分和净化要求，调整工艺参数，实现定制化的净化效果。

三、市场需求及产业政策对方案的影响

市场需求和产业政策对方案的选择有较大的影响。随着全球能源结构的转型和环保要求的日益严格，市场对清洁、高效、可再生化学品的需求不断增长。因此，在选择荒煤气联产化学品的方案时，应密切关注市场动态和政策导向，确保所选方案符合未来发展趋势和市场需求。

荒煤气综合利用生产化学品，符合《绿色债券支持项目目录》第一大类：节能环保产业（包括以高能效设施建设、节能技术改造等能效提升行动，实现单位产品或服务能源/水资源/原料等资源消耗降低以及资源消耗所产生的污染物、二氧化碳等温室气体排放下降，实现资源节约、二氧化碳温室气体减排及污染物消减的环境效益），也符合《绿色债券支持项目目录》第二大类：清洁生产产业（包括尾矿再开发利用、伴生矿综合开发利用，工农业生产废弃物利用，废弃金属、非金属等资源再生利用、再制造等，以提高资源利用率为手段，实现资源节约，同时减少环境损害）。

资源综合利用是解决可持续发展能力、提升企业综合竞争力、减轻环境污染和合理利用资源的有效途径，不仅有利于减少废物排放，还有利于缓解资源匮乏和短缺问题。荒煤气综合利用制化学品成套技术的推广应用，使兰炭行业中副产的大量荒煤气的治理方向出现了新的变化。由于利用方式不同，实现的经济效益和社会效益也将出现巨大差别。采用自主知识产权的技术对荒煤气进行清洁高效利用，生产符合现代煤化工合成化工产品所需的合成气。因此，合理有效统筹荒煤气资源，通过深度治理，利用新的工艺技术，进一步加工转化高附

加值石化产品，对增强煤炭炼化未来盈利能力具有重要意义，也必将对兰炭行业的绿色低碳发展产生重要影响。

四、荒煤气能量梯级利用对方案的影响

荒煤气利用过程中，各工序化工装置副产或使用的蒸汽等级较多，低位余热较多，从全厂能量利用的角度，梯级使用能量，对装置产生的蒸汽冷凝液进行热量回收，用于预热除盐水，减少蒸汽和循环水消耗；装置内工艺换热器采用夹点技术匹配换热网络；在优化布置的同时，合理采用空冷器、蒸发式冷凝器节省冷却水消耗；也可将装置内精馏塔塔顶低位余热、超低压蒸汽通过热泵、蒸汽压缩的方式重新加以利用，降低能耗，也是降低生产成本。

荒煤气的综合利用不仅是提升资源利用效率的有效手段，也是减少环境影响、促进可持续发展的重要途径。通过不断的技术革新和优化，未来荒煤气的资源化利用将更加多元化和高效。企业及研究机构应继续深入研究和探索新的利用路径和优化策略，推动荒煤气利用技术的进一步发展，为环境保护和资源节约贡献力量。

五、荒煤气联产化学品方案的选择

在荒煤气联产化学品的方案选择上，需要综合考虑多个维度，以确保方案的可行性、经济性和环保性。以下是对几种可能方案的探讨与分析。

1. 传统化工工艺改造升级方案

首先考虑基于传统化工工艺的改造升级方案，这一方案的优势在于技术成熟，工艺稳定，能够较快地实现规模化生产。通过引入先进的分离与提纯技术，可以有效提高荒煤气中各类化学品的回收率和纯度。然而，该方案也面临着能耗较高、设备投资大、运行成本较高等挑战。此外，对于新建项目，还需考虑与现有生产线的兼容性问题。

2. 新型催化材料与反应工艺方案

近年来，随着材料科学的快速发展，一系列新型催化材料如纳米催化剂、分子筛等展现出了优异的催化性能。探索这些新型催化材料与反应工艺方案的应用，有望降低反应温度、提高反应速率和选择性，从而实现荒煤气的高效转化。同时，结合先进的反应工艺设计，如微反应器技术、超临界流体技术等，可以进一步提升化学品生产的效率和品质。然而，该方案的技术难度较大，需要投入大量的研发资源进行材料筛选和工艺优化。

3. 绿色化学与循环经济联产化学品方案

注重绿色化学与循环经济的理念在荒煤气联产化学品中的应用。通过构建循环经济产业链，实现荒煤气中各类资源的最大化利用和废弃物的最小化排放。例如，可以将荒煤气中的二氧化碳作为原料进行化学转化，生产高附加值的碳酸盐类产品；或者将含硫化合物进行回收处理，生产硫酸等化工产品。这些措施不仅有助于降低生产成本，还能显著提升企业的环保形象和市场竞争力。

综上所述，具体选择哪种或者哪几种路径，需要根据企业的战略、产品目标市场、项目属地优势、产品差异化，并结合所在区域的环保要求、市场需求、产业政策而定。不管选择

哪种路径，荒煤气的综合利用都是变废为宝，相比以煤、天然气、石油为原料的同类装置，都具有一定的经济优势，具有广阔的应用前景。

参考文献

[1] 亢玉红，李健，任国瑜，等．兰炭尾气资源化利用技术途径 [J]．应用化工，2014 (3)：549-551.

[2] 刘全德．伊吾县淖毛湖区域荒煤气综合利用现状 [J]．煤炭加工与综合利用，2018 (10)：12-15.

[3] 岳敬元，张国祥．合理利用煤气资源提高自发电量实践 [J]．河北冶金，2013 (7)：56-57.

[4] 康靖斌，关丽芳．CCPP 与常规煤气发电技术在技改中的选用 [J]．能源与节能，2013 (7)：173-174.

[5] 于洋．高炉煤气余压透平发电数控技术探讨 [J]．数字技术与应用，2012 (8)：246-247.

[6] 裴辉斌，张廷辉．高炉煤气余压透平发电装置安全分析 [J]．现代职业安全，2011 (1)：77-78.

[7] 张政，郁鸿凌，杨东伟，等．焦炉上升管中荒煤气余热回收的结焦问题研究 [J]．洁净煤技术，2012，18 (1)：79-81.

[8] 李春虎．化学和能源等工业中的气体脱硫净化 [J]．化肥设计，2005，43 (1)：27-32.

[9] 沈立嵩，邹华．马钢煤气脱萘工艺与设备的设计 [J]．燃料与化工，2010 (2)：50-52.

[10] 赵振强，徐俊辉，王兴双，等．荒煤气/焦炉气压缩机深度除焦方法对比 [J]．化肥设计，2022，1 (60)：35-37，41.

[11] 王一祖，王泽华，张俊霞．荒煤气回收利用技术研究进展综述 [J]．榆林科技，2019 (2)：6-10.

[12] 李欢，何锋，王海涛，等．车用焦炉气脱苯、脱萘技术初步研究 [J]．煤化工，2013 (5)：35-37.

[13] 郭树才，胡浩权．煤化工工艺学 [M]．北京：化学工业出版社，2012：99-107.

[14] 庄正宁，曹子栋，唐桂华，等．50MW 高压锅炉全燃高炉煤气的研究 [J]．热能动力工程，2001 (5)：74.

[15] 刘景生，王子兵．全燃高炉煤气锅炉的优化设计 [J]．河北理工学院学报，2000 (5)：55.

[16] 杨茂林，孙利娟，孟新宇，等．低热值煤气火力发电技术应用进展 [J]．节能，2023，42 (10)：86-88.

[17] 朱毅．纯燃荒煤气、解析气煤气锅炉热值变化对运行的影响 [J]．石油化工，2016 (9)：52.

[18] 刘畅，李繁荣，詹信，等．荒煤气净化环节中低温甲醇洗工艺制冷方式的选择 [J]．化工设计通讯，2021，47 (2)：7-8.

[19] 房有为，史俊高，安晓熙，等．兰炭尾气高效清洁利用技术 [J]．燃料与化工，2022 (1)：57-59.

第五章 荒煤气压缩

第一节 离心式压缩机技术概述

压缩机是我国石油化工、煤化工、冶金、环保、国防等行业的核心生产设备，我国这些行业日新月异的技术进步，为压缩机制造业的技术发展提供了更加广阔的空间，拓展了压缩机的应用领域。20世纪50~60年代，传统的活塞式（又称往复式）压缩机占主导地位；随着各类工艺流程的发展，近代的透平式压缩机包括离心式压缩机、轴流式压缩机和混流式压缩机（兼顾径向与轴向流动），因较充分地利用能源而发展迅速。

离心式压缩机是一种高速旋转机械，依靠高速旋转的叶轮与气流间的相互作用力来提高气体压力，同时使气流产生加速度而获得动能。气流在扩压器中减速，将动能转化为压力能，进一步提高压力。离心式压缩机的应用范围广泛，可满足工业上对气体压缩的各种需求，并且在许多领域中是其他类型压缩机无法替代的。它广泛应用于石油、化工、天然气、冶炼、制冷和矿山通风等诸多重要领域。在大型工艺装置中，如大型化肥、大型乙烯等，离心式压缩机的性能高低直接影响装置的经济效益和安全运行，因此成为备受关注的核心设备。

随着科学技术的进步，热力学、气体动力学、机械动力学、计算机和现代控制等的新成就和一些新技术，不断推进离心式压缩机的技术发展。离心式压缩机的技术成果日新月异。随着现代制造技术的采用，离心式压缩机的热力性能和可靠性已比较完善。

一、离心式压缩机技术的发展

我国离心式压缩机的发展经历了两大过程，两次技术更新都与近代工业生产密切相关。

第一次是20世纪70~80年代，我国从国外大规模引进石油化工成套装置，如化纤、乙烯、氯乙烯、大化肥、烷基苯等生产装置。同时，为保障引进设备的安全运行和备件供给，特地配套引进具有世界先进水平的离心式压缩机及其配套驱动机项目。此举大大促进了离心式压缩机组的发展，形成了一批与工艺密切配套的专用压缩机。其代表性机组是大化肥装置中的"五大机组"和乙烯装置中的"三机"。

第二次是从2002年至2012年，离心式压缩机又经历了一次高速、稳定的发展时期。此次发展不同于上次突击性的引进，而与我国重化学工业推进的速度有关。据经济学家分析，我国的工业重型化呈不断上升趋势，因此原料和原材料工业仍处于快速增长期，作为关键设备的压缩机、泵等产品将长期需求。但因国际、国内多种原因，其发展速度不可能像前几年那么快。如果继续维持略高于20世纪90年代的发展速度（平均年增长为10％~12％），则平均增速可望达到 15%。

从 2013 年至今，随着石油化工、煤化工的规模化，离心式压缩机向大型化、高效化发展。目前，我国自主研制的最大的离心式压缩机叶轮直径已经达到了 2m，其多变效率可达 90% 以上，与小型机组相比，单位能耗更低。

二、离心式压缩机工作原理

离心式压缩机利用离心力将气体吸入并增加其压力，然后将高压气体排出，其工作原理可以简要描述为以下几个步骤。

① 气体吸入：离心式压缩机通过一个旋转的叶轮（也称为离心轮）将气体吸入，气体沿着叶轮的轴心方向进入。

② 压缩：进入离心式压缩机的气体随着叶轮的旋转，在离心力的作用下被压缩，叶轮的形状和转速决定了压缩机的压比和流量。

③ 排气：压缩后的气体通过离心轮的出口，排出压缩机。排气口通常与排气管道相连，将高压气体输送到需要的位置。

三、离心式压缩机在煤化工行业的应用

煤化工以煤为原料，经化学加工使煤转化为气体、液体和固体产品或半成品，而后进一步加工成化工、能源产品。随着世界石油资源不断减少，煤化工有着广阔的前景。

新型煤化工以生产洁净能源和可替代石油化工的产品为主，如煤制油、煤制甲醇、煤制二甲醚、煤制烯烃、煤制乙二醇等，它与能源、化工技术结合，形成煤炭-能源-化工一体化的新兴产业。煤炭能源化工产业将在中国能源的可持续利用中扮演重要的角色，是未来重要发展方向，这对于中国减轻燃煤造成的环境污染、降低中国对进口石油的依赖均有着重大意义。

在煤化工工艺中，离心式压缩机的应用不仅提高了生产效率，还因其耐高温、耐腐蚀性能强、泄漏量低等优点而降低了生产成本，同时其耐腐蚀的特性也大大延长了压缩机的使用寿命，节约了机器成本。各个环节和整体技术工艺的优化，都进一步提高了煤化工工艺的生产效率。此外，通过状态监测分析系统，可以及时准确地诊断机组运行中出现的故障，有效掌握设备的状态变化规律及发展趋势，防止事故于未然，从而获得潜在的经济效益。

四、荒煤气压缩机

荒煤气是从焦化热解炉出来的一种组分较为复杂的气体，输送此类气体的压缩机称为荒煤气压缩机。由于荒煤气中的氢气、焦油蒸气、水蒸气、苯蒸气、硫化氢等介质具有很强的腐蚀性，因此荒煤气的处理和利用具有一定的挑战性。在荒煤气综合利用中，由于荒煤气的气量较大，压力低，通常采用离心式压缩机，将荒煤气加压以达到工艺流程所需的参数要求。在压缩机选型设计时，关键零部件需选用抗硫化物开裂的不锈钢材料，并且要考虑防止压缩机长期运行后通流结焦堵塞的技术措施。

第二节　荒煤气压缩机本体结构

荒煤气压缩机采用了多级、高效率离心式压缩机，压缩机主要由定子（机壳、隔板、密封、平衡盘密封、端盖）、转子（主轴、叶轮、隔套、平衡盘、轴套、半联轴器等）及支撑轴承、推力轴承、轴端密封等组成。根据机壳剖分形式，离心式压缩机分为水平剖分型和垂直剖分型（或称筒型）。水平剖分型机壳分为上、下两部分，常用于压力较低的流程中；垂直剖分型机壳分为筒体和端盖两部分，常用于压力较高或对密封性要求较高的流程中。水平剖分型离心压缩机见图5-1。

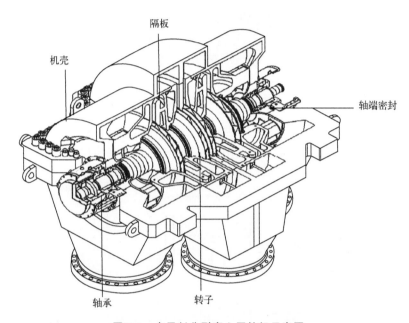

图 5-1　水平剖分型离心压缩机示意图

一、离心式压缩机定子

离心式压缩机定子也称为固定元件，通常由进气室、扩压器、弯道、回流器和排气蜗室组成。定子的作用是改变气体的方向或速度，将气体由进气管道引到叶轮及后一元件中，最后将气体排出到压缩机出口管道中。

1. 机壳

根据不同压力和介质的需要，可采用下列材料制成：钢板、铸铁、铸钢。机壳在水平中分面处分成上、下两半，只需拆卸上半就可以方便地检查、维修和重新组装内部零件。上、下半机壳用螺栓紧固在一起，为了具有良好的密封性，机壳法兰中分面为精加工面。下半机壳中分面加工成向外倾斜的，其斜度一般为0.2‰，在下机壳中分面上可涂上密封胶，以保证良好的密封性。水平剖分型压缩机的机壳见图5-2。

在下机壳水平中分面的四角对角处，有两个装导杆的螺孔，每个导杆上套个环，在装拆上机壳时起导向作用，保证在装卸上机壳时不致碰坏机壳内的密封和转子。这两个导杆还兼

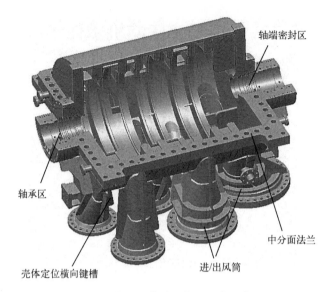

图 5-2　水平剖分型压缩机机壳示意图

作固紧上下机壳的螺栓之用。在下机壳法兰中分面处向两侧伸出四个支脚，或在下机壳轴承箱处向两端伸出四个支脚，下机壳支脚见图 5-3；将压缩机支在机座上，支座固定见图 5-4。

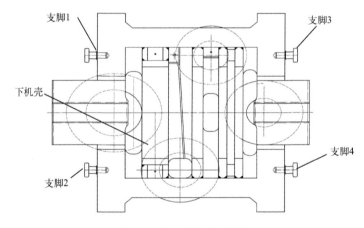

图 5-3　下机壳支脚示意图

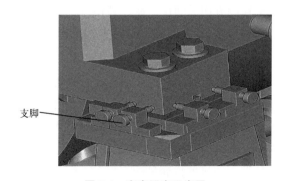

图 5-4　支座固定示意图

在机壳的两个支座上，有横向键槽，是为压缩机轴向定位之用；在压缩机的进气管和出气管外侧有两个立键（导向键），用于机器的横向定位。这些键能防止机壳位移，保持机器的良好对中，并能适应因温度变化而引起的机壳热膨胀变形。

轴承箱和密封室之间用迷宫密封隔开。根据需要密封室内可装迷宫密封，亦可装浮环密封或其他密封（如机械密封、干气密封）。轴承箱盖、轴承压盖是可拆卸的，在检查轴承时，只要拆掉轴承箱盖、轴承压盖即可，不必拆卸压缩机机壳。

压缩机的进、出气管焊接在下机壳上，其位置均垂直向下。每一段机壳的底部最低点对应有一个排污孔（根据机壳的具体结构可能不同），用于排出压缩机运转时产生的冷凝液等。

2. 隔板

隔板的作用是把压缩机每一级隔开，将各级叶轮分隔成连续性流道，隔板相邻的面构成扩压器通道，来自叶轮的气体通过扩压器把一部分动能转换为压力能。隔板的内侧是迴流室，气体通过迴流室进到下一级叶轮的入口，迴流室内侧有一组导流叶片，可使气体均匀地进到下一级叶轮入口。

隔板从水平中分面分为上、下两半。隔板和隔板之间靠止口配合径向定位，各级隔板靠隔板束把合螺栓依次紧密地连在一起。隔板和机壳间的定位：径向靠进口和末级隔板的外径定位；轴向靠进口隔板、端盖及机壳的止口定位。出口隔板靠止口和螺栓把合固定在端盖上，隔板一般由灰铸铁、球墨铸铁、铸钢或碳钢等材料制造。隔板示意见图 5-5。

3. 级间密封

级间密封采用迷宫密封，在压缩机各级叶轮进口圈外缘和隔板轴孔处，都装有迷宫密封，以减少各级气体内部回流。迷宫密封采用锻铝制成，用这种较软的材料主要是为了防止损坏轴套和叶轮。

为避免由于热膨胀而使密封变形，发生抱轴事故，一般将密封体做成带有 L 形卡台。密封齿为梳齿状，密封体外环上半用沉头螺钉固定在上半隔板上，但不固定死，外环下半自由装在下隔板上。级间密封见图 5-6。

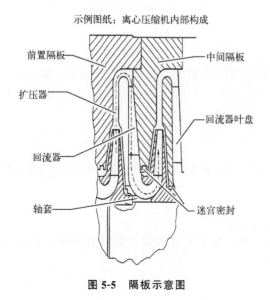

图 5-5　隔板示意图

图 5-6　级间密封示意图

4. 平衡盘密封

压缩机平衡盘上装有迷宫密封，这是为了尽量减少平衡盘两边的气体泄漏，其作用是减少末级出口和压缩机平衡气腔间的气体泄漏，结构与级间密封类似。

二、离心式压缩机转子

压缩机的转子包括主轴、叶轮、轴套、轴螺母、隔套、平衡盘和推力盘等，叶轮、轴套、平衡盘、推力盘热装在主轴上，防止高速旋转时由于离心力而松动。离心压缩机转子见图 5-7。

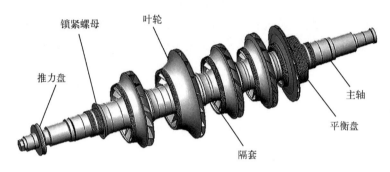

图 5-7　离心压缩机转子示意图

1. 主轴

压缩机主轴的主要作用是传递功率。主轴应有足够的刚度和强度，以承载并支撑整个转子高速旋转。压缩机的主轴通过联轴器与驱动机相连，用于安装液压联轴器的轴头通常具有一定的锥度。

2. 叶轮

叶轮采用闭式、后弯型叶轮。叶轮的流量系数越大，压缩效率越高，每个叶轮尽可能采用大流量系数的三元叶轮以提高压缩效率。叶轮与轴之间有过盈，热装在轴上。叶轮上的叶片铣在轮盘上，再把轮盖焊到叶片上。对通流较窄的叶轮，焊条伸到弯曲的叶片和轮盖相接处比较困难，叶片可铣在轮盖上，把叶片焊到平坦的轮盘上。对更窄的叶轮，则采用开槽焊接。叶轮的通流表面经过精密加工以减少摩擦损失。根据 API 617[1] 的规定，每个叶轮均做超速试验。

3. 隔套

隔套热装在轴上，用于把叶轮固定在适当的位置上，并保护没装叶轮部分的轴，使轴避免与气体相接触，同时具有导流作用。

4. 锁紧螺母

锁紧螺母用于固定叶轮、平衡盘或隔套等，防止其在高速旋转过程中发生松动或轴向位移。

5. 平衡盘

由于在叶轮的轮盖和轮盘上有气体产生的压差，所以压缩机转子受到朝向叶轮入口端的轴向力的作用，这种轴向力一般通过平衡盘来抵消一部分。平衡盘通常安装在最后一级叶轮相邻的轴段上。在设计时使残余的推力作用在推力轴承上，从而保证转子在轴向不会有大的串动。

6. 推力盘

叶轮旋转对气体做功时，由于轮盖和轮盘上作用的压力不同造成推力不等，叶轮受到指向吸入侧的力。作用在叶轮上的轴向推力，将轴和叶轮沿轴向推移，一般压缩机的总推力指向压缩机进口，为了平衡这一推力，安装了平衡盘和推力盘，平衡盘平衡后的残余推力，通过推力盘作用在推力轴承上。推力盘采用锻钢制造而成，采用液压或键连接的方式安装在主轴上。

三、支撑轴承

离心压缩机的支撑轴承，通常选用可倾瓦轴承，以保持转子在高速运转时的稳定性。这种滑动轴承是由油站供油强制润滑，轴承装在机器两端端盖外侧的轴承箱内，检查轴承时不必拆卸压缩机壳体。在轴承箱进油孔处装有节流圈，或在进油管路上设置流量调节器，根据运转时轴承温度高低，来调整节流圈的孔径，通过调节流量调节器阀开度控制进入轴承的油量，压力润滑油进入轴承进行润滑并带走产生的热量。

可倾瓦轴承有四个或五个轴承瓦块，等距地安装在轴承体的槽内，用特制的定位螺钉定位，瓦块可绕其支点摆动，以保证运转时处于最佳位置。瓦块内表面浇铸一层巴氏合金，由锻钢制造的轴承体在水平中分面分为上、下两半，用销钉定位螺钉固紧，为防止轴承体转动，在上轴承体的上方有防转销钉。支撑轴承见图5-8。

四、推力轴承

推力轴承采用米歇尔型或金斯伯雷型。推力轴承的作用是承受压缩机没有完全抵消的残余轴向推力，以及承受膜片联轴器产生的轴向力。

根据需要推力轴承装在支撑轴承外侧的轴承箱内。推力轴承是双面止推的，轴承体水平剖分为上、下两半，有两组止推元件，每组一般有 6 块止推块（特殊系列要多一些），置于推力盘两侧。推力瓦块工作表面浇铸一层巴氏合金，等距离地装到固定环的槽内，推力瓦块能绕其支点倾斜，使推力瓦块均匀地承受挠曲旋转轴上变化的轴向推力。一般情况下，这种轴承装有油控制环，其作用是当轴在高速旋转时，减少润滑油紊乱的搅动，使轴承损失功率减少。推力轴承的轴向位置，由调整垫调整，调整垫的厚度在装配时加工。推力轴承见图5-9。

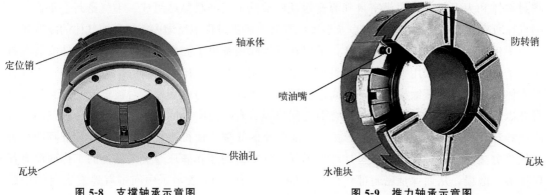

图 5-8　支撑轴承示意图　　　　图 5-9　推力轴承示意图

五、轴承压盖

轴承压盖分别位于驱动侧和非驱动侧的轴承箱内,为半圆形压盖式结构。轴承压盖通过位于水平中分面的紧固螺栓与轴承区的下壳体紧固,其中驱动侧轴承压盖将驱动侧支撑轴承体固定,非驱动侧轴承压盖将非驱动侧支撑轴承体和止推轴承套环牢固地包裹在其圆形环腔内。轴承压盖见图5-10。

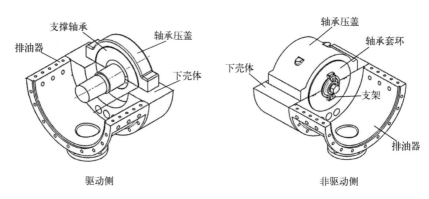

图 5-10　轴承压盖示意图

轴承压盖与轴承或轴承套在装配时,通过位于压盖内孔的固定销限制支撑轴承与压盖以及轴承套环之间的周向相对位移。轴承压盖与支撑轴承体之间的装配需要满足过盈要求,以保证支撑轴承的牢固支撑。

根据不同的压缩机结构,在轴承压盖的外侧,通常会固定用于测振或测位移的支架,在支架上会有螺纹孔来紧固测振或测位移探头。通过调整探头在支架上的固定位置,可调整探头与被测面之间的间隙。同时,如有必要,从轴承瓦块引出的测温引线也可以通过包胶线卡固定在轴承压盖的外侧。

六、轴端密封

轴端密封根据用户的要求及使用场合的不同可选用不同形式的轴端密封,如迷宫密封、浮环密封、机械密封,干气密封、抽气密封、充气密封,等等。对于输送有毒有害或易燃易爆介质的离心式压缩机,通常采用干气密封。干气密封系统由安装在压缩机壳体两端的干气密封本体和为密封本体提供密封气源输送及调节的干气密封盘站组成。干气密封能够满足压缩机在所有规定的操作工况下,以及压缩机在开、停机过程中压缩内部被压缩气体的零泄漏。

干气密封本体采用集装式设计,可以在不拆除压缩机上壳体的情况下进行整体安装和拆除。干气密封盘站采用整体开架式设计,单独底座,布置在压缩机附近,方便操作。干气密封本体是通过跟随压缩机转子一同高速旋转的密封动环上的螺旋槽,对被输送的密封气体进行升压,在干气密封动环和静环配合面之间形成具有一定刚度的气膜。密封气体的气膜压力会使静环表面与转动部件脱离,形成一个非常小的间隙,使得干气密封的动环和静环两个表面保持分离而不接触。这样的设计可以确保干气密封动环和静环等关键部件的工作面没有任何接触、磨损,从而保证密封部件的长周期使用。图5-11表示了中间带有迷宫密封的串联式干气密封的密封原理。

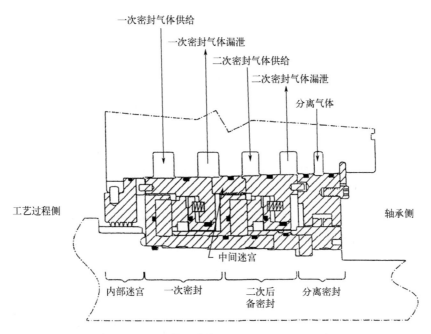

一次密封气体供给
一次密封气体漏泄
二次密封气体供给
二次密封气体漏泄
分离气体

工艺过程侧

轴承侧

中间迷宫

内部迷宫　一次密封　二次后　分离密封
　　　　　　　　　备密封

图 5-11　中间带有迷宫密封的串联式干气密封

干气密封内部形成的气膜厚度在微米级别，因此对进入干气密封内部的密封气源的清洁度有很高的要求，同时在干气密封供气系统中也设置有高精度的过滤器，以避免杂质或污染物进入密封环等导致密封元件损坏。干气密封运行时，需要外部系统提供压力和保持流量稳定，并且需要清洁的密封气源，同时保证气体输送管线的清洁度。

第三节　离心式压缩机附属设备

离心式压缩机附属设备包括：驱动机、齿轮箱、气体冷却器、气液分离器、联轴器、润滑设备、水管路、注水盘站等。

一、驱动机选型

压缩机的驱动机通常采用电动机、蒸汽轮机或燃气轮机驱动。冶金行业的压缩机通常采用电动机驱动；石油化工、煤化工等行业由于蒸汽充足，大多采用蒸汽轮机驱动；天然气输送的压缩机较多采用燃气轮机驱动。离心式压缩机转速较高，选用驱动机时，应遵循以下原则：

① 驱动机的转速应与被驱动的压缩机转速相匹配，尽可能避免使用增速或减速齿轮箱，从而简化结构并减少机械损失。优先考虑利用生产装置的天然气作燃料的燃气轮机或自产蒸汽驱动，这样可以节省发电、电能输送和变配电过程，提高能源利用效率，并缓解供电紧张问题。对于辅助系统设备和中、小型压缩机，所需功率较小，采用电动机驱动较为合适。

② 驱动机的额定功率应比压缩机的轴功率大，至少应留有 10% 的裕量，以应对压缩机超载和空气试车的情况。根据压缩机安装的周围环境要求，确定驱动机的防爆等级或防护等级，同时也要综合考虑压缩机的类型、工作条件、环境要求以及经济性等因素，以确保压缩

机安全、高效运行。

1. 汽轮机原理

汽轮机也称蒸汽透平机，是用蒸汽为工质的旋转式热能动力机械。来自锅炉或其他流程的蒸气通过调速阀进入汽轮机，依次高速流过一系列环形配置的喷嘴（或静叶栅）和动叶栅而膨胀做功，推动汽轮机转子旋转，将蒸汽的动能转换成机械能，带动压缩机旋转。汽轮机按热力特性分为背压式、凝汽式和抽凝式。

2. 汽轮机结构特点

汽轮机本体主要由静子和转子两大部分组成。静子包括汽缸、隔板和静叶栅、进排汽部分、轴端汽封、轴承以及轴承座等。转子包括主轴、叶轮和动叶片（或直接装有动叶片的鼓形转子、整锻转子）、联轴器等。为了保证汽轮机安全、有效地工作，汽轮机还配置调节保安系统、汽水系统、油系统及各种辅助设备等。

二、联轴器及防护罩

联轴器是连接驱动轴与被驱动轴、用于传递扭矩的一种装置，在离心式压缩机中常用的联轴器为不需润滑的金属挠性联轴器，主要有叠片联轴器和膜盘联轴器。金属挠性元件可以吸收被连接两个转子在一定范围内的平行（横向）偏差、角向不对中偏差和轴向位移偏差，同时不会对被驱动的转子产生其他不利影响。

叠片联轴器是由一定数量、薄的金属片组合而成的叠片组来传递扭矩。这些金属叠片为圆环形、多边形或束腰形等形式，叠片组采用销钉紧固在半联轴器轮毂上，两者之间不会发生相对位移或松动。叠片组圆周上采用紧固螺栓交错间隔布置与中间套筒连接。叠片联轴器通过叠片组的弹性变形来补偿所连接的两个转子之间的相对位移。

膜盘联轴器是通过安装在半联轴器轮毂上的膜盘来传递扭矩，这些膜盘由一个单层或一系列平行的多层圆盘组成。扭矩从外径到内径（或从内径到外径）以剪切力的形式按半联轴器轮毂—中间段—半联轴器轮毂进行径向传递，同时通过膜盘外径、内径之间挠性区域的变形来适应转子的不对中。联轴器护罩属于封闭防火花型，其主要作用是为高速旋转的联轴器提供封闭式防护结构，保护人身安全，同时防止异物进入联轴器。

三、齿轮传动装置

对于 50Hz 的电网，六极电机的转速约为 1000r/min，四极电机的转速约为 1500r/min，二极电机的转速约为 3000r/min，相对于电机（或汽轮机），压缩机的转速通常较高，齿轮箱用于电机（或汽轮机）与压缩机之间的增速传动。一些流程要求整机压比高，采用多缸压缩，缸与缸之间也需要采用齿轮装置，以实现压缩机的最佳转速。

齿轮增速机分为两种结构，平行轴式和行星式。平行轴式齿轮增速机结构比较简单，可以传递较大的功率，应用非常广泛。行星式齿轮增速机通过内齿轮、太阳轮和行星轮来增速传递功率，结构紧凑、增速比高，但内齿轮的加工难度大。

齿轮箱体采用焊接或铸造形式，具有足够的支撑刚度，以保持齿轮和轴承精确定心。齿轮通常设计为渐开线双斜齿，采用锻造合金钢制成，齿表面进行硬化处理。大齿轮的支撑轴承可采用四油叶轴承，支推轴承可采用四油叶轴承＋可倾瓦推力面。小齿轮的支撑轴承可采用可倾瓦轴承或错口圆瓦轴承，支推轴承可采用可倾瓦轴承＋可倾瓦推力面。

四、底座

压缩机的底座由钢板和型钢焊接而成，目的是对压缩机、主驱动机提供支撑。卡爪支座焊接到底座上以连接压缩机壳体（俗称猫爪）。这些卡爪支座也由钢部件焊制而成。为了操作者的安全，底座框架和机器进气口之间的贯穿区域应用网纹钢板盖住，压缩机底座见图 5-12。

为满足压缩机组找正、调整压缩机缸体的位置，在底座固定架的横向和轴向位置，以及每个固定架的正下方都设有顶丝来调整压缩机。对于压缩机缸体重量较大的底座，通常还会在每个底座支座中部提供预留空间用来放置液压千斤顶，其作用是在机组找正时用千斤顶来起顶压缩机缸体。为便于压缩机滑动找正，在压缩机壳体与底座初次安装时，在底座支座垫板上表面与压缩机下机壳

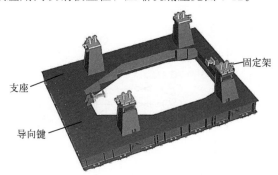

图 5-12　压缩机底座示意图

支爪下表面之间涂抹二硫化钼等防咬合剂，以减小支座与支爪的摩擦力。

在底座横向两侧位置设置有压缩机壳体安装导向键槽，用来与压缩机壳体两侧的导向键配合，在压缩机与底座装配过程中起导向作用。压缩机底座提供一组地脚螺栓、螺母、支撑座及调整垫片，用来将底座定位并固定在二层基础平台上。压缩机底座与二层基础平台之间会预留一定厚度的空间，并采用无收缩水泥或其他灌浆材料进行灌浆以固定底座。压缩机与主驱动机可采用公用底座或分体底座。

五、转子顶轴油系统

转子顶轴油系统是为离心式压缩机机组配套的一个重要装置。在机组盘车、启动、停机过程中起顶起转子的作用。机组的轴承均设有高压顶轴油腔，顶升装置所提供的高压油在转子和轴承之间形成静压油膜，将转子顶起，避免摩擦力对转子及轴瓦的破坏。顶升装置见图 5-13。

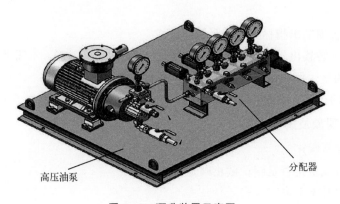

图 5-13　顶升装置示意图

1. 顶轴原理

顶轴装置用油来自机组的供油主管道，压力为 0.2MPa 左右。油液经过高压油泵加压至
15～20MPa，高压油经过高压油过滤器后（过滤精度 10μm）进入分配器经过节流阀、单向
阀、流量计，最后进入各轴承，通过调节节流阀控制输送各轴承的流量，保证转子顶起高度
在合理范围内，顶轴装置液压原理见图 5-14。

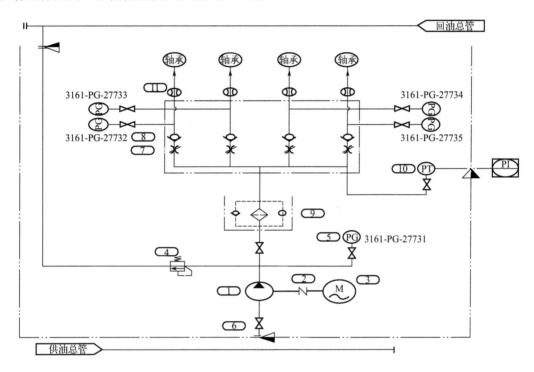

图 5-14　顶轴装置液压系统图

1—齿轮泵；2—弹性联轴器；3—电动机；4—溢流阀；5—压力表；6—截止阀；
7—节流阀；8—单向阀；9—滤油器；10—压力变送器；11—流量计

2. 顶轴装置操作

① 压缩机组启动的准备工作全部完成后，需要顶轴系统输出高压油液时，即可以开启
油泵。

② 观察装置各项输出指标是否满足机组要求。

③ 通常情况，装置出厂前已经按要求将压力、流量调整锁定，不需要调整。用户也可
以根据实际情况调整，但不能超过顶轴装置的技术参数范围。

④ 顶轴装置的投入、切除，可根据具体机组的详细要求进行。

3. 常见故障现象及解决措施

（1）泵出现异常噪声

检查泵吸油口流量是否足够；截止阀是否打开。

（2）系统压力升不上去

① 溢流阀的调节压力是否准确、灵活。

② 检查系统各调节阀是否全开。

③ 检查各条管路是否有漏点。

（3）输出口流量不足

① 检查油泵运行是否正常。

② 或与节流阀的开口量有关，可调节相应阀的节流杆。

4. 使用注意事项

① 液压工作介质，建议使用 YB-N46 抗磨液压油，定期检查液压油的清洁度（ISO 4406），根据油液污染程度定期更换油液。

② 设备运行中应该随时注意运行状态，油温一般不应超过60℃。

③ 调整压力时可以先将压力油的切断阀关闭，再调整溢流阀的压力，待压力调定后方可向系统输送压力油液。

④ 每三个月，定期检查管接头及螺钉是否松动，随时观察液压管路有无损坏。

⑤ 随时观察高压管路过滤器报警开关是否报警，若报警应及时更换滤芯或过滤器。

⑥ 系统不工作时，应做好防尘保护。

⑦ 系统长时间不使用，在重新投入使用前，需要对顶轴装置单独调试。

第四节　离心式压缩机的性能调节

一、离心式压缩机的性能曲线

反映离心式压缩机性能的最主要参数为压力比 ε、效率及流量等。为了清晰地表示压缩机的性能，通常在某个转速及进口气体状态下，把级的压比（或出口压力）和级效率与不同进口流量的关系，用曲线形式表示出来，称为离心式压缩机的性能曲线[2]。这里将压缩机功率与流量的关系也作成性能曲线表示在同一图上。因功率大致正比于质量流量 Q_{in}，所以在能量头[2] h_{th} 变化不太明显时，功率 N 将随流量增大而增大。但当流量增大较多时，能量头 h_{th} 将会下降，特别当流量增加较大时，压比将明显下降，这时功率会有所下降。离心压缩机性能曲线见图 5-15。

图 5-15 中的压缩机性能曲线只是在某个转速下得出的，不同转速下离心压缩机性能曲线见图 5-16。

可以看到，在每一个转速下，每条压比与流量的关系曲线的左边，都有各自的喘振点，将这些点连接起来，就在性能曲线图上表示出一条喘振界限线来。压缩机只能在喘振界限线的右侧正常工作。在作性能曲线时，也可以用出口压力 p_{out}、能量头系数 ψ（对级来说）代替压比，用流量系数 φ 代替流量 Q，用圆周速度 u_2、马赫数 Mu_2 代替转速 n 等。用这些参数代替原来的参数后，作出的性能曲线所反映的实质是一样的。例如，用 $\varepsilon = f(Mu_2, \varphi)$ 及 $\eta = f(Mu_2, \varphi)$ 所作的性

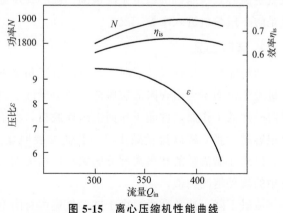

图 5-15　离心压缩机性能曲线

能曲线中，每条曲线就是在某一 Mu_2 下所作的 $\varepsilon = f(\varphi)$ 及 $\eta = f(\varphi)$ 的关系曲线。这种性能曲线中所用的参数，全都是无量纲的，所以也称作无量纲性能曲线。根据相似理论，这种无量纲性能曲线有其通用性。

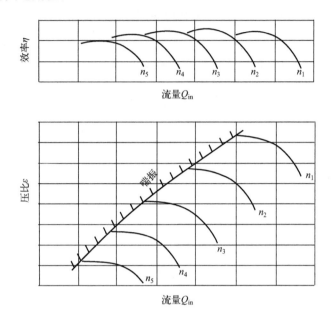

图 5-16 不同转速下离心压缩机性能曲线

二、离心式压缩机的喘振和阻塞

离心式压缩机流道的几何尺寸及结构根据设计工况来确定。当在设计工况下运行时，气流在流道中流动顺畅，与几何尺寸配合良好，气流方向和叶片的几何安装角相一致，这时压缩机各级工作协调，整机效率高。当压缩机偏离设计工况时，效率、压比都发生变化。当向大流量偏离时，效率、压比下降；当向小流量偏离时，效率下降，在一定范围内压比升高。当偏离情况不严重时，仍能维持稳定工作。一旦工况变化过大，流道中流动情况会恶化，将导致压缩机性能大大下降而不能正常工作。

喘振工况和阻塞工况就是在偏离极限时的两个特殊工况，喘振工况与阻塞工况之间的区域就是离心式压缩机的稳定工况范围。离心式压缩机的运行控制要求有很重要的一个目的，就是防止压缩机进入喘振工况。

1. 喘振工况

当压缩机工作在设计点时，气流的进气角基本等于叶轮叶片的进口几何安装角，气流顺利进入流道而不会出现附面层脱离。当流量减小时，气流轴向速度减小，正冲角增大，气流射向叶片的工作面，使非工作面上出现脱离，由于气流在非工作面上是扩压流动，出现的脱离很容易扩张，所以流量减小时，脱离发展明显。当流量减小到某临界值时，脱离严重扩张，以致充满流道的相当大部分区域，使损失大大增加，破坏了正常流动。叶片扩压器与叶轮中的流动情况类似。

流量下降，冲角增大，由于进口气流本身的不均匀性、加工造成的各叶片间几何结构的微小差异等，总会在某一个或几个叶片上最先发生气流脱离现象，形成一个或几个脱离区，称为"脱离团"。该叶片附近的流动情况恶化，出现明显的流量减小区，这个受阻滞的气流使其附近的气流方向有所改变，导致流向转向后面叶片的气流冲角增大，转向前面叶片的冲角减小，于是，后面叶片叶背上出现脱离，同时解除了前面叶片的脱离。从相对坐标系看，引起了脱离团沿转速的反方向传递。由试验得知，叶轮中脱离团的传递速度小于转速，所以从绝对坐标系来看，脱离团是以某一转速（远远小于工作转速）沿转向传递。这种现象称为"旋转脱离"。这种在非设计工况下，工况变化导致叶片通道中产生严重的气流脱离，形成旋转脱离现象，而使级性能明显恶化的情况，称为"旋转失速"。旋转失速可沿气流流动方向向后扩展。

　　由于工况改变，流量明显减小，出现了严重的旋转脱离，流动情况大大恶化。这时叶轮虽仍在旋转，对气体做功，但却不能提高气体压力，压缩机出口压力明显下降。如果压缩机后的管网容量较大、其背压的反应不敏感，就会出现管网中的压力大于压缩机出口压力的情况，从而发生倒流现象，气流由压缩机出口向进口倒流，直到管网中的压力下降至低于压缩机出口压力为止。这时倒流停止，气流在叶片作用下正向流动，压缩机开始向管网供气，经过压缩机的流量增大，压缩机恢复正常工作。但当管网中的压力不断回升，恢复到原有水平时，压缩机正常排气再次受到阻碍，流量下降，系统中的气体产生倒流。如此周而复始，在整个系统中发生周期性的轴向低频大振幅的气流振荡现象，这种现象称为压缩机的"喘振工况"。管网容量越大，喘振频率越低，能量越大，危害也越大。喘振所造成的后果往往很严重，会使压缩机转子和定子经受交变应力作用而断裂，使级间压力失常而引起强烈振动，导致密封及推力轴承损坏，使运动元件和静止元件相碰造成严重事故。所以，应防止压缩机进入喘振工况。从上面的分析可知，喘振的发生首先是由于变工况时压缩机叶栅中的气动参数和几何参数不协调，形成旋转脱离，从而造成严重失速的结果。但并不一定是旋转失速导致喘振的发生，还与管网系统有关。所以造成喘振现象的发生包含两方面的因素：从内部来说，是由于压缩机在一定条件下的流动大大恶化，出现了强烈的旋转失速；从外部来说与管网的容量及管网特性曲线有关。

　　对离心式压缩机，可以在不同转速下用实测法近似得出各喘振点，作出喘振界限线，在该线右侧是正常工作区，左侧为喘振区。通过 CFD 软件的分析可以准确地计算出压缩机的喘振点和喘振界限线。为了避免离心式压缩机运行时发生喘振，除了设计时加宽稳定工况区外，还可在流程布置和控制方面采用放空防喘、回流防喘等措施。由于喘振产生的原因是压缩机的流量减小，而采用这两种措施，就是要增加压缩机的进气量，以保证压缩机在稳定工况区运行。

　　喘振的危害是严重的。我国一些运行透平压缩机的装置已发生过多起因喘振导致的事故。设备运行人员应对喘振的机理及现象有所了解，以便在喘振未出现或刚出现时就采取适当措施妥善处理。根据运行经验，判断压缩机是否已出现喘振现象，主要有下面几种方法：

　　① 测听压缩机排气管的气流噪声。离心式压缩机在正常工况下，其噪声较低且连续稳定，而当接近喘振工况时，排气管中气流发出的噪声时高时低，并呈周期性变化。当进入喘振工况后，噪声明显增大，发出异常的周期性吼叫或喘气声，甚至出现爆音。

　　② 观察压缩机出口压力和进口流量的变化。离心式压缩机在稳定工况下运行时，出口压力和进口流量变化不大，也有规律，所测得的数据在平均值附近小幅波动。当接近或进入

喘振工况时，两者都发生了周期性大幅度脉动。

③ 观察壳体和轴承的振动情况。当接近或进入喘振工况时，壳体和轴承会发生强烈振动，其振幅比正常运行时大很多。

发生喘振时，上述现象可能部分或同时存在。由于引起喘振的原因各种各样，后果严重，应尽可能采用防喘振自动控制装置，使喘振自动消除。

2. 阻塞工况

当流量增大时，气流的轴向速度增大，冲角减小变成负值。这时气流射向叶轮叶片的非工作面，而在工作面上出现气流脱离现象，但由于叶片工作面对气流的强烈作用（叶片对气流做功），脱离层获得能量，限制了脱离的扩大化。此外，由于流量增加使流道的扩压度减小、气流的流速增大，也使气流分离不易扩大，在这种情况下除了压缩机的级压比及效率都有所下降外，工作的稳定性还不至于被破坏。当流量增大，气流的流速也增加，脱离层又占了部分流通面积，使流速更大。当某一截面达到声速时，流量则达到了最大值，此时的状态称为压缩机的"阻塞工况"。在阻塞工况附近，压缩机效率很低，压比比设计工况低得多，流量的微小变化也可以引起很大的压力变化。阻塞工况下的气流不稳定短时间不会对压缩机的运行产生破坏作用。但如果经常在阻塞工况运行，会造成叶轮叶片的疲劳破坏。

三、离心式压缩机与管网联合工作

任何一台压缩机，总是根据综合的条件和要求设计的，在这个设计工况下，通常要求有最高的效率。但实际运行中，压缩机并不总是在设计点工作，这是由于压缩机总是和管网系统一起联合工作的，管网系统的参数及外界条件是有可能变化的，这就要求压缩机适应管网特性的要求，改变其参数，于是就产生了变工况问题。

所谓管网系统，是指压缩机下游、压缩气体所需经过的全部装置的总称。例如，化工用的压缩机，就与化工设备的各种管道与容器联合工作。当然，有时管网系统也可能装在压缩机的上游，这时的压缩机就成为抽气机、吸气机了。也有的是一部分管网装在压缩机上游，另一部分装在下游。为了分析方便，一律把管网系统看成是装在压缩机下游的情况来研究。

当经压缩机压缩后的气体通过管网系统时，气体的压力不断下降。换言之，气流通过管网时，会产生一系列的压力损失，这些损失主要是沿管道长度的速度损失与局部阻力损失。每一种管网系统都有自己的性能曲线，即通过管网的气体流量与保证这个流量通过管网所需的压力之间的关系曲线，即 $p = f(Q)$。这个压力是用来克服管网阻力的，所以管网性能曲线有时也称为管网阻力曲线。管网的性能曲线可以是各种各样的，它取决于管网本身的结构与用户的要求。离心式压缩机与管网联合工作时，需要确保两者之间的匹配和协调，以实现高效、稳定的运行。

四、离心式压缩机的性能调节方式

在压缩机与管网系统联合工作时，一般要求工作点就是压缩机的设计工况点。但是实际运转中，由于用户要求可能有变动，例如要求的气体流量或压力有所增减，这时就需要改变压缩机的性能曲线位置，移动工作点，以满足用户的要求。这种改变压缩机性能曲线的位置，以适应新的工况的方法就叫作调节。根据用户的不同要求，按调节的任务可分为：

① 等压力调节：改变压缩机的流量而保持压力不变。

② 等流量调节：改变压缩机的压力而保持流量稳定。

③ 比例调节：保证压力比例不变（如防喘振调节），或保证所压送的两种气体的容积流量百分比不变。

离心式压缩机调节的方法一般有下列几种：

① 压缩机出口节流；

② 压缩机进口节流；

③ 采用可变角度的进口导叶（进气预旋调节）；

④ 采用可变角度的扩压器叶片；

⑤ 改变压缩机转速。

第五节　仪表监测及控制

一、轴系监测仪表

对于高速旋转的压缩机，转子的机械运行状态是压缩机是否安全、稳定运行最直观的反映。因此，需要对压缩机在实际运转过程中转子的运动状态进行实时监测并显示。

压缩机的轴系仪表监测系统采用各种仪表和传感器对压缩机转子的关键运行参数进行测量和显示，从而反映压缩机的实时运转状态。同时，在压缩机的控制系统中对这些测量的关键参数设置报警或联锁功能，以保证压缩机运行的机械安全；另外，通过监测所获取并存储的这些运转过程的关键参数，可用于压缩机在发生故障后进行历史趋势数据分析，以分析并排除压缩机故障。压缩机主要的轴系仪表包括轴瓦温度、转子振动、轴向位移以及转子键相位等。离心式压缩机轴系监测仪表主要包括多种传感器，常用的有：

① 电涡流传感器：用于测量机械的径向振动、轴向位移、键相位和转速。

② 压电式速度传感器：用于测量轴承箱、机壳或结构的绝对振动。

③ 加速度传感器：用于测量壳体加速度，如齿轮啮合监测。

④ 温度传感器：用于测量轴承温度和其他机械温度，如热电偶、热电阻。

这些仪表共同组成测控系统，对机组转动设备进行监控，确保设备的真实状态能被准确判断，以适应和满足装置长周期运行生产的要求。

1. 轴承温度监测

离心式压缩机的轴承温度监测是确保设备安全、可靠运行的关键环节。通过监测轴承温度，可以及时发现潜在问题，如润滑不足、轴承损坏等，从而采取相应的措施避免设备故障，确保设备的稳定运行。轴承温度监测通常使用温度计直接测量或使用温度传感器进行监测。温度计可以直接测量轴承表面的温度，而温度传感器则通过在轴承上预埋温度探头，灵敏地监测瓦温的变化，及时发现润滑油问题或轴承损坏等异常情况。

2. 轴位移监测

叶轮进出口压差会对转子产生轴向力，需要通过推力轴承来平衡。监测轴位移有助于及时发现推力轴承的问题，防止轴位移过大导致叶轮与壳体碰磨。为了监视压缩机转子的轴位移并在必要时向用户报警，在压缩机中安装有轴位移探头。探头按照涡流原理工作并尽可能靠近推力轴承。如果推力轴承不工作或轴位移过大，超出报警值，则轴位移探头将发出报警，如超出停车值，压缩机的驱动机可自动停机。

3. 轴振动监测

为了监视压缩机转子的振动并在必要时向用户报警，在压缩机每一个缸中安装有四个振动探头，每侧两个并成90°夹角，探头按照涡流原理工作。如果压缩机转子的振动过大，超出报警值，振动探头将发出报警，如超出停车值，压缩机的驱动机可自动停机。在后一种情况下，通过延迟继电器以保证在压缩机启动期间短期的振动峰值不会导致意外跳闸。轴振动探头见图 5-17。

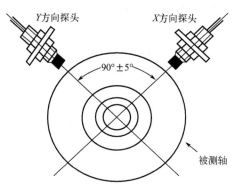

图 5-17　轴振动探头示意图

4. 键相位监测

键相位的测量需要一个固定在压缩机壳体上的电涡流探头，这个探头垂直安装于转子的旋转圆周表面。在被测转子圆周外表面设置一个凹槽或凸键，当这个凹槽或凸键旋转到探头位置时，由于探头与被测面之间的间距突变，传感器会传输一个脉冲信号。转子每旋转一圈就会产生一个脉冲信号，通过对两个邻近的脉冲信号产生周期进行计时，就可以计算出转子的旋转速度。同时，通过对同一时间段内键相位测量的脉冲信号和转子振动信号进行频谱比较分析，可以确定在此时间段内转子振动的相位角，可以用于转子的振动故障分析和诊断。

二、气路控制系统

压缩机组气路控制系统主要包括：参数监测、保安装置和防喘振控制等。典型荒煤气压缩机的气路 PID 见图 5-18。

1. 参数监测

参数是指被压缩介质的温度、压力、流量等工艺参数。参数监测是指采用传感器元件和变送器，将压缩机（或压缩机各段）的进气和排气温度、压力、流量等数据转换为电信号引至控制室进行显示并监控。

2. 保安装置

（1）开车控制逻辑

包括：润滑油压力控制、润滑油温度控制、防喘振阀门控制、汽轮机速关阀控制、汽轮机盘车停止等。

（2）保护装置

保护装置包括对轴振动、轴位移、轴承温度等进行监测与响应的仪器仪表。轴振动的监控采用非接触式测振仪，在压缩机两侧轴端都装有测振探头，每侧两支，安装夹角为90°，趋近器将探头检测出的轴振动信号引至控制室进行监控。当轴振动超过报警设定值时，发出声光报警；当轴振动达到危险值时，除有声光报警外，停车联锁系统动作，自动停车。

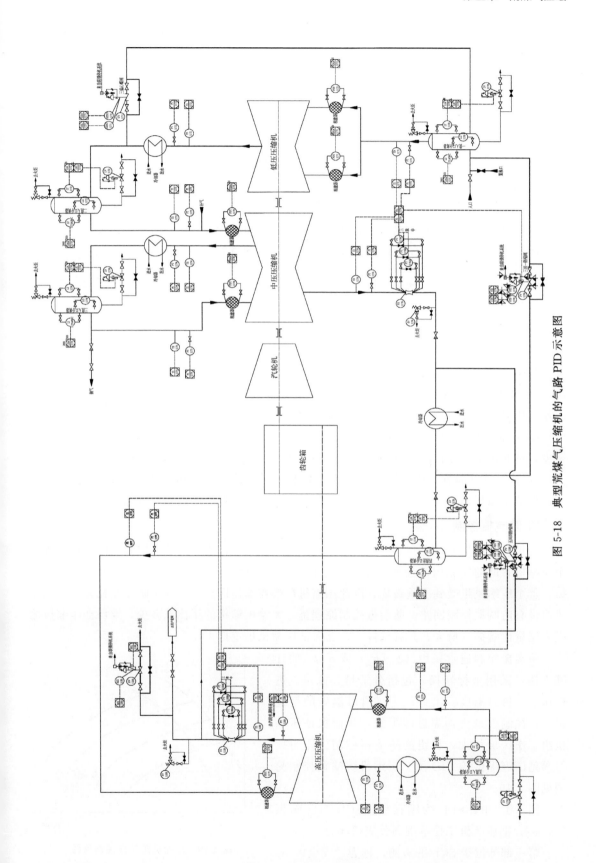

图 5-18 典型荒煤气压缩机的气路 PID 示意图

轴位移的监控采用非接触式轴位移测量仪，在压缩机的低压侧轴端安装了两只测轴位移探头，可检测出轴位移情况，信号经趋近器引至控制室进行监控。当轴位移超过报警设定值时，发出声光报警；当轴位移达到危险值时，除有声光报警外，停车联锁系统动作，自动停机。

轴承温度的监控采用铂热电阻，压缩机各轴承上分别装有分度号为 Pt100 的测温铂热电阻，用来检测各轴承温度。铂热电阻检测出轴承温度数据后，通过变送器转换为电信号引至控制室进行显示并监控。当轴承温度超过报警设定值时，发出声光报警，温度高于联锁值时，自动停机。

（3）防逆流保护

为防止逆流发生，在压缩机出口管路上应设置止回阀，在停车过程中其阀瓣可以自行快速关闭，以防止管网高压气流的倒流，达到保护机组的目的。

三、自动控制与调节

1. 控制原理及说明

离心式压缩机自动控制与调节主要依赖于先进的智能化控制系统，以实现高效、稳定的运行状态。离心式压缩机的自动调节方法主要包括以下几种：

① 改变压缩机转速：通过调节驱动机的转速来改变压缩机的转速，从而调节压缩机的流量和压力。这种方法经济合理，且效率变化不大。

② 转动进口导叶角度：通过调整压缩机进口导叶的角度，改变进入叶轮的气流方向和速度，进而调节压缩机的流量和压力。这种方法运行经济性较好，但结构相对复杂。

③ 进气节流调节：在压缩机进气端安装节流阀，通过调节阀门开度来改变进气压力，从而调节压缩机的工况。这种方法构造简单，调节方便，但经济性相对较低。

2. 防喘振控制

当用户管网阻力增大到某值时，压缩机流量下降很快，当下降到一定程度时，会出现整个压缩机管网的气流周期性地振荡，压力和流量发生脉动，同时发出异常噪声，即发生喘振，整个压缩机组受到严重破坏，因此压缩机严禁在喘振区运行。为了防止喘振发生，压缩机组设有防喘振控制回路。防喘振控制原理是：无论压缩机的压比是多少，要保证压缩机的吸入流量比喘振流量大，只有这样，才能保证压缩机稳定地工作。

防喘振控制通常采用（p_d/p_s）或 h/p_s 的计算方法，采用坐标转换，包括分子量、流量、进口压力、进口温度、出口压力、出口温度的变化影响，控制模型更加靠近喘振线，从而保证压缩机组工作区域最大，机组的防喘振控制回路组成可参见厂家提供的 PID 图。压缩机防喘振控制简图见图 5-19。

图 5-19 中，SLL 为喘振线，SCL 为防喘振线，SCL 把压缩机工作范围划分成两部分：

第一部分位于 SCL 的右侧，称为"安全区"；

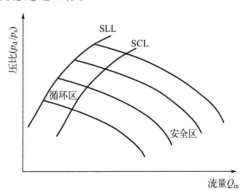

图 5-19 压缩机防喘振控制简图

第二部分在 SLL 和 SCL 之间，称为"循环区"。

无论任何原因导致操作点在性能曲线上移动并到达 SCL，防喘振控制系统都必须打开防喘振阀，使吸气流量增加，操作点再次移向安全区时防喘振阀关闭。当机组联锁停车时，电磁阀失电，阀门膜头气迅速放掉，防喘振阀快速打开，避免机组开、停车时发生喘振。

3. 备用润滑油泵启动及油压低报警、联锁回路

备用润滑油泵启动及油压低报警、联锁回路由四台压力检测元件和变送器组成，压力变送器将油压信号送入控制室显示并监控：当油压满足启动条件时，参与开车联锁；当油压低于报警值时，控制室发出声光报警，同时联锁启动备用油泵；压力变送器将油压信号送入控制室显示并监控：当油压低于联锁值时，控制室除发出声光报警外，采取三取二联锁停机，同时自动启动润滑油事故油泵。

第六节　压缩机组油系统

一、油系统概述

离心式压缩机的油系统是确保压缩机高效稳定运行的关键部分，主要负责向压缩机、驱动机、齿轮箱提供润滑油和控制油（汽轮机用），离心式压缩机的油系统通常执行 API 614 标准[3]。

二、功能和组成

由于机组高速运转，对润滑油的清洁度有严格要求，以防杂质损害轴瓦、轴颈和齿轮等部件。油系统通过形成油膜来减少摩擦，并帮助散热。油站由底架、油箱、油泵、止回阀、安全阀、双联过滤器、双联冷却器、压力调节阀、高位油箱以及三阀组、蓄能器装置、仪表、管道、阀门等组成。除高位油箱、三阀组和回油视镜外，其他设备均安装于公共底座。

工作时，油液由油泵从油箱吸出，经止回阀、双联冷却器、双联过滤器等被送到设备的润滑点。通过安全阀可以调节油站的最高工作压力，设备经润滑后油液回入油箱。油站开启时，打开三阀组的截止阀，注意观察高位油箱的回油视镜，当有油液溢流时，立即关闭三阀组的截止阀。正常工作时，由于主管路中有压力油，三阀组中的止回阀处于关闭状态，少量的油液经节流小孔流向高位油箱，使高位油箱中的油液处于流动状态；当发生故障，油站停止向系统供油时，主管路中油压降低，三阀组中的止回阀自动打开，高位油箱中的润滑油继续向润滑部位短时供油。

三、主要配置

① 油站系统配有两台油泵，互为主辅，均由电机驱动；当主油泵出现故障时，辅助油泵自动运行，使系统正常工作，此时可对主油泵进行检修。

② 安全阀：用于调节供油系统的最高压力，油压高于设定值时油溢回油箱，以确保系统压力不超过最高工作压力。

③ 双联过滤器：过滤油液中细小颗粒，一组滤芯工作，一组滤芯备用，在油站正常运行时，可以在线进行过滤器切换，更换滤芯。

④ 双联管壳式油冷却器：油液经冷却器冷却后至润滑点，确保油液温度。两台冷却器一用一备。

⑤ 压力调节阀：一个稳定系统供油压力，一个控制润滑油供油压力。

⑥ 电加热器：用于加热油箱内的油液，使油箱内的油液温度在环境温度较低时满足使用要求。

⑦ 仪表配置：包括油箱液位、一次油压调节、二次油压调节、过滤器差压、进油温度、进口压力等监测与控制仪表。

四、润滑油性能参数

为保证机组长周期、稳定运行，离心压缩机采用的润滑油通常为 VG-46 号透平油。润滑油主要性能指标见表 5-1。

表 5-1 润滑油主要性能指标

项目	质量指标	试验方法	
黏度等级①	46		
运动黏度(40℃)/(mm²/s)	41.4~50.6	GB/T 265	ASTM D445
黏度指数	≥100	GB/T 1995	ASTM D2270
倾点/℃	≤−10	GB/T 3535	ASTM D97
闪点(开口)/℃	190	GB/T 3536	ASTM D92
抗泡沫性/(mL/mL) 24 ℃ 93.5 ℃	≤300/0 ≤50/0	GB/T 12579	ASTM D892
酸值/(mgKOH/g) 极压型汽轮机油 非极压型汽轮机油	≤0.3 ≤0.2	GB/T 264	ASTM D974
氧化安定性(酸值达 2.0mg KOH/g 的时间)/h	≥5000	GB/T 12581	ASTM D943
空气释放值/min	5	SH/T 0308	ASTM D3427
清洁度	≤9	GB/T 14039	NAS 1638
FZG(A/8.3/90)失效级②	≥9	NB/SH/T 0306	ASTM D5182

① 按 GB/T 3141。

② 不带齿轮变速箱的机组，所选用的润滑油可不进行 FZG 测试；带有齿轮变速箱的设备，所选用的润滑油需进行 FZG 测试。

第七节 荒煤气压缩机的注水系统

一、概述

荒煤气的组分较为复杂，气体中含有氨气、焦油蒸气、水蒸气、苯蒸气、硫化氢等，这些组分在一定温度和压力下会发生结焦或聚合反应，形成类似焦油的黏稠沉淀物，阻塞叶轮、隔板、机壳流道和密封，影响压缩机气动性能、机械性能和寿命[4]。因此，压缩机设计时应考虑避免和限制结焦或聚合反应[5]。

注水技术是向压缩机注入一定量的雾化水，雾化水在压缩机内部遇高温介质后由液态变为气态，可降低工艺气的温度，从而有效缓解气体结焦现象。

二、主要配置与功能说明

压缩机注水技术指在叶轮入口或级间隔板处设置雾化喷头，向压缩机流道内注入脱盐软化水，通过系统设置保证水能迅速气化，利用水较大的汽化潜热，吸收周围高温气体的热量，降低下一级叶轮进口的气体温度，从而达到降低每段气体温度的目的，使压缩机各段的出口温度始终低于一定值，有效阻止了聚合反应的发生，较大缓解了结焦问题。注水减温的同时，也降低了压缩过程的温升，使其更接近于等温压缩，提高了压缩效率，减少了压缩机内耗功。荒煤气在100℃以上时易发生聚合结焦，超过130℃时发生剧烈聚合甚至引发事故，因此通常控制各段排出温度在130℃以下。

注水系统对水质的标准、注水的位置和水滴的直径控制较严，具体如下。

（1）注入水的水质要求

① 符合锅炉给水的水质要求，即必须经脱盐软化，不含固体物、油、污物和其他杂质。

② 水的含氧量应尽量低，并要求对氧含量进行连续监测，因为氧的带入会增加产品气中氧自由基聚合反应概率。

③ 注水温度30～60℃。

④ 水滴平均直径要小于100μm，以便迅速汽化。

（2）注水的位置

水从离心式压缩机壳体经喷嘴雾化后连续注入。应合理设计喷嘴组件，保证注水液滴平均直径小于100μm。注水后，因水滴加速会引起叶轮内部流道各项能量损失系数发生变化，又因水的蒸发冷却作用而使流量系数有较大变化，故压缩介质的组成、流量、温度、效率等参数都将发生变化，压缩机运行特性亦随之变化，需进行核算。

喷嘴是注水系统中最为重要的部件之一，喷嘴的工作情况将直接影响压缩机注水后的运行环境及工作效果[6]。因此，喷嘴的设计和安装应遵循以下原则：

① 喷嘴结构应满足雾化指标要求；

② 喷水系统的安装、维修、更换应操作简便；

③ 喷嘴位置的布置应尽可能合理、美观，并满足机组的密封要求；

④ 喷嘴雾化效果好，使用寿命长。

三、注水系统控制

为了实现注水系统的正常启动，需要进行供水压力监测与喷水控制，将注水系统总管的压力信号、流量信号以及气动调节阀的阀位控制接入到机组的中控室并为注水总管设置切断阀，压缩机停车时联锁切断，避免停车过程中大量水注入压缩机造成设备损坏。典型的荒煤气注水系统见图5-20。

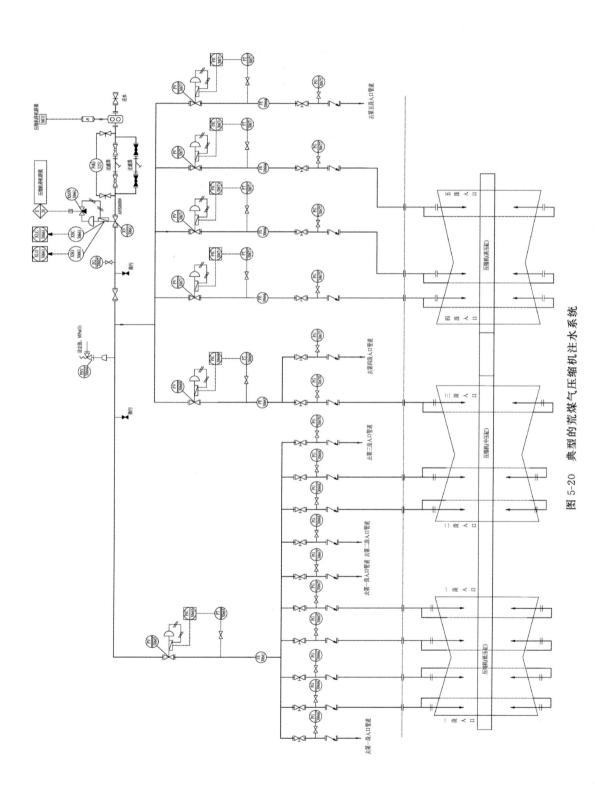

图 5-20　典型的荒煤气压缩机注水系统

第八节　压缩机操作与维护

一、压缩机操作

1. 启动前的准备工作

压缩机启动前需检查并确认公用工程条件、压缩机及其附属设备、油系统、缓冲气系统等具备启动条件。

2. 启动

在准备工作完成后，启动油系统。油系统各项指标稳定后，根据主驱动机的说明书，使主驱动机投入运行，机组升速时应特别关注各转子的临界转速。同时，避免在转速小于200r/min 的情况下长时间运转，因为这将在轴承内引起混合摩擦情况，损坏轴承。

3. 运行

为保证压缩机装置的安全稳定运行，要定期检查压缩机工艺参数（流量、压力、温度等）、油系统参数（油压、油温）、轴系机械参数（轴承温度、轴振动、轴位移等）、密封系统参数等。如果实际运行数据与设计数据的偏差较大，对于可能出现的任何故障都应做好应对预案。除监视机组自带仪表之外，也要注意监视压缩机运转时是否有刮研噪声以及油、气和水泄漏。

4. 正常停机

正常停机的操作顺序如下：

① 设定压缩机控制到"最小输出"。

② 切断驱动机，测量压缩机停下之前所用的时间。

③ 压缩机停下之后，关闭压缩机气体管线进口和出口阀，降低压缩机壳体内的压力。

④ 通过调节冷却水流量，保持油系统内油温在 45℃左右。

⑤ 在油泵关闭之后，切断油冷却器的冷却水。

⑥ 如果有霜冻危害，在装置停机和冷却水供给断流之后，务必将油冷却器放泄阀打开，将残余的水排出。

5. 异常停机

异常停机是由于蒸气、电源、油泵等故障或工艺系统联锁引起的压缩机紧急停机（或跳闸停机），只有在跳闸原因消除之后，压缩机装置才可以再次启动。

二、机组运转过程中的故障排除

机组运转过程中的故障、原因与排除措施见表 5-2。

表 5-2　机组故障、原因与排除措施

故障	原因	排除措施
1. 驱动机不启动	油压太低	见本表第 10 项
	高位油箱中油位太低	向高位油箱补充油

故障	原因	排除措施
1. 驱动机不启动	没有电源	检查电源条件
	密封油压差太低	调节控制阀
	油温太低	开启油箱加热器
2. 驱动机关闭	电源故障	检查电源条件
	安全装置	按照驱动机的说明进行维修
3. 主油泵不启动	无工作油介质	检查油箱液位
	电路断路或电路损坏	拆卸电机并检查线路连接状况
	泵体内进入杂质	拆卸泵并检修
4. 当油压下降时辅助油泵不启动	电气故障	检查辅助油泵电源条件
	泵自动设备电气故障	检查逻辑控制条件
5. 油泵不输出油	油管线上的闸阀或止回阀关闭	打开闸阀，或维修、更换止回阀
	泵和管线不通风	做通风处理
6. 油泵泵体振动大	泵轴未对中	拆卸泵的联轴器，重新对中
	轴承损坏	拆卸泵并检修
7. 油过滤器差压高	过滤器滤芯沉积污垢	更换滤芯
	管道内出现杂质	检查管道并清除杂质
8. 油温高	温控阀设置错误	检查温控阀及温度传感器设置
	管道或冷却器内进入杂物	检查管道或冷却器并清除杂物
	冷却水量不足	检查冷却水阀门的开度
9. 油箱液位低	油箱内油量不足	填充油
	液位检测装置自身故障	检查液位检测装置，包括其电气接线状态
10. 油压低报警	油泵故障	检查油泵运行状态
	管道损坏、泄漏	检查所有油管道
	油箱内油量不足	填充油
	过滤器沉积污垢	检查、更换滤芯
	泵磨损	拆卸泵，检查并维修
	冷却器、过滤器或粗滤器阻力大	切换冷却器、过滤器，清洁粗滤器
	油压平衡阀或减压阀故障	检查阀门，必要时进行更换
11. 段间冷却器、分离器压降大	气体通流部位结焦	使用清洗剂清洗通流部位
	杂物堵塞	拆检，清除杂物

三、不运行期间的维护

当压缩机组将要停止运行一段相当长的时间时（比如 3 个月以上），应关闭进口和出口阀，减小压缩机内部压力，停止油泵转动，排放油冷却器冷却水，打开所有放泄口，降低压缩机壳体内的压力。为避免油管线、管件和轴承腐蚀，在轴承压盖把紧状态下，辅助油泵至少每周开机一次，每次 1 小时。

　　由于密封气体可提供更有效的防护，更能保护没有油浸湿的内部部件，因此可以在油系统适当位置安装软管，供给连续的氮气或干燥空气（仪表空气），油系统中的压力应高于环境压力100～200Pa（G）。为保护压缩机的内部部件不受腐蚀，应打开压缩机壳体，在所有光亮的零件上涂防锈剂。如果压缩机不打开上壳，同气体相接触的压缩机内的所有空间要连续地注入氮气或干燥空气（仪表空气），保证空间中的压力高于环境压力100～200Pa（G）。

四、离心式压缩机维护

1. 维护说明

　　以下给出了离心式压缩机及附属部件和仪表的常规检查方法，所列的检查周期是建议时间范围，更合适的程序表，应根据操作人员的经验制定。

2. 压缩机的检查

　　如无特殊要求，压缩机检查的事项和间隔时间应不低于规定的压缩机检查要求。压缩机检查要求见表5-3。

表 5-3　压缩机检查要求一览表

设备及部件	检查周期					检查项目
	运转期间	停车期间	随时	半年	一年以上	
1. 离心式压缩机						
支撑和推力轴承			×			瓦块温度
		×			×	外观及磨损
		×			×	轴承间隙
油密封		×			×	磨损及间隙
		×			×	更换垫圈（如果有）
转子			×			转子振动、位移状态
		×			×	转子关键部件外观质量
		×			×	积垢、腐蚀、清洁度
		×			×	转子动平衡（如果有必要）
隔板、密封		×			×	积垢、腐蚀痕迹
		×			×	迷宫密封磨损及间隙
		×			×	更换胶圈（如果有）
机壳、端法兰		×			×	内部流道积垢、腐蚀
		×			×	迷宫密封磨损及间隙
	×	×	×			壳体螺栓紧固状态
	×	×	×			风筒法兰热位移
		×			×	平衡管的除垢（如果有）
		×				壳体排凝
	×	×	×			壳体密封面泄漏
轴系找正		×			×	对中

续表

设备及部件	检查周期					检查项目
	运转期间	停车期间	随时	半年	一年以上	
2. 联轴器						
联轴器轮毂		×			×	轴向位移
		×			×	周向位移
螺母、叠片/或膜片		×			×	是否有松动、裂纹等缺陷
联轴器轮毂及套筒		×			×	外表面是否有裂纹等缺陷
3. 润滑和控制油系统						
油	×	×		×		油品性质
主油箱	×	×			×	油箱外壁涂漆状况
	×	×	×			泄漏及变形情况
		×			×	油箱底部清洗
	×	×	×			油箱液位
油泵		×			×	联轴节状况
		×			×	入口过滤器清洗
	×	×	×			轴系及壳体振动
	×	×	×			泄漏、异常噪声、损坏
		×			×	泵的能力
		×			×	泵体内件
油泵驱动机		×			×	驱动机轴承
	×	×	×			驱动机轴承润滑状态
	×	×	×			噪声及振动
	×	×	×			管线泄漏(如果有)
过滤器	×	×	×			过滤器差压
	×	×	×			泄漏及损坏情况
	×	×			×	更换过滤器芯
	×	×	×			切换阀门操作是否顺利
冷却器		×			×	冷却器内部结垢
	×	×	×			泄漏及损坏情况
	×					冷却水循环水量
	×	×	×			切换阀门操作是否顺利
蓄能器	×	×				皮囊充气压力
	×	×	×			泄漏及损坏情况
安全阀					×	设定值整定
	×	×	×			泄漏及损坏情况
调节阀		×			×	阀门内件磨损
	×	×	×			阀杆自由动作
	×	×	×			泄漏及损坏情况

设备及部件	检查周期					检查项目
	运转期间	停车期间	随时	半年	一年以上	
4. 轴端密封系统						
气体过滤器	×	×	×			过滤器差压
	×	×	×			切换阀门操作是否顺利
	×	×	×			泄漏及损坏情况
	×	×	×		×	更换过滤器芯
安全阀（如果有）					×	设定值整定
	×	×	×			泄漏及损坏情况
控制阀	×	×	×			泄漏及损坏情况
	×	×	×			阀杆自由动作
			×		×	阀门内件磨损
5. 仪表						
压力、温度等指示器	×	×	×			整定
传送器，调节器	×	×	×			整定
压力开关	×	×	×			操作检查
温度开关	×	×	×			操作检查
液位开关	×	×	×			操作检查
停车控制按钮	×	×	×			操作检查

3. 关键部件的维护

（1）压缩机壳体

① 对壳体内部流道，进、出口风筒，蜗室等部位，尤其是工艺气介质能接触到、但不流动的区域，应进行彻底检查，查看是否有结焦、沉积等。

② 使用合适的清洗剂去除粘连在壳体流道表面的结焦物，同时也应清理壳体中分面密封胶的残留物。

③ 如有可能，用上述清洗剂对结焦聚合物浸润一段时间后，再使用能接触到流道表面的硬质刷具（非金属材质）除掉这些杂物。

④ 经过上述清理后的压缩机壳体，可以采用低压饱和蒸汽进行内部流道表面的冲洗，直至流道表面露出部分金属的颜色。

⑤ 经过蒸汽冲洗后的壳体，应立即采用仪表空气或低压氮气对壳体清洗的部位进行干燥吹扫，避免水渍残留，尤其是一些壳体结构中容易忽略的微小空间，要彻底吹扫。

⑥ 对清洗后的压缩机壳体再次进行检查，查看有无生锈、裂纹（尤其是焊缝附近）等缺陷，如有生锈，应用刷子蘸除氧剂或喷洒除氧剂清除锈迹。

⑦ 对经过上述清洗之后的压缩机壳体的加工表面应涂上防锈油，同时建议采用有效的材料进行压缩机壳体的覆盖和防护，避免雨水、杂物对其的损坏。

（2）压缩机转子

① 对叶轮流道的内、外表面，平衡盘，以及与迷宫密封配合的台阶等部位，应进行彻

底检查，查看是否有结焦、沉积等。

② 使用适当的清洗剂清理粘连在转子流道表面的结焦物。

③ 如有可能，用上述清洗剂对结焦聚合物浸润一段时间后，再使用能接触到流道表面的硬质刷具（非金属材质）除掉这些杂物。

④ 采用低压饱和蒸汽冲洗叶轮流道内、外表面以及平衡盘等位置，直至这些杂质完全脱除。对于不进行蒸汽吹扫的区域，尤其是不与工艺介质接触的转子轴承区、密封区、轴头等位置，应进行防护处理，避免与蒸汽接触。

⑤ 经过蒸汽冲洗后应立即采用仪表空气或低压氮气对经过蒸汽冲洗的部位，包括整个转子，都进行干燥吹扫，避免水渍残留。尤其是一些结构中容易忽略的微小空间，要彻底吹扫。

⑥ 对清洗后的叶轮进行检查，查看有无生锈、裂纹（尤其是焊缝附近）等缺陷，如有生锈，应用刷子沾除氧剂或喷洒除氧剂清除锈迹。

⑦ 检查推力盘的工作表面，以及与支撑轴承、迷宫密封配合的转子轴颈表面部分是否有划痕。

⑧ 对经过上述清洗后的转子加工表面应涂上防锈油，同时建议采用有效的材料进行覆盖防护，避免雨水、杂物对其的损坏。

⑨ 如果发现叶轮有裂纹、裂口，转子表面有损伤，或转子零部件有脱落等现象，应将转子进行可靠的包装并发运回制造厂进行必要的修理，并重新进行转子动平衡。

（3）压缩机轴承

① 使用清洗油对拆解后的轴承各零部件进行清洗，然后用干净的油布将零部件擦拭干净。应随时注意油布的清洁程度，尤其要避免硬质的小颗粒污染，并及时更换新的油布。

② 仔细检查清理后的轴承零部件，尤其是轴承瓦块合金表面是否有裂纹、划痕、鳞片等缺陷。

③ 对轴承零部件进行组装，包括测温探头及引线。测试轴承瓦块以及测温引线的灵活摆动程度，绝对不能有干涉、卡死等现象。

④ 将组装后的轴承体放置在专属区域，防止剐碰、跌落。同时采用有效的材料进行覆盖防护，避免雨水、杂物对其的损坏。

（4）压缩机隔板

压缩机隔板的清理和维护与压缩机壳体类似，可按照相同的步骤进行操作。

（5）压缩机迷宫密封

压缩机出厂之前，全部迷宫密封的间隙已经调整至图纸要求的间隙值，因此如果压缩机没有经过现场运转，通常不需要再次进行调整。压缩机在现场运行一段时间后，为避免因密封间隙超差而影响机组效率，建议在检修期间对迷宫密封的间隙进行检查。

① 如果发现迷宫密封有裂纹、裂口，或表面有损伤，应采用相应的备件进行更换。

② 使用清洗剂和刮刀仔细清理迷宫密封梳齿、定位止口以及与其配合的隔板或机壳止口槽，并用压缩空气吹净。

（6）其他

建议对零部件上起密封作用的 O 形圈的外观和密封质量进行检查，必要时进行更换。根据不同的结构要求，这些 O 形圈通常位于：转子轴头外表面、壳体中分面、隔板中分面、端盖外部圆周或端面、轴承区箱盖配合面、联轴器护罩配合面。

第九节　大型荒煤气压缩机典型应用

一、大型荒煤气压缩机应用概述

新疆广汇集团哈密广汇环保科技有限公司 40 万 t/a 荒煤气制乙二醇项目配套的荒煤气压缩机，采用了三缸水平剖分离心式压缩机，由汽轮机驱动。荒煤气压缩机组布置见图 5-21。

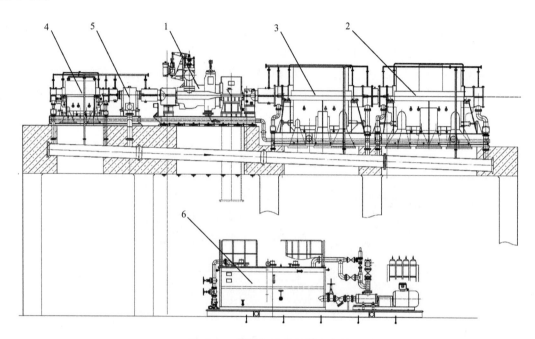

图 5-21　荒煤气压缩机组布置图
1—汽轮机；2—低压压缩机；3—中压压缩机；4—高压压缩机；5—齿轮箱；6—润滑与控制油站

荒煤气压缩机组布置为：低压压缩机＋中压压缩机＋汽轮机＋变速机＋高压压缩机，其中中压压缩机为双出轴，共五段压缩。为了降低机组耗功，减小气体温升、保护干气密封，机组共设置了四台段间冷却器。在压缩机每段入口均设置了叶片式高效气液分离器，共 6 台分离器，压缩机每段入口的管道上均设置了管道过滤器。

二、大型荒煤气压缩机应用特点

① 在气动性能设计方面，基于大流量系数、高效率三元流叶轮模型，对叶轮力学性能进行了优化，通过优化进排气风筒结构，确保机组具有较高的效率。

② 针对整个系统设计，为了除去工艺气中的大量的粉尘、焦油，保证压缩机的长周期运转，压缩机各段入口管道或叶轮入口均设置了注水系统，注水的喷头可以在线切换、检修、清洗，同时，在压缩机定子流道表面喷涂了 PU 材料的涂层，提高了通流表面的光洁度，减少了焦油附着，提高了机组长周期运转的可靠性。

③ 为方便大型压缩机的安装、检修，采用液压千斤顶辅助装配。

④ 在机械节能方面，压缩机支撑轴承配备了顶升油装置，轴头采用了液压双螺旋槽的形式。所有压缩机都采用了节能轴承，降低了油站成本，减少了公用工程的消耗量。

⑤ 机组整个轴系共有六个转子（包括变速机大、小齿轮），按照 API 标准对机组进行了扭振分析优化设计，避免传动系统在运行过程中发生扭转振动，确保机组的安全稳定运行。

三、汽雾控温防结焦在线注水应用

根据荒煤气的物性特点，在温度超过 130℃时易出现结焦，因此，在荒煤气压缩机的研制中，提出了汽雾控温防结焦技术，即通过向压缩机内注水并使其迅速汽化的方式，利用水所具有的较大汽化潜热这一特征，向压缩机的级间注入适当压力的水，并使水在压缩机内迅速汽化，吸收大量的热量，从而在压缩过程中降低气体温度，使压缩机内的气体温度低于 130℃，有效地避免了荒煤气压缩机内的结焦问题。同时，级间注水能够使机组的压缩过程类似于等温压缩，从而减少压缩机耗功。压缩机本体注水接口示意图分别见图 5-22 和图 5-23。

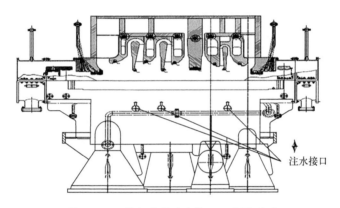

图 5-22 压缩机本体注水接口示意图 (A)

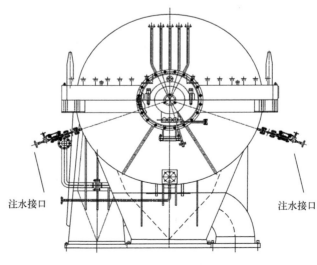

图 5-23 压缩机本体注水接口示意图 (B)

为满足注水喷头要求的流量、压力，设置一台注水盘站将水源或处理后的水升压。注水盘站包括：水箱、水泵、过滤器、减压阀、流量计、压力表、止回阀、管路等。注水盘站构造见图 5-24。

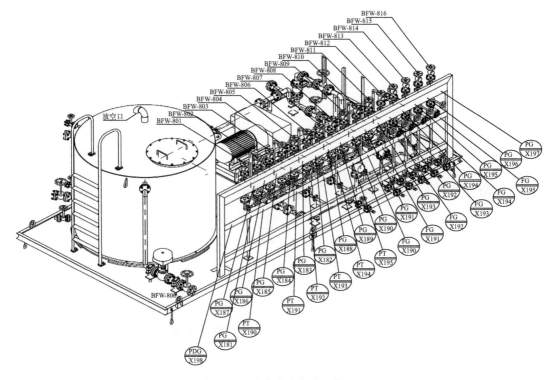

图 5-24　注水盘站构造示意图

冷却器、分离器防结焦措施：流体中的杂质、矿物质等在换热器表面结焦会大大降低传热效率，增加压力损失。为了减少通流表面结焦，压缩机设计方案应考虑各段气体的温度不超过 130℃，在运行期间可在段间设置温度和冷却器差压报警。

四、大型荒煤气压缩机组主要技术参数

荒煤气压缩机设计参数见表 5-4。

表 5-4　荒煤气压缩机设计参数

项目	参数		
压缩机类型	水平剖分离心式		
介质	荒煤气（分子量：22.96）		
介质组成[①]（摩尔分数）/%	氢气 20.04，一氧化碳 16.91，氮气 41.25，二氧化碳 8.54，甲烷 5.93，乙烷 0.302，乙烯 0.151，丙烷 0.109，丙烯 0.095，氧气 0.834，硫 0.019，氨气 0.014，甲醇 0.057，水 5.75，$HCN \leqslant 322mg/m^3$，焦油$\leqslant 100mg/m^3$，苯萘$\leqslant 160mg/m^3$		
项目	汽轮机		
	低压压缩机	中压压缩机	高压压缩机
进口流量/（m^3/h）	197862	193546	182835
进口温度/℃	40	40	40
进口压力/MPa（A）	0.098	0.1896	0.7514
出口压力/MPa（A）	0.2196	0.7864	3.0

续表

项目	汽轮机		
	低压压缩机	中压压缩机	高压压缩机
出口温度/℃	127.4	113.3	109.2
额定转速/(r/min)	4665	4665	8789
额定功率/kW	33700		
蒸汽进汽/(t/h)	153[530℃,8.83MPa(A)]		
抽气/(t/h)	68.65[1.3MPa(A)]		
排汽/MPa(A)	0.022		

① 不同流程的荒煤气组成差别较大。

五、大型荒煤气压缩机组的节能

作为重要的动力装置，离心式压缩机主要用于输送气体和提高气体介质的压力，同时也是企业生产中主要的高耗能设备之一。在化工流程中，离心式压缩机的应用广泛，包括气体分离、液体压缩、气体输送、压力增加、聚合物生产、粉体压缩以及化学反应控制和催化剂循环等多个环节。因此，其能耗在整体化工流程中占有较大比例。针对我国建设节约型社会的战略方针，节能成为重中之重。离心式压缩机的节能潜力巨大，需要通过技术创新和优化管理等手段来降低其能耗，提高能源利用效率，以实现可持续发展。

在国家双碳政策下，压缩机的更新换代正加速进行，以适应节能减排和碳中和的需求。2024年5月发布的《国家工业和信息化领域节能降碳技术装备推荐目录（2024年版）》，涉及多个行业，包括压缩机行业，旨在推动工业领域的节能降碳技术装备的应用和推广。这些政策的实施，不仅有助于提升压缩机的能效标准，还能促进压缩机行业的结构优化和技术创新，从而实现节能降耗的目标。

1. 节能概述

压缩机节能工作要从项目的前期技术方案开始，选择一个合理的设计工况，充分考虑压缩机长期运行工况和短期工况。通常情况下，压缩机在设计工况运行时，机组的效率最高。然而实际上，由于要考虑最恶劣工况下的工艺条件，最终压缩机选择的运行点会长期偏离压缩机设计工况，造成压缩机实际效率低下、能耗偏高。

首先，压缩机设计优化是影响压缩机效率的关键。压缩机内部气体的流道非常复杂，需要做一些设计。采用传统的一元流、二元流方法设计的压缩机气动效率较低，这种设计方法已经逐渐被市场淘汰。随着化工装置的规模不断扩大，压缩机所处理的容量越来越大，三元流理论和各种先进的计算机设计软件、流程分析优化软件的使用成为当前的主流。在这些先进工具以及试验验证的基础上，新一代的压缩机效率比传统的技术提高了3%～10%，大大降低了机组的能耗。

其次，压缩机运行节能，主要包括：预防性维护、优化运行参数、改进控制系统以及采用新型节能技术等。

（1）预防性维护

压缩机长期运转后，可能会出现间隙增大和磨损增大等问题，这些问题直接影响到压缩机的密封性、气动效率和使用寿命。因此，定期进行预防性维护，检查并调整转子与定子的间隙，以及更换磨损的部件，是保持压缩机高效运行的关键。

（2）优化运行参数

通过优化压缩机的工艺参数（流量、压力等）、启动方式和控制方式，可以实现精准节能。此外，选择合适的控制方式，如入口导叶＋变频的联控方式，可以保证压缩机在最佳工况下运行。

（3）改进控制系统

通过引入先进的控制系统，如智能控制系统，可以实时监测压缩机的运行状态，自动调整运行参数，避免不必要的能耗。同时，通过数据分析，优化压缩机的运行策略，进一步提高能效。

（4）采用新型节能技术

研究新型节能型压缩机、开发压缩机系统优化控制技术等，通过技术创新降低能耗。例如，优化压缩机结构、提高热交换效率等，都是实现节能降耗的有效途径。

2. 机组运行的节能措施

以荒煤气压缩机为例，当压缩机长期运行一个大修期后，在相同的运行参数下，系统能耗比新机有所上升，以下提供了一些节能方案供参考。

① 关注管道阻力，如管道的粗过滤器，发现异常增加时及时处理，进行手动清灰或更换滤芯。

② 定期检查段间换热器的阻力，必要时对气侧清灰和水侧除垢，防止段间冷却器气流侧阻力增加，确保冷却器换热效果。对于阻力过大、换热效果差等的冷却器进行更换。

③ 保持气体通道通畅，大修时检查压缩机的通流部分，及时去除积灰积垢，减少气流摩擦损失。

④ 适当降低冷却水进水温度，各级进气温度越低，需要的压缩功越少，这是压缩机节能的重要措施。

⑤ 避免开防喘振阀运行。合理选择调节方法，在允许的情况下尽量不开启回流阀。操作人员要熟悉压缩机在不同条件下的喘振界限，通过调节转速使压缩机在正常工作区运行。如果压缩机需要长周期运行在偏离设计点较远的工况点，还可以通过更换转子提高运行点的效率，虽然一次投入成本稍高，但提高了长期运行的经济性。

⑥ 关注压缩机运行的叶轮密封间隙，减少内泄漏，确保密封间隙在设计范围内。在确保机组运行稳定的条件下，进一步减少间隙。

⑦ 减少机械耗功。如：采用节能轴承可以降低轴承的机械损失，精确控制润滑油品质和油温、油压，避免轴承的机械损失增加。

⑧ 余热回收利用。压缩机在运行时除了可提升气体压力，同时还带来了大量的热量。一般情况下，这些热量都通过热交换最终释放到大气中，这是一种极大的能量浪费。这部分低品位热能可以进行回收综合利用。

综上所述，压缩机节能降耗需要从多个方面入手，通过优化设计、预防性维护、优化运行参数、改进控制系统和采用新型节能技术等措施，提高压缩机的能效，降低能源消耗。

参考文献

［1］石油、石化和天然气工业轴流、离心压缩机及膨胀机-压缩机 第 1 部分：一般要求（Petroleum，petro-chemical and natural gas industries—Axial and centrifugal compressors and expander-compressors—Part 1：General requirements）：ISO 10439-1：2015 ［S］.

［2］黄钟岳，王晓放，王巍. 透平式压缩机 ［M］. 北京：化学工业出版社，2004.

［3］石油、石化和天然气工业 润滑、轴封和控制油系统及辅助设备 第 2 部分：专用油系统（Petroleum，petrochemical and natural gas industries—Lubrication，shaft-sealing and control-oil systems and auxiliaries—Part 2：Special-purpose oil systems）：ISO 10438-2：2007 ［S］.

［4］张江平，谢明. 裂解气压缩机的结焦与防治 ［J］. 乙烯工业，2024，36（2）：41-46.

［5］刘文明，王蕾. 离心压缩机上的注水技术应用 ［J］. 化工设计，2012，22（4）：24-25.

［6］张鹏飞，赵志玲，姚云汉. 喷水湿压缩对空压机性能的影响 ［J］. 风机技术，2015，57（02）：32-36.

第六章　荒煤气高温非催化转化

第一节　概　述

一、荒煤气组成和特性

荒煤气是一种黄褐色水蒸气-气体混合物，有强烈的刺激性臭味，具有燃烧速度快、着火快、火焰短等特点。随着炼焦工艺和操作工艺参数的不同，荒煤气的组成略有变化。以内热式直立炭化炉生产提质煤为例，该炭化炉属于低温干馏炉，投资少、产量大而且操作简单，其最初设计的目标产品是煤焦油和兰炭，但实际生产过程中，考虑到降低内热式低温干馏炉生产成本的要求，生产过程常采用煤炭与空气接触，所以该工艺路线副产的荒煤气具有氮含量高、氢含量低、热值低的特点，属低热值煤气。荒煤气组成十分复杂，其主要成分包含 N_2、CH_4、H_2、CO、CO_2 和 C_mH_n 等，总的来说可分为以下三类[1]。

1. 水蒸气

从炭化炉出来的荒煤气所含水蒸气除化合态水之外，大部分来自煤表面，进热解炉的煤水分含量通常在10％左右，但如果采用煤调湿技术，煤水分含量可控制在6％以下，因此出热解炉的荒煤气中水蒸气含量通常在6％～14％之间。

2. 气体成分

主要包括 H_2、CH_4、C_mH_n、CO、N_2、CO_2 和 O_2 等物质，其中主要气态烃类物质为 CH_4。

3. 杂质

荒煤气携带的杂质主要是组成极其复杂的煤焦油，以及粗苯、萘、硫化氢、氰化氢等酸性气体，此外，还含有游离氨和固定氨。

煤焦油是具有刺激性气味的黑色液体，含有上万种有机化合物，目前可以鉴定出的仅有500 余种，约占煤焦油总量的 55％[2]。正是由于煤焦油的复杂组成，以及硫化氢等酸性气体的存在，荒煤气的转化利用难度极大。

以新疆哈密地区采用当地褐煤为原料的内热式直立热解炉为例，热解炉生产提质煤副产出的荒煤气，密度约 $0.9\sim1.2kg/m^3$，热值约 $6699kJ/m^3$，其中含有 H_2、CO、CH_4 等气体，但氮气含量高，还含有焦油、苯、萘等芳香族化合物，以及少量的烷烃和烯烃、硫化物、氰化物、氨等，气体成分复杂。典型荒煤气各组分体积分数为：H_2 21.33％、CO 17.95％、CH_4 6.29％、CO_2 9.08％、(O_2＋Ar) 0.5％、N_2 43.73％、C_2 及以上 0.77％、H_2S 0.019％、焦油 $20mg/m^3$[3]。

二、荒煤气转化利用难点

目前荒煤气大多数均作为燃料烧掉，没有就其中的 H_2、CO、烃类和焦油等组分进行资源转化利用，降低了荒煤气的附加值，浪费了资源，增加了碳排放。如果能够将荒煤气中烃类和焦油等组分作为原料转化制备下游合成等需要的 H_2 和 CO 等有效气体，对增强煤炭资源的高效转化利用意义重大。但荒煤气中含有煤焦油、粗苯、萘、硫化氢、氰化氢等杂质，该类杂质对已有的催化转化工艺带来了极大的挑战，同时催化转化相关能耗及合成气中 H_2/CO 比偏高等也是制约荒煤气高效催化转化利用的难点，亟待开发一种适应荒煤气多杂质、氮气含量高等特点，且工艺流程短、H_2/CO 可调控的荒煤气高效转化技术，而非催化部分氧化技术就满足了当前行业内荒煤气高效转化的需求；在高温、高压、无催化剂的条件下，气态烃与氧气进行部分燃烧反应生成合成气（以 CO 和 H_2 为主要成分）的过程，称为非催化部分氧化。非催化部分氧化技术是解决目前荒煤气高效转化的关键核心技术之一。

第二节　荒煤气非催化转化技术特点与创新

一、主要技术特点及创新特征

1. 主要技术特点

由华东理工大学等单位开发的具有自主知识产权的气态烃非催化部分氧化技术，可广泛应用于荒煤气、焦炉气、天然气、页岩气、煤层气、油田气、炼厂气等气态含烃化合物和沥青、渣油、生物质等液态含烃化合物制备合成气，是能源化工领域的核心技术，应用前景广阔。

气态烃非催化部分氧化技术通过喷嘴与炉体匹配，强化转化炉内混合和热质传递过程，并在炉内形成合理的流场和温度场结构，从而达到良好的工艺与工程效果。该技术有效气（CO 和 H_2）成分高、烃类物质转化率高、核心设备寿命长，主要特点如下：

① 用氧化反应内热进行烃类蒸汽转化反应，不需外部加热，热效率高。

② 工艺流程和设备结构简单，流程短、投资低。

③ 合成气 H_2/CO 可调，满足乙二醇、甲醇、F-T 合成和制氢等工艺要求。

④ 能同时处理多种气态烃和液态烃，原料适用性广。

⑤ 操作弹性大（60%～120%），负荷调节便捷；在处理能力、气态烃转化效率等方面具有很大优势，特别适合于大型转化装置。

⑥ 根据下游工艺对合成气需求，可分别采用火管锅炉流程或激冷流程。

2. 主要创新特征

非催化部分氧化技术具有原料适用性广、气态烃转化率高、流程短、投资和操作费用低等优势，但非催化部分氧化技术涉及高温、高压下纯氧湍流扩散火焰和有限空间内的热质传递，原料与纯氧燃烧强度大，自由基生成与反应复杂，在技术开发过程中需要克服诸多技术和工程问题。面临的主要技术问题包括：火焰调控难、烧嘴与炉体匹配复杂、火管锅炉热防护难等。与此相对应，在该技术工程实施阶段面临的主要工程问题包括：烧嘴寿命短、转化炉拱顶壳体易超温、火管锅炉管板龟裂等。针对面临的技术问题和工程问题，气态烃非催化部分氧化技术在高温、高压湍流条件下富甲烷气与纯氧的传递过程与复杂反应之间的相互作用机理、复杂条件下炉内火焰结构与温度分布规律、异径螺旋管火管锅炉内复杂流动与传热等关键科学问题均开展了深入研究和开发，该技术主要创新特征包括：①基于烧嘴与流场匹配的思想，提出了新型转化炉拱顶隔热衬里结构型式；②基于转化过程为传递控制的原理，创新性地提出了新型气态烃非催化部分氧化烧嘴；③基于强化传热过程控制，提出了适用于火管锅炉的三侧孔定向撞击冷却进水挠性管板结构；④提出了气态烃非催化部分氧化新流程组织模式、自动控制及安全联锁保护系统的理念，形成了具有自主知识产权的气态烃非催化部分氧化制合成气成套工艺技术。

二、非催化高效转化炉技术

经过深入研究与开发，揭示了转化炉内流场、火焰结构和反应时间尺度特征，构建了与炉内反应过程相适应的流场和停留时间分布，通过烧嘴与转化炉匹配，实现转化炉内的温和燃烧模式，开发了回流区与平推流区耦合的气态烃非催化高效转化炉技术。

1. 炉内流场调控

基于热态实验和数值模拟等方法，揭示了非催化转化炉内流场结构特征、温度分布和反应时间尺度，阐释了工业尺度转化炉内的流动与混合过程，揭示了停留时间分布随射流动量比、转化炉与烧嘴特征尺寸的变化规律，获得了转化炉内速度与温度分布，实现了有限空间内回流区与平推流区的调控，构建了有利于气态烃转化的最优停留时间分布模式。转化炉内流场与温度分布[4-5]见图 6-1。

提出了结合权重因子与最小浓度极限的特征化学反应时间尺度计算方法。转化炉内燃烧区特征化学反应时间尺度为 $10^{-5} \sim 10^{-4}$ s，过程为混合与反应同时控制；转化区特征化学反应时间尺度为 10^{-2} s，过程为反应控制。转化炉内化学反应特征时间尺度[6-9]见图 6-2。

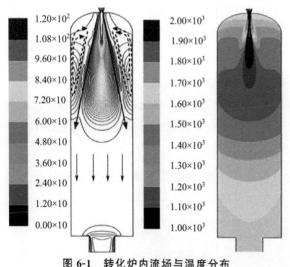

图 6-1　转化炉内流场与温度分布

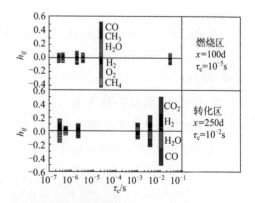

图 6-2　转化炉内化学反应特征时间尺度

2. 炉内温和燃烧

基于数值模拟方法，将包含 53 种反应物质、325 个可逆基元反应的机理模型与湍流模型耦合，分析火焰形态和反应特征，发现在高温合成气气氛和甲烷-纯氧反扩散火焰模式下，转化炉内可形成温和燃烧（MILD）过程，氧气与可燃组分的快速充分混合是实现温和燃烧的关键控制步骤。O_2/OH 等混合分数与火焰温度分布见图 6-3，在温和燃烧状态下，炉内最高温度大幅降低（低于 1600℃）。

3. 烧嘴与转化炉体匹配方式

通过烧嘴流道设置、射流速度与炉体直径的匹配，实现了炉内充分回流（回流比 4～9），反应介质被充分稀释。揭示了烧嘴与转化炉体匹配方式对温和燃烧过程的影响，确保转化炉内反应处于温和燃烧状态。

温和燃烧显著降低了转化炉顶部热流密度[10-11]，转化炉金属壳体温度降低 50℃ 以上。不同于传统转化炉采用的拱顶炉壳水冷夹套，提出了向火面刚玉砖和背衬砖凹凸错砌的耐火衬里结构[12]。拱顶衬里结构及温度分布见图 6-4。

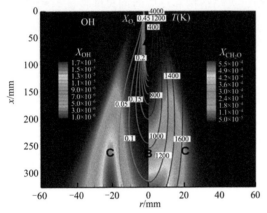

图 6-3　O_2/OH 等混合分数与火焰温度分布

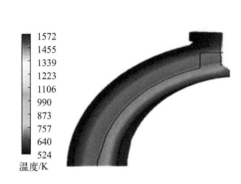

图 6-4　拱顶衬里结构及温度分布

工程应用表明：在回流区与平推流区耦合互补的气态烃非催化转化炉内，CH_4 转化率由约 95％增加至 98.5％以上，转化炉金属壳体温度降低 50℃ 以上。

三、长寿命转化烧嘴技术

通过揭示甲烷-纯氧反扩散火焰结构特征及其变化规律，阐明了烧嘴流道间端部厚度、氧气混合分数与端部回流、火焰形态、火焰稳定性之间的关系，提出了判断火焰稳定性和抑制端部回流的临界烧嘴端部厚度准则，开发了高效长寿命非催化部分氧化转化烧嘴技术。

1. 甲烷-纯氧反扩散火焰

基于火焰结构及长度随工艺条件的变化，揭示了甲烷-纯氧反扩散火焰结构特征及其长度变化规律。火焰结构特征随氧气射流速度的变化见图 6-5。

图 6-5　火焰结构特征随氧气射流速度的变化

针对甲烷-纯氧反扩散火焰，当 $Fr<197$ 时，火焰处于浮力控制区，火焰长度随弗劳德数（Fr）的增加而增大；当 $Fr\geqslant197$ 时，火焰处于动量控制区，火焰长度与操作参数无关，主要与烧嘴端部尺寸相关[13-16]，由此获得了火焰长度与弗劳德数（Fr）之间对应关系曲线。火焰长度与弗劳德数（Fr）关系见图 6-6。

2. 烧嘴端部烧蚀机理

烧嘴端部存在一个射流卷吸形成的回流区，该区域内存在两个涡流结构，可促进 CH_4 与 O_2 的混合，形成附着火焰，造成烧嘴端部烧蚀。随工艺参数变化，烧嘴端部存在附着火焰、附着-推举火焰、推举火焰三种火焰形态（图 6-7）。通过研究获得了附着火焰和推举火焰之间转变的 CH_4 与 O_2 喷口速度条件[17-18]。烧嘴端部回流区及速度分布见图 6-8。

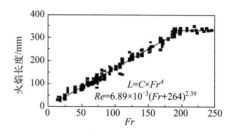

图 6-6 火焰长度与弗劳德数（Fr）关系

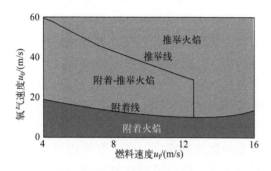

图 6-7 甲烷-纯氧火焰模式分区

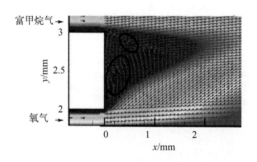

图 6-8 烧嘴端部回流区及速度分布

3. 推举火焰形成机制

通过揭示甲烷-纯氧推举火焰的形成条件，获得了维持火焰稳定的临界烧嘴端部厚度准则。基于推举火焰稳定形态，获得了烧嘴流道间端部厚度与 O_2 混合分数对火焰稳定性影响规律，建立了推举火焰稳定性判据，见图 6-9。对于甲烷-纯氧火焰，当烧嘴端部临界厚度小于 0.4mm 时，可抑制端部回流，形成稳定的推举火焰[19-21]。

工程应用表明：开发的薄端部高效长寿命烧嘴抑制了喷口流道间端部回流，避免了端部烧蚀，转化烧嘴寿命由 3 个月左右提高到 2 年以上。

四、强化火管锅炉传热技术

通过优化异径螺旋管结构及空间布置强化传热，开发了三侧孔定向撞击冷却水进水结构挠性管板，实现了火管锅炉挠性管板内的冷却水均匀分布，显著降低了管板热应力，延长了管板和锅炉整体寿命，开发了传热强化和高效热量回收的火管锅炉。

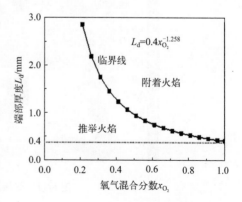

图 6-9 推举火焰稳定性判据

1. 异径螺旋管内合成气速度与温度分布规律

基于火管锅炉异径螺旋管内的速度与温度分布规律,通过结构优化实现了均匀传热。针对火管锅炉合成气进出口温差大(>1000℃)的难点,采用多根多段式异径螺旋管结构,强化传热过程。基于实验和数值模拟方法,获得了异径螺旋管内速度与温度分布。该结构优化了异径螺旋管扭转角度、盘管间距和空间分布,实现了管内合成气传热与流动阻力的合理匹配,确保了锅炉内整体均匀传热,避免了火管局部过热导致的应力损坏[22-23]。

2. 传热过程控制机制

获得了火管锅炉传热过程控制及影响机制。建立了火管锅炉传热数学模型,揭示了合成气流量和温度等因素对火管锅炉管内合成气传热特性的影响,获得的蒸汽产量随合成气流量和温度的变化规律见图 6-10,提出气侧热阻是火管锅炉中传热过程的控制因素,保持异径螺旋管内合成气始终处于湍流状态是强化传热过程、提高锅炉整体传热效率的关键[24-25]。

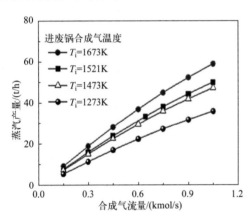

图 6-10 合成气流量与温度对产汽量影响

3. 管板冷却水流动与传热规律

基于复杂苛刻条件下火管锅炉管板内冷却水流动与传热规律,实现了火管锅炉挠性管板的热防护。火管锅炉管板是保证各异径螺旋管内合成气(温度超过 1300℃)均匀分布的关键部件,管板耐受高温、高压、高热流密度,流动与传热过程复杂,应力变化大,一直是高温火管锅炉设计的难点。基于管板内冷却水流动与传热规律,提出了定向射流强制冷却的新模式;开发了三侧孔定向撞击冷却水进水结构的挠性管板,实现了冷却水均匀分布,降低了高温差(>1000℃)薄壁管板的热应力,解决了火管锅炉管板寿命短的问题[26]。管板冷却室内速度与温度分布见图 6-11。

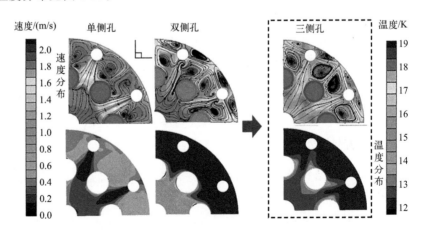

图 6-11 管板冷却室内速度与温度分布

工程应用表明:强化了异径螺旋管火管锅炉的传热过程,开发的三侧孔定向撞击冷却水进水结构的挠性管板,管板最大应力值下降 50%,火管锅炉管板寿命由 1 年提高到 6 年以上。

五、荒煤气非催化转化成套技术

基于非催化部分氧化过程物流-能流的特点，通过系统集成，开发了短流程、低能耗、高效率的新工艺。

1. 工艺过程数学模型

建立了适用于荒煤气等气态烃的非催化部分氧化过程数学模型。基于炉内流场结构特征和停留时间分布模型，构建的适用于工程计算的非催化部分氧化过程降阶模型见图 6-12。研究了操作条件、结构尺寸等对转化炉出口温度、合成气组成、CH_4 转化率等主要工艺指标的影响规律，获得的非催化部分氧化最优工艺条件见图 6-13[9]。

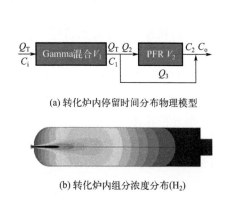

(a) 转化炉内停留时间分布物理模型

(b) 转化炉内组分浓度分布(H_2)

图 6-12　非催化部分氧化过程降阶模型

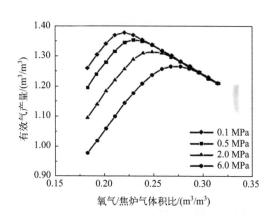

图 6-13　非催化部分氧化最优工艺条件

2. 荒煤气非催化转化成套工艺

开发了适用于荒煤气等气态烃的非催化部分氧化制合成气成套工艺。基于工艺过程的物流-能流特点，通过对高效转化炉、副产中高压蒸汽的长寿命异径螺旋火管锅炉、冷凝水自循环的微量细颗粒高效洗涤塔等集成优化，发明了短流程、低能耗、高效率的成套工艺，适用于荒煤气等气态烃的非催化转化。荒煤气（气态烃）非催化转化工艺流程见图 6-14[27-28]。

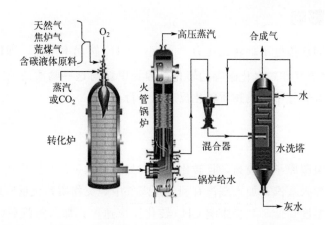

图 6-14　荒煤气（气态烃）非催化转化工艺流程（火管锅炉流程）

工程应用表明：与同类技术相比，有效气成分提高 4.3 个百分点，单位有效气原料消耗降低 8.6%，单位有效气氧耗降低 5.9%。

第三节　荒煤气转化的影响因素分析

荒煤气中烃类物质转化反应进行的深度，一方面与转化炉内温度有关，另一方面同反应物浓度和反应时间（停留时间及其分布）有关，而这些因素取决于烧嘴与转化炉体匹配形成的流场及混合过程。在转化炉型式一定的情况下，影响荒煤气高效转化的因素主要包括以下几个方面。

一、荒煤气组成影响

荒煤气中以甲烷为主的烃类物质在转化过程中可能出现析炭或转化率降低情况，已有研究表明，含碳多的烃类愈益发生裂解反应，碳数相同时，不饱和烃比饱和烃易发生裂解析炭反应[29]，气态烃类中以 CH_4 最为稳定，如 CH_4 发生析炭反应，则其他烃类发生析炭反应的可能性更大；荒煤气中氮气体积分数接近一半，显著降低了荒煤气中烃类物质的有效浓度，影响了烃类物质的转化率。此外，荒煤气的氮气惰性组分在转化过程中，从低温升高到转化温度需要吸收热量，而该热量由燃烧反应提供，非催化转化过程中的工艺指标如氧气消耗、荒煤气消耗等均相应增加。

二、转化温度影响

荒煤气中的 C 和 H 通过非催化转化生产合成气是一个吸热过程，为了避开反应动力学控制区，使整个转化反应过程具有较高的速率，转化反应温度应维持在较高的水平（一般转化炉出口温度应不低于 1200℃）。转化炉出口温度主要与氧气和荒煤气体积比、蒸汽用量、转化反应进行的深度以及热损失等因素有关，相同转化压力下，转化温度增加，CH_4 等烃类物质的转化率增加，但当温度大于一定值后，烃类物质的转化率将不再有显著变化。

三、转化压力影响

以甲烷为例，同样温度下，转化压力[30]减小，CH_4 转化率增加，即低压有利于荒煤气中 CH_4 与氧气、水蒸气和二氧化碳等的转化，因为甲烷与这些物质的反应均为体积增加的反应，低压有利于荒煤气中烃类物质转化反应的进行。

四、蒸汽影响

由于荒煤气中氢碳原子比较高，且转化过程中只有极微量的炭黑生成，从化学反应的角度看，不需要外部加入蒸汽；加入蒸汽有利于荒煤气中烃类物质转化反应的进行，但加入蒸汽会使转化炉出口温度降低，又会影响 CH_4 转化反应速率；加入蒸汽后转化炉出口合成气中 CO_2 含量升高，CO 含量降低，H_2 含量增加，但对合成气产量基本无影响，这是因为蒸汽量增加，不利于逆变换反应 $CO_2 + H_2 \rightleftharpoons CO + H_2O$ 的进行。

第四节　荒煤气转化基本原理

一、反应过程分析

荒煤气中甲烷在非催化部分氧化反应过程中，涉及的主要化学反应包括：

$$CH_4 + 2O_2 \rightleftharpoons CO_2 + 2H_2O + Q \tag{6-1}$$

$$H_2 + 0.5O_2 \rightleftharpoons H_2O + Q \tag{6-2}$$

$$CO + 0.5O_2 \rightleftharpoons CO_2 + Q \tag{6-3}$$

$$CH_4 + 0.5O_2 \rightleftharpoons CO + 2H_2 + Q \tag{6-4}$$

$$CH_4 + H_2O \rightleftharpoons CO + 3H_2 - Q \tag{6-5}$$

$$CH_4 + CO_2 \rightleftharpoons 2CO + 2H_2 - Q \tag{6-6}$$

$$CO + H_2O \rightleftharpoons CO_2 + H_2 - Q \tag{6-7}$$

$$CH_4 \rightleftharpoons C + 2H_2 - Q \tag{6-8}$$

在上述反应中，能反映转化本质的反应为式(6-1)~式(6-7)。其中，反应(6-1)~反应(6-4)为荒煤气中的燃烧反应，为强放热过程，可称为一次反应。一次反应速度极快，其反应时间的数量级为毫秒级[31]，在数十毫秒内即可完成。

反应(6-5)~反应(6-7)为整个过程的控制步骤，均为吸热反应，可称为二次反应。在非催化部分氧化过程中，转化温度基本维持在1200~1300℃左右，该类反应在1~2s内即可完成。为保证二次反应完成，非催化部分氧化转化炉膛应有恰当的高径比。在催化部分氧化过程中，转化温度基本维持在1000℃左右，为了提高CH_4的平衡转化率，并防止催化剂上发生析炭反应，导致催化剂失活，需要加入大量的蒸汽。为了防止转化炉上部燃烧区高温烧结催化剂，催化部分氧化转化炉必须有足够的燃烧空间。

反应(6-8)在荒煤气非催化部分氧化反应中是次要的。反应(6-1)~反应(6-4)为放热反应，反应(6-5)~反应(6-7)为吸热反应。反应(6-1)~反应(6-4)放出的热量为反应(6-5)~反应(6-7)的进行创造条件。也就是说，在反应(6-5)~反应(6-7)中耦合了反应(6-1)~反应(6-4)。反应(6-1)~反应(6-4)平衡常数非常大，可以视为不可逆反应；反应(6-5)~反应(6-7)均为吸热反应，提高反应温度将显著提高平衡转化率。这就是说，提高温度（例如操作温度维持在1200~1300℃左右），在热力学上对荒煤气中甲烷的转化反应是有利的。当然即使提高温度，如果混合不良，也将导致有利于甲烷裂解生成炭的反应(6-8)的进行，还会对设备、材质提出更高的要求。

反应(6-4)~反应(6-6)分别称为CH_4的部分氧化反应、蒸汽转化反应和二氧化碳转化反应，而部分氧化反应又分为催化部分氧化反应[32-33]和非催化部分氧化反应[34]。由于任何化学反应过程都必须满足热力学平衡方程的要求，因此，只要反应(6-4)~反应(6-6)发生，必然会有变换反应的存在，即反应(6-7)。当然，反应(6-7)朝哪个方向发生，即是正变换反应还是逆变换反应，要视具体的情况而定，一般对CH_4-蒸汽转化过程，反应(6-7)应该是正变换反应为主，而对CH_4-氧气的部分氧化反应（无论催化还是非催化部分氧化反应），反应(6-7)应该是逆变换反应为主。研究发现，在CH_4的部分氧化反应过程中，反应(6-4)~反应(6-6)和反应(6-7)同时存在[35]。荒煤气中其他极少量的高碳烃的非催化转化反应过程

与 CH_4 类似。此外，在荒煤气转化过程中，荒煤气中其他物质同时还可能发生以下副反应：

$$N_2 + H_2 + 2C \Longleftrightarrow 2HCN \qquad (6-9)$$

$$HCN + 3H_2 \Longleftrightarrow NH_3 + CH_4 \qquad (6-10)$$

$$2NH_3 \Longleftrightarrow N_2 + 3H_2 \qquad (6-11)$$

$$CO + H_2O \Longleftrightarrow HCOOH \qquad (6-12)$$

$$COS + H_2 \Longleftrightarrow H_2S + CO \qquad (6-13)$$

二、转化炉内反应区特征

转化炉采用顶置单烧嘴结构，通过烧嘴与转化炉的合理匹配，转化炉内存在流体流动特征各异的三个区，即射流区、回流区和管流。转化反应是串并联反应同时存在的极为复杂的反应体系，与流场相对应，在转化炉内亦存在化学反应特征各异的三个区，即一次反应区，一、二次反应共存区和二次反应区。非催化部分氧化转化炉内流动特征与化学反应特征见图 6-15。

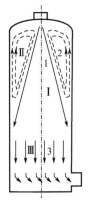

图 6-15 非催化部分氧化转化炉内流动特征与化学反应特征示意图

Ⅰ—射流区；Ⅱ—回流区；
Ⅲ—管流区；1——次反应区；
2—一、二次反应共存区；
3—二次反应区

1. 一次反应区（燃烧区）

进入该区的反应物有工艺氧、荒煤气，以及从回流区中因卷吸和湍流扩散进入的 CO、H_2 等。荒煤气入炉后，首先接受来自火焰、炉内壁、高温气体等的辐射热，以及回流区对流传热的热量。荒煤气中的可燃组分在高温、高氧浓度下迅速完全燃烧，放出大量热。这个过程极为快速，属于毫秒级反应，主要发生在射流区，其结束的标志是氧消耗殆尽。

2. 二次反应区

进入二次反应区的组分有未完全燃烧的 CH_4、CO_2、H_2O 以及 CO、H_2 等组分。这时主要发生的是 CH_4 与 H_2O、CO_2 进行的转化反应，生成 CO 和 H_2。这是合成气中有效气成分（$CO + H_2$）的重要来源。二次反应主要发生在管流区。

3. 一、二次反应共存区

转化炉中射流区与回流区共存，会通过卷吸和湍流扩散进行质量交换，由于湍流的随机性，射流区的氧气、荒煤气及产物都有可能进入回流区，导致这些区域既进行一次反应，也进行二次反应。二次反应以吸热为主，发生二次反应的区域温度较低，相对地起到保护耐火砖的作用。

3 个区域中，因反应特征不同，温度分布各不相同。其中射流区（一次反应区）温度最高，回流区（一、二次反应共存区）次之，管流区（二次反应区）最低。因工艺条件不同，转化炉长径比不同，各区域最高温度值亦不相同。研究表明，各区温度大致范围如下：

射流区（一次反应区）：1200～1600℃；

回流区（一、二次反应共存区）：1000～1400℃；

管流区（二次反应区）：1000～1400℃。

第五节　荒煤气转化工艺

荒煤气转化主要是将以甲烷为主要有效成分的气态烃进行转化的工艺过程。

常见气态烃转化工艺流程，按照是否需要催化剂，可分为催化反应和非催化反应；按照反应是否需要外部供热才能进行，可分为外供热和自供热；按照使用的反应器，可分为固定床、流化床、气流床。在一定的原料组成条件下，选择合适的反应器，确定是否需要催化剂，同时考虑是否需要供热，达到热量的综合利用，最后得到满足后续工艺组成要求的合成气。正在开发或者已经实现工业化的气态烃转化制备合成气技术有如下几种：蒸汽转化、自热式转化、催化部分氧化、非催化部分氧化以及二氧化碳重整等[36-37]。

一、蒸汽转化

甲烷蒸汽转化（steam reforming of methane，SRM）是指甲烷经蒸汽转化为氢、一氧化碳和二氧化碳的化学反应过程，是目前工业上气态烃制合成气应用最广泛的方法。蒸汽转化制合成气主要发生甲烷的水蒸气转化和水蒸气变换反应。

工业上的蒸汽转化工艺一般为两段转化，一段为水蒸气转化，脱硫后的天然气按比例（水蒸气和甲烷的摩尔比一般为 3～5）混合后，在外供热的管式反应器中进行反应；二段反应器中，合成氨工业补充氮气，一定量的空气在预热后与一段合成气在二段转化炉顶部汇合燃烧，深层氧化之后，反应气体在反应器下部的催化剂床层进一步反应生成氢气和一氧化碳。所得合成气中 $H_2/CO \approx 3$[38]。蒸汽转化的投资和生产费用约占富含甲烷气化工利用过程的 60%。

蒸汽转化法虽然技术成熟，但是存在设备占地面积大、能耗高、热效率低、原料气消耗高等缺点[36]。近 30 多年来，蒸汽转化工艺不断优化，表现在两个方面：一是催化剂活性不断提高，水碳比不断降低；二是开发了用二段合成气通过换热直接向一段转化提供热量的换热转化及自热转化技术。

二、自热式转化

根据反应放热的特点，将强放热的非催化部分氧化和强吸热的水蒸气转化相结合形成了自热式转化工艺（autothermal reforming，ATR）。自热式转化工艺中的甲烷部分氧化反应可分为两个阶段进行：

第一阶段为甲烷的氧化过程，主要发生燃烧反应；

第二阶段为水蒸气变换反应以及甲烷和水蒸气反应。

根据自热反应的特点，存在两种 ATR 反应体系：第一种是用于燃料电池的单床层结构。在这个结构中，仅有一段催化剂床层，床层内同时进行燃烧反应和水蒸气变换反应。第二种是两段式反应器结构。第一段是位于反应器上部的燃烧炉膛，主要用于进行非催化氧化反应；根据水蒸气和 CO_2 比例，自热反应的 H_2/CO 比在 1～3 间可调[39-40]。由于自热工艺第二段床层中发生催化转化反应，因此不可避免会产生床层"热点"问题。热点问题会引起催化剂结焦失活，同时还可能导致结碳反应。热点产生的原因主要有两个：一是催化剂本身的性能问题；二是各种反应组分之间混合不均导致局部浓度过高、反应速率过大而产生飞温。

三、催化部分氧化

催化部分氧化（catalytic partial oxidation）是在催化剂的作用下，发生包括甲烷的不完全燃烧和完全燃烧、氢气和一氧化碳的燃烧、水蒸气变换反应的过程。经脱硫后的气态烃与部分蒸汽混合后进入催化部分氧化转化炉烧嘴，氧气经蒸汽预热后与部分蒸汽混合进入转化炉烧嘴，氧气和气态烃在转化炉上部进行部分燃烧反应，然后进入转化炉下部的固定层与镍催化剂进行反应，反应后的气体经热量回收后去后续工段。

生成的 H_2/CO 比为 2:1，是费-托合成及制甲醇较为理想的 H_2/CO 比。该过程可在较低温度（750～800℃）下达到较高的转化率，且反应停留时间短，设备投资相对于水蒸气转化要少，占地面积小[41]。

催化部分氧化法在实际生产操作中存在两大工程问题尚未得到很好解决：一是催化剂床层中温度梯度太大，容易引起催化剂结焦失活，且因反应速率很快，如何控制反应温度、避免催化剂飞温，已成为反应器放大的关键问题；二是催化部分氧化工艺预混的原料气是易燃易爆的高危混合气，增加了生产的危险性。

四、非催化部分氧化

非催化部分氧化（non-catalytic partial oxidation，NC-POX）过程以甲烷、氧的混合气为原料，在 1000～1500℃下反应，生成的合成气 H_2/CO 比在 1.6～2 之间，主要应用于合成甲醇、乙二醇和费-托合成[36,42]。

非催化部分氧化法由于反应温度相对较高，原料气中不加入水蒸气，在操作温度较低时会生成少量炭黑。此外，还需要热回收装置来回收反应热及除尘装置除尘，并且在高温条件下对反应器材料耐热性能要求较高。

目前国外 GE（前 TEXACO）、SHELL 和 CASALE 等已经将非催化部分氧化工艺产业化，国内由华东理工大学等单位开发的气态烃非催化部分氧化技术也已经在国内投入工业化应用。

五、二氧化碳重整

甲烷-二氧化碳重整是 CH_4 与 CO_2 在催化剂的作用下，生成富含 CO 的合成气的过程。该技术既可解决蒸汽转化法中氢过剩的问题，又可实现 CO_2 减排，而且可以变废为宝，得到氢气与一氧化碳体积比≤1 的合成气[43]，目前该路线尚处于试验阶段。甲烷经 CO_2 重整生产合成气的过程所需要的反应温度较低（800℃），反应需要外供热[36]。工艺改进主要有两个方面：一方面将 CH_4、H_2O 和 CO_2 混合转化，不但可以达到调节氢气与一氧化碳摩尔比的目的，而且由于水的存在，还可减小积炭的危害；另一方面，利用甲烷部分氧化反应的放热特点与吸热的 CH_4-CO_2 重整反应耦合，不但可以实现自供热而提高热效率，同时还可防止部分氧化出现的飞温现象。

六、转化反应器分类

通过对上述五个主要工艺的描述可以发现，甲烷转化为合成气的反应主要有水蒸气重整、二氧化碳重整、甲烷部分氧化以及它们之间的组合，同时伴随正/逆水煤气变换反应。甲烷水蒸气重整和二氧化碳重整为吸热反应，甲烷部分氧化为放热反应等。

对于不同的气态烃转化制合成气技术，主要区别在于甲烷转化反应、反应器型式及反应热提供方式的不同。迄今开发的主要甲烷转化反应器包括：

1. 固定床管式反应器

适宜有催化剂存在的甲烷水蒸气重整、二氧化碳重整、甲烷部分氧化反应制备合成气。其中甲烷二氧化碳重整和甲烷催化部分氧化还处于实验室阶段，甲烷水蒸气重整和二氧化碳重整需外界提供能量。

2. 气流床反应器

适宜无催化剂存在的甲烷部分氧化反应制备合成气，无须外界提供能量。

3. 组合型式反应器

工程应用中，亦有采用这些反应器的组合型式以提高转化效率和能量利用率，如传统的天然气合成氨装置蒸汽转化流程中，一段转化炉采用固定床管式反应器，二段转化炉采用自热转化反应器等。

目前国际上气态烃转化制备合成气的路线主要有三条：一是蒸汽转化串联自热转化法（或称蒸汽转化法），典型的有 Kellogg 工艺、Topsoe 工艺、ICI 工艺、Lurgi 工艺等[44]；二是自热转化法，比较典型的是 Topsoe 工艺；三是非催化部分氧化，主要有 Shell 技术和 GE 技术、CASALE 技术，以及华东理工大学开发的非催化部分氧化技术。

根据后续合成装置对合成气 H_2/CO 比、综合能耗、整体投资（含空分）、CO_2 补充等来选择适宜的气态烃转化技术。气态烃转化制合成气技术主要有蒸汽转化、非催化部分氧化、自热转化、催化部分氧化和二氧化碳重整等技术，前三者是成熟可靠的技术，有相应工业装置运行，后二者目前尚处于研究试验开发阶段。非催化部分氧化技术 H_2/CO 接近 2，适合于甲醇、F-T 等工艺，与其他技术相比，在投资、能耗等方面具有一定优势。

第六节　荒煤气非催化转化工艺流程

根据后续热量回收方式差异，荒煤气非催化部分氧化工艺主要分为两类：火管锅炉工艺流程和激冷工艺流程。

一、火管锅炉工艺流程

采用火管锅炉回收热量的荒煤气非催化部分氧化火管锅炉工艺流程见图 6-16。

1. 转化工序

转化炉燃烧室采用耐火砖衬里结构。在转化炉内，荒煤气、氧气和蒸汽等原料转化为 H_2、CO、CO_2 与水蒸气等的混合物，合成气进入热量回收工序。为了减小烧嘴使用的热应

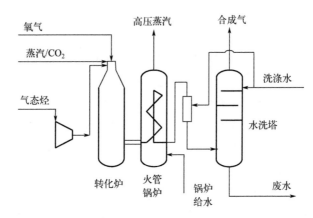

图 6-16　荒煤气非催化部分氧化火管锅炉工艺流程图

力，烧嘴冷却水通常采用高温高压热水。转化炉在工艺投料前需要进行烘炉，烘炉期间，利用顶置的烘炉烧嘴进行升温，烘炉烧嘴有其单独的燃料供给和调节系统，通过调节烘炉烧嘴风门和抽引蒸汽量，控制转化炉的真空度在合理范围内，直到转化炉温度达到要求的温度；转化炉烘炉期间，废热锅炉出口烘炉高温烟气经开工抽引器排入大气。转化炉设置有若干直接测量炉膛温度的热电偶，外壳设置监测壁温的表面热电偶。

2. 合成气热量回收工序

火管锅炉内高温合成气走管程，锅炉水走壳程，合成气与锅炉水进行充分换热，合成气降温，锅炉水蒸发产生饱和蒸汽；火管锅炉合成气入口的挠性管板采用强制循环的锅炉水进行冷却，进入火管锅炉的锅炉给水分为两股，一股进入锅炉水循环泵的入口，防止泵汽蚀和降低入火管锅炉管板的冷却水温度，另一股直接进入火管锅炉，仅在火管锅炉需要紧急补水时使用。

出火管锅炉的合成气后续根据原料预热和蒸汽过热等不同需求，可依次设置蒸汽过热器、荒煤气加热器、锅炉水预热器和脱盐水加热器等进一步回收剩余合成气显热，后进入下游合成气洗涤工序。在蒸汽过热器中，通过调节出火管锅炉合成气温度，可将火管锅炉自产的中高压饱和蒸汽过热后供后系统使用；锅炉水预热器利用出蒸汽过热器的合成气热量预热进转化系统的锅炉水；出锅炉水预热器的合成气热量可以进一步用于预热脱盐水供其他系统使用。

3. 合成气洗涤工艺

高温合成气经火管锅炉等回收热量降温后首先进入混合器，在混合器中与循环使用的洗涤水混合后进入水洗塔，粗合成气中含有的微量炭黑和灰分，在水洗塔中被洗涤后进入灰水中。由水洗塔排出的灰水经过洗涤水循环泵加压和洗涤水冷却器冷却后，大部分循环进入混合器和水洗塔上部塔盘，用于洗涤合成气，少部分灰水经废水气提罐气提，废水泵加压后送废水处理系统。

二、激冷工艺流程

采用激冷工艺流程回收热量的荒煤气非催化部分氧化激冷工艺流程见图 6-17。

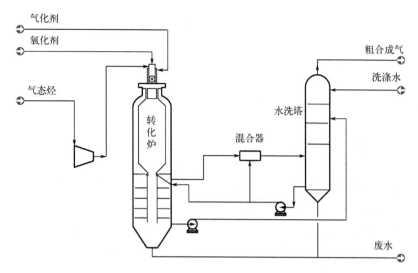

图 6-17　荒煤气非催化部分氧化激冷工艺流程图

1. 转化工序

转化炉由气化室和洗涤冷却室构成。其中，气化室采用耐火砖衬里结构，气化室内荒煤气、氧气和蒸汽等原料转化为含有 H_2、CO、CO_2 及水蒸气等的合成气，合成气通过气化室下部的出气口进入洗涤冷却室，与来自水洗塔的激冷水通过洗涤冷却环分布到洗涤冷却管内壁，形成均匀稳定的液膜，在洗涤冷却管中洗涤水与粗合成气接触，进行粗合成气及其所含灰分的降温、合成气增湿、润湿炭黑（如有）等过程。

合成气经洗涤冷却管下端扩口进入鼓泡床，床中设有气泡横向分割单元，进一步实现合成气的洗涤、降温、增湿等目的，绝大部分炭黑（如有）转移到水相，沉降。合成气经洗涤冷却室上部挡板分离其中的雾沫与携带水分后，再经出口进入下游合成气洗涤工序。洗涤冷却室排出的大部分灰水进水洗塔上部塔盘，少部分灰水作为废水外排，经废水气提罐气提，废水泵加压后送废水处理系统。

工艺烧嘴在高温下工作，为了保护烧嘴，在其端部有冷却水夹套，通入的冷却水连续循环流动以冷却烧嘴，防止高温损坏。烧嘴冷却水由烧嘴冷却水循环泵加压后送入烧嘴冷却水换热器，然后进入工艺烧嘴的冷却水夹套。为了减小烧嘴使用的热应力，烧嘴冷却水通常采用高温高压热水。

2. 合成气洗涤工序

经过转化炉洗涤冷却室初步洗涤、降温后的粗合成气首先进入混合器，在混合器中与出水洗塔循环使用的少部分激冷水混合后进入水洗塔，粗合成气中含有的微量炭黑和灰分在水洗塔中被洗涤后进入灰水中。

水洗塔上部塔盘洗涤水来自转化炉洗涤冷却室；由水洗塔排出的灰水经过激冷水循环泵加压后，大部分进入转化炉洗涤冷却环使用，少部分去混合器；水洗塔下部少量灰水作为废水外排，和转化炉洗涤冷却室下部外排废水一起进入废水气提罐气提，废水泵加压后送废水处理系统。

第七节　关键设备参数及选型

荒煤气非催化部分氧化技术关键设备主要包括：转化炉、火管锅炉和转化烧嘴等。

一、转化炉

转化炉是以"重整反应"为核心的设备，基于水蒸气重整原理，在催化剂（或非催化剂）作用下发生转化反应，生产以 $CO+H_2$ 为主的合成气，供后系统使用。

转化炉采用单烧嘴顶置结构，操作压力范围为 1.0～6.5MPa（G），最终由后系统决定，气化室温度由耦合反应（气化反应、燃烧反应等）竞争决定，一般为 1200～1300℃。

采用火管锅炉流程的转化炉结构见图 6-18。气化室由金属外壳和耐火衬里两部分构成，金属外壳主要承压，耐火衬里采用多层耐火砖砌筑，承受反应所需的高温环境。合成气由下部侧面设置的出气口经连接段进入火管锅炉进一步回收合成气热量。

采用激冷流程的转化炉主要由气化室和洗涤冷却室两部分构成，激冷流程转化炉结构参见图 6-19。气化室由金属外壳和耐火衬里两部分构成，金属外壳主要承压，耐火衬里采用多层耐火砖砌筑，承受高温环境。合成气由下部出气口进入洗涤冷却室，洗涤冷却室采用喷淋鼓泡床结构，设置有洗涤冷却环、洗涤冷却管和气泡分割器，由气化室来的高温合成气在洗涤冷却室内完成合成气的洗涤、降温和增湿等功能。

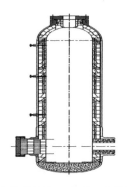
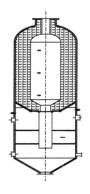

图 6-18　转化炉结构示意图（火管锅炉流程）　　图 6-19　转化炉结构示意图（激冷流程）

转化炉气化室炉膛向沿轴向间隔某一高度布置一定数量的高温热电偶，用于监测炉膛温度；气化炉外壳表面设置若干个表面热电偶，用于监测气化室耐火衬里运行状态，防止外壳超温。

二、火管锅炉

火管锅炉的主要功能是回收出转化炉的高温合成气显热，副产中高压饱和蒸汽供后系统使用。来自转化炉的 1200～1300℃高温合成气经过连接段进入火管锅炉入口处的挠性管板，挠性管板的主要功能是将高温合成气均匀分配入多根换热管，通过将换热管浸泡在壳程的锅炉水中，回收高温合成气显热，直接副产中高压饱和蒸汽。火管锅炉结构示意见图 6-20。

火管锅炉入口挠性管板处设置有多根换热管，挠性管板采用三侧孔定向撞击冷却水进水结构，实现冷却水均匀分布，同时在换热管内设置刚玉套管，进一步降低管板换热管入口的热应力。火管锅炉内设置的多组异径换热管，即沿合成气流向间隔一段距离换热管直径逐渐缩小，以维持管内合成气流速在合适范围，强化传热；换热管全部浸泡在壳程的锅炉水中，换热管采用螺旋盘管形式，采用内外多层嵌套式布置方式，在提升换热容积率的同时，有效降低火管锅炉整体高度；火管锅炉壳程的上部设置有气液分离空间，在此空间内设置有除沫器和液位计等部件，增强和监控汽液分离效果，避免火管锅炉壳程蒸汽出口带液。

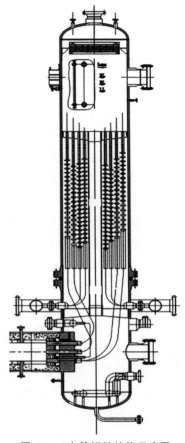

三、转化烧嘴

转化烧嘴安装在转化炉顶部，采用同轴多通道、外混式结构，烧嘴外部采用冷却水夹套。转化烧嘴的最终工艺目标是通过气态烃、氧气和蒸汽（如需要）等流股的动量交换，达到物料的良好混合，为转化炉内的转化创造有利条件。

1. 传统转化烧嘴

传统转化烧嘴无点火升温功能，转化炉需采用烘炉烧嘴进行烘炉后，再更换转化烧嘴进行工艺投料。烧嘴采用同轴双通道结构，氧气位于中心通道，荒煤气位于外侧环

图 6-20　火管锅炉结构示意图

隙通道；通过设置合理的端部出口介质流速，使火焰高温区远离烧嘴端部。此外，通过端部设置水冷夹套，进一步降低烧嘴端部热强度。传统转化烧嘴外型见图 6-21。

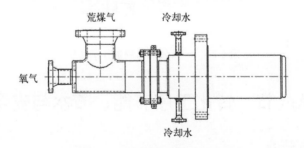

图 6-21　传统转化烧嘴外型结构

2. 一体化转化烧嘴 [45]

转化炉正常投料前，需要先将炉内温度升到 1250℃ 以上方可投料。由于烘炉所用的燃料和氧化剂的种类、压力，与正式生产的原料和氧化剂的种类、压力差异较大，所以，传统气态烃非催化转换炉开车到正式投料需要两个烧嘴（一个是烘炉烧嘴，一个是传统转化烧嘴）才能完成整个开车过程。首先，转化炉安装烘炉烧嘴，利用燃料气和空气对转化炉进行预热升温，温度升到 1250℃ 以上进行恒温，依靠炉内耐火砖的蓄热功能保持炉内温度。具备投料温度条件后，将烘炉烧嘴拆除，换装传统转化烧嘴，荒煤气和氧气通过传统转化烧嘴

进入炉内进行反应，进入正式生产阶段，烘炉烧嘴更换传统转化烧嘴的过程是一种高风险、高技术、高熟练度的作业。一是烧嘴更换是在1250℃的高温下进行，具有较高风险。二是需要很好地控制炉压为微负压状态。负压小，烧嘴周围温度高，人员无法工作；负压过大，进入炉内的冷空气过多，炉温下降过快，不利于投料成功。传统转化烧嘴安装必须一次成功，因为高温下无法做气密，投料后如果烧嘴与炉体连接处或其他连接处漏气，须重新停车，再次重复以上过程，所以技术要求高。三是烧嘴更换要快，过程时间越短越好，因为烘炉烧嘴停用后，炉内温度全靠耐火砖自身的蓄热能力来维持，更换时间过长，炉内温度会下降过多，温度越低，投料的成功率越低，所以烧嘴更换工作要求作业人员对作业过程高度熟练，在最短的时间内完成烧嘴的更换工作。另外，为了保证投料成功，往往需要将烘炉温度提到1300℃，并保持6h以上的恒温时间，因而增加了燃料消耗。

针对传统转化烧嘴更换过程的复杂性和危险性，开发了一种集点火、升温和正常投料功能的一体化转化烧嘴，不但可以避免中途更换烧嘴，消除更换烧嘴的危险，而且可以降低烘炉温度，并且不需要恒温，直接投料，可以缩短开车时间，降低燃料消耗，确保投料的成功率。

烧嘴采用同轴多通道结构，通道由中心向外依次为：点火烧嘴、氧气和荒煤气。点火烧嘴主要起点火功能，其中内置有电子点火器和火检装置；点火烧嘴形成的火焰将通过氧气和荒煤气通道进入的升温燃料气和氧气（或空气）点着，并对转化炉进行升温；在升温和运行阶段，通过设置合理的端部出口介质流速，使火焰高温区远离烧嘴端部。此外，通过端部设置水冷夹套，进一步降低烧嘴端部热强度。一体化转化烧嘴外型结构见图6-22。

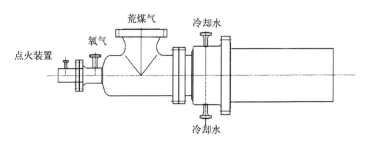

图6-22　一体化转化烧嘴外型结构

第八节　转化工序节能、节水与安全

一、转化节能与节水

1. 原料和氧气预热

基于火管锅炉流程的非催化部分氧化工艺，可以利用出火管锅炉的高温合成气将入界区的荒煤气原料预热至约250～300℃；通过设置氧气加热器，利用火管锅炉自产中高压饱和蒸汽将氧气预热至180～190℃。预热进转化炉的荒煤气和氧气的作用主要包括：

① 降低装置消耗，提高转化效率；

② 如转化工艺需要加入蒸汽，原料或氧气与蒸汽混合时可防止蒸汽冷凝，有利于介质流动的稳定；

③ 通过原料和氧气的预热，调节转化烧嘴端部速度，保护烧嘴安全。

2. 高温合成气热量回收

根据出转化界区合成气温度要求，通过设置一系列换热设备，回收高温合成气显热，提升转化工艺能量利用效率。以出转化界区合成气温度约 40℃ 为例，可以在转化炉后依次设置火管锅炉、蒸汽过热器（如蒸汽需过热）、气态烃原料加热器、锅炉水加热器和脱盐水加热器等换热设备，回收高温合成气显热，各换热器的功能如下。

（1）火管锅炉

在火管锅炉中，合成气温度由 1200～1300℃ 降低至约 300～400℃，回收的合成气热量用于副产中高压饱和蒸汽，该蒸汽可用于预热氧气和保护烧嘴，剩余蒸汽去后系统使用。

（2）蒸汽过热器

为进一步提升蒸汽利用效率，转化装置可副产中高压过热蒸汽，即在火管锅炉后设置蒸汽过热器，通过火管锅炉和蒸汽过热器热量合理分配，提高火管锅炉出口合成气温度至 400～500℃，在蒸汽过热器中利用该高温合成气将火管锅炉自产的饱和蒸汽过热后供后系统使用。

（3）气态烃原料加热器

利用出火管锅炉（或蒸汽过热器）的合成气热量，可将进转化装置的气态烃原料气进行预热。

（4）锅炉水加热器

利用出气态烃原料预热器的合成气热量，将进转化装置的锅炉给水进行预热。

（5）脱盐水加热器

利用出锅炉水预热器的合成气剩余热量，加热脱盐水供后系统使用。

3. 洗涤水循环与废水气提

为保证出界区合成气中含灰量和氨含量等达到后系统要求，需要设置合成气洗涤工序对合成气进行初步净化处理。

水洗塔是合成气洗涤工艺的关键设备，水洗塔下部排出的灰水经过洗涤水循环泵加压和洗涤水冷却器冷却后，大部分洗涤水循环回到水洗塔上部塔盘对合成气进行洗涤，剩余的少量灰水进入气提罐将灰水中的 CO 等气体气提后进入后续废水系统处理。工艺废水中悬浮物、CN^-、BOD_5、COD_{Cr} 等排放数值不超过《石油化学工业污染物排放标准》（GB 31571—2015）所规定的限值。

二、转化工艺安全

1. 本质安全原则

为了确保转化装置的安全稳定运行，设计中本着本质安全原则，设备选型选材本着安全节省原则，应符合各工况下的要求，采用先进自动化控制，过程控制由 DCS 执行，安全联锁由 SIS 自动化控制，减少人为干预，自动化程度高，以确保装置安全。

2. 安全保护系统

安全保护系统主要用于自动开车、保护正常运行和装置自动停车。

安全保护系统主要是由 ESD/SIS 组成的。各种操作数据（如流量、压力或温度）均送到安全保护系统，由安全保护系统进行处理，然后将信号送到各自动阀，随后再对结果（如阀位或操作条件）进行检查，以便进行下一个动作。

3. 装置安全联锁系统

装置安全联锁系统是通过系统各重要运行参数来控制进料系统各阀门的动作，进而达到系统安全运行的目的。它对现场仪表及阀门的可靠性、进料系统的安全性、控制系统的可靠性等都有很高的要求。

（1）现场仪表的可靠性

参与安全联锁的仪表、阀门必须性能稳定、可靠，联锁中对重要参数都采用三选二的跳车方式。

安全仪表系统中的现场仪表信号既参与安全联锁又参与 DCS 调节控制，现场仪表信号一般入 SIS 后经一分二信号分配器，由硬接线分别接入 SIS、DCS 系统。

（2）关键设备安全联锁系统的安全性

转化炉：对于进料系统原料流量，采用多重联锁安全措施，确保不会使炉内过氧而发生爆炸和原料过量、温度低而使炉内熄火，具体安全措施有阀位联锁和流量联锁等。此外，通过设置在炉内的高温热电偶以及外壳上的表面热电偶，监控转化炉操作状态，确保转化炉安全。

转化烧嘴：进料系统原料流量采用多重联锁安全措施，确保不会因流量偏低造成烧嘴烧蚀；通过设置烧嘴冷却水系统，监控烧嘴冷却水进水流量、烧嘴冷却水槽液位等参数，进一步提升转化烧嘴的安全性。

火管锅炉：通过设置副产蒸汽温度控制、锅炉给水控制和管板冷却水控制等系统，提升火管锅炉高温操作的安全性。

（3）控制系统的安全性

控制系统通常采用独立的高可靠性的 SIS（紧急停车系统）。

DCS 与 SIS 之间的关联信号，一般情况下，从 DCS 送 SIS 的信号采用硬接线，从 SIS 送 DCS 的一般信号采用通信方式，重要信号采用硬接线送至 DCS。

（4）安全系统按钮、开关设置

安全系统紧急停车按钮，要求设置为硬按钮，其他按钮可设置为硬按钮，也可在 SIS 操作站上设置软按钮。

4. HSE 安全措施

转化装置生产过程技术复杂，危险性大。装置界区内有多种易燃、易爆、有毒、有害介质，如合成气、CO_2、N_2 等。为了确保装置生产的安全稳定运行，采用先进的集散控制系统及自动调节、报警、安全联锁等自控措施。在紧急情况下，安全联锁将自动动作，以确保装置安全。

（1）防火防爆措施

① 采用止回阀、切断阀防止火灾及爆炸的扩大。采用安全阀泄压防止管道、设备超压。

② 对于氧气管线应严格进行脱脂处理。工艺烧嘴吊出后，氧管线炉头法兰应加防护罩防止杂物进入。为了在紧急状态下能迅速切断氧气，氧气切断阀及流量调节阀应能快速关闭。

③ 防爆区内的有关电机、电动阀门、电源接头、现场电话等均采用防爆型设备处理。现场所有消防、救护、通信设施均应定期检查，保持完好。

④ 在开停车时，必须使用氮气进行置换，使系统中氧气或可燃性气体含量合格，防止发生爆炸或火灾事故。

⑤ 对有火灾、爆炸危险的封闭厂房，除充分自然通风外，还应采用机械通风措施。

（2）防毒措施

① 在所有有毒气体可能泄漏的位置，都要装配固定式报警测定器。另外，个人也要佩戴便携式报警器。

② 广泛采用氮封技术，防止有毒有害介质外逸。

（3）防静电措施

工艺装置生产过程中存在大量的易燃易爆气体和助燃气体。因此，对装置区内的工艺设备、电气设备、工艺管道以及金属平台等可能积聚静电荷，引起火灾、爆炸或危害人身安全的区域，应装有静电接地装置。对氧气管线，特别采取严格的静电接地措施。

（4）防雷措施

根据防雷设计规定，对工艺厂房和相应的设备管道设置防雷击、雷电感应和防雷电波措施。

（5）防噪声措施

由于气体放空时的噪声很大，因此在装置中应对主要放空点安装消声器，如氧气放空消声器、开工抽引器消声器、开车阶段火管锅炉蒸汽放空消声器等，有效减小噪声对周围环境及人体的危害。

第九节　荒煤气非催化转化应用实例与业绩

我国焦炉气、荒煤气等含焦油的富甲烷气可利用量达 1800 亿 m^3/a，相当于 1 亿 tce/a，直接燃烧排放 CO_2 约 9000 万 t/a，造成大气污染。将其作为化工原料，用于生产氢气、氨、甲醇和乙二醇等化学品，实现气态烃原料的清洁高效高值利用是国家重大需求，对推动"碳达峰、碳中和"战略目标的实现具有重要意义。

一、荒煤气转化装置规模及原料特性

以新疆哈密地区某厂荒煤气非催化部分氧化制合成气装置为例。

该装置采用华东理工大学开发的具有自主知识产权的气态烃非催化部分氧化技术，以荒煤气为原料生产 40 万 t/a 乙二醇。

装置规模及原料特性如下：

① 产品名称及规模：有效气（CO+H_2）产量 165508m^3/h；

② 年操作时间：7200h；

③ 装置操作弹性：50%～110%；

④ 副产蒸汽：3.3MPa（G），272℃；

⑤ 转化炉操作压力和操作温度：2.7MPa（G），1250℃；

⑥ 典型荒煤气主要成分组成见表 6-1。

表 6-1 典型荒煤气主要成分组成

主要成分组成(干基)	含量(摩尔分数)/%	主要成分组成(干基)	含量(摩尔分数)/%
H_2	21.33	C_3H_6	0.10
CO	17.93	O_2	0.88
CO_2	9.05	总硫(有机硫+无机硫)	0.0198
N_2	43.73	NH_3	0.0148
CH_4	6.29	CH_3OH	0.0653
C_2H_6	0.32	C_2H_5OH	0.00025
C_2H_4	0.16	H_2O(湿基)	0.424
C_3H_8	0.12		

二、荒煤气转化工艺流程

该工艺主要分为两个单元：转化工序和热量回收工序。该工艺根据现场运行情况，可增加合成气洗涤工序，进一步净化出界区合成气。

（1）转化工序

空分装置来的纯氧，经氧气预热器预热，分别经氧气流量调节阀、氧气切断阀后，进入工艺烧嘴的中心通道。根据安全系统要求，投料前采用氧气放空方式建立氧气流量。

荒煤气和氧气通过设置于转化炉顶部的工艺烧嘴同轴射流进入转化炉内，气化反应的条件约为 2.7MPa（G）、1250℃。生成的合成气为 H_2、CO、CO_2 与水蒸气等的混合物，合成气进入热量回收工序。

转化炉烘炉期间，火管锅炉出口气体经开工抽引器排入大气。通过调节烘炉烧嘴风门和抽引蒸汽量，控制转化炉的真空度在 2000Pa。

进工艺烧嘴的冷却水压力为 3.55MPa（G）、温度为 190℃，出工艺烧嘴的冷却水压力为 3.2MPa（G）、温度为 195℃。

（2）热量回收工序

合成气与锅炉水进行充分换热，产生饱和蒸汽。进入火管锅炉的锅炉给水分为两股，一股进入锅炉给水循环泵，去冷却火管锅炉的管板；另一股直接进入火管锅炉，仅在火管锅炉需要紧急补水时使用。出火管锅炉的合成气再进入蒸汽过热器来过热火管锅炉副产的饱和蒸汽，出蒸汽过热器的合成气进入荒煤气预热器，预热荒煤气回收热量，出荒煤气预热器的合成气进入下游工序。荒煤气非催化部分氧化工艺流程见图 6-23。

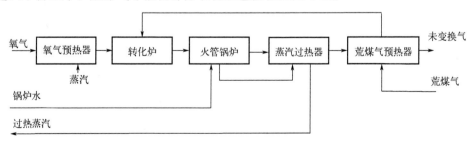

图 6-23 荒煤气非催化部分氧化工艺流程

三、荒煤气转化工艺指标

该荒煤气转化装置典型运行工艺指标见表6-2~表6-4。

表6-2 合成气产量与原料消耗

参数	数值	参数	数值
荒煤气流量/(m^3/h)(干基)	364110	H_2产量/(m^3/h)	69362
O_2流量/(m^3/h)	40357	CO产量/(m^3/h)	96163
有效气(CO+H_2)产量/(m^3/h)	165525	蒸汽产量/(t/h)	约241

表6-3 转化界区出口气体组成

主要气体成分(干基)	含量(摩尔分数)/%	主要气体成分(干基)	含量(摩尔分数)/%
H_2	19.46	COS	0.0009
CO	26.98	N_2	44.69
CO_2	8.59	Ar	0.0419
CH_4	0.19	NH_3	0.0078
H_2S	0.019	HCN	0.0005

表6-4 主要工艺指标

项目	指标	项目	指标
转化炉温度/℃	1250	H_2/CO	0.721
转化炉压力(表压)/MPa	2.7	1000m^3有效气荒煤气耗量(干基)/m^3	2200
CO+H_2摩尔分数/%	46.4	1000m^3有效气O_2耗量/m^3	243.8

四、气态烃非催化部分氧化技术应用业绩

1. 应用概况

目前，由华东理工大学开发的气态烃非催化部分氧化技术已应用于国内19家企业（20个项目，其中11个项目已投入运行），转化炉合计31台，分别应用在国际上首套以天然气（新疆天盈）、焦炉气（宁夏宝丰）和荒煤气（新疆广汇）为原料制乙二醇装置上，用于生产合成气，具体应用业绩见表6-5。该技术相关应用和专利分别获得：2021年中国石油和化学工业联合会科技进步奖一等奖（"富甲烷气绿色高效转化制合成气成套技术及应用"）、2022年第四届上海知识产权创新奖专利一等奖（"一种热量可回收的气态烃非催化部分氧化制合成气的方法"）、2010年上海市科技进步奖一等奖（"气态烃非催化部分氧化制合成气关键技术及工业应用"）等奖项。

表6-5 应用业绩

项目	装置系列/套	原料	产品	备注
兰州石化	2	天然气	合成氨	2002.4投运
内蒙古天野	2	天然气	合成氨	2005.10投运
宁夏宝丰2期	1	焦炉气	甲醇	2014.5投运
山西中美	1	天然气	H_2	2016.9投运

项目	装置系列/套	原料	产品	备注
新疆天盈	2	天然气	乙二醇	2018.7 投运
内蒙古建元	2	焦炉气	乙二醇	2021.1 投运
新疆广汇	2	荒煤气	乙二醇	2021.10 投运
山西美锦	2	焦炉气	乙二醇	2022.3 投运
宁夏宝丰 3 期	1	焦炉气	甲醇	2022.5 投运
中冶赛迪	1	焦炉气/天然气	$CO+H_2$	2024.8 投运
中国化学	1	生活垃圾气化	$CO+H_2$	试车
盘锦三力	1	天然气+废液	$CO+H_2$	建设
上海华谊	3	天然气	$CO+H_2$	建设
青岛三力	1	LNG+LPG	$CO+H_2$	设计
新疆致本	2	天然气	EG	设计
中冶焦耐	1	荒煤气	$CO+H_2$	设计
新疆合盛	2	热解气	甲醇	设计
中化弘润	1	LPG+废液	$CO+H_2$	设计
新浦化学	2	乙烷气/天然气	$CO+H_2$	设计
浙江巨化	1	天然气	聚酯材料	设计

2. 应用业绩

(1) 中国石油兰州石化分公司化肥厂

建设了 2 台天然气非催化部分氧化装置 [6.5MPa(G)，单炉处理天然气能力 16854m^3/h]。转化装置由中国石化宁波工程有限公司设计，转化炉由兰州石油化工机械厂制造。2002 年 4 月该转化装置投入试运转，2002 年 7 月初转化炉投入正式运行。

该转化装置自 2002 年 4 月初正式运行至 2013 年 11 月，安全、稳定运行 11 年 7 个月，因中国石油原料与产品结构战略性调整，装置停止运行。其中转化炉拱顶砖寿命超过 35000h；直段砖已超过 56000h。

该装置主要技术和经济指标如下。

工艺指标：

$CO+H_2$ 摩尔分数/%	95.91
天然气产干基合成气产量/(m^3/m^3)	2.651
天然气产有效气($CO+H_2$)量/(m^3/m^3)	2.538
1000m^3 有效气天然气耗量/m^3	394.1
1000m^3 有效气 O_2 耗量/m^3	254.8

原料消耗：

吨氨原料天然气消耗/(m^3/t)	810
吨氨氧气消耗/(m^3/t)	542

(2) 中国海洋石油股份有限公司内蒙古天野化工集团公司

建设了 2 台天然气非催化部分氧化装置 [6.5MPa(G)，单炉处理天然气能力 16854m^3/h]。转化装置由中国五环工程有限公司设计，转化炉由兰州石油化工机械厂制造，2005 年 10 月该转化装置投入运转。该转化装置自 2005 年 10 月初正式运行至今，拱顶耐火砖寿命已达到

4 年 4 个月。现该转化炉操作负荷为设计值的 110%，运转平稳，运行情况良好。

（3）宁夏宝丰能源集团有限公司

采用了两套焦炉气非催化部分氧化装置，焦炉气处理量分别为 75000m³/h 和 100000m³/h，两套装置分别于 2014 年 5 月和 2022 年 5 月投产运行。2014 年 11 月 8 日～11 日，宁夏宝丰对焦炉气处理量为 75000m³/h 的装置进行了连续 72h 测试，装置各项指标均在设计指标范围内，其中 $CO+H_2>94\%$（$H_2/CO=2.2$），出口甲烷含量<0.4%；各设备设计结构及参数合理，运行正常。此外，2019 年 3 月 26 日、27 日，由中国石油和化学工业联合会组织专家对该装置进行了连续 72h 考核，考核结果表明：

① 该焦炉气非催化部分氧化装置安全可靠，自动化程度高，操作控制灵活，环保性能优良，实现了装置的"安稳长满优"运行，装置年运转时间在 8000h 以上，最高 8200h。

② 关键设备运行寿命长。喷嘴使用寿命超过 2 年；废热锅炉入口温度超过 1300℃，火管锅炉管板使用寿命超过 3 年。

③ 转化率高。出口合成气 CH_4 含量 0.22%，烃类转化率 98.8%。

④ 系统效率高。装置不需要工艺蒸汽，仅需少量烧嘴保护蒸汽，同时副产大量中高压蒸汽，低温合成气用于加热脱盐水，综合能量利用率高。

⑤ 装置负荷可调节范围大，单炉负荷范围 50%～110%，负荷调节速度快，适应能力强，有利于装置大型化。

⑥ 无须进行转化前脱硫，焦炉气中的硫醚等有机硫以及酚类、苯、萘等高毒污染物可在转化炉内高温分解，环保性能优异。

⑦ 装置工艺流程和设备结构简单，流程短、投资低。

截至目前，转化烧嘴使用寿命超过 3 年；火管锅炉挠性管板使用寿命超过 6 年。

（4）新疆生产建设兵团天盈石油化工有限公司

装置采用单系列，天然气处理量为 25000m³/h。装置于 2018 年 7 月投产。2019 年 11 月，天盈石化对天然气转化装置进行了性能考核，合成气 H_2/CO 体积比为 1.99，各项指标均达到合同值，满足合同验收要求。

（5）内蒙古鄂托克旗建元煤化科技有限责任公司（脱碳 CO_2 返回调节 H_2/CO 比）

装置采用双系列，单炉焦炉气处理量 32250m³/h。装置于 2021 年 1 月投产。

（6）山西美锦华盛化工新材料有限公司（脱碳 CO_2 返回调节 H_2/CO 比）

装置采用双系列，单炉焦炉气处理量 40000m³/h。装置于 2022 年 3 月投产，进入连续稳定运行阶段。

参考文献

[1] 刘全德. 伊吾县淖毛湖区域荒煤气综合利用现状 [J]. 煤炭加工与综合利用，2018（10）：12-15.

[2] 于剑峰，杜希林，王宝光. 煤焦油的净化分离及应用浅析 [J]. 煤化工，2004，32（2）：29-31.

[3] 校文超，闫昊男. 西部地区荒煤气的利用现状及工艺 [J]. 河南化工，2021，38（4）：44-46.

[4] 王辅臣，龚欣，王亦飞，等. 气流床天然气部分氧化制合成气工艺分析 [J]. 大氮肥，2003，26（1）：65-69.

[5] 代正华，王辅臣，刘海峰，等．天然气部分氧化炉的数值模拟 [J]．化学工程，2005，33（3）：13-16.

[6] Xinwen Z，Caixia C，Fuchen W．Modeling of non-catalytic partial oxidation of natural gas under conditions found in industrial reformers [J]．Chemical Engineering and Processing，2010，49：59-64.

[7] Xinwen Z，Caixia C，Fuchen W．Multi-dimensional modeling of non-catalytic partial oxidation of natural gas in a high pressure reformer [J]．International Journal of Hydrogen Energy，2010，35：1620-1629.

[8] Wenyuan G，Yanzeng W，Liang D，et al．Simulation of non-catalytic partial oxidation and scale-up of natural gas reformer [J]．Fuel Processing Technology，2012，98：45-50.

[9] Yueting X，Zhenghua D，Chao L，et al．Numerical simulation of natural gas non-catalytic partial oxidation reformer [J]．International Journal of Hydrogen Energy，2014，39（17）：9149-9157.

[10] 徐月亭，代正华，李超，等．天然气非催化部分氧化转化炉模拟 [J]．高校化学工程学报，2014，28（6）：1249-1254.

[11] Xinyu L，Zhenghua D，Qinghua G，et al．Experimental and numerical study of MILD combustion in a bench-scale natural gas partial oxidation gasifier [J]．Fuel，2017，193：197-205.

[12] 郭文元，费名俭，王辅臣．气化炉拱顶耐火隔热衬里层传热关键影响因素分析 [J]．大氮肥，2011，236（4）：229-233.

[13] 杨梦如，仇鹏，许建良，等．不同稀释剂条件下甲烷非催化部分氧化数值模拟 [J]．华东理工大学学报（自然科学版），2023，49（4）：457-464.

[14] 程宏，代正华，王玉琴，等．焦炉气同轴射流自由扩散火焰的特性 [J]．燃烧科学与技术，2010，16（6）：560-564.

[15] 李新宇，代正华，徐月亭，等．甲烷氧气层流反扩散火焰形态及滞后特性研究 [J]．物理学报，2015，6（2）：337-344.

[16] Xinyu L，Zhenghua D，Yueting X，et al．Inverse diffusion flame of CH_4-O_2 in hot syngas coflow [J]．Journal of hydrogen Energy，2015，40（46）：16104-16114.

[17] 杨家宝，何磊，祝慧雯，等．N_2 和 CO_2 稀释对 CH_4/O_2 扩散火焰反应区和结构特性的影响 [J]．华东理工大学学报，2019，45（6）：853-859.

[18] Huiwen Z，Yan G，Lei H，et al．Effects of CO and H_2 addition on OH chemiluminescence characteristics in laminar rich inverse diffusion flames [J]．Fuel，2019，254：115554.

[19] Jiabao Y，Yan G，Qinghua G，et al．Experimental studies of the effects of global equivalence ratio and CO_2 dilution level on the OH * and CH * chemiluminescence in CH_4/O_2 diffusion flames [J]．Fuel，2020，278：118307.

[20] Jiabao Y，Yan G，Qinghua G，et al．Study on the mechanism of reaction zone displacement in CO_2-diluted CH_4/O_2 diffusion flames based on OH chemiluminescence diagnosis [J]．Fuel，2022，318：123614.

[21] Jiabao Y，Yan G，Juntao W，et al．Chemiluminescence diagnosis of oxygen/fuel ratio in fuel-rich jet diffusion flames [J]．Fuel Processing Technology，2022，232：107284.

[22] 高玉国，代正华，李伟锋，等．立式异径螺旋火管废热锅炉的热力分析 [J]．华东理工大学学报，2008，34（6）：799-804，871.

[23] 高玉国，庹春梅，钟建斌，等．炭黑纳米流体对火管式废热锅炉传热的影响 [J]．化学工程，2010，38（6）：18-22.

[24] Yuguo G，Zhenghua D，Weifeng L，et al．Thermodynamic analysis and numerical simulation of vertical reducing helical coiled fire-tube waste heat boiler in gasification [J]．Journal of Enhanced Heat Transfer，2011，18：55-69.

[25] Yuguo G，Zhenghua D，Chao L，et al．Effects of soot nanoparticles on heat transfer and flow in fire-tube waste heat boiler [J]．Asia-Pacific Journal Chemical Engineering，2013，8（3）：371-383.

［26］方浩，代正华，许建良，等．火管式废热锅炉管板冷却室内流动、传热与热应力研究［J］．高校化学工程学报，2018，32（1）：60-66.

［27］Fuchen W，Xinwen Z，Wenyuan G，et al. Process analysis of syngas production by non-catalytic POX of oven gas［J］．Frontiers of Energy and Power Engineering in China，2009，3（1）：117-122.

［28］代正华，胡敏，徐月亭，等．气态烃转化制合成气技术分析［J］．化学世界，2012，53（S1）：80-82.

［29］Rostrup-Nielsen J R. Sulfur-passivated nickel catalysts for carbon-free cteam reforming of methane［J］．Journal of Catalyst，1984，85：31-43

［30］王辅臣，代正华，刘海峰，等．焦炉气非催化部分氧化与催化部分氧化制合成气工艺比较［J］．煤化工，2006（2）：4-9.

［31］王辅臣．气流床气化过程研究［D］．上海：华东理工大学，1995.

［32］Hickman D A，Schmidt L D. Synthesis gas formation by direct oxidation of methane over Pt monoliths［J］．Journal of Catalysis，1992，138：267-282.

［33］Basini L，Aasberg-Petersen K，Guarinomi A，et al. Catalytic partial oxidation of natural gas at elevated pressure and low residence time［J］．Catalysis Today，2001，64：9-20.

［34］DuBois E. Synthesis gas by partial oxidation［J］．Industrial and Engineering Chemistry，1956，48（7）：1118-1122.

［35］王辅臣，李伟锋，代正华，等．天然气非催化部分氧化法制合成气过程的研究［J］．石油化工，2006，3（1）：47-51.

［36］王卫，王凤英，申欣，等．甲烷制备合成气工艺开发进展［J］．精细石油化工进展，2006，7（7）：27-31.

［37］York A P E，Xiao T，Green M L H. Brief overview of the partial oxidation of methane to synthesis gas［J］．Topics in Catalysis，2003，22（3/4）：345-358.

［38］Wilhelm D J，Simbeck D R，Karp A D，et al. Syngas production for gas-to-liquids applications：Technologies，issues and outlook［J］．Fuel Processing Technology，2001，71（1-3）：139-148.

［39］彭志斌．自热转化制合成气工艺应用［J］．石油与天然气化工，2004，33（4）：250-252.

［40］Nezhad M Z，Rowshanzamir S，Eikani M H. Autothermal reforming of methane to synthesis gas：Modeling and simulation［J］．International Journal of Hydrogen Energy，2009，34：1292-1300.

［41］Enger B C，Lodeng R，Holmen A. A review of catalytic partial oxidation of methaneto synthesis gas with emphasis on reaction mechanisms over transition metal catalysts［J］．Applied Catalysis A：General，2008，346：1-27.

［42］朱德春．天然气化工的应用研究进展［J］．安徽化工，2007，33（2）：11-14.

［43］纪红兵，谢俊锋，陈清林，等．耦合甲烷部分氧化与二氧化碳重整的研究进展［J］．天然气化工，2005，30：41-46.

［44］刘志红，丁石，程易．甲烷催化部分氧化制合成气研究进展［J］．石油与天然气化工，2006，35（1）：10-12.

［45］李鹏，马林，代正华．荒煤气转化一体化烧嘴研究与开发［J］．化肥设计，2024，62（3）：49-53.

第七章 转化气一氧化碳变换

第一节 概 述

一氧化碳变换反应是在变换催化剂作用下，原料气中一氧化碳和水蒸气在适宜反应温度、操作压力下反应生成二氧化碳和氢气的过程。主要应用在以下四种原料气变换调节氢碳比或者制氢工艺中：一是以煤、石油、生物质等为原料制合成气工艺；二是以天然气、甲醇、乙醇等重整制氢工艺；三是电石炉、矿热炉等尾气环保工艺；四是煤热解及炼焦工业产生的荒煤气（或焦炉煤气）综合利用工艺。

变换反应适用的一氧化碳浓度范围很广，根据变换原料气中硫含量，可以分为耐硫变换工艺[1]和无硫变换工艺[2]；或者根据变换反应器（通常也称为变换炉）的型式，分为绝热变换工艺和等温变换工艺[3]。绝热变换是应用最早最成熟的工艺，而等温变换技术工业化于 20 世纪 80 年代后期，德国 Linder 首次使用等温变换反应器，结构为一个内置蒸汽发生器盘管的单台变换反应器，管间装催化剂，管内通冷却水。国内 90 年代后期，在泸县化肥厂天然气制氢工艺中结合铜基无硫变换催化剂的最佳使用温度，进行了变换反应器的优化设计，设备分等温和绝热两个催化剂床，等温段内设不锈钢蛇管，由管内水移走反应热[4]。一氧化碳耐硫等温变换技术工业应用最早始于 2012 年，由湖南安淳高新技术有限公司（简称湖南安淳）设计开发，首次成功应用于新疆天业电石炉尾气综合利用制乙二醇项目。近年来，等温变换技术得到了众多科研单位和企业的重视，并取得了突破性的发展，从根本上解决了高一氧化碳高水气比变换反应催化剂床层超温的问题[5]。《〈国家工业节能技术应用指南与案例（2022 年版）〉之四：石化化工行业节能提效技术》，也重点推广该技术。

一氧化碳变换，视其原料气的压力、组成、杂质含量、变换深度等不同选择不同的变换工艺。如荒煤气经非催化转化后，需要选择耐硫变换工艺，其中转化气惰性气体含量高，一氧化碳含量低，变换深度不高，不存在催化剂及反应器超温风险，采用耐硫绝热全低变工艺或者耐硫等温变换工艺均能满足要求，流程各有优势，也都较为简洁，技术也成熟。

第二节 转化气对变换的影响

荒煤气是炼焦过程中的副产品，其中含有大约 20%～30% 的甲烷。若对荒煤气进行深度利用，需要将其中的甲烷及少量烃类物质转化成 H_2 和 CO，转化工艺主要有催化转化[6]和非催化转化[7]，其后续对应的变换分为无硫变换和耐硫变换。

一、转化气对无硫变换的影响

若采用催化转化，需要将荒煤气预净化，再进行精脱硫来保护转化催化剂，使得后续进入变换的工艺气中硫含量（体积分数）低于 0.1×10^{-6}。转化气变换采用无硫变换工艺较为合理。该工艺最大的影响在于需要严格控制工艺气中硫、卤素含量，其过量会导致无硫变换铜系催化剂永久性中毒。

二、转化气对耐硫变换的影响

若采用非催化转化，须使成分复杂的荒煤气转化成相对简单的含硫转化气，而且在高温下其中的有机硫也转化成无机硫（硫化氢）、氧气转化成水，后续转化气变换一般采用耐硫变换工艺。以文献[8]报道的非催化转化气为例，来说明其组成对耐硫变换工艺的影响，其典型组成见表 7-1。

表 7-1　非催化转化气的典型组成

组分	含量（体积分数）/%	组分	含量（体积分数）/%
H_2	17.52	总硫	0.02
CO	25.32	NH_3	0.000134
CO_2	9.01	H_2O	0.39
$N_2 + Ar$	47.53	温度/℃	40
CH_4	0.21	压力/MPa(G)	2.25

根据非催化转化气组成，其中总硫（以硫化氢计）、惰性气体浓度等对后续耐硫变换工艺的影响及反应器型式的选择都至关重要。

1. 总硫（以硫化氢计）对耐硫变换的影响

荒煤气采用非催化转化工艺，其中含有硫化氢等硫化物，需要采用耐硫变换催化剂，其活性组分是钴和钼，在使用前需硫化活化。硫化反应是典型的可逆反应，如果操作不当，即气相中无机硫浓度低于可逆反应的平衡浓度时，经硫化预处理的活性钴钼催化剂便会发生"反硫化"反应，硫化态的催化剂会被水蒸气分解，从而使得大量硫化氢随反应气体带出，导致催化剂失活。温度高，蒸汽加入量过大（或者水气比过高），进口硫化氢含量过低，容易导致"反硫化"。一般认为，在使用过程中催化剂的反硫化主要是硫化钼的反硫化。其反硫化反应为：

$$MoS_2 + 2H_2O \Longrightarrow MoO_2 + 2H_2S \tag{7-1}$$

其反应平衡常数为：

$$K_p = \frac{p_{H_2S}^2}{p_{H_2O}^2} \tag{7-2}$$

式中，K_p 为平衡常数；p_{H_2S}、p_{H_2O} 分别为硫化氢、水的平衡分压，MPa。

K_p 取决于温度，在一定的温度和水气比下要求相应的硫化氢含量。目前耐硫变换催化剂供应商提供的催化剂说明书中对工艺气硫含量（体积分数）要求不一样，有些要求 $\geqslant 100 \times 10^{-6}$，有些要求 $\geqslant 200 \times 10^{-6}$。对于转化气组成，由于总硫体积分数约为 200×10^{-6}，调节水气比后，工艺气中 H_2S 体积分数为 172×10^{-6}，因此有必要对选择的变换工艺进行最低硫含量分析，以确保该工艺避免发生催化剂"反硫化"。

影响"反硫化"反应的因素主要有反应温度和气体中的水气比。以转化气采用三段低温绝热变换工艺为例，由于一段反应较其他二段反应的温度和水气比都要高，故只要对一段反应过程进行"反硫化"分析即可。根据转化气一段反应进口温度约为 230℃，水气比约为 0.162，对不同一氧化碳变换率对应的温度及水气比，通过查表[9]可得到要求的最低硫化氢含量。非催化转化气变换反应最低硫化氢含量见表 7-2。

表 7-2 非催化转化气变换反应最低硫化氢含量

序号	水气比	反应温度/℃	最低 H_2S 体积分数/10^{-6}
1	0.162	230	15
2	0.130	260	21
3	0.089	300	28
4	0.068	321	30
5	0.058	331	29
6	0.048	341	28
7	0.031	359	23

可以看出，转化气中的总硫高于最低硫化氢含量要求不少，说明该工艺能较好地避免催化剂"反硫化"。从"反硫化"现象中可以看出，转化气中硫化氢含量越高，对保持催化剂硫化态越有好处，变换活性也越好，单从有利于活性考虑，转化气中硫化氢含量高有利于变换催化剂的活性。特别需要注意的是，当水气比低，特别是转化气中硫化氢含量发生变化偏高时，将会产生硫醇类有机硫副产物，相应地，羰基硫转化率降低。硫醇的生成量随着原料气中硫化氢含量的增加而增加，羰基硫转化率随原料气中硫化氢含量的增加而明显下降，硫醇的生成量和羰基硫转化率都随水气比和反应温度的变化而规律变化，并且催化剂性能不同，硫醇的生成量也不相同[10]。所以在生产操作中，要对变换系统进出口组分定期进行硫含量分析，根据总硫含量，及时对工艺参数进行调整，避免"反硫化"现象和硫醇副反应的发生。

2. 惰性气体浓度对耐硫变换的影响

变换反应原料气的主要组分是 CO、CO_2、H_2、H_2O、CH_4、Ar 和 N_2 等气体组分。CH_4、Ar、N_2 在变换反应器内不参与反应，这些气体称为惰性气体。从非催化转化气组成看出，惰性气体含量超过 40%，其存在会降低 CO、CO_2、H_2、H_2O 的有效分压，降低变换反应速率，对变换反应不利。但是变换反应是一个强放热反应，惰性气体能够使得反应放热较为平缓。有研究表明[11]，对常用的 N_2、CO_2 以及水蒸气三种变换反应器降温介质的降温过程进行分析，CO_2 作为变换反应的产物，其作为变换反应器降温介质时抑制了变换反应的发生，加之其比热容大于 N_2，故其降温效果最为明显。水蒸气促进了变换反应的发生，尽管水蒸气的比热容大于 CO_2 和 N_2，但其降温效果有一个平衡点[12]。惰性气体 N_2 会影响反应的热量过程，加之 N_2 本身升温时吸收热量，从而改变了绝热反应器内温度分布，对后续变换工艺及反应器的选择至关重要。

第三节　变换基本原理

一、变换反应的热效应

1. 变换反应定压比热容

变换反应可表示为：

$$CO + H_2O \Longrightarrow CO_2 + H_2 \tag{7-3}$$

加压下混合气体和各组分的定压比热容计算式[13]如下：

$$\bar{c}_p = \sum y_i c_{p,i} \tag{7-4}$$

$$c_{p,CO} = 0.210345 + 9.44224 \times 10^{-5} T - 1.94071 \times 10^{-8} T^2$$
$$- 2.35385 \times 10^{-12} T^3 + 4.40 \times 10^4 p_{CO}/T^3 \tag{7-5}$$

$$c_{p,H_2O} = 0.378278 + 1.53443 \times 10^{-4} T + 3.31531 \times 10^{-8} T^2$$
$$- 1.78435 \times 10^{-11} T^3 + 34.67 \times 10^4 p_{H_2O}/T^3 \tag{7-6}$$

$$c_{p,CO_2} = 0.135069 + 2.89483 \times 10^{-4} T - 1.64998 \times 10^{-7}$$
$$T^2 + 3.53157 \times 10^{-11} T^3 + 4.40 \times 10^4 p_{CO_2}/T^3 \tag{7-7}$$

$$c_{p,H_2} = 3.56903 - 4.89590 \times 10^{-4} T + 5.22549 \times 10^{-7}$$
$$T^2 - 1.19686 \times 10^{-10} T^3 + 0.707 \times 10^4 p_{H_2}/T^3 \tag{7-8}$$

$$c_{p,N_2} = 0.201678 + 1.08013 \times 10^{-4} T - 3.32212 \times 10^{-8} T^2$$
$$+ 2.45228 \times 10^{-12} T^3 + 1.07 \times 10^4 p_{N_2}/T^3 \tag{7-9}$$

$$c_{p,CH_4} = 0.0258866 + 1.60802 \times 10^{-3} T - 6.67069 \times 10^{-7} T^2$$
$$+ 1.06432 \times 10^{-10} T^3 + 4.77 \times 10^4 p_{CH_4}/T^3 \tag{7-10}$$

$$c_{p,Ar} = 0.1243 + 0.903 \times 10^4 p_{Ar}/T^3 \tag{7-11}$$

$$c_{p,H_2S} = 26.71 + 23.87 \times 10^{-3} T - 5.063 \times 10^{-6} T^2/4.184 \tag{7-12}$$

式中　$\bar{c}_p$——混合气体的定压比热容，kJ/ (kmol · K)；

y_i——混合气中组分 i 的摩尔分数；

$c_{p,i}$——混合气中组分 i 的定压比热容，kJ/ (kmol · K)；

T——温度，K；

p_i——混合气中组分 i 的分压，MPa；

i——组分 CO、H_2O、CO_2、H_2、N_2、CH_4、Ar、H_2S。

2. 变换反应热

变换反应是一个可逆、放热的等分子反应，反应热是温度、压力的函数，可由各组分的标准生产焓和定压比热容通过积分求出。所用定压比热容等热力学数据不同，计算的反应热略有差异，但对工程上的模拟计算影响不大。压力对反应热影响很小，应用较多的关系式有[14]：

$$\Delta H_R = (-10000 - 0.2941T + 2.845 \times 10^{-3} T^2 - 0.9702 \times 10^{-6} T^3) \times 4.184 \tag{7-13}$$

式中　ΔH_R——反应热，kJ/kmol；

　　　T——温度，K。

二、变换反应的平衡常数

在化学反应过程中，当反应物和生成物的浓度恒定时，反应就被认为达到了平衡状态。此时，反应物和生成物的浓度保持稳定，称为化学反应的平衡态。平衡态下，反应物和生成物之间的浓度比例可以用平衡常数（K_p）来表示。

通常变换反应在压力不太高（≤6.0MPa）的工况条件下进行，对于这样压力下的变换反应，气体混合物与理想行为偏离甚少，各反应组分的逸度系数可近似为1，因此逸度可用分压代替，其平衡常数用各组分分压或者体积分数表示已足够准确[15]。

$$K_p = \frac{p^*_{CO_2} p^*_{H_2}}{p^*_{CO} p^*_{H_2O}} = \frac{y^*_{CO_2} y^*_{H_2}}{y^*_{CO} y^*_{H_2O}} \tag{7-14}$$

式中　K_p——平衡常数；

　　　$p^*_{CO_2}$、$p^*_{H_2}$、p^*_{CO}、$p^*_{H_2O}$——二氧化碳、氢气、一氧化碳、水的平衡分压，MPa；

　　　$y^*_{CO_2}$、$y^*_{H_2}$、y^*_{CO}、$y^*_{H_2O}$——二氧化碳、氢气、一氧化碳、水的平衡体积分数。

K_p 值愈大，即 $y^*_{CO_2}$ 与 $y^*_{H_2}$ 的乘积越大，说明原料气中一氧化碳转化越完全，达到平衡时变换气中残余一氧化碳量越少。平衡常数的计算方法有多种，其中可根据平衡常数与反应热之间的关系形成一个带积分常数的方程，再由吉布斯自由能求出热力学标准状态下的平衡常数，然后算出积分常数。最终转化成平衡常数与温度的关系。工程中通常采用下列简化式来求解平衡常数[16]：

$$\lg K_p = 2059/T - 1.5904 \lg T + 1.817 \times 10^{-3} T - 5.65 \times 10^{-7} T^2 + 8.24 \times 10^{-11} T^3 + 1.5143 \tag{7-15}$$

式中　K_p——平衡常数；

　　　T——温度，K。

三、变换反应的评价参数

1. 变换反应的变换率

变换反应的变换率（也可以称为一氧化碳转化率）是指一氧化碳反应后转化成氢气的百分比，一般用来评价化学反应的效率。变换反应的变换率用一氧化碳体积分数（其中包括水蒸气含量，一般也可以称为湿基组成）表示：

$$\alpha = \frac{d_{CO} - d'_{CO}}{d_{CO}} \times 100\% \tag{7-16}$$

式中　α——一氧化碳变换率；

　　　d_{CO}——反应前一氧化碳体积分数；

　　　d'_{CO}——反应后一氧化碳体积分数。

在实际工业中，一般不测定反应器进出口流量或者组成，而是测定反应器进出口一氧化碳干基体积分数（测定原料气中组分体积分数时，以扣除水分后的干组成为基础）。方便起见，变换反应的变换率用一氧化碳干基体积分数表示：

$$\alpha = \frac{y_{CO} - y'_{CO}}{y_{CO}(1 + y'_{CO})} \times 100\% \tag{7-17}$$

式中 α——一氧化碳变换率；

y_{CO}——反应前一氧化碳干基体积分数；

y'_{CO}——反应后一氧化碳干基体积分数。

无论是采用变换反应器进出口气体组成、还是干基组成，其计算的变换率都是一样的。下面通过一个实例来说明一氧化碳变换率、体积分数、干基体积分数和水气比。变换反应器进出口气体组成见表7-3。

表 7-3 变换反应器进出口气体组成

项目	CO	CO_2	H_2	CH_4	N_2	H_2O
反应器进口含量(体积分数)/%	31.94	6.16	14.45	0.02	0.27	47.16
反应器出口含量(体积分数)/%	26.55	11.55	19.84	0.02	0.27	41.77

通过换算可得到，变换反应器进出口气体干基组成，见表7-4。

表 7-4 变换反应器进出口气体干基组成

项目	CO	CO_2	H_2	CH_4	N_2	水气比
反应器进口含量(体积分数)/%	60.44	11.67	27.34	0.04	0.51	0.89
反应器出口含量(体积分数)/%	45.59	19.84	34.06	0.04	0.47	0.72

采用湿基计算一氧化碳变换率$=(31.94\% - 26.55\%)/31.94\% \times 100\% = 16.88\%$；采用干基计算一氧化碳变换率$=(60.44\% - 45.59\%)/[60.44\% \times (1 + 45.59\%)] \times 100\% = 16.88\%$。反应器进口水气比为$=47.16\%/(1 - 47.16\%) = 0.89$。

2. 变换反应的平衡变换率

变换反应达到平衡时，一氧化碳的变换率称为平衡变换率（α^*），其与平衡常数之间的关系如下：

$$K_p = \frac{y^*_{CO_2} y^*_{H_2}}{y^*_{CO} y^*_{H_2O}} \tag{7-18}$$

$$y^*_{CO} = \frac{y_{CO} \times (1 - \alpha^*)}{1 + n} \tag{7-19}$$

$$y^*_{H_2O} = \frac{n - y_{CO} \times \alpha^*}{1 + n} \tag{7-20}$$

$$y^*_{CO_2} = \frac{y_{CO_2} + y_{CO} \times \alpha^*}{1 + n} \tag{7-21}$$

$$y^*_{H_2} = \frac{y_{H_2} + y_{CO} \times \alpha^*}{1 + n} \tag{7-22}$$

式中 K_p——平衡常数；

$y^*_{CO_2}$、$y^*_{H_2}$、y^*_{CO}、$y^*_{H_2O}$——二氧化碳、氢气、一氧化碳、水的平衡体积分数；

y_{CO_2}、y_{H_2}、y_{CO}——反应器进口二氧化碳、氢气、一氧化碳干基体积分数；

n——反应器进口水气比；

α^*——平衡变换率。

可以通过上面几个公式的转换，根据变换反应器出口温度，由简化公式或查表得到平衡常数，进一步形成一个一元二次方程，求得平衡变换率（$0\% < \alpha^* < 100\%$）。以表 7-4 反应器进口组成为例，来求解达到平衡时变换反应平衡变换率。假定采用的变换反应器出口温度为 300℃，由公式（7-15）或查一氧化碳变换反应平衡常数表[17]得到 K_p（300℃），再代入公式（7-18）～公式（7-22）得到：

$$K_p(300℃) = 38.833 = \frac{y_{CO_2}^* y_{H_2}^*}{y_{CO}^* y_{H_2O}^*} \tag{7-23}$$

$$y_{CO}^* = \frac{60.44\% \times (1-\alpha^*)}{1+0.89} \tag{7-24}$$

$$y_{H_2O}^* = \frac{0.89 - 60.44\% \times \alpha^*}{1+0.89} \tag{7-25}$$

$$y_{CO_2}^* = \frac{11.67\% + 60.44\% \times \alpha^*}{1+0.89} \tag{7-26}$$

$$y_{H_2}^* = \frac{27.34\% + 60.44\% \times \alpha^*}{1+0.89} \tag{7-27}$$

式中 K_p（300℃）——反应温度为 300℃时对应的平衡常数；

α^*——反应温度为 300℃时对应的平衡变换率。

联立方程求得一氧化碳平衡变换率 $\alpha^* = 92.75\%$。

3. 变换反应的平衡温距

平衡温距是指在化学反应中，反应器出口物料组成所对应的平衡温度与反应器实际出口温度之间的差值，用于衡量反应偏离化学平衡的程度。在实际工程应用中，要使变换反应完全达到平衡，就需要反应器及催化剂的体积无限大，这是无法办到的，也是没有必要的。反之，催化剂用量过少会使变换指标达不到生产要求或者达到指标需要消耗过多的蒸汽。平衡温距在变换反应器的设计中有较大的指导意义。工程中平衡温距有一个合理的范围[18]，具体设计参数需要结合实际工况，在特殊情况下，也会取很大的平衡温距。例如某特定组成的原料气，为控制变换反应器操作温度而填装较少的催化剂。

平衡温距在实际生产中也具有评价意义。若根据实际变换率计算得到平衡温距较大，一般说明催化剂处在使用末期，为了降低消耗需要更换催化剂。通过平衡温距、进气湿基组成，可以计算实际变换率；或者根据平衡温距、进气干基组成、变换率来计算水气比；或者根据进气湿基组成、变换率来计算平衡温距。下面以表 7-4 反应器进口组成为例，来计算变换反应的平衡温距 ΔT。假定采用的变换反应器出口温度为 300℃，变换反应实际变换率为 90.02%，代入公式（7-19）～公式（7-22）及公式（7-18）得到：

$$y_{CO} = \frac{60.44\% \times (1-90.02\%)}{1+0.89} \tag{7-28}$$

$$y_{H_2O} = \frac{0.89 - 60.44\% \times 90.02\%}{1+0.89} \tag{7-29}$$

$$y_{CO_2} = \frac{11.67\% + 60.44\% \times 90.02\%}{1+0.89} \tag{7-30}$$

$$y_{H_2} = \frac{27.34\% + 60.44\% \times 90.02\%}{1 + 0.89} \tag{7-31}$$

$$K_p(T/℃) = \frac{y_{CO_2} y_{H_2}}{y_{CO} y_{H_2O}} = 25.89 \tag{7-32}$$

式中　　　$K_p(T/℃)$——温度为 $T/℃$ 时的平衡常数；

y_{CO_2}、y_{H_2}、y_{CO}、y_{H_2O}——二氧化碳、氢气、一氧化碳、水的实际体积分数。

通过公式（7-15）或查一氧化碳变换反应平衡常数表[17]得到 $K_p(T/℃) = 25.89$ 对应的平衡温度 $T = 330℃$，则平衡温距 $\Delta T = 330℃ - 300℃ = 30℃$。

第四节　变换催化剂

一氧化碳变换反应必须在有催化剂的环境中进行，变换催化剂的工业化应用已有 100 多年的历史，通常使用的催化剂有铁铬系变换催化剂、铜锌系无硫变换催化剂和钴钼系耐硫变换催化剂。虽然铁铬系变换催化剂在运行中表现出了很高的稳定性，但是随着环保标准日益严格，铬组分的污染和毒害问题引起人们的重视，同时由于其抗毒性能较差、使用温度高、原料气来源的改变、等温变换工艺的推广等原因，近些年在国内应用慢慢减少，其性能参数可参考相关的研究及文献资料[19-21]，将不再论述。本节主要介绍近些年来国内应用较为广泛的铜锌系无硫变换催化剂和钴钼系耐硫变换催化剂的相关进展。

一、铜锌系无硫变换催化剂

铜锌系无硫变换催化剂不耐硫，主要应用在原料气中总硫体积分数小于 0.1×10^{-6} 的变换反应流程中（或称为无硫工况）。国外对其研究及工业化应用较早[22]，我国一氧化碳铜锌系低温变换催化剂的研究始于 20 世纪 60 年代，国内开发了第一种 Cu-Zn-Cr 系 B201 型一氧化碳低温变换催化剂，1966 年又开发了降铜去铬的 Cu-Zn-Al 系 B202 型催化剂。20 世纪 70 年代，我国从国外引进了一批大型合成氨装置，接着国内开发了 Cu-Zn-Al 系 B204 型催化剂。故工业上出现了两种 3 组分催化剂，Cu-Zn-Cr 系和 Cu-Zn-Al 系变换催化剂。由于成本及环保要求，国内外已将 Cu-Zn-Cr 系催化剂淘汰，仅向 Cu-Zn-Al 方向发展。当前国内活性温度在 180~260℃ 内的铜锌系无硫低温变换催化剂的性能基本与国外水平相当。铜锌系催化剂研究的重点还是在铜系中温变换催化剂（温度大于 280℃）和低水气比节能型铜系变换催化剂（水气比<0.2）这两个方向[23]。

1. 铜锌系无硫变换催化剂组成与物化性质

铜锌系催化剂生产方法有硝酸法和氨络合法。先制成铜-锌-铝催化剂母体，再进行洗涤、过滤、蒸发、烘干、焙烧和成型，最终制得催化剂。使用前必须先将催化剂还原，使氧化铜变为金属单质铜，在变换反应中，铜对一氧化碳具有化学吸附作用，金属铜微晶是变换催化剂的活性组分，铜微晶愈小，其比表面愈大。其活性中心愈多，其活性愈高。催化剂的活性随铜微晶的变小而增加，两者大致呈线性关系。铜晶粒愈小其表面能愈高，在操作温度下会迅速向表面能低的大晶粒转变，即通常所说催化剂向热稳定态转移的"半熔"或"烧结"，随着晶粒的迅速长大，铜的表面和活性中心锐减，导致催化剂失活。为了提高表面积大的细小铜微晶的热稳定性，需要阻止细分散的铜微晶相互接触变大。其中 ZnO、Cr_2O_3、Al_2O_3 等载体最适宜作铜微晶在细分散状态的间隔稳定剂，这三种物质都可形成高分散度的微晶，比表面均大，熔点都显著高于铜的熔点。铜、锌离子的半径相近，电荷相同，因而容易制得比较稳定的铜锌化合物固溶体。催化剂被还原后，ZnO 晶粒均匀散布在铜微晶之间，起着间隔、稳定、承载铜微晶的作用。Al_2O_3 和 Cr_2O_3 不但熔点高，而且都可以形成分散度很高的晶粒，比表面都很大。在催化剂制备过程中，可形成热稳定性很高的锌铝尖晶石，非常适宜用作间隔、稳定 Cu、Zn 微晶的载体。Cr_2O_3 也有类似的稳定作用[24]。目前国内工业上主要使用的铜锌系低温无硫变换催化剂型号及主要性能指标见表 7-5。

表 7-5　铜锌系低温无硫变换催化剂型号及主要性能指标

项目		B207	SCST-231	CNB-207	RK-10-5
主要组分		Cu、Zn、Al	Cu、Zn、Al	Cu、Zn、Al	Cu、Zn、Al
外观		金属光泽、黑色圆柱体	金属光泽、黑色圆柱体	黑色光泽、柱状	黑色光泽、圆柱体
主要规格/mm		$\phi5\times(4\sim5)$	$\phi5\times(2.5\sim3.5)$、$\phi5\times(4\sim6)$	$\phi5\times(4\sim5)$	$\phi5\times(4\sim5)$
堆密度/(kg/L)		1.20～1.50	1.25～1.35	1.4～1.6	1.2～1.5
比表面/(m²/g)		70～100	—	—	80～100
径向抗压强度/(N/cm)		≥180	≥180	≥185	≥220
操作条件	温度/℃	175～260	175～260	180～260	175～260
	压力/MPa	0.1～5.0	0.1～5.0	0.1～4.0	0.1～5.0
	水气比	0.2～0.7	0.3～0.6	0.2～0.6	0.2～0.6
	空速/h⁻¹	1000～8000	≤3000	1000～4000	≤5000

当使用温度超过 280℃时，铜锌系中温无硫变换催化剂型号及主要性能指标见表 7-6。

表 7-6　铜锌系中温无硫变换催化剂型号及主要性能指标

项目		NB301	SCST-231-WT
主要组分		Cu、Zn、Al	Cu、Zn、Al
外观		金属光泽、黑色圆柱体	金属光泽、黑色圆柱体
主要规格/mm		$\phi5\times(4\sim5)$	$\phi5\times(2.5\sim3.5)$、$\phi5\times(4\sim6)$
堆密度/(kg/L)		1.20～1.50	1.25～1.45
比表面/(m²/g)		80～110	—
径向抗压强度/(N/cm)		≥200	—
操作条件	温度/℃	210～300	180～350
	压力/MPa	0.1～5.0	0.1～5.0
	水气比	0.1～0.7	0.3～1.2
	空速/h⁻¹	900～8000	≤3000

2. 铜锌系无硫变换催化剂动力学

变换反应具有其动力学特征，而且各种不同的变换催化剂，其动力学行为也不一样。对变换催化剂动力学的研究不仅可以探讨反应机理，另一重要的是，可以指导变换反应器的设计和优化计算。关于铜锌系无硫变换催化剂动力学，公开报道的文献还不多，从其反应机理推导适用于工程设计的宏观动力学方程有[14]：

$$r = 513.15/T \times K p_{CO} p_{H_2O}^{0.5} (1 - K/K_p)/(1/p + K_{CO} p_{CO} + K_{CO_2} p_{CO_2}) \qquad (7\text{-}33)$$

$$K = y_{CO_2} y_{H_2} / (y_{CO} y_{H_2O}) \qquad (7\text{-}34)$$

式中　　　　　　　　r——反应速率，$kmol/(L \cdot h)$；

　　　　　　　　　　T——反应温度，K；

p_{CO}、p_{H_2O}、p_{CO_2}——一氧化碳、水、二氧化碳的分压，Pa；

y_{CO_2}、y_{H_2}、y_{CO}、y_{H_2O}——二氧化碳、氢气、一氧化碳、水的体积分数；

　　　　　　　　　K_p——平衡常数；

K_{CO}、K_{CO_2}——CO、CO_2在催化剂上的吸附平衡常数。

　　下面以等温变换反应器为例，依据热力学和催化剂动力学方程，假定不考虑催化剂内外扩散及工程中催化剂的活性矫正系数。变换反应器进口气体组成见表 7-7。

表 7-7　变换反应器进口气体组成

项目	反应器进口气体组成(体积分数)/%					水气比	温度/℃	压力/MPa
	CO	CO₂	H₂	CH₄	N₂			
指标	10	5	60	20	5	0.35	250	2.0

　　计算变换反应器一氧化碳变换率和催化剂体积之间的关系，见图 7-1。

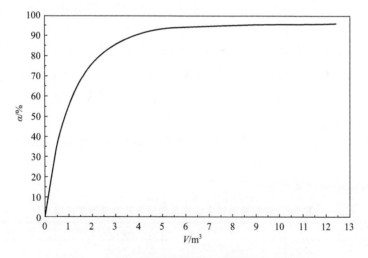

图 7-1　一氧化碳变换率和催化剂体积之间的关系

　　可以看出，尽管不能完全真实地体现反应器内催化剂的实际转化性能，但其趋势是一样的，即反应器入口少量的催化剂就能完成大部分的一氧化碳变换，反应速率非常快。因此，可对变换反应器的设计提供重要的指导作用。

二、钴钼系耐硫变换催化剂

　　钴钼系耐硫变换催化剂对原料气中总硫体积分数有最低要求，主要应用在耐硫变换工艺中（或称为有硫工况）。国外钴钼系耐硫变换催化剂于 20 世纪 60 年代中后期开始研制，主要是为满足以重油、渣油、煤或高含硫汽油为原料制取合成氨原料气的需要。国外耐硫变换催化剂主要有 BASF 公司开发的 K8-11，主要特点是以镁铝尖晶石为载体，活性高，抗毒物能力强，能再生。托普索公司的 SSK 催化剂，主要特点是含 K_2CO_3 促进剂，低温活性高，对毒物不敏感，但钾易流失。UCI 公司的 C2-2-2 催化剂，主要特点是稳定性好，活性高，抗毒物能力强，主要用于低压流程。日本宇部兴产株式会社研制的 C113 耐硫变换催化剂，主要特点是活性高，但强度不好，易粉化[25-26]。国内 20 世纪 70 年代开始耐硫变换催化剂的研制工作，上海化工研究院从 1977 年开始研发，1983 年研制出 SB 系列钴钼系耐硫变换催化剂。1992 年齐鲁石化公司也开发出 QCS 系列钴钼系耐硫变换催化剂[27]。目前国产耐硫变换催化剂陆续在我国大型耐硫变换工艺中应用，并取得成功，已替代国外同类产品，国内在耐硫变换催化剂方面的技术已经达到国际先进水平。

1. 钴钼系耐硫变换催化剂组成与物化性质

该催化剂制备工艺有多种，常见的有浸渍法、溶胶-凝胶法、混捏法等。制得的催化剂具有很高的低温活性，通常使用温度在 $180\sim500℃$，它比铁系变换催化剂起活温度低 $100\sim150℃$，甚至在 $160℃$ 时就显示出优异的低温活性，其和铜锌系变换催化剂起活温度差不多，其最突出的优点是耐硫和抗毒性能很强。另外，还具有强度高、使用寿命长等优点[28]。

钼在耐硫变换反应中是完全硫化的，所以它不仅能耐硫而且它的活性还会因硫增强。钴的加入提高了钼物种的分散度和稳定性，在硫化态催化剂中生成更多的 Co-Mo-S 活性相。钴钼系耐硫变换催化剂采用的主要载体为 Al_2O_3、Al_2O_3/MgO 和 $Al_2O_3/MgO/TiO_2$，钼基变换催化剂一般都以 Al_2O_3 为载体，因为 Al_2O_3 具有较好的机械性能和结构性能，Al_2O_3 并非惰性载体，助剂钴会与载体发生相互作用而占据 Al_2O_3 的八面体或四面体位，甚至生成 $CoAl_2O_4$；过量负载的钼物种也会与载体作用。活性组分与载体间适度的相互作用可以有效提高活性相的分散度[29]。以 Al_2O_3/MgO 和 $Al_2O_3/MgO/TiO_2$ 为载体的变换催化剂，相较于以 Al_2O_3 为载体的变换催化剂，其抗水合性能要好，可以避免在高压、高水气比条件下，Al_2O_3 水合后形成的水合物堵塞反应孔道，使催化剂宏观活性下降[30-32]。特别是在低压条件下，钴钼变换催化剂中往往都加入碱金属钾作为助催化剂，可以明显提高变换反应的活性，以改善其低温活性[33]。目前国内工业上主要使用的钴钼系耐硫变换催化剂的型号及主要性能指标见表 7-8。

表 7-8 钴钼系耐硫变换催化剂型号及主要性能指标

项目		QCS-01	QCS-03/QCS-03x	QCS-04/QCS-04x
活性组分		CoO、MoO$_3$	CoO、MoO$_3$	CoO、MoO$_3$
载体及助剂		Al$_2$O$_3$/MgO/TiO$_2$/稀土	Al$_2$O$_3$/MgO/TiO$_2$/稀土	Al$_2$O$_3$/MgO/TiO$_2$/碱金属
外观		灰绿色条	灰绿色条	灰绿色条
主要规格/mm		φ3.5～4.0	φ3.5～4.0/φ2.5～3.0	φ3.5～4.0/φ2.5～3.5
堆密度/(kg/L)		0.75～0.85	0.78～0.88/0.85～0.95	0.90～1.00/0.95～1.05
径向抗压强度/(N/cm)		≥120	≥130/≥110	≥120/≥110
操作条件	温度/℃	200～500	200～500	180～450
	压力/MPa	2.0～10.0	2.0～10.0	1.0～5.0
	水气比	0.2～2.0	0.2～1.8	0.1～0.8
	空速/h^{-1}	1000～6000	1000～6000	1000～6000
	工艺气硫含量(体积分数)/%	≥0.01	≥0.01	≥0.005

项目		QDB-03	QDB-04	QDB-06
活性组分及其含量(质量分数)/%		CoO：3.8 ± 0.3 MoO_3：8.0 ± 1.0	CoO：3.8 ± 0.3 MoO_3：8.0 ± 1.0	CoO：$1.8\pm0.2/3.5\pm0.5$ MoO_3：8.0 ± 1.0
载体及助剂		特殊载体/新型助剂	特殊载体/新型助剂	特殊载体/新型助剂
外观		蓝绿色或粉红色条状	绿色或粉红色条状	浅绿色或粉红色条形或柱形
主要规格/mm		$\phi(3.5\sim4.5)\times(5\sim25)$	$\phi(3.5\sim4.5)\times(5\sim25)$	$\phi(2.5\sim3.5)$
堆密度/(kg/L)		$0.70\sim0.85$	$0.93\sim1.00$	$0.85\sim1.05$
径向抗压强度/(N/cm)		≥130	≥130	≥120≥110
操作条件	温度/℃	$190\sim500$	$190\sim500$	$190\sim400$
	压力/MPa	$0.1\sim5.0$	$0.1\sim5.0$	$0.1\sim8.0$
	水气比	约1.4	约1.4	约1.6
	空速/h^{-1}	$500\sim8000$	$500\sim8000$	$500\sim8000$
	工艺气硫含量(体积分数)/%	—	低变>0.008/中变>0.015	—

项目		K8-11H/G	LYB-H	LYB-A
活性组分及其含量(质量分数)/%		CoO：3.5 MoO_3：≥7.5	CoO：≥3.5 MoO_3：≥7.5	CoO：≥1.6 MoO_3：≥7.5
载体及助剂		Al_2O_3/MgO	Al_2O_3/MgO	Al_2O_3/MgO
外观		灰绿色条形或者三叶形	灰绿色或蓝绿色条形	灰绿色或蓝绿色条形
主要规格/mm		$\phi3.5\sim4.0$	$\phi3.7\sim4.0$	$\phi3.5\sim4.5$
堆密度/(kg/L)		$0.78\sim0.88/0.76\sim0.86$	$0.75\sim0.85$	$0.80\sim0.90$
径向抗压强度/(N·cm)		≥130	≥120	≥120
操作条件	温度/℃	$200\sim500$	$200\sim500$	$180\sim500$
	压力/MPa	$0.1\sim10.0$	$0.1\sim9.0$	$1.0\sim5.0$
	水气比	约1.6	约1.8	约1.4
	空速/h^{-1}	$500\sim8000$	$1000\sim6000$	$1000\sim6000$
	工艺气硫含量(体积分数)/%	≥0.02		≥0.01

项目		KC-102	KC-103	B303Q
活性组分及其含量(质量分数)/%		CoO：1.8 ± 0.2 MoO_3：8.0 ± 1.0	CoO：3.5 ± 0.5 MoO_3：8.0 ± 1.0	CoO：≥1.0 MoO_3：≥7.0
载体及助剂		特殊载体/新型助剂	Al_2O_3/MgO	Al_2O_3
外观		灰绿色或蓝绿色条形	淡绿色条形	浅红色球状颗粒
主要规格/mm		$\phi3.5\sim4.5/\phi2.0\sim3.0$	$\phi3.7\sim4.0/\phi2.0\sim3.0$	$\phi4.0\sim6.0$
堆密度/(kg/L)		$0.75\sim0.95/0.85\sim1.00$	$0.76\sim0.88/0.85\sim0.95$	$0.60\sim0.80$
径向抗压强度/(N/cm)		≥130	≥130/≥140	≥40
操作条件	温度/℃	$180\sim480$	$200\sim520$	$180\sim450$
	压力/MPa	$1.0\sim5.0$	$1.0\sim10.0$	$0.1\sim2.6$
	水气比	$0.1\sim1.0$	$0.2\sim1.8$	—
	空速/h^{-1}	$1000\sim6500$	$1000\sim6000$	≤5000
	工艺气硫含量(体积分数)/%	≥0.005	≥0.02	

2. 钴钼系耐硫变换催化剂动力学

随着国内耐硫变换技术的发展，钴钼系耐硫变换催化剂的变换反应动力学成为被广泛研究的课题。幂级数方程是一种能够良好描述一氧化碳耐硫变换反应的简洁动力学模型，能够指导耐硫变换工程化设计，但由于催化剂组成、硫化状态、催化剂颗粒大小以及变换反应条件等不同，文献中所得动力学参数均有不同。动力学模型如下：

$$r = k_0 e^{-\frac{E}{RT}} p^a y_{CO}^b y_{H_2O}^c y_{CO_2}^d y_{H_2}^e (1-\beta) \tag{7-35}$$

$$\beta = y_{CO_2} y_{H_2} / [(y_{CO} y_{H_2O}) \cdot k_p] \tag{7-36}$$

式中　　　　　　　r——反应速率；

k_0——反应常数中的前置因子；

T——反应温度，K；

R——气体常数，8.3145×10^{-3} kJ/(mol·K)；

E——反应活化能，kJ/kmol；

p——压力，kPa；

y_{CO_2}、y_{H_2}、y_{CO}、y_{H_2O}——二氧化碳、氢气、一氧化碳、水的体积分数；

k_p——平衡常数；

a、b、c、d、e——反应级数。

文献[34]研究了含硫合成气在一种工业用球形颗粒钴钼催化剂上的水蒸气变换反应动力学行为，得到动力学方程为：

$$r = 2.39 \times 10^{-6} e^{-\frac{37.66}{RT}} p^{0.99} y_{CO}^{1.94} y_{H_2O}^{0.59} y_{CO_2}^{-0.37} y_{H_2}^{-1.17} (1-\beta) [kmol/(L \cdot h)] \tag{7-37}$$

齐鲁石化公司对其研究及生产的 QCS-01、QCS-04 变换催化剂动力学进行了研究，但其方程中的常数未公开[35-36]，文献[23]报道了 QCS-01 在 8.0MPa 下，采用内循环无梯度反应器，测定了原粒度催化剂宏观反应动力学方程：

$$r = 29.5 e^{-\frac{27.066}{RT}} p^0 y_{CO}^{1.23} y_{H_2O}^{1.49} y_{CO_2}^{-0.23} y_{H_2}^{-0.68} (1-\beta) [mol/(g \cdot h)] \tag{7-38}$$

文献[37]研究了 SB 型 Co-Mo 耐硫变换催化剂本征动力学，催化剂开发单位没有公开常数 k_0，动力学方程为：

$$r = k_0 e^{-\frac{48.6595}{RT}} p^{0.12} y_{CO}^{0.78} y_{H_2O}^{0.26} y_{CO_2}^{-0.31} y_{H_2}^{-0.61} (1-\beta) [mol/(g \cdot h)] \tag{7-39}$$

动力学方程都是在实验室条件下测定的，然而催化剂的实际应用工况是很复杂的，不但需要考虑不同颗粒催化剂内表面利用率、孔扩散、硫化过程、中毒、衰老等问题，还要结合反应器内气流和温度分布。为使动力学模型的应用更为可靠，对所建立的动力学模型参数在工业应用中进行检验和校正是必要的。

第五节　变换工艺流程

变换工艺流程的设计一般是以分段变换、催化剂性能特点及反应器的结构型式为核心，并结合余热回收进行的。由于制取原料气所用原料的不同，原料气中一氧化碳含量也不同。如以块煤或焦炭为原料，采用间歇式固定床常压造气，制得半水煤气，一氧化碳干基体积分数为 25%～28%；以天然气为原料，采用加压蒸汽转化法制得的半水煤气，一氧化碳干基体积分数为 13%～18%；以重油或水煤浆为原料制得的煤气，一氧化碳干基体积分数为 45%～49%；以干煤粉气流床气化制的煤气，一氧化碳干基体积分数在 65% 以上[38]；电石炉尾气、矿热炉尾气等，一氧化碳干基体积分数在 74% 以上。一氧化碳变换，视其原料和采用的生产方法的不同，工业上常用的典型变换工艺有中变工艺、中串低工艺、全低变工艺和中低低工艺等[39-40]。本节主要结合新发展的等温变换工艺，按照催化剂是否耐硫对变换工艺进行分类介绍。

一、无硫变换工艺

1. 无硫绝热变换工艺

无硫绝热变换工艺应用最多的是在硫含量偏低的原料气或者烃类催化转化气中，特别是一氧化碳干基体积分数≤18%。传统工艺可以采用中温变换串低温变换流程，中温变换催化剂采用 Fe-Cr 系催化剂，低温变换催化剂采用 Cu-Zn 系催化剂，一般在低温变换前设置精脱硫槽。典型无硫绝热变换工艺流程如图 7-2。

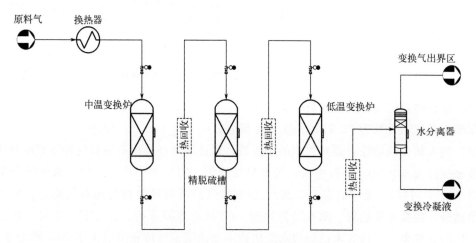

图 7-2　典型无硫绝热变换工艺流程示意图

该工艺流程是随着 Cu-Zn 系催化剂的开发，对早期中温变换工艺的一种改进，中温变换热能损失较大，并且蒸汽消耗非常高，采用中温串低温，蒸汽消耗较低。以焦炉煤气催化转化气为例[41]，其一氧化碳干基体积分数为 16%～18%，压力为 2.0～2.5MPa，水气比为 0.4～0.5，经废热锅炉后的气体调节水气比约为 0.6，进入中温变换反应器，温度为 300～350℃，中温变换出口温度为 400～420℃，出口一氧化碳干基体积分数为 3%～5%。低温变换入口温度为 180～200℃，出口温度为 210～220℃，出口一氧化碳干基体积分数为0.30%～0.35%，再经脱盐水预热器、水冷器降温至40℃分离冷凝液后，送去下一工段。

2. 无硫等温变换工艺

无硫等温变换工艺开发的背景是针对高一氧化碳工况。若采用常规绝热变换工艺，存在工艺流程复杂、开车难度大、设备台数多、蒸汽消耗高、系统阻力大、占地面积大、催化剂寿命短等诸多问题。国内首套高一氧化碳无硫等温变换工艺于2018年5月在陕西龙门煤化工有限责任公司一次开车成功[42]，该原料气中硫和水汽含量几乎为零，原料气中一氧化碳干基体积分数高达49%以上，要求出口一氧化碳干基含量≤2.0%，采用一级等温变换工艺，Cu-Zn系低温变换催化剂。鄂尔多斯市瀚博科技有限公司硅锰矿热炉尾气综合利用项目采用无硫等温变换工艺，其中尾气中一氧化碳干基体积分数高达74%以上[43]。根据原料气一氧化碳含量及副产蒸汽要求，可以采用一级等温变换工艺或二级等温变换工艺，典型一级无硫等温变换工艺流程如图7-3。

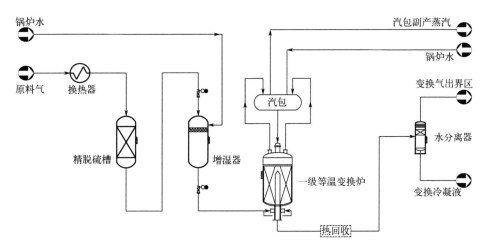

图7-3 典型一级无硫等温变换工艺流程示意图

以硅锰矿热炉尾气为例，其典型流程为：来自精脱硫工段的2.4MPa、160℃的原料气，一氧化碳干基体积分数为74.77%、H_2S体积分数$<0.01×10^{-6}$，经进料换热器与变换气换热提温，进入精脱硫槽除去原料气中的杂质后，再进入增湿器中向原料气补加蒸汽和锅炉水以调节水气比为0.2～0.6，再进入一级等温变换炉，边反应边移热，使一氧化碳干基体积分数降至2%～15%，反应后温度≤260℃的变换气经进料换热器与原料气换热，再进入锅炉水预热器、脱盐水预热器、水冷器降温至40℃分离冷凝液后，送去下一工段。从目前已经工业化的效果来看，该技术已经成功应用到一氧化碳干基体积分数大于70%的变换流程，也应用到一氧化碳干基体积分数小于10%的变换工艺，随着无硫中温变换催化剂技术的持续优化，无硫等温变换技术的应用会越来越多。

二、耐硫变换工艺

1. 耐硫绝热变换工艺

耐硫绝热变换工艺对原料气中硫含量有一定的要求，是应用最早，也是最成熟的变换技术，能够满足不同的有硫工况，一般需要设置多段串并联，来实现原料气中一氧化碳含量的逐级降低和变换反应热的逐级回收，再根据每段具体工况来选择具体催化剂的型号。催化剂都属于 Co-Mo 系耐硫变换催化剂，原则上是原料气中一氧化碳干基体积分数越高，需要设置的段数越多；越低则需要设置的段数越少。如采用水煤浆气化工艺制合成氨，一般需要三段绝热变换；航天粉煤气化工艺制合成氨，一般需要四段甚至五段绝热变换。典型三级耐硫绝热变换工艺流程如图 7-4。

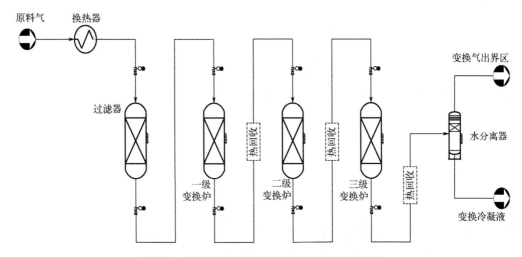

图 7-4 典型三级耐硫绝热变换工艺流程示意图

该流程最大的特点是一级变换反应器采用绝热变换，其优势是，进料换热器负荷调节灵活，以满足初末期工况催化剂起活温度的要求。同时，由于一级变换反应器出口温度高，后续可以选择副产过热蒸汽或饱和蒸汽。不足之处是一级变换反应器容易超温、催化剂易粉化、使用寿命短，同时采用三段变换，存在流程长、系统阻力大、蒸汽消耗高或系统出口一氧化碳高等问题。

以水煤浆气化产合成气为例[44]，其典型流程为：粗合成气的温度为 216℃，一氧化碳干基体积分数为 43.83%，水气比约为 1.41，压力为 3.79MPa，粗合成气先进入进料分离器，经分离后的粗合成气经进料换热器加热到 280℃后进入过滤器，离开过滤器的粗合成气进入一级变换反应器进行一氧化碳变换反应。离开一级变换反应器的高温变换气，温度≤450℃，经进料换热器后进入中压废锅副产 4.0MPa 的中压蒸汽，再进入中压锅炉给水预热器，温度降至 280℃后进入二级变换反应器继续进行变换反应，使一氧化碳体积分数进一步降低。二级变换反应器出口变换气经低压蒸汽过热器和中低压废锅后，被冷却至 220℃，然后进入三级变换反应器继续进行变换反应，反应后出口气体中一氧化碳干基体积分数＜0.5%。变换气经低压废锅冷却至约 170℃后，经高压锅炉水预热器、脱盐水预热器、变换气水冷器冷却至 40℃，进入洗氨塔分离冷凝液后变换气送下一工段。

2. 耐硫等温变换工艺

一氧化碳耐硫等温变换技术于 2012 年首次应用于新疆天业集团电石炉尾气综合利用制乙二醇项目，取得了很大成功，迅速在全国各地扩大应用。工艺特点是系统阻力小、蒸汽消耗低等。同绝热变换工艺一样，适用范围广。从变换催化剂的历史演变过程可以看出，催化剂对一氧化碳变换工艺是极为重要的，它使变换反应成为可能。随着新型催化剂的开发，一氧化碳变换工艺的技术水平大大提高，对原料的适应性也越来越宽，使变换反应温度越来越低、能量消耗越来越少、变换效率越来越高、能量的回收利用越来越充分。但无论哪种催化剂，也改变不了一氧化碳变换反应是放热反应的热力学特性。只要有变换反应就会放出热量，在绝热情况下，床层温度会升高，使平衡变换率下降。如果有放热的副反应发生，还可能造成催化剂床层出现超温现象。如果用物理方法及时移走反应热，就可维持催化剂床层在稳定的低温下操作，保证高的一氧化碳变换率。目前开发的等温变换技术就较好地解决了此问题，打破了只依靠催化剂的改进来提高变换工艺技术水平的历史。通过设备结构的改进，用物理方法及时移走反应热来提高一氧化碳变换率，这是对一氧化碳变换工艺技术，特别是对高一氧化碳含量变换工艺的历史性贡献，对大型煤化工的发展至关重要[45]。一氧化碳等温变换设置一级等温或二级等温就能满足不同的工况条件，典型二级耐硫等温工艺流程如图 7-5。

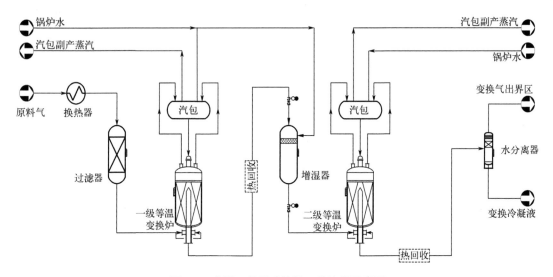

图 7-5　典型二级耐硫等温工艺流程示意图

一级变换反应器采用等温变换反应器，一氧化碳变换率超过 90%，大部分变换反应在第一变换反应器内完成，变换反应器热点温度一般≤360℃，有利于控制甲烷化副反应，并且有效防止反应器超温和催化剂活性的热衰减。二级变换反应器采用等温变换反应器，操作温度低，较低的操作温度有利于促进热力学平衡，降低系统蒸汽消耗，实现一氧化碳的深度转化。但从检维修和长周期运行稳定性角度考虑，等温变换不如绝热变换。

以干粉煤气化产合成气为例，其典型流程为：进装置煤气温度 203℃、压力 3.8MPa(G)、一氧化碳干基体积分数约 64.38%，经第一水分离器分离粗煤气中夹带的冷凝水后进入进料换热器加热至 230~250℃。补加蒸汽调整汽气比后进过滤器，除去粗煤气中对变换催化剂有毒的物质，然后进入一级等温变换反应器，边反应边移热，反应温度≤300℃，出口一氧化碳干基体积分数 3%~8%。反应后的热气进入进料换热器降温，经增湿器调节水气比后，再进入二级等温变换反应器，反应温度≤220℃，出口一氧化碳干基体积分数降至 0.4%~1.5%。反应后的热气出来后，经锅炉给水预热器和冷凝液预热器回收余热，然后经过脱盐水预热器、水冷器降温至 40℃，进入洗氨塔分离冷凝液后变换气送下一工段。

3. 耐硫复合变换工艺

耐硫复合变换工艺主要应用在能够兼顾绝热变换和等温变换各自优势的工况中，可以形成多种组合的工艺流程，例如等温＋绝热流程、绝热＋等温流程、等温并联绝热＋等温流程、绝热＋等温＋等温流程、绝热＋等温＋绝热流程等，其中应用较多的典型耐硫复合变换工艺流程（绝热＋等温流程）如图 7-6。

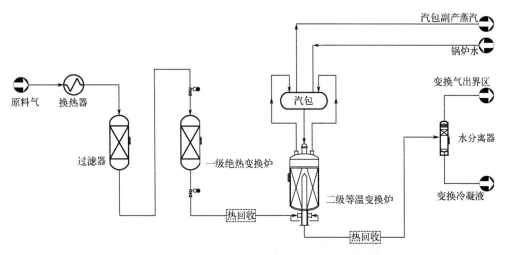

图 7-6　典型耐硫复合变换工艺流程（绝热＋等温流程）示意图

该流程采用绝热＋等温工艺，在系统需要较少蒸汽消耗的情况下，该流程有一定的优势，可以副产过热蒸汽外送，也能兼顾变换系统的高变换率。

以水煤浆气化产合成气为例，其典型流程为：从气化工段来的压力 6.30MPa(G)、温度 220.95℃、一氧化碳干基体积分数 42.23％的粗煤气，经第一水分离器分离粗煤气中夹带的冷凝水后，经进料换热器加热至 250～260℃，进入过滤器净化除去粗煤气中的有毒成分，随后进入一级绝热变换反应器进行变换反应，出口温度≤450℃。高温工艺气再进入中压蒸汽过热器副产大于 380℃过热蒸汽后，依次进入进料换热器、中压废锅、低压蒸汽过热器降温，再进入二级等温变换反应器，一氧化碳干基体积分数降至 0.5％～0.8％，反应后的热气从变换反应器出来进入低压废锅、中压锅炉给水预热器降至 170℃，再经脱盐水预热器、水冷器降温至 40℃，进入洗氨塔分离冷凝液后变换气送下一工段。

三、变换工艺的选择

在选择变换工艺路线时，各种原料气组成差异较大，即便针对下游同一产品，也需配套不同的变换工艺。变换工艺的选择，除了应适应原料气组成及满足产品要求以外，还应结合自身需求，对不同的变换工艺流程，综合比较投资、占地、节能降耗、生产安全、管理控制等方面，选择适用于自身发展的变换工艺。

第六节　变换反应器

变换反应器，也称变换炉，原料气以某种流速通过静止催化剂的固体层，是一个气固相催化反应的固定床反应器。工业上变换反应器根据反应器内流体的流动方向[46]，分为轴向反应器、径向反应器和轴径向反应器，其中，径向反应器的阻力相对较小，能够更好地大型化应用；根据内部结构型式，分为绝热变换反应器、等温变换反应器及间冷型反应器或冷激型反应器。本节主要介绍工业上常用的绝热变换反应器及等温变换反应器。

一、绝热变换反应器

绝热变换反应器是不与外界换热的一种反应器，由于存在少量的反应器筒体热损失，真正意义上的绝热反应器是不存在的，不过在工程中可以忽略。绝热变换反应是依靠变换反应热而使反应气体温度逐步升高，催化剂床层入口气体温度高于催化剂的起活温度，而出口气体温度低于催化剂的耐热温度。对于绝热温升较小的反应，可用单段绝热催化床，如果单段绝热床不能满足要求，则可采用多段绝热床。绝热变换反应器结构见图7-7。

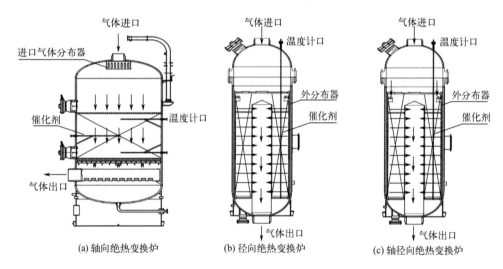

图 7-7　绝热变换反应器结构示意图

传统的轴向绝热变换反应器[47]，流体一般由上而下，轴向经过催化剂床层，其结构如图7-7（a）所示。轴向变换反应器是工业中应用最早、最广泛、最成熟的变换反应器。其优势有：流体轴向通过催化剂床层，同催化剂进行有效接触，轴向返混小、催化剂利用率高、流体分布装置结构简单、造价低等；其不足有：床层压降较大，为降低床层阻力，需要采用大颗粒催化剂、大的反应器直径，同时床层流速高对催化剂的强度要求也较高。因此，主要应用在生产规模较小的变换工艺中。

随着生产规模的大型化，催化剂装填量增大，若采用传统的轴向反应器，设备运行阻力升高，设备直径大，不仅运输困难，而且设备的外壳壁过厚，板材的采购和加工都非常困难，设备投资也高。因此，目前国内外的耐硫变换反应器大多向着轴径向方向发展[48]，其结构示意图如图7-7（b）、（c）所示，流体沿径向流过床层，可采用离心流动或向心流动。轴径向反应器和径向反应器略有不同，在轴径向催化床中，绝大部分气体径向穿过床层，极少部分气体沿轴向向下通过床层，这样床层中的催化剂得到了充分利用，其他无区别。

径向反应器的优势有：一是床层流速低，可降低对催化剂的冲刷；二是可采用小颗粒催化剂，降低催化剂内扩散影响，提高催化剂活性；三是流体从外向内径向流动，反应器壳侧处于低温环境，可降低外壳设计温度；四是反应器压降小，可节省压缩功耗，设备直径小，能大型化。

径向反应器的不足有：一是径向反应器的结构较轴向反应器复杂；二是由于气体流道截面积大，催化剂床层较薄，存在气体沿轴向分布不均匀的问题，进而影响轴径向变换反应器的温度、浓度分布等，从而影响催化剂床层的热稳定性，导致变换率不达标。所以径向反应器分布器的设计尤为关键。

二、等温变换反应器

目前在国内市场上，等温变换反应器工业化应用业绩较多的专利商有湖南安淳高新技术有限公司（简称湖南安淳）和南京敦先化工科技有限公司（简称南京敦先），其他如华烁科技股份有限公司（简称湖北华烁）也有应用，其业绩相对较少。

1. 湖南安淳变换反应器

湖南安淳设计的等温变换反应器[49]采用可自由伸缩的双套管、双固定管板结构，如图7-8。

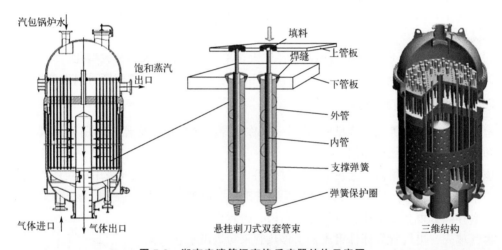

图7-8 湖南安淳等温变换反应器结构示意图

该反应器为径向结构，水和蒸汽走管内，催化剂装在管外。原料气自反应器底部封头进入反应器，经过催化剂框和筒体之间的间隙径向流经催化剂床层，反应器中间设有集气管，反应后的变换气进入集气管汇合后，从反应器底部离开。反应器上部设置水室和汽室，换热管为套管结构，内管与水室相连，外管与汽室相连，外管下端为盲端。汽包内的锅炉水先进入上封头水室内，再经内导流管底部流入外换热管中，被变换气加热后生成蒸汽，进入汽室后离开反应器。

其结构特点有：

① 工艺核心是众多水管埋于催化床中，催化反应放出的热及时被水管内水吸收汽化为蒸汽以维持床层温度稳定。其特点是水汽化热很大，所有反应热都能随时吸收，保证床层温度恒定，杜绝飞温现象，保证催化剂长周期高效运行。

② 反应器外壳、内件可采用一体式结构，外壳、内件均按压力容器设计、制造和检验标准执行，出厂前外壳、内件分别做水压试验，并接受特检院监督检查，高标准制造，确保

设备制造质量。整体式结构无须现场组装内件，节省现场吊装成本，缩短安装时间，消除内件、外壳装配质量风险。

③ 双套管采用双管板，双套管换热管设计，内、外管一端分别与上、下管板连接，内、外管另一端采用悬挂式结构，可自由伸缩，可彻底消除温变应力，做到设备本质安全，换热管与管板垂直自动焊接，采用直管无缝钢管，使换热管管头焊接质量和检测质量得到保证，设计安全可靠。

④ 采用管板结构，催化剂利用率高，可根据催化剂床层各区域的反应放热量灵活布置换热管，减小催化剂床层平面径向温差，催化剂使用寿命长。

⑤ 工艺气"π"形流向"下进下出"，水汽管道"上进上出"，工艺配管更简洁，水汽管道及工艺管道采购及安装成本低。

⑥ 催化剂装卸较方便。上部有多个装料孔，下部设有多个卸料口，卸料较方便。

⑦ 检修无须吊内件和卸催化剂，无须拆卸水汽管道，直接通过人孔进入上封头内，作业空间大，换热管管头封堵方便，上管板为可拆卸结构，可更换或维修换热外管，对换热管束及径向框也可整体更换。

⑧ 反应温度低，平衡温距大，反应推动力大，催化剂效率高，催化剂量少，生产能力大，操作简单，床层温度由汽包蒸汽压力控制，反应放出的热全部用于产生中低压蒸汽，热回收率高。

⑨ 采用全径向反应，塔阻力小，高径比大，单炉生产能力大，易大型化。

⑩ 管板结构布管方式灵活，换热管若采用规整三角形布管，管间距可以做到极小。

2. 南京敦先变换反应器

南京敦先设计的等温变换反应器[50]（也称可控移热变换反应器）采用列管式结构，由壳体和内件组成，其结构如图 7-9。

该反应器壳体由筒体、上封头、下封头组成，上封头与筒体之间采用法兰连接，法兰之间采用"Ω"密封，上下封头分别设有气体进出口。内件由进水球腔、水移热管束、集水球腔、气体分布筒、密封板、气体集气筒、集气球壳、出气管等部件组成，水移热管束与进出水管之间采用球形联箱结构。内件与外筒可以拆卸，管内走水、管外装填催化剂，下部设有催化剂自卸口。

气体走向：原料气从可控移热变换反应器上部进入可控移热变换反应器后由侧面径向分布器由外向内沿径向通过催化剂床层，反应的同时与埋设在催化剂床层内的水管换热，再经内部集气筒收集后，沿进水球腔与集气球壳间的间隙再经出气管由反应器下部出可控移热变换反应器。

水走向：来自汽包的不饱和水自可控移热变换反应器下部进水管进入可控移热变换反应器，再经下部进水球腔分配至各换热管内与反应气体换热，然后通过上部集水球腔汇集后经出水管去汽包，在汽包中分离出蒸汽外送工序使用，分离下来的水从汽包下部再次进入可控移热变换反应器参与下一循环。

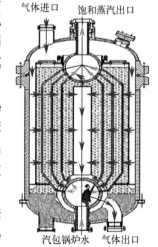

气体进口　饱和蒸汽出口

汽包锅炉水　气体出口

图 7-9　南京敦先等温变换反应器结构示意图

其结构特点有：

① 外围移热管束采用换热管两端"R"形弯来消除应力，内部采用换热管两端"弓形"弯来消除应力，确保在任何工况下无应力作用在分水球腔、集水球腔上，应力消除彻底。

② 无须卸除催化剂就可以实现检查、堵漏，所有换热水管为整根无缝钢管，上端与集水球腔连接、下端与分水球腔连接，与分水球腔、集水球腔相连接的进出水总管≥DN500。如果发现换热管与分水球腔、集水球腔焊接点泄漏时，检修人员可以通过进出水总管分别进入分水球腔、集水球腔内部进行检查、施焊、堵漏，无须卸除催化剂。

③ 承压筒体与内件分开设计制造，便于安装及检修：外筒与内件分开设计、制造，筒体与内件均采用活动连接，内件及移热水管束均可以单独起吊，更换和检修方便。

④ 非均布布管方式，易于床层形成合理温度曲线，有效延长催化剂使用寿命。

⑤ 内件材质全部采用耐腐蚀材料，使用安全可靠；内件所有部件（进、出水管道、换热管、进水球腔、集水球腔、径向分布器、集气筒、集气球壳、出气管）均采用不锈钢材质，不仅抗氢腐蚀、抗高温、抗 H_2S 腐蚀，同时对低温时可能出现的酸性腐蚀也有良好的耐受性，使用安全可靠。

⑥ 催化剂装填、卸除方便简捷。

⑦ 采用全径向结构，床层阻力低。

⑧ 易于大型化：催化剂框为全径向结构，催化剂框高度不受高径比限制，易于大型化。

3. 湖北华烁变换反应器

湖北华烁设计的等温变换反应器[51-52]（也称控温变换反应器）采用列管式结构，该控温变换反应器为全径向结构，其结构如图 7-10。

管外装有催化剂，管内则安排走水与蒸汽。原料气由下部侧向进入反应器内，流经筒体以及催化剂框两者间隙径向流过催化剂床层。其中，催化剂框内配备收集管，结束反应的变换气能够进入收集管进行汇合，进而从反应器底部流出反应器。水室所需要的锅炉给水则经内管底部球形联箱进行分配后再流向换热管，后续被变换气加热后的蒸汽进入球形联箱收集后从反应器顶部离开，该结构的控温变换反应器的壳体、换热管及内件一般都采用铬钼钢。

其结构特点有：

① 管束连接结构设计简单，换热管无应力设计，管头焊缝不与工艺气接触，避免 H_2S、H_2O 对焊缝的应力腐蚀；

② 换热管全部为铬钼钢无缝钢管，耐腐蚀性能不高；

③ 催化剂床层阻力降低，床层温度可控，全部为径向流区，阻力小，压降低；

④ 催化剂卸料方便，下部设有多个卸料口；

⑤ 换热管管头堵管方便，上下联箱进入方便，换热管有问题时方便封堵管头；

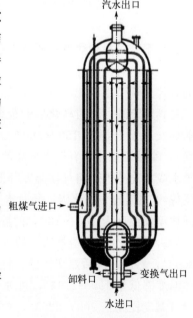

图 7-10　湖北华烁等温变换
反应器结构示意图

⑥ 换热管应力消除结构合理，主要换热管与壳体材料相近，且换热管下部采用"U"形弯结构，管束收缩自由，释放了热应力；

⑦ 设备易大型化，设备壳体上未设置设备法兰，壳体整体焊接，壳体直径一般不受设备法兰结构的影响。

三、反应器型式的选择

反应器型式的选择一般需要结合具体的工艺。总体来说，绝热变换反应器，具有结构简单、反应空间利用率高、制造周期短、造价便宜等特点，在目前的工业生产中仍会大量应用。与绝热变换反应器相比，等温变换反应器有着许多优势，也是今后变换反应器的发展方向，但是等温变换反应器的可靠性及反应热的合理利用等方面有待进一步提升[53]。

第七节　转化气变换应用实例

以荒煤气采用非催化转化为例，对转化气变换进行实例分析。其主要特点是一氧化碳干基体积分数约为 25.42%，总硫含量低，惰性气体含量高等，组成见本章第二节表 7-1 所示，选用耐硫变换工艺。本节分别采用三段绝热变换、二段等温变换、绝热加等温复合变换，以转化气气量 10 万 m^3/h 为基准，从流程、物料、设备投资、节能节水等方面进行分析。

一、转化气变换流程说明

1. 三段绝热变换流程

设计思路：绝热流程设计一台绝热反应器分三段变换，可以减少投资和占地，分段变换分段增湿。一段绝热变换通过水气比控制深度，一是避免催化剂"反硫化"，二是尽量降低热点温度，可以降低设备设计温度，同时减少甲烷化副反应，并利用高温变换气，采用淬冷的方式来调节水气比，尽量降低外供蒸汽用量。

具体流程：经过转化后的荒煤气［压力约 2.25MPa(G)，气体温度约 40℃］，依次经过前热交换器升温至 150~180℃、后热交换器升温至 260~280℃，再进入过滤器（2 台并联），除去对催化剂有严重危害的毒物，进入增湿器上段，通过喷加温度为 160~180℃ 的除氧水或补充蒸汽，将气体温度降低至 230~240℃，然后进入变换反应器第一段进行主反应，反应约 54% 的一氧化碳。同时将变换气出口温度提高至 350~360℃，然后进入增湿器下段，同样喷加温度为 160~180℃ 的除氧水或补充蒸汽调节水气比，将气体温度降低至 220~230℃，进入变换反应器第二段，反应约 36% 的一氧化碳。将变换气出口温度提高至 290~300℃，然后进入后热交换器，将气体温度降低至约 215℃，气体再进入脱氧水加热器，气体温度降低至 190~210℃，再进入变换反应器第三段，反应约 10% 的一氧化碳。将变换气出口温度提高至 200~220℃，然后依次进入前热交换器、脱盐水加热器、循环水冷却器，温度降到约 40℃，经过气水分离器后离开变换系统去后工段，一氧化碳干基体积分数 ≤1.5%。三段绝热变换流程的物料表见表 7-9。

表 7-9　三段绝热变换流程的物料表

组分及条件	转化气 m³/h	%①(干基)	绝热反应器 一段进口 m³/h	%(干基)	绝热反应器 一段出口 m³/h	%(干基)	绝热反应器 二段进口 m³/h	%(干基)	绝热反应器 二段出口 m³/h	%(干基)	绝热反应器 三段进口 m³/h	%(干基)	绝热反应器 三段出口 m³/h	%(干基)	系统出口 m³/h	%(干基)
CO	25319.97	25.42	25319.97	25.42	12707.31	11.32	12707.31	11.32	4161.28	3.45	4161.28	3.45	1782.23	1.46	1782.23	1.46
H_2	17519.98	17.59	17519.98	17.59	30132.63	26.85	30132.63	26.85	38678.66	32.03	38678.66	32.03	41057.71	33.34	41057.69	33.34
CO_2	9009.99	9.05	9009.99	9.05	21622.64	19.27	21622.64	19.27	30168.67	24.98	30168.67	24.98	32547.72	26.43	32546.65	26.43
CH_4	210.00	0.21	210.00	0.21	210.00	0.19	210.00	0.19	210.00	0.17	210.00	0.17	210.00	0.17	210.00	0.17
Ar	0.00	0.00	0.00	0.00	0.00	0.00	0.00	0.00	0.00	0.00	0.00	0.00	0.00	0.00	0.00	0.00
N_2	47529.94	47.72	47529.94	47.72	47529.94	42.35	47529.94	42.35	47529.94	39.36	47529.94	39.36	47529.94	38.60	47529.92	38.60
H_2S	20.00	0.02	20.00	0.02	20.00	0.02	20.00	0.02	20.00	0.02	20.00	0.02	20.00	0.02	19.99	0.02
COS	0.00	0.00	0.00	0.00	0.00	0.00	0.00	0.00	0.00	0.00	0.00	0.00	0.00	0.00	0.00	0.00
NH_3	0.13	1.35×10^{-4}	0.13	1.35×10^{-4}	0.13	1.19×10^{-4}	0.13	1.19×10^{-4}	0.13	1.11×10^{-4}	0.13	1.11×10^{-4}	0.13	1.09×10^{-4}	0.10	8.35×10^{-5}
H_2O	390.00		16136.28		3523.63		17299.13		8753.10		8753.10		6374.05		359.75	
O_2	0.00	0.00	0.00	0.00	0.00	0.00	0.00	0.00	0.00	0.00	0.00	0.00	0.00	0.00	0.00	0.00
干基	99610.00	100.0	99610.00	100.0	112222.65	100.0	112222.65	100.0	120768.69	100.0	120768.69	100.0	123147.73	100.0	123146.59	100.0
湿基	100000.00		115746.28		115746.28		129521.78		129521.78		129521.78		129521.78		123506.34	
温度/℃	40.00		230.16		358.46		220.70		296.90		197.58		219.01		40.00	
压力/MPa(G)	2.25		2.22		2.20		2.20		2.19		2.17		2.16		2.13	
水气比	0.0039		0.1620		0.0314		0.1542		0.0725		0.0725		0.0518		0.0029	

① 均为体积分数。

2. 二段等温变换流程

设计思路：等温流程设计二级等温变换。一级等温反应器尽可能多地变换以多副产中压蒸汽，再补入系统调节水气比。二级变换反应器尽可能降低温度，达到深度变换的要求。由于采用等温反应器，整个变换系统没有超过300℃的高温点，从源头避免了催化剂"反硫化"现象。

具体流程：经过转化后的荒煤气［压力约2.25MPa（G），气体温度约40℃］，依次经过前热交换器升温至150～180℃、后热交换器升温至250～260℃，再进入过滤器（2台并联），除去对催化剂有严重危害的毒物，进入增湿器，通过喷加温度为160～180℃的脱氧水或补充蒸汽，将气体温度降低至230～240℃，进入一级等温变换反应器进行主反应，反应约90％的一氧化碳。同时，将变换气出口温度提高至280～290℃，然后进入后热交换器，将气体温度降低至约215℃，气体再进入脱氧水加热器，气体温度降低至190～200℃，进入二级等温变换反应器，反应约10％的一氧化碳。将变换气出口温度提高至200～220℃，然后依次进入前热交换器、脱盐水加热器、循环水冷却器，温度降到约40℃，经过气水分离器后离开变换系统去后工段，一氧化碳干基体积分数≤1.5％。二段等温变换流程的物料表见表7-10。

表 7-10　二段等温变换流程的物料表

组分	转化气		一级等温反应器进口		一级等温反应器出口		二级等温反应器进口		二级等温反应器出口		系统出口	
	m³/h	%[①]（干基）	m³/h	%（干基）	m³/h	%（干基）	m³/h	%（干基）	m³/h	%（干基）	m³/h	%（干基）
CO	25319.97	25.42	25319.97	25.42	4378.70	3.63	4378.70	3.63	1792.90	1.46	1792.90	1.46
H_2	17519.98	17.59	17519.98	17.59	38461.24	31.90	38461.24	31.90	41047.05	33.33	41047.04	33.33
CO_2	9009.99	9.05	9009.99	9.05	29951.25	24.85	29951.25	24.85	32537.06	26.42	32536.36	26.42
CH_4	210.00	0.21	210.00	0.21	210.00	0.17	210.00	0.17	210.00	0.17	210.00	0.17
Ar	0.00	0.00	0.00	0.00	0.00	0.00	0.00	0.00	0.00	0.00	0.00	0.00
N_2	47529.94	47.72	47529.94	47.72	47529.94	39.43	47529.94	39.43	47529.94	38.60	47529.93	38.60
H_2S	20.00	0.02	20.00	0.02	20.00	0.02	20.00	0.02	20.00	0.02	19.99	0.02
COS	0.00	0.00	0.00	0.00	0.00	0.00	0.00	0.00	0.00	0.00	0.00	0.00
NH_3	0.13	1.35×10^{-4}	0.13	1.35×10^{-4}	0.13	1.11×10^{-4}	0.13	1.11×10^{-4}	0.13	1.09×10^{-4}	0.11	0.00
H_2O	390.00		27922.36		6981.10		6981.10		4395.29		356.30	
O_2	0.00	0.00	0.00	0.00	0.00	0.00	0.00	0.00	0.00	0.00	0.00	0.00
干基	99610.00	100.0	99610.00	100.0	120551.27	100.0	120551.27	100.0	123137.07	100.0	123136.32	100.0
湿基	100000.00		127532.36		127532.36		127532.36		127532.36		123492.62	
温度/℃	40.00		230.74		280.00		196.76		200.00		40.00	
压力/MPa（G）	2.25		2.22		2.21		2.19		2.18		2.16	
水气比	0.0039		0.2803		0.0579		0.0579		0.0357		0.0029	

① 均为体积分数。

3. 绝热加等温复合变换流程

设计思路：复合流程设计一级绝热加二级等温变换，一级绝热变换受催化剂甲烷化副反应影响，变换深度有限。二级等温反应器需要尽可能降低温度，以达到深度变换的要求，故该流程蒸汽消耗偏高，会副产一部分低压蒸汽外送。

具体流程：经过转化后的荒煤气［压力约 2.25MPa（G），气体温度约 40℃］，依次经过前热交换器升温至 150～180℃、后热交换器升温至 300～350℃，再进入过滤器（2 台并联），除去对催化剂有严重危害的毒物，进入增湿器上段，通过喷加脱氧水或补充蒸汽，将气体温度降低至 230～240℃，进入一级变换反应器进行绝热反应，反应约 64％的一氧化碳。同时，将变换气出口温度提高至 360～380℃，然后进入增湿器下段，同样喷加除氧水或补充蒸汽调节水气比，气体温度降低至 190～200℃，进入二级等温变换反应器，反应约 36％的一氧化碳。将变换气出口温度提高至 200～220℃，然后依次进入前热交换器、脱盐水加热器、循环水冷却器，温度降到约 40℃，经过气水分离器后离开变换系统去后工段，一氧化碳干基体积分数≤1.5％。绝热加等温复合变换流程的物料表见表 7-11。

表 7-11 绝热加等温复合变换流程的物料表

组分	转化气		一级绝热反应器进口		一级绝热反应器出口		二级等温反应器进口		二级等温反应器出口		系统出口	
	m^3/h	%[1]（干基）	m^3/h	%（干基）	m^3/h	%（干基）	m^3/h	%（干基）	m^3/h	%（干基）	m^3/h	%（干基）
CO	25319.97	25.42	25319.97	25.42	10316.74	9.00	10316.74	9.00	1792.90	1.46	1792.72	1.46
H_2	17519.98	17.59	17519.98	17.59	32523.21	28.38	32523.21	28.38	41047.05	33.33	41042.93	33.33
CO_2	9009.99	9.05	9009.99	9.05	24013.22	20.95	24013.22	20.95	32537.06	26.42	32533.11	26.42
CH_4	210.00	0.21	210.00	0.21	210.00	0.18	210.00	0.18	210.00	0.17	209.98	0.17
Ar	0.00	0.00	0.00	0.00	0.00	0.00	0.00	0.00	0.00	0.00	0.00	0.00
N_2	47529.94	47.72	47529.94	47.72	47529.94	41.47	47529.94	41.47	47529.94	38.60	47525.17	38.60
H_2S	20.00	0.02	20.00	0.02	20.00	0.02	20.00	0.02	20.00	0.02	19.99	0.02
COS	0.00	0.00	0.00	0.00	0.00	0.00	0.00	0.00	0.00	0.00	0.00	0.00
NH_3	0.13	1.35×10^{-4}	0.13	1.35×10^{-4}	0.13	1.17×10^{-4}	0.13	1.17×10^{-4}	0.13	1.09×10^{-4}	0.11	0.00
H_2O	390.00		21109.83		6106.60		12919.13		4395.29		356.26	
O_2	0.00	0.00	0.00	0.00	0.00	0.00	0.00	0.00	0.00	0.00	0.00	0.00
干基	99610.00	100.0	99610.00	100.0	114613.23	100.0	114613.23	100.0	123137.07	100.0	123124.00	100.0
湿基	100000.00		120719.83		120719.83		127532.36		127532.36		123480.27	
温度/℃	40.00		229.25		373.83		193.84		200.00		40.00	
压力/MPa（G）	2.25		2.22		2.20		2.19		2.18		2.16	
水气比	0.0039		0.2119		0.0533		0.1127		0.0357		0.0029	

① 均为体积分数。

4. 三种变换工艺技术参数对比

三种变换工艺技术参数对比见表 7-12。

表 7-12　三种变换工艺技术参数对比

工艺技术	设备名称	进口温度/℃	热点温度/℃	出口温度/℃	进口水气比	出口一氧化碳干基体积分数/%
三段绝热变换	绝热反应器一段	230.16	358.46	358.46	0.1620	11.32
	绝热反应器二段	220.70	296.90	296.60	0.1542	3.45
	绝热反应器三段	197.58	219.01	219.01	0.0725	1.46
二段等温变换	一级等温反应器	230.74	300.00	280.00	0.2803	3.63
	二级等温反应器	196.76	200.00	200.00	0.1542	1.46
绝热加等温复合变换	一级绝热反应器	229.30	373.83	373.80	0.2119	9.00
	二级等温反应器	193.84	200.00	200.00	0.1127	1.46

可以看出，三种工艺均可以控制每段水气比及反应深度，来调节反应的热点温度，最终达到要求的变换率。三种工艺都是可行的。

二、主要投资分析

三种工艺主要设备及费用见表 7-13。

表 7-13　三种工艺主要设备及费用

工艺技术	设备名称	设备规格/mm	设备数量/台	总计/万元
三段绝热变换	过滤器	DN4200	2(轴向结构)	1975
	绝热变换反应器	DN4200	1(径向结构)	
	前热交换器	DN1600	1	
	后热交换器	DN1800	1	
	增湿器	DN2400	1	
	除氧水加热器	DN1200	1	
	脱盐水加热器	DN1200	1	
	水冷器	DN1400	1	
	气水分离器	DN3000	2	
	催化剂	165m³		
二段等温变换	过滤器	DN4200	2(轴向结构)	2430
	一级等温反应器	DN3400	1	
	二级等温反应器	DN3200	1	
	前热交换器	DN1600	1	
	后热交换器	DN1800	1	
	增湿器	DN2200	1	
	除氧水加热器	DN1200	1	
	脱盐水加热器	DN1200	1	
	水冷器	DN1400	1	
	气水分离器	DN3000	2	
	催化剂	160m³		

续表

工艺技术	设备名称	设备规格/mm	设备数量/台	总计/万元
绝热加等温复合变换	过滤器	DN4200	2(轴向结构)	2180
	一级绝热反应器	DN4000	1(轴向结构)	
	二级等温反应器	DN3600	1	
	前热交换器	DN1600	1	
	后热交换器	DN1800	1	
	增湿器	DN2400	1	
	除盐水加热器	DN1200	1	
	水冷器	DN1400	1	
	气水分离器	DN3000	2	
	催化剂	172m³		

注:本配置不包括开工、排污及动设备。

主要设备配置数量差不多,投资差异主要在变换反应器。三段绝热变换采用一台较大的绝热变换反应器,其结构简单,重量轻,设备成本低,相对于其他工艺,其投资是最小的。二段等温变换,由于采用两台等温反应器,其投资是最高的。

三、节能节水分析

三种工艺的公用工程消耗见表 7-14。

表 7-14　三种工艺的公用工程消耗　　　　　　　　　　单位:t/h

项目	规格	三段绝热变换	二段等温变换	绝热加等温复合变换
过热蒸汽	3.5MPa(G)、415℃	9.100	7.626	11.100
中压饱和蒸汽	3.0MPa(G)	—	12.751	—
低压饱和蒸汽	0.6MPa(G)	—	−1.689	−5.936
中压除氧水	3.5MPa(G)、104℃	14.643	14.774	11.043
低压除氧水	1.0MPa(G)、104℃	—	1.740	6.050
脱盐水	35~95℃	87.854	53.192	53.174
循环水	30~40℃	193.372	192.722	192.858
变换冷凝液		−4.839	−3.249	−3.249
系统阻力		0.118MPa	0.090MPa	0.093MPa

说明:负号为本系统产生的量,通过管网送出界区。

从节省蒸汽方面来看,等温变换蒸汽消耗最低,其次是绝热变换,复合变换蒸汽消耗最高。复合变换由于部分热量集中在二级等温反应器,只能副产低压蒸汽,系统不能利用,故其外送低压蒸汽最多,补入过热蒸汽量大。从节水方面来看,蒸汽加中压除氧水消耗总量最高是绝热变换,等温变换和复合变换基本是一样的,绝热变换由于三段绝热反应有温升,其热量后移,导致脱盐水消耗量大,外送冷凝液多;系统阻力方面,等温变换和复合变换差不多。绝热变换由于段数多,阻力最大。

四、综合比较

针对转化气变换,从一氧化碳干基体积分数从 25.42% 降到 1.5% 以下,采用三种变换工艺均能满足要求，流程也都较为简洁。从操作灵活性、系统压降来看，等温变换和复合变换更有优势；从总投资来看，绝热变换有优势；从系统运行经济性及节能节水方面来看，等温变换略有优势。总之，复合变换由于受避免副反应条件的限制，综合性能较差，其他两种流程各有优劣，其技术也都成熟。

参考文献

[1] 蔡亮，黄镕. 耐硫变换工艺的选择 [J]. 煤化工，2006，34（6）：28-31.

[2] 宋冬宝. 无硫变换工艺在 CO 尾气回收中的应用 [J]. 氮肥技术，2022，43（2）：6-9.

[3] 黄金库，樊义龙，王永锋. 绝热与等温变换工艺方案比选探析 [J]. 化工设计，2019，29（6）：3-7，17.

[4] 骞伟中，魏飞，汪展文，等. 一氧化碳等温变换技术进展 [J]. 化学工程，2002，30（5）：66-69，78.

[5] 谢定中. 粗煤气 CO 的恒等温变换 [J]. 煤化工，2012，40（5）：16-18，23.

[6] 张健榕. 用于焦炉荒煤气重整与 CO_2 吸附的耦合催化剂性能研究 [D]. 沈阳：东北大学，2017.

[7] 白添中. 荒焦炉煤气非催化转化技术制取甲醇工艺探讨 [C]. 2015（第三届）全国煤焦化行业技术创新与综合利用技术交流会论文集，2015：5-8.

[8] 刘畅，李繁荣，詹信，等. 荒煤气净化环节中低温甲醇洗工艺制冷方式的选择 [J]. 化工设计通讯，2021，47（2）：7-8，50.

[9] 闫秋生. 中低低变换流程半水煤气中最低硫化氢含量 [J]. 氮肥技术，2012，33（6）：11-11，40.

[10] 王克华，夏祖虎，蔺晓轩，等. 制氢原料"煤改焦"后原料气硫化氢含量变化对变换副反应的影响 [J]. 煤化工，2021，49（5）：28-33.

[11] 赵金海，马如芬. 变换炉超温后的降温措施探讨 [J]. 广州化工，2015（22）：166-168，204.

[12] 周明灿，李繁荣，陈延林，等. 壳牌煤气化生产合成氨之变换装置水气比及工艺流程设计探讨 [J]. 化肥设计，2012，50（1）：16-19.

[13] 王迎春. QCS-01 耐硫变换催化剂的反应动力学与变换反应器的模拟 [D]. 杭州：浙江大学，2006.

[14] 黄仲涛. 工业催化剂手册 [M]. 北京：化学工业出版社，2004：693.

[15] 谢克昌，房鼎业. 甲醇工艺学 [M]. 北京：化学工业出版社，2010：111.

[16] 孙铭绪，赵黎明，林彬彬. 水煤浆气化生产甲醇配套变换工艺 [J]. 化学工程，2011，39（11）：99-102.

[17] 向德辉，刘惠云. 化肥催化剂使用手册 [M]. 北京：化学工业出版社，1992：142.

[18] 金文路. 平衡温距在一氧化碳变换中的应用 [J]. 化肥工业，1982（04）：36-37.

[19] 宋海燕，杨平，华南平，等. 负载型铁基高温变换催化剂的制备和性能研究 [J]. 工业催化，2002，10（6）：10-14.

[20] 杨玲菲，宁平，田森林，等. 低汽气比节能变换催化剂研究进展 [J]. 化工进展，2009，28（z1）：49-53.

[21] 黄兴中. 浅谈铁铬系 B113 型中温变换催化剂的性能特点 [J]. 辽宁化工，1990（6）：18-21.

[22] 李选志. 铜基 CO 低温变换催化剂的研究进展 [J]. 工业催化，2005，12（z1）：222-225.

[23] 史秀齐，张戈，林承顺，等. 低汽气比 CO 低温变换催化剂进展及 B207 的工业应用 [J]. 化肥工业，2002，29（6）：17-21，24.

[24] 周莲凤. 一氧化碳低温变换催化剂使用概述 [C]. 全国气体净化技术协作网 2002 年技术交流会论文集，2002：91-97.

[25] 路春荣，李芳玲，王岱玲，等. 国内外耐硫变换催化剂现状 [J]. 化肥工业，1997（6）：12-16.

[26] 田禾. 钴钼耐硫变换催化剂的制备研究 [D]. 青岛：山东科技大学，2011.

[27] 刘伟华，孙远华，张同来，等. 国内外耐硫变换催化剂的研究进展 [J]. 化工生产与技术，2003，10

（4）：24-26.

[28] 王莉，罗新乐，吴砚会．一氧化碳低温变换催化剂研究进展 [J]．化肥设计，2011，49（2）：40-42.

[29] 王会芳．XH 系组合式耐硫钼基水煤气变换催化剂的研制、试生产及工业应用 [D]．厦门：厦门大学，2009.

[30] 纵秋云，毛鹏生，郭建学，等．γ-Al_2O_3 载体水合及其对耐硫变换催化剂性能的影响 [J]．大氮肥，1999
（1）：53-55，58.

[31] 纵秋云，郭建学，毛鹏生．耐硫变换催化剂载体抗水合性能的研究 [J]．化肥设计，1999，37（4）：
8-10.

[32] 纵秋云，田兆明，刘捷，等．钛促进型耐硫变换催化剂 QCS-04 的性能及工业应用 [J]．化工进展，
2001，20（5）：36-38，64.

[33] 纵秋云，余汉涛，郭建学，等．钾促进型 Co-Mo 系耐硫变换催化剂性能研究 [J]．催化学报，2002，23
（6）：521-524.

[34] 沈尹，王杰．钴钼成型催化剂上水煤气变换反应宏观动力学 [J]．化学工程，2020，48（9）：55-59，69.

[35] 廖晓春，陈卫，王迎春．QCS-04 催化剂 3.0MPa 宏观反应动力学研究 [J]．大氮肥，1998（3）：28-31.

[36] 于在群，王迎春，高步良．QCS-01 耐硫变换催化剂 4.0MPa 高压宏观反应动力学研究 [J]．齐鲁石油化
工，2000（3）：169-171，211.

[37] 陈富生，潘银珍．SB-5 型 Co-Mo 耐硫变换催化剂本征动力学的研究 [J]．天然气化工（C1 化学与化
工），1992，17（5）：7-11.

[38] 李少龙．一氧化碳节能变换工艺研究 [J]．中国化工贸易，2014（17）：245.

[39] 张建宇，吕待清．一氧化碳变换工艺分析 [J]．化肥工业，2000，27（5）：26-32.

[40] 文春梅．一氧化碳变换工艺及催化剂分析 [J]．化肥工业，2017，44（3）：47-48，52.

[41] 杨跃平，阎承信．焦炉煤气利用技术 [M]．北京：化学工业出版社，2020：70.

[42] 廖伟玲，荆继波．无硫等温变换的设计及工业化应用 [J]．中氮肥，2020（4）：1-5.

[43] 梁晓，方国．无硫等温变换装置运行实践 [J]．煤化工，2020，48（6）：20-22.

[44] 汪根宝．水煤浆气化制氢 CO 变换工艺模拟与设计 [J]．氮肥与合成气，2020，48（7）：21-23，28.

[45] 王文善．从 CO 变换工艺的演变看等温变换的历史性贡献 [J]．氮肥技术，2013，34（5）：1-6.

[46] 严义刚，王照成，李繁荣．CO 变换工艺技术的发展趋势 [J]．化肥设计，2017，55（3）：4-9.

[47] 田旭，曹志斌，汪旭红．变换反应器技术进展 [J]．大氮肥，2012，35（1）：13-16.

[48] 周芳，许斌，姜波．成达大型化径向耐硫变换反应器的开发及应用 [J]．中氮肥，2016（2）：9-11.

[49] 湖南安淳高新技术有限公司．等温低温 CO 变换反应器：CN200910227101.1 [P]．2010-06-09.

[50] 南京敦先化工科技有限公司．一种双球腔可控移热变换反应器及其 CO 反应方法：CN201610113609.9 [P]．
2016-05-18.

[51] 华烁科技股份有限公司．带有集箱的固定床催化控温反应器：CN201620476856.0 [P]．2016-10-19.

[52] 谢德虎．不同结构控温变换反应器的技术特点分析 [J]．化肥设计，2023，61（4）：15-18.

[53] 王照成，刘庆亮，李繁荣，等．等温变换技术及其工业化应用进展 [J]．煤化工，2020，48（6）：12-15，19.

第八章　高含氮原料气酸性气体脱除

第一节　概　述

高含氮原料气酸性气体脱除（以下简称"酸脱"）工序的主要功能是脱除高含氮原料气中的酸性气体，为下游装置提供合格的制取 CO 和 H_2 的净化气。因原料气条件不同，其配套的酸性气体脱除方法以及在同一方法下的工艺流程也各不相同。

低阶煤热解得到的荒煤气中氮气含量较高，同时还含有焦油/尘、硫化物、氧以及微量苯、萘等多种杂质组分，需采取相应的净化处理工艺来满足下游工序的生产需要。荒煤气经压缩后进转化装置，其主要组成为 H_2、CO、CO_2、CH_4 等，通过转化工艺将 CH_4 转化成 CO 和 H_2，同时可利用转化的高温将微量杂质除去。转化后的原料气进 CO 变换和热回收装置。CO 变换的目的是通过变换反应将荒煤气中的 CO 转变为 H_2，以尽可能多地获得合成气所需的 H_2；同时部分原料气不经 CO 变换，仅通过热回收装置进行降温和分水处理，以保留下游所需的 CO。

经过 CO 变换和热回收后的原料气进酸性气体脱除装置，脱除原料气中的 CO_2、H_2S 和 COS，得到合格的净化气。因其中的氮气含量（摩尔分数）达到 35%～45%，因此称为高含氮原料气。

高含氮原料气是经压缩机升压的，因气量较大，为减小压缩功耗，设计中压缩后的压力控制在 2.6MPa(A) 左右，至酸性气体脱除装置的压力约 2.3～2.4MPa(A)。因原料气中氮气占比大，CO_2 浓度比较低，因此 CO_2 分压低。同时，这种原料气中的总硫含量也较低。这样的气体条件需要对其进行详细的分析、对比、核算，找出最合适的酸性气体脱除方法，设计最优化的工艺流程，合理进行设备选型，以节省投资，降低运行费用，满足环保排放指标要求，保障整个荒煤气综合利用项目的稳定、高效运行。

第二节　酸性气体脱除方法和原理

一、气液吸收法

工业原料气体中的杂质气体组分主要包括 CO_2、H_2S、COS，因 CO_2 和 H_2S 的水溶液都呈酸性而称其为酸性气体。这些气体对下游工序都是有害的，会造成催化剂中毒、冷箱冻堵等，需要将其脱除至一定指标范围内。常用的酸性气体脱除方法有气液吸收、气固相催化转化、固体吸附、分子筛分离、膜分离等。其中，大型化学工业上使用最为广泛的是气液吸收法。

气液吸收方法是利用气体混合物中各组分在溶剂中的溶解度不同或与溶剂中活性组分的化学反应活性不同来实现组分分离的方法。进行气液吸收单元操作时，所用溶剂称为吸收剂或洗涤剂；原料气体混合物中溶解度大、能被吸收剂大量吸收的组分称为溶质；原料气体混合物中溶解度小、不能或很少被吸收剂吸收的组分称为有效气体或惰性组分。

未与溶质接触或不含溶质组分的吸收剂，称为贫液。完成吸收操作后，含有较高溶质浓度的吸收剂称为富液。一般情况下，吸收操作中的吸收剂要循环使用，因此需要对富液进行解吸、再生处理。将溶质从富液中分离出来，得到可以循环利用的贫液的过程称为吸收剂的解吸、再生过程。吸收操作过程从不同的角度分类如下：

1. 物理吸收与化学吸收

吸收过程按溶质与吸收剂之间是否存在化学反应可分为物理吸收和化学吸收。若吸收过程中溶质没有与吸收剂发生化学反应，仅溶解在吸收剂中，则称为物理吸收；若吸收过程中，溶质与吸收剂中的活性组分发生了化学反应，则称为化学吸收。

2. 单组分吸收与多组分吸收

吸收过程按被吸收的溶质的种类可分为单组分吸收和多组分吸收。若吸收过程中仅有一种溶质被吸收，称为单组分吸收；若在吸收过程中有两种以上溶质被吸收，则称为多组分吸收。

3. 等温吸收与非等温吸收

若吸收过程中产生的放热或吸热效应不明显，吸收过程中吸收剂和溶质的温度基本不变，称为等温吸收；反之，若吸收过程中产生很强的放热或吸热效应，造成吸收系统较大的温度变化，则称为非等温吸收。

4. 低浓度气体吸收与高浓度气体吸收

若需要被吸收的气体溶质浓度较低，在吸收过程中所引起的气相和液相的流量变化较小，称为低浓度气体吸收；反之，若需要被吸收的气体溶质浓度较高，在吸收过程中所引起的气相和液相的流量变化显著，则称为高浓度气体吸收。

二、酸脱吸收剂类型

酸性气体脱除吸收操作中，常采用 MDEA（N-甲基二乙醇胺）、Selexol（或 NHD）或甲醇作为吸收剂。在酸性气体脱除吸收操作中，CO_2、H_2S、COS 这类酸性气体为溶质，后续合成工序所需要的 H_2、CO 以及 CH_4 为有效气体，而少量的 N_2、Ar 为惰性组分。

采用 MDEA 作为吸收剂时，酸性气体与吸收剂中的活性组分发生化学反应生成化合物，为化学吸收法。化学吸收时，气体的吸收与气体的物理溶解度、化学反应的平衡常数、反应时化学计量数以及其他一些因素有关。化学吸收的特点是在压力升高时溶解度不是线性增大。压力愈高溶解度提高得愈慢，溶液通常靠减压、加热气提才能再生，即一般必须采用"热法再生"。

采用 Selexol（或 NHD）或甲醇（低温甲醇法）作为吸收剂时，酸性气体溶解于溶剂中，为物理吸收法。

实际上，这样划分是相对的，当气体分子与吸收剂分子之间有较强的物理作用时，例如生成氢键，这样的吸收过程已接近于弱化学反应条件下的吸收过程。MDEA、常温甲醇洗（Amisol 法）以及环丁砜法实际上既有物理吸收又兼有化学吸收。而在其他分类方式中，不同的酸性气体脱除工艺类型基本相同，均为多组分吸收、非等温吸收和高浓度气体吸收。根据物理吸收和化学吸收的特性，物理吸收在酸性组分分压高时比较有利，而化学吸收比较适合于脱除气体中微量的酸性组分。因此，目前因工业原料气的操作压力高，酸性气组分浓度高，更适合采用 Selexol（或 NHD）或甲醇（低温甲醇法）作溶剂的物理吸收法，而当处理气量达到一定规模后（处理有效气量大于 $5 \times 10^4 \mathrm{m}^3/\mathrm{h}$），又以低温甲醇作为溶剂的低温甲醇洗方法使用最为广泛。

三、酸脱工艺选择

高氮含量原料气的操作压力低，氮气含量高，酸性气体的分压也就较低，这里主要指 CO_2 的分压较低，因此需要分析对比在酸性气体脱除装置中低温甲醇洗工艺与其他工艺的优缺点，综合考虑进行选择。酸性气体脱除工艺的选择除了净化气质量须满足下游装置要求之外，操作费用低和投资省也是必须考虑的内容。以下列出几种酸性气体脱除工艺的特点。

1. MDEA 脱硫、活化 MDEA 脱碳工艺

MDEA 即 N-甲基二乙醇胺的英文缩写。MDEA 为叔胺，其稳定性好、蒸气压较低，无降解产物生成，在水溶液中会与 H^+ 结合生成 R_3NH^+，因而呈弱碱性，能够从气体中选择性吸收 H_2S 和 CO_2 等酸性气体。MDEA 脱硫、脱碳工艺特点如下：

① MDEA 对 H_2S 和 CO_2 的反应速率相差若干个数量级，故 MDEA 表现出对 H_2S 有良好的选择性。同时，经过活化的 MDEA 水溶液对 CO_2 也有较好的吸收效果，兼有物理与化学吸收的特点。

② MDEA 与酸性气体的溶解热最小，说明 MDEA 在吸收和再生过程中产生的温差最小，且再生温度可较低。由于 MDEA 对 H_2S 的吸收能力很大，因此动力消耗较小。

③ MDEA 溶液对有机硫的吸收能力较差，若采用 MDEA 脱硫、脱碳，需增加有机硫水解及脱除装置。

④ MDEA 稳定性好、蒸气压较低，在使用过程中基本无降解产物生成，溶剂损失小，同时对碳钢设备基本无腐蚀。

一般在 3.0MPa 压力下，净化气中 CO_2 体积分数可达到 100×10^{-6}，H_2S 体积分数可达到 1×10^{-6}。活化的 MDEA 溶液在约 3.0MPa 压力下吸收 CO_2 能力约为 32 $\mathrm{m}^3 CO_2/\mathrm{m}^3$ 溶液，再生热耗约 1890kJ/ $\mathrm{m}^3 CO_2$。

MDEA 脱硫、脱碳存在以下几个问题：

① 根据变换气的性质和气体中的 CO_2 气量，一般规模的装置如使用活化的 MDEA 溶液脱碳，由于溶液循环量大，装置的能耗过高。例如，来自上游一氧化碳变换装置的原料气中 CO_2 量约为 77000m^3/h，采用活化的 MDEA 溶液脱碳需消耗蒸汽至少 70t/h，溶液循环量至少需要 2400 m^3/h。

② 经 MDEA 装置处理后的净化气，CO_2 满足要求，但 H_2S 的体积分数仍有 10000 ×

10^{-6}，不能完全满足下游装置的要求，需增加精脱硫装置等。

③ MDEA 可与 COS 形成降解产物，蒸气压比其他胺类高，再生时溶剂损失大，对硫化氢的吸收没有选择性。如果采用 MDEA 脱硫、脱碳，还需增设有机硫水解装置，造成装置投资增加。

④ MDEA 装置再生产生的混合气中，二氧化碳和硫化氢较难分离，为保证得到满足环保规范要求的排放气，需要消耗更多的蒸汽，造成装置的能耗增加。

2. Selexol（或 NHD）工艺

Selexol 工艺是由 Allied 化学公司于 20 世纪 60 年代开发的，1993 年 UOP 公司取得 Selexol 技术许可证。国内南京化学工业公司于 80 年代经过研究，获得了物化性质与 Selexol 相似的吸收溶剂组成，称之为 NHD 溶剂，变换气经 NHD 脱硫、脱碳后，净化气中 CO_2 摩尔分数可小于 0.2%，总硫体积分数可小于 5×10^{-6}。

高含氮原料气不宜采用 Selexol（或 NHD）方法的主要原因是气体规模较大，因 Selexol（或 NHD）对 CO_2 的溶解度低，按目标的原料气条件，可能需要 3～4 个系列的 Selexol（或 NHD）装置才能完成酸性气体脱除要求，运行能耗高，投资高，占地大，也加大了管理与运行难度。同样，NHD 工艺也与 MDEA 工艺类似，无法完全达到下游对净化气的指标要求。

3. 低温甲醇洗工艺

低温甲醇洗是 20 世纪 50 年代初德国林德公司和鲁奇公司联合开发的一种气体净化工艺，第一个低温甲醇洗装置由鲁奇公司于 1954 年建于南非沙索的合成燃料工厂。低温甲醇洗工艺技术成熟，在工业上拥有很好的应用业绩。商业化的低温甲醇洗工艺有诸多优点，因此它不仅是合成氨工业中主要的净化工艺，目前还广泛应用于其他工业，如净化氢气、氨、甲醇合成气、二氧化碳及某些氧化气方面[1]。目前世界上有几百套工业化装置，在中国运行的也有百余套，被广泛应用于合成氨、合成甲醇及其他羰基合成、城市煤气、工业制氢和天然气脱硫等气体净化装置中。

低温甲醇洗工艺以甲醇为吸收溶剂，利用甲醇在低温下对酸性气体溶解度极大的特性，脱除原料气中的酸性气体。由于在低温下 CO_2 与 H_2S 在甲醇中的溶解度随温度下降而显著上升，因而低温甲醇洗操作温度一般为 $-60 \sim -50℃$，此时所需的甲醇溶剂量较少，装置的设备也较小，较大规模的气量也可以在一个系列中完成处理。在 $-40℃$ 时，H_2S 在甲醇中的溶解度为 CO_2 的 6.1 倍，因此能选择性脱除 H_2S。该工艺气体净化度高，可将变换气中 CO_2 体积分数脱至小于 20×10^{-6}，$H_2S + COS$ 体积分数脱至小于 0.1×10^{-6}，气体的脱硫和脱碳可在同一个塔内分段、选择性地进行。

变换气中 CO_2 分压相对较高，气体净化脱硫、脱碳宜采用物理吸收方法，对比三种方法的经济性能，最终采用低温甲醇洗净化方法[2]。

综上所述，高含氮原料气不宜采用活化的 MDEA 溶液和 Selexol（或 NHD）进行酸性气体脱除，更适合用甲醇作为溶剂的低温甲醇洗方法。又因高含氮原料气的特殊条件，常规的低温甲醇洗方法也不适用，需要对该工艺进行优化升级，设计出适用于高含氮原料气的新型酸脱工艺流程。

四、低温甲醇洗工艺原理

1. 稀溶液亨利定律

低温甲醇洗是一种典型的物理吸收过程。物理吸收过程中，气液关系基本符合亨利定律：溶液中被吸收组分的含量与该组分在气相中的分压成正比。吸收剂的吸收容量随被吸收组分分压的提高而增加。溶液循环量也与原料气量及操作条件有关。操作压力提高，温度降低，被吸收组分在溶液中的溶解度增大，溶液循环量减少。气体在稀溶液中的溶解遵循亨利定律：

$$p_e = Ex \tag{8-1}$$

式中，p_e 为气体的平衡分压，MPa；E 为亨利常数；x 为气体在吸收剂中的摩尔分数。

一般地，亨利常数 E 随着温度的降低而变小，所以在低温下气体越易溶于吸收剂。在相同温度下，气体平衡分压越大，气体在溶液中的摩尔分数 x 越大，气体也越易溶于吸收剂。所以，对于低温甲醇洗这类物理吸收法，在低温、高压下，被吸收组分越易溶于甲醇，溶剂用量越少。

在低温甲醇洗中，H_2S、COS 和 CO_2 等酸性气体的吸收，吸收后溶液的再生，以及 H_2、CO 等溶解度低的有用气体的回收，其基础就是各种气体在甲醇中的溶解度不同。不同气体在甲醇中的溶解度见图 8-1。

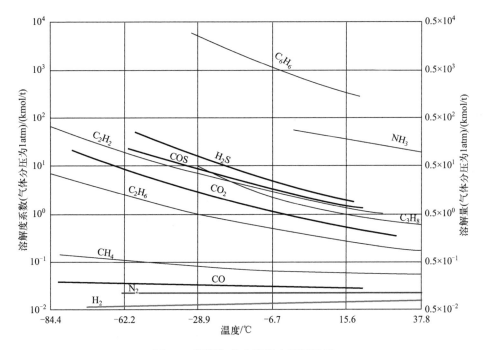

图 8-1　不同气体在甲醇中的溶解度

2. 低温与溶解度的关联性

如图 8-1，随着温度的降低，甲醇对酸性气体的溶解度显著增加。当温度从 20℃ 降到 −40℃ 时，CO_2 的溶解度约增加 6 倍。在低温下，例如 −40～−50℃ 时，H_2S 的溶解度约

比 CO_2 大 6 倍，从而可以选择性地从原料气中先脱除 H_2S，再脱除 CO_2。而在溶液再生时，可以先低压解吸回收 CO_2，而 H_2S 需要通过加热再生的方式解吸出来。同时，在低温下，H_2S、COS 和 CO_2 在甲醇中的溶解度与 H_2、CO、N_2 相比要大几百倍。因此，低温甲醇洗装置在脱除 CO_2 的同时，可以将所有溶解度和 CO_2 相当或比 CO_2 大的气体，例如 COS、H_2S、NH_3 等以及其他硫化物都一起脱除，而 H_2、CO 等有用气体则损失较少，回收率高[3-4]。各种气体在甲醇中的相对溶解度（$-40℃$ 时）见表 8-1[5]。

表 8-1　各种气体在甲醇中的相对溶解度（$-40℃$ 时）

气体	气体的溶解度/H_2 的溶解度	气体的溶解度/CO_2 的溶解度
H_2S	2540	5.9
COS	1555	3.6
CO_2	430	1.0
CH_4	12	
CO	5	
N_2	2.5	
H_2	1.0	

根据不同气体在甲醇中的溶解度不同，可采用中压闪蒸方式回收溶解的有用气体，采用低压闪蒸的方式回收 CO_2 产品气，再采用惰性气体（氮气）气提和热再生的方法得到放空尾气和 H_2S 酸性气体。吸收酸性气体的富甲醇液在中压下解吸可以回收溶解在甲醇中的少量 H_2 和 CO 以及 CH_4 等。中压闪蒸的压力越低，有效气体回收率越大，但随之而来的是循环气体量增加，压缩机进出口压缩比增大，所需要的压缩功增大。工艺设计时，需要根据回收率要求确定合理的中压闪蒸压力。

在解吸溶解的 CO_2 气时，需要在低压、常压，甚至负压下操作，压力越低得到的 CO_2 产品越多。但压力低时 CO_2 气外送困难，如需负压操作还需要设置真空泵，但增加了电耗。因此，工艺设计时需要按目标 CO_2 产品气量设计低压闪蒸压力。

3. 富甲醇氮气气提

采用氮气对低压闪蒸后的富甲醇进行气提，可降低气相中的 CO_2 分压，使富甲醇中溶解的 CO_2 解吸得更彻底。通入的气提氮气越多，气相中 CO_2 分压降低得越多，CO_2 解吸得越彻底。富甲醇最终需采用热再生的方式，使甲醇中的 H_2S 和 CO_2 完全释放，再生得到贫甲醇，同时得到 H_2S 酸性气体。采用热再生的原因是 H_2S 在甲醇中溶解度最大，解吸最困难，需用外来蒸汽热源将甲醇加热到沸腾，用精馏操作将 H_2S 彻底解吸。

酸性气体溶解于甲醇时有溶解热，会释放出大量的热量，尤其是原料气中占比较高的 CO_2，大量溶解于甲醇时会使甲醇液的温度升高，而甲醇液的吸收能力随温度的升高而下降。为了保持甲醇吸收酸性气体在较低的温度下进行，需要对吸收塔脱碳段进行分段，段间设置冷却器用于冷却甲醇，以减少整个吸收甲醇用量。气体在甲醇中的溶解热见表 8-2。

表 8-2　气体在甲醇中的溶解热

气体	H_2S	CO_2	COS	CS_2	H_2	CH_4
溶解热/（J/mol）	19260	16957	17375	27633	3827	3350

富甲醇液低压解吸时，CO_2 气体大量从甲醇中解吸出来，这一过程是吸收过程的逆过

程，会吸收热量，致使甲醇液的温度降低。经外界 $-38\sim-45℃$ 的冷源初步冷却后的富甲醇，减压解吸 CO_2 后，温度会降低到 $-55\sim-65℃$，达到了低温甲醇洗所需要的低温，这个低温通过换热设备传递给贫甲醇，最终得到低温的贫甲醇以保证净化指标。

通过以上的工艺原理分析，典型的低温甲醇洗系统至少应包括：原料气的吸收、有效气体的中压解吸、低压解吸 CO_2 及氮气气提、热再生等单元。再配合甲醇/水分离、排放气水洗等辅助单元，以及庞大的换热网络，最终组成一个可以闭路循环的酸性气体脱除装置。

五、低温甲醇洗工艺特点

低温甲醇洗工艺采用物理吸收方法以冷甲醇作为溶剂脱除酸性气体，工艺气体净化度高，选择性好。选用冷甲醇作为溶剂的低温甲醇洗流程具有以下优越性：

① 可以脱除气体中的多种组分。在低温下，甲醇可以同时脱除气体中的 H_2S、COS、CO_2、HCN、NH_3 以及烃类组分，并可同时使气体脱水干燥，其中有用的组分可以在甲醇再生过程中回收。

② 低温高压下，酸性气体 CO_2、H_2S 与 COS 等在甲醇中的溶解度很大，从而节省溶剂循环量和再生能量的消耗，系统能耗低，各设备的规格也可以小些，装置规模可以做得比较大。

③ 选择性好。甲醇对酸性气体 CO_2、H_2S、COS 的溶解度大，但对有效气体 H_2、CO、CH_4 的溶解度小，因此有效气体的损失就小。另外，甲醇对同是酸性气体的 H_2S 和 CO_2 的溶解度也有区别，对 H_2S 的溶解度比对 CO_2 的溶解度大得多。利用这一特点可以在吸收时先吸收 H_2S，再吸收 CO_2。到再生时，可先解吸 CO_2，获得高纯度的 CO_2 产品气，满足气化输煤、尿素、纯碱等装置的 CO_2 需求；之后，经热再生得到高浓度的 H_2S 气体送硫回收装置。

④ 甲醇溶剂因其优良的物理特性，而适于作为酸性气体脱除溶剂，包括：甲醇的沸点较低，有利于吸收剂的热再生；甲醇在低温下的饱和蒸气压很小，因此随气体带出甲醇溶剂损失较少；甲醇比热容大，吸收过程中温升较小，对低温吸收有利；甲醇化学稳定性和热稳定性好，在吸收过程中不起泡；纯甲醇对设备无腐蚀，不需要特殊防腐材料；甲醇与水互溶；甲醇黏度小，节省输送过程中的动力消耗。

⑤ 作为溶剂的甲醇为满足国家标准的工业优等品甲醇，无特殊要求，易于采购。低温甲醇洗工艺的优点，使其在酸性气体脱除领域居领先地位，广泛应用大型煤制甲醇、煤制合成氨、煤制天然气以及煤制乙二醇工厂，具有较高的应用价值[6]。

第三节　酸性气体脱除工艺影响因素分析

采用低温甲醇洗工艺对高含氮原料气进行酸性气体脱除不同于常规的工艺流程，目前无采用低温甲醇洗对高含氮原料气进行酸性气体脱除的同类工艺装置，需要设计一种新型的工艺流程，使之可以满足净化和排放指标要求，同时要求投资低、消耗低，便于操作。流程设计前需要对高含氮原料气的条件进行分析，找出关键影响因素，以设计最优化的解决方案。

一、原料气预处理影响

高含氮原料气来自荒煤气，经压缩、转化、变换及热回收后进酸性气体脱除装置。荒煤气主要组成为 H_2、CO、CO_2、CH_4 等，生产乙二醇等下游产品只需要 CO、H_2，而荒煤气微量杂质复杂，通过转化工艺将 CH_4 转化成 CO 和 H_2，同时可利用转化的高温将微量杂质除去。荒煤气转化技术主要可采用蒸汽转化工艺、催化部分氧化工艺和非催化部分氧化工艺。经转化的荒煤气一部分经 CO 变换，一部分经热回收处理后，进酸性气体脱除装置。经过这些预处理工艺后，高含氮原料气的杂质应尽可能少，以避免杂质在酸性气体脱除装置累积，保证装置长周期运行。

二、低操作压力和 CO_2 分压影响

变换原料气条件对比见表 8-3。

表 8-3 变换原料气条件对比

项目	荒煤气变换气	4.0MPa(A)粉煤气化变换气	6.5MPa(A)粉煤气化变换气
进气压力/MPa(A)	2.35	3.45	5.85
CO_2 含量(摩尔分数)/%	26.96	43.81	42.92
CO_2 分压/MPa(A)	0.634	1.511	2.511
N_2 含量(摩尔分数)/%	35.72	0.356	0.263

从表 8-3 可以看出，高含氮原料气进界区的压力较低，且变换气中 CO_2 浓度也比较低，CO_2 分压低，这与低温甲醇洗工艺原理中原料气中待吸收的酸性气组分浓度越大，对吸收越有利的特性不符。同时，在甲醇溶液与原料气逆流吸收后，最终得到的甲醇富液中 CO_2 浓度低。这些甲醇富液到低压解吸时，CO_2 解吸的浓度梯度较小，低压解吸制冷的能力也就较差，导致系统无法得到足够低的温度。没有足够的低温，贫甲醇温度较高，为达到净化指标，则需要增加甲醇循环量，而循环量的增加，又进一步降低富甲醇中 CO_2 的浓度，更不利于降低系统温度，最终导致系统能耗很高，净化气和排放气指标无法达到，无法完成流程工艺设计。

三、未变换气占比影响

采用高含氮原料气生产乙二醇等下游产品时，为保证合成气中的氢碳比，需要分出一定量的原料气只经热回收处理后送酸性气体脱除装置，这部分气体占总原料气量的 50%。因未变换气中的 CO_2 摩尔分数仅为 8%～9%，而 CO 含量接近 30%，吸收完未变换气的甲醇富液中 CO_2 含量较低，其吸收能力没有完全利用。而甲醇富液中 CO 含量又相对较高，这样的富液如果直接送后面中压闪蒸，CO 不能充分回收，造成 CO 损失并使尾气中 CO 含量较高。

对未变换气洗涤后溶液的处理优先是将其送往变换气洗涤塔，继续利用该溶液对 CO_2 的吸收能力，同时将其中的 CO 解吸到变换气中。但高含氮原料气生产乙二醇时未变换气占比较大，需要用来洗涤的甲醇液量较大，因此与变换气洗涤系统的匹配、进料位置、半贫液的分配等需要详细计算，找出最佳方案。

四、低硫含量影响

原料气中的低硫条件降低了脱硫负荷，对于保证净化和排放气指标有利，但硫含量较低时，对于得到高浓度酸性气产品则有困难。即使通过一些提浓方案，比如通过大量酸性气循环提浓来获得较高浓度的酸性气，其气量也会比较小。送出的酸性气是酸性气体脱除装置排出杂质的一个主要物流，酸性气量小，排出杂质的能力就会小，可能造成系统内杂质累积，影响正常操作。因此，对于低硫原料气的酸性气产品设计也需要综合对比确定。

第四节 酸性气体脱除改进型工艺

一、酸脱改进型工艺解决方案

1. 降低系统温度

传统的酸性气体脱除装置常采用氨或丙烯压缩制冷，一般制冷温度为$-38\sim-40℃$；用以冷却洗涤后的富甲醇，使甲醇的温度降至$-33\sim-35℃$，富甲醇再减压解吸 CO_2 时，因 CO_2 的解吸吸热，可以使系统最低温度降到$-55\sim-65℃$，从而使整个装置在足够低的温度下运行。

高含氮原料气 CO_2 分压较低的条件下，如果继续采用常规的制冷温度，制冷量将大幅增加，也无法保证系统达到低温，且净化气和排放气指标都无法实现。经过分析、计算，采用$-45℃$冷源时，将洗涤后的富甲醇冷却到$-40℃$左右，系统温度可以达到较为合理的区间，洗涤和再吸收效果能够得到保证。因此，本系统工艺设计要求外界提供$-45℃$的冷源。

2. 半贫液气提技术

高含氮原料气压力较低，而酸性气体脱除装置采用的低温甲醇洗方法是一种物理吸收法，在压力低的条件下，需要的溶剂甲醇量比较大，如果采用全贫液吸收流程，贫甲醇的用量大，装置冷量消耗和后续热再生系统的消耗也比较高。因此，本装置适宜采用半贫液流程。而常规流程的半贫液来自无硫富甲醇低压闪蒸，操作压力约 0.18MPa（A），这一操作条件下得到的半贫甲醇中 CO_2 摩尔分数约 $15\%\sim20\%$。对于高含氮原料气这样的原料气操作条件，这种半贫液吸收效果极为有限。设计采用创新性的半贫液气提技术，利用后续工序产生的污氮气作为气提介质，对半贫液进行气提，最终得到 CO_2 含量约 1% 的高品质半贫液，再返回洗涤塔上段作为吸收溶剂，可降低贫甲醇的循环量。

3. 贫甲醇最低温度的获得

在半贫液气提过程中可得到 CO_2 含量较低的半贫液，同时得到的半贫液也是系统的最低温度甲醇液。因最终净化指标的控制取决于塔顶的贫甲醇的温度和质量，通过优化设计贫甲醇/半贫甲醇换热器，使贫甲醇进洗涤塔的温度达到最低，可保证洗涤效果。

4. 变换气和未变换气洗涤塔耦合设计

作为原料气分为变换气和未变换气的酸性气体脱除工艺，双洗涤塔的耦合设计是较为关键的。未变换气一侧的 CO_2 含量低，CO 含量高，同时净化指标要求是 CO_2 摩尔分数小于

0.4％，这个条件下未变换气需要用的甲醇量较大。出未变换气洗涤塔的富甲醇中 CO_2 含量也比较低，CO 反而较高，如果设计不合理，将使系统难以平衡。经分析、计算，考虑将半贫液先送入未变换气洗涤塔，节省未变换气洗涤用的贫甲醇量，然后将未变换气洗涤塔的富甲醇送到变换气洗涤塔，作为变换气洗涤塔的半贫甲醇，这样甲醇液可得到梯级利用，最大限度地节省贫甲醇用量，降低系统消耗。

5. 变换气洗涤塔分段与段间换热优化

变换气洗涤塔需要采用多段设计，首先是脱硫段与脱碳段的分段，然后是为尽可能减少甲醇用量，将脱碳段分为三段，设置段间冷却器。因系统后续低温闪蒸得到的富甲醇温度高，冷量不足，变换气洗涤塔段间冷却器需采用−45℃的制冷剂蒸发制冷，以保证返回塔的甲醇液温度尽可能低，提高其吸收能力。

6. 低硫原料气的酸性气体

高含氮原料气中的硫含量过低，不适于产生高浓度的酸性气，综合下游装置需要，酸性气体脱除装置在采用了低温气提和常温气提等合理方案后，富甲醇在热再生塔顶只能得到 H_2S 含量在 10％左右的酸性气，送出界区。

二、酸脱改进型工艺流程简述

将高含氮原料气作为输入条件对酸性气体脱除装置进行工艺设计时，需要克服不利因素，综合公用工程条件选择和换热网络优化，并对设备选型进行充分考证，经多方面反复核算，才能确定最终的工艺流程。酸脱改进型工艺流程见图8-2，简述如下。

1. 变换气洗涤

进酸性气体脱除装置的变换原料气先在变换气洗氨塔 C-010 中用锅炉给水洗涤，使其中的 NH_3 体积分数降至 2×10^{-6} 以下。洗氨后的变换原料气先与出循环气压缩机的循环闪蒸气混合，然后喷淋少量的贫甲醇。喷淋甲醇的作用是防止变换气中的水在变换原料气冷却器 E-001 冷凝后结冰，冻堵换热器。变换原料气经 E-001 与净化气和尾气（两股）换热冷却，并在变换气分离器 S-001 中分离出水分和喷淋甲醇后进入变换气洗涤塔 C-001 下塔的脱硫段。C-001 塔共分为四段，最下段为脱硫段，上面的三段为脱碳段。在脱硫段，原料气用从脱碳段来的部分富含 CO_2 甲醇液洗涤，脱除 H_2S、COS 和部分 CO_2 等组分后进入脱碳段。贫甲醇从 C-001 塔顶进入，将原料气中的 CO_2 脱除至满足净化要求。净化气由 C-001 塔顶引出，经 E-001 回收冷量后送出装置。变换气洗涤塔 C-001 脱碳段间设有洗涤塔段间深冷器 E-005、E-006，以降低段间吸收富液温度，提高吸收能力。从未变换气洗涤塔中段来的无硫甲醇进入 C-001 塔最上段，作为半贫液；同时，从未变换气洗涤塔底来的含硫甲醇液进入 C-001 塔最下段，同样可以起到吸收变换气中 CO_2 的作用。

2. 未变换气洗涤

进酸性气体脱除装置的未变换原料气先在未变换气洗氨塔 C-011 中用锅炉给水洗涤，使其中的 NH_3 体积分数降至 2×10^{-6} 以下。

洗氨后的未变换原料气先喷淋少量防结冰甲醇，经未变换原料气冷却器 E-023 与未变换气洗涤塔 C-008 塔顶净化气和部分尾气换热冷却，在未变换气分离器 S-021 中分离出水分和

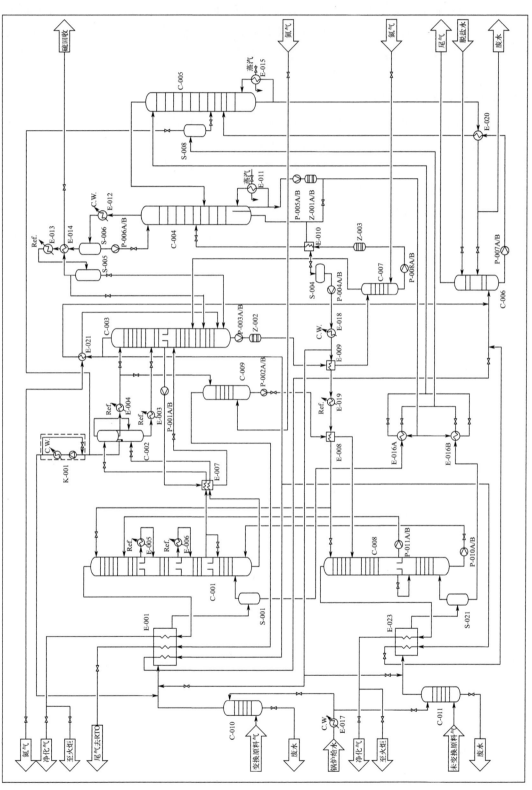

图 8-2 典型酸脱脱改进型工艺流程示意图

喷淋甲醇后进入 C-008 塔进行脱硫和脱碳。C-008 塔共分两段，下段为脱硫段，上段为脱碳段。在脱硫段，原料气用从脱碳段来的部分富含 CO_2 的甲醇液洗涤，脱除 H_2S、COS 和部分 CO_2 等组分后进入脱碳段。贫甲醇从 C-008 塔顶进入，同时在 C-008 上段通入气提后的半贫甲醇液。两股溶液将未变换气中的 CO_2 脱除至满足净化要求。净化气从 C-008 塔顶引出，经 E-023 换热升温后送出界区。C-008 塔中段部分无硫富甲醇经 C-008 塔段间甲醇泵 P-011 升压后送 C-001 塔上段，作为半贫液继续使用；C-008 塔底出来的含硫甲醇经 C-008 塔底甲醇泵 P-010 升压后送去 C-001 塔下段继续使用。

3. 富甲醇中压闪蒸回收有效气体

吸收了 H_2S 和 CO_2 后，从 C-001 塔脱硫段出来的含硫甲醇富液经塔底富甲醇换热器 E-007 冷却，再经减压后在中压闪蒸塔 C-002 下段闪蒸出溶解的 H_2、CO 及少量 CO_2、H_2S 等气体。同样，从 C-001 塔脱碳段出来的不含硫甲醇富液经洗涤塔底富甲醇换热器 E-007 冷却，再经减压后在 C-002 塔上段闪蒸出溶解的 H_2、CO 及少量 CO_2 等气体。两部分闪蒸气体用循环气压缩机 K-001 增压，返回到原料气中，回收有用气体。E-007 为两管程的多流股绕管式换热器，冷端为来自 H_2S 浓缩塔 C-003 中段低压闪蒸后的富甲醇液。

4. 富甲醇低压闪蒸和气提

从 C-002 塔下段出来的含硫甲醇经含硫甲醇深冷器 E-003 冷却，再减压后送入 H_2S 浓缩塔 C-003 塔上段下部，闪蒸出溶解的 CO_2，同时溶解的 H_2S 也部分闪蒸出来。从 C-002 塔上段出来的不含硫甲醇液经无硫甲醇深冷器 E-004 冷却，一部分经减压后进入半贫液气提塔 C-009 塔顶，用部分氮气摩尔分数约 80% 的提氢解析气（污氮气）进行气提，气提后的低温半贫甲醇经半贫甲醇泵 P-002 升压，再经贫甲醇/半贫甲醇换热器 E-008 与贫甲醇换热后送 C-008 塔上段吸收 CO_2。半贫液气提塔顶得到含氮气、CO_2 的低温尾气，经 E-001 与变换原料气换热回收冷量后，因其中的可燃气体含量较多，需要送后续再处理装置进行处理后排放，比如送蓄热式燃烧装置（RTO）。

经 E-004 冷却后的另一部分不含硫甲醇液进入 C-003 塔上段顶部，闪蒸解吸出溶解的 CO_2，同时洗涤塔内从 C-002 塔下段来的含硫甲醇富液闪蒸出含硫气体。C-003 塔上段下部富甲醇液用 $1^\#$ 甲醇液泵 P-001 抽出，经 E-007 与 C-001 塔出来的富甲醇液换热后，返回 C-003 塔下段上部，在此用氮气进行气提。C-003 塔顶部得到 H_2S 等含量合格的尾气，经 E-001、E-023 以及氮气冷却器 E-021 与变换原料气、未变换原料气和氮气换热回收冷量后，送去尾气水洗塔 C-006 塔水洗。水洗后含有极少量甲醇的尾气离开系统，而含有少量甲醇的洗涤水经换热后送入甲醇/水分离塔 C-005 回收甲醇。

经氮气气提后，从 C-003 塔底部出来的富甲醇液含有原料气中所有的硫化物和少量 CO_2。富甲醇液用 $2^\#$ 甲醇液泵 P-003 泵升压，通过富甲醇过滤器 Z-002 过滤溶液中的杂质，再经贫甲醇冷却器 E-009 与贫甲醇换热至常温后进入氮气气提塔 C-007 塔顶部，在较高的温度下用少量氮气气提，使富甲醇中的 CO_2 尽可能多地解吸出来，得到的气提尾气返回 C-003 塔下段。

5. 富甲醇热再生

C-007 塔底的富甲醇用 $3^\#$ 甲醇液泵 P-008 泵升压，经富甲醇过滤器 Z-003 进一步过滤后，在热再生塔进料加热器 E-010 中与从热再生塔 C-004 来的贫甲醇换热，升温后的富甲醇进入 C-004 塔进行热再生。热再生塔为甲醇精馏塔，将富液中残存的 H_2S、COS、CO_2 解吸出来，C-004 塔底得到贫甲醇，塔顶得到富含 H_2S 的气体。

贫甲醇从 C-004 塔底出来后，经 E-010 冷却后进入贫甲醇罐 S-004，用贫甲醇泵 P-004 抽出增压后经水冷器 E-018、贫/富甲醇换热器 E-009、贫甲醇深冷器 E-019、贫甲醇/半贫甲醇换热器 E-008 逐级换热降温后，温度降至约 $-55℃$，送到洗涤塔 C-001 和 C-008 顶部，完成甲醇循环。

C-004 塔顶得到的 H_2S 浓度较高的气体，经冷却后分离出含硫甲醇液以回收甲醇。H_2S 分离过程中的含硫甲醇液返回 C-003 塔底，同时分离出具有较高 H_2S 浓度的酸性气作为酸性气产品送往下游工序；必要时部分 H_2S 气循环回 C-003 塔内，用以提高酸性气产品中的 H_2S 浓度。

6. 甲醇/水分离

从 S-001、S-021 分离器分离出来的含水甲醇中还含有 CO_2，经甲醇/水分离塔进料加热器 E-016A/B 换热后进入甲醇/CO_2 分离罐 S-008 闪蒸，闪蒸出的气相送循环气压缩机 K-001，液相送入甲醇/水分离塔 C-005 中部。从尾气洗涤塔 C-006 塔底出来的含有少量甲醇的水溶液经废水冷却器 E-020 换热后也进入 C-005 塔中部；从 C-004 塔底出来的少量贫甲醇通过 E-016A/B 换热后作为 C-005 塔顶的回流。C-005 塔顶的甲醇蒸汽返回热再生塔 C-004 中部，C-005 塔底得到甲醇含量达到排放标准的水，换热降温后排出系统。

第五节　酸性气体脱除改进与创新特征

与常规原料气相比，荒煤气制得的高含氮原料气压力低 [2.35～2.45MPa(A)]，变换气中 CO_2 浓度低至 27％左右，而 N_2 含量高达 36％左右，这给酸脱工序低温甲醇洗工艺设计带来较大困难和挑战。大连佳纯气体净化技术开发有限公司通过酸脱工艺方案及流程上的深度创新，成功设计出了酸脱改进型工艺流程，完成了国内首套高含氮原料气酸脱装置工艺包开发。酸脱改进型工艺流程主要创新特征如下。

一、双耦合梯级利用

变换气/未变换气、贫甲醇/半贫甲醇的双耦合梯级利用是酸脱改进型工艺的一个明显特征。本工艺不但涉及高含氮原料气这一特殊的气体，而且进酸性气体脱除装置的高含氮原料气又分为变换气和未变换气，这就需要将两股原料气的洗涤甲醇合理耦合利用，才能使流程消耗降到最低。同时本装置采用了半贫液气提技术，得到的 CO_2 含量较低的半贫液优先用于同样 CO_2 含量较低的未变换气，使其能在未变换气条件下对 CO_2 进行吸收。之后，从未变换气洗涤塔出来的富甲醇，因其 CO_2 摩尔分数仅为 4％～5％，将其用泵送至变换气洗涤塔继续使用，使甲醇液的 CO_2 吸收能力得到充分利用。净化指标最终由进洗涤塔顶的贫甲醇保证，可靠性高。双耦合梯级利用设计最终实现了变换气/未变换气吸收系统的耦合和甲醇吸收 CO_2 能力的梯级利用，最大限度地节省甲醇循环量，降低整个酸性气体脱除装置的能耗水平。双耦合梯级利用示意见图 8-3。

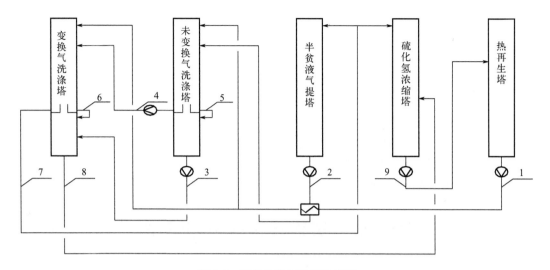

图 8-3　双耦合梯级利用示意图

1—贫甲醇；2—半贫甲醇；3—含硫低 CO_2 富甲醇；4,5—低 CO_2 富甲醇；
6,7—富 CO_2 甲醇；8—含硫富 CO_2 甲醇；9—含硫富甲醇

双耦合设计也使未变换气洗涤富液中的 CO 得以在变换气一侧闪蒸解吸，减少带至闪蒸系统的 CO 量，减少 CO 损失，保证尾气中 CO 含量尽可能低。

二、半贫液气提工艺

本工艺流程在半贫液的获得上采用创新的半贫液气提工艺。一般的半贫甲醇是由无硫富甲醇低压解吸得到的，CO_2 从甲醇液中解吸出来时，甲醇液的温度会逐步降低，甲醇对 CO_2 的溶解度随之增加，使 CO_2 难以从甲醇中解吸出来，半贫甲醇中的 CO_2 摩尔分数仍有 $10\%\sim20\%$，在本装置中吸收能力有限。氮气气提是使富甲醇中的 CO_2 充分解吸出来，为达到理想的半贫液中 CO_2 浓度，需要的气提氮气用量将会比较大。本装置下游制氢工序有大量的低压解析气，其中氮气含量在 83% 左右，还含有一定的 H_2、CO、CH_4，这股解析气也需要处理后排放。通过与酸性气体脱除装置结合，将这股污氮气代替纯氮气对无硫富甲醇进行气提，污氮气得到了再次应用，节省了纯氮气使用量。这种方案既解决了系统纯氮气量不足的问题，又降低了生产成本，减少了废气排放。

污氮气的引入使得本装置氮气供应充足，半贫液气提可以根据目标效果控制引入的污氮气量，最终的温度较低，得到的高品质半贫甲醇 CO_2 含量小于 1%。本装置对净化气中的 CO_2 和 H_2S 要求较为严格，其中 CO_2 摩尔分数要小于 0.4%，H_2＋COS 体积分数要小于 0.1×10^{-6}，这些需要质量好、温度低的贫甲醇来保证。气提后的半贫甲醇液为系统最低温冷源，通过在半贫甲醇液/贫甲醇液间设置换热器，进一步降低了进洗涤塔顶的贫甲醇液温度，使得洗涤塔顶为整个塔的最低操作温度，保证塔顶净化气达到所要求的指标。半贫液/贫液换热采用绕管式换热器，减少了传热温差，尽可能降低贫甲醇温度。

三、系统换热网络优化匹配

因高含氮原料气条件造成本装置温度分布不同于常规低温甲醇洗流程，需要对系统的换

热网络进行优化匹配，使系统的冷量回收、外界补冷条件和位置等更加合理，降低冰机负荷。优化的换热设计包括：

① 系统采用−45℃冷源为装置提供冷量，降低系统温度，减少吸收甲醇用量，保证净化指标；同时，也能使尾气再吸收时的温度足够低，以保证脱硫效果，使尾气能达标排放。

② 因低压闪蒸富液冷量不充足，变换气洗涤塔段间换热均采用−45℃冷源补充冷量，对变换气洗涤塔段间甲醇充分降温，保证变换气洗涤塔洗涤效果，减少甲醇循环量。

③ 富甲醇的深度冷量补充位于中压闪蒸后，保证有效气体闪蒸回收效率，同时富甲醇冷量补充合理，降低后续低压闪蒸温度。本装置采取多项创新措施，以保证系统甲醇中水含量尽可能低，吸收效果更好。

第六节　关键设备改进与选型

一、关键塔器设计优化

酸性气体脱除装置中关键的气液吸收、解吸、气提、精馏再生等气-液相之间的相际传质过程均是在塔器中进行的。典型的酸脱改进型工艺装置中共有 11 个塔，分别为：变换气洗涤塔、未变换气洗涤塔、中压闪蒸塔、半贫液气提塔、H_2S 浓缩塔、常温气提塔、热再生塔、甲醇/水分离塔、尾气水洗塔以及配套的变换气和未变换气洗氨塔。这些塔器常规设计均采用板式塔，中压闪蒸塔闪蒸段设有少量填料。根据目前国内酸性气体脱除装置的生产经验，塔板内件均采用浮阀，效率高，操作弹性大，处理能力好，雾沫夹带少，接触时间长，传质效果好。酸性气体脱除工艺装置关键的塔器介绍如下。

1. 变换气和未换气洗涤塔

变换气和未换气洗涤塔是酸性气体脱除装置中最为关键的设备，其效果的好坏、能力的大小决定着装置的运行指标和操作能力。同时洗涤塔为低温高压设备，其投资也是整个系统设备中最高的，是需要提前制造生产的长周期设备。在某些大型装置中，因处理规模较大，洗涤塔直径会超出运输界限。洗涤塔的作用是甲醇液与原料气逆流接触，用甲醇吸收气体中的 H_2S、CO_2 等酸性气体，得到净化气。洗涤塔一般分为脱硫段和脱碳段，脱硫段完成脱硫任务，出脱硫段的气体中硫化物体积分数控制在小于 1×10^{-6}。脱碳段的分段数和塔板数由原料气的组成和净化指标确定。原料气中 CO_2 含量较高，因甲醇吸收 CO_2 过程中放热导致甲醇温度升高，需要从塔内引出，经段间冷却器降温后再返回下部段塔继续吸收 CO_2。根据上述原则，高含氮原料气的变换气洗涤塔分为四段，最下段为脱硫段，上面三段为脱碳段，设有两次段间换热；未变换气洗涤塔因进料气中 CO_2 含量较低，可只设两段，下段为脱硫段，上段为脱碳段，没有段间换热。洗涤塔壳体为低温钢材质，根据设计温度不同可为 09MnNiDR 或 08Ni3DR；洗涤塔塔板为不锈钢材质。

2. 半贫液气提塔和 H_2S 浓缩塔

半贫液气提塔和 H_2S 浓缩塔是用于富甲醇在低压下解吸酸性气体的设备，其中半贫液气提塔仅处理无硫富甲醇，经氮气气提后得到低温、低 CO_2 浓度的半贫液，送洗涤塔继续使用。H_2S 浓缩塔的结构也是分段的，上段主要为低压解吸，无硫富甲醇和含硫富甲醇分别进上段的顶部和中部，含硫富甲醇解吸气中含有硫化物，用无硫富甲醇再吸收到溶液中，保证外送的尾气中硫化物达到环保排放指标。上段出口的低温富甲醇经换热后返回下段，在此通入低压氮气进行气提，使富甲醇中的 CO_2 充分解吸。为保证尾气中硫含量尽可能低，H_2S 浓缩塔再吸收段常需要设计 40~50 块浮阀塔板，这也使得整个塔的塔板数达到 80~90 块，塔高也就比较高。半贫液气提塔和 H_2S 浓缩塔的操作温度较低，约 -65~-50℃；操作压力也较低，一般为 0.17~0.2MPa（A）。塔的壳体材料为低温钢或不锈钢，塔板通常为不锈钢材质。

3. 热再生塔

经气提后的富甲醇需要在热再生塔进行精馏再生，使其中的硫化物和 CO_2 彻底分离出去，得到可以循环使用的贫甲醇。热再生塔以低压蒸汽为再沸器热源，以循环冷却水为塔顶冷凝器冷源，塔底得到贫甲醇，塔顶得到酸性气。热再生塔在较高温度下操作，操作温度 90~100℃，操作压力 0.3MPa（A）左右。塔的壳体材料为碳钢，塔板为不锈钢材质。

4. 甲醇/水分离塔

进入系统的水从甲醇/水分离塔分出系统，通过精馏分离甲醇中的水，控制系统甲醇液中的水含量。甲醇/水分离塔以低压蒸汽为再沸器热源，热再生塔来的贫甲醇为塔顶回流。塔顶出口为甲醇蒸汽，塔底出口为废水，经换热后排出系统。甲醇/水分离塔常用筛板塔板，也有采用固阀塔板的设计，利用固阀的自清洁能力，易于保证塔板的效率。甲醇/水分离塔操作温度 100~140℃，操作压力在 0.33MPa（A）左右。塔的壳体材料为碳钢，塔板为不锈钢材质。因甲醇/水分离塔操作介质为酸性水，易发生腐蚀，尤其是进料管口的位置，腐蚀泄漏的现象常有发生。因此，在设计过程中需要考虑充分的防腐蚀措施，如：进料管口内伸至塔中心，管口上下一定范围内堆焊或内衬不锈钢材料，进料加碱等，甚至可将塔壳体材料升级为不锈钢材质。

二、关键设备内传质元件设计优化

1. 气体净化规模大型化挑战

随着气体净化规模的不断扩大，塔器的直径越来越大，有些甚至超过 6 米。如此大的直径给塔内件的设计以及塔器的设计、加工、运输和吊装都带来极大的困难和挑战。有些装置不得不做成多个系列以解决塔直径太大的问题。因此开发高效、高通量塔内件以降低塔径或装置系列数成为重要的技术开发方向。开发和应用新型大通量、高效、高操作弹性塔内件，不仅能对旧塔改造提高效率、以小替大实现规模效益；也能满足新建塔器高效化、简单化，是降低加工成本、挖潜增效、提高产量和质量、节能降耗、增加企业经济效益、实现节能减排的一种有效手段。

2. 高效大型化塔内传质元件的性能要求

用于塔器传质的高效大型化塔内传质元件要满足气液传质过程两相高效传质和充分分离的要求，必须首先具备以下基本性能：

① 传递后两相分离效果好，气液相互夹带少，液体气含率小或降液管停留时间短。
② 相际传质面积大、界面更新速率高、气液两相充分接触、传质效率高。

③ 气相和液相的通量大，单位体积设备的生产能力高。

④ 流体流动阻力小，压降低，能量损失少。

⑤ 操作弹性大，能够在较大的气液变化范围内维持高效稳定操作，调控方便。

⑥ 适于大型化，气液分布均匀、设备变形小。

⑦ 结构简单、可靠，制造成本低。

⑧ 易于安装、检修和清洗。

三、高效塔内件优化选型

为满足后续大型化酸脱装置的设计需要，节省投资，提高效率，需要对高效塔内件选型进行优化。

1. NS（new state）倾斜长条立体并流复合塔板

通过对现有各种结构的垂直筛板帽罩进行分析，发现垂直筛板处理能力不能进一步提高的主要原因之一是帽罩结构限制了塔板开孔率的进一步提高，现有垂直筛板帽罩开孔率最高仅为 20％左右；另一个限制垂直筛板处理能力提高的因素是受雾沫夹带上限的限制，气液两相自罩体高速喷出时，帽罩间气液两相流激烈对喷，破碎成小液滴，进而由上升气流托举至上层塔板形成雾沫夹带，降低了垂直筛板的通量。因此，提高开孔率和改善帽罩间对喷状况是提高塔板处理能力的关键。NS（new state）倾斜长条立体并流复合塔板是在各种垂直筛板帽罩基础上，借鉴最新塔板基础研究理论开发的，NS 倾斜长条立体并流复合塔板的结构见图 8-4。

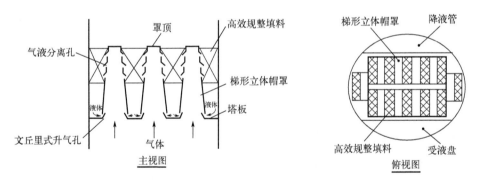

图 8-4　NS 倾斜长条立体并流复合塔板的结构示意图

现有各种垂直筛板帽罩开孔率不能进一步提高的原因是帽罩所占截面积远大于升气孔所占截面积，开孔率增大时，帽罩之间的气相通道就会变小，逐渐成为主要的限制因素。当帽罩间气相通道的面积小于升气孔的截面积时，自帽罩出来的气流就会被再次加速，造成塔板压降和雾沫夹带量增大。NS 倾斜长条立体并流复合塔板是将立体帽罩做成梯形，罩顶截面积较罩底小，罩内气体通道呈正梯形，罩间气体通道呈倒梯形，这种帽罩结构使塔板板面上开孔率可以大于 40％而不影响帽罩间上方气体的通过，从而大大提高气体通过升气孔和帽罩间通道面积，大幅度提高塔的操作上限。塔板开孔采用正八字的文丘里式喷嘴孔，降低气体通过压降，增加塔板强度。可将八字形长条孔的两长边沿设计成锯齿形，便于气体通过通道时预分散，缩短气液体混合距离，提高帽罩内空间利用率和气液体的混合强度，提高传质效率。帽罩气液喷孔为开口斜向下的百叶窗式结构，延长了气液混合物的停留时间，强化了传质；气液两相流经百叶窗斜向下喷出，获得向下的速度分量，减少了帽罩间的对喷，利于液相由于惯性较大，落到板上液层中，气相折返向上进入上一层塔板，从而有效降低雾沫夹带量，进一步提高塔的操作上限。也可将帽罩上的下倾百叶窗式条孔两边沿设计成锯齿形，气液混合物并流通过通道时进一步提高气液混合强度并分散进入罩外填料，提高传质效率。

帽罩外倒锥形空间布置具有三维通道的高效规整填料，气液并流斜向下喷入规整填料进一步提高传质效率；同时上部填料成为传质后气流的除沫器，下部填料解决了传质后液体的脱气，较大程度地提高了传质效率和降低了雾沫夹带。由于气体不穿过板面液层，加之帽罩外高效规整填料的脱气作用，降液管内液体停留时间可降至1s（通常塔板设计降液管内液体停留时间为5s以上），降液管液体通过能力提高4倍以上。

帽罩排列方向与液流方向一致，通过帽罩和填料内加隔板分区，使板面上液体呈螺旋式流动，减小板上液体返混和液面落差，成倍地增加了气液接触时间，使板上气液分布均匀，有利于提高传质效率和减小塔的放大效应；通过将配套的降液管底部设计成带有侧吹孔的出口堰，进一步提高塔板入口液体的初分布均匀性，保证NS倾斜长条立体并流复合塔板的大型化。帽罩间的倒梯形罩板为填料设置提供了支撑，罩体又作为塔板的加强筋板，从而提高了塔板的强度，解决了塔器大型化塔内件结构和安装难题。

2. NS 倾斜长条立体并流复合塔板的操作原理

以 NS-3 型塔板（复合填料）为例，来自上一层的液体从降液管流出，横向穿过各排帽罩，在上升气流及液层压头的作用下，经帽罩底缝隙进入帽罩，并在帽罩内被拉成液膜状，接着又破裂成液滴和雾沫，液滴与气相激烈碰撞，进行充分的气液传质接触，气液混合物上升至罩顶，撞罩顶后返回，返回的气体及液滴与上升的气液激烈碰撞、混合、加速，而后两相流一起从罩壁的百叶窗条缝斜向下喷射而出，喷出的气液并流进入规整填料再次高效传质、传热，然后气液分离，气体经顶层填料脱液后上升至上层塔板，液体落回塔板，部分液体与新鲜液体又进入罩内再次被拉膜、破碎，其余部分被导向孔流出气体吹动随板上液流流向下一排帽罩，最后经降液管到下一层塔板。塔板上的气液经拉膜、破碎、碰顶返回、喷射、并流填料传质、分离六个过程，气液一直处于大接触面积、高界面更新概率的动态传质过程中，打破了传统塔板传质区域为平面型的限制，将气液传质区域发展到罩内、罩顶、罩外的立体空间，使板式塔塔板间的空间得以充分利用。NS倾斜长条立体并流复合塔板操作原理如图 8-5 所示。

3. 气液两相在帽罩单元内的接触和流动机理

气液两相在帽罩单元内的接触状态与NS倾斜长条立体并流复合塔板的塔板压降、雾沫夹带、漏液等流体力学性能和传质性能密切相关。气液两相的接触流动状况见图 8-6，解释了气液两相在NS倾斜长条立体复合帽罩内外的接触传质过程。

气液在帽罩中接触可分为8个阶段，第Ⅰ阶段气体通过升气孔，在升气孔处被挤压加速，在升气孔后面，即帽罩的底部形成负压区；第Ⅱ阶段帽罩周围的液体在内外压差和板上液层静压差的作用下，进入罩内，与上升气流发生冲撞混合，湍动程度增加，进入第Ⅲ阶段；在第Ⅲ阶段上升气流把液体拉成膜状，但帽罩中所拉的膜并非厚度均匀的圆环膜，其厚薄很不均匀，很不稳定，近似"窝头"状，其高度与厚度随气速变化，气速增加膜厚变薄，

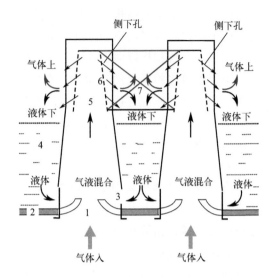

图 8-5 NS 倾斜长条立体并流复合塔板操作原理
1—喷射口；2—塔板；3—底缝隙；4—液层；5—帽内传质区；6—侧壁开孔区；7—规整填料

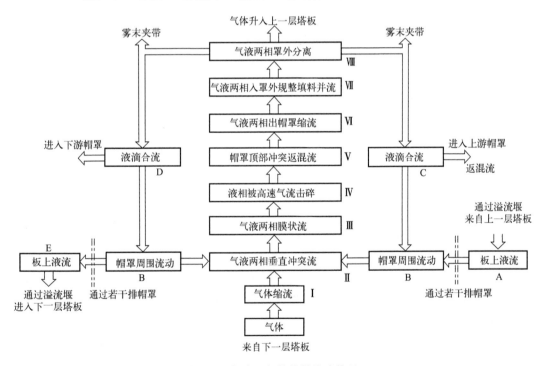

图 8-6 气液两相的接触流动状况

因而容易破碎，液滴粒度也较细小，在气相中分散得也更好，而且帽罩中气流与液滴冲撞以及喷出帽罩后在罩体外的翻腾也更加激烈；随着气流的进一步提升，进入第Ⅳ阶段，在这个阶段液膜被高速气流拉薄，破碎成小液滴；进一步气流提升，到达帽罩顶部，在帽罩顶部发生冲撞和折返，形成冲突返混流，流向发生改变，气液两相在帽罩百叶窗形气液分离孔被挤压呈缩流状并流喷入设置在罩外的规整填料，这是第Ⅴ～Ⅶ阶段；在填料层中完成第Ⅷ阶段，液相由于斜向下的惯性速度和自身重力，而经填料落入到塔板上，聚集后部分进入下游帽罩，部分重新回到帽罩周围进行循环传质。由于帽罩自身结构，帽罩返混很少，因此，只有极少量进入上游帽罩，形成返混流。自帽罩气液分离孔出来的气体，进入填料传质，并滤除液滴后折返向上，进入上层塔板。

在这 8 个阶段，第Ⅱ～Ⅴ阶段对气液传质的作用最大，约占总传质效率的 60%～70%，气液分离孔次之，约占 20%～30%，气液分离区相对最弱，约占 10%。但由于罩外设置高效规整填料，强化了传质最弱的区域，因此罩外传质效率大幅度提高，远高于普通垂直筛板塔罩外传质效率 10% 的水平。

4. NS 倾斜长条立体并流复合塔板的传质性能

NS 倾斜长条立体并流复合塔板与 F1 浮阀和 CTST 的传质性能对比见图 8-7。

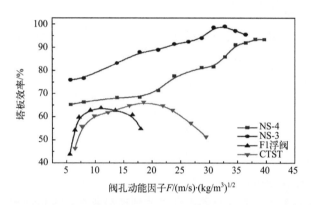

图 8-7 NS 倾斜长条立体并流复合塔板与 F1 浮阀和 CTST 的传质性能对比图
NS-3 为带填料的倾斜长条复合塔板；NS-4 为不带填料的倾斜长条复合塔板

从图 8-7 中可以看出，F1 浮阀阀孔动能因子 $F=7\sim13$ 为操作高效区，最高板效率在 65% 左右；NS-3 型塔板阀孔动能因子 $F=7\sim40$ 为操作高效区，高效区的传质效率比 F1 浮阀高 10%～30%，比 CTST 塔板高 8%～30%，且操作上限也高于 F1 浮阀和 CTST 塔板，NS-3 和 NS-4 与浮阀类塔板（如 F1 浮阀）和普通的垂直筛板（如 CTST 等）相比均具有高效、高通量和高操作弹性的特性。

5. NS 倾斜长条立体并流复合塔板的典型工业应用

某项目酸性气体脱除装置 CO_2 吸收塔中段（共 14 层塔板）应用示例见表 8-4。

表 8-4 某项目酸性气体脱除装置 CO_2 吸收塔中段（共 14 层塔板）应用示例

项目	单位	设计值	改造前	改造后
塔直径	mm	3000	3000	3000
溢流数		4	4	4
塔板类型			浮阀	NS-3 并流复合塔板
降液管				利旧，出口堰、底隙未变
改造目标				处理能力提高 50%
甲醇产量	t/h	45	42	50
贫甲醇吸收液	m³/h	360	420～430	386～390

四、关键换热设备优化

酸性气体脱除装置低温甲醇洗工艺的吸收过程是在 −60～−50℃ 的低温下进行的，而热再生过程是在100℃左右的温度下进行的，吸收和再生过程中甲醇液的温差达到160℃左右，这就需要大量的换热设备来实现冷、热量的交换。换热设备的效率直接影响着装置的能耗水平。同时，甲醇吸收CO_2是一种放热过程，低温贫甲醇在洗涤塔内吸收CO_2后，温度会升高，溶解能力会下降，需要进行换热降温以充分利用甲醇的吸收能力。而在减压解吸过程中，CO_2从甲醇液中解吸出来时又会吸热降温，使甲醇液的温度降到$-50 \sim -60$℃；这些低温需要通过换热传递给贫甲醇。综合来看，酸性气体脱除装置低温甲醇洗系统需要由二十几台换热设备组成的换热网络来实现必要的工艺条件并减少对外界冷、热量的需求。经过优化换热网络后，对酸性气体脱除装置低温甲醇洗工艺的关键换热设备提出如下设计要求：

1. 能实现多流股换热

低温甲醇洗工艺流股众多，换热多是穿插进行的，如果均采用单流股换热，很多物流需要拆分，将会造成流程复杂，不便于操作。

2. 减小传热温差

进出界区物流之间的换热、冷热区物流之间的换热以及最低温半贫甲醇与贫甲醇之间的换热，其换热效果的好坏直接影响装置的消耗，设计中要求能实现最小的传热温差。

3. 节省占地，优化管道布置

低温甲醇洗系统存在进出口温差达到60℃以上的换热设计要求，采用普通的列管换热器较为困难，可能需要多台列管换热器串联来达到换热要求，占地面积大，管道众多。为实现上述设计要求，一种先进高效的换热器——绕管式换热器被引入低温甲醇洗工艺系统，并在多年的实际应用中取得良好的效果。

五、绕管式换热器优化

1. 绕管式换热器设计性能要求

绕管式换热器相对于普通的列管式换热器具有显著的优势，其先进性主要体现在结构高效紧凑、适用范围广、适应热冲击的能力强、换热效率高、传热温差小以及能够实现多股流体换热等多方面的要求。

① 结构高效紧凑。绕管式换热器采用螺旋缠绕管设计，这种换热管设计大大提高了换热效率，节省换热面积，使其体积仅为传统换热器的1/10左右，极大地节省了空间；绕管式换热器一般为立式布置，非常节省占地面积。单根换热管最长可达到数百米，单台换热面积最大可达2万m^2，容易实现大型化应用。

② 适用范围广。绕管式换热器能够适应从低温到高温的温度范围，从0.1MPa到20.0MPa的压力范围，也能适应单相、冷凝、蒸发换热，可满足各种工况需求。

③ 适应热冲击的能力强。绕管式换热器构造特殊，能够很好地适应热冲击，避免了因温度变化而产生的热应力问题，换热管的热膨胀可部分自行补偿，因此单台绕管式换热器进口物流和出口物流的温差可以很大。

④ 换热效率高，传热温差小。绕管式换热器的流动设计充分，不存在死区，保证了换热的均匀性和效率，能使冷热物流的对数传热温差尽可能小，可达到2℃的端面换热温差，从而使冷、热量回收更为充分。

⑤ 能够实现多股流体换热。通过设置多股管程（壳程为单股），绕管式换热器能够在同一设备内满足多股流体的同时换热，提高了设备的灵活性和适用性，简化了流程中流股的分配和操作中的调控，有利于装置的稳定运行。

2. 绕管式换热器的结构特点

绕管式换热器的先进特性使得其在节能降耗、提高生产效率以及降低运行成本等方面具有显著优势，因此在工业生产中得到了广泛的应用。

绕管式换热器主要由缠绕管束和外部壳体两部分组成。缠绕管束由芯圆筒、若干换热管、隔条（或金属丝）及管匝等组成。换热管紧密地绕在芯圆筒上，用平隔条及异形隔条分隔，使得换热管之间的横向间距和纵向间距保持固定不变，隔条与换热管之间用管匝固定连接，换热管与管板采用强度焊加贴胀的连接结构，芯圆筒在制造中起支承固定作用，因而要求有一定的强度和刚度。芯圆筒的外径是由换热管的最小曲率半径决定的。壳体由筒体和封头等组成[7-10]。

3. 绕管式换热器的应用及国产化进展

绕管式换热器结构简单、紧凑，换热效率高，特别适合应用在换热负荷大、温变大、温差小的场合。绕管式换热器有多流股换热的特点，结构上又有一定的温差自补偿能力，特别适用于低温下的气体分离装置[11]，在煤化工甲醇洗、LNG 液化、天然气净化处理脱硫脱碳等工段广泛应用。绕管式换热器设计原引自德国林德公司的技术。近年来，随着国内煤化工行业特别是煤化工项目的飞速发展，绕管式换热器的国产化也取得了一定进展，其中部分科研单位和设备制造工厂经过自主研发，已设计、制造出绕管式换热器并投入实际应用，取得良好的效果。

六、绕管式换热器选型

高含氮原料气酸性气体脱除装置设有二十几台换热器组成的换热网络，用以回收冷量并保证必要的工艺条件，其中，变换原料气冷却器 E-001、洗涤塔底富甲醇换热器 E-007、未变换原料气冷却器 E-023 选用绕管式换热器以实现多流股换热；贫甲醇/半贫甲醇换热器 E-008 用于最低温半贫甲醇与贫甲醇换热，采用绕管式换热器可以减小传热温差，相对于列管式换热器，贫甲醇温度可以降得更低，这对于保证净化气指标具有关键作用，同时可减少循环量，降低系统消耗；贫甲醇冷却器 E-009 为冷、热区之间甲醇的换热，传热温差越小，冷、热区的消耗越低，因此选用绕管式换热器；另外，热再生塔进料加热器 E-010 也采用绕管式换热器，因进、出口换热温度接近 60℃，采用绕管式换热器相较列管式换热器面积更小，结构简单，节省占地。

1. 酸脱绕管式换热器选型说明

① 原料气冷却器 E-001、E-023。本装置内原料气冷却器分为变换气冷却器与未变换气冷却器。进界区的原料气为 40℃左右，需要冷却到−20℃左右，分离出水分后进洗涤塔。原料气进换热器需要先喷淋少量甲醇以防止水分在换热器中结冰而冻堵并损坏换热器。原料气冷却器的冷端物流为低温的净化气、尾气，以及可能的 CO_2 产品气。一般冷端多个物流走换热器的管程；而热端的原料气走换热器的壳程。原料气冷却器为气体与气体换热，又为多流股换热，因此采用绕管式换热器可避免原料气分配，又能提高换热效率，减小设备重

量。原料气冷却器为进出界区物流的换热，如果换热效果不好，将造成界区的物流温度较低，既损失了冷量，又使下游尾气水洗塔、CO_2 气水洗塔等设备操作温度过低，不利于整个装置的操作。因此原料气冷却器在工艺设计、设备设计上都需要严格核算，并留有适当的裕量。

② 洗涤塔底富甲醇换热器 E-007。出洗涤塔的富甲醇温度−20℃左右，去中压闪蒸前需要冷却，如果单独靠深冷器冷却，冷量负荷较大，而后续低压闪蒸后得到的低温富甲醇，其冷量也需要回收，因此工艺设计需要将低温富甲醇与洗涤塔底富甲醇进行换热，而塔底富甲醇分为含硫富甲醇和无硫富甲醇，因此宜采用多流股绕管式换热器以简化流程。

③ 贫甲醇/半贫甲醇换热器 E-008。高含氮原料气酸性气体脱除装置因其流程的特殊性，最低温的甲醇为经气提后的低温半贫液，而保证净化指标的关键因素是进洗涤塔顶的贫甲醇温度尽可能低，因此本装置设计了贫甲醇/半贫甲醇换热器，将半贫甲醇的低温传递给贫甲醇。为保证贫甲醇温度尽可能低，也采用绕管式换热器以减小换热温差。

④ 贫甲醇冷却器 E-009 和热再生塔进料加热器 E-010。再生后贫甲醇需要与富甲醇换热后送洗涤塔，从 100℃降温到−40℃，换热的温差较大，因此建议采用两台绕管式换热器，利用绕管式换热器结构紧凑的特点减少换热器台数，节省占地面积。位于冷、热区之间的贫富甲醇换热器为系统换热的关键位置，应尽可能减小温差，以尽可能回收冷量，避免冷量浪费。

2. 酸脱绕管式换热器主要参数

多流股绕管式换热器工艺设计参数见表 8-5；单流股绕管式换热器工艺设计参数见表 8-6。

表 8-5 多流股绕管式换热器工艺设计参数

部位	工艺条件	单位	变换原料气冷却器 E-001	未变换原料气冷却器 E-023	洗涤塔段底富甲醇换热器 E-007
壳程	介质		原料气	未变换气	富甲醇
	进/出口温度	℃	40.00/−35.00	39.84/−35.00	−44.16/−33.11
	压力	MPa(A)	2.35	2.45	0.44
管程 1	介质		净化气	净化气	含硫甲醇
	进/出口温度	℃	−51.94/31.00	−52.22/31.00	−26.44/−35.73
	压力	MPa(A)	2.22	2.34	2.31
管程 2	介质		尾气Ⅱ	尾气	不含硫甲醇
	进/出口温度	℃	−43.31/31.00	−43.31/31.00	−31.75/−35.11
	压力	MPa(A)	0.17	0.17	2.27
管程 3	介质		尾气Ⅰ		
	进/出口温度	℃	−47.22/31.00		
	压力	MPa(A)	0.17		

表 8-6 单流股绕管式换热器工艺设计参数

部位	工艺条件	单位	贫甲醇/半贫甲醇换热器 E-008	贫甲醇冷却器 E-009	热再生塔进料加热器 E-010
壳程	介质		半贫甲醇	富甲醇	贫甲醇
	进/出口温度	℃	−58.49/−45.76	−45.35/35.54	98.73/41.79
	压力	MPa(A)	3.20	1.04	0.34
管程	介质		贫甲醇	贫甲醇	富甲醇
	进/出口温度	℃	−42.00/−53.29	42.00/−40.23	32.01/90.48
	压力	MPa(A)	3.20	3.46	1.06

酸脱用绕管式换热器结构设计参数见表8-7。

表 8-7　酸脱用绕管式换热器结构设计参数

设备名称	外形尺寸/mm	壳程材质	管程材质
变换原料气冷却器 E-001	DN2550×11800	S30408	S30403
洗涤塔底富甲醇换热器 E-007	DN1650×9300	S30408	S30403
贫甲醇/半贫甲醇换热器 E-008	DN1600×10900	S30408	S30403
贫甲醇冷却器 E-009	DN2600×20600	S30408	S30403
热再生塔进料加热器 E-010	DN1800×16300	S30408	S30403
未变换原料气冷却器 E-023	DN2300×11000	S30408	S30403

由表8-7可知，绕管式换热器结构紧凑，完成换热要求的同时占地较小，便于布置，提高了整个工艺流程的设计水平。

第七节　酸性气体脱除工序节能方案

一、制冷系统优化及选择

酸性气体脱除装置主要在低温下操作，因换热温差、环境传热以及气体吸收放热等，需要通过制冷系统来补充一定的冷量。工业上常用的制冷系统主要有吸收制冷和压缩制冷，其中压缩制冷应用最为广泛。压缩制冷是通过制冷压缩机对制冷剂进行压缩以实现制冷循环，由压缩、冷凝、节流、蒸发四个过程组成，通过液体制冷剂蒸发气化为用户提供冷量。制冷剂通常采用氨、乙烯、丙烯、氟利昂等。其中，以氨为制冷剂适用于提供−5～−38℃冷量；以丙烯为制冷剂，可用于提供−25～−45℃冷量。由于高含氮原料气条件的特殊性，需要采用−45℃的冷源为装置提供冷量，工业化装置设计中采用了丙烯压缩制冷工艺，而一种新型复叠式制冷工艺也可在后续装置设计中予以考虑。

1. 丙烯压缩制冷及 CO_2/NH_3 复叠式压缩制冷

丙烯压缩制冷系统和 CO_2/NH_3 复叠式压缩制冷系统的主要差别在于制冷剂种类不同。丙烯压缩制冷系统的制冷剂为丙烯，通过液体丙烯蒸发吸热来降低温度[12]。在−45℃蒸发时，丙烯的蒸发压力为 0.141MPa(A)。CO_2/NH_3 复叠式压缩制冷系统的制冷剂为 CO_2 和 NH_3，主要通过液体 CO_2 的蒸发吸热来降低温度[13-14]。在−45℃蒸发时，CO_2 的蒸发压力为 0.833MPa(A)。

CO_2 与其他制冷介质相比具有很多优势：CO_2 的蒸发潜热大、用量小，蒸发压力高，气相 CO_2 返回管线小；作为制冷剂的 CO_2 来源广泛，价格低，不可燃且无毒，不会分解出有害气体。因此，CO_2 制冷系统内仅需较小尺寸的压缩机及部件，整个系统紧凑。为进一步减小 CO_2 压缩机的压缩比，使 CO_2 在较低压力下液化，可采用复叠式制冷系统来优化设计，能够获得较高容积效率及最佳的经济效果。

CO_2/NH_3 复叠式压缩制冷系统是目前 CO_2 制冷系统中的典型代表，具有良好的制冷能力，并且能够实现−40℃及更低温条件下的制冷[15]。该制冷系统主要包含两个循环部分：一部分为二氧化碳压缩制冷循环；另一部分为氨制冷循环。其中，二氧化碳压缩制冷循环为低温级制冷循环，氨制冷循环为高温级制冷循环，两部分流程通过换热器连接在一起，一端提供冷流股，另一端提供热流股，从而共同实现换热制冷的目的。

2. 制冷系统能效比

为了比较两个制冷系统的性能优劣，需要对能效比进行分析。能效比是实际制冷量与实际输入功率之比，是衡量制冷性能的重要指标之一，能效比越高表明系统制冷性能越好[16]。定义如下：

$$COP = Q/P \tag{8-2}$$

式中，COP 为能效比；Q 为实际制冷量，kW；P 为实际输入功率，kW。

从理论角度，CO_2 具有蒸发潜热大、单位容积制冷量高、饱和液体的运动黏度低的特性[17]。在产生相同制冷量的情况下，应用 CO_2/NH_3 复叠式制冷剂需要消耗的物料量少，且较低的运动黏度提高了压缩机效率，压缩机能耗降低，制冷能效比得到提高。在相同制冷量、$-45℃$ 制冷温度的条件下，两种制冷系统能耗情况如表 8-8。其中，CO_2/NH_3 复叠式压缩制冷系统比丙烯压缩制冷系统的能效比提高了 7.1%，能耗减少了 6.6%，制冷性能得到了较大提高，具有节能降耗效果。

表 8-8　两种制冷系统 $-45℃$ 制冷能耗比较

项目	制冷量/kW	能耗/kW	COP
丙烯压缩制冷	1000	772	1.295
CO_2/NH_3 复叠制冷	1000	721	1.387
对比	—	-6.6%	7.1%

综合分析可知，当酸性气体脱除装置分别应用两个制冷系统提供同样多的 $-45℃$ 的冷量时，采用 CO_2/NH_3 复叠式压缩制冷工艺更易维持低温运行，且压缩系统节能降耗效果更佳。

二、热泵技术分类及选择

1. 热泵技术简述

热泵是将低温热能转化为中高温热能的装置。类比于水泵可以将低处水提升至高处，将热能由低温物体转移至高温物体的装置称为热泵。

1850 年，克劳修斯（Rudolf Clausius）从热量传递方向性的角度表述热力学第二定律：热不可能自发地、不付代价地从低温物体传至高温物体。热泵的作用就是，付出少量的代价（如低品位热能、电能）提高低温物体的温度，从而实现低温的热能转移到高温物体当中。热泵由于具备将废热重新利用的功能，是一种绿色低碳的热能供应方案，具备能效比高、运行费用低、环保节能等优势，可广泛应用于民用、工业、农林、交通、能源等领域，有巨大的环境效益和社会效益，能够实现节能减排，是助力实现全球"碳达峰、碳中和"的重要手段。

2. 热泵分类及应用

热泵的分类方法有多种，例如根据热泵工作类型分类，可分为：机械压缩式热泵、吸收式热泵、喷射式热泵、吸附式热泵、化学热泵；根据驱动能源分类，可分为：电动热泵、燃油热泵、蒸汽驱动热泵、热水驱动热泵、太阳能热泵；根据热源分类，可分为：空气源热泵、水源热泵、土壤源热泵。在实际工业生产过程中，常用的热泵类型为：机械压缩式热泵、吸收式热泵。机械压缩式热泵的工作原理是将低温位的蒸汽压缩后，升压升温以提高蒸汽的品位用于供热。而蒸发产生的低压蒸汽经压缩机再次将其"泵"回到高温位热能中，如此反复，充分利用了蒸汽的潜热，达到高效节能的目的。

吸收式热泵是一种利用低品位热源，将热量从低温热源向高温热源泵送的循环系统。其主要分为两类：第一类以少量的高温热源（如蒸汽、高温热水、可燃性气体燃烧热等）为驱动热源，回收低温热源热量，获得大量的中温热能；第二类也称为升温型热泵，是利用大量的中温热源产生少量的高温热能，即利用中低温热能驱动，回收中温热源热量，获得少量高温热能。

3. 热泵精馏技术

热泵精馏是一种精馏节能技术，由 Gilliland 在 1950 年首次提出。其核心是采用热泵技术，将塔顶需要冷凝的低温热能转化为中高温热能，得到的中高温热能用于塔釜加热。热泵精馏技术实施后，可基本不用向再沸器提供额外热量，能够大幅降低精馏操作的能量消耗。热泵精馏通常采用机械压缩式热泵作为热泵主机。经过几十年的发展，热泵精馏技术已有多种类型，其常见形式有三种：塔顶气增压式热泵精馏、塔釜液蒸发再压缩式热泵精馏、间接式热泵精馏。

4. 低温甲醇洗热再生塔热泵精馏节能技术

（1）热再生塔工艺

低温甲醇洗热再生塔工艺流程见图 8-8。

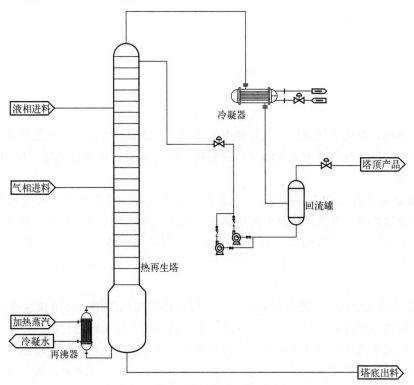

图 8-8 低温甲醇洗热再生塔工艺流程

热再生塔进料有两股，分别为气相进料和液相进料。塔顶气进入冷凝器冷却，冷却后为气液两相进入回流罐中，未冷凝的气体作为塔顶产品采出进入后续单元，冷却下的液相经过回流泵增压回流至塔顶。塔底贫甲醇进入贫甲醇罐。

（2）热再生塔操作参数

以低温甲醇洗热再生塔为例，某公司低温甲醇洗热再生塔物料参数和热再生塔操作参数分别见表 8-9 和表 8-10。

表 8-9　某公司低温甲醇洗热再生塔物料参数

组分含量(质量分数)/%	液相进料	气相进料	塔顶气出料	塔底出料	回流
甲醇	88.19	98.77	11.52	99.94	96.91
二氧化碳	5.09	0.86	52.73	0	0.89
硫化氢	0.24	0.07	35.75	0	2.18
水	0.5	0.3	0	0.06	0.02

表 8-10　某公司低温甲醇洗热再生塔操作参数

项目	单位	参数	项目	单位	参数
塔顶压力	MPa(A)	0.31	塔釜温度	℃	99
塔顶温度	℃	92	塔釜加热蒸汽流量	t/h	25
塔釜压力	MPa(A)	0.34	塔顶循环冷却水流量	m^3/h	1026

对低温甲醇洗热再生塔操作参数进行分析可知，该塔塔顶塔釜温差较小，同时蒸汽消耗量和循环水用量较大，具有较大的节能潜力。

（3）热泵精馏在热再生塔中的应用

本节根据表 8-9 的工艺参数，分别设计采用三种热泵精馏形式应用于热再生塔，并进行对比。

① 塔顶气增压式热泵精馏，工艺流程见图 8-9。

如图 8-9 所示，热再生塔塔顶气经热泵增压升温，增压后的塔顶气进入热泵再沸器与塔釜液换热，换热后塔顶气部分冷凝成为气液两相。由于再沸器放置在塔底处，塔顶气在换热后成为气液两相，不便于使用原工艺装置中的塔顶冷凝器和回流罐，需在低处重新配置冷凝器和回流罐。部分冷凝的塔顶气经热泵冷凝器进一步冷凝后，进入回流罐，气相部分采出，液相部分回流。

② 塔釜液蒸发再压缩式热泵精馏，工艺流程见图 8-10。塔釜液经过减压后进入塔釜液蒸发器与塔顶气换热，换热产生的低压塔釜液蒸汽进入热泵机组增压升温，热泵机组排气直接进入热再生塔塔釜。塔釜液蒸发器布置在热再生塔顶部，塔顶气在塔釜液蒸发器中换热后，冷凝成为气液两相进入冷凝器进一步冷却，冷却后进入回流罐，气相部分采出，液相部分回流。

③ 间接式热泵精馏，工艺流程见图 8-11。以水作为换热工质，与塔顶气换热后产生低压蒸汽，低压蒸汽经热泵机组增压升温后进入工质再沸器与塔釜液进行换热。蒸汽凝液经减压阀减压后回到工质蒸发器完成循环。工质蒸发器布置在热再生塔顶部，塔顶气在工质蒸发器中换热后，冷凝成为气液两相进入冷凝器进一步冷却，冷却后进入回流罐，气相采出，液相回流。

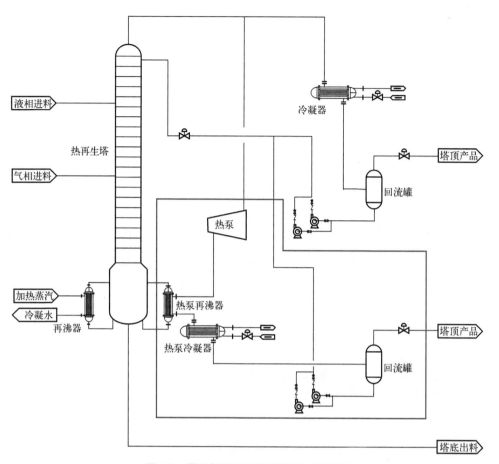

图 8-9　塔顶气增压式热泵精馏工艺流程

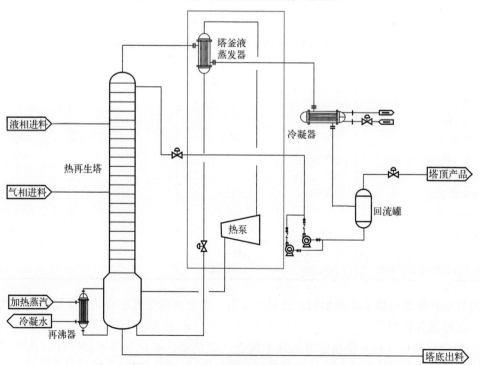

图 8-10　塔釜液蒸发再压缩式热泵精馏工艺流程

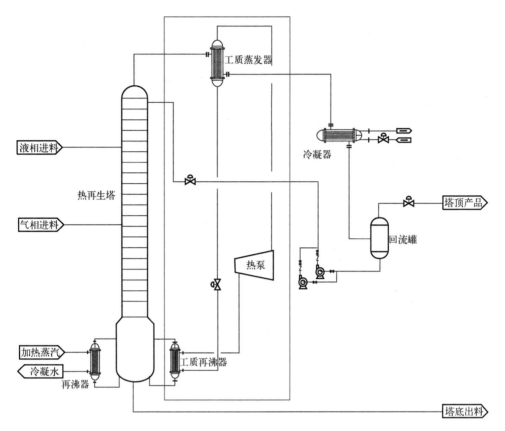

图 8-11　间接式热泵精馏工艺流程

（4）节能方案对比

常规精馏与三种热泵精馏节能方案操作费用对比见表 8-11。

表 8-11　常规精馏与三种热泵精馏节能方案操作费用对比表

项目	常规精馏	塔顶气增压式热泵精馏	塔釜液蒸发再压缩式热泵精馏	间接式热泵精馏
公用工程				
蒸汽/(t/h)	25	7.7	5.1	7.8
热泵电耗/kW		2021	1696	1866
循环冷却水/(m³/h)	1026	292	139	255
每小时操作费用				
蒸汽费用/元	3750	1155	765	1170
热泵电费/元		1313.65	1102.4	1212.9
循环冷却水费用/元	102.6	29.2	13.9	25.5
总计/元	3852.6	2497.85	1881.3	2408.4
年操作费用(8000h计)/万元	3082.08	1998.28	1505.04	1926.72

通过三种热泵精馏节能方案的对比可以看出，塔釜液蒸发再压缩式热泵精馏的节能效果最佳，其原因分析如下：

a. 塔顶气增压式热泵精馏因塔顶气中包含二氧化碳、硫化氢等不凝气体，这些气体进入压缩机压缩后无潜热供换热使用，导致热泵机组电耗较高，同时不凝气在热泵机组压缩时由热泵做功输入了热量，这股热量也需要循环冷却水进行冷却，导致系统循环水耗量增大。

b. 间接式热泵精馏由于需要先与塔顶气换热，换热后经热泵增压与塔釜液换热，换热过程较多，导致工质温升高，需要的热泵压缩比增大，引起压缩机电耗较高。

c. 塔釜液蒸发再压缩式热泵精馏压缩介质中不包含不凝气体，且热泵排气直接进入塔釜，换热过程少，因此节能效果最好。

同时，塔釜液蒸发再压缩式热泵精馏改造仅需新增塔釜液蒸发器和热泵机组；塔顶气增压式热泵精馏系统不仅需要增加热泵机组和再沸器，由于布置位置限制，还需增设冷凝器和回流罐；间接式热泵精馏系统需要新增工质蒸发器、热泵机组和工质再沸器。因此，塔釜液蒸发再压缩式热泵精馏系统实施时新增设备少，改造费用较低。

第八节　酸性气体脱除改进型工艺应用实例

一、应用背景

哈密广汇科技有限公司荒煤气综合利用 40 万 t/a 乙二醇项目以荒煤气为原料，通过转化、气体净化分离装置提纯获得合格的一氧化碳、氢气，再经草酸酯法生产乙二醇产品。来自广汇煤炭清洁炼化公司的粗荒煤气经预处理装置后进气体净化分离装置。气体净化分离装置由荒煤气压缩、荒煤气转化、CO 变换及余热回收、酸性气体脱除、冷冻站、PSA 提 CO、PSA 提 H_2 等工序组成。其中的酸性气体脱除装置采用低温甲醇洗工艺，冷冻站采用丙烯制冷，为酸性气体脱除装置提供冷量。气体净化分离装置酸性气体脱除装置采用的技术为大连佳纯气体净化技术开发有限公司低温甲醇洗工艺技术。

二、原料气规格

根据荒煤气气体条件，在设计工况为 100% 操作负荷条件下，对进酸性气体脱除装置的原料气规格有一定的要求，见表 8-12。

表 8-12　原料气规格（100% 负荷）

组成及条件	单位	变换气	未变换气
CO[①]	%	1.49	27.00
H_2[①]	%	35.64	19.47
CO_2[①]	%	26.96	8.6
N_2[①]	%	35.72	44.70
CH_4[①]	%	0.16	0.20
NH_3[①]	%	0.013	0.0137
H_2S+COS（总硫）[①]	%	0.02	0.02
H_2O[①]	%	0.39	0.39
气量	m^3/h	201531	194933
温度	℃	40	40
进界区压力	MPa（A）	2.35	2.45

① 摩尔分数。

三、主要技术指标

酸性气体脱除装置设计主要技术指标见表 8-13。

表 8-13　酸性气体脱除装置设计主要技术指标

项目	单位	期望值	保证值
装置设计能力			
变换原料气	m^3/h	201531	201531
未变换原料气	m^3/h	194933	194933
操作弹性	%	50～110	50～110
装置压降			
变换气压降	MPa	≤0.19	≤0.20
未变换气压降	MPa	≤0.16	≤0.20
净化气			
总硫($COS+H_2S$)含量(体积分数)		≤$0.1×10^{-6}$	≤$0.1×10^{-6}$
CO_2含量(体积分数)		≤0.4	≤0.4
CH_3OH含量(体积分数)		≤$35×10^{-6}$	≤$60×10^{-6}$
有效气体回收率(摩尔分数)	%	≥99.8	≥99.6
尾气			
总硫($COS+H_2S$)含量	mg/m^3	≤20	≤20
CH_3OH含量	mg/m^3	≤40	≤50
酸性气			
压力	MPa(A)	≥0.25	≥0.10
废水			
甲醇含量(质量分数)	%	≤0.1	≤0.1

四、工艺设计说明

本项目酸性气体脱除装置采用第四节所述的酸脱改进型工艺流程进行设计。变换气中的硫化物在变换气洗涤塔下塔（即洗涤塔 A 段）脱除；变换气中的 CO_2 在变换气洗涤塔上塔 B、C、D 段脱除至规定的指标。未变换气中的硫化物在未变换气洗涤塔下塔（即洗涤塔 A 段）脱除；未变换气中的 CO_2 在未变换气洗涤塔上塔 B 段脱除至规定的指标。两塔顶产出的净化气回收冷量后送下游装置。未变换气吸收富液送变换气洗涤塔继续使用；变换气吸收富液经中压闪蒸回收有效气体。部分无硫富液气提后作为半贫液送变换气洗涤塔；部分无硫富液和全部含硫富液气提后得到尾气，尾气回收冷量并经水洗回收甲醇后放空。吸收富液热再生后，得到贫甲醇，完成甲醇循环；热再生回收的 H_2S 气体送往硫回收装置。系统中的水分通过甲醇/水分离塔分离出系统。

装置中的塔设备采用浮阀塔板和少量填料，关键位置的换热器采用绕管式换热器，通过优化换热网络，增加半贫液气提，并引入污氮气等以降低公用工程消耗，最终设计实现了节省投资、减少运行费用、满足环保排放标准。

五、物料平衡

进出酸性气体脱除装置界区物流数据分别见表8-14、表8-15。

表8-14 进界区物流数据

物流名称		变换气	未变换气	氮气1	氮气2(污氮气)	氮气3	脱盐水
流股号		<101>	<232>	<152>	<150>	<219>	<191>
温度/℃		40.00	40.00	40.00	40.00	40.00	40.00
压力/MPa(A)		2.35	2.45	0.35	0.37	0.35	0.60
流量/(kmol/h)		8996.92	8702.37	830.36	1620.00	62.50	333.30
组成(摩尔分数)/%	CH_3OH	—	—	0.0500	—	0.0500	—
	CO_2	26.8600	8.5700	0.0500	0.6400	0.0500	—
	H_2	35.5400	19.4000	—	10.3300	—	—
	N_2	35.5200	44.5000	99.8800	83.2500	99.8800	—
	H_2S	0.0200	0.0200	—	—	—	—
	H_2O	0.3900	0.3900	—	—	—	100.00
	Ar	0.0200	0.0200	—	—	—	—
	CH_4	0.1600	0.2000	—	0.3600	—	—
	CO	1.4900	26.9000	0.0200	5.4200	0.0200	—
	COS	—	—	—	—	—	—

表8-15 出界区物流数据

物流名称		变换净化气	未变换净化气	尾气1	H_2S气	尾气2	废水
流股号		<107>	<244>	<189>	<179>	<190>	<226>
温度/℃		31.00	31.00	30.52	33.45	19.49	49.84
压力/MPa(A)		2.19	2.31	0.15	0.23	0.13	0.32
流量/(kmol/h)		6619.70	7858.11	2824.84	111.38	2791.84	348.02
组成(摩尔分数)/%	CH_3OH	0.0028	0.0027	0.0491	0.1124	0.0007	0.0012
	CO_2	0.3419	0.2555	42.6545	85.9346	65.6160	—
	H_2	48.3461	21.4234	5.9653	—	0.0493	—
	N_2	48.6023	48.6649	48.0114	10.8358	32.3478	—
	H_2S	—	—	—	3.1171	0.0007	—
	H_2O	—	—	—	—	1.9445	99.9988
	Ar	0.0273	0.0219	0.0003	—	0.0003	—
	CH_4	0.2198	0.2118	0.2107	—	0.0181	—
	CO	2.4597	29.4198	3.1087	0.0001	0.0226	—
	COS	—	—	—	—	—	—

六、设备一览表

酸性气体脱除装置设备见表8-16～表8-20。

表 8-16 酸性气体脱除装置塔设备一览表

序号	设备位号	设备名称	数量/台	设计条件 温度/℃	设计条件 压力/MPa(A)	规格 塔径/mm	规格 塔高/mm	材料 简体/内件	内件类型
1	C-001	变换气洗涤塔	1	−70/+50//−45/+50	2.8	4000	73520	09MnNiDR/SS	浮阀
2	C-002	中压闪蒸塔	1	−45/+50	1.2	3600	24520	09MnNiDR/SS	两个闪蒸段,各1m填料,浮阀
3	C-003	H_2S浓缩塔	1	−70/+50	0.4	3800	52170	09MnNiDR/SS	浮阀
4	C-004	热再生塔	1	−10/+130	−0.1/0.5	4200/5200	28140	Q245R/SS	浮阀
5	C-005	甲醇/水分离塔	1	−10/+180	−0.1/0.5	2000	27350	Q245R/SS	筛板
6	C-006	尾气洗涤塔	1	−10/+50	0.4	4600	12530	S30408/SS	浮阀
7	C-007	氮气气提塔	1	−10/+60	0.4	4000/4400	16740	Q245R/SS	浮阀
8	C-008	未变换气洗涤塔	1	−70/+50//−45/+50	2.8	3800	43200	09MnNiDR/SS	浮阀
9	C-009	半贫液气提塔	1	−70/+50	0.4	3600	18170	09MnNiDR/SS	浮阀
10	C-010	变换气洗氨塔	1	−10/+60	2.8	3800	7090	Q345R＋S32168/SS	浮阀
11	C-011	未变换气洗氨塔	1	−10/+60	2.8	3800	7090	Q345R＋S32168/SS	浮阀

表 8-17 酸性气体脱除装置容器设备一览表

序号	设备位号	设备名称	数量/台	型式	设计条件 设计温度/℃	设计条件 设计压力/MPa(A)	规格 直径/mm	规格 切线高/mm	附件	材料
1	S-001	变换气分离器	1	立式	−35/+50	2.8	3000	4280	除沫器	09MnNiDR
2	S-004	贫甲醇罐	1	卧式	−10/+100	0.4/−0.1	4000	10000		Q345R
3	S-005	H_2S气体分离罐	1	立式	−50/+50	0.5/−0.1	1000	2060	除沫器	09MnNiDR
4	S-006	热再生塔回流罐	1	立式	−10/+100	0.5/−0.1	1800	4160		Q245R
5	S-008	甲醇/CO_2分离罐	1	立式	−35/+80	0.8	1400	2800		S30403
6	S-009	污甲醇罐	1	卧式	−75/+80	0.4	2400	5200		S30403
7	S-021	未变换分离器	1	立式	−35/+50	2.8	3000	4280	除沫器	09MnNiDR

表 8-18 酸性气体脱除装置泵设备一览表

序号	设备位号	设备名称	类型	数量/台	扬程/m	操作条件 密度/(kg/m³)	操作条件 温度/℃	介质
1	P-001A/B	1#甲醇液泵	离心泵	1+1	62	910.445	−44.16	富H_2S甲醇
2	P-002A/B	半贫甲醇泵	多级离心泵	1+1	400	900.431	−58.49	半贫甲醇
3	P-003A/B	2#甲醇液泵	离心泵	1+1	112	890.362	−45.35	富H_2S甲醇
4	P-004A/B	贫甲醇泵	多级离心泵	1+1	480	783.208	41.79	贫甲醇
5	P-005A/B	热再生塔底泵	离心泵	1+1	80	709.783	98.73	贫甲醇
6	P-006A/B	热再生塔回流泵	离心泵	1+1	56	784.637	41.95	富H_2S甲醇
7	P-007A/B	尾气洗涤塔底泵	离心泵	1+1	70	998.933	15.12	洗涤水
8	P-008A/B	3#甲醇液泵	离心泵	1+1	110	796.132	32.01	富H_2S甲醇
9	P-009	污甲醇泵	离心泵	1	60	828/760	−10/+40	污甲醇
10	P-010A/B	C-008塔底甲醇泵	离心泵	1+1	30	886.637	−39.77	富H_2S甲醇
11	P-011A/B	C-008塔段间甲醇泵	离心泵	1+1	60	885.750	−35.49	半贫甲醇

表 8-19　酸性气体脱除装置换热器设备一览表

序号	设备位号	设备名称	数量/台	类型	设计条件				材料壳程/管程
					管		壳		
					温度/℃	压力/MPa(A)	温度/℃	压力/MPa(A)	
1	E-001	变换原料气冷却器	1	立式绕管式					
2	E-002	循环气压缩机出口水冷器	1	由循环气压缩机厂成套供应					
3	E-003	含硫甲醇深冷器	1	卧式 BKU	−55/+50	1.2	−55/+50	2.2/−0.1	09MnNiDR/S30408
4	E-004	无硫甲醇深冷器	1	卧式 BKU	−55/+50	1.2	−55/+50	2.2/−0.1	09MnNiDR/S30408
5	E-005	洗涤塔段间深冷器Ⅰ	1	卧式 BKU	−55/+50	3.0	−55/+50	2.2/−0.1	09MnNiDR/S30408
6	E-006	洗涤塔段间深冷器Ⅱ	1	卧式 BKU	−55/+50	3.0	−55/+50	2.2/−0.1	09MnNiDR/S30408
7	E-007	洗涤塔底富甲醇换热器	1	立式绕管式					
8	E-008	贫甲醇/半贫甲醇换热器	1	立式绕管式					
9	E-009	贫甲醇冷却器	1	立式绕管式					
10	E-010	热再生塔进料加热器	1	立式绕管式					
11	E-011	热再生塔再沸器	1	立式 BEM	−10/+180	0.5/−0.1	−10/+180	0.8/−0.1	CS/S30408
12	E-012	热再生塔塔顶水冷器	1	卧式 BEU	−10/+130	0.7	−10/+130	0.5/−0.1	CS/S30408
13	E-013	H_2S 馏分深冷器	1	卧式 BKU	−55/+60	0.5/−0.1	−55/+50	2.2/−0.1	09MnNiDR/S30408
14	E-014	H_2S 馏分换热器	1	卧式 BEU	−55/+60	0.5/−0.1	−10/+80	0.5/−0.1	09MnNiDR/S30408
15	E-015	甲醇/水分离塔再沸器	1	立式 BEM	−10/+210	0.5/−0.1	−10/+210	1.5/−0.1	CS/S30408
16	E-016A/B	甲醇/水分离塔进料加热器	2	卧式 BEU	−35/+120	2.8	−35/+120	1.0	09MnNiDR/S30408
17	E-017	锅炉给水冷却器	1	卧式 BEM	−10/+130	0.7	−10/+130	4.5	CS/S30408
18	E-018	贫甲醇水冷器	1	卧式 BEM	−10/+60	0.7	−10/+60	4.5	CS/S30408
19	E-019	贫甲醇深冷器	1	卧式 BKU	−55/+50	5.0	−55/+50	2.2/−0.1	09MnNiDR/S30408
20	E-020	废水冷却器	1	卧式 BEM	−10/+170	1.0	−10/+170	1.0	S30408/S30408
21	E-021	氮气冷却器	1	卧式 BEM	−70/+50	0.4	−45/+50	0.7	09MnNiDR/S30408
22	E-023	未变换原料气冷却器	1	立式绕管式					

表 8-20　酸性气体脱除装置其他设备一览表

序号	设备位号	设备名称	数量	类型	备注
1	K-001	循环气压缩机	1 套	往复式压缩机	
2	Z-001A/B	贫甲醇过滤器	2 台(一开一备)	精密过滤器	壳体材质:CS
3	Z-002	富甲醇过滤器Ⅰ	1 台	精密过滤器	壳体材质:SS
4	Z-003	富甲醇过滤器Ⅱ	1 台	精密过滤器	壳体材质:SS

七、消耗指标

酸性气体脱除装置设计消耗指标见表 8-21。

表 8-21　酸性气体脱除装置设计消耗指标

项目	单位	100％负荷公用工程消耗保证值
循环冷却水（10℃温差）	t/h	715
气提氮气[0.3MPa(A)]	m^3/h	22000
提氢解析气（污氮气）	m^3/h	40000
脱盐水	t/h	7.0
0.5MPa(A)低压蒸汽	t/h	15.4
1.0MPa(A)低压蒸汽	t/h	6.6
−45℃冷量	kW	8450
轴功率（泵/循环气压缩机）	kW	2800

综上所述，高含氮原料气酸性气体脱除工艺流程的成功开发和投用，既解决了荒煤气制乙二醇装置的净化工艺设计难题，也扩大了低温甲醇洗方法的应用范围。参考本设计的酸性气体脱除工艺流程，低温甲醇洗方法亦可适用于原料气中低 CO_2 分压的大部分工况，如应用在低压气化装置或单独处理粉煤气化、水煤浆气化未变换气的酸性气体脱除装置。

参考文献

[1] Weiss H. Rectisol wash for purification of partial oxidation gases [J]. Gas Separation & Purification，1988，2（4）：171-176.

[2] 秦旭东，李正西，宋洪强，等. 低温甲醇洗与聚乙二醇二甲醚法工艺的技术经济对比 [J]. 化工技术经济，2007，25：44-52.

[3] 唐宏青. 合成氨流程模拟与分析系统-SAPROSS（Ⅱ）[J]. 化工设计，1995（1）：29-32.

[4] Ohgaki K，Katayama T. Isothermal vapor-liquid equilibrium for binary systems containing carbon dioxide at high pressures：n-hexane-carbon dioxide and benzene-carbon dioxide systems [J]. Journal of Chemical & Engineering Data，1976，21（1）：53-55.

[5] 张沫. 低温甲醇洗的换热网络优化 [D]. 大连：大连理工大学，2011.

[6] 王显炎，郑明峰，张骏驰. Linde 与 Lurgi 低温甲醇洗工艺流程分析 [J]. 煤化工，2010（1）：34-37.

[7] 瓦尔特·H. 朔尔茨，霍勒里格尔斯科罗伊特，张秀芳. 缠绕管式换热器 [J]. 压力容器，1991（4）：72-76.

[8] 都跃良，张贤安. 缠绕管式换热器的管理及其应用前景分析 [J]. 化工机械，2005（3）：181-185.

[9] 阚红元. 绕管式换热器的设计 [J]. 大氮肥，2008（3）：145-148.

[10] 陈永东，吴晓红，修为红，等. 多流股缠绕管式换热器管板的有限元分析 [J]. 石油化工设备，2009（4）：23-27.

[11] 王抚华. 化学工程实用专题设计手册（上册）[M]. 北京：学苑出版社，2002.

[12] 张新玉，郭宪民. CO_2 载冷剂氨双级压缩制冷系统及其性能分析 [J]. 制冷与空调，2014，14（12）：

69-72.

[13] Lorentzen G. The use of natural refrigerants：a complete solution to the CFC/HCFC predicament ［J］. International Journal of Refrigeration，1995，18（3）：190-197.

[14] 邓帅，王如竹，代彦君. 二氧化碳跨临界制冷循环过冷却过程热力学分析 ［J］. 制冷技术，2013，33（3）：1-6.

[15] Lorentzen G. Revival of carbon dioxide as a refrigerant ［J］. Int J Refrigeration，1994，17（5）：292-301.

[16] 史敏，贾磊，钟瑜，等. 二氧化碳制冷技术 ［J］. 制冷与空调，2007，7（6）：1-5.

[17] 孙天宇，王庆阳，张健，等. 影响压缩式热泵制冷 COP 的因素分析 ［J］. 节能，2014，33（2）：19-22.

第九章 高含氮原料气变压吸附CO分离

第一节 概 述

一、吸附概念

吸附是指物质表面吸住周围介质（液体或气体）中的分子或离子的现象，或是在气相-固相体系中，相界面上被吸附相的浓度与被吸附相主体浓度不同的现象。吸附属于一种传质过程，被吸附的气相物质称为吸附质，具有吸附能力的固体物质称为吸附剂，通常为多孔材料。

在吸附过程中，物质内部的分子和周围分子有互相吸引的引力，但物质表面的分子相对物质外部的作用力没有充分发挥，因此液体或固体物质的表面可以吸附其他液体或气体，尤其是在表面积很大的情况下，这种吸附力能产生很大的作用。

二、吸附分类

吸附类别是根据吸附质与吸附剂之间相互作用力的不同划分的。一般情况下，吸附基本可以分为物理吸附、化学吸附和物理化学吸附。

1. 物理吸附

当物理吸附时，吸附质与吸附剂之间以分子间力（范德华力）相互作用。由于范德华力普遍存在于所有分子之间，因此吸附剂表面吸附了吸附质分子后，被吸附的分子还可以再吸附吸附质分子，因此物理吸附可以是单层的也可以是多层的，其吸附热较低，接近于气体的冷凝热。一般来说，物理吸附是可逆过程，几乎不需要活化能，吸附和解吸速度快，容易达到吸附平衡。

2. 化学吸附

当化学吸附时，吸附质分子与吸附剂表面发生化学作用，以化学键力相结合。化学键力很强，因此被吸附分子与吸附剂表面形成化学键后，就不会再与其他吸附质分子成键，故化学吸附是单层的，且对吸附质的选择性比较高。化学吸附的吸附热较高，与化学反应热相当，比物理吸附热大得多。实际上，化学吸附过程皆伴随物理吸附过程，是不可逆的，需要一定的活化能，而且吸附平衡不容易达到。

3. 物理化学吸附

在气体分离过程中绝大多数是物理吸附，只有少数个别情况，如载铜吸附剂吸附CO过程同时具有物理吸附和化学吸附的特性。因此就吸附分类而言，物理化学吸附不能单独作为一类。

三、变压吸附技术

1. 变压吸附定义

变压吸附（pressure swing adsorption，PSA）是利用混合气体中不同组分在吸附剂上平衡吸附量或扩散速率的差异以及被吸附组分在吸附剂上吸附量随其吸附分压升高而增加、随其吸附分压降低而减少的特性，在高分压条件下完成被吸附组分的吸附，在低分压条件下完成被吸附组分的解吸，吸附剂获得再生，从而实现混合气体各组分的分离及吸附剂循环使用的过程。如果温度不变，在加压的情况下吸附，用减压（抽真空）或常压进行解吸的方法，称为变压吸附。可见，变压吸附是通过改变压力来吸附和解吸的。变压吸附操作由于吸附剂的热导率较小，吸附热和解吸热所引起的吸附剂床层温度变化不大，故可将其看作等温过程，其工况为在较高压力下吸附，在较低压力下解吸，变压吸附沿着吸附等温线进行。

2. PSA 气体分离技术

PSA 是一种新型的气体吸附分离技术，具有以下特点：产品纯度高，可在室温和不高的压力下工作；床层再生时不用加热；设备简单，操作、维护简便；连续循环操作，可完全达到自动化。由此可知，PSA 通常是在压力环境下进行的，采用加压和减压相结合的方法。一般是由加压吸附、减压解吸组成的吸附-解吸系统。在等温情况下，利用加压吸附和减压解吸组合成吸附操作的循环过程。吸附剂对吸附质的吸附量随着压力的升高而增加，并随着压力的降低而减少，同时在减压或降至常压或抽真空的过程中，放出被吸附的气体，使吸附剂再生，无须外界提供热量。因此，变压吸附既称等温吸附，又称无热再生吸附。

根据目标产物的性质差异，变压吸附技术可分为重组分回收型和轻组分回收型两大类。其中，一氧化碳、二氧化碳等重质气体的提纯属于重组分回收型，而轻组分回收型主要针对氢气、甲烷、氧气等轻质气体的分离纯化。本章将重点阐述以重组分一氧化碳作为目标产物的变压吸附技术的原理及其工业应用。第十章则重点阐述以轻组分氢气作为目标产物的变压吸附技术的原理及其工业应用。

第二节　变压吸附分离 CO 基本原理

一、变压吸附原理

PSA 吸附原理按吸附剂上平衡吸附量和扩散速率可分为以下两种。

（1）PSA 平衡吸附量差异型

根据吸附剂对不同组分的平衡吸附量差异来进行混合气的分离，此时平衡吸附量大的组分称为强吸附组分，而平衡吸附量小的组分称为弱吸附组分。

（2）PSA 扩散速率差异型

根据不同组分在吸附剂上扩散速率的差异来进行混合气的分离，此时扩散速率较快的组分称为强吸附组分，而扩散速率较慢的组分称为弱吸附组分。

弱吸附组分从吸附床出气端产出，而强吸附组分由吸附床进气端解吸流出。

无论采用哪种 PSA 吸附工艺类型，为了保证变压吸附能够连续稳定操作，工业上通常采用两塔或多塔工艺，使吸附塔中吸附剂的吸附和再生可以交替进行。以弱吸附组分为产品的变压吸附工艺中吸附塔在一个周期内一般需要经历吸附、均压降压、逆放、冲洗/抽真空、均压升压、终升压等步骤，如变压吸附制氢工艺、变压吸附制氧工艺等。以强吸附组分为产品的变压吸附工艺中吸附塔在一个周期内一般需要经历吸附、均压降压、置换、逆放、冲洗/抽真空、预吸附、均压升压、终升压等步骤，如变压吸附分离 CO 工艺、变压吸附捕集 CO_2 工艺等。

二、变压吸附热力学与动力学

1. 吸附等温线

吸附量与气体压力和温度有关，是吸附剂的基本性质。在恒温下，吸附量与气体压力之间的关系曲线称为吸附等温线，是表征吸附剂性能最常用的方法。吸附量恒定时，压力与温度的关系称为吸附等量线，通过吸附等量线可以得到微分吸附热。压力恒定时，吸附量与温度的关系曲线称为吸附等压线。吸附等温线的形状可以很好地反映吸附质和吸附剂之间的物理和化学作用。

2. 吸附等温线分类

吸附等温线大致可分为五种类型，见图 9-1。

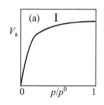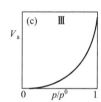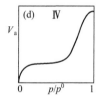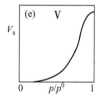

图 9-1　五种类型的吸附等温线

由图 9-1 可知，变压吸附等温线分为五类，可分别称为 Ⅰ 类吸附等温线、Ⅱ 类吸附等温线、Ⅲ 类吸附等温线、Ⅳ 类吸附等温线、Ⅴ 类吸附等温线。各类等温线特点如下：

① Ⅰ 类吸附等温线，常见于外表面相对较小的微孔固体材料；

② Ⅱ 类吸附等温线，反映了不受限制的单层-多层吸附，曲线上存在拐点，常见于无孔或大孔材料；

③ Ⅲ 类吸附等温线，曲线上不存在拐点，常见于无孔或大孔材料；

④ Ⅳ 类吸附等温线，单层吸附-多层吸附-毛细凝聚，常见于介孔类吸附剂材料；

⑤ Ⅴ 类吸附等温线，在较高的相对压力下存在拐点，如具有疏水表面的微/介孔材料的水吸附行为。

如常见气体在沸石分子筛、活性炭、硅胶、活性氧化铝等微孔材料上的吸附等温线基本表现为 Ⅰ 型吸附等温线，如图 9-1 （a），也称为 Langmuir 型。吸附量与压力的数学关系可用 Langmuir 吸附等温式表示：

$$\theta = \frac{q}{q_m} = \frac{bp}{1+bp} \tag{9-1}$$

式中 θ——吸附剂表面吸附质的覆盖率；

  q——吸附压力为 p 时对应的平衡吸附量；

  q_m——吸附剂的饱和吸附量；

  b——吸附作用的平衡常数；

  p——吸附压力。

常用的吸附等温方程还有 Henry 方程、Freundlich 方程、BET 方程、Kelvin 方程，等等。

3. 吸附过程的传质

吸附质在吸附剂上的吸附过程较为复杂。以气相吸附为例，吸附质从气流主体到吸附剂内部孔道，需要突破外扩散和内扩散阻力，内扩散阻力还包含大孔扩散阻力和微孔扩散阻力，吸附过程传质阻力种类见图 9-2。

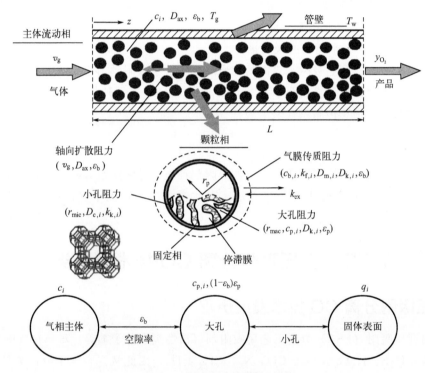

图 9-2 吸附过程传质阻力种类

外扩散：气体分子从气流主体通过吸附剂周围的气膜到达吸附剂外表面的过程。

大孔扩散：气体分子进入吸附剂晶粒之间大孔的过程。

微孔扩散（也称为晶内扩散）：气体分子进入吸附剂晶粒内部的微孔的过程。

扩散是物质分子从高浓度区域向低浓度区域转移，直至均匀分布的现象。分子热运动的存在使得扩散过程能够在没有外力作用的情况下自发地进行，吸附时先外扩散再内扩散，解吸时先内扩散再外扩散。以扩散方式到达吸附剂表面的物质的量可用菲克定律描述：

$$J = -D \frac{\mathrm{d}c}{\mathrm{d}x} \tag{9-2}$$

式中 J——扩散通量；

D——扩散系数；

$\dfrac{\mathrm{d}c}{\mathrm{d}x}$——浓度梯度。

传质速率方程通常采用线性推动力模型描述：

$$\frac{\partial q}{\partial t}=k(q_0-q) \tag{9-3}$$

或

$$\frac{\partial q}{\partial t}=kA(c_0-c) \tag{9-4}$$

式中　$\dfrac{\partial q}{\partial t}$——吸附速率；

　　　　k——总传质系数；

　　　　A——单位质量吸附剂的表面积；

c_0、c——主体浓度和吸附剂表面浓度；

q_0、q——与 c_0 和 c 平衡时的吸附量。

显然，以扩散方式到达吸附剂表面的物质的量应等于吸附动力学求解的物质的量，所以传质系数可以由扩散系数计算得到。分别以 k_1、k_2 和 k_3 表示外扩散、大孔扩散和微孔扩散过程的传质系数，则总传质系数表示为：

$$\frac{1}{k}=\frac{1}{k_1}+\frac{1}{k_2}+\frac{1}{k_3} \tag{9-5}$$

实际上，传质系数与许多变量有关，如吸附剂种类、被吸附组分种类、吸附工况等，如此复杂的关系难以用一个通用的公式表示，因此在大多数情况下，传质系数以实验方式求得。

第三节　变压吸附分离 CO 技术及其类型

一、变压吸附分离 CO 技术发展历程

常见的变压吸附（PSA）分离工艺用吸附剂（活性炭和分子筛等）对原料气中各组分的吸附能力为：H_2S、H_2O＞CO_2≫CO＞N_2、CH_4≫H_2，因此从混合气中分离高纯度的 CO 产品气通常采用两段串联的 PSA 工艺，一段脱除比 CO 吸附能力强的组分（CO_2、H_2O），二段脱除比 CO 吸附能力弱的组分（H_2、N_2、CH_4）。

林德公司[1]于 20 世纪 80 年代开发出以 5A 分子筛吸附剂为基础的两段法变压吸附分离 CO 工艺，随后中国也开始进行 PSA 法分离提纯 CO 气体的相关研究。20 世纪 90 年代，西南化工研究院在山东淄博有机胺厂实现了国内首套以 5A 分子筛为吸附剂的 PSA 分离 CO 工艺的工业化应用，但由于 5A 分子筛吸附剂的 CO 分离性能较差，提纯后 CO 气体产品的收率和纯度均较低，因此该 PSA 分离 CO 工艺在国内的推广项目较少。

为提高 PSA 分离 CO 工艺的效率和适应性，从 20 世纪 80 年代末开始，研究机构开始研究高性能 CO 分离用吸附剂，并希望在一段 PSA 装置内实现 CO 与 CO_2 和其他杂质组分的分离，其代表性研究成果为使用载铜吸附剂的变压吸附分离 CO 工艺。1987 年日本钢管

公司（NKK）公布的专利[2]报道用 CuY 吸附剂经一段变压吸附，可从钢厂尾气中以高收率分离得到高纯 CO，并通过中试。国内从 20 世纪 90 年代初开始开发使用载铜吸附剂分离 CO 工艺，2003 年由北大先锋科技股份有限公司在江苏丹阳化工集团醋酐生产装置上实现使用载铜吸附剂的变压吸附分离提纯 CO 工艺的首套工业示范化应用[3]。

二、变压吸附分离 CO 技术类型

目前已工业化的变压吸附分离 CO 有两种工艺，分别是不需要脱除 CO_2 的流程和需要脱除 CO_2、H_2O 等吸附能力强的组分的流程。此外，对于 CO 纯度要求特别高的项目，可设置两段变压吸附分离 CO 流程，第一段工序将 CO 富集到 98% 以上，第二段进一步脱除一段工序产品 CO 中的杂质，使最终产品 CO 纯度达到 99.999% 以上。如采用 5A 分子筛为吸附分离 CO 工序的吸附剂，原料气进入 CO 分离工序前必须将 CO_2、H_2O 脱除，否则 CO_2、H_2O 杂质将全部留存在 CO 产品中。

对于采用载铜吸附剂的变压吸附分离 CO 工艺，如原料气中 CO_2 含量较低，且 CO 产品对杂质 CO_2 要求不高，则原料气进入 CO 分离工序前可不需要脱除 CO_2。一段四塔 PSA 分离 CO 工艺流程如图 9-3 所示，每个吸附塔在一个周期内经历吸附、均压降压、置换、逆放、抽真空、均压升压和终充升压等步骤，四个吸附塔轮流切换，实现了连续化生产。

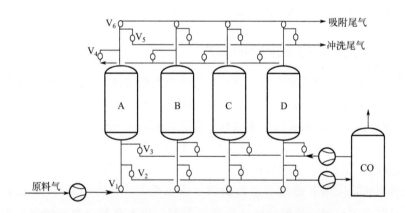

图 9-3　一段四塔 PSA 法分离 CO 工艺流程示意图
A~D—吸附塔；V_1—进气管线阀门；V_2—逆放管线阀门；V_3—产品管线阀门；
V_4—均压管线阀门；V_5—冲洗尾气管线阀门；V_6—吸附尾气管线阀门

近年来，变压吸附分离 CO 工艺研究主要集中于如何提高 CO 回收率、降低 CO 生产成本等方面。通过时序改进、吸附塔和缓冲罐结构优化、CO 产品纯度和产量自动控制，CO 的回收率大幅提升，生产成本也明显下降。如采用多塔、多次均压技术，可以最大限度地回收死空间有效气体[4]。设计合理的吸附塔结构，使气体分布更加均匀、床层死空间减少，从而提高 CO 收率[5]。专利 CN109701359B 提出将解吸气分股流入产品气缓冲罐并从顶部流出的缓冲罐设计，可解决现有变压吸附工艺装置因解吸过程的周期性变化带来的产品气组分波动大的问题。

三、变压吸附分离 CO 吸附剂的发展历程

CO 吸附剂类型主要有分子筛、负载金属 π 络合吸附剂等。早期工艺主要采用分子筛分离回收工业混合气中的 CO，但分子筛对 CO 的吸附容量和选择性较低，因此分离得到的 CO 纯度和收率均较低。为了得到高效的 CO 吸附剂，研究者们利用过渡金属离子 Cu^+、Ag^+ 等能与 CO 发生 π 络合的原理，尝试将金属离子负载分散于分子筛、活性炭等高比表面的多孔材料上制备 CO 选择性更高的吸附剂，这类吸附剂习惯上被称为 π 络合吸附剂。由于 Cu^+ 与 CO 络合能力强于 Ag^+，因此 Cu^+ 负载型吸附剂具有更高的 CO 吸附能力和吸附选择性。

20 世纪 70 年代，美国联碳（Union Carbide）公司报道了用 Cu^+ 和 Ag^+ 离子交换法制备 CO 吸附剂的专利。1973 年，Huang 制备了 Cu（Ⅰ）Y 分子筛并研究了用该吸附剂吸附 CO 的过程，指出该吸附剂吸附性能的好坏取决于吸附剂表面 Cu^+ 的含量。1986 年，日本钢管公司（NKK）[6] 报道了直接把适量的 CuCl 负载到 Y 型分子筛表面，提高了吸附 CO 的选择性和吸附量，将该吸附剂用于从钢厂尾气中分离 CO，得到了较高纯度的 CO 和回收率。1997 年，北京大学谢有畅等[7] 利用自发单层分散原理将 CuCl 通过固混加热的方式分散在 NaY 载体上，制得高效的 CO 吸附剂，并成功用于工业上变压吸附分离 CO。2007 年，南京工业大学姚虎卿[8] 开发了 NA 型 Cu 系 CO 吸附剂，并进行了 NA 型吸附剂用于醋酸尾气和高炉尾气中 CO 气体回收工业侧线探索实验，效果较佳。

四、变压吸附分离 CO 吸附剂现状

近年来，载铜吸附剂的研究方向主要包括载体种类和活性组分的选择等方面，以提高吸附剂的吸附性能或降低吸附剂的生产成本。载铜吸附剂的载体主要有分子筛、活性炭、活性氧化铝、二氧化硅、大孔树脂及黏土等具有丰富比表面积的多孔物质，其中以分子筛和活性炭作为载体的应用最为广泛。Yang 等[9] 将 CuCl 和 5A 分子筛在乙醇溶液中进行浸渍，得到 Cu（Ⅰ）/5A 吸附剂，在 298K 和大气压下，Cu（Ⅰ）/5A 对 CO 的吸附容量达到 3.44mmol/g。祝立群等[10] 将 CuCl、$CuCl_2$ 通过浸渍法负载于活性炭上，制备得到 CuCl/活性炭吸附剂。陈鸿雁等[11] 也制备了负载一价铜盐的活性炭吸附剂，用来吸附分离转炉煤气中的 CO。近几年来，金属有机框架、石墨烯等新型材料也成为研究热点。

载铜吸附剂制备方法中最为常用的活性组分为 CuCl 和 $CuCl_2$。前者通常通过固相热分散法或浸渍法将 CuCl 负载于多孔材料上，但是 CuCl 在空气和水中不能稳定存在，因此制备过程中通常需要有机溶剂或者惰性气氛保护。后者常用于与沸石发生离子交换得到 Cu^{2+} 型沸石，然后使用 H_2 或者 CO 将 Cu^{2+} 型沸石还原为 Cu^+ 型沸石吸附剂。CuCl 负载型吸附剂在保存时需要干燥、避光、隔绝空气，避免吸附剂氧化、变质，而且在使用前通常需要在一定条件下将 Cu^{2+} 还原成 Cu^+ 以恢复其活性。此外，还有一些文献报道使用有机铜盐作为铜源制备载铜分子筛，如马静红等[12] 将二价铜盐 $CuCl_2$ 和 $Cu（HCOO）_2$ 负载于活性炭载体表面制备得到吸附剂前驱体，然后通过简单的加热焙烧制备得到 CuCl/活性炭吸附剂。其中反应原理为：$CuCl_2 + Cu（HCOO）_2 \Longrightarrow 2CuCl + CO + CO_2 + H_2O$。Lee 等[13] 使用 $Cu（HCOO）_2$ 和 HCl 浸渍球形活性炭载体，制备得到 Cu（Ⅱ）/活性炭吸附剂，然后在 300℃、

N_2 气氛保护下自还原得到 $Cu(I)$ 吸附剂。

第四节　变压吸附分离 CO 的影响因素

一、高含氮原料气

高含氮原料气主要是指同时含有可利用的 CO 和 N_2（含量大于 10%，体积分数，本节下同）的混合气体。高含氮原料气一般来自空气煤气化、热解等过程。另外，一些工业废气，如高炉煤气、转炉煤气、醋酸尾气、电石炉尾气、炭黑尾气等，经过预处理后，也成为高含氮原料气。

1. 空气煤气和热解煤气

以空气为气化剂的煤气化过程，合成气中 N_2 含量可达 20% 以上，是高含氮原料气的重要来源。煤炭生产兰炭过程中，会产生大量的热解煤气，也称为荒煤气。荒煤气的产率和组成因热解或炼焦用煤质量和工艺过程不同而有很明显的差别，主要成分是 N_2、H_2、CO_2 和 CO。其中 CO 的含量一般为 10%～20%，N_2 含量一般较高，可达 35%～50%。

2. 高炉煤气

高炉煤气是高炉炼铁过程中产生的副产品，主要成分是 CO、CO_2、N_2、H_2、CH_4 等，其中 CO 含量约 20%，H_2、CH_4 的含量很少，CO_2、N_2 含量分别为 15% 和 55% 左右，热值仅为 $3500kJ/m^3$ 左右，是钢厂中较难利用的钢厂尾气。

3. 转炉煤气

转炉煤气是在转炉炼钢过程中，铁水中的碳在高温下和吹入的氧生成 CO、少量 CO_2、N_2 的混合气体。回收的顶吹氧转炉气含 CO 50%～80%、CO_2 10%～20%、N_2 10%～50% 以及 H_2 和微量 O_2。转炉煤气中 CO 含量较高，是较好的 CO 提纯原料气。

4. 醋酸尾气

尾气是在甲醇羰基化制醋酸的生产过程中产生的尾气，其中含有大量的 CO。生产情况不同醋酸尾气成分也略有变化，比较常见的组成为 CO（60%～85%）、CO_2（6%～15%）、N_2（4%～10%）、H_2（5%～15%）和 CH_4（1%～4%）等。CO 是醋酸生产的基本原料，尾气中 CO 的回收利用可降低醋酸生产成本。

5. 电石炉尾气

电石炉尾气是生产电石（碳化钙）过程中产生的大量高温含尘烟气。电石炉尾气主要由 CO（40%～90%）、H_2（2%～50%）、CO_2（0.1%～5%）、CH_4（0.1%～2%）、N_2（2%～10%）和少量 O_2 组成。此外，尾气中还含有硫、磷、砷、氟、氯、氰化氢、焦油及大量烟尘等杂质。电石炉尾气组成复杂、不易净化的特点使其回收利用较为困难。

6. 炭黑尾气

炭黑尾气是炭黑生产过程中产生的，是燃料油和预热空气送入燃烧炉进行燃烧反应，生成的 1700℃ 左右的高温烟气。原料油和高温烟气在文丘里喉管内高度混合，进入反应炉内在约 1400℃ 下进行热裂解反应生成炭黑和 H_2 等。最终经净化后的气体为炭黑尾气。其成分为炭黑、CO、CH_4、C_nH_m、H_2、H_2O、N_2、过量 O_2 以及少量 NO_x、SO_x 及 H_2S 等。其中 CO 含量 12%～16%，N_2 含量可高达 50%～70%。

总之，高含氮原料气的来源非常丰富，其中含有大量可利用的 CO、H_2 等有效组分，但 CO 与 N_2 分离难度高等问题，限制了高含氮原料气的高效利用。

二、 CO 分离提纯产品气

高含氮原料气中的有效组分 CO、H_2、CH_4 需要经过分离/提纯后才能进行有效利用。有的将提浓后的可燃气体作为燃料，但是如将 CO、H_2、CH_4 等有效组分提纯出来作为化工合成的原料或产品，产生的经济价值会更高。目前，高含氮原料气中 CO 经分离提纯后，可以生产多种下游化工产品，包括甲醇、乙醇、乙二醇、丁辛醇、甲酸、草酸、醋酸、醋酐、合成氨、N,N-二甲基甲酰胺（DMF）、聚碳、甲苯二异氰酸酯（TDI）等。

采用高含氮原料气生产化工产品，需要将原料气中的 N_2、CO_2 等杂质成分脱除，并得到纯度较高的 CO。通常 CO 产品气要求纯度在 95%～99.9% 之间，多数要求在 98.5% 以上。

三、高含氮原料气 CO 分离瓶颈

为实现高含氮原料气中 CO 高效利用，需要将原料气中 N_2 脱除。高含氮原料气中 CO 分离的瓶颈主要有：

1. N_2 分离难

N_2 不同于 CO_2，在使用载铜吸附剂 PSA 分离 CO 工艺没有工业化之前，国内外鲜有成熟的工艺从富 CO 氛围中高效脱除 N_2。N_2 和 CO 的分离是个公认的世界性难题，因为 N_2 和 CO 分子量相同，沸点（常压下分别为 $-195.8℃$ 和 $-191.5℃$）、分子直径都非常相近，采用传统的深冷液化技术、5A 分子筛吸附剂 PSA 分离 CO 工艺和溶液吸收工艺无法实现 N_2 和 CO 的有效分离。同时，大部分高含氮原料气的压力较低，而压力是影响气体吸附或吸收的重要因素，无论采用固体吸附还是溶剂吸收，脱除和分离这些组分难度均较大，分离效率较低。

2. CH_4 分离难

如高含氮原料气中甲烷含量较低（小于 1%），而 CO 产品需要甲烷含量很低（小于 0.001%），则采用 5A 分子筛变压吸附法几乎无法实现高含氮原料气的 CO 分离；而采用传统的深冷液化技术，生产成本又较高。

3. 杂质处理难

高含氮原料气中往往含有较多的有毒有害杂质，比如荒煤气中含有较多的苯、萘、有机硫、焦油、氨等有毒有害物质，其中焦油和萘容易凝结结晶，氨和 CO_2 易生成碳铵等，会堵塞管道；在加压升温过程中易发生碳铵结晶、结焦结垢等现象，同时堵塞压缩机缸体流道，并附着在叶片上，特别是对离心式压缩机的影响非常大；如有毒有害杂质未脱除干净，还易造成下游工艺中吸附剂和催化剂中毒和性能下降。但是，常规的净化除杂措施难以将复杂的杂质组分高效率完全脱净，因此严重影响 CO 提纯工艺的选择。

综上所述，对于从高含氮原料气中提纯 CO 用于生产高附加值的化工产品，在净化处理和分离技术上存在瓶颈和难度。在杂质脱除干净的前提下，利用载铜吸附剂的一价铜离子与 CO 络合吸附原理以及 CO/N_2 和 CO/CH_4 分离系数高的吸附特性，采用载铜吸附剂变压吸附分离技术，或可有效解决 CO 与 N_2、CH_4 难分离的行业难题，使高含氮原料气提纯 CO 成为可能，实现高含氮原料气深度利用的目标。

第五节　PU-1 吸附剂性质特点

一、自发单层分散原理

自发单层分散是指经高温加热后盐类或氧化物可在载体表面以分子态自发单层分散，由北京大学谢有畅教授在 1980 年首次发现。研究表明，许多盐类或氧化物粉末和高比表面载体粉末混合后，在低于它们熔点的适当温度下烘烤，这些盐类或氧化物的晶相量会大大减少，原因是它们可在载体表面自发呈单层或亚单层分散，这种分散存在一个最大分散量（称分散阈值），当盐类的含量低于此阈值时，呈单层或亚单层分散；超过此阈值时，有剩余的晶相存在，这种分散是热力学自发过程，是很普遍的现象。自发单层分散的原理于 1982 年在《中国科学》上首次论述，并于 1990 在 *Advances in Catalysis* 上发表综述性文章。

二、 PU-1 吸附剂性质特点

与其他 Cu 吸附剂相比，PU-1 吸附剂直接以 CuCl 为原料，用热分散法制备单层分散型 CuCl/分子筛吸附剂，避免了 $CuCl_2$ 溶液浸渍法的腐蚀和污染问题，以及生产过程中 CuCl 的氧化，保证了吸附剂的优良 CO 吸附性能。PU-1 的吸附等温线（25℃）见图 9-4。

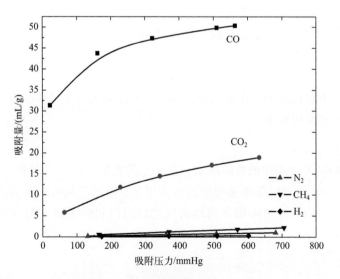

图 9-4　PU-1 的吸附等温线（25℃）
1mmHg＝133.32Pa

从图 9-4 中的 PU-1 吸附剂对 CO、CO_2、CH_4、N_2 和 H_2 的吸附等温线可知，PU-1 在分压约为一个大气压时，对 CO 的吸附量大于 50mL/g，对 H_2、N_2、CH_4 的吸附量却很小，对 CO_2 的吸附量也比对 CO 小得多。CO 和 N_2 的分子量相同、沸点相近，普通分子筛吸附剂对 CO/N_2 的分离系数都比较低，而且对 CO_2 的吸附量远大于对 CO 的吸附量，导致工业上采用 5A 分子筛的变压吸附分离 CO 技术较难得到高纯度的 CO 产品，而且 CO 的收率也比较低。采用低温精馏分离 CO 和 N_2，同样存在操作费用高、设备投资大等缺点。

由于 PU-1 吸附剂具有 CO/N_2 分离系数高的优点，为从一些含 CO 和 N_2 的混合气中低成本分离 CO 提供了一条有效的工艺路线。PU-1 吸附剂对 CO 和 CH_4 的吸附性能差异也很大，这一特点对从含 CH_4 较高的原料气分离出高纯 CO 特别重要，一些化工产品的合成，例如 TDI、MDI 和聚碳酸酯生产所需原料光气的合成，要求 CO 中 CH_4 含量（体积分数）低于 0.0001%，采用 PU-1 吸附剂的变压吸附工艺较容易满足此要求。PU-1 吸附剂对 CO 的吸附量大于对 CO_2 的吸附量，虽然差异不像 CH_4 和 N_2 的那么大，但大幅度降低了吸附分离 CO 工艺对原料气中 CO_2 含量的要求。如果 CO 产品对 CO_2 的含量要求不高，甚至可采用一段变压吸附工序直接从含 CO_2 的原料气中分离 CO。普通的分子筛吸附剂由于表面含碱金属离子，它对酸性 CO_2 分子的吸附能力远强于 CO，而且吸附的 CO_2 很难降压解吸，因此若采用 5A 分子筛变压吸附分离 CO 工艺，必须先脱除原料气中的 CO_2 再进行 CO 分离，否则会影响 5A 分子筛分离 CO 的性能并导致 CO_2 几乎全部进入 CO 产品中。

第六节　变压吸附分离 CO 工艺流程与设备选型

一、变压吸附分离 CO 工艺流程简述

变压吸附分离 CO 工艺与其他变压吸附工艺类似，主要由多台吸附塔和多排程控阀门组成。原料气经压缩或脱碳后进入 PSA-CO 装置，为了保证 CO 产品生产的连续性，PSA-CO 装置通常由四个及四个以上吸附塔组成，任何时刻均有一台或多台吸附塔处于吸附阶段，其余各塔处于再生过程的不同阶段，每个塔交替工作，从而达到连续分离提纯 CO 的目的。在一个周期中每个吸附塔均经历吸附、均压降压、置换、逆向放压、抽真空、均压升压、（终）升压等工艺过程。下面以其中一个吸附塔为例，对吸附塔的各个操作步骤进行简要说明。六塔吸附分离 CO 工艺流程见图 9-5。

1. 吸附

原料气进入 PSA-CO 工序的吸附塔中，在预定的吸附压力下，混合气中的 CO 被 PU-1 吸附剂吸附，H_2、N_2、CH_4 等未被吸附的组分作为吸附尾气从吸附塔顶流出吸附塔。当进行到预定的吸附时间后，关闭吸附塔的原料气进口阀门和吸附尾气出口阀门，停止吸附步骤，转入再生过程。

2. 均压降压

结束吸附步骤后，将上述吸附塔与处于低压的吸附塔连通，将吸附塔死空间内的 CO 和压力能回收，并使共吸附的杂质气体解吸。

3. 置换

吸附塔经过多次均压步骤后，CO 在吸附塔中的吸附前沿进一步向吸附床层的出口移

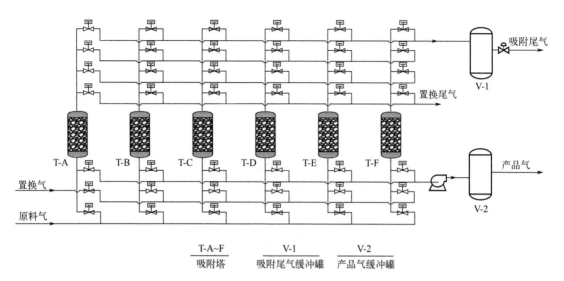

T-A~F	V-1	V-2
吸附塔	吸附尾气缓冲罐	产品气缓冲罐

图 9-5 六塔吸附分离 CO 工艺流程

动，为了提高吸附床中的 CO 含量，用少部分 CO 产品气增压后顺向置换吸附塔中吸附剂，将吸附塔中死空间和吸附剂上共吸附的杂质组分置换出吸附塔，同时用另外一个吸附塔回收置换尾气中的 CO。

4. 逆向放压

置换结束后，吸附塔内为 CO 产品气，打开吸附塔逆放阀门，将吸附塔内的气体放入 CO 产品气缓冲罐。

5. 抽真空

逆向放压结束后，为得到更多产品 CO 并使吸附剂得到再生，用真空泵逆着吸附方向对吸附塔进行抽真空操作，使被吸附的 CO 彻底地解吸，解吸下来的 CO 流入产品气缓冲罐。

6. 吸附塔均压升压

抽真空步骤结束后，将上述吸附塔依次与压力较高的吸附塔相连通进行均压升压，回收高压吸附塔脱附的 CO 和压力能。

7. 吸附尾气对吸附塔最终升压

经历了以上各个均压升压步骤的吸附塔还未达到预定的吸附压力，为了使吸附塔可以平稳地切换到下一次吸附并保证吸附塔中的 CO 吸附前沿在终升压过程中平稳移动，需要用其他吸附塔的吸附尾气将吸附塔压力升至预定的吸附压力。至此，吸附床完成了一个完整的吸附-再生循环过程，并为下一个循环做好了准备。各塔的步骤相互错开互相协调，用计算机编程控制阀门开关时序，多塔轮流切换，从而实现高纯 CO 的连续生产。

二、变压吸附分离 CO 工艺主要设备选型

1. 吸附塔

吸附塔是变压吸附分离 CO 装置中核心设备之一，其主要功能是装填 CO 吸附剂吸附高含氮原料气中的 CO。吸附塔设计考虑的主要因素有：气体进入吸附塔时气流分布是否均

匀；塔内死体积尽可能小；在设备进行吸附、均压、顺放、置换等工艺步骤时吸附剂不能因吸附塔结构设计不合理而发生流化和气体分布不均等现象。吸附塔根据气流的流向分为轴向吸附塔和径向吸附塔，见图9-6。

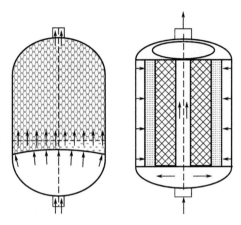

图 9-6　轴向（左）和径向（右）吸附塔结构示意图

目前变压吸附分离 CO 工艺采用的吸附塔多为轴向吸附塔。设计轴向吸附塔时主要考虑的内容有吸附塔直径、高度、壁厚等以及吸附塔封头、上下分布器选型等。由于变压吸附分离 CO 工艺中 CO 为吸附相，为得到高纯度的 CO 产品，在吸附步骤中 CO 在吸附床层中几乎吸附饱和，在均压降压步骤中大量吸附的 CO 会解吸，导致降压过程中顺向流通的气量大幅增加，吸附剂较容易发生流化现象。另外，CO 产品气逆向由吸附塔产出前，吸附剂需经历顺向降压和产品气置换两个步骤，顺向降压过程中吸附塔下封头中原料气都会顺向冲洗吸附剂，影响吸附剂吸附 CO 的性能，置换步骤中需将下封头中原料气置换干净，并将其在置换过程中对吸附剂的吸附性能影响降到最小，因此吸附塔下分布器死体积大小对 CO 产品的纯度影响很大，同时也对吸附剂的吸附性能有影响。总之，相比变压吸附提氢工艺，变压吸附分离 CO 的吸附塔设计需要考虑的因素更多。

2. 程控阀门

程控阀门是变压吸附工艺设计运行顺利实现的关键设备，程控阀门的可靠性是影响变压吸附装置长期稳定运行的最重要因素。变压吸附用程控阀门与其他领域用程控阀门相比有两个较大的差异：一是开关频次高，以变压吸附分离 CO 工艺为例，每个阀门的开关频次为 10～20 万次/年；二是要求开关时间短，一般要求阀门完全开关时间小于 2s。由于大部分变压吸附分离 CO 工艺，产品 CO 为抽真空所得，因此装置中任何一个程控阀门漏气或有阀门关闭时间太长，都可能使不合格的气体漏入产品中，导致 CO 产品纯度下降。

目前变压吸附装置中常用的程控阀门有三类，分别为截止阀、蝶阀和球阀。蝶阀和球阀在结构和密封面材质选择方面进行了大量改进，但仍无法实现在经过几十万次开关后密封面不发生磨损。对于 CO 纯度要求很高的变压吸附分离 CO 装置，选择蝶阀和球阀的较少，大部分变压吸附分离 CO 装置选择程控截止阀，其结构多为平板型。由于平板截止阀的特殊结构，密封面不会因频繁开关而发生磨损，但平板截止阀对装置开车前的管道吹扫工作质量要求比较高，若吹扫工作没有做到位，管道中会残留焊渣或硬的固体颗粒，当装置运行时如固体颗粒落在阀门密封面上，开关过程中极易导致密封面严重受损，从而影响阀门密封性。图

9-7 为典型的程控截止阀的结构示意图。

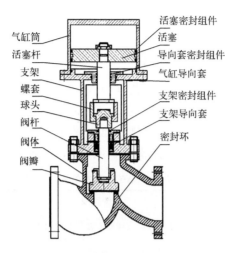

图 9-7　程控截止阀的结构示意图

3. 控制系统

变压吸附分离 CO 工艺用控制系统与其他变压吸附工艺并无差异，常用的控制系统为 PLC 和 DCS 系统。目前变压吸附分离 CO 控制系统需要重点考虑三点：一是如何在保证产品纯度不发生较大变化情况下实现事故塔切除操作；二是如何通过控制调节阀的开度避免吸附剂流化；三是如何实现 CO 产量和纯度的自动调节。

4. 真空泵

变压吸附工艺用真空泵常用种类有往复真空泵、水环真空泵、离心真空泵和罗茨真空泵。

采用 PU-1 吸附剂的变压吸附工艺，CO 产品通常采用真空泵降压抽出。由于 PU-1 吸附剂的吸附特性，通常工程上 PU-1 吸附剂可利用的 CO 动态吸附容量大部分为 CO 在 0.1MPa 分压下的吸附量，因此工程上对真空泵不仅要求真空度低，真空度达到 -80kPa 以下，而且要求单台泵抽气量大。水环真空泵单台抽气量比较大，设备运行可靠性较高，日常维护工作量少，但真空泵极限真空度一般为 -70kPa，而且抽空的产品气含水量较人，需要干燥脱水后作为产品输出，且水环真空泵的机械效率较低。单级干式罗茨真空泵单台抽气量大，但真空度只能达到 -55kPa，双级罗茨真空泵真空度也仅能达到 -75kPa 左右，且罗茨真空泵噪声较大。离心真空泵在高效点相比罗茨真空泵和水环真空泵机械效率高，但变压吸附工况是一种频繁变化的工况，离心真空泵若不采用变频电机很难使真空泵处于高效点，另外大气量、高真空的离心泵使用场合较少，目前在变压吸附分离 CO 工艺中应用较少。往复真空泵具有真空度低，不会给 CO 产品中带入水、油污等杂质等优点，但往复真空泵有单泵抽气量小、真空度低时抽气效率低、日常维护工作量大、必须有备机等缺点。由于目前采用 PU-1 吸附剂的变压吸附分离 CO 工艺采用往复真空泵的比较多，我国的往复真空泵技术发展较快，目前往复真空泵最大抽气量已达到 4800L/s，并已实现工业化应用。

第七节 变压吸附分离CO环保、能耗与安全

一、变压吸附分离CO三废排放

变压吸附提纯高含氮原料气的CO工艺（PSA-CO）是绿色环保的过程。典型的PSA-CO装置三废排放和处理具体如下：废气主要是PSA装置排放的PSA解吸气，可作为燃料利用；废水主要为低压蒸汽凝液，可排入地沟或按需回收；固废主要是PSA吸附剂，排放频率较低，且均由专业回收厂家进行处理。典型PSA-CO装置的固废排放见表9-1。

表9-1 典型PSA-CO装置的固废排放

序号	排放源	固废名称	固废类型	排放频率	处理方法及排放去向
1	PSA吸附塔	吸附剂	硅铝酸盐类硅铝酸盐负载金属类	≥15年	由专业回收厂家处理
2	TSA吸附塔	吸附剂	硅铝酸盐类活性炭类	≥3年	

二、变压吸附分离CO能耗

PSA-CO装置的能耗主要包括电、冷却水、蒸汽、仪表空气和低压氮气等。下面以典型的高含氮原料气PSA-CO装置为例，如新疆哈密广汇采用PSA-CO装置吸附处理178979m^3/h荒煤气（兰炭尾气）时，PSA-CO项目公用工程消耗见表9-2。

表9-2 PSA-CO项目公用工程消耗

序号	名称	规格	用量	用途
1	高压电	10kV	8400kW	动力设备使用,包括真空泵、CO置换气压缩机、CO置换尾气压缩机
2	低压电	380V/220V,50Hz±0.5Hz	20kW	仪表、照明、检修
3	循环冷却水	给水温度:32℃;给水压力:0.45MPa(G) 回水温度:42℃ 回水压力:≥0.25MPa(G)	650t/h	冷却器、真空泵 CO置换气压缩机 CO置换尾气压缩机
4	低压蒸汽	正常操作值1.0MPa(G)	5.0t/h	PSA加热器
5	中压蒸汽	正常操作值2.4MPa(G)	2.5t/h	TSA加热器
6	仪表空气	露点:≤−50℃;温度:环境温度 到阀门压力:0.4～0.65MPa(G) 油:<1mg/m^3 尘:<1mg/m^3 粒度:≤1μm 纯度:99.99% O_2:≤10cm^3/m^3	550m^3/h	程控阀、调节阀
7	低压氮气	压力:0.35～0.4MPa(G) 温度:环境温度	24000m^3/h	正常生产,TSA加热、冷却步骤使用;真空泵N_2封使用;系统置换时大量使用

注:不包括CO产品气压缩机公用工程。功率为轴功率。

三、变压吸附分离 CO 职业危害与有害因素

1. 主要职业危害与有害因素分析

PSA-CO 装置生产过程中使用的原料气主要组成为 H_2、CO、CH_4 等，生产过程中具有易燃易爆的特性，整个生产过程的危险性较大。

① 燃烧/爆炸：该装置生产过程中的原料和产品均具有易燃、易爆的特性。例如，原料气中富含 H_2、CO、CH_4 等，一旦装置发生泄漏，当这些物料在空气中的体积分数处于爆炸极限范围内时，遇到点火源，就有燃烧/爆炸的危险。

② 毒性危害：该装置生产时含有 CO 等具有毒性危害的气体，如果发生泄漏将有中毒的危险。

③ 高温烫伤：该装置生产时使用的是高温蒸汽，应当注意蒸汽的泄漏，以免造成高温烫伤事故。

④ 高处坠落：装置区中存在较高的建筑物，有些设备需要在高处进行操作、巡检和维修作业，如不采取防护措施，有发生坠落的危险。

2. PSA-CO 装置主要有害物料的特性

PSA-CO 装置主要有害物料的特性见表 9-3。

表 9-3　PSA-CO 装置主要有害物料的特性

物质	性质及状态	毒害特性	密度 /(mg/m^3)	空气中燃烧爆炸极限(体积分数)/%	空气中最高允许极限/(mg/m^3)	火灾危险分类	职业性接触毒性危害程度分级
CO	无色、无味、无臭气体	干扰血液携氧，使人窒息死亡，并引发各种继发症	1.25	12.5~74.2	30	乙类	Ⅱ级(高度危害)
H_2	无色透明气体	高浓度暴露可引起窒息	0.09	4.1~74.2	—	甲类	
CH_4	无色无臭气体	基本无毒,高浓度可致窒息	0.72	5.0~15.0	—	甲类	

3. 主要危害介质

PSA-CO 装置的主要危害介质是 CO、H_2 和 CH_4，主要危害因素是火灾和爆炸，危害程度为正常情况下一般不会发生危害。

四、变压吸附分离 CO 安全防护

在平面布置中，应充分考虑安全间距和防火需要，各设备之间的距离须满足安全、消防规范要求，并在此基础上力求优化。整个生产过程为密闭操作，采用 DCS 控制系统，保证自动化程度高、生产的本质安全性较好。装置区的设备均设计可靠的防雷接地系统，输送可燃介质的管道、设备均另外采取防静电措施，并控制流速。生产现场设置事故照明系统和安全疏散标志。选用相应等级的防爆电气设备和仪表，并按规范配线。设备布置应尽量露天

化，防止有毒及易燃物质的积聚。须在生产现场配备个人防护用品，如过滤式防毒面具、防尘面具、护目镜、空气呼吸器、防护服、橡皮手套等，由工厂安全管理部门视情况进行增添或更换。

第八节　变压吸附分离 CO 应用实例

一、变压吸附分离 CO 应用简述

变压吸附分离 CO 技术适用于煤造气、天然气转化气、兰炭尾气、高炉煤气、转炉煤气、醋酸尾气、电石炉尾气、炭黑尾气等高含氮原料气体分离提纯 CO。该技术的国内典型代表是北京北大先锋科技股份有限公司、西南化工研究设计院等单位。其中，北大先锋的相关技术曾获国家技术发明二等奖，其高含氮原料气变压吸附分离提纯 CO 技术的典型业绩见表 9-4。

表 9-4　北大先锋高含氮原料气 PSA-CO 典型业绩

序号	原料气来源	CO 产品气流量/(m³/h)	CO 产品气纯度（体积分数）/%	化工产品	使用单位
1	煤造气	7800	98.50	TDI	甘肃银光聚银化工有限公司
2	煤造气	5200	99.00	TDI	甘肃银达化工有限公司（第 2 套）
3	煤造气	2000	99.00	TDI	甘肃银达化工有限公司（第 1 套）
4	煤造气	8090	98.00	丁辛醇	山东蓝帆化工有限公司
5	煤造气	4000	99.70	聚碳	鲁西化工集团股份有限公司（第 2 套）
6	天然气转化气	3660	99.60	TDI	沧州大化股份有限公司聚海分公司（第 3 套）
7	天然气转化气	10000	99.85	PC	沧州大化新材料有限责任公司（第 2 套）
8	天然气转化气	1350	99.00	TDI	沧州大化 TDI 有限责任公司
9	电石炉尾气	17366	99.50	乙二醇/BDO	新疆天业集团有限公司（第 3 套）
10	电石炉尾气	24000	99.50	乙二醇/BDO	新疆天业集团有限公司（第 2 套）
11	电石炉尾气	6000	99.00	乙二醇/BDO	新疆天业集团有限公司（第 1 套）
12	荒煤气	45720	98.50	乙二醇	哈密广汇环保科技有限公司
13	转炉煤气+焦炉煤气	32000	98.50	乙二醇	山西立恒钢铁集团股份有限公司
14	焦炉煤气	6900	98.50	乙二醇	山西美锦华盛化工新材料有限公司
15	焦炉煤气	25098	99.00	乙二醇	鄂托克旗建元煤化科技有限责任公司
16	转炉煤气	18200	98.50	草酸、甲酸	山东阿斯德科技有限公司
17	高炉煤气	17500	70.00	替代天然气掺烧	湖南衡钢百达先锋能源科技有限公司

尤其值得一提的是，钢厂尾气高效资源化利用技术，可以从多种尾气（高炉煤气、转炉煤气和焦炉煤气）中低成本、大规模地分离出 CO 和 H_2，用于生产乙二醇、乙醇、甲酸、草酸等高附加值的工品；或者，通过将钢厂尾气中的 CO 进行富集来提高钢厂尾气的燃烧热值，替代或减少其他燃料（如天然气等）的使用。将钢厂尾气中 CO 和 H_2 分离后用于化工合成，改变了钢厂尾气燃烧利用的单一途径，开创了钢铁-化工联合生产的跨行业发展模式，通过行业融合实现碳减排的目标。

二、荒煤气变压吸附分离 CO

随着我国兰炭工业不断发展，兰炭生产过程中产生了大量的兰炭尾气，这一部分兰炭尾气一直没有很好的方法进行有效利用，主要是因为兰炭尾气中 N_2 含量过高，约 50%，H_2 含量约 20%、CO 含量约 30%，其他为少量的烃类及杂质，热值仅为 6100~8400kJ/m³。兰炭尾气通常仅作为普通燃料直接燃烧。

我国的兰炭产量可达 5000 万 t/a 以上，以每生产 1t 兰炭副产 700m³ 的兰炭尾气核算，我国兰炭尾气的总量将达到 350 亿 m³/a 以上。如此巨量的兰炭尾气直接排放到大气中或直接燃烧，不仅会造成资源的严重浪费，也白白浪费掉可给企业带来利润的资源，而且会对大气环境造成巨大的污染。把兰炭尾气净化后提纯其中的 CO 和 H_2 等有用组分，通过化工过程合成为甲醇、液化天然气、合成氨、乙二醇等大宗化工产品，可为企业带来更高利润，同时还可解决这类兰炭企业的环境污染问题。2019 年，哈密广汇环保科技有限公司荒煤气综合利用产能 40 万 t/a 乙二醇项目从 178979m³/h 兰炭尾气中分离出 45720m³/h 纯度为 98.5% 以上的 CO 产品气，收率达到 86% 以上。

三、转炉煤气变压吸附分离 CO

转炉煤气不仅可以作为冶金炉的燃料，同时也是一种非常理想的化工原料，有很高的回收利用价值。转炉煤气由炉口喷出时，温度高达 1450~1500℃，并夹带大量氧化铁粉尘，需经降温、除尘、净化回收，方能使用。大部分转炉采用传统的净化回收方式将转炉煤气处理后作为燃气使用，利用价值较低。

采用转炉煤气净化及 CO 提纯工艺，通过"除尘→水解脱硫→干法脱硫→TSA 脱水→除氧→变压吸附分离 CO_2→变压吸附分离 CO"等流程，可成功分离 CO，系统地解决了转炉煤气资源化利用问题。

2017 年，转炉煤气脱碳-分离氮气-提纯 CO 技术成功实现了低成本、大规模的工业化应用，在山东石横特钢集团有限公司建成世界上第一套转炉煤气变压吸附提纯 CO 工业装置。该项目利用石横特钢 45000m³/h 转炉煤气，净化分离制取 18200m³/h CO，用于生产 20 万 t/a 甲酸、5 万 t/a 草酸。产品气 CO 收率>85%，浓度>98.5%，完全满足下游甲酸合成的要求，保证了化工原料气的有效供给。相比于煤造气工艺，该项目的产品成本降低约 30%~60%。这是世界钢铁行业首次成功从转炉煤气中大规模提纯 CO，该项目将钢铁企业的经济效益和环保问题纳入统一解决方案，年均 CO_2 减排 21 万 t，改变了传统化工原料的制备路线，降低了甲酸生产成本，提高了项目整体的抗风险能力。

2018 年，山西立恒钢铁股份有限公司建设的转炉煤气变压吸附提纯 CO 工业装置，产品气 CO 收率>85%，浓度>99%，完全满足下游乙二醇合成的要求，保证了化工原料气的有效供给。转炉煤气处理量 55000m³/h，产品气量（CO 浓度 99%）32000m³/h。

四、高炉煤气变压吸附分离 CO

高炉煤气的排放量在钢铁企业的副产煤气中所占比重最高。近年来，由于国家对钢铁企业节能减排技术的重视，企业中高炉煤气的放散有所减少，目前，高炉煤气的利用方式以燃烧为主。若能将高炉煤气中的有效组分 CO 提浓后加以利用，不仅能大大降低放散率，而且可以增加高炉煤气的经济价值。如将 CO 提浓至 65%～70%，热值可达 8200～9000kJ/m³，产品气能够作为高热值燃料直接燃烧，减少燃料气中天然气的掺烧量；如将 CO 提浓至 98.5% 以上，CO 产品气可作为一些羰基合成化工产品的原料。

2013 年，湖南衡阳钢管（集团）有限公司建成世界上第一套高炉煤气变压吸附提纯 CO 工业装置，产品气 CO 收率＞90%，浓度＞70%（热值达 8700～8800kJ/m³，用户可根据需要在 50%～75% 范围内调节），完全满足炼钢工业炉对热值的要求，保证了高热值燃气的有效供给。这是世界钢铁行业首次成功从高炉煤气中大规模提纯 CO，标志着钢铁行业在高炉煤气高效利用领域的关键技术取得了历史性进展，对大幅度提高钢铁行业二次能源利用效率和降低碳排放具有重大意义。

2021 年，台湾中钢（中国钢铁股份有限公司）建成了转炉/高炉煤气高效利用示范装置，规模为：转炉/高炉煤气处理量 1000m³/h，CO 产品纯度＞98.5%，用于下游醋酸合成工序。

五、电石炉尾气变压吸附分离 CO

《电石行业准入条件（2007 年修订）》要求新建电石生产装置必须采用密闭式电石炉，并且明确指出"密闭式电石装置的炉气（指 CO 气体）必须综合利用，正常生产时不允许炉气直排或点火炬"。电石炉尾气的综合利用成为电石行业亟待解决的难题，也是电石行业发展循环经济、降低成本、解决环境污染问题的一条有效途径。电石炉尾气组成复杂、不易净化的特点使其回收利用较为困难。目前，电石炉尾气的主要利用方式有两种：一是将尾气作为燃料获得蒸汽或者用于发电；二是作为碳一化工产品的原料气。基于电石炉尾气组成特点，利用变压吸附分离技术最终可获得纯度达 98% 以上的 CO 产品气和 99.9% 的 H_2 产品气，将提纯后的 CO 和 H_2 用于化工产品的合成，既可保护环境、节约资源，又可实现良好的经济效益。

从 2011 年至 2016 年，新疆天业集团有限公司先后建成多套大型变压吸附分离 CO/H_2 装置，产品气分别用于 17 万 t/a1，4-丁二醇、30 万 t/a 乙二醇装置，成功实现了我国电石炉尾气综合利用技术的大型工业化应用。

参考文献

[1] Berkmann C. Adsorptive CO recovery from steelwork waste gases [J]. Linde Reports on Science and Technology，1988，44：8.

[2] Tajima K，Osada H. COの分離精製方法：JP1987119106A [P]. 1987.

[3] 张佳平，唐伟，耿云峰，等. 大型变压吸附空分制氧和一氧化碳分离 [C]. 冶金与材料工程学部第六届学术会议，2007：320-327.

[4] 薄稳重. 提取 CO 的实际应用和技术探讨 [J]. 河北化工，2007，30（5）：49-51.

[5] 张崇海，陈健，李克兵，等. 变压吸附提氢装置中吸附塔结构对氢气回收率的影响 [J]. 天然气化工（C1 化学与化工），2021，41：1-6.

［6］Nishide T，Tajima K，Osede Y，et al. Method of separating carbon monoxide：EP0170884A1 ［P］. 1989-01-18.

［7］谢有畅，张佳平，童显忠，等 . 一氧化碳高效吸附剂 CuCl/分子筛 ［J］. 高等学校化学学报，1997，18（7）：1159-1165.

［8］刘志军，朱志敏，刘晓勤，等 . 变压吸附法制取高纯度一氧化碳置换特性研究 ［J］. 天然气化工（C1 化学与化工），2007，32 （1）：14-17，22.

［9］Yang S H，Xiao Y H，Zhang W Y，et al. Facile preparation of Cu(Ⅰ)/5A via one-step impregnation with highly dispersed CuCl in ethanol single solvent toward selective adsorption of CO from H$_2$ stream ［J］. ACS Sustainable Chemistry & Engineering，2022，10：15958-15967.

［10］祝立群，涂晋林，施亚钧 . 活性炭负载氯化铜吸附 CO 的研究 ［J］. 燃料化学学报，1989，17 （3）：284-287.

［11］陈鸿雁，涂晋林，施亚钧 . 载铜活性炭吸附分离氢气中的微量 CO ［J］. 华东理工大学学报，1995 （1）：1-6.

［12］Ma J，Li L，Ren J，et al. CO adsorption on activated carbon-supported Cu-based adsorbent prepared by a facile route ［J］. Separation and Purification Technology，2010，76 （1）：89-93.

［13］Nguyen X C，Kang J H，Bang G，et al. Pelletized activated carbon-based CO-selective adsorbent with highly oxidation-stable and aggregation-resistant Cu(Ⅰ) sites ［J］. Chemical Engineering Journal，2023，451：138758.

第十章　变压吸附氢分离与提纯

第一节　变压吸附提氢主要特点

与深冷、膜分离、化学吸收等气体分离与提纯技术相比，变压吸附氢气分离与提纯技术[1-3]之所以能得到如此迅速的发展，与其具有的下列特点是分不开的。

① 产品氢气纯度高：对于绝大多数含氢气源，变压吸附几乎可除去其中的所有杂质，得到纯度达90%～99.999%的氢气产品。

② 工艺流程短：根据原料气条件和产品的需求，对于含有多种杂质的混合气体，在大多数情况下变压吸附都可以将各种杂质一步脱除而获得所需产品氢。变压吸附装置采用多塔并联运行，多塔操作使单吸附塔的间歇分离过程变成连续的分离过程，原料气连续地输入，产品氢气连续地输出。变压吸附装置在一定压力下完成对强吸附组分的吸附，通过降低压力使强吸附组分解吸，吸附剂同时得到再生，整个吸附分离工艺流程短且简单。

③ 原料气适应性好：对于包含水、氮气、氧气、一氧化碳、二氧化碳、烃类、硫化物、氮氧化物等多种杂质组分的复杂气源，均可利用变压吸附予以提纯。该特点使变压吸附提氢技术在各行业、各种含氢气源中广泛应用。

④ 操作弹性大：变压吸附氢气提纯装置的操作弹性一般可达10%～110%。变压吸附常规操作弹性范围最小为10%。若装置生产负荷太低，会造成以下几个问题：

a. 变压吸附正常工作吸附压力不能保持，使装置不能正常工作，导致产品氢气纯度不合格。

b. 装置生产负荷太低，会使吸附时间太长，导致部分时间解吸气断流。如采用抽真空再生流程，真空泵能耗高。

⑤ 产品纯度易调节：只需调整运行参数，变压吸附氢提纯装置即可得到多种不同纯度的产品氢用于不同的目的。

⑥ 操作简便：变压吸附装置的设备简单，动力设备少，且全部采用自动化控制。装置只需开车0.5～2h，产品氢气即可合格。装置停车在协调好上、下游装置后，可以一键安全停车。

⑦ 能耗低、运行费用小：变压吸附装置一般都在常温和中、低压力下进行，且正常操作下多数变压吸附提氢装置吸附剂可与装置同寿命。

⑧ 自动化程度高：中央控制系统中嵌入变压吸附装置的控制程序，全过程由计算机控制。智能化专家诊断和自适应调节控制系统实现装置的全自动化操作。操作参数自动优化调整，故障自动判断，切塔程序切换，使装置的运行更加可靠和安全。

第二节　变压吸附提氢的影响因素分析

一、工艺条件变化的影响因素

1. 原料气组成

吸附塔的处理能力与原料气组成及含量的关系非常大。原料气中氢含量越高，吸附塔的处理能力越大；原料气杂质含量越高，特别是净化要求高的有害杂质含量越高，吸附塔的处理能力越小。原料气中氢含量增加时，产氢量和氢回收率都会提高。当氢含量低于设计值时，进料中杂质增加，产氢量和氢回收率将降低。如原料气中杂质浓度增高而未能及时缩短吸附时间（或者降低原料气流量），则可能造成杂质超载，使产品纯度下降，影响变压吸附装置的操作性能，对于含水或重烃多的原料，严重时甚至可能造成吸附剂中毒。

2. 原料气温度

由于变压吸附是物理吸附过程，原料气温度的高低直接影响着气体的分子动能，从而影响吸附剂的吸附能力。原料气温度高，会使吸附剂的吸附能力下降，造成变压吸附装置处理能力和氢回收率的下降，温度过高还可能影响产品纯度和吸附剂的使用寿命。原料温度太低，会使吸附剂再生变得困难，造成吸附剂再生不彻底，如此不断地恶性循环，最终会导致杂质超载或吸附剂失效。一般情况下，原料气的温度在 10～30℃ 范围内（该温度范围与原料气的杂质性质有关），变压吸附提氢装置的氢回收率几乎相等。原料气温度太高或太低，氢回收率都可能有所下降。

3. 原料气流量

对于已建成的变压吸附装置，吸附塔的容积和吸附剂的装填量已确定，在一定的压力下所能吸附的杂质量也是恒定的。因此，在原料流量降低时，单位时间内进入吸附塔的杂质减少，应延长吸附时间以充分利用吸附剂，从而获得较高的氢回收率；在原料流量增加时，单位时间内进入吸附塔的杂质增加，应缩短吸附时间，以保证产品纯度和保护吸附剂。

4. 吸附压力

变压吸附是物理吸附过程，其吸附量随压力的增加而增加。压力升高初期，吸附量近乎直线增加，而后增加幅度变缓，当压力增加到一定值时，吸附量趋于一个稳定的极大值。

因此，在流程确定的情况下，一定的压力范围内随压力的升高，由于杂质的吸附量迅速增加，氢回收率提高。当吸附压力过高时，杂质的吸附量增加很少，同时解吸的压力会提高，反而导致氢损失增大，氢回收率下降。由此可知，吸附压力并非越高越好。另外，在一定压力范围内，原料气的压力越高，吸附剂的吸附量越大，吸附塔的处理能力越高。

5. 解吸压力

解吸压力越低，吸附剂再生越彻底，吸附剂的动态吸附量越大，吸附塔的处理能力越高。

6. 产品纯度

产品纯度越高，意味着产品氢中杂质的分压越低，吸附塔产品氢出口段的吸附剂吸附容量越低，因此吸附剂的总有效利用率就越低，吸附塔的处理能力也越低。

二、产品氢气回收率的影响因素

氢气回收率是衡量变压吸附运行状况的重要指标，氢气回收率有两种计算方法，见式（10-1）和式（10-2）。

方法一：根据进口原料气流量、组分和出口产品气流量、组分进行计算：

$$\eta = \frac{PX_P}{FX_F} \times 100\% \tag{10-1}$$

方法二：根据进口原料气、出口产品气和解吸气中氢气体积分数进行计算：

$$\eta = \frac{X_P(X_F - X_W)}{X_F(X_P - X_W)} \times 100\% \tag{10-2}$$

式中　η——氢气收率（体积分数），%；

F——原料气流量，m^3/h；

X_F——原料气氢气含量，%（体积分数）；

P——产品气流量，m^3/h；

X_P——产品气氢气含量，%（体积分数）；

X_W——解吸气氢气含量（体积分数），%。

在工业实际中应根据实际条件选择能更准确反映真实回收率的计算方法。

由于变压吸附装置的氢气损失来源于吸附剂的再生阶段，因而在流程与吸附塔与吸附剂确定的前提下，单位时间内的再生次数越少，氢回收率越高。在设计变压吸附装置时，应注意以下几方面因素的影响。

1. 不同工艺流程下的氢气回收率

在不同的工艺流程下，所能实现的均压次数不同，吸附剂再生时的压力降也就不同，而吸附剂再生时损失的氢气量随再生压力降的增大而增大。一般来讲，变压吸附工艺流程的均压次数越多，再生压力降就越小，单次解吸的氢气损失量也越少，但再生压力降的减小会导致吸附剂的动态吸附能力下降，吸附时间变短，单位时间内解吸的次数增加，而单位时间内氢气损失总量＝单次氢气量×单位时间内解吸的总次数，所以均压次数增加并不一定总会带来回收率提高。最佳的均压次数要根据原料气的压力、杂质性质、产品纯度要求、吸附剂性质等综合考虑确定。

对于冲洗流程和真空流程来讲，冲洗流程需消耗一定量氢气用于吸附剂再生，而真空流程则是通过抽真空降低被吸附组分的分压使吸附剂再生，故采用冲洗流程时氢气回收率较低，采用抽真空流程时氢气回收率更高，但能耗也较高。

2. 产品氢纯度对氢气回收率的影响

在原料气处理量不变的情况下，产品氢纯度越高，穿透进入产品氢中的杂质量越少，吸附剂利用率越低，每次再生时从吸附剂死空间中排出的氢气量越大，氢气回收率越低。

3. 吸附压力对氢气回收率的影响

在一定范围内，吸附压力越高，吸附剂对各种杂质的动态吸附量越大。在原料气处理量和产品氢纯度不变的情况下，吸附循环周期越长，单位时间内解吸次数越少，氢气回收率越高。

4. 冲洗过程对氢气回收率的影响

由于被吸附的大量杂质是通过用部分氢气的回流冲洗而解吸的，故冲洗时间的长短、冲洗气量的大小、冲洗速度的快慢都将影响氢气回收率。一般来讲，冲洗时间越长，冲洗过程越均匀，冲洗气量越大，吸附剂的再生越彻底；在其他工艺条件不变的情况下，冲洗时间越长，氢气回收率越高。

5. 吸附时间（或吸附循环周期)对氢气回收率的影响

在原料气流量和其他工艺参数不变的条件下，延长吸附时间就意味着单位时间内的再生次数减少，再生过程损失的氢气也就越少，氢气回收率越高。但是，在同样条件下，吸附时间越长，单次吸附进入吸附剂床层的杂质量就越多，因吸附剂动态吸附量不变，故穿透进入产品氢的杂质量将增大，这势必会使产品氢纯度下降。由此可见，吸附时间的改变将同时影响产品氢的纯度和回收率。

综上所述，为了提高氢气回收率进而提高装置的经济效益，在原料气组成及各组成含量、流量以及温度一定的情况下应尽量提高吸附压力、降低解吸压力、延长吸附时间、降低产品纯度（在允许的范围内）。

三、产品氢纯度的影响因素

1. 原料气流量对纯度的影响

在气体工艺条件及工艺参数不变的条件下，原料气流量的变化对纯度的影响很大。原料气流量越大，单位时间内进入吸附塔的杂质量越大，如吸附时间不变，则杂质就越容易穿透，产品氢纯度越低。相反，原料气流量减小而吸附时间不变，则有利于提高产品氢纯度。

2. 解吸再生条件对产品氢纯度的影响

吸附剂吸附杂质一定时间后，需要降压解吸再生。即使吸附剂床层压力降至常压，被吸附的组分也不能完全解吸。为了进一步降低杂质的分压，使吸附剂得到良好的再生，产生了两种解吸工艺。采用常压冲洗再生时，因要消耗部分产品气用于吸附剂再生，氢气回收率较低。采用真空解吸再生时，无须消耗部分产品气用于吸附剂再生，有利于提高氢气回收率，但缺点是需要增加真空泵，增加装置能耗。

3. 均压次数对产品氢纯度的影响

原料气处理量和吸附循环周期不变，均压次数越多，均压过程的压力降越大，被吸附的杂质也就越容易穿透进入再生好的吸附塔并在吸附剂床层顶部被吸附，致使该塔在转入下一次吸附时杂质很容易被氢气带出，从而影响产品氢纯度。

四、吸附剂性能的影响因素

在变压吸附装置运行过程中，影响吸附剂性能的因素主要有两个：一是若进料大量带水、带油或含高硫，加上吸附时间设置过长，会导致杂质过载，使吸附剂失去吸附能力。二是若升、降压速度过快会导致吸附剂粉化。对于第一种因素，应通过处理好原料气、正确设置吸附时间、控制较高的产品氢气纯度来避免发生，如果已经发生吸附剂中毒，失去吸附性能，可采用氮气加热的方式使吸附剂再生。对于第二种因素，应通过节流或调节阀控制吸附塔升、降压时的流体速度，使这一过程尽量平缓。如果吸附剂已经粉化，则须更换吸附剂。

第三节 变压吸附提氢工艺流程选择

一、吸附分离工艺流程种类

在实际工业应用中，吸附分离一般分为变压吸附和变温吸附两大类。从吸附剂的吸附等温线可以看出，吸附剂在高压下对杂质的吸附容量大，低压下吸附容量小。同时从吸附剂的吸附等压线也可以看到，在同一压力下吸附剂在低温下吸附容量大，高温下吸附容量小。利用吸附剂的前一性质进行的吸附分离称为变压吸附（pressure swing adsorption，PSA），利用吸附剂的后一性质进行的吸附分离称为变温吸附（temperature swing adsorption，TSA）。

在工业变压吸附工艺中，可以将用于不同工况下的 PSA 工艺划分为 VPSA（也称 VSA）和 TPSA 等工艺。一般情况下，吸附剂通常都是在常温和较高压力下，将混合气体中的易吸附组分吸附，不易吸附的组分从床层的一端流出，然后降低吸附剂床层的压力，使被吸附的组分脱附出来，从床层的另一端排出，从而实现气体的分离与净化，同时也使吸附剂得到再生。但在变压吸附工艺中，吸附床层压力即使降至常压，被吸附的杂质也不能完全解吸。利用抽真空的办法进行再生，可使较难解吸的杂质在负压下强行解吸下来，这就是通常所说的真空变压吸附（vacuum pressure swing adsorption，VPSA）。VPSA 也可应用于从吸附相中获得产品的分离装置，例如，二氧化碳、C_{2+} 以及有机物的回收等工艺。TPSA（temperature-pressure swing adsorption，TPSA）是指在非环境温度下的变压吸附，主要适用于在低温下提高吸附剂对弱吸附质的吸附性能，如氢气提纯装置；或在高温下提高专用吸附剂对主要吸附质的分离性能，如利用 CO 专用吸附剂提纯一氧化碳装置。

二、吸附分离工艺流程选择

吸附分离法能否在工业上实现，除了取决于所选用的吸附剂是否有良好的吸附性能以外，吸附剂的解吸是否良好，解吸条件是否苛刻也非常重要。因为只有解吸效果好，吸附剂才能长期重复地进行连续的吸附和再生操作，而且其解吸方式对整个工艺的经济性也起着决定性作用。因此，在变压吸附装置的设计中，一旦吸附剂种类选定，其流程的选择与设计实际上就是对再生方式的选择。流程选择的目标是在能耗、时间和产品损失尽可能小的情况下使吸附剂得到最大程度的再生。原则上讲，可用升温或降压两种方法使吸附剂吸附的杂质解吸出来。至于何种流程更合理，主要看原料气的条件和产品要求。

1. 变温吸附与变压吸附流程选择和应用

变温吸附是利用气体组分在固体材料上吸附性能的差异，以及吸附质在吸附剂上的吸附容量随吸附质温度的上升而减小的特性实现分离。变温吸附工艺是在常温下吸附剂吸附强吸附质饱和后，利用热再生气体对吸附塔内吸附剂床层直接加热，使吸附剂温度升高，吸附容量下降，同时带走吸附剂脱附出来的强吸附质。吸附剂加热再生完成后，再利用常温或低温再生气体冷却吸附剂床层，再生气体要求不含污染吸附剂的杂质，床层冷却至常温后重新开始吸附。变温吸附工艺通常适用于吸附一些沸点高、极性强的组分，这些组分在常温状态下易被吸附剂吸附而又难以充分解吸。例如，原料气中含有的水、焦油、萘、重烃、芳烃等强吸附质组分，也适用于微量杂质的深度净化。因此，变温吸附工艺广泛应用于各类煤气提氢过程中的煤气有机杂质脱除、产品氢气的干燥脱水、微量液态有机物的脱除和高纯、超高纯气体净化等工况。

虽然变温吸附能够将难解吸杂质彻底脱附，但由于吸附剂的导热系数小，加热和冷却的时间都较长，从而使操作周期变得较长。在加热和冷却过程中，不仅是吸附剂本身，其他如吸附容器、管道、保温层等都要随之加热和冷却。因此，热源和冷源的投资较大。此外，吸附剂反复经升温和降温，会降低活性或因热应力作用而导致破碎，因此只适合于微量杂质或难解吸杂质的净化。

变压吸附是利用气体组分在固体材料上吸附性能的差异，以及吸附质在吸附剂上的吸附容量随吸附质分压的上升而增加的特性实现分离。变压吸附工艺是在一定压力下，混合气体进入吸附塔后，由于气体不同组分存在吸附特性差异，弱吸附质（如低沸点气体氢气）从吸附塔出口流出，强吸附质（如二氧化碳）被吸附剂床层吸附，然后通过减压的方式，在低压下使吸附床中富集的强吸附质解吸，吸附剂得以再生，从而构成吸附剂的吸附与再生循环，达到连续分离提纯气体的目的。因此，变压吸附工艺主要应用于低沸点组分在固体吸附材料上的吸附能力受分压影响较大的工况。低沸点组分有二氧化碳、甲烷、一氧化碳、氮气、氧气、氩气等。通过变压吸附工艺可以将其中一种或几种弱吸附质作为产品气，也可以将强吸附质（解吸气）作为产品气。变压吸附工艺的最大优点是：循环周期短，吸附剂利用率高，无须外加换热设备，能耗低，因此适合于大气量、多组分气体的分离与纯化。在实际工业应用中一般依据原料气的组成、压力、吸附特性及产品质量要求的不同来选择变温吸附工艺、变压吸附工艺或两种工艺的组合。

2. 变压吸附工艺流程再生方式选择

在变压吸附工艺中，通常吸附剂床层压力即使降至常压，被吸附的组分也不能很好地解吸。因此根据降压解吸方式的不同又可分为两种工艺：一种是用产品气或其他不易吸附的组分对床层进行"冲洗"，使被吸附组分的分压大大降低，将较难解吸的杂质冲洗出来。其优点是在正压下即可完成，不再增加设备，但缺点是会损失产品气体，降低产品气的收率。另一种是利用抽真空的方式继续降低被吸附组分的分压，使吸附的组分在负压下解吸出来。其优点是再生效果好，产品收率高，但缺点是需要增加真空泵。究竟采用何种工艺，主要视原料气的组成、压力、回收率要求以及生产企业的资金和场地等情况而定。一般而言，当原料气压力低、回收率要求高时，采用"抽真空"再生方案。

3. 变压吸附工艺流程均压次数确定

均压次数的选择主要取决于原料气的压力和组成以及是否采用抽真空再生等因素。一般而言，原料气压力越高则均压次数应越多，以保证氢气的充分回收；原料气中的杂质越容易吸附，均压次数可以越多；采用抽真空流程则均压次数可以相对较多。

三、变压吸附提氢工艺流程

常用的变压吸附提氢工艺流程有冲洗再生工艺、抽真空再生工艺、两段法提纯工艺和带预处理工序的变压吸附提氢工艺。

1. 冲洗再生工艺

变压吸附冲洗再生工艺流程，包括吸附、均压、顺放、逆放、冲洗、升压等过程，工艺设备主要有原料气缓冲罐、吸附塔、顺放气缓冲罐、逆放气缓冲罐、解吸气混合罐等。例如，一种典型的 8 塔工艺流程，即 8 台吸附塔，有 1 台吸附塔吸附，4 次均压的冲洗再生工艺流程，工艺时序表以 A 塔为例。8-1-4/P 变压吸附冲洗再生工艺时序见表 10-1；8-1-4/P 变压吸附冲洗再生工艺流程见图 10-1。

表 10-1 8-1-4/P 变压吸附冲洗再生工艺时序表

步序	1	2	3	4	5	6	7	8	9	10	11	12	13	14	15	16
时间	T1	T2	T1	T2	T1	T2	T1	T2	T1	T2	T1	T2	T1	T2	T1	T2
A 塔	A	A	E1D	E2D	E3D	E4D	PP	D	D	P	P	E4R	E3R	E2R	E1R	FR

注：A—吸附；E1D～E4D——均降～四均降；PP—顺放；D—逆放；P—冲洗；E4R～E1R—四均升～一均升；FR—终升。

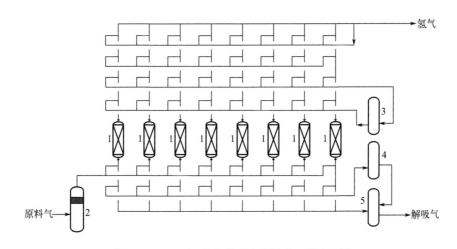

图 10-1 8-1-4/P 变压吸附冲洗再生工艺流程图

1—吸附塔；2—原料气缓冲罐；3—顺放气缓冲罐；4—逆放气缓冲罐；5—解吸气混合罐

冲洗再生工艺流程适用于原料气压力高、原料气中氢气体积分数较高、产品氢气纯度高和杂质气体易彻底解吸等工况。该工艺流程简单、能耗低、开停车操作简单。

2. 抽真空再生工艺

变压吸附抽真空再生工艺流程包括吸附、均压、逆放、抽真空、升压等过程，工艺设备主要有气液分离器、吸附塔、逆放气缓冲罐、解吸气混合罐和真空泵等。例如，8-1-5/V 工艺流程，即 8 台吸附塔，有 1 台吸附塔吸附，5 次均压的抽真空再生工艺流程，工艺时序表以 A 塔为例。8-1-5/V 变压吸附抽真空再生工艺时序见表 10-2；8-1-5/V 变压吸附抽真空再生工艺流程见图 10-2。

表 10-2 8-1-5/V 变压吸附抽真空再生工艺时序表

步序	1	2	3	4	5	6	7	8	9	10	11	12	13	14	15	16
时间	T1	T2	T1	T2	T1	T2	T1	T2	T1	T2	T1	T2	T1	T2	T1	T2
A 塔	A	A	E1D	E2D	E3D	E4D	E5D	D	V	V	E5R	E4R	E3R	E2R	E1R	FR

注：A—吸附；E1D～E5D——均降～五均降；D—逆放；V—抽真空；E5R～E1R—五均升～一均升；FR—终升。

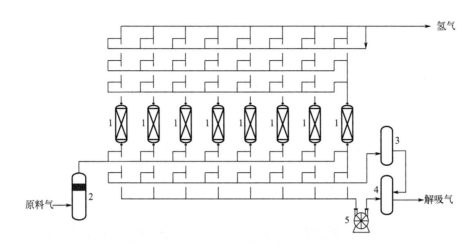

图 10-2　8-1-5/V 变压吸附抽真空再生工艺流程图
1—吸附塔；2—原料气缓冲罐；3—逆放气缓冲罐；4—解吸气混合罐；5—真空泵

抽真空再生工艺流程适用于原料气压力低、原料气中氢气体积分数较低和少部分杂质气体不易解吸等工况，该工艺流程能够提高氢气回收率，但增加装置投资和能耗。

3. 两段法提纯工艺

两段法提纯工艺适用于原料气氢气含量（体积百分比）低或产品氢气回收率要求高的工况，也适用于从原料气中回收某种强吸附质（如二氧化碳、甲烷、C_{2+}）产品同时提纯氢气的工况。根据生产企业产品要求和质量技术指标合理分配两段再生工艺，如 PSA1＋PSA2、VPSA1＋VPSA2、VPSA1＋PSA2。本章第六节变压吸附提氢应用实例详细描述了典型的两段法工艺案例。

4. 带预处理工序的变压吸附提氢工艺

变压吸附提氢装置的富氢原料气来源十分广泛，富氢原料气的组分和压力差异很大。有些富氢气源可以直接采用变压吸附工艺提纯氢气，还有些气源须经预处理后再通过变压吸附工艺提纯氢气。例如，焦炉煤气、兰炭荒煤气、生物合成气等气源。常规预处理工艺主要包含脱硫、除油、水洗、TSA 净化等。根据原料气杂质组分的含量、物理特性和杂质解吸的难易程度，选择合适的预处理工艺对原料气进行净化。否则，变压吸附提氢装置的吸附剂会受到有毒和难解吸的强吸附质污染而中毒失效，导致产品氢气产量下降或质量指标不合格。以焦炉煤气为例，焦炉煤气气体组分十分复杂，其主要组分为氢气、甲烷、一氧化碳、氮气、二氧化碳、氧气和烃类，还含焦油、萘、苯、甲苯、二甲苯、硫化氢、氨、有机硫、氰化氢等有毒有害杂质。这些有毒有害杂质属于高沸点难解吸的组分，需要在进入变压吸附提氢单元前，通过一段或多段预处理工艺净化脱除。由于焦炉煤气中的氧气是弱吸附组分，为了获得较高的氢气回收率和达到 GB/T 3634.2—2011《氢气　第 2 部分：纯氢、高纯氢和超纯氢》[4]标准高纯氢的质量要求，需要将变压吸附提纯的 99.99% 纯度的氢气进行催化脱氧，氢、氧反应后生成的水再用 TSA 干燥脱除，最终才能使产品氢气体积分数达到 99.999% 的纯度。典型焦炉煤气提氢工艺流程见图 10-3。

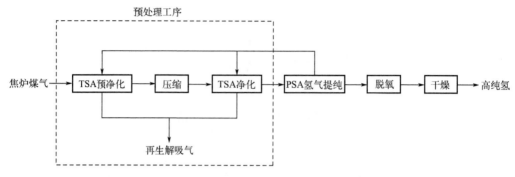

图 10-3　典型焦炉煤气提氢工艺流程

第四节　荒煤气提氢工艺流程与设备选型

一、荒煤气来源与特点

1. 荒煤气来源

在兰炭生产过程中，除焦油外，还会产生大量的热解煤气，即干馏过程中产生的未经净化处理的带黄色的粗煤气，也称荒煤气。荒煤气的产率和组成因热解或炼焦用煤质量和工艺过程不同而有很明显的差别，如生产兰炭采用气载体内热式干馏直立炉技术得到的荒煤气中含氮量高达 40％以上。对高氮低阶煤热解气[5]用于化工产品原料，其气体净化分离难度很大，故一般作燃料使用。

生产 1t 兰炭约产生 550～800m³ 荒煤气，荒煤气热值在 7116～8371kJ/m³。兰炭荒煤气气体成分复杂，除含较多的惰性组分氮气外，还含有氢气、一氧化碳、甲烷、其他烃类等有效气体，同时还含有较多焦油、苯、萘、硫化物、氰化物和氨[6]等有毒有害物质。为了提高荒煤气经济效益，利用荒煤气提纯氢气，用于生产高附加值的化学产品，例如，乙二醇、轻质煤焦油等。

2. 荒煤气特点

以荒煤气作为原料气对于变压吸附提氢来说，有如下特点：

① 荒煤气压力低。

② 荒煤气氢含量低，即使通过变换工艺或转化＋变换工艺后，荒煤气中氢气体积分数也不超过 50％。

③ 荒煤气组分特别复杂，有毒有害杂质多，这些杂质进入变压吸附提氢装置前需要净化脱除，否则在常压或抽真空再生时不能完全解吸。

④ 以氢气为主要原料之一的生产装置，一般氢气需求量较大。由于荒煤气氢含量低，所以用于变压吸附提氢装置的原料荒煤气的气量很大，导致解吸气系统、程控阀门和非标设备的设计难度增大。

二、荒煤气提氢工艺流程选择

荒煤气变压吸附提氢工艺流程的选择，主要根据装置生产规模、原料气的压力、原料气的组成、产品氢气回收率和解吸气用途等因素来决定。综合考虑以上因素，装置工艺流程的选择主要考虑以下几个方面：

① 选用单套或多套装置处理。

② 选用一段或多段变压吸附串联工艺。

③ 选择吸附剂配比及再生方式。

④ 选择均压次数。

⑤ 选择独立使用变压吸附提氢工艺或与其他工艺组合。

1. 荒煤气生产不同的高附加值化学品对变压吸附提氢工艺流程选择的影响

荒煤气组分中氢气含量约 20%，直接利用变压吸附工艺提纯氢气，氢气回收率低，氢气产量小。在荒煤气提氢的设计中，根据生产高附加值的化学产品对原料的需求不同，采用净化、转化、变换、脱碳和深冷等工艺来调节各组分配比和气量。例如，煤焦油加氢、合成乙二醇、合成氨及联产 LNG 等生产工艺，对荒煤气中氢气、一氧化碳和甲烷的需求是不同的。不同生产工艺流程处理后的荒煤气，其组分差异也较大，对于变压吸附提氢的工艺流程的选择，差别也较大。下面介绍三种荒煤气综合利用生产不同高附加值化学产品的典型工艺流程。

（1）荒煤气提氢及甲烷提浓工艺流程

荒煤气提氢及甲烷提浓工艺流程见图 10-4。

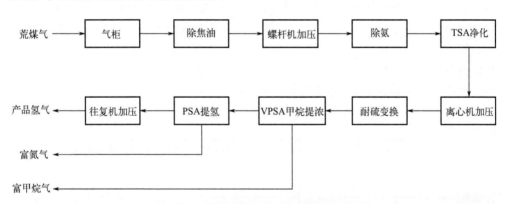

图 10-4　荒煤气提氢及甲烷提浓工艺流程

图 10-4 中荒煤气提氢及甲烷提浓工艺流程主要产品是氢气和富甲烷气，氢气可以作为煤焦油加氢的原料，也可以生产符合 GB/T 37244—2018《质子交换膜燃料电池汽车用燃料　氢气》标准[7]或 GB/T 3634.2—2011《氢气　第 2 部分：纯氢、高纯氢和超纯氢》标准质量要求的氢气。富甲烷气可用于生产 LNG 的原料气，也可作为高热值燃料气送往锅炉燃烧。

荒煤气提氢及甲烷提浓工艺流程主要目的是生产氢气，荒煤气中的一氧化碳绝大部分可以变换为氢气和二氧化碳，荒煤气中氢含量可以提升至 32% 左右。由于荒煤气变换后的氢含量比较低，为了提高氢气回收率和回收甲烷，变压吸附装置采用两段抽真空法提纯氢气。第一段为甲烷提浓工序，选择对二氧化碳和甲烷吸附性能好的吸附剂，将二氧化碳和甲烷脱除，脱除后的富甲烷气可以送往后续 LNG 工序继续生产 LNG。第二段为氢气提纯工序，将第一段提浓气中的绝大部分氮气和少量的甲烷脱除，生产符合质量要求的氢气。

（2）荒煤气提纯氢气和一氧化碳工艺流程

荒煤气提纯氢气和一氧化碳工艺流程见图 10-5。

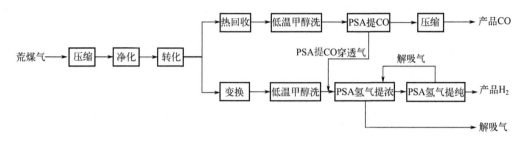

图 10-5　荒煤气提纯氢气和一氧化碳工艺流程

图 10-5 中荒煤气 PSA 提纯氢气和一氧化碳工艺流程主要产品是一氧化碳和氢气，可以用于合成乙二醇产品。荒煤气中含有 6％左右的甲烷及少量 C_{2+} 烃类组分，可以通过转化反应将其转化为有效合成气一氧化碳和氢气。经过转化后的荒煤气通过部分变换工艺和控制变换深度，达到乙二醇合成所需的合适 H_2/CO 比。变换气中的二氧化碳和水通过低温甲醇洗深度脱除。此时，变换气中的氢含量提升至 44％左右，剩余绝大部分是氮气。这股气源对于变压吸附来说，不易解吸的杂质组分在前工段已被脱除干净，氢气含量有一定幅度提升，但是混合气主要组分还是氮气。由于氮气属于低沸点、易解吸的吸附相，因此，为了保证氢气的回收率，变压吸附提氢可采用两段冲洗法提纯氢气。第一段为氢气提浓工序，脱除绝大部分氮气，将氢气含量提浓至 90％以上。第二段为氢气提纯工序，将第一段提浓气中剩余的氮气脱除，生产符合质量要求的氢气。解吸气氢气含量高且优于原料气，返回一段回收，提高装置的氢气总回收率。

（3）荒煤气提氢联产 LNG 和合成氨工艺流程[8]

荒煤气提氢联产 LNG 和合成氨工艺流程见图 10-6。

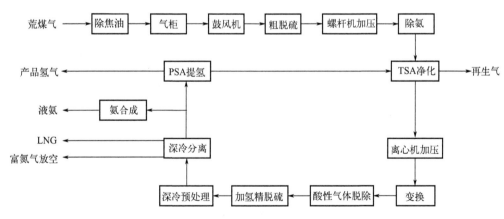

图 10-6　荒煤气提氢联产 LNG 和合成氨工艺流程图

由图 10-6 可知，荒煤气提氢联产 LNG 和合成氨工艺流程主要产品是 LNG、液氨和氢气，氢气用于煤焦油加氢的原料。此生产流程中主要有效气体组分为氢气、氮气和甲烷。由于荒煤气中的杂质较多，首先通过组合的净化工艺将荒煤气中的焦油、萘、苯、有机硫及硫化氢、氨等多种杂质脱除，然后将荒煤气中的一氧化碳变换为氢气和二氧化碳，提高氢气的产量。变换气再通过脱硫、脱碳和净化等工艺，脱除无效和有害杂质气体后进入冷箱。通过冷箱生产 LNG 并将富氢气中的氢氮比调整为 3∶1 后送往氨合成和 PSA 提氢单元。出冷箱的富氢气的氢气含量已达 75％左右，且吸附相属于易解吸的氮气，变压吸附提氢采用一段冲洗法即可达到理想的氢气回收率。生产企业根据煤焦油加氢装置的用氢量调整变压吸附提氢单元的生产负荷，同时将富余的富氢气送往氨合成生产液氨。

以上三种工艺流程为目前荒煤气综合利用生产高附加值化学产品应用较多的变压吸附提氢工艺流程，示例的目的是说明不同的化学产品生产路线所选择变压吸附提氢的工艺流程不同。每套生产装置的工艺流程会根据实际的荒煤气条件、产品种类和要求进行调整。

2. 荒煤气条件对变压吸附提氢工艺流程选择的影响

影响变压吸附提氢工艺流程选择的荒煤气条件主要有荒煤气气量、荒煤气压力和组成、产品要求和装置规模等，根据这些条件计算非标设备的直径、高径比和程控阀门的通径。为了方便非标设备的运输和保证气流分布均匀，非标设备直径设计一般不超过 DN4800，程控阀门通径设计一般不超过 DN1000。如果超过常规设计尺寸，为了保证生产的稳定和可靠，原则上尽量设计为多套装置，采用多套装置并联运行的工艺。一段法两套装置并联流程见图10-7；两段法一段双系列装置并联流程见图 10-8。

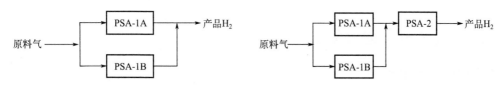

<table>
<tr><td>图 10-7　一段法两套装置并联流程</td><td>图 10-8　两段法一段双系列装置并联流程</td></tr>
</table>

然后，根据荒煤气气量、压力和吸附塔空塔气速，选择同时吸附的吸附塔个数和均压次数。最后，根据进入变压吸附提氢装置入口原料气的组分，选择吸附剂的配比和再生方式及是否设置原料气深度净化单元。因此，荒煤气条件对变压吸附工艺流程影响很大。

3. 产品氢气的要求对变压吸附提氢工艺流程选择的影响

产品氢气的要求主要是氢气的质量、压力和回收率三个技术指标。目前荒煤气提氢中产品氢气的纯度一般满足 99.9％的纯度。如果有富余的氢气，可以建设一套小型变压吸附装置，将 99.9％的氢气继续提纯到氢燃料电池用氢或高纯氢的质量指标。产品氢气的回收率直接决定了变压吸附提氢装置的投资和能耗；产品氢气质量要求直接决定了吸附剂的配比和用量，也对氢气回收率产生影响。根据荒煤气的特点，要满足较高的氢气回收率，装置需要至少采用两段法才能实现，同时还要考虑增加吸附压力和均压次数，采用抽真空再生方式和解吸气回收等技术。具体应根据投资、能耗、荒煤气富余量、产品氢气需求量综合考虑氢气回收率。因此，产品氢气的要求对装置是否采用多段流程、再生方式、均压次数和解吸气是否回收利用等工艺选择影响较大。

4. 解吸气对变压吸附提氢工艺流程选择的影响

解吸气对变压吸附提氢工艺流程选择的影响主要体现在解吸气的气量、解吸气出口压力、氢气含量较高的解吸气是否回收及解吸气的用途等几个方面。

根据解吸气的气量和压力，设计解吸气系统配套的程控阀门、管道及真空泵。解吸气气量非常大会导致解吸气储罐、程控阀门和真空泵等设备选型困难，此时可考虑分为两套装置并联运行。另外，解吸气管道管径较大时，变压吸附装置在逆放过程中管道的噪声也较大，此时需要对解吸气管道和解吸气缓冲罐设计降噪和减振措施。荒煤气如果采用两段法提纯氢气，第二段提纯氢气后的解吸气组分可能优于原料气条件，特别是其中的氢气含量，为了提高装置的氢气回收率，一般常采用以下三种措施：

① 如果一段采用抽真空流程，那么二段的解吸气作为一段吸附塔抽真空再生后的初始升压气。

② 如果一段采用冲洗流程，那么二段的解吸气通过鼓风机加压到 80～100kPa 返回一段，作为一段吸附塔冲洗再生后的初始升压气。

③ 二段的解吸气返回荒煤气压缩机入口或荒煤气气柜回收。

解吸气的用途对装置工艺流程的影响也较大。根据企业的生产需求，会对荒煤气提氢的解吸气提出要求，例如，从荒煤气中的吸附相获得某种组分作为产品，规定解吸气热值，解吸气中可燃气体组分（如氢气）含量要求等。在装置设计过程中，应根据具体要求设计吸附剂再生方式、吸附剂配比和提浓段杂质穿透量等。

变压吸附提氢工艺非常灵活，工艺流程选择的影响因素很多，本章无法将所有情况全部阐述清楚，工艺设计可根据生产企业的实际情况选择最优工艺流程。

三、荒煤气提氢关键设备选型

1. 吸附塔的优化设计

变压吸附工艺，是程序设定好的工艺步骤周期循环地完成气体分离的过程。吸附塔在一个循环周期内完成吸附、降压、再生、升压的步骤，吸附塔每年的周期循环次数为 4 万～5 万次，吸附塔的设计寿命为 15～20 年。吸附塔在循环工作中，要长期承受压力交变载荷，容易产生疲劳失效，因此，吸附塔作为疲劳容器进行分析设计，设计标准主要采用 JB 4732—1995《钢制压力容器——分析设计标准》（2005 年确认）、TSG 21—2016《固定式压力容器安全技术监察规程》、NB/T 47041—2014《塔式容器》或美国 ASME 标准。

在荒煤气变压吸附提氢大型化装置中，吸附塔的结构对吸附分离的效果影响较大，特别是吸附塔的直径、高径比和上下分布器的气流分布设计。吸附塔的直径和高径比设计不合理会造成吸附塔床层阻力降大、气体流速高。气体流速高可能会造成吸附剂粉化，进而影响装置连续稳定运行。高径比过大，特别是采用抽真空方式再生时，吸附塔内真空度可能达不到设计真空度，吸附剂再生不好，影响吸附剂分离效果，进而影响氢气回收率。因此，在设计过程中，根据床层的阻力降计算结果选择合适的吸附塔直径和高径比。

对于变压吸附而言，吸附塔在吸附、均压、冲洗等步骤中，气体分布应接近活塞流的分布效果，以保证吸附剂的最大利用率，提高产品氢气纯度和回收率。大型吸附塔的气体分布器应满足气流分布均匀、死空间体积小和足够的支撑强度等要求。目前荒煤气提氢的吸附塔直径一般都超过 2m，最大的吸附塔直径为 4.8m，吸附塔的下分布器设计多采用锥形分布器，其最大特点是死空间体积小。吸附塔锥形下分布器结构如图 10-9。

气体分布器设计后，可采用流体动力学工具 Fluent 模拟软件对气体流动情况进行精确模拟计算，根据模拟结果进行分布器优化设计，如分布器开孔大小、开孔率、开孔分布和锥形分布器的角度等参数。

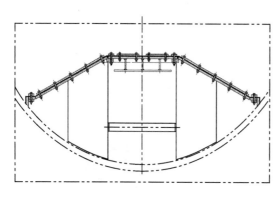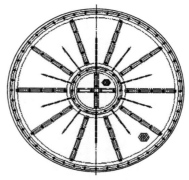

图 10-9　吸附塔锥形下分布器结构示意图

2. 程控阀门的选型和技术要求

程控阀门是变压吸附装置最主要的运转设备，在变压吸附装置中，95%的故障都出在程控阀门及其控制系统上。因此，程控阀门及其操纵机构的可靠性决定着装置的可靠性。

（1）变压吸附装置程控阀门的主要破坏因素

① 介质腐蚀。

② 阀门启闭过程中主密封面的相互冲击破坏。

③ 阀门启闭过程中密封面相互机械磨损破坏。

④ 弹性密封材料老化，冷流失去弹性破坏。

⑤ 介质气蚀，冲蚀密封面破坏。

（2）变压吸附工艺对程控阀门的技术要求

① 阀门需符合 ANSI B16.34 设计要求，同时应按交变载荷对阀门的受压部件进行强度设计，并按疲劳强度进行设计。

② 阀门密封性能好，一般满足 API 598—2019《阀门的检查和试验》中零泄漏等级的要求或 ANSI B16.104《控制阀门阀座泄漏》中Ⅵ级泄漏的要求。

③ 阀门操作频次＞10 万次/年。

④ 阀门密封寿命应达到 100 万次或一个大修周期。

⑤ 阀门必须能适应双向密封要求。

⑥ 大通径阀门全行程时间应小于 4s，小通径阀门全行程时间应小于 2s。

⑦ 由于介质为 H_2、CO、CH_4 等易燃和有毒气体，填料密封应采用零泄漏及长周期使用设计。

⑧ 由于处于 H_2 介质中，阀门承压件应有防止氢腐蚀的处理措施。

（3）程控阀门选型

在所有阀门结构型式中，能够满足变压吸附装置程控阀门使用要求的阀门类型主要有非平衡式截止阀、平衡式截止阀、球阀、三偏心蝶阀四种。四种类型程控阀门的结构见图 10-10～图 10-13。

变压吸附提氢装置程控阀门设计选型中的主要依据：工艺介质压力、程控阀门计算通径（尺寸、重量）、高压差双向性要求、开关速度及维修等。四种结构类型阀门结构特点对比见表 10-3。

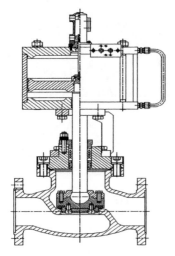

图 10-10　非平衡式截止阀结构示意图

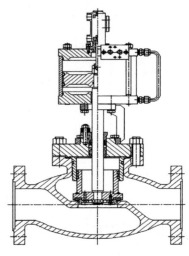

图 10-11　平衡式截止阀结构示意图

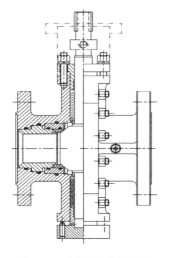

图 10-12　球阀结构示意图

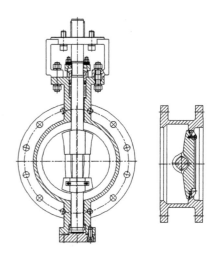

图 10-13　三偏心蝶阀结构示意图

表 10-3　四种结构类型阀门结构特点对比

项目	三偏心蝶阀	气锁球阀	非平衡式截止阀	平衡式截止阀
运动形式	90°回转	90°回转	直线往复	直线往复
密封形式	弹性金属-金属密封,接触即密封	球面对锥面密封(非金属弹性密封),接触后弹性压缩密封	平面密封(非金属弹性密封),位置关闭接触后弹性压缩密封	平面密封(非金属弹性密封),位置关闭接触后弹性压缩密封
密封比压获得方式	外加扭矩(外加扭矩控制,密封比压恒定)	外加密封气推力(密封气控制,比压恒定可调)	阀杆的活塞推力与介质压力共同作用,密封比压随介质压力及方向改变	作用于阀杆的活塞推力(介质压力在内部被结构平衡掉,比压基本恒定)
支撑方式	双滑动轴承筒支撑	固定球,双滑动轴承筒支撑	滑动支撑＋单活塞支撑	滑动支撑＋两活塞支撑
流量特性	近似等百分比特性,开关过程介质流动冲击小	近似线性,介质流动冲击较小	快开,介质流动冲击大	快开,介质流动冲击大

项目	三偏心蝶阀	气锁球阀	非平衡式截止阀	平衡式截止阀
结构尺寸、重量	阀体结构长度短,整体结构尺度小,重量轻	阀体结构尺度长,整体结构尺寸大,重量大	阀体结构长度长,整体结构尺寸大,重量大	阀体结构长度长,整体结构尺寸大,重量较非平衡结构还大
介质压力对阀门动作的影响	外加扭矩关闭,偏心参数小,介质压力对阀门动作影响非常小	全通道,介质压力对阀门动作无影响	介质压力对阀门动作影响非常大	大部分介质压力被内部平衡掉,可适应双向操作,压力高对平衡套筒刚度要求高
介质压力对密封的影响	介质作用产生的偏心矩对密封有正作用和反作用两方面,偏心非常小,影响不大,且可通过驱动扭矩进行适当调整	外加密封气密封,介质压力对阀门密封无影响	介质压力因其作用的方向不同,对密封有正作用和反作用两方面,且影响很大,可能会出现运动与密封不可调和	大部分介质压力与内部结构平衡,压力对密封影响小
高速气流对密封的影响	冲刷阀座及密封圈,但金属密封圈抗冲刷能力强	启闭过程有少量短时冲刷密封座,全开启不冲刷	冲刷阀芯及阀座	冲刷阀芯及阀座
阀门启闭过程对密封副的影响	接触即密封,全程无接触、无运动摩擦	通过气锁阀的控制作用,密封副与球体不接触无比压,不影响	开启为远离运动,关闭时冲击密封面	开启为远离运动,关闭时冲击密封面
结构刚性对密封的影响	扭矩关闭、密封有补偿作用	球体结构刚性最好,一般不会变形	阀芯变形引起密封泄漏	阀芯变形引起密封泄漏,阀杆变形及不同轴引起卡塞
高速运动	对阀座与密封圈有冲击	几乎没有运动冲击	运动冲击大	运动冲击大
填料密封	回转运动,结构抗污染能力强,填料寿命长	回转运动,结构抗污染能力强,填料寿命长	直线往复,结构抗污染能力差,填料寿命短	直线往复,结构抗污染能力差,填料寿命短
密封的可靠性	弹性金属密封,抗介质冲刷能力强,且有磨损自补偿作用,密封非常可靠	双阀座密封,且有磨损补偿作用,密封非常可靠	只有主密封一道平面密封,密封相对可靠	采用平衡腔结构,结构上增加了一道密封,增加了泄漏源;平衡密封没有润滑,运动中干摩擦,密封寿命短
密封寿命	全程无摩擦,磨损自补偿,密封寿命长	双密封,有磨损补偿作用,密封寿命长	软密封,材料易冷流老化;寿命较短	平衡腔活塞密封+阀芯密封共同作用,且软密封,材料易冷流老化,密封寿命较短
驱动装置	发动启闭动作所需扭矩小,金属密封需要较大的密封扭矩	驱动仅需克服支撑及填料摩擦,驱动扭矩小	需要的驱动力大,驱动装置结构大;大口径高压差时,设计上将无法兼顾密封与运动、双向使用等方面	介质压力自平衡结构,理论上需要的驱动力小,驱动装置结构小
驱动装置对阀门密封寿命的影响	带缓冲的驱动装置可有效延长阀门密封寿命	没有影响	驱动力大,关闭时驱动冲击较大,不利于密封圈长周期使用	驱动力小,有效减小驱动力对阀门阀座及密封圈的冲击,增加密封寿命

从四种类型阀门结构对比分析来看,非平衡式程控截止阀适用于≤DN150通径和阀门启动压差小的工况;平衡式程控截止阀适用于≤DN300通径和双向高启动压差的工况,但

结构复杂，容易出现平衡腔密封泄漏及产生运动卡塞，维修困难。三偏心程控蝶阀适用于≥DN200 通径和介质压力为中、低压的工况。气锁程控球阀适用于≤DN100 通径和各种介质压力的工况。程控阀门的驱动方式主要有气动驱动和液压驱动，二者特点对比见表 10-4。

表 10-4　气动驱动与液压驱动特点对比

项目	液压驱动	气动驱动
负载特性	液体不可压缩,负载刚性好,动作平稳,负载响应快	气体易压缩,负载刚性差,易产生爬行,响应较慢
传动精度	传动精度高,扭矩输出稳定	传动受气源影响大,扭矩输出不稳定
调速	速度在 1～10s 内精确可调,采用回油节流原理实现开关方向速度可调,调速平稳可控	一般没有调速机构,只能通过增加气动调速管路阀实现调速,且气动调速不够平稳
对阀门操作平稳性影响	阀门动作响应快,动作平稳	响应稍显慢,动作易爬行,特别是介质压力较高时,爬行现象更易发生
对阀门冲击振动影响	由于执行机构双向自备缓冲装置,阀门在启闭到位时的冲击振动小,尤其是关闭时密封圈对阀座的冲击小	没有缓冲装置,对阀门有冲击,振动也较大
动力源要求	独立动力源系统,启停方便	外接气源,用户工厂自配
系统循环方式	全封闭,油液循环利用	仪表空气直接放空
系统密封性要求	系统密封要求高	系统密封要求低
发生泄漏影响	油液泄漏,对环境有影响	仪表空气直接排放,影响较小
系统性	自成系统,不受外界影响	非独立,受仪表气源影响大
噪声	全封闭循环,噪声较小	传动噪声及空气排放噪声较大
造价	一次性投入较高,维护成本高	一次性投入较小

变压吸附装置程控阀具有启闭速度快、操作频次高、要求密封寿命长等特点。基于程控阀长寿命、高可靠性的使用要求，原则上采用带有开关缓冲设计的液压执行器作为程控阀的驱动装置更有优势，但液压驱动装置开停车操作、维护检修更复杂，液压油泄漏后现场环境污染较大。目前，国内建成投产的变压吸附提氢装置两种驱动方式应用得都很多。

3. 自动控制系统主要控制程序设计

变压吸附装置的自动控制系统在满足工艺要求的前提下，既要体现技术的先进性、操作的简便性和直观性，又要保证装置的可靠性和稳定性。荒煤气变压吸附提氢装置的特点是：程控阀门和调节阀数量多，动作频繁，程控阀门切换时间短，抽真空流程动力设备多。变压吸附控制系统不仅要按照工艺给定的条件进行顺序控制和模拟调节，还应配置智能化专家诊断、故障自动诊断和程序切换、自适应调节控制和操作参数自动优化调整等功能，实现装置全自动化控制。

（1）吸附时间自动优化调节

吸附时间参数是变压吸附的最关键参数，其设定值的大小将直接决定装置产品氢的纯度和氢气回收率。由于吸附塔的容积和装填的吸附剂量是固定的，因而在原料气组成和吸附压力一定的情况下，吸附塔每次所能吸附的杂质总量是一定的，所以随着吸附过程的进行，杂质会逐渐穿透吸附床。当穿透杂质量接近允许值时，就必须切换至再生好的吸附塔吸附。因此，当原料气的流量发生变化时，杂质的穿透时间也会随之变化，吸附时间参数也应随之进行调整。变压吸附提氢装置吸附时间调整的原则是：

① 原料气流量越大则吸附时间越短。

② 原料气流量越小则吸附时间越长。

吸附时间调整的最终目标是保证产品氢气的质量满足要求，氢气回收率尽量高。按照上述原则调整吸附时间，既能充分地利用吸附剂的吸附能力，又能在保证产品氢气纯度的情况下获得最高的氢气回收率。

（2）压力自适应控制系统

变压吸附装置生产运行中，除处于吸附状态的吸附塔外，其余都处在某种降压和升压的再生过程中。在吸附塔再生过程中要求气流均衡和稳定。这不仅影响产品氢气和解吸气的稳定输出，还影响吸附剂使用寿命。按照上述要求，变压吸附的自适应程序控制软件，应以吸附塔压力为控制量，通过控制吸附塔压力均匀上升和下降，达到稳定控制气体流量的目的。

（3）解吸气压力调节系统

通常情况下，变压吸附装置的解吸气直接用作燃料或压缩送至下游工艺处理，其压力、流量、热值的波动将直接影响加热设备和压缩机的稳定运行，因此要求解吸气的输出连续、稳定。由于变压吸附工艺的特点是在解吸过程中解吸气流量是间歇的，压力是脉动的，热值是有波动的，所以要控制好解吸气的上述波动需采取如下控制措施：

① 尽量减少变压吸附装置的解吸气来源压力波动。

② 设置足够容积的解吸气缓冲罐和自动缓冲调节系统。

（4）故障自动诊断和程序切换系统

故障自动诊断和程序切换系统是指变压吸附装置在运行过程中，如因程控阀门、控制线路、电磁阀、杂质超标等问题，使某台吸附塔不能正常工作，系统能够快速、准确地判断故障位置和状态，及时报警并自动切除故障塔，其余塔在新程序下继续运行。该功能可确保变压吸附装置的长期、稳定、安全运行，同时大大提高装置操作的灵活性。该系统通常以程控阀阀位检测信号、吸附塔各步序压差信号和解吸气超压报警为判断依据，结合其他相关工艺参数来确诊装置故障，然后及时、平稳地切换到切塔后的新程序继续生产。被切除的故障塔处于隔离状态，可对程控阀进行在线维修。故障处理完后，系统根据故障塔的压力及其切除时的状态，自动确定恢复步位（为了保证产品质量，原则上故障塔是从再生状态恢复运行），以确保恢复运行后，装置的运行和产品质量稳定。切塔和恢复塔步骤如下：

① 故障塔切除：

第一步：故障塔判断（根据压力、阀位检测等信号）；

第二步：程序产生切塔报警并自动（或经操作工确认后手动）切除故障塔，关断该塔所有程控阀；

第三步：程序将自动从压力扰动最小的点开始运行切塔后的新程序。

② 切除塔恢复：

当被切除塔修复之后，需要将其投入正常运行，但投入的状态不合适，将引起较大的波动甚至出现故障，变压吸附软件应能够自动找到最佳状态恢复，使系统无扰动恢复，恢复过程如下：

第一步：在吸附塔故障处理完成后，操作人员发出塔恢复指令；

第二步：程序根据该塔的压力状态，自动确定在恢复后应进入的最佳步序；

第三步：程序自动等到最佳的时间点将该塔无扰动地恢复进最佳步序，投入运行。

第五节　变压吸附提氢节能技术

一、变压吸附提氢能耗

变压吸附气体分离技术与其他分离技术相比，能耗低是其中的一个特点。变压吸附提氢装置能耗主要来自动力设备的电耗、循环水消耗、程控阀门的仪表空气消耗。如果装置前带预处理工艺，预处理单元吸附剂的再生还包含蒸汽和循环冷却水的消耗。变压吸附提氢装置最主要的能耗是动力设备的电耗，但不是所有的变压吸附提氢装置都需要动力设备。动力设备的种类和数量主要由原料气的条件、产品氢气和解吸气的技术要求、吸附剂的再生方式等因素决定。如果变压吸附装置不需动力设备，那么装置的主要能耗仅包含程控阀、调节阀所需的仪表空气消耗和仪表、照明所需的少量电耗。

对于单独的变压吸附提氢装置而言，在原料气有一定压力的条件下，装置内部能耗的高低主要体现在吸附剂的再生方式上。如果根据工艺的需要，装置采用抽真空流程，特别是类似荒煤气这种氢气含量较低的原料气，那么相对于冲洗流程及解吸气送往低压燃料管网的变压吸附装置来说，能耗偏高。

二、变压吸附提氢再生方式优缺点

吸附剂解吸再生的效果直接影响产品气纯度、收率及装置处理能力等，吸附剂再生是变压吸附装置较为关键的步序，采用不同的解吸再生方式对装置的性能将产生较为明显的影响。荒煤气中杂质在高压下被吸附后在吸附床层中具有较高分压，降压再生时降低吸附剂中被吸附杂质的分压，吸附剂便得到解吸再生，杂质分压越低，吸附剂再生效果越好，吸附剂动态吸附容量越大，装置性能发挥越优。变压吸附解吸再生方式有常压冲洗再生和抽真空负压再生两种。两种变压吸附装置解吸再生过程如图 10-14。

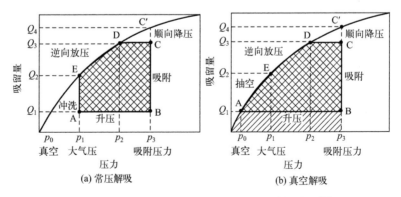

图 10-14　两种变压吸附装置解吸再生过程示意图[2]

常压冲洗再生：吸附床层经逆放步序（即图 10-14 所示的逆向放压）后床层压力约 10～30kPa，被吸附的杂质仍有大部分残留在吸附剂中，需进一步降低杂质分压。在该压力下利用顺放步序的高纯度非吸附相气体（产品气或非吸附相其他气体）对床层进行逆吸附方向冲洗，吸附剂中高浓度吸附相杂质向高纯度非吸附相冲洗气中扩散并随冲洗气带出床层，随着这种扩散的推进，吸附剂中杂质分压逐步降低，吸附剂得到解吸再生。

抽真空负压再生：经逆放步序后吸附床层压力约 10～30kPa，然后利用真空泵对床层进行抽空，随着抽空的进行床层压力逐渐降低，吸附剂中杂质分压也同步降低，杂质从吸附剂上脱附并随抽真空气带出床层，使吸附剂得到解吸再生。抽真空负压再生，相较于常压冲洗再生，吸附剂再生效果更好。

抽真空负压再生＋常压冲洗再生耦合：常压冲洗再生工艺以氢气为再生气源使吸附剂得到解吸，牺牲氢气收率，节约电耗，但再生效果不如抽真空负压再生彻底。抽真空负压再生工艺借助真空泵使吸附剂得到解吸，牺牲电耗，提高收率。在两段 PSA 串联配置时，根据产品需求也可采用第一段 PSA 抽真空负压再生＋第二段 PSA 常压冲洗再生工艺，以兼顾冲洗和抽真空再生工艺优缺点。

上述几种再生工艺各自存在优缺点，且均有相关装置实际运行。确定工艺方案时需根据原料气条件、投资、能耗、氢气收率及运行成本综合考虑，选择合适的再生工艺。

三、变压吸附提氢再生节能降耗

1. 常压冲洗再生工艺的节能降耗

常压冲洗再生工艺主要优点在于无真空泵电耗，但是氢气损失大于抽真空工艺。如何在无真空泵耗电情况下提高氢气收率一直是变压吸附行业研究的问题。以荒煤气为原料的两段 PSA 提氢流程为例，因第二段 PSA 脱除精度较高，氢气损失主要发生于此，故方案设计时应尽量提高第二段 PSA 有效气体收率。通常第二段 PSA 解吸气中氢气含量较高，可对此股物流进行回收以提高氢气收率。当一段 PSA 塔顶出口粗氢气中氢气含量约 90％时，二段 PSA 塔底解吸气中氢气含量在 50％～70％左右，该解吸气通过鼓风机加压后可返回一段 PSA，对一段 PSA 吸附塔进行预升压，可提高氢气收率[8-9]。另外，该部分解吸气因压力较低，且存在一定压力、流量波动，也可返回装置进口处的气柜，进行回收利用。

2. 抽真空负压再生工艺的节能降耗

抽真空负压再生工艺主要优点在于氢气收率高，但是因为荒煤气中非氢杂质含量较高，需要真空泵解吸的气体比例及流量较大，随着抽气量与再生气量比例进一步放大而增大电耗。降低抽真空能耗的根本方法是尽量增加逆放气量、减少抽真空总气量，在总抽气量恒定情况下应选择更高效的真空泵以降低真空泵电耗。

荒煤气变压吸附提氢装置因荒煤气中杂质含量高、流量大，通常需要较多的吸附剂装填量，可能出现较高的吸附床层。随着吸附床层的增高，床层阻力也会加大，当床层阻力增加到一定值后，在床层抽真空时会出现真空泵进口压力和床层顶部压力压差较大的情况，不利于床层真空度的提高和吸附剂解吸再生，故对于此工况下抽真空负压再生工艺的吸附塔，需要控制一定的高径比，以利于同等真空泵抽气量条件下提高床层真空度，降低能耗。

3. 抽真空负压再生＋常压冲洗再生耦合工艺的节能降耗

在两段 PSA 串联流程中，对于第一段 PSA 抽真空负压再生＋第二段 PSA 常压冲洗再生的耦合工艺，根据指标控制要求，当进第二段 PSA 气体中氢气含量较高时（如 90％时），其解吸气中氢气含量也较高。可对第二段 PSA 解吸气进行分段控制作为冲洗气源，用于对第一段 PSA 进行冲洗（也可利用其他非吸附相气体作为冲洗气源进行冲洗），使第一段 PSA 吸附剂得到初步再生，然后再对其抽真空负压再生使吸附剂得到彻底再生，以降低第一段 PSA 真空泵电耗。

第六节　变压吸附提氢应用实例

一、荒煤气提氢概述

以哈密广汇环保科技有限公司（简称"广汇环保"）荒煤气综合利用 40 万 t/a 乙二醇项目 PSA 提氢工序为例。原料荒煤气经压缩、转化、变换和低温甲醇洗后，与未变换气 PSA 提一氧化碳的穿透气混合进入 PSA 提氢工序获得氢气，氢气送至乙二醇装置。

原料气：变换净化气和 PSA 提一氧化碳穿透气的混合气。

装置处理量：31.3 万 m³/h。

装置产氢量：8.96 万 m³/h。

吸附压力：1.8～1.9MPa。

二、提氢装置工艺流程

由于进 PSA 提纯氢气的原料气气量非常大，杂质组分含量高，为了提高氢气回收率和方便设备、程控阀门的设计选型，PSA 提氢工序采用两段 PSA 串联工艺，第一段采用两个系列并联设计，二段采用一个系列设计。PSA 提氢工序工艺流程见图 10-15。

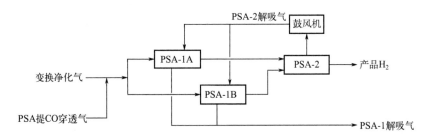

图 10-15　PSA 提氢工序工艺流程框图

PSA 第一段采用双系列 10 塔冲洗工艺流程，通过吸附、连续均压降压、顺放、逆放、冲洗、初始升压、连续均压升压和产品气升压等工艺步序，脱除原料气中的绝大部分杂质得到富氢气。PSA 第二段采用单系列 8 塔冲洗工艺流程，通过吸附、连续均压降压、顺放、逆放、冲洗、连续均压升压和产品气升压等工艺步序，将富氢气进一步提纯得到产品氢气。变换净化气和 PSA 提一氧化碳穿透气进入原料气缓冲罐混合均匀后，平均分成两股气体，一股进入 PSA 一段 A 系列，另一股进入 PSA 一段 B 系列。原料混合气自塔底进入正处于吸附状态的粗净化吸附塔（有 2 个吸附塔处于吸附状态）内。在多种吸附剂的依次选择吸附下，其中的二氧化碳、甲烷、一氧化碳和氮气等杂质被吸附下来，未被吸附的粗氢气作为中间产品从塔顶流出，经压力调节系统稳压后送入 PSA 二段继续提纯氢气，一段出口氢气纯度控制在 95%～98%。PSA 一段解吸气送入尾气焚烧炉生产低压蒸汽。

PSA 提氢一段的粗氢气 A 和粗氢气 B 进入粗氢气混合罐混合均匀后，自塔底进入正处于吸附状态的 PSA 二段提氢吸附塔（有 2 个吸附塔处于吸附状态）内。在多种吸附剂的依次选择吸附下，剩余的一氧化碳、氮气和甲烷等杂质被吸附下来，未被吸附的氢气作为产品从塔顶流出，二段出口氢气纯度大于 99.9%。PSA 二段解吸气通过提氢解吸气鼓风机加压至 80～100kPa 后返回一段，作为冲洗再生后的升压气。广汇环保 40 万 t/a 乙二醇 PSA 提氢工艺流程见图 10-16。

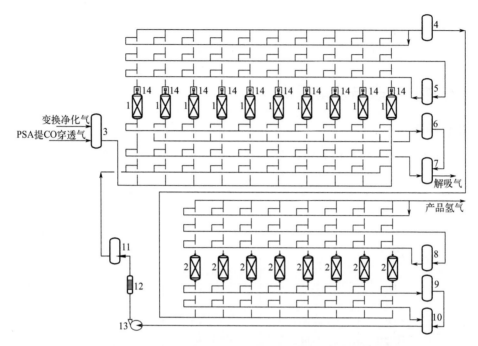

图 10-16　广汇环保 40 万 t/a 乙二醇 PSA 提氢工艺流程示意图

1—粗净化吸附塔；2—提氢吸附塔；3—原料气缓冲罐；4—粗氢气缓冲罐；5—顺放气 1 缓冲罐；6—解吸气 1
缓冲罐；7—解吸气 1 混合罐；8—提氢顺放气缓冲罐；9—提氢解吸气缓冲罐；10—提氢解吸气混合罐；
11—提氢解吸气升压罐；12—升压气冷却器；13—提氢解吸气鼓风机；14—压紧装置

三、提氢吸附塔工艺步骤

PSA 提氢一段和 PSA 提氢二段吸附塔的主要工艺步骤如下：

① 吸附过程：变换净化气自塔底进入正处于吸附状态的吸附塔内。在多种吸附剂的依次选择吸附下，其中的杂质被吸附下来，未被吸附的气体从塔顶流出，经压力调节系统稳压后送去下游工段。当被吸附杂质的传质区前沿（称为吸附前沿）到达床层出口预留段时，关闭该吸附塔的原料气进料阀和产品气出口阀，停止吸附，吸附床开始转入再生过程。

② 均压降压过程：吸附过程结束后，顺着吸附方向将塔内较高压力的气体放入其他已完成再生的较低压力吸附塔的过程。该过程不仅是降压过程，也是回收床层死空间有效气体的过程。

③ 顺放过程：均压降压过程结束后，顺着吸附方向将吸附塔内的气体快速回收进顺放气缓冲罐的过程。这部分气体将用作吸附剂的再生气源。

④ 逆放过程：顺放过程结束后，吸附前沿已到达床层出口。这时，逆着吸附方向将吸附塔压力降至常压，此时被吸附的杂质开始从吸附剂中大量解吸出来。

⑤ 冲洗过程：在这一过程中，用来自顺放气罐的气体逆着吸附方向对吸附床进行冲洗，使吸附剂中的杂质得以完全解吸。

⑥ 均压升压过程：在冲洗过程完成后，用来自其他吸附塔的较高压力气体依次对该吸附塔进行升压。这一过程与均压降压过程相对应，不仅是升压过程，也是回收其他塔床层死空间有效气体的过程。

⑦ 产品气升压过程：在均压升压过程完成后，为了使吸附塔可以平稳地切换至下一次吸附并保证产品纯度在这一过程中不发生波动，需要通过升压调节阀缓慢而平稳地用产品气将吸附塔压力升至吸附压力。

四、提氢物料简表与设备规格

1. 物料简表

广汇环保 PSA 提氢物料简表见表 10-5。

表 10-5　广汇环保 PSA 提氢物料简表

项目		变换净化气	PSA 提 CO	产品氢气	解吸气
组分含量（体积分数）/%	H_2	43.98	24.30	>99.9	8.80
	CO	2.04	5.10		4.84
	CO_2	0.4	0.46	≤0.002	0.60
	N_2	53.37	69.89	0.09	85.45
	CH_4	0.2	0.25	0.08	0.30
	总硫	<0.00001	<0.00001		
	NH_3	<0.0002	<0.00001		
	CH_3OH	0.01	<0.00001		0.01
体积流量/(m^3/h)		168312.00	144814.60	89644.77	223481.83
温度/℃		40	40	40	40
压力/MPa		2.00	2.05	1.85	0.03

2. 设备规格

广汇环保 PSA 提氢主要设备规格见表 10-6。

表 10-6　广汇环保 PSA 提氢主要设备规格

序号	设备名称	设备规格	材质	数量/台
1	原料气缓冲罐	DN4000	Q345R	10
2	粗净化 1A 吸附塔	DN4000	Q345R（正火）	10
3	顺放气 1A 缓冲罐	DN4000	Q345R	1
4	解吸气 1A 缓冲罐	DN4400	Q345R	1
5	解吸气 1A 混合罐	DN4400	Q345R	1
6	粗氢气 1A 缓冲罐	DN4000	Q345R	1
7	粗氢气混合罐	DN4000	Q345R	1
8	提氢吸附塔	DN2800	Q345R（正火）	8
9	提氢顺放气缓冲罐	DN2800	Q345R	1
10	提氢解吸气缓冲罐	DN3000	Q345R	1
11	提氢解吸气混合罐	DN3000	Q345R	1

续表

序号	设备名称	设备规格	材质	数量/台
12	提氢解吸气升压罐	DN3000	Q345R	1
13	升压气冷却器	DN700（BEM）	Q345R（壳）/304（管）	1
14	提氢解吸气鼓风机	进口压力:15kPa	CS	1

注:PSA-1B 系列的设备规格和数量与 PSA-1A 相同,未在设备表中列出。

五、提氢工艺特点

① PSA 提氢工序一段采用双系列并联运行,二段采用单系列运行。装置非标设备和程控阀门设计成熟可靠。装置负荷 60% 以下时,一段可单系列运行,两个系列互为备用,装置稳定性高。

② PSA 提氢工序采用两段法提纯氢气专利技术[9],且二段解吸气经小幅度升压后全返回一段作为再生后的初始升压气,二段无氢气损失,整个工艺流程氢气回收率高。

③ PSA 一段和二段均采用冲洗再生工艺流程,可靠性高,解吸气流量稳定。由于本工序的解吸气量约 220000m³/h,如果采用抽真空再生流程,真空泵使用数量多,装置电和循环水消耗高,占地面积大,而氢气回收率却提高有限。

④ PSA 提氢工序采用吸附剂压紧和吸附剂密相装填相结合的技术,避免了在均压和顺放过程中,气体分子量逐渐增大,导致床层沸腾、吸附剂粉化的现象产生。

⑤ PSA 提氢工序在某个吸附塔出现故障时,可自动无扰动地将故障塔切除,PSA 一段转入 9 塔、8 塔、7 塔运行,PSA 二段转入 7 塔、6 塔、5 塔运行。在切除单塔时,可将被切除塔进行在线检修,其余塔继续运行,因而大大提高了装置运行的可靠性。

⑥ PSA 提氢工序可实现吸附时间自动优化和吸附压力自适应调节。

综上所述,广汇环保 PSA 提氢装置于 2021 年 10 月建成投产,实际运行最高产氢量已超 90000m³/h,实际氢气收率大于设计氢气收率。

参考文献

[1] 叶振华. 化工吸附分离过程 [M]. 北京:中国石化出版社,1992.

[2] 冯孝庭. 吸附分离技术 [M]. 北京:化学工业出版社,2000.

[3] 郝树仁. 烃类转化制氢工艺技术 [M]. 北京:石油工业出版社,2009.

[4] 中华人民共和国国家质量监督检验检疫总局,中国国家标准化管理委员会. 氢气　第 2 部分:纯氢、高纯氢和超纯氢:GB/T 3634.2—2011 [S]. 北京:中国标准出版社,2012.

[5] 陈健. 工业副产气资源化利用 [M]. 北京:化学工业出版社,2024.

[6] 杨跃平. 焦炉煤气利用技术 [M]. 北京:化学工业出版社,2020.

[7] 国家市场监督管理总局,中国国家标准化管理委员会. 质子交换膜燃料电池汽车用燃料　氢气:GB/T 37244—2018 [S]. 北京:中国标准出版社,2018.

[8] 李振东,余浩,侯世杰,等. 一种低浓度氢气的荒煤气提纯氢气的节能工艺系统:CN 216472232U [P]. 2022-05-10.

[9] 杨书春,肖立琼. 一种改进抽真空的变压吸附系统:CN 209034053U [P]. 2019-06-28.

第十一章 合成气制乙二醇

第一节 概 述

一、乙二醇的用途

乙二醇（ethylene glycol，EG），又名甘醇，分子式 $HOCH_2CH_2OH$，分子量 62.07，凝固点 $-11.5℃$，沸点 $197.6℃$，相对密度 1.1135（20℃），折射率 1.43063，是无色澄清、略带甜味的黏稠液体，对动物有毒性，人类致死剂量约为 1.6g/kg。

乙二醇是最简单和最重要的脂肪族二元醇，也是重要的有机化工原料，主要用于生产聚酯纤维、聚酯树脂、吸湿剂、增塑剂、表面活性剂、化妆品和炸药，可用作染料，油墨等的溶剂，配制发动机的抗冻剂、气体脱水剂，也可用于玻璃纸、纤维、皮革、黏合剂的润湿剂。

2023 年我国乙二醇的消费量达到 2253 万 t，是 2008 年的消费量 703.6 万 t 的 3 倍多，与此同时 2023 年我国乙二醇的产能 2822 万 t，其中合成气路线的乙二醇（也称煤制乙二醇）产能 1018 万 t。由于乙二醇 90% 以上主要用来生产聚对苯二甲酸乙二醇酯（简称聚酯，PET），而我国是聚酯生产大国，2023 年底总产能已达 7984 万 t，总产量为 6671 万 t，折合消耗乙二醇原料 2235 万 t。2023 年乙二醇进口 715 万 t，相比 2008 年进口量 522 万 t 虽有所增加，但进口依存度已从 74% 大幅降至 29% 左右，这正是包括煤制乙二醇在内的大量新建乙二醇装置不断投入运行的结果。

二、乙二醇的合成方法

目前，乙二醇的生产方法主要有石油路线和非石油路线两大类。其中石油路线产能仍占绝大多数，非石油路线的煤制乙二醇约占 36%，也有少量甲醇制烯烃再制乙二醇。

石油路线法是由石油生产乙烯，乙烯经氧化生产环氧乙烷，环氧乙烷再水合制备乙二醇，包括环氧乙烷法、碳酸乙烯酯法等，其中非催化及催化水合环氧乙烷法是主要的生产方法。水合环氧乙烷法是当今世界上生产乙二醇的主要方法，虽然技术成熟，但严重依赖于石油资源、过程水耗大、能耗大、成本高。

非石油路线是以富含 CO 的合成气为原料生产乙二醇，也有直接合成路线和间接合成路线两种。

（1）直接合成路线

直接合成法具有理论上最佳的经济价值，最符合原子经济性，其反应方程式如下：

$$2CO+3H_2 \longrightarrow HOCH_2CH_2OH \tag{11-1}$$

该反应属于 Gibbs 自由能增加的反应，在热力学上很难进行，需要催化剂和高温高压条件，该工艺技术的关键是催化剂的选择[1]。目前，直接法所取得的进展还不足以实现工业化，进一步降低反应条件并提高催化剂的选择性和活性仍是主要的难点。

（2）间接合成路线

间接合成路线主要有甲醇甲醛路线和草酸酯路线。甲醇甲醛路线主要有甲醇脱氢二聚法、二甲醚氧化偶联法、羟基乙酸法、甲醛缩合法、甲醛氢甲酰化法、甲醛氢羧基化法等，据报道该路线中甲醛氢羧基化法在内蒙古已建成一套生产装置，其他方法离实现工业化尚有距离。

草酸酯路线通过一氧化碳气相羰化偶联反应得到中间产品草酸二甲酯，草酸二甲酯再加氢制乙二醇。该方法操作条件缓和，是当前研究最为深入且已成功实现大规模工业化应用的一种间接合成路线方法。目前草酸酯路线的技术提供商有：中国科学院福建物质结构研究所、丹化化工科技股份有限公司、日本宇部兴产株式会社-高化学株式会社、上海浦景化工技术股份有限公司、中国五环-华烁科技-鹤壁宝马联合体（WHB 技术）、上海戊正工程技术有限公司、宁波中科远东催化工程技术有限公司、中石化（扬子石化-上海石油化工研究院-湖北化肥）联合体、天津大学等。下面结合中国五环-华烁科技-鹤壁宝马联合体的 WHB 合成气制聚酯级乙二醇技术，重点介绍合成气经草酸二甲酯生产乙二醇的技术及应用情况。

第二节　合成气制乙二醇基本原理

一、合成路线简述

乙二醇装置由草酸二甲酯合成装置与乙二醇合成装置组成，主要任务是利用上游工序（PSA 提纯 CO 或冷箱分离 CO）送来的一氧化碳和空分装置送来的氧气为原料，与罐区送来的新鲜甲醇送至草酸二甲酯合成装置合成草酸二甲酯（DMO），中间产品 DMO 经分离精制后得到的精 DMO，再与 PSA 提氢工序送来的氢气合成乙二醇（EG），经分离精制得到的聚酯级乙二醇以及副产品送至成品罐区。草酸酯法制聚酯级乙二醇合成路线见图 11-1。

二、 DMO 合成技术

草酸二甲酯装置采用羰化偶联反应得到中间产品草酸二甲酯，为乙二醇合成装置提供原料。主要反应包括以下五个反应单元：气相羰化偶联反应、酯化再生反应、硝酸还原反应、NO 发生反应、酸碱中和反应。分述如下。

1. 气相羰化偶联反应

CO 与亚硝酸甲酯（MN）在 $Pd/\alpha\text{-}Al_2O_3$ 催化剂作用下气相羰化偶联合成草酸二甲酯以及副产物碳酸二甲酯（DMC）、甲酸甲酯（MF）等，反应方程式如下：

主反应 　　　　　$2CO + 2CH_3ONO \longrightarrow (CH_3COO)_2 + 2NO$ 　　　　　(11-2)

副反应

$$CO + 2CH_3ONO \longrightarrow CO(OCH_3)_2 + 2NO \tag{11-3}$$

$$4CH_3ONO \longrightarrow HCOOCH_3 + 2CH_3OH + 4NO \tag{11-4}$$

$$2CH_3ONO \longrightarrow CH_3OH + HCHO + 2NO \tag{11-5}$$

$$2CO + 2CH_3ONO + H_2 \longrightarrow 2HCOOCH_3 + 2NO \tag{11-6}$$

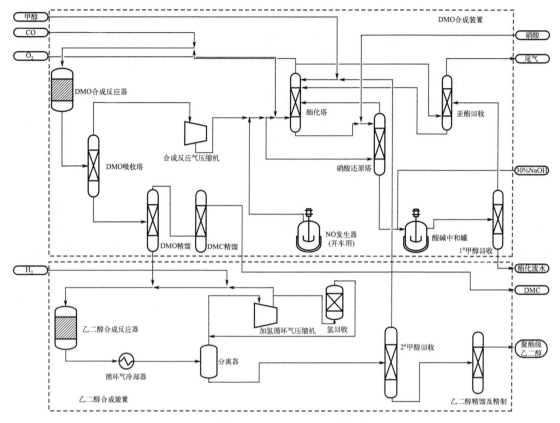

图 11-1　草酸酯法制聚酯级乙二醇合成路线

亚硝酸甲酯极易发生分解，据文献 [2]，亚硝酸甲酯不但会发生热分解，在催化剂存在的条件下还会发生催化分解，其热分解生成甲醇、甲醛和一氧化氮[3]，催化分解生成甲酸甲酯、甲醇、一氧化氮和水[4-6]。张铁生等研究得出亚硝酸甲酯热分解曲线[7]，如图 11-2，亚硝酸甲酯在 140℃开始热分解，220℃达到放热峰值，300℃基本完成放热，其分解热达到 3216J/g，属于强放热反应。因此对于 DMO 合成反应，控温是关键，一般采用列管式固定床催化反应器，管内装填催化剂，管外采用强制循环泵驱动汽包给水将反应热移出。考虑到合成催化剂的使用成本、安全等因素，工业生产装置 DMO 合成反应的床层热点温度一般控制在 150℃以下。

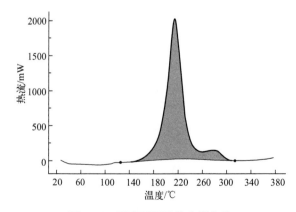

图 11-2　亚硝酸甲酯热分解曲线

由于 CO 与 MN 在催化剂表面存在竞争吸附，且 MN 更容易在 Pd 上吸附，因此提高 CO/MN 摩尔比可以有效抑制 MN 在催化剂上催化分解为甲酸甲酯与甲醇的副反应，甲酸甲酯与甲醇的选择性由 CO/MN＝0.5 时的 10％ 下降到了 CO/MN＝3.5 时的 1％ 以下。同时，存在 CO/MN 的最佳配比，当 CO/MN＝1～3.5 时，随着 CO/MN 的提高，MN 的转化率先上升后下降；在 CO/MN＝2 时 MN 转化率最高。当 1＜CO/MN＜2 时，CO 分压的升高增强了 CO 在催化剂表面的吸附，使反应速率上升；当 CO/MN＞2 时，CO 分压的进一步升高使其在催化剂表面过度抢占活性中心，削弱了 MN 在 Pd 活性中心的吸附，从而导致反应速率下降[8]。

工业生产中，一般工艺操作条件如下：反应温度 110～145℃，压力 0.3～0.5MPa (G)，空速 2500～3500h^{-1}，反应器入口 CO/MN 摩尔比为 1.5～2.0，MN 含量一般控制在 10％～16％。在此条件下，一般亚硝酸甲酯转化率为 50％～80％，草酸二甲酯选择性 97％～99％。

已有文献[9-11]对 CO 和 MN 在 Pd 催化剂上的氧化偶联反应机理进行了研究。其中，宋轲等[9]提出吸附态的 CO 与 MN 在催化剂表面的反应为速率控制步骤，基于 Rideal-Eley 机理推导出了动力学模型；计扬等[10]通过傅里叶红外光谱探究了各组分在催化剂上的吸附，CO 的吸附形式可分为线式与桥式，其中仅有桥式吸附的 CO 参与反应，在此基础上提出了本征动力学方程式，如式（11-7）所示。李卓[11]等考虑到实际情况，认为上述动力学模型在建立时均忽略了副反应的影响，基于催化表面吸附，利用拟定态假定，进一步推导出 DMO、DMC 与 MN 的动力学模型，根据该动力学模型，主反应与 CO 和 MN 呈一级反应，DMC 与 MN 呈 1.5 级、与 CO 呈 0.5 级，MF 与 MN 呈 0.5 级，CO、MN 和 NO 具有较明显的阻尼吸附作用，提高 MN 的摩尔分数或 MN/CO 比例，可提高 DMC 产率。

$$r_{MN} = \frac{k p_{MN} p_{CO}}{(1 + K_1 p_{CO} + K_2 p_{CO}^2 + K_3 p_{MN} + K_4 p_{NO})^2} \tag{11-7}$$

其中：

$$k = 1.007 \times 10^{15} \exp(-90100/RT)$$

$$K_1 = 1.001 \exp(14700/RT)$$

$$K_2 = 7.200 \times 10^{-4} \exp(-42330/RT)$$

$$K_3 = 6.435 \times 10^{-2} \exp(12290/RT)$$

$$K_4 = 6.076 \times 10^{-16} \exp(125300/RT)$$

式中，p_i（i＝CO，MN，NO）分别为 CO、MN、NO 的分压，Pa；r_{MN} 为 MN 生成反应速率，kmol/m^3·h。

2. 酯化再生反应

酯化再生是将羰化反应中生成的 NO 氧化为亚硝酸甲酯而循环使用，因此酯化再生与偶联反应的有效耦合是实现合成循环系统的稳定运行和绿色低耗的关键。MN 再生反应是 NO 和 O$_2$ 与 CH$_4$O 进行的气液反应，属于 NO 化学吸收的范畴，是复杂的吸收-反应过程之一[12]。

酯化反应方程式如下：

$$4NO + O_2 + 4CH_4O \longrightarrow 4CH_3ONO + 2H_2O \tag{11-8}$$

在酯化塔中存在以下反应：

气相反应

$$2NO + O_2 \longrightarrow 2NO_2 \tag{11-9}$$

$$NO + NO_2 \Longrightarrow N_2O_3 \tag{11-10}$$

$$2NO_2 \Longrightarrow N_2O_4 \tag{11-11}$$

液相反应

$$N_2O_3 + 2CH_3OH \longrightarrow 2CH_3ONO + H_2O \tag{11-12}$$

$$N_2O_4 + CH_3OH \longrightarrow CH_3ONO + HNO_3 \tag{11-13}$$

$$2NO_2 + CH_3OH \longrightarrow CH_3ONO + HNO_3 \tag{11-14}$$

以上介质中，NO 是无色气体、微溶于水，NO_2 是棕红色气体，与水作用生成硝酸。气态的 NO_2 在低温下会部分叠合成无色的 N_2O_4，在常压下冷却到 21.5℃时冷凝成液体，冷却到 -10.8℃时成固体。

由以上反应可以看出，MN 再生反应是一个复杂的气液反应过程。式(11-9)~式(11-11)均为可逆的放热反应，反应后体积减小，因此降低温度和增加压力均有利于反应的进行。式(11-10)、式(11-11)的反应速率较快，式(11-10)反应在 0.1s 内便达到平衡，式(11-11)反应速率更快，在 10^{-4} 秒内便达到平衡。式(11-9)在温度低于 200℃时，实际上可认为是不可逆反应，与式(11-10)、式(11-11)反应相比，式(11-9)是气相反应中最慢的，决定了气相反应进行的速率[13]。NO 氧化生成 NO_2 是一个特殊的反应，其反应速率随反应温度的下降而增加。而生成 N_2O_4 的反应式(11-11)的反应平衡常数随温度的降低而变大[14]。因此，为减少副产物硝酸的生成，酯化再生需要控制在适宜的操作温度。

反应式(11-12)是一个快速反应，是生成 MN 的主要反应，反应(11-13)、反应(11-14)为副反应，反应过程中会副产硝酸，为了减少副反应的发生，应尽量避免 N_2O_4 的生成，一般在适合的低压下进行操作。

在工业生产中，一般采用较高的 NO/O_2 摩尔比，来促进反应(11-10)的发生，减少反应(11-11)生成 N_2O_4。酯化再生后循环气返回羰化反应器，羰化反应需要在还原气氛下进行，这就要求酯化再生反应过程中的 O_2 必须完全消耗[13]，否则残余的 O_2 随原料气进入羰化反应器将导致 $Pd/\alpha\text{-}Al_2O_3$ 催化剂失活，因此实际操作时采用过量的 NO 来促进 O_2 的消耗，NO/O_2 的摩尔比一般大于化学计量比 4:1。但是，过多的 NO 在羰化反应过程中会对反应速率产生抑制作用[15]，这又需要 NO 在合成气中的含量尽量低。综合羰化反应、酯化反应以及后续的硝酸还原反应，NO/O_2 摩尔比对整个 DMO 合成过程是一个重要的操作参数。

酯化再生反应过程中一般采用过量的甲醇，其作用主要有：一是为酯化反应提供原料，并提供适宜的物料配比，降低副反应的发生，提高 MN 的选择性；二是甲醇汽化吸热有利于再生温度的控制，相当于移热介质；三是甲醇作为洗涤液净化再生气，脱除其中的水、酸等杂质，有效保护羰化偶联催化剂。酯化再生反应后的液相物料需要送至甲醇回收脱水再循环利用，此精馏过程的操作能耗比较高，降低甲醇回收精馏能耗也是一个关键问题。

工业生产中，酯化再生单元的工艺操作条件如下：温度 32~60℃，压力 0.2~0.6MPa (G)，$NO/O_2 \geqslant 6$，反应后液相中甲醇的质量分数 45%~75%。

关于酯化再生的反应机理及动力学研究，已有相关文献报道。计扬、柳刚等[16-17]采用气液双搅拌反应器研究了 N_2O_3 与 CH_4O 反应生成 MN 的反应动力学，实验中发现气液搅拌速率和液体的体积对 MN 再生反应没有影响，计扬等[16]认为 N_2O_3 与 CH_4O 反应生成 MN 是一个气相快速反应，柳刚等[17]认为 N_2O_3 与 CH_4O 反应生成 MN 是一个快速拟 m 级反应或者界面瞬间反应。在此基础上将 N_2O_3 等效为体积比为 $1:1$ 的 NO 和 NO_2 混合物，通过实验测定并建立了 N_2O_3 与甲醇反应生成 MN 的动力学方程。计扬等得到动力学方程如式（11-15）。柳刚等根据双膜理论，建立了液膜中物料守恒方程，将方程进行合理简化，得出 N_2O_3 与 CH_4O 反应为拟一级快速反应，在整个反应体系中只考虑 NO，将 NO 作为气相的关键组分，用 NO 的参数来代替 N_2O_3 的相关参数，最后得到动力学方程。柳刚[18]还对 MN 再生反应中副产物硝酸的生成速率进行了研究，结果表明硝酸的生成速率仅与温度有关，与进料量无关，这说明生成硝酸的反应是一个零级反应，其动力学方程见式（11-16）。

由于在 MN 再生反应工艺中，NO/O_2 的摩尔比一般大于化学计量比 $4:1$，因此 NO/NO_2 的摩尔比应大于 $1:1$。Li 等[19]在此基础上进一步系统地研究了氮氧化合物与甲醇反应的动力学，在气液双搅拌装置中对 NO、NO_2 与 CH_4O 反应生成 MN 的动力学进行了研究，采用双膜模型，建立了 NO、NO_2 和甲醇反应的动力学方程。

$$r_{MN} = 38.15 \exp\left(\frac{25172}{RT}\right) p_{NO} \tag{11-15}$$

$$r_{HNO_3} = 30.33 \exp\left(\frac{-23780}{RT}\right) \tag{11-16}$$

3. NO_x 补加技术

DMO 合成系统的氮氧化物（包含 MN、NO_x）由于以下原因会流失：①酯化反应生成硝酸副产物；②为维持 DMO 合成系统的压力稳定，合成系统需要连续弛放惰性气体；③粗草酸二甲酯以及甲醇水溶液等液相物料从 DMO 合成系统排出去精馏，会带走少量溶解的 MN。针对氮氧化物的流失造成合成系统中 NO_x 不平衡的技术难题，有以下四种 NO_x 补加解决方案，不同 NO_x 补加技术对比见表 11-1。

表 11-1　不同 NO_x 补加技术对比表

序号	技术路线	技术特点
1	非催化还原+催化还原路线:硝酸还原	① 以硝酸为原料生成 MN 来补加 NO_x ② 塔式反应器 ③ 非催化还原塔废液含酸质量分数 0.3%～0.5%,催化还原塔废液含酸质量分数 0.1%～0.3% ④ 高效,流程短,安全环保
2	非催化还原+硝酸精馏浓缩+硝酸循环系统路线:硝酸浓缩再还原	① 以硝酸为原料生成 MN 来补加 NO_x ② 釜式反应器,台套数多 ③ 酯化废液含酸质量分数约 1.5%,需硝酸浓缩回收再循环 ④ 甲醇蒸二次,废水蒸一次,能耗高 ⑤ 流程长,需硝酸级不锈钢,投资大,需备用反应器,带转动设备,安全可靠性低
3	非催化还原+N_2O_4路线:N_2O_4	① 以 N_2O_4 为原料本质是酯化反应生成 MN 来补充 NO_x,副产的硝酸未利用 ② 塔式反应器 ③ 酯化废液含酸质量分数 1.5%～2.0%,后续酸碱中和产生的废盐难以处理 ④ N_2O_4 难采购,成本高

序号	技术路线	技术特点
4	催化还原＋亚硝酸钠、硝酸与甲醇制备 MN 路线:亚硝酸钠	① 酯化副产的硝酸通过催化还原生成 MN;不足的部分采用亚硝酸钠、硝酸与甲醇生成 MN 来补充 ② 塔式＋釜式反应器 ③ 催化还原的酯化废液含酸质量分数≤0.3% ④ NO 制备过程中产生浓盐水,废盐难处理 ⑤ 高浓度的 MN 易爆炸,且带转动设备,安全可靠性低 ⑥ 亚硝酸钠致癌

由于表 11-1 中后三种在实际生产过程中存在诸多问题,目前业内基本都采用第一条路线——硝酸还原技术,以硝酸为原料经硝酸与 NO 发生氧化还原反应生成 MN 来补充损失的氮氧化合物。

硝酸还原反应方程式如下:

$$NO+2HNO_3 \rightleftharpoons 3NO_2+H_2O \tag{11-17}$$

$$NO+NO_2 \longrightarrow N_2O_3 \tag{11-10}$$

$$N_2O_3+2CH_3OH \longrightarrow 2CH_3ONO+H_2O \tag{11-12}$$

硝酸还原总反应:

$$2NO+HNO_3+3CH_3OH \longrightarrow 3CH_3ONO+2H_2O \tag{11-18}$$

利用反应(11-17)将副产的硝酸转化成 NO_2,再耦合酯化再生反应(11-10)、(11-12)最终生成 MN。由酯化反应机理可知,反应(11-10)是一个快速平衡反应,反应(11-12)是一个快速反应。因此硝酸还原的总反应速率由反应(11-17)的反应速率决定。反应(11-17)为可逆吸热反应,是一个慢速反应,因此分压、持液量、相界面积、气液传质系数对其影响很大。针对搅拌釜式处理能力小、不易放大、台套数多、安全可靠性差、流程复杂、投资大等诸多缺点,2011 年 WHB 乙二醇技术在中试期间,采用塔式反应器的解决方案已成功应用于硝酸还原。

硝酸还原反应条件:操作温度 60~90℃,操作压力 0.2~0.6MPa(G),液相进料中硝酸质量分数 3%~5%,经非催化硝酸还原塔反应后的液相中硝酸质量分数≤0.5%,再进入串联的硝酸催化还原塔,最终反应后的液相中硝酸质量分数≤0.1%。

三、 DMO 精馏技术

气相产物中的 DMO 采用甲醇吸收的方式富集于液相,由于羰化偶联反应副产 DMC,因此粗 DMO 液相中含有 CH_4O、DMC 和 DMO,一般采用 DMO 精馏工艺获得满足 DMO 加氢要求的精 DMO,同时一方面分离出甲醇返回 DMO 合成系统循环利用,另一方面回收 DMC 作为副产品外售。

由于在常压下 MeOH(CH_4O)和 DMC 形成二元低共沸物,通过常压精馏从塔顶得到的是 MeOH-DMC 的二元共沸物,该共沸物中含有大量的 DMC,目前国内外采用的分离工艺有萃取精馏法、加压分离法和冷冻结晶分离法。

萃取精馏法是通过加入适当的萃取剂,以改善被分离组分之间的相对挥发度,从而实现分离的过程。所选萃取剂不能与原料中任何组分生成共沸物,且必须是难挥发性的物质。工业一般以 DMO 为萃取剂分离甲醇-DMC-DMO 混合物[20]。

加压分离法利用 MeOH-DMC 体系对拉乌尔定律产生正偏差的特点，提高压力可以打破常压下 MeOH-DMC 形成的二元共沸物，改变共沸物组成，不同压力下 MeOH-DMC 的共沸组成见表 11-2。在高压条件下，塔顶可以得到以 MeOH 为主的共沸物，塔底得到高纯度的 DMC。塔底 DMC 产物中所含的少量 MeOH，可以通过常压精馏进一步提纯得到高纯度的 DMC。

表 11-2　不同压力下 MeOH-DMC 的共沸组成

压力/MPa(A)	温度/K	共沸组成(质量分数)/%	
		MeOH	DMC
0.1013	337.15	70.0	30.0
0.2026	355.15	73.4	26.6
0.4052	377.15	79.3	20.7
0.6078	391.15	82.5	17.5
0.8104	402.15	85.2	14.8
1.013	411.15	87.6	12.4
1.519	428.15	93.0	7.0

针对粗 DMO 的分离，工业上一般有两种工艺流程：

① 先采用常规精馏从塔顶分离出 CH_4O-DMC 共沸物，塔釜获得精 DMO，然后 CH_4O-DMC 共沸物采用变压精馏分离获得副产品 DMC。

② 先采用萃取精馏从塔顶分离出 CH_4O，塔釜获得 DMC-DMO 的混合物，再经过常规精馏从塔顶获得高浓度（质量分数＞70%）的粗 DMC，塔釜获得精 DMO，然后粗 DMC 经过常规精馏获得副产品 DMC。

四、 DMO 加氢技术

草酸二甲酯在 Cu-Si 系催化剂作用下的加氢反应为连串反应，产物依次为乙醇酸甲酯（MG）、乙二醇（EG）和乙醇（EtOH），该反应可以通过调节反应条件，有效地调节乙醇酸甲酯和乙二醇的选择性，以及草酸二甲酯的反应路径。

加氢主反应

$$(COOCH_3)_2 + 2H_2 \longrightarrow HOCH_2COOCH_3 + CH_3OH \tag{11-19}$$

$$HOCH_2COOCH_3 + 2H_2 \longrightarrow HOCH_2CH_2OH + CH_3OH \tag{11-20}$$

加氢总反应

$$(COOCH_3)_2 + 4H_2 \longrightarrow HOCH_2CH_2OH + 2CH_3OH \tag{11-21}$$

加氢副反应

$$HOCH_2CH_2OH + H_2 \longrightarrow CH_3CH_2OH + H_2O \tag{11-22}$$

$$HOCH_2CH_2OH + CH_3CH_2OH \longrightarrow HOCH_2CHOHCH_2CH_3 + H_2O \tag{11-23}$$

除了上述两个典型的加氢副反应，还有很多其他副反应，如催化剂上的碱性位会催化 Guerbet 反应生成丙二醇、己二醇等，乙醇酸甲酯与乙二醇会反应生成乙醇酸乙二醇酯等副产物，强酸性位则会促进乙二醇分子内脱水生成乙醇和醚类。此外，DMO 深度加氢也会生成甲酸甲酯、二甲醚等轻组分[21]。因此工业装置 DMO 加氢催化剂的产物组成非常复杂，对加氢催化剂的选择性调控也提出了更高要求。

工业生产中，一般工艺操作条件如下：DMO 转化率约 100%，乙二醇选择性 95%～98%。反应条件：反应温度 170～230℃，压力 2.5～3.5MPa(G)，液空速 0.3～0.6h^{-1}，氢酯摩尔比 60～110。

已有文献对 DMO 在 Cu-Si 系催化剂上的加氢反应机理及动力学进行了较多研究。李竹霞[22]研究了基于 Cu-SiO$_2$ 催化剂的草酸二甲酯加氢合成乙二醇的反应动力学，提出草酸二甲酯串联加氢反应符合 Rideal-Eley 机理——气相的氢与吸附态的酯进行的表面反应为速率控制步骤，并采用遗传算法和单纯形算法相结合，得到了相应的动力学模型及其参数。

鲍红霞[23]在无梯度反应器中进行了草酸二甲酯加氢合成乙二醇的动力学研究。提出 DMO 加氢反应的动力学符合 Langmuir-Hinshelwood 机理，反应控制步骤是催化剂表面的酰氧基加氢，氢气和草酸二甲酯均解离吸附。结合遗传算法和单纯形算法进行参数拟合并得出动力学模型。

李思明[24]从不同的反应历程出发，推导了 34 个动力学模型方程，筛选出最优的动力学模型，结合蒸氨法制备的铜基催化剂的表征提出了 Cu^0 和 Cu$^+$ 的双活性位协同机理。首先草酸二甲酯在 Cu$^+$ 上解离吸附生成甲氧基吸附物种和酰基吸附物种，酰基吸附物种与氢气在 Cu^0 上解离生成的氢原子反应生成乙醇酸甲酯，乙醇酸甲酯也在 Cu$^+$ 上重复草酸二甲酯的过程生成乙二醇和甲氧基吸附物种，甲氧基吸附物种与氢反应生成甲醇。草酸二甲酯和乙醇酸甲酯的解离吸附是反应速率的控制步骤。其动力学模型方程如下：

$$r_1 = \frac{k_1\left(p_{DMO} - \dfrac{p_{MG} p_{ME}}{K_{P1} p_H^2}\right)}{\left(1 + K_{EG} p_{EG} + K_{ME} p_{ME} + \dfrac{K_{DMO} p_{MG} p_{ME}}{K_{P1} p_H^2} + \dfrac{K_{MG} p_{EG} p_{ME}}{K_{P2} p_H^2}\right)^2} \tag{11-24}$$

$$r_2 = \frac{k_2\left(p_{MG} - \dfrac{p_{EG} p_{ME}}{K_{P2} p_H^2}\right)}{\left(1 + K_{EG} p_{EG} + K_{ME} p_{ME} + \dfrac{K_{DMO} p_{MG} p_{ME}}{K_{P1} p_H^2} + \dfrac{K_{MG} p_{EG} p_{ME}}{K_{P2} p_H^2}\right)^2} \tag{11-25}$$

$$k_1 = 1.82 \times 10^6 \exp(-36380/RT)$$

$$k_2 = 2.81 \times 10^7 \exp(-44840/RT)$$

$$K_{DMO} = 2.72 \times 10^{-5} \exp(56280/RT)$$

$$K_{MG} = 1.15 \times 10^{-3} \exp(48090/RT)$$

$$K_{EG} = 1.36 \times 10^{-3} \exp(34090/RT)$$

$$K_{ME} = 1.51 \times 10^{-7} \exp(74420/RT)$$

式中，K_{P1} 和 K_{P2} 分别为反应式(11-19)和反应式(11-20)的热力学平衡常数；$p_i (i = DMO, MG, EG, ME, H)$ 分别为草酸二甲酯、乙醇酸甲酯、乙二醇、甲醇、氢气的分压，MPa；$r_i (i = 1, 2)$ 分别为乙醇酸甲酯、乙二醇的生成反应速率，kmol/(kg·h)。

五、乙二醇精馏与精制技术

加氢产物粗乙二醇的精馏有以下特点：

①　乙二醇在温度较高（160℃以上）时，会发生自聚现象，因此在操作过程中应控制塔底温度，且塔釜液体循环的时间不宜过长，防止因副产物结焦而产生堵塞管道的现象。

②　乙二醇和1,2-丁二醇标准沸点仅相差约1℃，分离难度大。

③　部分微量组分影响紫外透光率。

④　乙二醇产品质量对醛含量有严格要求。在一定条件下，乙二醇可氧化生成醛，根据氧化条件的不同可得五种产物：乙醇醛、乙醇酸、乙二醛、乙二酸、乙醛酸。

煤制乙二醇工艺反应后的主要杂质有甲醇、水、酯类、醛类、1,2-丙二醇和1,2-丁二醇等。甲醇、水和酯类物质与乙二醇相对挥发度较大，较易分离，但是1,2-丙二醇和1,2-丁二醇沸点与乙二醇非常接近，尤其是1,2-丁二醇，分离难度很大。故煤制乙二醇分离工艺中最大的难点在于丁二醇的分离，目前工业中常用的乙二醇分离技术是采用高回流比和高理论板数，利用沸点的较小差异完成分离得到乙二醇，同时也产生了一定量的乙二醇、1,2-丁二醇共沸物，而这些物质分离较难，只能作为低价值副产物外售，这也是目前煤制乙二醇精馏能耗高的主要原因。乙二醇精馏分离效果直接决定了聚酯级乙二醇产品的纯度，同时，其能耗对整套工艺的运行成本和经济效益有着重要的影响。

目前，乙二醇精馏一般以常规精馏为主，辅助采用液相加氢提质、树脂脱醛脱酯技术等乙二醇精制技术。总体而言，乙二醇精馏主流程一般以五塔为主，两塔为辅。各塔功能如下：1#塔回收甲醇循环利用；2#塔脱除乙醇、水、一元醇等轻杂；3#塔脱除1,2-丁二醇、醛等共沸物；4#塔获得聚酯级乙二醇产品；5#塔进一步回收乙二醇，提高乙二醇回收率；6#塔回收2#塔轻杂馏出物中的乙醇，回收乙醇作为副产品外售；7#塔进一步提浓3#塔馏出的1,2-丁二醇、醛等共沸物，回收乙二醇，提高乙二醇回收率。

由于草酸二甲酯加氢过程中会生成微量醛、酯类杂质。另外，乙二醇精馏为真空精馏，有微量空气漏入，且系统容积大，在有氧、高温、长停留时间的条件下，乙二醇也会生成微量醛、酯类杂质。尽管醛类、酯类杂质比1,2-丁二醇易分离，但乙二醇产品中仍然会残留微量的醛类、酯类杂质，通常仅10^{-6}数量级。为脱除这部分杂质，工业中4#塔顶回流、5#塔顶馏出物通常配置液相加氢，在液相加氢催化剂的作用下，醛类杂质和氢气发生加氢反应，从而脱除醛类等不饱和有机物杂质，提高乙二醇紫外透光率。液相加氢后返回上游重新精馏，最终提高聚酯级乙二醇产品收率。

由于液相加氢催化剂对酯类加氢效果不如醛类加氢，乙二醇产品中仍会残留微量酯类，因此通常在产品终端配置脱酯和脱醛的树脂精制系统，乙二醇产品中微量酯类在树脂催化剂的催化作用下会发生叠合、烷基化、酯交换、内水解等反应，转化为极性较大的物质被相关催化剂吸附。醛类如乙醛等在树脂催化剂的作用下与乙二醇发生缩醛反应，生成高沸点的缩醛，并被催化剂吸附，从而达到脱酯、脱醛，降低醛含量、提高紫外透光率（UV值）的目的。

第三节　合成气制乙二醇工艺

一、 DMO合成工艺

来自酯化塔的循环气与原料CO混合后，经蒸汽加热后进入并联的DMO合成反应器，在Pd/Al_2O_3为主要成分的合成催化剂作用下，CO与MN在DMO合成反应器中合成

DMO，同时生成 NO，副产物为 DMC，出反应器的气体进入 DMO 吸收塔，经过 CH_4O 洗涤，DMO 被吸收至塔釜，塔釜获得粗 DMO 送至 DMO 精制及水分离工序，塔顶循环气经过循环气压缩机压缩后，分流成三股，一股进入酯化塔，另两股分别进入非催化硝酸还原塔和催化硝酸还原塔。在酯化塔中，NO 与 O_2、CH_4O 反应生成 MN，循环气经新鲜甲醇洗涤后，返回 DMO 合成反应器完成一个循环。在酯化塔顶连续排放少量弛放气，并将其送不凝气处理塔进一步处理。

酯化塔底部的液相与外补的硝酸依次经过非催化硝酸还原塔和催化硝酸还原塔，经硝酸还原反应后，出硝酸还原反应单元的液相中硝酸质量低于 0.1%，再经中和罐后送至 DMO 精制及水分离工序处理。

二、 DMO 精制及水分离

来自 DMO 吸收塔釜的粗 DMO 溶液，经闪蒸和氮气气提后，粗 DMO 送至 DMO 精馏单元，闪蒸气送至亚酯回收工序。DMO 精馏单元具有以下功能：为加氢单元提供品质合格的精 DMO 原料；回收甲醇循环利用；为 DMC 精馏单元提供原料以回收副产品 DMC；脱除系统累积的杂质。粗 DMO 经精馏获得精 DMO 送至乙二醇合成工序。

来自 DMO 合成工序经中和后的甲醇水溶液送甲醇-水精馏单元，回收的甲醇循环利用，塔釜废水送污水处理。

三、亚酯回收

为避免合成系统中惰性气体累积，需要连续排放少量的弛放气。为避免弛放气中的一氧化氮和亚硝酸甲酯损失和污染环境，设置不凝气压缩机和不凝气处理塔，不凝气压缩机将系统中闪蒸的气体压缩后，送到不凝气处理塔，同时向塔中通入工厂空气和甲醇，利用酯化反应将剩余的 NO 转化成 MN，然后利用甲醇洗涤回收亚酯，酯化废气送锅炉脱硝，塔釜甲醇液返回酯化系统。

四、 DMO 辅助工艺系统

辅助工艺系统包括循环热水系统，冷冻水系统。其中循环热水系统负责乙二醇装置的热水伴热、保温和部分高温介质的冷却；冷冻水系统负责向乙二醇装置提供冷量。冷冻水系统设置电动螺杆压缩机组，向系统提供冷冻水。辅助工艺系统还负责为 DMO 合成工序提供开车所需的 NO_x，通常设置 NO_x 发生器，采用亚硝酸钠和硝酸反应生成 NO_x。

五、乙二醇合成工艺

来自草酸二甲酯合成装置的精 DMO 原料，和来自 PSA 提氢工序的氢气混合后，在一定温度、压力和催化剂作用下，发生催化加氢反应，生成粗乙二醇。

新鲜氢气与经过压缩的循环气混合后进入加氢反应器进出口换热器，被加氢反应器出口气预热，再与精 DMO 在 DMO 汽化塔中进行充分混合，接着进入加氢反应器预热器，被中压蒸汽加热到一定温度后进入并联的装有 Cu/SiO_2 催化剂的加氢反应器，发生加氢反应生成乙二醇与甲醇。反应器出口气去预热循环气回收热量，换热后的反应气去乙二醇冷却器继续冷却至40℃，进入高压分离器进行气液分离。气体进入加氢循环气压缩机进行增压后继续循环。为维持加氢系统压力与不凝气含量在一定范围，在压缩机进口排出少量气体作为弛放气，弛放气经氢回收单元回收富氢气返回乙二醇合成循环，而解吸气送至燃料气管网，高压分离器底部排出的加氢粗乙二醇减压后进入低压闪蒸槽，闪蒸出高压下溶解的气体，闪蒸气送至燃料气管网，加氢粗乙二醇通过自身压力送至乙二醇分离与精制工序。

六、氢回收

氢回收是从乙二醇合成弛放气中回收提纯氢气，氢回收工艺采用PSA技术，回收的氢气再返回压缩机入口循环利用，解吸气送至燃料气管网。

七、乙二醇分离与精制

来自乙二醇合成工序的加氢粗乙二醇经预热到一定温度后送甲醇回收塔，侧线采出合格甲醇供草酸二甲酯合成用，塔釜液送脱水塔。脱水塔塔顶馏出甲醇、乙醇、水、乙醇酸甲酯等送乙醇回收塔，塔釜液送脱轻塔。乙醇回收塔侧线得到粗乙醇副产品，塔顶馏出物返回甲醇回收塔回收甲醇，塔釜液作为混合醇酯副产品。脱轻塔塔顶馏出1,2-丁二醇等轻组分，塔顶馏出物送脱醛塔，塔釜液送乙二醇产品塔。脱醛塔塔顶馏出物作为粗乙二醇副产品，塔釜液返回脱轻塔。乙二醇产品塔侧线获得聚酯级乙二醇，塔顶馏出物送液相加氢反应器，塔釜液送乙二醇回收塔。乙二醇回收塔塔顶馏出物送液相加氢反应器，塔釜得到粗二乙二醇副产品。乙二醇产品塔和乙二醇回收塔塔顶馏出物经液相加氢反应器加氢提质后，返回至脱轻塔精馏。

乙二醇精馏工序各精馏塔采用真空精馏，各塔不凝气由液环式真空泵抽出，以维持各塔真空度，真空泵尾气含少量的甲醇、乙醇、乙二醇等有机物，设置真空泵尾气洗涤塔，尾气经洗涤后再高点放空，满足环保要求。

第四节 合成气制乙二醇关键催化剂

一、催化剂概述

合成气制乙二醇工艺涉及羰化、酯化、加氢等多个反应过程，其中主工艺的两步重要反应CO与亚硝酸甲酯的羰化和草酸二甲酯的加氢均为气固相催化反应，需要相应的催化剂予以实现。1977年，日本宇部兴产公司（UBEOY）开发出α-Al_2O_3负载的钯系催化剂，并将其用于CO与亚硝酸甲酯羰化合成草酸二甲酯，1982年该公司又公开了多项草酸酯加氢制乙二醇的催化剂专利，催化剂体系涉及Cu/SiO_2、Cu/TiO_2、Cu-Cr等，此后更多的技术研发单位围绕上述两项关键催化剂以及合成气经草酸二甲酯制乙二醇的工艺展开深入研究。

国内从事上述两项关键催化剂研发的单位主要有中国科学院福建物质结构研究所、天津大学、华东理工大学、浙江大学、复旦大学、西南化工研究院、湖北省化学研究院等，在合成气制乙二醇技术产业化的过程中，相关企业又进一步推进了上述关键催化剂的产业化开发和工业应用，代表性的单位有丹化化工科技股份有限公司、华烁科技股份有限公司、上海浦景化工技术股份有限公司以及北京兴高化学技术有限公司等[1]。

二、草酸二甲酯合成催化剂

20 世纪 60 年代，美国联合石油公司的研究人员发现在 $PdCl_2$-$CuCl_2$ 氧化还原催化体系中，一氧化碳、醇与氧气可直接羰基化合成草酸二烷基酯，该方法引起了很多研究机构的重视，纷纷围绕催化剂体系和反应条件展开研究。在这些相关研究中，日本宇部兴产公司改进的催化剂效果较好，且他们发现引入 NO 的反应体系具有较高的活性和选择性，究其原因是 NO 与反应物中的醇生成了亚硝酸酯，而直接以亚硝酸酯代替 NO 加入反应体系，不仅活性和选择性大幅提高，催化剂寿命也显著延长。基于上述研究成果，日本宇部兴产公司和美国联碳公司合作进一步成功开发液相法羰基合成草酸二烷基酯工艺，采用活性炭负载的钯系催化剂和浆态床反应器，以一氧化碳、氧气、丁醇和稀硝酸为原料和反应介质，在压力 8～11MPa 和温度 90～110℃ 条件下制得草酸二丁酯，并于 1978 年建成了一套 6000t/a 规模的工业化生产装置。

液相法羰基合成草酸酯的反应需要在高压下进行，反应条件相对比较苛刻，而且反应体系腐蚀性强，对设备的要求高，同时反应生成的水若不及时去除还会导致产物水解影响收率和选择性。由于这些缺陷，研究人员又重点转向了气相法羰基合成草酸酯的研究。该方法采用 Pd/α-Al_2O_3 催化剂和固定床反应器，接近常压条件下直接催化一氧化碳和亚硝酸甲酯羰基合成草酸二甲酯，该反应生成的一氧化氮再与甲醇、氧气发生酯化再生反应生成亚硝酸甲酯循环利用，而且这样的两步反应耦合，使生成水的酯化再生反应与生成草酸二甲酯的羰基合成反应完全分开单独进行，避免了产物水的干扰，反应条件也非常温和[25]。

我国研究人员在催化剂的制备、反应机理的研究以及工艺条件的优化方面做了大量的研究，相关成果也成功应用于合成气制乙二醇工艺。草酸二甲酯合成催化剂的载体通常采用大孔径的 α 型氧化铝，这主要是因为亚硝酸甲酯与一氧化碳的羰化反应是受内扩散控制的反应，反应过程中大孔可以提供更好的传质空间，反应物先进入催化剂的大孔裂隙中，从裂隙处的小孔再导向最终发生反应的部位，大孔数量过少将不利于传质的进行，从而影响反应进程。同时，载体的 α-Al_2O_3 纯度和杂质种类也会显著影响催化剂活性，所以对载体的选择一般需要 α 晶型转化完全、原料纯度较高的氧化铝。目前工业应用的草酸二甲酯合成催化剂一般采用比表面积 5～20m^2/g、平均孔径 10～50nm 的 3～5mm 球状 α-Al_2O_3。

草酸二甲酯合成催化剂的活性组分是金属钯，采用浸渍法负载贵金属钯时前驱体多为氯化钯或硝酸钯，＋2 价态的钯需要还原为 0 价态才有高活性，所以催化剂使用前需要还原活化，可以用氢氮气（H_2-N_2）还原，也可以在催化剂加工时预还原处理，预还原的催化剂投用开车更便捷。活性组分钯的含量是催化剂的一个重要关注点，因为这将直接影响催化剂的成本和一次性投资。早期草酸二甲酯合成催化剂上钯含量通常为 0.5%～1%，催化剂的确可以获得较高的活性和稳定性。但是随着合成气制乙二醇工业装置大规模投产以及贵金属钯价格上涨，低钯的催化剂更受业内欢迎，添加助剂对催化剂进行改性是一种比较好的方式，效果比较好的过渡金属助剂主要有铜、铁、铈、镁、钛等，目前乙二醇行业普遍使用的草酸二甲酯合成催化剂钯含量一般为 0.2%～0.3%，该类催化剂的活性也能达到 600g/（L·h）以上的高时空产率，但是部分工业装置的长周期运行实践也证明，采用 0.5% 高钯的催化剂比 0.25% 低钯的催化剂可以获得更长的使用寿命，前者可以达到 5 年以上，后者一般为 3

年左右。

　　草酸二甲酯合成反应及其催化剂的研究已有 40 多年的历史，而且已经实现了成熟的工业化应用，但是业内对羰基化合成草酸二甲酯的反应机理仍然存在争议。目前能够形成一定共识的是 Pd^0 是催化剂的活性中心，CO 与 MN 的吸附形成了 $ON-Pd-OCH_3$ 和 $ON-Pd-COOCH_3$ 中间体，最终 $ON-Pd-COOCH_3$ 进一步偶联形成了草酸二甲酯，相关的理论计算与试验结果也表明，C-C 偶联是整个反应的控制步骤，Pd（111）晶面对草酸二甲酯的选择性优于碳酸二甲酯，过量的 CO 吸附有利于提高目标产物的收率。上述理论为催化剂的工业应用奠定了基础。

　　羰化反应的温度、原料气组成以及空速、压力等条件都会显著影响反应产物的收率，而且从工艺控制和工程化放大综合考虑，部分条件还需要控制在适宜的范围内。羰化反应对温度比较敏感，而且还涉及系统的安全控制。目前草酸二甲酯反应适宜的温度范围是 110～145℃，超出反应温度上限亚硝酸甲酯的自分解反应会显著加剧。由于亚硝酸甲酯本身含氧且性质活泼，自分解又是强放热反应，因此会带来超温并加剧副反应，进而形成飞温，造成催化剂烧结和反应器损毁，这类事故在合成气制乙二醇工业装置上已多次出现，需要重点防范。在工业装置上通过设置羰化反应器的超温报警联锁可以有效防止事故的发生，另外一个途径是催化剂与反应器配合尽可能实现低温操作，这就需要提高催化剂的低温活性，使其在 100～120℃ 就有优异的反应活性，同时优化反应器的控温移热能力，特别是需要避免出现局部换热效果差、热点温度偏高。

　　反应物一氧化碳和亚硝酸甲酯的浓度也会直接影响时空收率，通常要求一氧化碳与亚硝酸甲酯的摩尔比大于 1，最佳范围为 1.5～2，在此条件下亚硝酸甲酯的浓度几乎直接与时空收率呈线性关系。目前多数工业装置在运行初期控制亚硝酸甲酯体积分数在 10%～12%，随着催化剂活性衰退，运行末期亚硝酸甲酯体积分数上涨至 14%～16%。由于亚硝酸甲酯浓度过高易分解会带来安全风险，所以该参数也是很重要的一个运行控制指标。除了主要原料 CO 和 MN，原料气中还会存在 NO、CH_3OH、CH_4、CO_2、N_2O 等组分和稀释气 N_2，部分组分如 CH_4、CO_2、N_2O 等主要是副反应产生，在循环气中通过放空可以维持适当的浓度范围，且基本对反应性能没有较大的影响，NO 和 CH_3OH 则主要受前工序酯化再生和工艺配置的影响，一般 NO 控制在 2%～8% 较为合适，太低容易造成原料气中氧含量超标，太高又会抑制反应活性，该参数也是 DMO 合成系统运行的关键控制指标之一。

　　操作压力和使用空速也是催化剂投用的重要运行参数，羰基化合成 DMO 的反应一般在空速 3000～4000h^{-1}、低压 0.3～0.5MPa 条件下进行，这也是气相法相比液相法明显的优势，但是操作压力低也带来了传统管壳式反应器床层阻力降大和设备的大型化存在困难等技术难题。

　　草酸二甲酯合成催化剂在使用过程中还需要注意气体中微量杂质毒物的不利影响，比如水和酸都对羰化反应和催化剂不利，而前工段的酯化再生单元相关液相介质中存在大量的水和酸，所以酯化再生的气相出口需要进行水和酸含量的控制，一般要求控制到体积分数 $100×10^{-6}$ 以下。原料气 CO 中的氢气含量也是一个重要的控制指标，因为 H_2 在催化剂上的竞争吸附会抑制中间体的产生，造成催化剂活性下降，而且 H_2 参与反应会造成副反应增加、DMO 选择性下降，目前一般要求原料气 CO 中 H_2 含量小于 0.01%～0.1%。工业装置上采用深冷分离工艺得到的 CO，H_2 含量很低，甚至低于 0.001%，而采用变压吸附工艺得到的 CO，其 H_2 含量相对较高，一般为 0.05％～0.1％，但目前市场上主流的草酸二甲酯合成催化剂均可耐受。另外，原料气中的硫化物、氯化物、氨等常见毒物也需要净化脱除至 $<0.1 \times 10^{-6}$，否则会导致合成催化剂中毒失活[26]。

草酸二甲酯合成是一个涉及 CO 羰化、酯化再生、硝酸还原、亚酯回收等多个反应的大循环系统，合成催化剂的稳定运行与其他单元操作的稳定密不可分。酯化再生反应是将羰化反应生成的一氧化氮与甲醇和氧气进行反应，再转化为羰化反应原料亚硝酸甲酯的过程，该气液两相反应涉及氧气的补入，存在高浓度氧气与 CO、CH_3OH 等易燃易爆物质的混合过程，所以安全性至关重要。特别需要注意紧急情况下补氧操作的安全风险，一般通过设置联锁来应对。硝酸还原是利用硝酸和一氧化氮的氧化还原反应持续向系统补充氮氧化合物，从而维持 DMO 合成反应器入口 NO 与 MN 含量在合适的范围。该反应一般在 60～90℃下进行，采用改性的活性炭为催化剂，在气液固三相反应下降低塔釜液相中硝酸含量，塔顶高浓度 MN 的气体进酯化再生塔与循环气混合。亚酯回收主要是将 DMO 合成循环的释放气和尾气中的氮氧化合物进一步回收，采用与酯化再生反应一样的原理，通过补加过量的空气，将尾气中 NO 尽可能转化为 MN，并用冷甲醇吸收再返回 DMO 合成系统。

三、草酸二甲酯加氢催化剂

铜系催化剂很早就被广泛应用于油脂加氢等领域。早期草酸酯加氢催化剂的研究也主要都是围绕铜系催化剂展开，比如专利 US 4112245 公开的草酸酯加氢催化剂为共沉淀法制备的铜铬体系，并认为最佳的选择是 Cu-Zn-Cr 或 Cu-Cr 体系，且 Ca、Ba 等可提高催化剂的加氢活性。日本宇部兴产公司在 1982 年先后公开了多项草酸酯加氢催化剂专利，多数为沉淀法制备的铜系催化剂，涉及 Cu-Mn-Cr 和 Cu-Si 催化剂，而且在 Cu-Si 体系中利用共沉淀引入助剂 Zn、Ag、La、Mo、Ba、Mn 等，结果发现 Zn 可以提高乙二醇的选择性，Ag 可以提高乙醇酸甲酯的选择性，采用凝胶共沉淀法制备的催化剂活性最好，在 190～210℃时 EG 选择性达到了 99％，而采用浸渍法制备的 Cu/TiO_2 加氢催化剂，EG 选择性只有 70％～80％，相对较差。

美国联碳公司在 1985 年也公开了两项涉及铜硅系草酸酯加氢催化剂的发明专利，其中一项是以碳酸铜为原料采用沉淀法制备的 Cu-Si 系加氢催化剂，另一项则是采用浸渍法制备的 Cu/SiO_2 加氢催化剂。该公司总结了几种加氢催化剂的失活原因：①毒物的影响，如硫、氯的有机物和无机物；②草酸酯原料中的草酸和乙醇酸甲酯；③反应过程中出现的二乙二醇聚合物、聚酯等；④催化剂上的杂金属离子，如 Fe^{2+}、Fe^{3+} 等。同时，为了避免催化剂失活，他们也提出了相应的预防措施：①对反应原料及氢气进行严格的预处理，使其硫、磷、氯含量小于 0.04％；②用预还原除去原料中的草酸和乙醇酸甲酯；③催化剂床层采用惰性材料作稀释剂，以降低和消除热点，减少聚合等副反应的发生；④载体用草酸处理，降低钠、钾、铁离子含量，使其浓度小于 0.03％；⑤反应中如有草酸二铜生成，则可在反应温度、压力下通入氢气使其分解，使催化剂再生。这些针对性的措施和延长加氢催化剂寿命的方法，对当今的合成气制乙二醇工业仍有很强的指导意义。

早期国外相关机构对草酸酯加氢催化剂的研究主要聚焦在 Cu-Cr 和 Cu-Si 两大体系上，制备方法也主要采用沉淀法。20 世纪 80 年代以来，以中国科学院福建物质结构研究所、天津大学、华东理工大学等为代表的研究机构也开始进行草酸酯加氢催化剂的研究，其中早期的研究除中国科学院福建物质结构研究所主要关注的 Cu-Cr 系催化剂外，其他机构的研究工作基本上都重点围绕 Cu-Si 系展开[27]。

中国科学院福建物质结构研究所是国内最早专注于合成气制乙二醇研究的机构，并且在世界上率先打通了万吨级煤制乙二醇工业示范装置的全流程，在加氢催化剂的研究上有多个团队接续努力，推动了行业的发展，做出了突出贡献。20 世纪 90 年代，他们在模式装置上先后考察了 11 种 Cu-Cr 系催化剂的性能，并优选了一种催化剂进行草酸二乙酯加氢 1000 多小时的寿命试验。该催化剂由硝酸铜、铬酸酐和硅溶胶共沉淀制得，在温度 200～240℃、压力 0.6～3.0MPa 和氢酯摩尔比 46～60 条件下，草酸二乙酯转化率为 99.8%，乙二醇选择性 95.3%，连续运转 1134h 性能仍无明显下降趋势。2009 年万吨级煤制乙二醇示范装置宣告开车成功，该装置采用 CO 气相催化合成草酸二甲酯和草酸二甲酯催化加氢合成乙二醇的工艺，草酸二甲酯加氢催化剂仍选择了 Cu-Cr 系，当时他们认为无毒的 Cu-Si 系催化剂活性、选择性不如含 Cr 催化剂好，而含 Cr 的 Cu-Cr 系催化剂除有毒外，其强度也不够理想，这些都需进一步改进。

华东理工大学和天津大学也是国内较早进行草酸酯加氢研究的单位，前者侧重草酸二甲酯加氢，后者侧重草酸二乙酯加氢，但均主要是以铜氨溶液和硅溶胶为原料采用共沉淀法制备 Cu-Si 系。在这些研究中，对催化剂的制备条件、组成、结构、性能以及反应机理均进行了深入细致的探讨。由于草酸二甲酯加氢是一个多步骤复杂反应，首先草酸二甲酯部分加氢生成乙醇酸甲酯，再进一步加氢得到乙二醇，乙二醇过度加氢还可以生成乙醇，另外还有裂解反应、Guerbet 反应、醚化反应、缩合反应等众多的副反应，所以加氢的副产物多，对反应的控制也十分关键。总体而言，性能优异的 Cu-Si 系催化剂在温度 200～240℃、压力 2.0～3.5MPa、氢酯摩尔比 40～100 和液空速 0.3～0.6h^{-1} 的反应条件下，DMO 转化率接近 100%，EG 选择性高达 95% 以上，其性能已经不比 Cu-Cr 系催化剂差，具有很好的工业应用前景。在这些研究的基础上，国内更多的企业开始参与推进合成气经草酸二甲酯制乙二醇的中试和产业化，并且多数均获得成功，助推了合成气制乙二醇行业的高速发展和技术进步。

目前我国合成气制乙二醇的年总产能已超过 1000 万 t，装置上采用的加氢催化剂基本都是 Cu-Si 系催化剂，而且由于工业装置的反应器一般采用管壳式反应器，副产蒸汽，温度控制更加均匀，原料 DMO 的精制处理也更加严格，所以工业装置上加氢催化剂的活性和选择性比实验室表现更加优异，在反应温度 180℃左右，可获得 DMO 转化率 100% 和 EG 选择性高达 98% 以上的性能表现。

加氢催化剂的工业应用仍然存在瓶颈，最突出的表现就是催化剂容易结焦造成使用寿命短，这在一定程度上也严重制约了装置长周期运行和行业的健康发展，迫切需要解决。业内对加氢催化剂结焦的原因和延缓结焦的措施也进行了广泛的研究，从原料中相关杂质组分的严格控制、反应温度和氢酯摩尔比等操作条件的影响，以及 DMO 气化塔和加氢反应器等关键设备影响等各个方面进行了深入的试验、分析和排查，部分结论和观点也逐步得到了业内的认同。结焦的源头主要是反应原料、中间产物和副产物中的醇酸酯类物质的缩聚反应所形成的大分子高沸点物质，这是草酸二甲酯加氢催化剂的共性问题，在绝大多数装置上普遍存在[28]。另外，反应温度越高越容易结焦，这也是反应器内热点位置结焦更严重的原因，而且原料中的亚硝酸甲酯、草酸等杂质超标也会加剧结焦，所以延缓结焦需要从上述多方面入手。

草酸二甲酯加氢催化剂在运行后期除了结焦问题，还经常会出现粗乙二醇产品组分变差,严重时甚至 DMO 不能完全转化的问题,这将给后工序乙二醇精馏分离带来不利影响,进而影响聚酯级乙二醇的紫外透光率等关键指标。很多合成气制乙二醇工业装置也将粗乙二醇中草酸二甲酯、乙醇酸甲酯等酯类物质的含量作为控制指标。乙醇酸甲酯一般要求不超过0.1%,草酸二甲酯则更低,一般要求低于 0.01%,这也是催化剂活性衰退需要提温或更换的一个参考指标。当然,有些装置运行时,也不排除开停车时的不利影响,短时间内粗乙二醇质量较差,但是装置运行正常后基本可恢复。也有的受反应器内催化剂装填状态的变化,如出现偏流等,这种情况就需要停车对催化剂进行调整。

相比草酸二甲酯合成系统,加氢系统则相对简单,只涉及草酸二甲酯加氢一个催化反应,装置的启停也相对比较容易,但是由于草酸二甲酯加氢的副反应众多,加氢副产物中除了主要的乙醇、1,2-丁二醇等以外,还有多达数十种的醇、醚、醛、酯等微量物质,其中有些组分对精乙二醇产品质量的影响比较大,造成合成气制乙二醇产品在聚酯行业应用时遇到了新问题。但是,经过合成气制乙二醇行业和下游聚酯行业的努力,目前合成气路线的乙二醇产品在聚酯行业的短纤、长丝、瓶片等各个类别均已获得了大规模的应用。

第五节　合成气制乙二醇主要特点

一、系统配置

合成气制乙二醇装置受催化剂装填量、反应器运输要求以及羰化反应压力低、循环气量大的影响,装置的大型化存在一些突出的瓶颈,目前业内通常反应系统以乙二醇 20 万 t/a 规模为一条生产线,精馏系统则能以乙二醇 40 万～60 万 t/a 为一条线。故以乙二醇 40 万 t/a 为例,草酸二甲酯合成、草酸二甲酯加氢反应均采用 2 个系列,精馏系统则只需要 1 个。各单元系列数及配置见表 11-3。

表 11-3　40 万 t/a 乙二醇装置系列数及单系列主要设备配置

单元	系列数配置	单系列主要设备配置
草酸二甲酯合成	2 系列	1 台酯化塔 1 台合成循环压缩机 4 台合成反应器
草酸二甲酯精馏	1 系列	1 套精馏系统
草酸二甲酯加氢	2 系列	1 台加氢循环压缩机 3～4 台加氢反应器
乙二醇精馏	1 系列	1 套精馏系统

通常 40 万 t/a 乙二醇装置需要合成催化剂约 $200m^3$,加氢催化剂约 $240\sim320m^3$,合成反应器为 8 台,单台产能为 5 万 t/a(以乙二醇计),加氢反应器为 6～8 台,单台产能为5 万～7 万 t/a(以乙二醇计)。

二、亚硝酸甲酯循环再生与酯化-羰化耦合

高效的亚硝酸甲酯循环再生与酯化-羰化耦合系统具有如下特点:

① 初始开车时用亚硝酸钠与硝酸反应的方式为系统提供所需的氮氧化合物,仅需设置一台 NO 发生器,原料亚硝酸钠和工业硝酸易得,操作简单,安全性高。

② 酯化-羰化耦合技术成熟，酯化系统简单：酯化单元仅设置一台酯化塔，不需要氧气与一氧化氮反应的预反应器，酯化塔循环气出口不需另设气体洗涤塔、低温移热系统及后续吸附等气体净化系统，酯化塔采用下部反应上部净化的一体化组合方案，工艺流程简化，投资省，能耗低。

③ 高效、经济、安全的氮氧化合物补充技术：以酯化塔副反应生成的硝酸和少量补加的硝酸为原料，采用硝酸还原技术补充氮氧化物。硝酸非催化还原采用塔式反应器，硝酸转化率高，出塔式反应器硝酸质量分数<0.5%；再经硝酸催化还原处理后，硝酸质量分数<0.1%，最终经中和、甲醇回收后的酯化废水中硝酸钠质量分数<0.25%，满足直接生化处理的要求，大幅降低了污水处理的难度和成本。

该技术采用塔式反应器，无釜式搅拌设备，也不需要设置备用反应器，单系列仅需一台反应器，设备台数少，节省投资和占地，而且连续反应操作方便，不需经常维修或更换机械密封，泄漏风险小，安全性高。

另外，由于采用高效塔式硝酸还原技术，酯化塔的操作弹性更大，对酯化塔釜副产硝酸浓度（酯化副反应）没有严格要求，酯化塔釜甲醇浓度能够控制得很低，这样可以降低甲醇循环倍率，进而降低回收甲醇蒸汽消耗。

三、乙二醇产品达聚酯级质量指标要求

采用新型精馏技术能够确保乙二醇产品100%达到聚酯级质量指标，且质量能够保持稳定。新型精馏技术具有如下特点：

① 精细组分切割及低能耗的乙二醇精馏技术：根据粗乙二醇组分特点，在精馏工艺设计时对重点组分精细切割设置合理的分步分段分离方案，充分进行热量耦合利用，采用负压精馏、精馏脱醛、液相加氢提质技术与乙二醇产品精制技术等，确保乙二醇产品100%达到聚酯级。

② 聚酯级乙二醇产品质量优，100%无掺混成功应用于聚酯行业：研究人员对乙二醇产品质量的影响因素进行了长期研究，开发了在精馏过程中降低影响紫外透光率的杂质组分的方法，并对产品质量进行全过程控制，包括加氢原料草酸二甲酯的质量控制、加氢反应的条件控制、乙二醇精馏流程设计及精馏操作条件控制等综合质量控制措施，粗乙二醇经过精馏分离，可直接达到 GB/T 4649—2018 聚酯级标准的要求，220nm 紫外透光率大于 85%。因合成气制乙二醇产品中杂质种类与乙烯法乙二醇不完全相同，为保证合成气制乙二醇产品用于聚酯行业，目前行业一般采用乙二醇精制技术，可使合成气制乙二醇产品关键质量指标优于乙烯法乙二醇标准，可保证合成气制乙二醇产品用于聚酯行业。

③ 高品质 DMO 精制及碳酸二甲酯回收技术：精 DMO 是加氢制粗乙二醇的原料，DMO 精制技术对确保 DMO 的品质至关重要。DMO 低温精馏技术解决了传统高温精馏技术难以克服的物料变色、分解/缩聚副反应造成的杂质多等难题，高品质的精 DMO 为 DMO 加氢提供了良好的反应条件，延长了加氢催化剂的使用寿命，保障了粗乙二醇的质量，粗乙二醇的 220nm 紫外透光率可以达到 20% 以上。与此同时，差压精馏三塔热耦合流程的碳酸二甲酯分离回收工艺，碳酸二甲酯副产品质量满足 GB/T 33107—2016 标准的一级品指标要求，不仅能耗低，而且碳酸二甲酯产品质量稳定。

四、本质安全确保装置整体安全性能

合成气制乙二醇工艺涉及的危险介质主要是亚硝酸甲酯、氧气，容易发生安全事故的部位主要是 DMO 合成反应器、酯化塔、硝酸还原反应器等。采用氧气在循环气进入酯化塔前的管内混合，并设置高效混合器，以保证氧气在管内快速混合均匀和加氧安全，并且将氧气的流量与羰化反应器热点温度、装置运行状态等设置联锁，做到紧急状态自动切断。

亚硝酸甲酯是合成草酸二甲酯原料之一，在超过 145℃ 时会发生自分解链式反应，超过 160℃ 会急剧放出大量热量，极易引发爆炸事故。为达到工艺本质安全的目标，WHB 技术在研发草酸二甲酯合成催化剂时，将催化剂的低温活性作为催化剂的重要指标，研发成功的催化剂具有优良的低温活性，在相同的时空产率下反应温度显著降低。降低反应器热点温度一方面可保证安全，另一方面也为催化剂使用后期提温留下空间，可延长催化剂寿命，因此能够高效移出反应热的反应器结构型式十分重要。内蒙古荣信化工项目实际运行数据表明，低钯的合成催化剂使用寿命已超过 3 年，而哈密广汇项目在优化反应器后，满负荷下 DMO 合成反应器热点温度仅 128℃，预计该催化剂将获得更长的使用寿命。

除降低反应温度外，还采用了在线分析技术，DMO 合成工序每个系列设置两套在线分析，对 DMO 合成循环气中 CO、NO、MN 浓度进行实时在线监测。同时，设置了紧急停车及安全联锁系统，以保证操作安全，经工业装置验证技术安全可靠。

第六节　合成气制乙二醇的影响因素分析

影响合成气制乙二醇装置稳定运行的因素很多，有原料气和公用工程等外部因素，也有催化剂和反应器等技术本身，还有操作稳定性、开停车影响，等等。本节对几个主要影响因素展开进行分析。

一、原料的影响

DMO 合成工序的原料主要涉及 CO、CH_3OH、O_2 和 HNO_3 等，特别是 CO 和 CH_3OH 的质量直接影响 DMO 合成催化剂和羰化反应的效果。DMO 加氢工序的原料主要是 H_2 和前工序精制的 DMO，这些原料一般除了对纯度有明确要求外，对容易引起催化剂失活或产生副反应的杂质也提出了控制指标要求。比如，原料甲醇一般需满足其国标优等品的要求，同时乙醇和水的含量也要求比较低，而 CO 和 H_2 原料的要求比较高。DMO 合成装置对原料气 CO 的质量要求、DMO 加氢装置对原料气 H_2 的质量要求和加氢系统原料精 DMO 的质量要求见表 11-4～表 11-6。

表 11-4　DMO 合成装置对原料气 CO 的质量要求

编号	项目		原料气组成（体积分数）	编号	项目		原料气组成（体积分数）
1	CO	≥	0.985	6	NH_3	≤	0.1×10^{-6}
2	H_2	≤	100×10^{-6}	7	Cl	≤	0.1×10^{-6}
3	O_2	≤	100×10^{-6}	8	硫化物	≤	0.1×10^{-6}
4	CH_4	≤	200×10^{-6}	9	AsH_3/PH_3	≤	0.1×10^{-6}
5	CO_2	≤	5×10^{-6}				

表 11-5　DMO 加氢装置对原料气 **H₂** 的质量要求

编号	项目		原料气组成（体积分数）	编号	项目		原料气组成（体积分数）
1	H_2	≥	0.999	5	NH_3	≤	0.1×10^{-6}
2	O_2	≤	10×10^{-6}	6	Cl^-	≤	0.1×10^{-6}
3	$CO+CO_2$	≤	20×10^{-6}	7	硫化物	≤	0.1×10^{-6}
4	H_2O	≤	100×10^{-6}	8	AsH_3/PH_3	≤	0.1×10^{-6}

表 11-6　加氢系统原料精 DMO 的质量要求

编号	项目		原料组成（体积分数）/%	编号	项目		原料组成（体积分数）/%
1	草酸二甲酯	≥	0.995	4	水	≤	0.0001
2	碳酸二甲酯	≤	0.001	5	MN	≤	0.00002
3	草酸	≤	0.0001				

在上述指标中，硫化物、氯化物、氨和砷化氢、磷化氢等都是催化剂的常见毒物，需要严格控制，否则会造成催化剂失活。对于加氢系统，原料 DMO 的质量控制非常关键，特别是水、酸和 MN 等组分的含量控制。

当原料 DMO 中草酸和水含量超标，严重时会显著影响加氢催化剂的活性，甚至会造成催化剂粉化；如果 MN 超标，会引发生成含氮有机物的复杂副反应，造成粗产品紫外透光率差，严重时还会影响加氢催化剂活性并加速催化剂结焦[28]。

二、催化剂的关键影响因素

草酸二甲酯合成与加氢都是强放热反应，一般采用管壳式反应器，管内装填催化剂，管外副产蒸汽移热。受亚硝酸甲酯特性的限制，草酸二甲酯羰化反应温区更窄，通常在 110～145℃，这就要求反应器的轴向温差尽可能小。目前控温优异的反应器可以达到进口温度与热点温度相差 15℃左右，出口温度与热点温度相差 10℃以内，但是也有部分反应器轴向温差大，催化剂初始投用阶段热点温度高达 140℃，这既不利于安全操作，也影响催化剂的使用寿命。加氢反应器的操作温度为 170～220℃，压力为 2.5～3.5MPa，都比羰化反应器高，但是加氢反应的热效应相对羰化反应温和，所以反应器的温度相对比较平稳，但是同样需要注意尽可能避免局部换热效果不好、热点温度过高，因为这会加速加氢催化剂的结焦，同样影响催化剂的使用寿命。

合成与加氢两种催化剂在投用前都需要还原活化，这是催化剂投入使用前很关键的一个环节。活化的原理都是利用氢气将活性组分 PdO 和 CuO 还原为低价态的活性金属。贵金属催化剂的还原温度相对比较低，虽然操作不复杂且易于实现，但是氢气会对草酸二甲酯合成系统带来不利影响，因此活化还原后需要置换干净，总体上也会影响开车时间。目前也有很多铂钯系催化剂在催化剂加工过程中就预先还原，这主要是因为活性 Pd⁰ 在空气中非常稳定，基本没有被氧化的问题，包装、储运和装填都非常方便，而且到工业装置上可升温后直接投料开车，显著节省了开车时间。铜系的加氢催化剂一般只能在工业装置上在线还原，通常利用氢氮气先在低氢、低压、低温的条件下还原，然后再提氢、提压、提温强化，最高还

原温度一般控制在 $200\sim240\,^\circ\!C$。由于 CuO 还原也是放热反应，需要防止还原过程中温度飞涨或"出水过快"，严重时会造成催化剂烧结甚至飞温而烧毁反应器。

催化剂投用初期也需要特别注意维持一段时间的低负荷运行"诱导期"，这有助于提升催化剂后期运行的活性和选择性。草酸二甲酯合成催化剂在刚开始投用时，由于反应系统先补入了 NO 和 CO，在催化剂上易发生氧化还原副反应生成 N_2O 和 CO_2，所以需要尽快开启酯化再生反应将 NO 转化为亚硝酸甲酯，进而利用 CO 与亚硝酸甲酯的羰化反应抑制上述副反应并维持系统的平衡。刚开始投用的草酸二甲酯合成催化剂通常表现出很高的活性，需要防止负荷提升过快造成反应器飞温等危险情况发生。通常建议在 80% 左右的负荷条件下稳定运行一段时间，以使催化剂活性"钝化"后趋于稳定。草酸二甲酯加氢催化剂的情况则相反，普遍认为刚刚还原完的加氢催化剂需要一个活性提升的诱导期，所以通常也建议在 80% 左右的低负荷下稳定运行一段时间，这可能与活性中心 Cu^0/Cu^+ 的调配有一定关系。

开停车操作也是需要高度重视的一个环节，很多装置因为停车时处置不当或保护不到位造成再开车时催化剂活性下降而影响生产。装置正常停车时，草酸二甲酯合成系统首先需要切断酯化再生反应的氧气补加，并视羰化反应器入口亚硝酸甲酯的降低情况逐渐降低直至关停原料气 CO 的补加量；加氢系统则直接切断草酸二甲酯原料的进料，必要时可改为新鲜甲醇进料置换系统，直至将系统中的草酸二甲酯置换并反应完全。紧急状态的停车对装置的挑战更大，首要的是防止反应器飞温、氧气持续补入或内漏等危害装置安全的情况发生。在安全的前提下尽可能采取措施降低对关键催化剂的危害，比如羰化反应器可以用氮气置换，以防止 CO、NO、亚硝酸甲酯和草酸二甲酯等组分在催化剂上的长时间静态吸附而影响催化剂活性；防止酯化再生系统的硝酸等组分大量进入羰化反应器造成催化剂中毒。加氢系统在装置恢复正常后，可以先进新鲜甲醇置换清洗系统，管线内长时间残留的原料草酸二甲酯有条件的可以退料再精馏。

三、乙二醇产品质量的影响因素

合成气制乙二醇技术实现产业化以后，产品质量能不能满足下游聚酯行业的要求成为关注的焦点。相比已大规模应用的传统石油乙烯法制乙二醇，合成气制乙二醇工艺路线不同，产品的杂质种类和含量也不同，在生产聚酯特别是涤纶长丝时容易出现断丝、毛丝，造成下游应用受到限制，一度需要将合成气乙二醇低比率掺混到石油乙烯法乙二醇中使用，但是后来通过合成气制乙二醇生产企业和下游聚酯行业的共同努力，瓶颈和问题都已解决，合成气制乙二醇已大规模应用于聚酯长丝等下游领域。GB/T 4649—2018《工业用乙二醇》的技术要求见表 11-7。

表 11-7 GB/T 4649—2018《工业用乙二醇》的技术要求

编号	项目		指标	
			聚酯级	工业级
1	外观		透明液体，无机械杂质	
2	乙二醇(质量分数)/%	≥	99.9	99.0
3	二乙二醇(质量分数)/%	≤	0.050	0.600
4	1,4-丁二醇[①](质量分数)/%		报告[②]	

续表

编号	项目		指标	
			聚酯级	工业级
5	1,2-丁二醇[①]（质量分数）/%		报告[②]	
6	1,2-己二醇[①]（质量分数）/%		报告[②]	
7	碳酸乙烯酯[①]（质量分数）/%		报告[②]	
8	色度（铂-钴）/号			
	加热前	≤	5	10
	加盐酸加热后	≤	20	—
9	密度(20℃)/(g/cm³)		1.1128~1.1138	1.1125~1.1140
10	沸程（在0℃,0.10133MPa）			
	初馏点/℃	≥	196.0	195.0
	干点/℃	≤	199.0	200.0
11	水分（质量分数）/%	≤	0.08	0.20
12	酸度（以乙酸计）/(mg/kg)	≤	10	30
13	铁含量/(mg/kg)	≤	0.10	5.0
14	灰分/(mg/kg)	≤	10	20
15	醛含量（以甲醛计）/(mg/kg)	≤	8.0	—
16	紫外透光率/%			
	220nm	≥	75	
	250nm		报告[②]	—
	275nm	≥	92	
	350nm	≥	99	
17	氯离子/(mg/kg)	≤	0.5	—

① 乙烯氧化/环氧乙烷水合工艺对该项目不作要求。

② "报告"是指需测定并提供实测数据。

《工业用乙二醇》国家标准中规定的聚酯级乙二醇技术要求有17项指标，包括外观、纯度、色度、密度、沸程等常规指标，以及酸度、铁含量、灰分、醛含量、氯离子等微量组分指标，这些指标对于合成气路线乙二醇与石油乙烯法乙二醇没有明显差别。另外，受工艺的影响，实际上合成气路线的产品中二乙二醇和水分两项指标比石油乙烯法更低，但是合成气路线的产品中有1,4-丁二醇、1,2-丁二醇、1,2-己二醇和碳酸乙烯酯等特定的组分以及一些微量组分对紫外透光率指标影响比较大，容易造成合成气路线的乙二醇产品该项指标偏低。

乙二醇的产品质量受很多因素的影响，但影响最大的还是粗乙二醇组分和精馏精制工艺。粗乙二醇组分的差异主要受草酸二甲酯加氢反应的影响，而加氢原料、催化剂、操作条件等因素又直接影响加氢反应效果，这些影响前面已提及。在粗乙二醇组分中需要重点关注1,2-丁二醇、乙醇和草酸二甲酯、乙醇酸甲酯，前两个组分在操作温度过高、运行负荷过低时含量会升高，这是过度加氢的表现，而1,2-丁二醇等组分的沸点与乙二醇相近，不仅会造成精馏分离时能耗增加，还会造成最终精乙二醇产品中1,2-丁二醇等组分含量偏高。草酸二甲酯和乙醇酸甲酯的含量偏高，是加氢不足的表现，这会导致粗乙二醇中酯类、醛类等组分含量高，对乙二醇产品的紫外透光率、醛含量等指标影响很大。另外，正常运行情况下草酸二甲酯含量偏高，还可能受反应器内部分列管偏流的影响，这在乙二醇装置中也比较常见，需要停车检查催化剂的装填状态并整改。

有更多的新技术应用于乙二醇的精馏精制，进一步保障和提升了合成气路线的产品质量。最先广泛应用的乙二醇精制脱醛脱酯技术，采用特种树脂或吸附剂除去精乙二醇中少量的醛类、酯类物质，从而降低产品中醛含量，提升产品的紫外透光率，特别是最难达到的220nm紫外透光率。液相加氢技术是在乙二醇精馏工序中，通过镍基催化剂，将乙二醇精馏塔顶的物料再加氢，进而降低醛、酯类杂质含量，提高产品的回收率和关键指标。如果粗乙二醇中酯含量高，加碱可以促使酯类水解并中和掉酸性物质，这也是很多装置采用的补救方法。

总体而言，羰化和加氢两个核心反应单元的达标稳定运行是乙二醇产品质量达标的前提，加上精馏精制单元的把关和全系统的紧密配合，才能确保产品质量稳定。

第七节　合成气制乙二醇的节能、节水与安全

一、合成气制乙二醇的节能与节水

为更深入地考察乙二醇装置热集成及用能情况，将乙二醇装置的冷热物流按草酸二甲酯合成装置、乙二醇合成装置分成两个独立的换热网络子系统，采用夹点技术[29]分析各自的公用工程最小消耗量，然后再将这两个子系统合并分析，比较这三种系统的公用工程的最小消耗量，可判断出换热网络设计及优化的方向。

在最小传热温差 $\Delta T_{min}=15℃$ 下，得到草酸二甲酯合成装置、乙二醇合成装置、乙二醇装置的冷热组合曲线，分别见图 11-3、图 11-4、图 11-5。比较分析可知：草酸二甲酯合成装置主要可回收热能的物流是 DMO 合成反应器副产蒸汽，乙二醇合成装置主要可回收热能的物流是 DMO 加氢反应器副产饱和蒸汽，乙二醇合成反应器出口的产物气体，以及脱轻塔顶、乙二醇产品顶的工艺气等。余热集中在乙二醇合成装置，全装置节能优化的关键在于降低低压蒸汽的消耗。

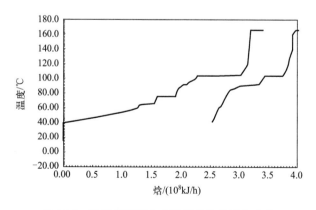

图 11-3　草酸二甲酯合成装置的冷热组合曲线

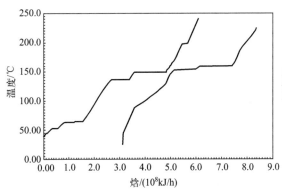

图 11-4 乙二醇合成装置的冷热组合曲线

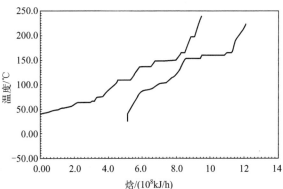

图 11-5 乙二醇装置的冷热组合曲线

尽管冷热物流的温位可以直接匹配，但考虑到装置中的用户布置分散及相关控制方案，为保证工艺的可靠性，部分精馏塔配置废锅副产低压蒸汽，该蒸汽通过管网送至各用户。其他综合节能措施有：优化草酸二甲酯合成和乙二醇合成两个循环系统的循环气量和压降，降低循环气压缩机的轴功率；部分精馏塔设置中间再沸器或进料预热器；需要被冷凝的大负荷热物流，根据温位合理采用空冷器、蒸发冷凝器；低品位蒸汽采用热泵提升技术；精馏采用多效精馏、热泵精馏；蒸汽冷凝液逐级利用；余热用于溴化锂制冷和采暖等。

二、合成气制乙二醇装置安全分析

由于 DMO 合成是强放热反应，且 MN 在温度超过 145℃时会热分解放热，如不能快速、及时、有效地移走反应热，会造成局部超温，甚至反应器飞温，导致安全事故发生，因此 DMO 合成反应器系统设计事关系统安全运行，至关重要。

1. 草酸二甲酯合成反应器的安全风险分析

由于草酸二甲酯合成反应速率对床层操作温度十分敏感，而反应器的移热能力决定了床层操作温度，因此移热能力关系到反应器的安全运行。针对移热热水循环流量、进气流量这两个关键因素在实际运行中出现的偏离，研究了这两个操作条件对催化剂床层热点的影响，分别见表 11-8、图 11-6。研究表明，移热热水循环流量、反应器进气流量持续降低，最终会导致床层温度失控，因此系统需要设置安全仪表系统。考虑安全余量，移热热水循环流量的报警值、联锁值分别为 800m³/h、600m³/h。反应器进气流量报警值、联锁值分别为 52500m³/h、45000m³/h。

表 11-8 移热热水循环流量对初末期催化剂床层热点的影响

项目	指标		
流量/(m³/h)	1400	800	500
初期热点/℃	125.7	129.4	136.2
末期热点/℃	137.7	140.7	145.8

为保障生产装置的安全运行，反应器的热点温度也是一个关键的管控指标。在装置运行管理中，反应器热点温度的报警值和联锁值需要与催化剂的活性匹配。考虑安全余量，在催化剂初期，热点温度的报警值、联锁值分别为 130℃、135℃；在催化剂末期，热点温度的

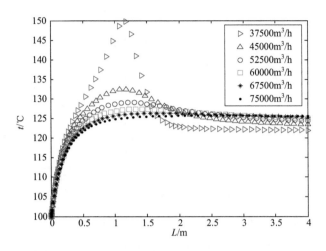

图 11-6　不同进气流量下的催化剂床层温度分布

报警值、联锁值分别为 145℃、148℃。

2. 催化剂装填方式

草酸二甲酯合成反应是强放热反应，放热量大，同时反应速率对床层的操作温度十分敏感，若装填过程中出现绝热床，需要分析其对床层温度的影响。催化剂装填方式与反应特性、催化剂支撑方式有关。传统的催化剂支撑有瓷球支撑、弹簧支撑两种方式[30-31]，瓷球支撑存在局部塌陷、催化剂随之沉降的风险，多用于绝热固定床；弹簧支撑采用复合弹簧，弹簧上部为截头圆锥螺旋压缩弹簧，下部为圆柱螺旋压缩弹簧，利用圆柱弹簧与反应管内壁过盈配合将整个弹簧固定在管端处，起到支撑催化剂的作用，常用于列管式固定床。催化剂装填于下管板时床层温度分布见图 11-7。

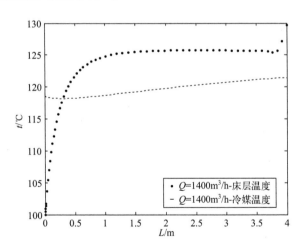

图 11-7　催化剂装填于下管板时床层温度分布

由图 11-7 可知，当催化剂装填于下管板时，在下管板处的绝热温升为 4.3℃，床层热点出现在下管板的管端，热点温度为 130.0℃，不利于后期催化剂由于活性下降保产量的提温操作，缩短了催化剂的使用寿命。因此，宜采用复合弹簧支撑，同时避免催化剂装填时出现绝热床。

第八节　合成气制乙二醇应用实例

哈密广汇荒煤气综合利用年产 40 万 t 乙二醇项目采用世界首套荒煤气清洁高效转化制乙二醇产业化应用技术。该项目以荒煤气为原料，通过转化、气体净化分离提纯获得合格的一氧化碳、氢气，再经草酸二甲酯生产乙二醇产品。乙二醇装置采用第三代 WHB 技术，由中国五环工程有限公司 EPC 总承包，该装置于 2021 年 10 月首次投料成功，2022 年 6 月通过性能考核，2023 年 12 月 28 日通过中国石油和化学工业联合会科学技术成果鉴定。该装置乙二醇单位产品综合能耗 588kgce/t，相比第二代 WHB 技术降低 20%，综合能耗优于《工业重点领域能效标杆水平和基准水平（2023 年版）》中合成气法能效标杆水平（1000kgce/t）和基准水平（1300kgce/t），优于 GB 29436—2023《甲醇、乙二醇和二甲醚单位产品能源消耗限额》中合成气法单位产品综合能耗 1 级（≤850kgce/t）。该项目每年可有效利用荒煤气 28.6 亿 m^3，年直接固碳 64.25 万 t 以上。乙二醇单位产品的生产成本约 2800元，远低于煤制乙二醇路线。该项目整体经济效益、社会效益、环境效益显著。

参考文献

[1] 周张锋，李兆基，潘鹏斌，等．煤制乙二醇技术进展 [J]．化工进展，2010，29（11）：2003-2009．

[2] 李振花，许根慧，王保伟，等．H$_2$ 对 CO 气相催化偶联制草酸二乙酯反应的失活机理 [J]．化工学报，2003，54（1）：59-63．

[3] 林茜，张坚，赵献萍，等．一氧化碳偶联制草酸二甲酯的动力学研究 [J]．石油化工，2004，33（z1）：676-677．

[4] 张飞跃，沙昆源．一氧化碳催化合成草酸二甲酯的研究 [J]．广西大学学报（自然科学版），1999，24（3）：234-237．

[5] 王保伟，马新宾，许根慧．一氧化碳偶联制草酸酯反应工程研究 [J]．化学工业与工程，1998，15（3）：10-14．

[6] 卓广澜，姜玄珍．负载钯催化剂上亚硝酸乙酯的催化剂分解 [J]．催化化学，2003，34（7）：509-512．

[7] 张铁生，王建新，姜杰．亚硝酸甲酯物性研究 [J]．危险化学品管理，2013，13（7）：39-41．

[8] 计扬．CO 催化偶联制草酸二甲酯反应机理、催化剂和动力学的研究 [D]．上海：华东理工大学，2010．

[9] 宋轲，计扬，肖文德．CO 与亚硝酸甲酯催化偶联合成草酸二甲酯的本征动力学研究 [J]．广东化工，2007，34（6）：12-14．

[10] Ji Y，Liu G，Li W，et al．The mechanism of CO coupling reaction to form dimethyl oxalate over Pd/α-Al$_2$O$_3$ [J]．J Mol Catal A：Chem，2009，314（1-2）：63-70．

[11] 李卓，迟子怡，李学刚，等．CO 与亚硝酸甲酯氧化偶联制草酸二甲酯及其副反应的研究 [J]．天然气化工（C1 化学与化工），2021，46（4）：46-51．

[12] 李文龙，王玮涵，李振花，等．填料塔中亚硝酸甲酯再生过程模拟 [J]．化工学报，2015，66（3）：979-986．

[13] 陈五平．无机化工工艺学：上册 [M]．北京：化学工业出版社，2002：329-336．

[14] 张旭．CO 气相偶联制草酸酯研究进展 [J]．工业催化，2013，21（8）：12-17．

[15] 刘有智，焦纬洲，申红艳，等．草酸二甲酯生产过程中亚硝酸甲酯再生的工艺方法及装置：

CN201010285375. 9［P］. 2011-04-13.

［16］计扬，张博，柳刚，等. 亚硝酸甲酯再生反应的动力学研究［J］. 天然气化工（C1 化学与化工），2010，35（4）：12-21.

［17］Liu G, Ji Y, Li W, et al. Kinetic study on methyl nitrite synthesis from methanol and dinitrogen trioxide［J］. Chemical Engineering Journal，2010，157（2-3）：483-488.

［18］柳刚. 亚硝酸甲酯合成反应的研究［D］. 上海：华东理工大学，2010.

［19］Li Z, Wang W, Lv J, et al. Modeling of a packed bubble column for methyl nitrite regeneration based on reaction kinetics and mass transfer［J］. Industrial & Engineering Chemistry Research，2013，52（8）：2814-2823.

［20］李振花，刘新刚，马新宾，等. 甲醇、碳酸二甲酯、草酸二甲酯二元体系液平衡测定与关联［J］. 化学工程，2006，34（2）：48-51，55.

［21］张大洲，卢文新，商宽祥，等. 草酸二甲酯加氢制乙醇酸甲酯反应网络分析及其多相加氢催化剂研究进展［J］. 化工进展，2023，42（1）：204-214.

［22］李竹霞. 草酸二甲酯催化加氢合成乙二醇过程的研究［D］. 上海：华东理工大学，2004.

［23］鲍红霞. 草酸二甲酯催化加氢合成乙二醇动力学的研究［D］. 上海：华东理工大学，2006.

［24］李思明. 草酸酯加氢 Cu/SiO$_2$ 催化剂动力学及可控制备［D］. 天津：天津大学，2015.

［25］谷豹，刘刚，尹科科，等. 草酸二甲酯的合成及应用研究进展［J］. 应用化工，2023，52（4）：1248-1252.

［26］Liu H W, Qian S T, Xiao E F, et al. Study on ammonia-induced catalyst poisoning in the synthesis of dimethyl oxalate［J］. Bulletin of Chemical Reaction Engineering & Catalysis，2021，16（1）：1-8.

［27］李美兰，马俊国，徐东彦，等. 草酸二甲酯催化加氢制乙二醇铜基催化剂研究进展［J］. 天然气化工（C1 化学与化工），2013，38（1）：72-77.

［28］成春喜，江甜，刘应杰，等. 煤制乙二醇加氢催化剂结焦物的分析［J］. 化学与生物工程，2023，40（11）：56-59.

［29］李有润，白润生. 夹点理论的发展和茂名二蒸馏装置换热网络改造［J］. 石油炼制，1993，24（7）：1-5.

［30］王德会，李铁森，张芳华. 关于固定床加氢反应器催化剂装填问题的探讨［J］. 炼油技术与工程，2016，46（5）：28-31.

［31］赵增慧，夏丽. 列管式固定床反应器催化剂支托结构的设计［J］. 石油化工设备技术，2001，22（4）：10-12.

第十二章 荒煤气制乙二醇生产装置运行与改进

本章以荒煤气加工利用装置生产运行为例，针对以荒煤气为原料，采取转化、变换、低温甲醇洗、PSA 吸附分离等一系列技术，将荒煤气中价值较高的合成气组分 H_2、CO 提出，通过羰化加氢技术生产高端化工品乙二醇。荒煤气在转化过程中将其中的有机硫转化成易于回收的 H_2S，并通过湿法硫回收装置生产硫黄，做到了对荒煤气的资源化利用。该项目利用荒煤气生产 40 万 t/a 乙二醇，可有效利用荒煤气 26.5 亿 m^3/a（干基），有效节能 16.8×10^6 GJ/a，相当于节省标准煤 57.4 万 t/a。同时该项目的建设投产可直接减排 CO_2 约 62.8t/a、SO_2 1286t/a，间接减排 CO_2 约 173t/a。年新增销售收入 15 亿元，净利润 4.2 亿元，既可以节能减排，又可以提高企业的经济效益，属典型的环保节能项目。

由现代煤化工推出的荒煤气资源化加工利用途径是增加企业可持续发展动力、提升企业综合竞争力、减轻环境污染与合理利用资源的一种有效途径。该过程不仅有利于减少废物排放，还有利于缓解资源匮乏和短缺问题。荒煤气加工利用是资源化综合利用体系的一个重要领域，主要有燃气化利用（发电和燃烧，利用热值）和资源化利用（利用化学成分）两种方式。利用方式不同，实现的经济效益和社会效益也将有巨大差别，这种差异化利用应用案例可供读者借鉴和参考。

第一节 项目概述

一、项目简介

哈密广汇环保科技有限公司（简称"广汇环保"）荒煤气综合利用 40 万 t/a 乙二醇项目建设地点位于新疆哈密市伊吾县淖毛湖煤化工循环经济产业区内，与广汇能源股份有限公司（简称"广汇能源"）120 万 t/a 煤制甲醇装置和广汇煤炭清洁炼化公司（简称"广汇炼化"）1000 万 t/a 煤炭热解装置毗邻建设。广汇环保是广汇能源的全资子公司，主要从事荒煤气综合开发利用，以及化工产品的生产与销售。该公司以清洁炼化副产的荒煤气为原料，依托现有公用工程，辅助原料使用广汇新能源公司甲醇，合成制备乙二醇，延伸产品产业链，同时提升产品的附加值。

广汇环保 40 万 t/a 乙二醇项目于 2018 年开始进行方案论证，2019 年 1 月进行设计招标，2019 年 9 月份开始土建动工，经过两年的建设，于 2021 年 9 月实现机械竣工。2021 年 10 月 11 日开始首次投料试车，10 月 24 日打通全部流程产出聚酯级乙二醇，创造了行业内从机械竣工到出产品仅用 24 天的好成绩。

经过多年的发展，广汇能源形成了以 LNG、煤炭、煤化工等为核心，能源物流为支撑的天然气液化、煤化工、石油天然气勘探开发三大业务板块。拥有一个油气田（哈国斋桑油气区块）、两个原煤和煤基燃料基地（新疆淖毛湖和富蕴）、三个 LNG 工厂。配套建设淖柳公路、红淖三铁路能源物流专用通道。

广汇炼化成立于 2013 年 1 月 17 日，是广汇能源的控股子公司，公司注册资本 20 亿元。公司地处哈密市伊吾县淖毛湖镇工业园区，总占地面积 3300 亩，主要经营煤化工项目工程的投资、煤炭应用技术的研究开发、褐煤热解生产应用技术的咨询等。公司已建成投产 1000 万 t/a 煤炭分级提质综合利用项目，生产的主要产品有提质煤、煤焦油，其中提质煤主要用于高炉喷吹及电厂用优质动力煤。煤焦油进一步提出酚油后制取精酚，煤焦油通过催化加氢，生产附加值较高的产品。同时公司副产大量的荒煤气，其中一部分通过 PSA 提氢供煤焦油加氢，大部分作为燃料燃烧，资源价值没有得到有效利用。

二、项目建设背景

为了加快新疆社会经济发展，党中央、国务院召开了中央新疆工作座谈会，对推进新疆跨越式发展和长治久安作出全面部署，并相继出台了一系列指导方针和支持政策，要求东、中部地区 19 个省市对口援助新疆，提出新疆在 2020 年与全国同步进入小康社会的目标。随着这些政策的逐一落实，必将带动新疆社会经济及各项事业全面跨越式大发展，同样也给新疆经济大发展带来了难得的历史性机遇。

在此历史时期，伊吾县委、县政府抓住契机，以发展为主题，以社会经济进步为动力，依托区域资源优势及产业基础，提出以煤炭煤化工、石油天然气化工、现代物流、黑色及有色金属加工、有机农副产品加工、新能源、新型建材化工为产业核心的工业园区，认真选取一批特色鲜明、产业关联度强、辐射带动能力大、效益明显的产业项目。在园区内形成功能明确、协同效益明显的产业集群，最终实现区域资源优势向产业、经济发展优势的转换，不断推进伊吾县产业结构升级和社会经济的跨越式发展。

广汇能源在哈密淖毛湖地区拥有丰富的煤炭资源，煤质优良。经分析，淖毛湖煤质属于特低硫、特低磷、高发热量的富油、高油长焰煤，是非常理想的化工用煤。在国家西部大开发战略和自治区实施优势资源转换战略、推进新型工业化发展思路的指引下，积极实施战略性投资策略，发展清洁能源产业。

三、项目建设过程

从 2002 年起，广汇能源相继在新疆哈密伊吾县淖毛湖、库车和中亚等地稳步展开了清洁能源产业的战略推进和实施工作。

2013 年投资过百亿元，建成了 120 万 t/a 煤基甲醇及 5 亿 m³/a LNG 项目。为进一步推动广汇能源稀缺优质煤炭的高效清洁利用，提出对淖毛湖的块煤资源进行分级提质、综合利用。

2014 年公司建成了 1000 万 t/a 煤炭分级提质综合利用项目，即建立"煤—化—油"的产业发展模式，块煤经过干馏生产提质煤和煤焦油，煤焦油进一步提出酚油后制取精酚；副产的荒煤气净化后，一部分作为燃料供给干馏炉，其余部分作为下游制氢装置的原料；煤焦油通过催化加氢，生产附加值较高的产品。该项目副产大量荒煤气，荒煤气成本低廉，目前主要用于锅炉燃烧，部分用于 PSA 提氢，资源没有得到有效利用，造成了资源的浪费。

通过技术手段对荒煤气提纯并配比成符合现代煤化工合成产品要求的有效合成气，避免了煤气化过程对环境的影响。因此，合理有效统筹荒煤气资源，通过深度净化，进一步加工转化为高附加值石化产品，对增强广汇煤炭清洁炼化未来盈利能力具有重要意义。现代煤化工产业经过多年的发展，已经具备多条可行路径，经过对目前现代煤化工技术、产品市场、投资、资源、政策、竞争力、规模等方面的综合研究，广汇能源认为乙二醇市场缺口较大且将长期保持进口依赖度较高的市场格局。由荒煤气制得的合成气制乙二醇技术趋于成熟，荒煤气制乙二醇与石油-乙烯法、煤炭-合成气法相比具备明显竞争力。

广汇炼化 1000 万 t/a 煤炭热解项目生产 500 万 t/a 提质煤和 100 万 t/a 煤焦油，同时副产 64.8 亿 m^3/a 荒煤气。该荒煤气的特点是富含 H_2、CO、CH_4 等，但氮气含量高，含有焦油、苯、萘等芳香族化合物，还有少量的烷烃和烯烃、硫化物、氰化物、氨等，气体成分复杂、热值低、净化难度大，难于加工利用；目前大多数厂家均是将其作为燃料烧掉，没有就其中的 H_2、CO 这类合成气组分进行资源化利用，既浪费了资源，又降低了荒煤气的附加值；如果能够将其中的 H_2、CO 提取作为原料加以利用生产化工品，据测算，荒煤气作为原料其附加值将是作为燃料的 3 倍。

目前广汇炼化副产 64.8 亿 m^3/t 荒煤气，除了焦油加氢项目用于制氢消耗 14.4 亿 m^3/a 外，其余 50.4 亿 m^3/a 荒煤气全部作为燃料进入锅炉燃烧，每年浪费合成气资源约 18.3 亿 m^3（H_2＋CO 约占 39%），直接收益损失约 7.09 亿元/a（合成气 0.4 元/m^3，荒煤气 0.012 元/m^3）。同时，还向大气中排放 CO_2 310 万 t/a（CO＋CO_2＋CH_4 体积分数 33.4%），既浪费资源，又污染环境。

第二节 项目装置及运行效果

一、主要生产装置

以荒煤气为原料生产乙二醇产品的项目主要生产装置由气体净化分离装置、乙二醇装置和公用工程及辅助工程组成。

1. 气体净化分离装置（工序）

气体净化分离工序主要由荒煤气压缩（简称"压缩"）工序、荒煤气非催化转化（简称"转化"）工序、变换及热回收（简称"变换"）工序、高含氮气酸性气脱除（简称"酸脱"）工序、高含氮气 CO 提纯（简称"CO 提纯"）工序、PSA 变压吸附提氢（简称"PSA 提氢"）工序、冷冻工序等组成。来自广汇炼化的荒煤气原料送至气体净化分离装置。以荒煤气为原料，经压缩、转化后，一股经变换、酸脱净化，再经 PSA 提氢获得 H_2；另一股经热回收、酸脱净化，再经 PSA 提 CO 获得一氧化碳。分离后的一氧化碳和氢气被送至乙二醇装置。

2. 乙二醇装置（工序）

乙二醇工序主要由草酸二甲酯合成工序和乙二醇合成工序组成。CO 在草酸二甲酯合成工序经羰化反应生成粗草酸二甲酯，精制后的草酸二甲酯送至乙二醇合成工序，与 H_2 发生加氢反应生成加氢粗乙二醇，精制后得到乙二醇产品。

3. 公用工程和辅助工程

公用工程和辅助工程主要包括：VOCs 治理装置、乙二醇中间罐区、乙二醇成品罐区、辅助罐区、副产品罐区、乙二醇装卸区、循环水站、办公楼、中心控制室、乙二醇 35kV 变电站、化验室、采暖换热站、机电仪表维修间等组成。

项目所需要的氧气、氮气、仪表空气、工厂空气均由园区广汇能源空分装置提供，目前空分装置的制氧富余能力为 $60000m^3/h$。基本能够满足本项目的氧气、氮气、仪表空气及工厂空气的需求。

项目所需公用工程的蒸汽、脱盐水，由园区广汇炼化热力站提供，目前热力站富余高压蒸汽 660t/h，脱盐水 220t/h，基本满足本项目的需求。广汇环保所产的污水送广汇炼化污水处理站集中处理，污水处理站新建 360t/h 污水扩容装置，以满足广汇环保对污水处理的需求。

项目所需原料气由广汇炼化每年提供 26.5 亿 m^3（干基）荒煤气供生产 40 万 t/a 乙二醇。

二、荒煤气制乙二醇总工艺流程

本项目以荒煤气为原料，通过压缩、转化、变换、酸脱、PSA 提 CO、PSA 提 H_2 工序，获得合格的一氧化碳、氢气，再经草酸酯法生产乙二醇产品。荒煤气制乙二醇总工艺流程示意图见图 12-1。

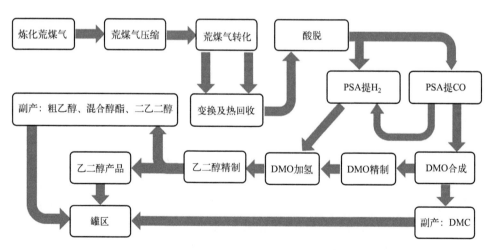

图 12-1 荒煤气制乙二醇总工艺流程示意图

三、生产运行及效果评价

荒煤气制乙二醇项目于 2021 年 10 月 11 日开始首次投料试车，10 月 24 日打通全部流程产出聚酯级乙二醇。装置在试运行调试过程中因变换催化剂失活和变换废锅泄漏问题，装置进行停车消缺。

1. 装置停车消缺整改

在首次开车过程中主要表现出压缩机段间冷凝液油含量偏高、一段变换催化剂快速失活、未变换气预热回收废锅泄漏严重等问题。通过对这些问题进行原因分析，发现一段变换催化剂中毒表现为氯中毒，未变换气废锅内部列管泄漏原因也是由于氯离子腐蚀。通过对氯离子进行溯源分析，发现原料气中总氯含量达到了 $12\sim18mg/m^3$。本项目原料气来自广汇炼化 1000 万 t/a 热解装置副产的荒煤气，分析发现，炼化公司所使用的原料煤总氯含量（质量分数）达到了 0.3% 以上，属于高含氯煤。确定了变换催化剂失活及未变换气废锅腐蚀的原因后，装置于 2021 年 11 月停车至 2022 年 3 月进行了消缺技改。技改主要措施，一是在变换炉前和变换气废锅前分别增加两个脱氯槽，以脱除氯离子；二是在压缩段间冷凝液收集槽后新增一套油水分离装置，以解决压缩冷凝液油含量高的问题。技改完成后，于 2022 年 4 月装置恢复开车，2022 年 5 月双系列达到满负荷运行状态，2022 年 6 月 10 日通过性能考核。技改实施后压缩机段间冷凝液油含量大幅降低，从 10000mg/L 降至 1000mg/L 以内，达到了直接外送污水处理工序的条件。

2. 装置二次整改

装置经运行三个月后，仍然出现了变换一段催化剂热点温度下降，未变换气废锅腐蚀泄漏的问题，装置在同年 7 月份经过短停维修后再次开车，运行到 10 月份。一变催化剂彻底失活、未变换气废锅再次泄漏，并且出现压缩机轴系振动变大的情况，装置于 10 月份再次停车解决影响长周期运行的问题。

经过分析发现，一变催化剂失活和未变换气废锅泄漏还是氯中毒和氯腐蚀造成的，经进一步研究分析发现，在变换炉前和未变换气废锅前增加的脱氯槽很快就达到饱和状态，失去了脱氯功能，对催化剂和废锅失去了保护作用，导致氯穿透保护床，是一变催化剂快速失活和废锅氯腐蚀的主要原因。经过对脱氯剂进一步分析发现，脱氯剂中的氯含量（质量分数）只有 1%～3%，平均 2%，远没有达到标称的氯容 20% 以上。经过试验研究认为，目前市场上通用的固定床脱氯剂无法适应当前的气体氛围，必须考虑新的脱氯方式。对压缩机缸体打开检查，发现压缩机流道和叶轮上附着大量的焦状物，尤其是五段流道，基本被焦状物堵死，分析认为这是轴系振动大的主要原因。总之，鉴于对装置运行问题的分析研究，发现这些问题均源于荒煤气成分太过复杂，油、尘、氯等杂质含量高，要想使装置实现长周期稳定运行，必须对荒煤气进行深度净化。

3. 荒煤气深度净化改造

2022 年 10 月至 2023 年 3 月对装置实施了荒煤气深度净化改造项目，具体内容包括：一是在压缩机段间增加洗涤装置，即在原二段、四段洗涤塔的基础上，新增三段、五段洗涤塔，加强段间对荒煤气的洗涤，合理控制压缩机级间温升，必要时采取级间注水来控制温升，以此达到进一步净化荒煤气和防止压缩机流道和叶轮的结焦问题。二是在转化气进变换前增加水洗装置，进一步脱除转化气中的氯离子、炭黑等物质，并对变换气脱毒槽和未变换气脱毒槽中的脱毒剂进行更换，更换为能够适应毒物种类和转化气气氛的脱毒剂。三是对转化气和变换气的流程进行优化，以满足新增设备和原装置的正常运行。

荒煤气深度净化改造项目于 2023 年 3 月底改造完成，装置于 4 月初恢复开车，于 4 月

15 日实现双系列稳定运行，并逐步达到高负荷运行水平。通过荒煤气深度净化改造后，影响装置长周期稳定运行的问题基本消除，实现了装置的高负荷稳定运行，也使得荒煤气转化制乙二醇技术更趋完善。

4. 生产运行总体评价

项目于 2023 年 9 月 20 日至 23 日，由中国石油和化学工业联合会组织专家对装置进行了 72h 性能考核，同年 12 月 28 日，由中国石化联合会组织的技术成果鉴定会在北京召开，鉴定会专家组由工程院院士为组长，和行业内其他 6 名专家组成，会议通过的荒煤气高效清洁转化制乙二醇产业化应用技术的成果鉴定，专家组一致认为，该成果具有自主知识产权，技术指标先进，创新性强，总体达到了国际领先水平，同时具有良好的环保效益和经济效益，开创了兰炭荒煤气大规模、高附加值利用的先例。

下面分别对荒煤气制乙二醇项目主要生产工序，即压缩工序、转化工序、变换工序、酸脱工序、CO 提纯工序、PSA 提氢工序及乙二醇工序等在生产运行过程中存在的主要问题及原因分析、整改处置措施及工序运行效果进行简述。

第三节　荒煤气压缩工序

一、压缩概述

由界区送入的荒煤气 5kPaG、40℃、197862m³/h 通过一段入口分离器分离出气体中夹带的液体后进入压缩机低压缸进行压缩。压缩后的气体 0.12MPa、127.8℃经过一段出口冷却器进入二段入口分离器进行气液分离。出二段入口分离器的气体分两路，一路进入一段入口分离器入口管线（一回一），另一路进入二段入口焦油脱除塔对工艺气中所夹带的焦油、苯、煤灰等进行脱除。然后进入压缩机二段进行压缩，压缩后的气体 0.32MPa、128℃经过二段出口冷却器，冷却后的气体进入三段入口分离器进行气液分离。气体出来分两路，一路通过调节阀进入燃料气管网，另一路进入三段入口焦油脱除塔对工艺气中所夹带的焦油、苯、煤灰等进行脱除，然后进入压缩机三段进行压缩。压缩后的气体 0.67MPa、110℃进入三段出口冷却器，冷却后的气体进入四段入口分离器进行气液分离。气体出来分两路，一路通过调节阀进入一段入口分离器入口管线（三回一），另一路进入四段入口焦油脱除塔，对工艺气体中所夹带少量的焦油、苯、煤灰等进行脱除，然后进入压缩机四段进行压缩。压缩后的气体 1.5MPa、126.8℃进入四段出口冷却器，冷却后的气体进入五段入口分离器进行气液分离。经五段入口焦油脱除塔对工艺气中所夹带的焦油、苯、煤灰等进行脱除，然后进入压缩机五段进行压缩。压缩后的气体 2.9MPa、111.5℃分两路，一路通过调节阀进入压缩机四段入口（五回四），另一路经五段出口界区阀送至转化工段。

二、压缩生产运行中的主要问题

1. 压缩机段间过滤器、机泵过滤器及管道铵结晶堵塞问题

问题简述：自压缩机 A 投料运行期间，焦油脱除塔塔釜循环泵进出口过滤器频繁出现堵塞现象，拆检期间发现过滤器内有大量铵盐结晶，见图 12-2。

图 12-2 循环泵入口过滤器铵盐结晶

焦油脱除塔塔盘压差也在逐渐上涨，由 2kPa 升至 10kPa（指标为小于 5kPa），同时压缩机运行期间高压缸轴振值出现缓慢上涨趋势，最高达到 62μm（正常值为 23.5μm）。

2. 压缩机段间冷凝液外排废水中油含量高问题

问题简述：压缩机段间冷凝液废水外送广汇炼化污水预处理装置进行处理，装置试运行期间，外送广汇炼化废水中的油含量 25000～30000mg/L，且为轻质油，广汇炼化污水处理难度大，并且轻质油易挥发，系统着火爆炸危险性较大。

3. 压缩机流道内结焦、结垢，中压缸振值高问题

问题描述：压缩机 2022 年 3 月中旬开车，至 7 月 27 日装置停车，运行时长约 4 个月。运行期间，中压缸振值由初期 35μm 涨至末期 60μm，大修对压缩机进行拆缸检查，发现中、高压缸压缩机出口蜗壳结焦，见图 12-3；高压缸流道结焦严重，见图 12-4。

图 12-3 高压缸压缩出口蜗壳结焦工况

图 12-4 高压缸流道结焦工况

三、压缩生产运行问题分析

1. 压缩机段间过滤器、机泵过滤器及管道铵结晶堵塞原因分析

荒煤气中氨含量及油、尘含量较高，洗涤水量不足，对荒煤气的洗涤效果差，导致焦油

脱除塔塔釜循环泵铵盐结晶堵塞严重，无法正常运行。荒煤气中的焦油、尘等杂质在压缩机流道内附着结焦，造成压缩机组高压缸振值高、四段入口焦油脱除塔压差高等问题。

2. 压缩机段间冷凝液外排废水中油含量高原因分析

荒煤气中油含量较高（设计油含量≤100mg/m³，实际荒煤气中油含量大于4000mg/m³），且为轻油，实际运行过程中荒煤气中油含量远远高于设计值。通过荒煤气加压在压缩机段间冷凝器中随水一起分离出来，而压缩工段不具备油水分离功能，轻油只能随压缩机段间废水一起送至炼化水处理装置。

3. 压缩机流道内结焦、结垢，中压缸振值高原因分析

原料荒煤气中油、尘含量较多，压缩机加压后荒煤气密度增大，温度提高，易在压缩机流道内形成油尘积聚，并由于高温作用，结焦附着在流道及隔板上。前期对荒煤气性质认识不够深入，仅在压缩机二段、四段设置了焦油脱除塔，虽能够起到除尘洗油的作用，但荒煤气水洗仍不彻底。

四、压缩采取的主要改进措施

1. 针对压缩机段间过滤器、机泵过滤器及管道铵结晶堵塞的处置措施

在压缩机二段段间冷却器、四段段间冷却器出口荒煤气管增设除盐水喷淋装置，增加冲洗水量；二段、四段焦油脱除塔上层喷淋洗涤由塔釜循环液改为新鲜水（二段焦油脱除塔上层喷淋改用透平冷凝液，四段焦油脱除塔上层喷淋改用除盐水），对焦油脱除塔内循环液进行置换；加强压缩机级间喷淋。每个系列增加喷水量约11t/h，进一步加强对荒煤气的洗涤，以改善压缩机运行工况。

2. 针对压缩机段间冷凝液外排废水中油含量高的处置措施

在压缩机东侧新建一套油水粗分离装置（包括粗油水分离罐、轻油储罐、轻油输送泵及配套仪表、管道、阀门等），废水中大部分的轻油先得到分离回收，分离出的轻油送炼化进行外售，废水送到炼化油水精分离装置，进一步除油、蒸氨。

3. 针对压缩机流道内结焦、结垢，中压缸振值高的处置措施

压缩机段间分离效果和洗涤效果直接影响压缩机长周期运行，压缩机设计阶段在二段和四段入口设置了焦油脱除塔，对焦油的洗涤效果较好，为了进一步增强段间洗涤效果，达到深度净化荒煤气的目的，在压缩机三段入口、五段入口分别再增设一台焦油脱除塔，同时塔釜循环液入口由原设计返回第一层塔盘改至第四层塔盘，上层喷雾段两层喷头都改用新鲜水进行冲洗。

五、压缩总体运行效果

通过对压缩机运行期间发现的问题进行原因分析和实施解决措施，压缩机运行状态明显好转，运转周期进一步延长，达到并超过了同类企业的运行水平，具体情况如下：

① 2022年3月开车以来，二段、四段焦油脱除塔塔压稳定在2~3kPa，焦油脱除塔釜泵过滤器铵盐结晶明显减少，压缩机组高压缸振值稳定在15~35μm可控，压缩机稳定运行6个月以上。

② 粗油水分离装置投用后，外送炼化污水中油含量降至1000mg/L以下，基本稳定在

700～900mg/L，满足炼化污水预处理装置接收要求。同时，分离出来的轻油送炼化。装置高负荷运行时，满足荒煤气压缩机及炼化污水处理装置运行要求。

③ 新增三段、五段入口焦油脱除塔技改项目实施后，洗涤效果进一步优化，大大减少油尘进入压缩机流道，压缩机运行周期由六个月延长至九个月以上。

第四节　荒煤气非催化转化工序

一、转化概述

来自压缩机的约 2.9MPa 荒煤气，经流量调节阀进入工艺烧嘴的环隙通道。空分装置来的纯氧，经氧气预热器预热，分别经氧气流量调节阀、氧气切断阀后，进入工艺烧嘴的中心通道。氧气进行温度和压力补偿。根据安全系统要求，投料前采用氧气放空方式建立氧气流量。荒煤气和氧气通过设置于转化炉顶部的工艺烧嘴同轴射流进入转化炉内，反应条件为 2.4～2.7MPa(G)，炉膛中部温度 1200～1300℃，生成的转化气为 H_2、CO、CO_2 及水蒸气等混合物，转化气进入热量回收工序。

转化炉投料前要进行烘炉，烘炉期间，利用顶置的烘炉烧嘴进行升温，直到转化炉温度达到要求的温度。烘炉烧嘴有其单独的燃料供给和调节系统。转化炉烘炉期间，废锅出口气体经开工抽引器排入大气。通过调节烘炉烧嘴风门和抽引蒸汽量，控制转化炉的真空度在 −100～20000Pa。

在循环水保持一定流量的前提下，DN100 的旁路手阀保持固定开度，通过调节 DN20 的旁路调节阀控制流量，控制烧嘴冷却水温度然后进入工艺烧嘴的冷却水夹套。进工艺烧嘴的冷却水压力为 3.15～3.4MPa(G)、温度为 120～170℃，出工艺烧嘴的冷却水压力下降约 90kPa，温度上升约 5℃。

出转化炉膛的转化气通过转化炉与废锅之间的连接通道，进入废锅盘管内，管外为锅炉给水，锅炉给水来自 DMO 合成车间。连接通道采用夹套水冷却。转化气走管程，锅炉给水走管外，转化气与锅炉水进行充分换热，转化气降温，锅炉给水蒸发产生饱和蒸汽。设置锅炉水循环泵冷却废锅的管板。

进入废锅的锅炉给水分为二股，一股进入锅炉水循环泵的入口，防止泵汽蚀和降低入废锅管板的冷却水温度；另一股直接进入废锅，仅在废锅需要紧急补水时使用。出废锅的转化气进入蒸汽过热器，加热废锅副产的饱和蒸汽。出蒸汽过热器的转化气进入转化气洗涤系统。

蒸汽过热器出来的转化气 2.4～2.8MPa(G)、260～300℃，进入文丘里洗涤器进行洗涤，转化气经过洗涤塔塔顶经洗涤分为两股，一股经未变换气蒸汽加热器加热至 180～190℃送未变换系统，另一股转化气经过变换气蒸汽加热器加热至 220～250℃送入下游变换系统。

从变换提氨塔来的 55～70t/h 的凝液进入文丘里洗涤器对转化气进行初步洗涤。从 5.5MPa 锅炉水管网来的 40～45t/h 的锅炉给水进入洗涤塔第一层塔盘对转化气进行洗涤，塔底循环液经洗涤塔循环泵增压后进入塔顶第四层塔盘，塔底废液一部分送变换工序低压闪蒸罐，另一部分经过洗涤泵继续循环。

变换气蒸汽加热器和未变换气蒸汽加热器的蒸汽冷凝液送至蒸汽冷凝液闪蒸罐，闪蒸出的低压蒸汽 [0.5MPa(G)] 和低压蒸汽冷凝液分别送管网。

水洗塔底部循环水中含有一定浓度的灰分及炭黑，为平衡循环水中的灰分含量，需排放大约 50～70t/h 的洗涤水，为确保循环水呈碱性，在循环水进入文丘里洗涤器前加入 30% 的 NaOH 溶液，中和转化气中的部分酸性气体，在正常工况下 pH 值控制在 6～8.5。同时对从洗涤塔出来的转化气进行气体分析，分析内容包括 H_2、CO、CO_2、H_2S、COS、CH_4、Cl^-、O_2 等。

二、转化生产运行中的主要问题

1. 炉壁局部温度高、刚玉套管破碎、蒸汽过热器压差高问题

问题简述：转化 A 炉运行过程中炉壁局部温度异常升高，实测达到 305℃（正常值 220℃），同时转化炉出口蒸汽过热器转化气侧压差逐渐升高，最高涨至 400kPa（正常值 10kPa），由于系统压差逐渐增大，系统运行负荷逐渐降低。装置停车后对转化炉开炉检查发现，转化炉内部存在局部炉砖变形塌陷及脱落现象，与废锅相连的刚玉管破损严重。转化 A 炉刚玉套管破损工况见图 12-5。

2. 转化炉远传温度计炉内热电偶损坏问题

问题简述：单台转化炉共计 4 个热电偶，分别分布在转化炉拱顶、中部、底部及与转化废锅

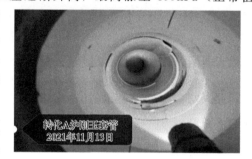

图 12-5　转化 A 炉刚玉套管破损工况

夹套连接处，主要是监测转化炉内炉温。开车时间不长，出现部分温度计套筒挤压破裂、热电偶断裂问题，无法监测炉温，影响装置正常运行。

3. 荒煤气预热器换热管频繁泄漏问题

2022 年 6 月发现荒煤气预热器列管泄漏，荒煤气预热器列管材质 15CrMo。2022 年 11 月装置停工，对荒煤气预热器进行优化，将荒煤气预热器列管材质升级为 S32168，装置运行一周后，发现荒煤气预热器再次泄漏，装置被迫停工。

从荒煤气预热器现场检查情况来看，荒煤气预热器管程出口侧管板外圆周换热管腐蚀痕迹最为明显，中间腐蚀情况减轻，外圆周的换热管伸出端 5mm 完全腐蚀，靠内的换热管伸出端也腐蚀明显。管板上存在黄色、白色等类硫、类盐析出物，也存在黑色的杂质。从内窥镜观察来看，腐蚀较为严重的换热管内部有明显的黄色、灰色、白色的垢状物，局部能看到点蚀痕迹，靠近管板中心的换热管内部也有明显的颗粒物，也存在类似结垢现象。

三、转化生产运行问题分析

1. 炉壁局部温度高、刚玉管套破碎、蒸汽过热器压差高原因分析

转化炉内部存在局部炉砖变形塌陷及脱落现象，转化炉膨胀缝处含锆纤维毯，在高温下粉化并失去弹性，部分被气流冲刷脱落，膨胀缝下部第一圈耐火砖倾斜，外突约 10mm，导致转化炉局部炉壁温度异常升高。炉体与废锅连接处的刚玉套管设计有缺陷，为三段黏合，高温下黏合剂失效，造成刚玉管分离，并且刚玉管设计厚度偏薄，强度不够，与气流和设备

碰撞造成破碎。破损的转化炉炉砖及刚玉套管碎片等被转化气气流夹带进入蒸汽过热器，造成堵塞管板，进而导致转化蒸汽过热器工艺气侧进出口压差逐渐升高。

2. 转化炉远传温度计炉内热电偶损坏原因分析

① 膨胀缝处内侧为刚玉砖，刚玉砖膨胀量较大，热电偶插孔太小，预留膨胀量不足，造成炉内热电偶套筒破裂，热电偶断裂。

② 热电偶插孔按照常规圆形施工，不满足耐火砖向上膨胀要求，耐火砖将热电偶挤压断裂。

3. 荒煤气预热器换热管频繁泄漏原因分析

经过对荒煤气成分的分析，以及荒煤气预热器换热管漏点和管板腐蚀情况分析，认为主要是氯离子腐蚀引起的换热管腐蚀泄漏。分析发现，荒煤气中总氯含量达到 $15 \sim 20 mg/m^3$，经过转化炉高温转化后，以氯化氢的形式存在于转化气中，同时转化反应生成部分水，在转化气通过荒煤气预热器后，温度由 260℃ 降至 220℃，转化气中的部分水分冷凝，与氯化氢气体形成盐酸，并沉积在换热器管内，在高温下，对荒煤气预热器产生较为强烈的腐蚀。

四、转化采取的主要改进措施

1. 针对炉壁局部温度高、刚玉套管破碎、蒸汽过热器压差高的处置措施

对转化炉 A/B 重新砌筑，优化了施工方案，具体为：

① 转化炉刚玉套管由三部分组成改为一体成型，增加厚度，由 5mm 增加至 8mm，进一步降低了气流冲刷导致刚玉套管破裂的风险。

② 耐火砖由小砖更换为有弧度的大号刚玉砖，减少耐火砖缝隙数，降低长时间转化炉运行通缝的风险。

③ 膨胀缝内侧的刚玉砖更换为莫来石轻质砖，轻质隔热砖起到较大的隔热作用，防止转化炉外温度过高。

④ 在转化废锅转化气出口管道上安装过滤器，用来拦截转化炉砖和刚玉管碎片，防止带到蒸汽过热器堵塞换热管，造成过热器压差增大。

效果评估：更换转化炉炉砖与刚玉套管升级，装置运行后，经拆检，转化炉与刚玉套管有轻微破损、裂缝（<5mm），在安全运行范围内，蒸汽加热器也未出现过压差高的现象。

2. 针对转化炉远传温度计炉内热电偶损坏的处置措施

① 转化炉内热电偶插孔由直径 30mm 扩为 50mm；

② 热电偶插孔改成竖直椭圆形；

③ 膨胀缝处内侧使用的刚玉砖更换为轻质隔热砖，降低砖体膨胀差。

3. 针对荒煤气预热器换热管频繁泄漏的处置措施

由于尚未找到能够在 $180 \sim 280℃$ 高温环境下，并且在 3.0MPa 高压下耐盐酸腐蚀的金属材料，采取了取消荒煤气预热器，新增转化气水洗装置的办法解决这个问题。取消荒煤气预热器直接消除了荒煤气预热器的腐蚀问题，但高温气体降温就成了问题，采用水洗装置过饱和转化气，一方面可以起到降低转化气温度的作用，另一方面水洗后氯化氢气体被洗到水相，不会再带到下游变换工段使催化剂中毒，控制洗涤水量就可以控制水相中的氯化氢含

量，对水洗塔的材质要求也进一步降低，不但解决了腐蚀的问题，同时起到了脱氯的作用，缺点是增加了系统能耗。

五、转化总体运行效果

经过对转化炉炉砖砌筑方案优化、刚玉套管升级更换，装置运行后，转化炉壁温高的现象得到有效缓解，经停车对刚玉套管检查，没有再出现刚玉套管破损情况。废锅出口转化气管道上安装过滤器后，再没有发生过热器压差升高的问题，只需要在停车期间对过滤器清理即可。对温度计进入转化炉内部部分炉砖插孔直径和形状以及材料进行优化后，未再发生温度计断裂现象。

转化装置于 2021 年 10 月第一次投入运行，针对以上问题在 2021 年 11 月至 2022 年 3 月和 2022 年 11 月至 2023 年 3 月两次停车进行技改消缺，自 2023 年 4 月完成所有措施的实施后至今，一直处于稳定运行状态，实现了装置的安稳长满优。

第五节　变换及热回收工序

一、变换概述

变换工序原设计变换侧采用两台变换炉串联流程，即来自转化工序的转化气经过第一变换炉、第二变换炉发生变换反应，后依次经过低压废热锅炉、除盐水预热器、变换气分离器、水冷器后直接送入后工序。变换工序工艺流程见图 12-6。

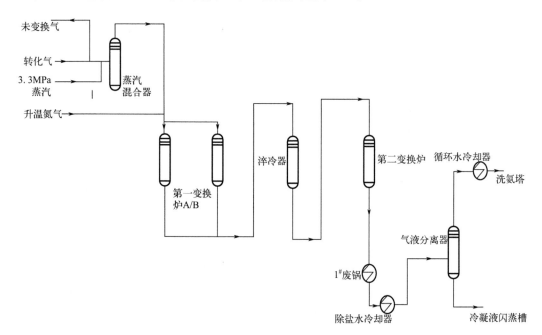

图 12-6　变换工序工艺流程

未变换侧依次经过 2# 低压废热锅炉、除盐水预热器、分离器、水冷器后直接送至后工序。未变换工艺流程见图 12-7。

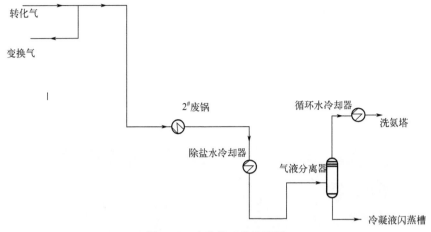

图 12-7　未变换工艺流程图

二、变换生产运行中的主要问题

1. 变换催化剂快速失活问题

变换工序第一变换炉内共装 9m³ 脱毒保护剂（上层）＋55m³ 变换催化剂（下层）。于 2021 年 10 月 18 日投料开车，整个运行期间第一变换炉进口温度维持在 210～220℃。10 月 18 日至 10 月 22 日，第一变换炉床层温度稳定，上、中、下温度分别维持在 215℃、366℃、368℃。10 月 22 日开始，第一变换炉中部床层温度开始缓慢下降，至 11 月 1 日，中部床层温度已降至 238℃。第一变换炉下部床层温度于 11 月 3 日开始缓慢下降，至 11 月 9 日下部降至 248℃，第一变换炉变换催化剂活性降低传导至全炉，整个变换催化剂失活过程仅用时不到 17 天。

2. 未变换侧设备腐蚀问题

（1）2# 低压废热锅炉腐蚀

未变换侧 2# 低压废热锅炉，壳程是锅炉给水、低压蒸汽，管程介质是转化气，壳程副产 0.5MPa 低压蒸汽。即该废锅在 10 月 30 日，即变换工序开车约半个月时间，发现冷凝水系统有 CO 存在，排查发现漏点在 2# 低压废热锅炉中，于是判断 2# 低压废热锅炉发生泄漏。在 11 月 11 日停车后，准备排查漏点进行维修，壳程注水后发现漏点太多无法打压，于是返厂维修。2# 低压废热锅炉换热管泄漏工况见图 12-8。

图 12-8　2# 低压废热锅炉换热管泄漏工况

（2）2[#]除盐水预热器腐蚀

2[#]除盐水预热器，壳程为热除盐水，管程为未变换气，2022 年 3 月 28 日，即装置第一次技改完成开车两天后发现换热器壳程排气测出可燃气，判断为 2[#]除盐水预热器换热管泄漏，于是系统紧急停车进行查漏。经过两天堵漏查漏，发现该换热器管板和换热管均发生严重腐蚀，已不能使用。2[#]除盐水预热器管板腐蚀工况见图 12-9（a），换热管内部腐蚀工况见图 12-9（b）。

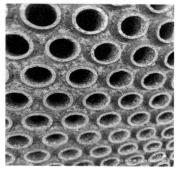

(a) 换热器管板工况 　　　　　　　(b) 换热管内部工况

图 12-9　2[#]除盐水预热器腐蚀情况

3. 提氨塔回流系统腐蚀

2022 年 4 月变换装置重新开车，运行至 5 月发现变换工序提氨塔回流泵频繁超电流跳停，为了维持系统正常运行，被迫启双泵维持系统正常运转。2022 年 7 月大修期间对提氨塔回流系统进行检查，发现提氨塔回流泵及提氨塔回流罐腐蚀严重。提氨塔回流系统腐蚀工况见图 12-10。

图 12-10　提氨塔回流系统腐蚀工况

三、变换生产运行问题分析

1. 变换催化剂快速失活原因分析

2021 年 11 月 24 日利用停车时间卸出第一变换炉 A 内保护剂和催化剂，共卸出 72 吨袋旧催化剂和保护剂（每袋约 $1m^3$），对其中的 71 个吨袋进行了取样。催化剂厂家委托武汉理工大学分析测试中心进行了元素及含量分析［X 射线荧光法，XRF］，分析结果见表 12-1。

同时，催化剂厂家研究室对部分样品中的氯含量进行了分析（分光光度法），氯含量分析结果见表 12-2。

表 12-1　X 射线荧光分析结果（质量分数）　　　　　单位：%

项目	新催化剂	旧保护剂	旧催化剂 1#	旧催剂 30#	旧催化剂 66#
烧失量	6.16	9.82	4.83	4.24	4.30
F	—	—	—	0.22	—
Na_2O	0.40	0.72	0.35	0.47	0.35
Al_2O_3	66.96	74.59	68.38	71.07	69.76
SiO_2	0.073	0.20	0.058	0.13	0.065
P_2O_5	0.086	0.092	0.067	0.073	0.081
SO_3	7.79	5.63	7.72	8.00	7.78
Cl	0.088	1.77	1.79	1.50	0.14
K_2O	9.56	0.042	8.47	7.71	9.23
CaO	0.064	0.034	0.041	0.071	0.028
Fe_2O_3	0.026	0.080	0.0080	0.027	0.023
NiO	未检出	0.41	0.020	0.031	未检出
Ga_2O_3	未检出	0.0080	0.0080	0.0080	未检出
As_2O_3	未检出	0.10	未检出	—	未检出
SeO_2	未检出	0.017	未检出	—	未检出
Br	未检出	0.024	未检出	—	未检出
Co_3O_4	1.34	未检出	1.29	1.26	1.32
MoO_3	7.00	6.36	6.76	5.32	6.74
I	未检出	0.048	未检出	—	未检出
WO_3	0.45	0.054	0.21	0.11	0.18

表 12-2　氯含量分析结果（分光光度法）

保护剂及卸出催化剂编号	氯含量(质量分数)/%	保护剂及卸出催化剂编号	氯含量(质量分数)/%
保护剂	1.84	35	1.54
1	1.79	40	1.59
10	1.85	45	1.35
15	1.93	50	1.78
20	1.88	55	2.03
25	1.41	60	0.81
30	1.49	66	0.22

XRF 和氯含量的分析表明，新催化剂的氯含量为 0.088%，卸出旧催化剂中绝大多数氯含量≥1.4%，55# 旧催化剂中的氯含量达到了 2.03%，说明催化剂中有较大含量的氯存在。通过 XRF 分析，在旧保护剂中发现了砷元素，而旧催化剂中均未发现砷元素，因此砷不是此次催化剂中毒的主要原因。

综上所述，导致此次催化剂失活的主要原因是氯中毒。预硫化变换催化剂是以 γ-活性氧化铝为载体，负载钴钼为活性组分，添加钾为活性助剂，形成以 K^+ 为活性助剂的 Co-Mo-S 活性中心结构。当气体中含有微量 HCl 时，与催化剂中 K^+ 反应生成 KCl，HCl 还会与 Co 生成 $CoCl_2$，破坏了催化剂的 Co-Mo-S 活性中心结构，致使催化剂活性下降直至完全丧失。氯中毒具有迁移性的特点，上层催化剂失活时下层催化剂也会很快失活，并不是氯饱和后才失活。催化剂氯中毒是化学中毒，是不可逆的永久性失活。导致催化剂中毒的是气体中微量 HCl，HCl 能与钾和钴发生反应，导致催化剂中毒，其他以盐的形式存在的氯化物难以与钾和钴发生反应。新催化剂中微量氯主要是随工业原料带进去的，以盐的形式存在，对催化剂没有影响。

2. 未变换侧设备腐蚀原因分析

（1）2#低压废热锅炉腐蚀

2#低压废热锅炉设计工艺参数见表12-3。

表 12-3　2#低压废热锅炉设计工艺参数

项目		管程	壳程
介质		未变换气	变换气
进/出口温度/℃		220～250/172	104/182
进/出口压力/MPa(G)		2.6/2.58	0.58/0.55
介质组成(体积分数)/%	H_2	16.35	0
	CO	22.67	0
	CO_2	7.22	0
	N_2	37.529	0
	$COS+H_2S$	0.02	0
	CH_4	0.17	0
	NH_3	0.012	0
	H_2O	16.03	100
露点温度/℃		146.5	饱和

变换及热回收工序中废热锅炉开车期间运行数据见表12-4。

表 12-4　变换及热回收工序中废热锅炉开车期间运行数据

项目	相关仪表位号	正常操作值	实际运行值
转化气进界区压力/MPa(G)	043PI-1001	2.6	2.16～2.62
废锅管程进口(工艺气)温度/℃	043TI-1002	220～250	202～229
废锅管程出口(工艺气)温度/℃	043TI-1095	172	142～155
废锅壳程压力/MPa(G)	043PI-1009	0.5～0.55	0.30～0.56
低压蒸汽管线压力/MPa(G)	043PI-1037	0.50	0.15～0.44
低压蒸汽管线温度/℃	043TI-1037	158	140～154

通过 2#废热锅炉开车期间运行数据分析可知，废锅的产汽压力和废锅工艺气进口温度在开车期间有较大波动，部分时间段壳程产蒸汽温度和管程工艺气出口温度较低，管程工艺气在此时间段内达到或低于露点温度，产生部分工艺冷凝液，由于工艺气含 CO_2、H_2S 及微量氯等酸性介质，冷凝液可能会造成腐蚀。

2#低压废热锅炉换热管材质为 CrMo 钢管，换热管管束外壁无明显腐蚀，内壁及下部管箱存在点腐蚀，下部管束在直管段密布麻坑，未穿孔，在弯管处凹坑面积大且较深，有部分已经穿孔，该腐蚀形貌和局部腐蚀速度与湿的 CO_2 腐蚀情况类似。分析认为含有 CO_2 和 H_2S 的未变换气进入管内产生酸性冷凝液，造成大面积腐蚀的发生。整个管束内部存在很多污垢，污垢初步判断可能为上游工序带入的炭黑粉末、铁锈等物质，尤其是弯管处更严重，甚至部分管子几乎全部充满垢物，管内的结垢使腐蚀性物质在垢下积聚，加速点腐蚀和局部腐蚀，导致管壁快速穿孔。

综合上述情况，分析认为腐蚀原因如下：未变换气在 $2^{\#}$ 低压废热锅炉弯管处或之前产生冷凝，冷凝液与管内垢样固体物在弯管下部及后续直管段聚积，冷凝液中有碳酸根、硫酸根、氯离子、氨等腐蚀性组分，垢下局部可能形成高酸性环境，导致快速孔蚀、坑蚀。

（2） $2^{\#}$ 除盐水预热器腐蚀

$2^{\#}$ 除盐水预热器换热管材质为 304L，2022 年 4 月份装置重新开车后，为了研究除盐水预热器的腐蚀原因，对转化气中的氯离子进行分析。由于初期对氯离子的认知不足，对工艺气取样，分析氯离子都 $<1mg/m^3$，后期在研究清楚氯离子极易溶于水的特性后，取 $2^{\#}$ 除盐水预热器后未变换气分离工艺凝液，分析其中的氯离子。通过计算得出转化气中氯离子在 $10mg/m^3$ 左右，结合 $2^{\#}$ 除盐水预热器的腐蚀情况，基本可以判定除盐水预热器的腐蚀为氯离子腐蚀[1]。未变换气分离工艺凝液中氯离子含量见表 12-5。

表 12-5　未变换气分离工艺凝液中氯离子含量

日期	6 月 15 日	7 月 16 日	7 月 18 日	7 月 19 日	7 月 23 日	7 月 25 日
S04306 工艺凝液氯离子含量/(mg/L)	86.2	95.19	79.88	92.05	86.73	91.8

（3）提氨塔回流系统腐蚀

进入变换工段的转化气中含有 H_2S、NH_3、HCN 等组分，随着工艺气进入未变换系统后经过冷却降温和洗氨塔洗涤，微量的 H_2S 和大量的 HCN 和 NH_3 会被分离、洗涤；HCN、H_2S、NH_3 等组分同时随着工艺气进入变换系统，其中 HCN 进入变换侧后会在变换炉中高温转化，微量的 H_2S 和大量的 NH_3 会被分离、洗涤；变换侧、未变换侧的分离、洗涤液进入提氨塔进行处理，其中 HCN、H_2S、NH_3 会被大量蒸出进入提氨塔回流罐，HCN、H_2S、NH_3 等组分在回流罐不断浓缩，最终会在回流罐的分离液相中达到一个平衡，形成 H_2S-HCN-NH_3-H_2O 的强腐蚀环境，由于 NH_3 的存在，回流罐中液相 pH 大于7，所以不会均匀腐蚀减薄。但由于 H_2S 和 HCN 的存在，在吸收系统容易发生应力腐蚀开裂，尤其有 CN^- 存在时应力腐蚀开裂更为严重，其腐蚀反应方程式如下：

$$H_2S \longrightarrow H^+ + HS^- \tag{12-1}$$

$$HS^- \longrightarrow H^+ + S^{2-} \tag{12-2}$$

$$Fe + 2H^+ \longrightarrow H_2 + Fe^{2+} \tag{12-3}$$

$$Fe^{2+} + S^{2-} \longrightarrow FeS \tag{12-4}$$

$$FeS + 6CN^- \longrightarrow Fe(CN)_6^{4-} + S^{2-} \tag{12-5}$$

四、变换采取的主要改进措施

1. 第一次技改采用的处置措施

2022 年开车前，对变换工序进行技改，变换侧和未变换侧都新增脱毒槽用于脱除转化气中的氯离子等毒物。脱毒槽投用后第一变换炉催化剂运行一个月后依旧出现失活现象；未变换侧 2# 废热锅炉、2# 除盐水预热器依旧发生腐蚀，取各个点的工艺凝液分析。工艺凝液中氯离子统计分析数据见表 12-6。发现经过脱毒槽后的转化气中氯离子依旧大量存在，此次技改未解决变换工序长周期运行问题。

表 12-6　工艺凝液中氯离子统计分析数据

序号	取样部位氯离子含量	7月15日	7月16日	7月18日	7月19日	7月22日	7月23日	7月25日
1	转化 A 出口工艺凝液/(mg/L)	—	118	91	69.15	269	146	51.55
2	转化 B 出口工艺凝液/(mg/L)	—	220	31.1	77.49	—	—	—
3	1# 脱毒槽 A 出口工艺凝液/(mg/L)	43.7	58.5	12.96	16.04	5.88	8.43	34.89
4	1# 脱毒槽 B 出口工艺凝液/(mg/L)	44.2	45.9	36.33	19.66	56.5	50.53	49.84
5	S04306 工艺凝液/(mg/L)	86.2	95.19	79.88	92.05	—	86.73	91.8

2. 第二次技改采取的处置措施

为了彻底脱除转化气中的氯离子、酸根离子等毒物，2023 年年初，再次对变换工序进行技改，在转化工序后新增水洗塔，用锅炉水洗涤转化气中的氯离子、酸根离子等毒物，同时脱除炭黑等颗粒物质。在变换侧和未变换侧脱毒槽前新增蒸汽加热器，满足变换炉和脱毒槽的运行需求。同时未变换脱毒槽增加脱除 HCN 脱毒剂，用于脱除转化气中的 HCN 等毒物，防止提氨塔回流系统出现 H_2S-HCN-NH_3-H_2O 的强腐蚀环境。

五、变换总体运行效果

2023 年 4 月第二次技改开车后，变换装置运行稳定。转化工序的转化气经过水洗塔洗涤后氯离子含量长期 $<0.5mg/m^3$，一部分转化气经过变换脱毒槽后氯离子含量长期 $<0.1mg/m^3$，第一变换炉变换催化剂具备长周期稳定运行的条件。进入未变换侧的另一部分转化气经过未变换脱毒槽后 HCN 含量长期 $<0.1mg/m^3$，很大程度上减缓了提氨塔回流系统的腐蚀速度。第二次技改开车后运行至今，第一变换炉变换催化剂未出现过催化剂中毒失活现象，停车检修期间对未变换侧和提氨塔回流系统的设备进行拆检，未变换侧设备未见明显腐蚀迹象，提氨塔回流系统设备也无腐蚀加剧迹象，变换工序具备长周期稳定运行的条件。

第六节　高含氮气酸性气脱除工序

一、酸脱概述

酸脱装置采用低温甲醇洗工艺，与一般的煤气净化低温甲醇洗工艺不同的是，原料气中的 N_2 占比达到 45%，且运行过程中吸附塔压力只有 2.1MPa 左右，CO_2、H_2S 分压小，故对系统循环量、冷量要求较大。为了将后续 H_2 和 CO 的产量调节为 2:1，在变换工序设置有变换系统及未变换系统，变换系统产出的变换气送至酸性气脱除工序的变换气洗涤塔，未变换系统产出的未变换气送至酸性气脱除工序的未变换气洗涤塔，故酸性气脱除系统设计有两个洗涤塔，共用一套再生系统。具体流程为，变换气中的硫化物在变换气洗涤塔下塔（即洗涤塔 A 段）脱除；变换气中的 CO_2 在变换气洗涤塔上塔 B、C、D 段脱除至规定的指标，净化气回收冷量后送出装置。未变换气的硫化物在未变换气洗涤塔下塔（既洗涤塔 A 段）脱除；未变换气中的 CO_2 在未变换洗涤塔上塔 B 段脱除至规定的指标，净化气回收冷量后送出装置。未变换气洗涤塔吸收富液作为半贫液送变换气吸收塔；变换气洗涤塔的吸收富液首先经过中压闪蒸塔闪蒸解析 CO 和 H_2，中压闪蒸塔上段的富液，大部分送至半贫液气提塔气提，得到的半贫甲醇液送至未变换气洗涤塔上塔去洗涤 CO_2；中压闪蒸塔上段部分富液和中压闪蒸塔下段富液送至硫化氢浓缩塔气提，经硫化氢浓缩塔处理的富液送至氮气气提塔常温气提后送至半贫液气提塔（热再生塔）将甲醇彻底再生；再生贫甲醇经过加压冷却后重新送至变换气洗涤塔、未变换气洗涤塔吸收 CO_2、H_2S。酸脱工艺流程见图 12-11。

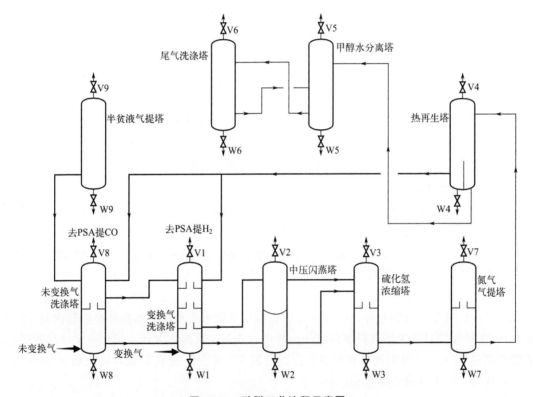

图 12-11　酸脱工艺流程示意图

酸脱装置 2021 年 9 月开始水联运，2021 年 10 月 18 日投料开车，至今累计运行 400 余天。酸脱装置自开车运行以来发现丙烯深冷器系统带水、管线振动、变换气洗涤塔高负荷运行过程中脱碳段滞液、热再生塔进料加热器内漏等问题，结合酸脱工序运行情况，对以上出现的问题进行详细分析，并逐一解决。

二、酸脱生产运行中的主要问题

1. 丙烯深冷器系统带水问题

酸脱装置系统配套一台丙烯压缩机来满足系统冷量要求，流程中设计有 6 台丙烯深冷器。2021 年 7 月酸脱装置丙烯管线做水压试验，水压试验完后系统吹水、置换，2021 年 10 月 15 日建立甲醇循环降温过程中发现丙烯深冷器制冷效果差，现场排查发现丙烯管线中带水，在深冷器丙烯调节阀后管道变径处发生结冰堵塞，后期不得已用深冷器调节阀旁路控制系统温度。

2. 管线振动问题

酸脱装置于 2022 年 4 月开始加负荷运行，运行负荷一度超过 95%，高负荷运行过程中部分两相流管线开始振动幅度加大。振动管线包括：

① 中压闪蒸塔上、下段至硫化氢浓缩塔液相管线；

② 硫化氢浓缩塔塔釜液换热至常温后至氮气气提塔管线；

③ 氮气气提塔气提尾气至硫化氢浓缩塔气提尾气管线；

④ 热再生塔釜液至热再生塔进料加热器壳程进口管线。

3. 变换气洗涤塔高负荷运行过程中脱碳段滞液问题

变换气洗涤塔为酸性气脱除工序，变换气洗涤塔分为四段，最下段（A 段）为脱硫段，上面的三段（B、C、D 段）为脱碳段。在脱硫段，原料气用从脱碳段来的部分富含 CO_2 的甲醇液洗涤，脱除 H_2S、COS 和部分 CO_2 等组分后进入脱碳段，进入脱碳段的气体已不含硫。在变换气洗涤塔顶用贫甲醇液洗涤，将原料气中的 CO_2 脱除至满足净化要求。其中变换气洗涤塔 D 段塔釜经过深冷器冷却后进入 C 段，C 段塔釜液经过深冷器冷却后经过 B 段，D 段、C 段塔釜液靠重力流入下一段，中间未设计任何阀门节流。2022 年 4 月加负荷过程中发现变换气洗涤塔 D 段、C 段开始滞液，对系统运行未造成影响。

4. 热再生塔进料加热器内漏问题

2023 年 9 月 7 日酸脱装置出口净化气总硫开始超标，且后续运行过程中净化气总硫含量越来越高，后经排查确认为热再生塔进料加热器换热管内漏。2023 年 10 月大修期间对该换热器进行查漏、堵漏，共计查出 297 根换热管泄漏，堵管率已超过 25%。该换热器投入使用后于 2024 年 5 月又发现内漏，经过工艺调整坚持运行至 2024 年 7 月大修，对该换热器进行更换。新再生塔进料加热器于 2024 年 8 月 8 日投入使用，2024 年 8 月 27 日低温甲醇洗装置出口净化气总硫开始超标，经过多次排查确认为新再生塔进料加热器换热管内漏。2024 年 8 月 30 日短停对再生塔进料加热器换热器进行查漏、堵漏，共计发现 360 根换热管泄漏，堵管率超过 30%，且泄漏换热管内多有内鼓包现象。再生塔进料加热器堵漏后于 2024 年 9 月 6 日投用，后又发现内漏现象。

三、酸脱生产运行问题分析

1. 丙烯深冷器系统带水原因分析

2022 年 7 月，酸脱装置丙烯管线水压试验后排水、吹水，吹水过程中未对丙烯管线漏点进行分析，且丙烯管线现场有多处 U 形管线，低点未设置导淋，导致丙烯管线存水；2023 年 10 月，酸脱装置投用丙烯深冷器，随着系统温度降低，丙烯管线中的水部分带到深冷器中，部分水在丙烯深冷器投用的过程中冻堵在丙烯深冷器调节阀后管线处。

2. 管线振动原因分析

酸脱装置振动的管线都为两相流管线。

① 中压闪蒸塔上、下段至硫化氢浓缩塔液相管线为标准的两相流管线，其中中压闪蒸塔操作压力 0.7MPa，硫化氢浓缩塔操作压力 0.07MPa。正常运行过程中中压闪蒸塔塔釜液经过调节阀减压后有大量的 CO_2 闪蒸，虽然中压闪蒸塔塔釜液至硫化氢浓缩塔的流程中都设置了丙烯深冷器降温，但降温的幅度不足以压制富液降压后的气体闪蒸量，中压闪蒸塔上、下段塔釜液至硫化氢浓缩塔竖直段都设置了不同程度变径，变径后的通量不能保证变径前管线的压力时，调节阀至变径前的管线就会闪蒸大量的 CO_2 气体，流经弯头处时就会造成管线振动。

② 硫化氢浓缩塔塔釜液位调节阀至氮气气提塔管线为温度大幅度变化后引起的两相流振动，硫化氢浓缩塔塔釜液正常运行中为 $-42℃$，经过泵加压至 1.3MPa，再经过贫甲醇换热后温度为 36℃ 左右，温度升高后甲醇液吸收 CO_2 的能力降低，液位调节阀前管线压力为 1.3MPa，温度升高后有足够的压力保证富甲醇中的 CO_2 不会大量闪蒸；至氮气气提塔竖管段无变径限流，硫化氢浓缩塔富甲醇液经过调节阀后压力降至 0.07MPa，导致管线富甲醇液中闪蒸出 CO_2 气体，造成管线振动。

③ 氮气气提塔气提尾气至硫化氢浓缩塔气提尾气管线为气相管线积液，造成管线振动；原始设计中氮气气提塔塔顶设置除沫器，且氮气气提塔至硫化氢浓缩塔管线设置为 U 形，正常运行后，氮气气提塔尾气带的甲醇液在 U 形中累积，累积到一定程度后造成管线液击，导致管线振动。

④ 正常运行过程中热再生塔釜液至热再生塔进料加热器壳程进口管线振动较为明显，热再生塔操作压力为 0.19MPa，塔釜温度为 98℃，这段管线振动的主要原因为热再生塔进料加热器壳程进口管线位置太高，管线压降明显，热再生塔塔釜液送至热再生塔进料加热器壳程入口的过程中，甲醇汽化，造成管线两相流，导致管线振动。

3. 变换气洗涤塔高负荷运行过程中脱碳段滞液原因分析

变换气洗涤塔 D 段、C 段原设计是靠重力将 D 段塔釜液送至 C 段、C 段塔釜液送至 B 段，系统高负荷运行时，甲醇循环量增大后 D 段塔釜、C 段塔釜明显塔釜滞液，因 D 段塔釜至 C 段、C 段塔釜至 B 段管线都未设计阀门，滞液原因分析为虹吸。要解决滞液问题，需在 D 段塔釜至 C 段、C 段塔釜至 B 段管线增设阀门进行节流处理。因为此问题对酸脱装置未造成影响，且工艺交出难度较大，故未进行处理。

4. 热再生塔进料加热器内漏原因分析

酸脱装置到目前为止使用了两台热再生塔进料加热器，第一台于 2021 年 10 月至 2024 年 6 月份期间使用，累计运行 370 余天，其换热管材质为 304L，于 2023 年 9 月份发生内漏，堵漏 297 根后于 2024 年 4 月继续投入使用，于 2024 年 7 月进行更换。对堵漏过程及使用数据进行分析，泄漏原因为转化装置未设置水洗塔前，原料气中的部分氯离子在低温甲醇洗装置循环甲醇中累积，而热再生塔进料加热器管程介质为富硫甲醇，硫含量也较高，氯离子的存在会降低 304L 不锈钢的断裂强度，使其更容易发生应力腐蚀断裂，而对于低碳不锈钢来说介质中 H_2S 浓度在 $2\sim150mg/L$ 时，腐蚀速度增加非常快。热再生塔进料加热器管程进、出口管线拆开后，取换热管内垢样进行分析，氯离子含量约 45mg/L，而运行过程中分析管程富硫甲醇总硫含量高达 190mg/L，且在系统中发现氢氰酸、硫化氢、氨、水等混合腐蚀的迹象，这些因素导致在运行过程中热再生塔进料加热器换热管发生应力腐蚀，造成热再生塔进料加热器内漏[2]。热再生塔进料加热器管程腐蚀（颜色呈普鲁士蓝）见图 12-12。

第二台热再生塔进料加热器于 2024 年 8 月 8 日投入使用，于 2024 年 8 月 27 日发现内漏，2024 年 8 月 30 日停车进行处理，堵漏 360 根换热管后继续投入使用，于 9 月 10 日再次投入使用，但又发现内漏。堵漏过程中发现内漏换热管均有内鼓包现象，分析原因为换热器制造缺陷。

图 12-12　热再生塔进料加热器
管程腐蚀示意图

四、酸脱采取的主要改进措施

1. 丙烯深冷器系统带水处置措施

① 运行过程中将丙烯液温度缓慢提至 5℃ 左右，运行一段时间后在条件允许的情况下大幅度开关丙烯深冷器液位调节阀，将部分水、冰冲到深冷器中，深冷器复温后再将水排出。也可将工厂空气引至调节阀后变径处，缓慢化冰。

② 停车后将丙烯尽量回收，将丙烯系统用热氮气彻底对整个丙烯系统进行吹扫，直至每个吹扫口露点到 -50℃。

2. 管线振动处置措施

① 2022 年大修期间对上述振动的管线进行了不同程度的加固，对上塔段的管线进行加固限位处置，其中管线振动问题中①、②涉及的三条管线振动幅度已经大幅下降。要解决根本问题还需正确核算上塔两相流管线变径处通径，以保证变径前管线甲醇液的压力，防止大量 CO_2 气体提前闪蒸。

② 氮气气提塔尾气至硫化氢浓缩塔管线于 2022 年大修期间在 U 形处增设排液管线，正常运行期间定期排液，管线振动明显减小。要彻底解决此管线振动问题，需将氮气气提塔至硫化氢浓缩塔尾气管线重新布置，防止管线积液。

③ 2024 年 9 月短停期间对热再生塔进料加热器出口管线增设液封，以提高热再生塔进料加热器壳程入口压力，防止管线中甲醇汽化造成的管线振动，增加液封管线后振动明显减小，但未彻底消除。要解决根本问题还需将热再生塔进料加热器入口高度降至热再生塔正常操作液位以下，让管线始终保持满液状态。

3. 热再生塔进料加热器设备内漏处置措施

① 2024 年大修后将热再生塔进料加热器前精密过滤器滤芯由滤芯精度 $50\mu m$ 提升至 $25\mu m$，提升过滤精度，防止热再生塔进料加热器换热管结垢，造成垢下腐蚀。同时，从 2024 年年初开始，系统甲醇每月排污量加大至 100t，防止氯离子、氢氰酸、氨在系统中累积，且 2023 年初，变换工序就已装填脱除 HCN 的脱毒剂，脱除效果显著。短停期间拆检设备，未发现 H_2S-HCN-NH_3-H_2O 混合腐蚀的迹象。

② 酸脱系统应该加大喷淋甲醇流量和甲醇/水分离塔塔顶贫甲醇量，尽量提高塔负荷，加大系统累积氯离子的排放。

③ 热再生系统定期排氨，减少系统氨和 HCN 的累积。

④ 下次大修时将热再生塔进料加热器壳程进口降至热再生塔正常操作液位以下，防止热再生塔进料加热器壳程进口管线的振动，减小对热再生塔进料加热器管束的冲击。

五、酸脱总体运行效果

酸脱装置至 2021 年 10 月投用以来满负荷运行时间短，部分问题还未发现，就目前而言，各塔、各机泵运行平稳，除热再生塔进料加热器内漏及壳程入口管线振动以外，其他都在可控范围之内。两相流管线振动虽然未从根本上解决问题，但整体振动情况在可接受范围之内；变换气洗涤塔滞液问题虽未解决，但不影响正常运行；腐蚀问题从换热器拆检情况看已经明显可控；剩余问题待新换热器更换后重新评估。

第七节　高含氮气 CO 提纯工序

一、　CO 提纯概述

CO 提纯采用北大先锋科技公司的变压吸附提纯 CO 工艺。该工艺是北大先锋公司专门针对低 CO 分压、高氮气分压原料气提纯 CO 而专门开发的变压吸附工艺，并开发了专用高选择性吸附剂。利用酸脱装置输送来未变换原料气，经变压吸附提 CO 装置，将未变换原料气中的 CO 浓缩至纯度≥98.5％的 CO 产品气，经往复式真空泵彻底解吸分离后送至产品气缓冲罐，最后经 CO 离心机加压后送乙二醇装置，吸附尾气送往 PSA 提氢装置，回收其中的氢气产品。该装置分两个系列，32 台吸附塔，44 台真空泵，288 台程控阀，设计原料气处理能力 18 万 m^3/h，CO 产量 4.5 万 m^3/h，是目前世界上单套处理原料气量最大的变压吸附提纯 CO 装置。装置于 2021 年 10 月投入运行，至今基本运行稳定，产品质量、产量和收率均达到设计要求。但由于系统较大，程控阀门和真空泵较多，运行期间经常发生阀门故障、管道振动等各种影响安全生产的问题，通过一系列的改造和优化，目前基本解决了这些问题，达到了安全可控的目的。

二、　CO 提纯生产运行中的主要问题

1. 真空泵出口管线振动大

PSA-CO 装置自原始开车以后，发现真空泵出口管线振动大，随后对出口管线做支持加固处理，加固后效果较为明显，但部分真空泵出口振动依旧偏大，对出口管线振动大的真空泵持续进行加固消振。2024 年 4 月发现 P04621A 泵出口管线支撑焊接处有裂纹，后续排查所有真空泵，发现包含 P04621A 泵在内 6 台真空泵出口管线振动大。

2. 真空泵中体泄漏

2024 年 3 月 24 日，装置开车前气密时发现 P04602A、P04610A 排气侧中体泄漏，敲开真空泵中体漆皮发现真空泵中体有修补痕迹。针对这一现象，净化车间组织对所有真空泵中体进行排查，发现共计 22 台真空泵中体处发生泄漏。

3. 程控阀检漏孔漏工艺气

2024 年 4 月，岗位人员排查漏点时发现 046KV2008M、046KV2028 程控阀检漏孔有工艺气泄漏，装置运行至 7 月大修前共发现 7 台程控阀检漏孔泄漏工艺气，8 月份装置开车后陆续发现 8 台程控阀检漏孔泄漏工艺气，所有泄漏程控阀中一台为高压侧阀门，其他均为低

压侧阀门。

三、 CO 提纯生产运行问题分析

1. 真空泵出口管线振动大原因分析

真空泵设计数量较多，出口管线设计较长，且每个泵出口管线比泵出口总管细，原始开车前管线支撑安装较少，故真空泵出口管线振动较大。

2. 真空泵中体泄漏原因分析

真空泵厂家回复为，铸造真空泵时为支撑模具而放了垫铁，真空泵铸造成功后对垫铁处进行修补，但部分真空泵因修补效果不好，在使用时出现修补处泄漏问题。

3. 程控阀检漏孔漏工艺气原因分析

PSA-CO 程控阀为北大先锋监制，成都五环制造。程控阀 O 形圈使用周期为 1 年，原始开车至今，装置运行已达 400 天以上，程控阀运行时间较长，内部 O 形圈出现不同程度的磨损，导致程控阀检漏孔处有工艺气泄漏。程控阀内部 O 形圈不同程度磨损工况见图 12-13。

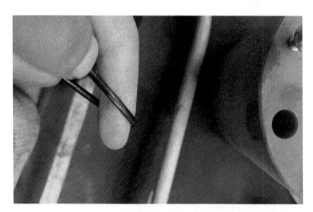

图 12-13　程控阀内部 O 形圈不同程度磨损工况

四、 CO 提纯采取的主要改进措施

1. 真空泵出口管线振动大的处置措施

① 2022 年大修期间对真空泵出口汇管增加支撑加固；

② 2022～2023 年，逐个对出口管线振动大的真空泵出口管线支撑增加斜撑；

③ 2024 年 4 月发现 P04621A 泵出口管线支撑处有一氧化碳泄漏，2024 年大修期间切除弯头处支撑，打磨后进行着色探伤，发现弯头支撑处有裂纹。后续将 P04621A 出口弯头进行更换，并在 P04621A/B 两台真空泵出口管线与支撑焊接处增加护板，避免振动大再次导致出现裂纹。泵出口管线弯头支撑处裂纹工况见图 12-14。

图 12-14　泵出口管线弯头支撑处裂纹工况

④ 将包含 P04621A/B 泵在内的 6 台真空泵出口管线支撑基础进行重新筑造，管线支撑重新焊接。

2. 真空泵中体泄漏的处置措施

对 P04602A 和 P04610A 使用工业修补剂进行修补，修补完毕后气密检查无漏点，随后对所有真空泵中体泄漏部位进行全面处理，共计消漏 22 台。2024 年至今 PSA-CO 装置已运行 4 个多月，真空泵中体未发生泄漏现象。P04602A 和 P04610A 真空泵中体泄漏部位用工业修补剂修补后工况见图 12-15。

（a）　　　　　　　　　　（b）

图 12-15　P04602A（a）和 P04610A（b）真空泵中体泄漏部位用工业修补剂修补后工况

3. 程控阀检漏孔漏工艺气的处置措施

2024 年 4 月发现程控阀检漏孔漏工艺气，临时将程控阀检漏孔堵塞消漏，运行约 15 天后发现 046KV2028 程控阀消声器处有工艺气泄漏，因不具备检修条件，所以在 046KV2028 程控阀处接轴流风机将泄漏气体引出，防止此处有可燃气体长时间聚集。2024 年大修期间，将检漏孔漏工艺气的 7 台程控阀及所有公共程控阀的全套 O 形圈进行更换。后续计划择机将其余程控阀 O 形圈进行更换。

五、CO 提纯总体运行效果

CO 提纯装置于 2021 年 10 月投料试车，同年 11 月装置停车消缺，停车期间对真空泵出口母管振动问题进行技改消缺，采用增加管道 U 形固定管卡和增加固定横梁的方法来消除振动问题；2022 年 3 月开车后经验证，基本解决了母管振动的问题。但仍然有个别真空泵出口支管振动较为明显，2024 年 7 月大修期间又进行了整改后基本消除。2022 年 6 月该装置通过了性能考核，2022 年 8 月大修期间和 2023 年 5 月短停期间对程控阀进行抽检，程控阀及其附属管线内吸附剂粉尘较少，程控阀部件完好。后续计划择机将其余程控阀 O 形圈进行更换。真空泵出口管线振动虽然未从根本上解决问题，但整体振动情况在可接受范围之内。真空泵中体泄漏已进行修补，截至目前已运行 4 月左右，未发现有泄漏情况，目前该问题未彻底解决，后续还需继续观察。总体而言，CO 提纯装置运行时间相对不长，整体运行效果还需持续关注。

第八节　变压吸附提氢工序

一、 PSA 提氢概述

荒煤气制乙二醇项目 H_2 提纯装置采用成都华西科技股份有限公司的变压吸附提纯 H_2 工艺。该工艺是成都华西科技股份有限公司专门针对低 H_2 分压、高氮气分压原料气提纯 H_2 而专门开发的变压吸附工艺。利用低温甲醇洗装置输送来的变换净化气和 CO 提纯装置送过来的吸附尾气，经变压吸附提氢装置，将变换净化气中的氢气浓缩至纯度≥99.9％的产品氢气，最后送往乙二醇装置。该装置分两段，分别为氢气提浓段和提纯段，其中提浓段分两个系列，每个系列 10 台吸附塔，提纯段设置一个系列，共 8 台吸附塔。设计处理原料气量 28 万 m^3/h，氢气产量 8.9 万 m^3/h。装置于 2021 年 10 月开始投入运行，至今基本运行稳定，产品质量、产量和收率均达到设计要求。但由于系统较大，程控阀门较多，自 PSA 提氢装置开车以来，出现提氢一段 3、4 阀程控阀频繁故障，一段吸附剂粉化严重，产品氢气纯度提升困难等问题。结合 PSA 提氢工段运行情况，对以上出现的问题进行详细分析，并通过一系列的改造和优化，基本解决了这些问题，达到了安全可控的目的。

二、 PSA 提氢生产运行中的主要问题

1. 提氢一段 3、4 阀程控阀频繁故障，程序自动切塔问题

PSA 提氢装置自原始开车以来，提氢一段 3、4 阀频繁出现反馈故障，如阀门打不开等现象，严重时导致程序自动切塔。为保证程控阀正常开关，2023 年 5 月将提氢一段所有 3、4 阀程控阀气缸更换为容积较大的气缸，后续运行两个月。2023 年 7 月，为防止的阀轴断裂现象，决定将提氢一段所有 3、4 阀程控阀阀体进行更换，新阀体在原来阀体基础上加粗了阀轴，截至 2024 年 6 月，提氢一段仍因 3、4 阀故障导致自动切塔。程控阀的阀轴断裂现象见图 12-16。

图 12-16　程控阀的阀轴断裂现象

2. 提氢一段吸附剂粉化严重问题

由于吸附剂粉化，颗粒破碎形成细粉，填充在床层间隙中，导致气体流通阻力增大，床

层压降超正常范围，原料气流量受限，氢纯度与回收率下降。

3. 产品氢气中氩气含量超标问题

2022 年开车运行时检测发现，产品氢气收率较低，经检验分析确定为产品氢气中氩气含量超标。

4. 一段吸附塔氢气支管和顺放气管道振动问题

自 2021 年开车以来，PSA 提氢装置运行时发现，一段吸附塔顶部氢气管线和顺放气管线振动严重，经常出现管道固定支架振动脱落和管道附属设施（如压力表导压管、管卡、支耳）振裂的现象，极大地威胁着安全生产。

三、 PSA 提氢生产运行问题分析

1. 提氢一段 3、4 阀程控阀频繁故障，程序自动切塔原因分析

提氢一段设计均压次数为 2 次，每次均压时压差较大，且 3、4 阀程控阀为蝶阀，压差高时开阀困难，开阀速度快，阀门反馈杆容易出现偏移；气缸更换以后，阀轴扭矩过大，造成阀轴断裂。

2. 提氢一段吸附剂粉化严重原因分析

PSA 提氢一段正常运行时系统压力 1.9MPa，而设计均压次数为 2 次，压差较大，气体流速较快，导致吸附剂粉化严重。

3. 产品氢气中氩气含量超标原因分析

PSA 提氢原始设计产品氢气纯度为 99.9%，二段解吸气中氢含量为 71%。2022 年装置运行时发现氢气收率不达标，二段解吸气中氢组分在 80% 以上，经检测确定产品氢气内氩气含量超标。氩气在本装置中脱除效果较差，故氢气收率不达标。

4. 一段吸附塔氢气支管和顺放气管道振动原因分析

① 一段 PSA 吸附塔顶氢气管线布置不合理，从塔顶引出来后悬空进入程控阀房，且高空跨度很大，重心高，且没有固定支撑；由于 PSA 工艺利用的是变压吸附原理，气体在吸附塔中的压力是周期性交变过程，虽经过多次均压过程，但气体仍然具有脉冲性，这是振动的来源，加之管道布置与支撑设计不合理，便引起了管道的振动。

② 顺放气管道振动的原因也是设计不合理，顺放气的顺放起始压力较高，冲击力较大，在顺放气整个管路系统中没有设计吸收振动能量的缓冲设施，是造成顺放气管道振动的主要原因。

四、 PSA 提氢采取的主要改进措施

1. 提氢一段 3、4 阀程控阀频繁故障，程序自动切塔处置措施

① 原始开车至 2024 年大修前，提氢一段 3、4 阀频繁出现阀门反馈偏移，因此定期对阀门进行特护检查反馈杆偏移情况。

② 由于阀门频繁出现打不开现象，因此将程控阀减压阀后压力调高，但运行时发现无明显效果。2022 年 5 月，将提氢一段 3、4 阀气缸更换为容积更大的气缸，并将

047XV2003J 阀更换为截止阀，气缸更换后仍出现阀门打不开现象，虽然继续调高了程控阀减压阀后压力，但 2 台程控阀仍出现阀轴断裂现象。

③ 2024 年 7 月将提氢一段 3、4 阀程控阀阀体更换为阀轴更粗的阀体，更换后效果不明显，依旧出现程控阀打不开导致自动切塔现象。

④ 由于 047XV2003J 阀运行状态较好，2024 年 7 月将所有程控阀更换为截止阀，但阀门更换后依旧出现程控阀反馈故障，经调整反馈探头间距后，提氢一段 3、4 阀运行正常，截至目前未出现故障。

2. 提氢一段吸附剂粉化严重处置措施

① 2022 年 10 月，检查提氢一段吸附剂各下沉高度约为 1.1m，平均每台吸附塔补充吸附剂 0.52t；

② 2024 年 7 月，检查提氢一段吸附剂各下沉高度约为 1.3m，平均每台吸附塔补充吸附剂 0.6t；

③ 利用每次计划性停车时间，对提氢一段所有吸附塔中吸附剂进行补充。

3. 产品氢气中氩气含量超标处置措施

① 2022 年，为提高氢气收率，在确定乙二醇装置可以接受产品氢气纯度调整的基础上，将产品氢气指标修改为大于 99.5%，此时二段解吸气中氢含量在 85% 以上。

② 2024 年，为保证乙二醇装置正常运行，要求将提氢二段纯度控制在 99.8% 以上，此时二段解吸气中氢含量在 90% 以上。

4. 一段吸附塔氢气支管和顺放气管道振动处置措施

① 在一段每一台吸附塔顶氢气管线上增加了两道支撑和限位支架，以增强管道的刚性，并起到固定和支撑的作用。

② 在每段顺放气总管与顺放气调节阀之间的连接管道上分别增加一台阻尼器，在每段顺放气的两台调节阀前管道弯头处各增加两个阻尼器，以吸收来自顺放气的冲击能量，并对顺放气调节阀的支撑进行了加固处理。

五、 PSA 提氢总体运行效果

PSA 提氢装置 2021 年 10 月投料试车期间，发现一段提氢吸附塔顶部氢气管道振动严重，已经严重威胁到安全生产，通过增加管道支撑和阻尼器的方法，基本解决了管道振动的问题；2022 年 6 月装置通过了性能考核；2024 年 7 月大修期间，将一段的程控阀由原来的三偏心蝶阀全部更换为截止阀后，目前运行稳定。由于将全部程控阀更换为截止阀后，装置运行时间较短，部分问题还未发现，就目前而言，程控阀故障率大大降低，装置运行在可控范围之内。吸附剂粉化尚未得到改善，但不影响装置稳定运行，需要利用好计划性检修时间对吸附剂进行补充。产品氢气中氩气含量超标无法有效控制，但不影响装置正常运行。

第九节 合成气制乙二醇工序

一、乙二醇工序概述

本项目乙二醇装置由草酸二甲酯合成装置与乙二醇合成装置组成，主要任务是以 CO 提纯工序送来的高纯 CO、空分装置送来的氧气为原料，与新鲜甲醇合成草酸二甲酯（DMO），经分离精制后得到的精 DMO，再与 PSA 提氢工序送来的高纯 H_2 合成乙二醇（EG），经分离精制后得到的甲醇作为新鲜甲醇送至 DMO 合成装置，得到的聚酯级乙二醇以及副产品送至成品罐区。

本装置采用 WHB 草酸酯法制乙二醇技术。WHB 技术是由中国五环工程有限公司、华烁科技股份有限公司、鹤壁宝马集团共同开发的具有完全自主知识产权的合成气生产聚酯级乙二醇工艺，该技术具有能耗低、装置布局紧凑、产品质量好等特点。该乙二醇工艺采用草酸酯法工艺路线，其主要反应包括一氧化氮、氧气和甲醇生成亚硝酸甲酯的酯化再生反应，一氧化碳与亚硝酸甲酯生成草酸二甲酯的羰化反应，草酸二甲酯加氢生成乙二醇的加氢反应。反应如下：

① 酯化再生反应

$$2NO + 1/2O_2 + 2CH_3OH \longrightarrow 2CH_3ONO + H_2O \tag{12-6}$$

② 羰化反应

$$2CO + 2CH_3ONO \xrightarrow{催化} (CH_3COO)_2 + 2NO \tag{12-7}$$

③ 加氢反应

$$(CH_3COO)_2 + 2H_2 \xrightarrow{催化} (CH_2OH)_2 + 2CH_3OH \tag{12-8}$$

本项目合成反应器台数为 8 台，加氢反应器台数为 6 台。反应器型式为等温列管式，催化剂装填于列管内，壳程移热介质为水。本项目乙二醇装置乙二醇生产能力为 40 万 t/a，草酸二甲酯合成、草酸二甲酯加氢反应均采用 2 个系列，其他工序为单系列。40 万 t/a 乙二醇装置系列数及单系列主要设备配置见表 12-7。

表 12-7 40 万 t/a 乙二醇装置系列数及单系列主要设备配置表

单元	系列数配置	单系列主要设备配置
草酸二甲酯合成	2 系列	1 台酯化塔 1 台硝酸还原塔 1 台合成循环气压缩机 4 台合成反应器并联
草酸二甲酯精馏	1 系列	1 套精馏系统
草酸二甲酯加氢	2 系列	1 台加氢循环气压缩机 3 台加氢反应器并联
乙二醇精馏	1 系列	1 套精馏系统

二、乙二醇生产运行中的主要问题

1. 合成进出口换热器振动问题

DMO 合成系统正常生产时维持气相循环量 30 万 m^3/h，当气相循环量控制在 20 万 m^3/h 以上时，合成进出口换热器出现明显振动，且随着系统气相循环量逐渐加大，振动情况也愈发明显。合成进出口换热器振动较大的情况已造成周边气动阀仪表气管线接口处泄漏、管道支撑松动、框架结构受到影响。

2. 合成反应器汽包晃动问题

在 DMO 合成系统负荷提升至 75％以上后（负荷以单系列氧气进料量为依据），合成反应器汽包出现明显晃动情况，汽包晃动引起合成框架以南部位同频率振动，且随着负荷的增加晃动愈发明显。该问题易导致气动阀仪表气管线接口处泄漏、管道支撑松动、框架结构受到影响。

3. 硝酸耗量高问题

吨乙二醇硝酸消耗量维持在 $8\sim10\mathrm{kg}$。自 2022 年 4 月开车以后，经过不断的优化调整，吨乙二醇硝酸消耗量基本维持在 $6\sim7\mathrm{kg}$ 左右，但仍然高于设计值（设计值为 $5.2\mathrm{kg}$）。NO_x 流失至尾气焚烧，可能造成排放气中氮氧化物超标、环境污染。从长期运行角度来看，存在装置运行成本增加、抗风险能力降低的问题。

4. DMO 合成系统惰性组分累积

合成系统正常运行期间，惰性组分 CO_2、N_2O 呈持续上涨趋势。装置运行稳定后，CO_2 浓度最高上升至 44％，N_2O 浓度最高上升至 5％。惰性组分的升高将导致酯化尾气排放量增大、有效组分（MN、NO、CO）损失等问题。

5. 反应器出口阀无法正常开启问题

为防止反应器在停车期间出现异常温升的情况，在 DMO 合成装置停车时反应器需切出系统。在下次开车时，频繁出现反应器出口阀无法打开、反应器无法并入系统的，造成开车节点滞后、系统有效组分流失的情况。经统计 DMO 合成 A 系列开车并入反应器共计 10 次，其中反应器顺利并入系统仅 2 次。

6. 反应器泄压阀无法正常开启问题

DMO 合成装置停车时，反应器需切出系统并进行氮气吹扫，吹扫气通过反应器泄压阀泄放至吹扫罐，再送至火炬管网。在反应器切出系统吹扫过程中，反应器泄压阀频繁出现故障，造成反应器无法正常泄压。自原始开车以来，DMO 合成 A 系列反应器共切出系统 10 次，其中反应器泄压阀因故障未开启共 4 次，造成反应器超压、安全阀起跳。

7. DMC 精制系统再沸器结焦问题

DMC 常压塔再沸器结焦严重，进而影响 DMC 加压塔和 DMC 常压塔运行效果。

8. 热水罐振动问题

在生产过程中，热水罐进行蒸汽加热时。蒸汽通过分布器进入热水罐，热水罐内部振动大，导致蒸汽分布器在长期使用过程中出现了问题，分布器固定夹断裂，因此需要对其进行改造升级。

9. 0.15MPa 放空量大问题

0.15MPa 蒸汽不能自平衡，现场放空量较大。0.15MPa 蒸汽的放空不但造成现场噪声超标，还使装置生产成本增加。

10. 新鲜氢气压缩机故障问题

2021 年 9 月新鲜氢气压缩机试车正常，10 月正式开车时出现汽轮机轴振动联锁跳车，检修完成后再次试车仍然没有解决问题，经过拆检最终确定是汽轮机轴承轻微弯曲导致振动。

11. 甲醇回收塔塔釜泵过滤器频繁堵塞问题

甲醇回收塔塔釜泵在每次开车进料升温过程中都会出现过滤器频繁堵塞而倒泵清理。

12. DMO 缓冲罐进料管线堵塞问题

由于 DMO 缓冲罐进料管线内 DMO 浓度较高，停车后管道夹套伴热温度降低或热水系统停运后夹套管排气不充分时，DMO 管线容易堵塞，在加氢系统开车投料时无法接收 DMO，导致开车延误。

13. 0.15MPa 凝液管线液击问题

乙二醇精馏系统开车后，0.15MPa 凝液总管会随着甲醇回收塔负荷提升出现严重的液击现象，导致 0.15MPa 凝液不能回收，大量排放。

三、乙二醇生产运行问题分析

1. 合成进出口换热器振动原因分析

换热管管束振动的原因较为复杂，有可能是卡门旋涡激振，也有可能是湍流抖振，还有可能是流体弹性不稳定。以上原因跟壳程流速、壳程流场、管束的固有频率等有关。鉴于换热器壳程内部结构复杂，流场模拟分析很难完全展现实际的流场状态，且无法观测到壳程内部管束的振动情况，因此很难准确判断出管束振动的真正原因。合成进出口换热器见图 12-17。

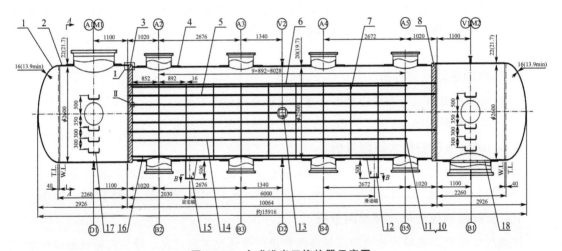

图 12-17　合成进出口换热器示意图

2. 合成反应器汽包晃动原因分析

随着负荷的增加，合成反应器内的流体流动速度和压力分布会发生变化，这可能导致汽包内流体的不稳定流动，从而引起晃动；负荷增加意味着更多的热量输入，可能导致汽包及其连接管道热膨胀不均匀，进而引发晃动。

3. 硝酸耗量高原因分析

① 由于 DMO 气提塔气提效果不佳，DMO 合成系统总氮流失严重，硝酸消耗量过大。

② 若 DMO 脱轻塔顶回流液采出不返回 DMO 合成系统，通过 DMO 脱轻塔损失硝酸量约为 240kg/h。以乙二醇产量 50t/h 计，吨乙二醇约 4.8kg 硝酸通过 DMO 脱轻塔外排损失。通过上述数据分析可看出，DMO 预脱轻塔顶弛放气中带走的 MN 量较大。

4. DMO 合成系统惰性组分累积原因分析

① 合成反应器内存在惰性组分生成反应，使有效组分 CO 与 NO 反应生成 CO_2 和 N_2O；

② DMC 在酯化、硝酸还原系统内富集，逐渐水解生成甲醇和 CO_2；

③ 不凝气处理塔吸收效果好，造成不凝气处理塔内甲醇大量溶解 CO_2 并返回至合成系统。

5. 反应器出口阀无法正常开启原因分析

① 反应器出口阀限位调整有误，造成反应器出口阀关闭后无法正常开启；

② 系统停车切出反应器时，反应器出口阀前存在死区，易造成 DMO 结晶堵塞阀体，使反应器出口阀开启时出现卡塞现象。

6. 反应器泄压阀无法正常开启原因分析

反应器泄压阀局部 DMO 结晶，使阀门无法正常动作。

7. DMC 精制系统再沸器结焦原因分析

DMO 减压脱轻塔回流采出路线有 3 路：DMO 吸收塔、DMC 常压塔侧线采出罐、酸碱中和罐。由于 DMO 减压脱轻塔回流罐中存在部分轻组分杂质（色谱中以杂峰形式出现），当前 DMO 减压脱轻塔回流采出至侧线采出罐，侧线采出罐送至 DMC 加压塔后，8 塔无法有效脱除该部分杂质，DMC 常压塔再沸器结焦严重，进而影响 DMC 加压塔、DMC 常压塔运行效果。

8. 热水罐振动原因分析

① 热水罐内部蒸汽分布器设计不合理，加热蒸汽分布不均匀；

② 热水罐升温加热用的 0.5MPa 蒸汽温度与除盐水温度相差过大。

9. 0.15MPa 放空量大原因分析

因出现设计变更，0.15MPa 蒸汽在高负荷运行工况下，0.15MPa 蒸汽放空量约 30t/h。在夏季高温、高负荷工况下，受精馏塔顶冷量限制，0.15MPa 蒸汽放空量约 40～50t/h。

10. 新鲜氢气压缩机故障原因分析

压缩机试车后，未对汽轮机和高压蒸汽管道位移情况进行检查，导致汽轮机轴承变形。

11. 甲醇回收塔塔釜泵过滤器频繁堵塞原因分析

加氢催化剂载体流失，产生副反应产物，在甲醇回收塔塔盘填料层形成结垢，在开车初期进料量较大、温升较快时结垢脱落，导致大量固体进入机泵过滤器。

12. DMO 缓冲罐进料管线堵塞原因分析

DMO 熔点较高（54℃），在常温下为白色固体，如果停车前不能用甲醇充分冲洗置换，会导致在管道内结晶。

13. 0.15MPa 凝液管线液击原因分析

① 凝液总管内在停车后会进入空气，凝液总管在高点，导致不凝气无法排出而引起液击；

② 装置去伴热蒸汽凝液并入 0.15MPa 凝液总管，疏水器疏水效果差，导致大量蒸汽进

入凝液总管而引起液击。

四、乙二醇工序采取的主要改进措施

1. 合成进出口换热器振动处置措施

① 合成进出口换热器管壳程进气管路增设旁路；

② 合成进出口换热器壳程外侧 2 个进气支管增设防冲挡板。

2. 合成反应器汽包晃动处置措施

① 汽包内部增设旋膜分离器，见图 12-18。

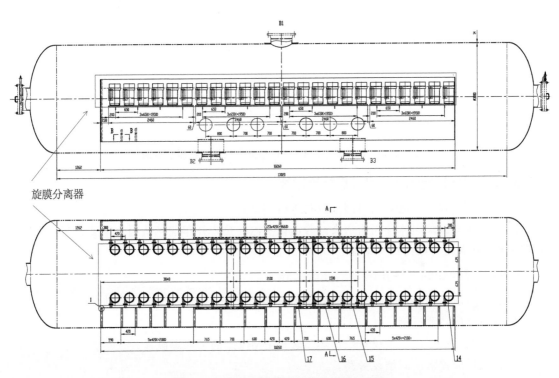

图 12-18　汽包内部增设旋膜分离器示意图

② 对 DMO 合成框架钢支撑进行加固。

3. 硝酸耗量高处置措施

① 精准控制 DMO 气提塔塔釜温度，控制溶解在粗 DMO 中的 MN 浓度。

② DMO 预脱轻塔回流罐部分回流外采送回合成系统。

③ 在 DMO 气提塔 CO 进塔位置增设气体分布器，增加气提气的分布效果，提高 MN 的气提量，保证总氮的有效回收。DMO 气提塔 CO 进塔处设气体分布器见图 12-19。

4. DMO 合成系统惰性组分累积处置措施

① 降低不凝气处理塔操作压力至 0.25MPa，塔顶温度提高 18℃，塔釜温度提高 20℃。

② 从不凝气处理塔顶喷淋甲醇自调阀前引一路甲醇至不凝气处理塔釜泵出口，减少塔顶甲醇喷淋量，降低对二氧化碳的吸收。

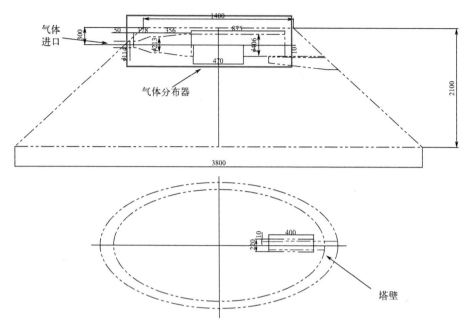

图 12-19　DMO 气提塔 CO 进塔处设气体分布器示意图

5. 反应器出口阀无法正常开启处置措施

① 厂家现场调整反应器出口阀限位并进行测试；

② 反应器出口阀阀体及阀前弯头部分增设蒸汽伴热，开车前确认阀体温度，防止 DMO 介质在阀体和阀前管路内产生结晶。

6. 反应器泄压阀无法正常开启处置措施

① 反应器泄压阀伴热效果不佳的部位增设伴热管路，防止 DMO 介质结晶；

② 更换反应器泄压阀；

③ 安全阀进口爆破片增设蒸汽伴热，防止 DMO 结晶堵塞爆破片；

④ 合成反应器泄压阀增设旁路。

7. DMC 精制系统再沸器结焦处置措施

将 DMO 减压脱轻塔回流罐采出引至 DMC 常压脱轻塔，在常压脱轻塔塔内进行轻组分脱除后，再送至 DMC 加压脱轻塔。

8. 热水罐振动处置措施

在热水罐底增加两个竖直浸没式汽水混合器，改善蒸汽在热水罐中的均匀分布情况，减小蒸汽进入时振动大的问题，避免因振动大造成设备损坏，以实现更好的热能利用效率，并降低设备损坏的风险。热水罐蒸汽分布器更换前与更换后对比见图 12-20。

9. 0.15MPa 放空量大处置措施

将 0.15MPa 蒸汽管网增设至除氧站管线，同步增设调节阀及手阀，借此保证 0.15MPa 管网运行稳定；回收 0.15MPa 蒸汽，具有良好的节能降耗作用。

(a) 原蒸汽分布器　　　　　　　　(b) 更换后蒸汽分布器

图 12-20　热水罐蒸汽分布器更换前与更换后对比图

10. 新鲜氢气压缩机故障处置措施

每次停车后严格按照厂家要求对汽轮机进行盘车降温，控制上下缸温差，定期检查管道和汽轮机位移情况。加强员工培训和学习资料完善，制定停车确认单、停车操作卡，规范操作。

11. 甲醇回收塔塔釜泵过滤器频繁堵塞处置措施

① 将甲醇回收塔塔釜泵进口 Y 形过滤器更换为篮式过滤器；

② 增加一台离心式甲醇回收塔塔釜泵；

③ 将粗乙二醇直接进甲醇回收塔改为进粗乙二醇中间罐缓冲沉淀后再进甲醇回收塔；

④ 定期对加氢催化剂重新进行深度还原。

12. DMO 缓冲罐进料管线堵塞处置措施

停车前，联系 DMO 精馏工段对管道进行冲洗置换，DMO 缓冲罐内 DMO 浓度应＜40%；开车前先投用热水伴热，使每一段夹套管温度＞54℃，从 DMO 精馏工段向 DMO 缓冲罐进料管线充甲醇，确认管道畅通情况。

13. 0.15MPa 凝液管线液击处置措施

① 在凝液总管上各支管和总管末端增加排气导淋；

② 关小伴热蒸汽凝液阀，控制伴热蒸汽串入凝液总管汽量。

五、乙二醇工序总体运行效果

合成气制乙二醇装置于 2021 年 10 月首次进行投料试车，从 CO 引入草酸酯合成装置开始，历时 7 天时间打通乙二醇装置全部流程，并产出聚酯级乙二醇（经第三方检验）。试车期间整个装置运行基本平稳，产品质量稳定，仅出现合成框架有轻微振动问题，没有出现影响装置继续运行的问题。装置于 2022 年 6 月通过性能考核，产品产量、质量及能耗指标均达到设计要求。装置运行中出现的上述十三项问题在 2022 年底和 2023 年底停车消缺过程中均进行了技改消缺，基本解决了上述问题，具体情况如下：

① 合成进出口换热器增设防冲挡板并适当打开旁路阀后，振动问题得到消除，DMO 合成系统气相循环量增加至 30 万 m³/h 时，无振动情况出现。但因旁路开度较大，造成：a. 合成反应器出口气相未得到有效降温，致使夏季极端工况下 DMO 吸收塔顶温度较高且无法降低；b. 合成反应器进口气未得到有效升温，致使反应器进口加热器蒸汽用量增加。

② 2022 年 4 月装置开车并将负荷提升至 75% 后，汽包晃动情况虽有所减弱但依旧存

在，改造效果未达到理想状态；DMO 合成框架南侧部位振动情况得到显著缓解，但因汽包仍旧存在晃动情况，故单系列 2 个汽包中间部分、汽包北侧部位框架晃动基本无变化。2023 年 2 月进行了二次改造，汽包内部设置导流分布管、汽包内折流挡板加固，使气液混合物进入汽包后进行二次折流，减轻气液混合物对汽包的冲击。2023 年 4 月 1 日投入使用，合成装置高负荷生产时框架振动情况得以缓解，仪表气源管接口泄漏情况得到缓解，合成框架浇筑部位再无裂缝，目前运行状态良好。

③ DMO 气提塔 CO 进塔位置增设气体分布器后，总氮流失情况得到缓解，硝酸消耗量降低，装置运行成本得到控制。

④ 降低不凝气处理塔操作压力、提高操作温度、将不凝气处理塔顶喷淋甲醇部分引至塔釜后，系统惰性组分有所降低，目前含量 15%～20%。

⑤ 反应器出口阀阀体及阀前弯头部分增设蒸汽伴热后，反应器出口阀动作顺畅无卡塞现象。DMO 合成系统开车仅用时 3 小时 47 分钟，开车节点得到有效保障。

⑥ 反应器泄压阀伴热效果不佳的部位增设伴热管路后，多次停车的羰化反应器，泄压阀未出现卡塞现象，运行稳定。

⑦ DMO 减压脱轻塔回流罐采出位置技改后，2022 年 10 月开车后 DMC 常压塔连续运行一个月塔釜无结焦情况，装置运行稳定，将减压脱轻塔回流采出由 DMC 常压塔侧线采出罐进料改为 DMC 常压塔中部进料，技改后经长周期运行 DMC 纯度达到 99.8%～99.9%，侧采量由原来的 $1.1m^3/h$ 增加至 $1.5m^3/h$，产量增加 $0.4m^3/h$，按照每吨 2500 元计算，每小时可增加 1000 元，全年按照设计 7000h 运行计算可增加 700 万元收入。到目前为止 DMC 常压塔再沸器再无结焦情况，运行稳定。

⑧ 在热水罐底增加两个竖直浸没式汽水混合器技改实施后，2024 年 8 月开车，热水罐升温过程中，没有出现热水罐剧烈振动的情况，降低了 0.5MPa 蒸汽用量。

⑨ 0.15MPa 蒸汽回收技改实施后，减少 0.15MPa 蒸汽放空，减少 0.5MPa 蒸汽的消耗，节能减耗，提高了蒸汽利用率。

⑩ 2022 年 3 月以来，新鲜氢气压缩机运行平稳。

⑪ 甲醇回收塔塔釜泵过滤器形式变更并优化了操作后，清理频次降低，以离心泵作为主泵运行，降低了 A/B 屏蔽泵损坏的可能。

⑫ 优化操作后，2024 年 3 次开车，按照措施执行，均未延误开车节点。

⑬ 优化 0.15MPa 凝液流程后，0.15MPa 凝液全部回收，液击现象消除。

参考文献

[1] 李文盛. 煤气化装置中不锈钢管道的氯离子腐蚀及防护 [J]. 化学工程与装备，2013，42（6）：68-70.

[2] 马伟，程伟，刘克存. 低温甲醇洗热再生系统存在的问题及解决措施 [J]. 煤化工，2021，49（6）：69-71.